国家科学技术学术著作出版基金资助出版

激光玻璃及应用

胡丽丽 等 著

上海科学技术出版社

内 容 提 要

激光玻璃具有可以制成大尺寸、光学均匀性好、成本较低、生产效率较高等特点,是高功率激光装置不可或缺的核心材料,尤其是在实现清洁能源应用的激光聚变装置中更具不可替代的重要性。本书将是世界首部系统介绍激光玻璃的研究历史到专业基础知识、分类设计到性能和应用、制备工艺到性能检测的专业书籍,学术价值较大。

全书共分为11章。第1~第6章以高功率激光钕玻璃为主,介绍了国内外激光钕玻璃和钕玻璃激光器的发展历程,激光钕玻璃品种、光学光谱性能和物理化学及表面性质,激光钕玻璃的制备工艺和性能检测。第7~第11章介绍了近年来快速发展的超强超快激光器和重复频率激光器应用的新型激光钕玻璃的性能和应用,其他类型的激光玻璃如激光铒玻璃、激光镱玻璃、掺铥和掺钬激光玻璃的研究现状和应用,激光玻璃的性能设计方法、未来研发和应用展望等。本书主要参考资料是以国际著名的激光玻璃研发机构——中国科学院上海光学精密机械研究所为主发表的与激光玻璃相关的科研论文、著作及内部资料。

本书主要读者对象为科研院所与高等院校从事光学、光子学、激光器与激光材料研究开发的科研技术人员与广大师生,也可为从事特种玻璃制备的产业技术人员提供重要参考。

图书在版编目(CIP)数据

激光玻璃及应用 / 胡丽丽等著. —上海:上海科学
技术出版社,2019.12
ISBN 978-7-5478-4682-7

Ⅰ.①激… Ⅱ.①胡… Ⅲ.①激光玻璃 Ⅳ.①TQ171.73

中国版本图书馆 CIP 数据核字(2019)第 251922 号

激光玻璃及应用

胡丽丽 等 著

上海世纪出版(集团)有限公司
上海科学技术出版社 出版、发行
(上海钦州南路 71 号 邮政编码 200235 www.sstp.cn)
上海盛通时代印刷有限公司印刷

开本 787×1092 1/16 印张 25.5 插页 16
字数:600 千字
2019 年 12 月第 1 版 2019 年 12 月第 1 次印刷
ISBN 978-7-5478-4682-7/TQ·11
定价:198.00 元

序一

激光玻璃自 1961 年发明以来,作为激光材料的一个重要分支,其广泛应用于各类激光器,尤其是高功率和高能激光系统。值得一提的是,自 20 世纪 70 年代以来,激光钕玻璃在惯性约束聚变激光驱动器装置中发挥着不可替代的重要作用,并已在美国国家点火装置中实现了百万焦耳级世界最高脉冲能量输出。

中国科学院上海光学精密机械研究所自 1964 年建所以来,一直从事激光钕玻璃的研发工作,先后为中国激光惯性约束聚变装置研发了硅酸盐钕玻璃和磷酸盐钕玻璃。胡丽丽研究员团队在老一代激光玻璃研究者的工作基础上,根据激光装置发展及应用需求牵引,近 20 年来持续开展了激光玻璃的应用基础研究和大尺寸磷酸盐激光钕玻璃的制备技术攻关。他们研制的大尺寸掺钕磷酸盐激光玻璃在中国大型科学装置——神光系列激光惯性约束聚变装置、上海超强超短脉冲激光装置(SULF)得到应用,为这些高功率激光装置提供了核心关键材料。团队完成的大尺寸激光钕玻璃批量制备关键技术项目荣获 2016 年度上海市技术发明奖特等奖和 2017 年度国家技术发明奖二等奖。团队的激光玻璃研究工作在国内外同行中具有重要影响力。

《激光玻璃及应用》一书是团队对近 20 年来在激光玻璃及其应用方面研究成果的系统总结和归纳。作为国际上首部系统介绍激光玻璃及其应用的专业书籍,其公开出版可为科研院所与高等院校从事光学、光子学与激光材料研究开发的科研技术人员与广大师生,提供有关激光玻璃材料基础理论、设计开发、性能检测和制备工艺技术的全面信息。

姜中宏

中国科学院院士

序二

　　激光发明和发展半个多世纪以来,已广泛应用于国民经济、国家安全和前沿科学研究等各个领域,并发挥了革命性、颠覆性的重大推动作用。激光材料则是其核心部件,起着不可替代的关键作用。作为重要激光材料的激光玻璃,具有独特的优势,广泛应用于高功率和高能激光系统中。特别是用于惯性约束核聚变的钕玻璃激光系统,实现了百万焦耳级脉冲能量输出,为迄今为止最高的激光脉冲能量,充分显示了激光玻璃的强大能力。

　　中国科学院上海光学精密机械研究所胡丽丽研究员团队近 20 年来持续不断地开展了激光玻璃的基础及制备工艺技术和应用研究,取得了国际先进水平的创新成果,获得了国家和上海市科技成果奖励。他们所研制的大尺寸激光钕玻璃在包括神光装置在内的系列高功率激光装置中得到成功应用。

　　胡丽丽研究员团队撰写的《激光玻璃及应用》一书,首次全面系统论述了激光玻璃基础理论、光谱和物理化学及工艺特性,以及激光玻璃制备工艺及检测技术,总结了最具代表性的磷酸盐激光钕玻璃全流程研发成果及其在国内外高功率激光装置中的应用。此外,本书对近年来快速发展的超强超快激光器、重频激光器和中红外激光器所需用的新型激光玻璃进行了详细介绍,并阐述了激光玻璃的现代研究方法。该书学术性与实用性并重,可为激光和光电子学科研发人员和在校学生提供重要参考。

范滇元

中国工程院院士

前　言

自 1960 年第一台红宝石激光器问世以来,激光技术在前沿科学研究、工业加工、医疗、太空探索以及日常生活等方面得到了广泛应用。激光材料是激光器的核心元件。按照形态分,激光材料包括固体激光材料、气体激光材料和液体激光材料。固体激光材料从最初的激光晶体、激光玻璃拓展到半导体激光材料、激光晶体和激光玻璃三大类。

玻璃是一种非晶态物质,具有无序微观结构,因此玻璃表现出许多不同于晶体的特性。自 19 世纪 80 年代德国的 Abbe 和 Schott 发明光学玻璃以来,玻璃开始作为重要的光传输物质在光学仪器上得到应用。在光学玻璃的基础上,激光玻璃逐渐发展起来。1961 年美国的 Snitzer 发明了激光钕玻璃,即在钡冕光学玻璃中掺入钕离子的硅酸盐玻璃。美国 Owens-Illinois 公司开发的第一款商业钕玻璃 ED-2 也是硅酸盐激光钕玻璃。

相比其他固态激光材料,激光玻璃具有光学和光谱性能可调范围宽、制备工艺相对激光晶体简单、较易获得米级大尺寸及微米级光纤尺寸等特点,因此其在激光惯性约束聚变装置、超强超快激光器、激光测距及激光加工领域得到了广泛应用,尤其在以实现百万焦耳级大能量为代表的激光惯性约束聚变装置中,激光钕玻璃发挥了其对激光能量放大的不可替代的核心功能作用。数千片米级尺寸的激光钕玻璃已经成功应用于美国国家点火装置(NIF)、法国兆焦耳装置(LMJ)和中国神光Ⅲ主机装置,并实现了 2.15 MJ 的最高激光输出能量。此外,以石英玻璃为基质的掺铒石英光纤是通信用光纤放大器的核心元件,在信息时代扮演了不可或缺的角色。同样,以石英玻璃为基质的掺镱石英光纤已经广泛应用于高功率光纤激光器。可以说,以玻璃为基质的激光玻璃和激光光纤对激光器及激光技术的发展起到了重要的推动作用,真可谓"一代材料、一代器件"。

迄今为止,包含激光玻璃专业知识内容的专著有:中国科学院上海光学精密机械研究所编写的《激光玻璃》(上海人民出版社,1975),干福熹、邓佩珍编著的《激光材料》(上海科学技术出版社,1994),干福熹等著的《光子学玻璃及应用》(上海科学技术出版社,2011),以及姜中宏编著的《新型光功能玻璃》(化学工业出版社,2008)。这四部专著全面阐述了激光材料和新型光电子材料的相关专业知识。其中 1975 年出版的《激光玻璃》首次介绍了激光玻璃的概况、光谱性质、激光性能和若干性能的检验。40 余年来,激光玻璃得到了长足发展,其应用范围也从激光聚变能源拓展到了工业加工和前沿基础研究。因此,有必要全面系统地介绍激光玻璃及其应用的最新进展。

本书首次系统介绍了近 20 年来中国科学院上海光学精密机械研究所在激光玻璃及应用方面取得的最新研究成果,旨在为从事激光材料和激光技术研究开发的专业技术人员和研究生提供参考。全书共计 11 章:第 1 章系统介绍了迄今为止国内外激光钕玻璃和钕玻璃激光器的发展历程及最新进展;第 2、第 3 章重点阐述了激光钕玻璃品种及光学光谱性能、热学及表面性能;第4～第6章详细介绍了激光钕玻璃的制备工艺(包括熔制、退火和包边)以及钕玻璃性能检测技术;第7章介绍了面向近年来快速发展的超强超快激光器和重复频率激光器应用的新型激光钕玻璃;第8～第10章介绍了实现1～2 μm激光的其他激光玻璃,包括激光铒玻璃、激光镱玻璃、掺铥和掺钬激光玻璃的研究现状和应用;第11章介绍了包括固态核磁共振、电子顺磁共振及数理统计在内的激光玻璃成分、结构与性质的现代研究方法。

  本书作者来自中国科学院上海光学精密机械研究所。全书由胡丽丽统稿、定稿,张丽艳负责收集书稿和与编写作者、审稿专家联络。具体编写分工如下:第1章胡丽丽;第2、10章王欣;第3章任进军、王欣、陈辉宇;第4章唐景平、陈尤阔;第5章孟涛、胡俊江;第6章胡俊江、李顺光、徐永春、温磊、程继萌;第7、9章何冬兵;第8章张丽艳;第11章任进军、邵冲云、张丽艳。

  本书出版后,希望读者特别是从事激光玻璃及应用研究的专家提出建议和不吝指正,使我们今后能更好地改进。

作者

目　录

第1章　激光钕玻璃与钕玻璃激光器

第2章　激光钕玻璃的光谱性质

第3章　磷酸盐玻璃的结构和性质

第4章　磷酸盐激光钕玻璃的熔制和退火工艺

第 8 章　掺镱激光玻璃

第 9 章　掺铒激光玻璃

第 10 章　掺铥与掺钬激光玻璃

第 11 章　激光玻璃的现代结构研究方法和数理统计模拟

第 1 章

激光钕玻璃与钕玻璃激光器

激光玻璃是固体激光介质的重要成员之一,它是由玻璃基质和激活离子构成的特殊光学玻璃。激光玻璃的物理、化学和工艺特性取决于基质玻璃,光谱性能主要取决于激活离子,其激光性质则由玻璃组成和制备工艺共同决定。迄今为止,稀土离子作为一类重要的激活离子,已在块体玻璃基质中实现了多种波长的激光输出。激光玻璃需要满足以下六个方面的要求:①优良的光谱性能,对泵浦光的吸收效率高,荧光量子效率高;②优良的光谱透过特性,对激光波长的吸收损耗小;③高的光学均匀性,要求同一玻璃内折射率差别在 10^{-6} 量级;④具有好的热光稳定性,使得激光运行过程中产生的热量尽可能少地影响激光光束质量;⑤良好的工艺制备特性,在制备过程中不容易出现析晶或分相等影响光学质量的缺陷;⑥较好的化学稳定性,便于后续光学加工及应用。

自 1961 年国际上首次出现掺钕(Nd)钡冕激光玻璃以来[1],激光玻璃的家族不断扩展。截至 20 世纪 80 年代,激光玻璃研发主要集中在不同稀土离子在不同玻璃中的光谱和激光性能的研究。研究者们对 Nd^{3+}、Er^{3+}、Tm^{3+}、Yb^{3+}、Ho^{3+} 及 Gd^{3+} 离子在以硅酸盐玻璃为主基质玻璃中的光谱和激光性质进行了大量的基础研究。当时在氙灯泵浦条件下,仅有 Nd^{3+} 离子在室温下实现了 $1.06\ \mu m$ 的激光输出,其余稀土离子均在 77 K 液氮冷却条件下实现了激光输出[2]。20 世纪 70 年代后期到 90 年代中期,由于大型激光聚变装置的需求牵引,磷酸盐激光钕玻璃得到了快速发展。20 世纪 90 年代以来,半导体激光器技术和光纤激光技术的快速发展拓宽了激光玻璃泵浦源的选择范围,从而推动了掺镱、掺铒、掺铥及掺钬等稀土离子的激光玻璃研究开发。激光玻璃的工作波段也从 $1.0\ \mu m$ 拓展到 $1.5\ \mu m$ 和 $2\ \mu m$。

由于激光钕玻璃的激光阈值低,在可见光到近红外有多个吸收带可以充分吸收氙灯泵浦能量,使得激光钕玻璃较其他激光玻璃具有更好的应用价值。因此,截至目前激光钕玻璃是应用最广的一种激光玻璃材料。另外,掺铒、掺镱激光玻璃也在激光器中得到了不同程度的应用。

大尺寸激光钕玻璃最重要的应用是作为激光惯性约束聚变装置的激光能量放大工作物质。大型激光聚变装置中需要使用数千片米级尺寸的激光钕玻璃,将纳焦耳量级的激光能量放大到兆焦耳量级。以激光钕玻璃为工作物质的高功率激光器在前沿基础研究领域和工业加工方面也得到了重要应用。由于应用的推动,掺钕激光玻璃的品种进一步扩大,硅酸盐激光钕玻璃、磷酸盐激光钕玻璃都得到了实际应用。磷酸盐激光钕玻璃的制备工艺技术逐渐从坩埚熔炼发展到了连续熔炼，并实现了大尺寸、高性能激光钕玻璃工业化批量生产。本章将主要回顾国内外激光钕玻璃和钕玻璃激光器的研发历程。

1.1　激光钕玻璃及其发展历程

1.1.1　国外激光钕玻璃的成分、品种及光谱性质研究

1961 年美国光学公司的 Snitzer 首次研制掺钕钾钡硅酸盐（$K_2O - BaO - SiO_2$）激光玻璃[1]。20 世纪 60—70 年代激光钕玻璃研发工作主要集中在成分和光谱性质的基础研究方面。借助光学玻璃的制造积累，Owens-Illinois 公司在硅酸盐钕玻璃的制备方面率先取得突破，其研制的 ED-2 硅酸盐钕玻璃主要成分为 $Li_2O - CaO - Al_2O_3 - SiO_2$。该硅酸盐钕玻璃成功实现了高功率激光装置应用。从 20 世纪 70 年代开始，国际上大型激光装置相继建成，例如美国利弗莫尔国家实验室（以下简称"美国 LLNL 国家实验室"）建立了 Janus（0.2 TW 峰值功率）、Cyclops（1 TW 峰值功率）、Argus（2～10 TW 峰值功率）及 Shiva（20～30 TW 峰值功率）激光装置，日本大阪大学建成了 Gekko 激光装置，苏联建成了海豚（Долфин）激光装置。这些装置皆采用硅酸盐激光钕玻璃作为激光能量放大工作物质。

20 世纪 70 年代后期美国 LLNL 国家实验室的 Shiva 装置由于激光能量和峰值功率高，导致硅酸盐激光钕玻璃出现了严重的由铂金颗粒气化引起的破坏。为避免这一问题，以日本 Hoya 公司为代表的 LHG-8 磷酸盐激光钕玻璃开始被应用于高功率激光装置。以美国和日本为代表的国外研究者开始重点转向磷酸盐激光钕玻璃的研究。由于磷酸盐钕玻璃具备声子能量适中、对稀土离子溶解度高、对金属铂颗粒的溶解能力强、稀土离子受激发射截面高、色心缺陷少、非线性折射率小、折射率温度系数可为负值有利于热光系数的调节等特点，因而成为以激光聚变为代表的高功率激光装置中应用最广的激光玻璃介质。自 20 世纪 80 年代磷酸盐激光钕玻璃首先应用于美国 LLNL 国家实验室的 Nova 装置以来，国外包括美国国家点火装置（National Ignition Facility，NIF）、法国兆焦耳（Laser Mega Joule，LMJ）装置、美国 Rochester 大学的 Omega 和 Omega-EP 装置、日本 Gekko-XII 和 Fire-X 装置等大型激光聚变驱动器，全部应用了磷酸盐激光钕玻璃。

由于激光聚变项目持续 50 年左右的牵引，国外激光钕玻璃的研发和批量生产主要由美国 LLNL 国家实验室主导，并由来自美国、日本、德国为主的公司参与。早期参与激光钕玻璃研发的公司有美国 Kodak 公司、Corning 公司和 Owen-Illioin 公司，日本大阪工业试验所、Hoya 公司和 Asashi 公司。后期主要集中在 Hoya 公司、Schott 公司（北美）和 Kigre 公司。Hoya 公司、Kigre 公司和 Schott 公司先后开发了系列商业化的激光钕玻璃产品。这些商业化的激光钕玻璃在美国 LLNL 国家实验室、美国 Rochester 大学、法国及日本的激光聚变系列装置中以及商业激光器中都得到了应用。

美国 LLNL 国家实验室自 20 世纪 60 年代以来全面开展了激光钕玻璃成分、光谱性能和 Nd^{3+} 离子动态能量转移过程的研究。受激发射截面是激光钕玻璃的重要光谱参数。1974 年美国 LLNL 国家实验室的 Krupke[3] 根据 Judd 和 Ofelt 发表的晶体场引发稀土离子电偶极跃迁的 Judd-Ofelt 模型理论[4-5]，提出了激光钕玻璃受激发射截面的计算方法。这一计算方法依据测量的吸收光谱和 Nd^{3+} 离子 1 μm 的发光谱，计算得出了 Nd^{3+} 离子在 3669A、S33、ED-2 和 LSG-91H 四种玻璃中的受激发射截面。法国研究者 Deutschbein[6] 在 Krupke 方法的基础上，对 Nd^{3+} 离子在玻璃中的受激发射截面计算方法进行了进一步简化。依据 Nd^{3+}

离子 750 nm 的积分吸收和 1 μm($^4F_{3/2} \to {}^4I_{11/2}$) 及 1.3 μm($^4F_{3/2} \to {}^4I_{13/2}$) 发光峰的有效线宽,可以更加方便地计算 Nd^{3+} 离子在这两个波长的受激发射截面。这些方法对激光钕玻璃的成分研究起到了重要作用。

1976 年 Jacobs 等[7] 系统研究了玻璃成分对 Nd^{3+} 离子 $^4F_{3/2} \to {}^4I_{11/2}$ 能级跃迁的受激发射截面的影响规律,提出了一个适合激光放大器应用的钕玻璃成分筛选方法。这种方法采用 Judd-Ofelt 关于晶体场诱导的稀土离子电偶极跃迁理论,通过改变玻璃形成体和网络修饰体,系统研究了 Judd-Ofelt 强度参数、荧光峰位置、峰值受激发射截面、荧光有效线宽、辐射跃迁概率和荧光分支比,发现玻璃成分可以使得 $^4F_{3/2} \to {}^4I_{11/2}$ 能级跃迁的受激发射截面发生 4 倍的变化。1981 年美国 LLNL 国家实验室 Weber[8] 对含不同碱土金属离子和铝离子的偏磷酸盐玻璃中 Nd^{3+} 离子的光学性质进行了系统研究,采用 Judd-Ofelt 理论研究了不同阳离子对 Nd^{3+} 离子的折射率、Judd-Ofelt 参数、荧光寿命、荧光线宽、峰值受激发射截面的影响,并评估了它们的激光特性。

Weber 等[9] 对 Nd^{3+} 离子在硅酸盐玻璃、锗酸盐玻璃、碲酸盐玻璃、硼酸盐玻璃、磷酸盐玻璃、氟磷酸盐玻璃和卤化物玻璃等不同基质玻璃中的主要光谱参数进行了系统研究,研究结果按照氧化物和卤化物两大类列于表 1-1 中。可以看出,从高峰值功率应用角度考虑,磷酸盐激光钕玻璃和氟磷酸盐激光钕玻璃都具有较小 n_2 和较高峰值受激发射截面,是比较理想的高功率激光放大器工作物质。

表 1-1　不同激光钕玻璃的光学和 Nd^{3+} 离子 $^4F_{3/2} \to {}^4I_{11/2}$ 能级跃迁光谱参数范围

玻璃类型		折射率 n_d	发射截面 σ_{emi}/pm^2	峰值波长 λ_p/nm	有效线宽 $\Delta\lambda_{eff}/nm$	辐射寿命 $\tau_R/\mu s$	非线性折射率 $n_2/(\times 10^{13}$ esu$)$
氧化物	硅酸盐	1.46～1.75	0.9～3.6	1 057～1 088	34～55	170～1 090	≥1.2
	锗酸盐	1.61～1.71	1.7～2.5	1 060～1 063	36～43	300～460	≥1.0
	碲酸盐	2.0～2.1	3.0～5.1	1 056～1 063	26～31	140～240	≥10
	磷酸盐	1.49～1.63	2.0～4.8	1 052～1 057	22～35	280～530	≥1.0
	硼酸盐	1.51～1.69	2.1～3.2	1 054～1 062	34～38	270～450	≥0.9
卤化物	氟铍	1.28～1.38	1.6～4.0	1 046～1 050	19～29	460～1 030	0.3≥1.2
	氟锆	1.52～1.56	2.9～3.0	1 049	26～27	430～450	
	氟铪	1.51	2.6	1 048	26	520	
	氟铝	1.41～1.48	2.2～2.9	1 049～1 051	30～33	420～570	
	氧卤	1.67～1.91	6.0～6.3	1 062～1 064	19～20	180～220	≥0.5
	氟磷	1.41～1.56	2.2～4.3	1 049～1 056	27～34	310～570	
	氯磷	1.51～1.55	5.2～5.4	1 055	22～23	290～300	

在泵浦和能量提取过程中,激光介质中的 Nd^{3+} 离子在不同能级之间的能量转移动力学对固体激光器的性能有重要影响。Nd^{3+} 在 1 μm 的激光来源于 $^4F_{3/2} \to {}^4I_{11/2}$ 能级跃迁。由于 $^4I_{11/2}$ 这一终态能级与 Nd^{3+} 离子的基态 $^4I_{9/2}$ 之间有 2 000 cm^{-1} 的能隙,1 μm 激光的终态能级寿命主要反映 $^4I_{11/2} \to {}^4I_{9/2}$ 能级弛豫速度:弛豫快意味着 $^4I_{11/2}$ 能级排空得快。这个终态能级寿命对钕玻璃高功率激光器的设计和运行有重要影响。如果终态能级寿命长于激光脉冲宽度、终态离子排空速度慢,那么 Nd^{3+} 离子激光就以三能级模式运行;反之,则以四能级模式运行。

美国 LLNL 国家实验室的 Payne 对玻璃和晶体中 Nd^{3+} 离子在 $^4I_{11/2}$ 终态的弛豫，以及终态能级寿命测量方法进行了研究，并先后报道了 Nd^{3+} 离子终态能级寿命的直接测量和间接测量方法[10-11]。他们首先提出采用 $2.4~\mu m$ 激光直接将 Nd^{3+} 离子激发到 $^4I_{13/2}$ 能级，让其无辐射弛豫到 $^4I_{11/2}$ 下能级后，再用 $1.06~\mu m$ 探针光将其激发到 $^4F_{3/2}$ 上能级[11]。测量 $^4F_{3/2}$ 跃迁到 $^4I_{9/2}$ 产生的 880 nm 发光的寿命，该荧光寿命与 Nd^{3+} 离子终态能级寿命成正比。Nd^{3+} 离子在磷酸盐和硅酸盐玻璃中这一终态能级寿命均为数百皮秒，并且这一寿命不随 Nd^{3+} 离子浓度变化。1996 年 Payne[12] 发表了钕玻璃放大器能量提取与激光脉冲宽度及 Nd^{3+} 离子终态能级寿命关系的研究结果。根据数值计算，他建立了一个磷酸盐激光钕玻璃放大器饱和能量密度的经验计算公式，得出了 LG-750 磷酸盐激光钕玻璃终态能级寿命为 (250 ± 50) ps 的结果。1998 年 Payne[13] 研究了 Nd^{3+} 离子 $^4G_{7/2}$ 能级寿命与 $^4I_{11/2}$ 终态能级寿命之间的关系，通过对 26 种掺钕激光晶体和玻璃两个能级寿命的测量，Payne 认为在多数样品中这两个能级的寿命误差不大，从而可以用较易测量的 $^4G_{7/2}$ 能级寿命推测 $^4I_{11/2}$ 终态能级寿命。此外，Payne 和 Schott 公司联合申请了应用于超快脉冲激光器的宽带激光玻璃专利[14]，其提出的玻璃主成分为 Al_2O_3、MgO 和 P_2O_5，该玻璃的荧光带宽为 30 nm 左右；研究者认为该激光钕玻璃可以支持锁模脉冲放大工作模式。1999 年 Hayden 等[15] 系统研究了不同成分磷酸盐玻璃中在 $200\sim1~000~^\circ\mathrm{C}$ 范围的羟基扩散系数，发现磷酸盐激光钕玻璃中羟基扩散系数（$10^{-7}~cm^2/s$）比硅酸盐玻璃高三个数量级（$10^{-10}~cm^2/s$）。羟基结合进入磷酸盐玻璃表面会导致表面 P—O 键断裂，羟基与磷键合，产生张应力，最后以形成裂纹的方式释放张应力。这通常导致玻璃在长时间退火过程中产生裂纹甚至断裂。

美国公司在激光钕玻璃产品研发方面也取得了一系列成果。Kodak 公司于 1966 年最早取得了磷酸盐激光钕玻璃的美国授权专利[16]，提出了建立在 La_2O_3 - BaO - Nd_2O_3 - P_2O_5 成分基础上的磷酸盐激光钕玻璃，认为高极性离子的存在有利于提高 Nd^{3+} 离子的荧光发射性质。美国 Owens-Illinois 公司最早于 20 世纪 70 年代成功研制了商业用 ED-2 型硅酸盐激光钕玻璃[17]。该玻璃是一种以 Li_2O - CaO - Al_2O_3 - SiO_2 为主成分的硅酸盐激光钕玻璃。作为第一代激光钕玻璃，ED-2 被成功应用于美国 LLNL 国家实验室的 Shiva 等高功率激光装置。ED-2 钕玻璃的性能见表 1-2。美国 Kigre 公司自 20 世纪 70 年代成立以来一直致力于激光玻璃及器件的研发，从最初的掺钕玻璃发展到后期的以磷酸盐激光铒玻璃及其激光器为主营业务。Kigre 公司的激光钕玻璃主要参数见表 1-2。从 20 世纪 70 年代到 90 年代，Kigre 公司在激光钕玻璃的成分、性能和表面离子强化等方面开展了大量研究工作，先后对高增益和低非线性折射率、高增益和低光程长温度系数磷酸盐激光钕玻璃进行了针对性的研发[18-22]，相继开发了 Q-246 牌号硅酸盐钕玻璃以及 Q-88、W-98、Q-100、QX/Nd 系列磷酸盐激光钕玻璃产品。其中，Q-100 具有优良的增益放大特性和小的折射率温度系数，QX/Nd 具备与 ED-2 硅酸盐激光钕玻璃相当的化学稳定性。在多年研发积累基础上，Kigre 公司建立了较为完备的激光钕玻璃生产工艺流程，包括熔制、退火、包边及性能检测。该公司研制的激光钕玻璃在美国 LLNL 国家实验室的激光装置和其他商业激光器上得到了应用。

1967 年成立的 Schott 北美公司（以下简称 Schott 公司）成功研制出了硅酸盐激光钕玻璃和磷酸盐激光钕玻璃。1984 年 Schott 公司 Cook 等[23] 与美国 LLNL 国家实验室 Stokowski 合作研究了 R_2O - Al_2O_3 - In_2O_3 - P_2O_5 磷酸盐玻璃系统中成分对 Nd^{3+} 离子荧光猝灭性能的影响。其中 R_2O 代表碱金属氧化物，In 代表 La^{3+} 和 Nd^{3+} 之和；Nd^{3+} 离子浓度在 $5\times10^{19}\sim$

表 1-2　ED-2 钕玻璃和 Kigre 公司的激光钕玻璃主要性能(摘自 www.kigre.com)

主要性能		激光钕玻璃牌号					
		ED-2[*]	Q-246[*]	Q-88	Q-98	Q-100	QX/Nd
激光性质	受激发射截面 σ_{emi}/pm^2	3.0	2.9	4.0	4.5	4.4	3.34
	辐射寿命 τ_R/μs	—	370	326	308	357	353
	荧光半高宽(FWHM)/nm	26	27.7	21.9	21.1	21.2	27.6
	激光波长 λ_L/nm	1 062	1 062	1 054	1 053	1 054	1 054
光学性质	折射率 n_d	1.564	1.572	1.550	1.555	1.572	1.538
	激光波长折射率 n_L	1.555	1.561	1.536	1.546	1.562	1.53
	非线性折射率 n_2/($\times 10^{-13}$ esu)	—	1.4	1.1	1.2	1.2	1.17
	阿贝数 ν	51.5	57.8	64.8	63.6	62.1	66.0
	折射率温度系数 dn/dT/($\times 10^{-6}$/K)$_{(20\sim40℃)}$	2.9	2.9	−0.5	−4.5	−4.6	10
	光程长温度系数 ds/dT/($\times 10^{-6}$/K)$_{(20\sim40℃)}$	—	8.0	2.7	0.5	0.5	4.8
物理性质	密度 d/(g/cm^3)	2.55	2.55	2.71	3.10	3.20	2.66
	杨氏模量 E/(kg/mm^2)	90.1	8 570	7 123	7 210	7 150	7 245
	泊松比 μ	0.223	0.24	0.24	0.24	0.24	0.24
	努氏硬度 H/(kg/cm^2)	—	600	418	556	558	503
热学性质	转变温度 T_g/℃	465	470	366	416	413	506
	热膨胀系数 α/($\times 10^{-7}$/K)$_{(20\sim40℃)}$	103	90	104	99	96	72
	热导率 K/[W/(m·K)]	—	1.30	0.84	0.82	0.82	0.85
	比热 C_p/[J/(g·K)]$_{(25℃)}$	—	0.93	0.81	0.80	0.80	—
化学稳定性	单位表面积失重率 D_w/(μg/cm^2)(H$_2$O, 100 ℃, 1 h, wt%)	55	0.04	0.20	0.08	0.08	50

注：* 为硅酸盐激光钕玻璃,其余为磷酸盐激光钕玻璃;pm^2=1×10^{-20} cm^2;ED-2 玻璃数据来自文献[17]。

1×10^{21}/cm^3 之间;得出了 Nd^{3+} 离子荧光猝灭较小的两个玻璃系统,一个是不含 Al^{3+} 离子的磷酸盐玻璃,另一个是 Al$_2$O$_3$ 含量大于 10 mol% 的磷酸盐玻璃。1987 年 Cook 和 Stokowski 在这一方面获得一项授权美国专利[24]。该专利的主要特点是发明了一种含 SiO$_2$ 和 B$_2$O$_3$ 玻璃形成体、具有较好荧光猝灭特性和耐热冲击性能的磷酸盐激光钕玻璃,在 Nd$_2$O$_3$ 含量为 10 wt% 时,Nd^{3+} 离子荧光寿命大于 175 μs,并且热膨胀系数较低。

1988 年以来,Schott 公司 Hayden 等[25-30]对磷酸盐激光钕玻璃的研制进行了较为系统的报道。自 1990 年起,Hayden 等[31-33]获得了多项磷酸盐激光钕玻璃的授权美国专利,专利的权利要求主要集中在高能激光器应用和高功率激光器应用的磷酸盐激光钕玻璃成分和性能的关系方面,其中有关于低膨胀系数和高热导率的磷酸盐激光钕玻璃专利,也有受激发射截面较高、非线性系数较低的磷酸盐激光钕玻璃专利[34-35]。Schott 公司于 2013 年获得授权的铝磷酸盐激光钕玻璃专利,其主要目的是提高激光玻璃的热机械性能,同时兼顾其激光性能[36]。

表 1-3 为 Schott 公司开发的激光钕玻璃及其主要性能[37]。表中 LG-680 是硅酸盐激光钕玻璃,它可用于重复频率工作的固体激光器。LG-750、LG-760 和 LG-770 都是用于高峰值功率、大能量激光器的磷酸盐激光钕玻璃,它们都具有受激发射截面高、非线性折射率低的显著特点。APG-1 和 APG-760 是用于高平均功率激光器的磷酸盐激光钕玻璃,具有

较好的热机械特性,适合于重复频率工作的固体激光器应用。

近年来,根据激光器发展需要,Schott 公司开发了 Yb/Nd 共掺的磷酸盐激光钕玻璃 BLG‐80,该钕玻璃具有宽带荧光发射,适合于要求脉冲压缩的超快激光装置。BLG‐80 玻璃的主要性能见表1‐3。

表1‐3 Schott 公司开发的激光钕玻璃主要性能

主要性能	激光钕玻璃牌号						
	LG‐680*	LHG‐750	LG‐760	LG‐770	APG‐1	APG‐760	BLG‐80
荧光峰波长 λ_p/nm	1 059.7	1 053.7	1 054	1 052.7	1 054	1 054	1 055
荧光有效线宽 $\Delta\lambda_{eff}$/nm	35.9	26.0	24.3	25.4	28	29.2	40.6
τ_R/μs	361	347	323	350	361	376	327
σ_{emi}/pm^2	2.54	3.7	4.5	3.9	3.4	3.2	N/A
τ_0/μs	337	356	330	372	370	—	—
浓度猝灭因子 Q/($\times10^{20}$ cm^{-3})	5.5	17.0	10.0	8.8	16.7	—	—
n_d	1.570 0	1.526 0	1.519 0	1.508 6	1.537 0	1.532 8	1.549 1
n_L	1.560 0	1.516 0	1.508 0	1.499 6	1.526 0	1.523 2	1.538 4
n_2/($\times10^{-13}$ esu)	1.60	1.08	1.02	1.02	1.09	1.06	1.30
ν	57.70	68.20	69.20	68.4	67.70	68.54	61.51
dn/dT/($\times10^{-6}$/K)$_{(20\sim40℃)}$	2.9	−5.1	−6.8	−4.7	1.2	1.9	−3.8
ds/dT/($\times10^{-6}$/K)$_{(20\sim40℃)}$	8.1	0.8	−0.4	1.1	5.2	—	—
d/(g/cm^3)	2.54	2.83	2.60	2.585	2.63	2.70	2.93
K/[25 ℃, W/(m · K)]	1.19	0.49	0.57	0.57	0.78	0.76	0.53
E/GPa	90.10	50.10	53.70	47.29	70.0	74	56
μ	0.242	0.256	0.267	0.253	0.238	0.24	0.27
H/(kg/cm^2)	620	290	340	330	450	472	358
断裂韧性 K_{1c}/(MPa · m$^{1/2}$)	0.86	0.48	0.47	0.48	0.61	0.73	0.6
C_p/[J/(g · K)]$_{(25℃)}$	0.92	0.72	0.75	0.77	0.84	0.77	0.71
T_g/℃	468	450	350	461	450	520	444
α/($\times10^{-7}$/K)$_{(20\sim40℃)}$	93.0	114.0	125.0	116.1	76.0	61	100
α/($\times10^{-7}$/K)$_{(20\sim300℃)}$	101.8	130.1	150.4	133.6	99.6	89	131
50 ℃ 水中失重/[mg/(cm^2 · d)]	0.050	0.016	0.028	0.040	0.006	—	0.022
耐酸性质 pH=0.3, 25 ℃	1.0	3.0	4.0	3.0	3.3	2.3	4.3
耐碱性质 pH=12, 50 ℃	1.0	3.0	4.0	4.0	4.0	3.3	3.3

注: * 为硅酸盐激光钕玻璃,其余为磷酸盐激光钕玻璃。

为满足美国和法国激光聚变点火装置建设需求,1997 年在美国和法国能源部的联合投资下,Schott 公司开展了 LG‐770 激光钕玻璃的连续熔炼技术研发,并于 21 世纪初成功采用连续熔炼技术,研制了数千片美国 NIF 和法国 LMJ 装置使用的大尺寸 LG‐770 激光钕玻璃。

Schott 公司的激光钕玻璃产品在美国 NIF、法国 LMJ、欧洲 ELI(The Extreme Light Infrastructure)等高功率激光装置中得到了广泛应用。

日本泉谷徹郎从在大阪工业试验所任职期间开始研发激光钕玻璃,后加入 Hoya 公司继续从事激光钕玻璃研发。他在 Hoya 公司期间系统研究了玻璃形成体(SiO₂、P₂O₅)、网络形

成中间体 Al_2O_3、碱金属离子和碱土金属离子等玻璃成分对 Nd^{3+} 离子发光性能和玻璃工艺性能及化学稳定性的影响,指出碱金属离子和碱土金属离子对 Nd^{3+} 离子在硅酸盐玻璃和磷酸盐玻璃中的辐射跃迁参数具有相反的影响规律,为开发商业应用的激光钕玻璃提供了很好的研究基础[38-39]。从 20 世纪 70 年代后期到 90 年代初期,Hoya 公司申请了多项与激光玻璃相关的美国专利,先后就光程与温度不相关的磷酸盐玻璃、磷酸盐激光玻璃、氟磷酸盐激光玻璃、片状激光器用的激光介质等方面申请了发明权利保护[40-43]。

日本 Hoya 公司自 20 世纪 70 年代起先后研发了 LSG-91H 牌号硅酸盐激光钕玻璃和以 LHG-8 为代表的磷酸盐激光钕玻璃。其间还研制了以低非线性折射率为特点的氟磷酸盐激光钕玻璃(LHG-10),以及具有较强抗热冲击性能、低膨胀系数的 HAP-4 磷酸盐激光钕玻璃。这些玻璃的主要性能参数见表 1-4[44]。值得一提的是,LHG-8 是国外激光聚变装置应用最多的磷酸盐激光钕玻璃。以 $K_2O-BaO-Al_2O_3-P_2O_5$ 为主成分的 LHG-8 是一种偏磷酸盐玻璃,其具有受激发射截面适中、化学稳定性优良、光程温度系数小等综合特性。研发成功后立即在 Nova 装置中使用,应用结果表明,该玻璃在显著提升激光效率的同时,有效解决了

表 1-4　日本 Hoya 公司开发的激光钕玻璃主要性能

主要性能		激光钕玻璃牌号				
		LSG-91H*	LHG-5	LHG-8	HAP-4	LHG-10#
激光性质	Nd_2O_3/wt%	3.1	3.3	3.0	3.33	2.4
	Nd^{3+} 离子浓度/($\times10^{20}$ ions/cm³)	3.0	3.2	3.1	3.2	3.1
	σ_{emi}/pm²	2.4	3.6	3.6	3.4	2.4
	荧光寿命 τ_f/μs	300	290	315	350	384
	FWHM/nm	31.4	27.0	26.5	27.0	29.5
	λ_L/nm	1062	1.54	1053	1050	1051
光学性质	n_d	1.5612	1.5410	1.5296	1.5433	1.4672
	n_L	1.5498	1.308	1.5201	1.5331	1.4608
	n_2/($\times10^{-13}$ esu)	1.58	1.28	1.12	1.25	0.67
	ν	56.56	63.49	66.5	64.6	87.68
	dn/dT/($\times10^{-6}$/K)$_{(20\sim40℃)}$	1.6	0.0	−5.3	1.8	−7.7
	ds/dT/($\times10^{-6}$/K)$_{(20\sim40℃)}$	6.6	4.6	0.6	5.7	−1.0
物理性质	d/(g/cm³)	2.81	2.68	2.83	2.70	3.64
	E/(kg/mm²)	8890	6910	4730	7020	7250
	μ	0.237	0.237	0.26	0.236	0.30
	H/(kg/cm²)	590	497	350	470	361
热学性质	T_g/℃	465	455	485	486	445
	α/($\times10^{-7}$/K)$_{(20\sim100℃)}$	105	98	127	—	153
	α/($\times10^{-7}$/K)$_{(100\sim300℃)}$	—	—	—	85	—
	k/[W/(m·K)]	0.89	0.66	0.5	1.02	0.64
	C_p/[J/(g·K)]$_{(25℃)}$	0.62	0.71	0.75	—	—
化学稳定性	D_w(于 100℃蒸馏水中浸泡 1 h 失重百分比)	0.036	0.08	0.13	—	0.034
	D_A(100℃,于 pH2.2 的硝酸溶液中浸泡 1 h 失重百分比)	0.039	0.16	0.47	—	0.337

注：* 为硅酸盐钕玻璃,# 为氟磷酸盐钕玻璃,其余为磷酸盐钕玻璃。

Shiva 装置硅酸盐钕玻璃铂颗粒引发的玻璃炸裂问题。之后其取代硅酸盐激光钕玻璃,广泛应用于美国和法国及日本的激光聚变装置中。

早期 Hoya 公司拥有钕玻璃熔制、退火和包边的全套工艺。20 世纪 90 年代中后期,由于美国和法国激光聚变装置建设需要大量的大尺寸激光钕玻璃,由美国能源部联合法国能源部,投资了日本 Hoya 公司在美国加州 Fremont 开展激光钕玻璃连续熔炼技术的研发。21 世纪初 Hoya 公司成功采用连续熔炼技术,在美国本土完成了大批量大尺寸 LHG‐8 磷酸盐激光钕玻璃的生产。Hoya 公司以 LHG‐8 为代表的磷酸盐激光钕玻璃在国外高功率激光聚变装置、商业及科研激光器中得到了广泛应用。

21 世纪初期,为解决激光钕玻璃重复频率工作的问题,日本大阪大学 Fujimoto 等[44-46]研究了掺钕石英玻璃的激光性能。采用沸石作为最初原料,用溶液浸泡法把 Nd^{3+} 离子掺杂其中,将掺杂 Nd^{3+} 离子的沸石与氧化硅颗粒混合,之后干燥、高温烧结,获得了 Nd^{3+} 离子均匀掺杂的石英玻璃;评估了其重复频率激光工作的各项性能,并在 $\phi 30$ mm×300 mm 棒中获得了 40 J 的激光输出。

苏联科学院在 20 世纪 60 年代开展了包括掺钕硅酸盐、硼酸盐玻璃在内的系统研究工作[47]。苏联 Buzhinsky Mikhailovich 等[48]于 1967 年就磷酸盐激光玻璃提出了美国专利申请,并于 1971 年 5 月获得专利授权,这是较早的一个磷酸盐激光玻璃美国专利。该专利提出了 $(30\sim90$ wt%$)P_2O_5$、$(2\sim40$ wt%$)Na_2O+Li_2O$、$(1\sim6$ wt%$)Nd_2O_3$ 的主成分,采用氧化铝或卤化铝等作为添加剂,添加剂的总量控制在 20 wt% 以内。该专利明确指出,相比硅酸盐激光玻璃,磷酸盐激光玻璃可以防止由于光照引起 Fe^{3+}、Mn^{2+} 等过渡金属杂质变价导致的动态损耗增加。此外,磷酸盐玻璃中以共价性为主的 O—P—O 键可以使得稀土激活离子的荧光谱变窄,稀土激活离子之间进行较快的能量交换。最终,磷酸盐激光钕玻璃的激光阈值明显低于硅酸盐激光钕玻璃。1974 年 Buzhinsky 等[49]获得另一个美国授权专利。该专利主要就 Nd^{3+} 敏化 Yb^{3+} 发光的磷酸盐激光玻璃配方进行了权利保护。这种激光玻璃可以实现高的储能,但 Yb^{3+} 离子的受激发射截面较低。1976 年 Alexeev 和 Buzhinsky 就磷酸盐玻璃的激光应用又取得一项授权美国专利[50],该专利进一步细化了磷酸盐激光玻璃的配方。

此外,自 20 世纪 70 年代开始到现今为止,以苏联科学院 P. N. Lebedev 物理研究所[51]和俄罗斯全俄科学中心 S. I. Vavilov 国立光学研究所[52]为代表的研究机构建立了完备的激光钕玻璃研发体系,开展了激光钕玻璃的成分、光谱和制备工艺技术的系统研发,为俄罗斯激光聚变装置提供了激光钕玻璃的支持。他们持续几十年对激光钕玻璃的光谱、成分、激光性能、制备工艺等开展了深入的研究工作。Denker 等[53]在 1981 年发表了高掺 Nd^{3+} 离子磷酸盐激光钕玻璃的综述文章,该文详细报道了掺杂 Nd^{3+} 离子浓度达到 10^{21} icos/cm³ 的磷酸盐激光钕玻璃光谱、荧光猝灭及其影响因素、氙灯及 AlGaAs 半导体 LED 泵浦下的单掺钕和三价铬敏化 Nd^{3+} 离子的磷酸盐激光钕玻璃激光特性以及磷酸盐激光钕玻璃的物理化学性质,指出磷酸盐激光钕玻璃实现了低激光阈值、高效率的 1.06 μm 和 1.32 μm 激光发射,并且其激光性能优于 Nd:YAG。Denker 等[54]申请了磷酸盐激光钕玻璃激光应用的美国专利并于 1984 年获得授权。该专利就高掺 Nd^{3+} 离子的磷酸盐激光钕玻璃进行了保护,其主要成分为 64～77 mol% P_2O_5、8～26 mol% R_2O(碱金属氧化物)、10～15 mol% 的三价氧化物,包括氧化钕、氧化铝和氧化镧、氧化钇等。该玻璃具有高的受激发射截面和低的浓度猝灭效应,是一种高效率磷酸盐激光玻璃。以 Arbuzov 为主的研究者自 21 世纪以来报道了磷酸盐激光钕玻璃及其包边玻璃的制备工艺技术[55-59]。

表 1-5 为俄罗斯 Luch 激光聚变装置使用的本国自行研发 KGSS-0180 磷酸盐激光钕玻璃的部分性能,该钕玻璃已在 Iskra-6 激光热核聚变装置中得到应用。

表 1-5　俄罗斯 KGSS-0180 磷酸盐激光钕玻璃的部分参数[55]

部分性能		KGSS-0180/35
激光性质	$Nd_2O_3/wt\%$	3.5
	Nd^{3+} 离子浓度/($\times 10^{20}$ ions/cm³)	3.6
	σ_{emi}/pm^2	3.6
	$\tau_R/\mu s$	360
	FWHM/nm	—
	λ_L/nm	1 053
光学性质	n_d	1.532
	$n_2/(\times 10^{-13}$ esu)	1.1
	$dn/dT/(\times 10^{-6}/K)_{(20\sim 40℃)}$	-3.95
物理性质	$d/(g/cm^3)$	2.83
	E/GPa	59
	μ	0.25
热学性质	$T_g/℃$	450
	$\alpha/(\times 10^{-7}/K)_{(20\sim 100℃)}$	116

法国 Deutschbein 等[60]于 1967 年开展了磷酸盐激光钕玻璃的研究工作。他们研究了大约 500 个磷酸盐激光钕玻璃的吸收光谱和发射光谱,发现磷酸盐激光钕玻璃具有比硅酸盐、硼酸盐、锗酸盐和铝酸盐玻璃窄的吸收和荧光谱,磷酸盐玻璃中 Nd^{3+} 离子荧光寿命为 280 μs;并用直径 3 mm、长 50 mm 的磷酸盐激光钕玻璃棒首次实现了激光阈值为 1.02 J 和 720 W 的室温准连续激光输出,认为磷酸盐激光钕玻璃具有比其他钕玻璃低的激光阈值。此外,1977 年 Deutschbein 等[61]与 Schott 公司合作,获得了一项绝热激光玻璃的美国授权专利。该专利发布了一种含 Na_2O、K_2O、Al_2O_3、P_2O_5 和 Nd_2O_3 的磷酸盐激光钕玻璃,其具有较低受激发射阈值、负的折射率温度系数、高的耐酸性和好的光学均匀性。

1.1.2　中国激光钕玻璃的成分、品种及光谱性质研究

自美国 Snitzer 于 1961 年首次报道硅酸盐激光钕玻璃实现激光输出之后,中国干福熹即提出研制激光玻璃。1962 年在中国科学院长春光学精密机械研究所首次得到掺钕硅酸盐玻璃 1.06 μm 激光输出,并于 1963 年获得 536 nm 倍频激光输出。1964 年 5 月中国科学院建立了光机所上海分所,即现在的中国科学院上海光学精密机械研究所(以下简称"上海光机所"),专业从事激光技术和高能、高功率激光器的研究开发。迄今为止,上海光机所开展了 50 多年激光钕玻璃的研发工作,是国内专业从事激光玻璃研发的机构。上海光机所研发的激光钕玻璃有两大应用,一类是高能激光器,另一类是高功率激光器。建所初期开展的大能量激光器项目因光束质量不能满足应用要求,在 20 世纪 70 年代中期中止。建立在激光钕玻璃放大器基础上的神光系列高功率激光器则经历了从小到大的规模化发展,高功率激光装置使用的钕玻璃也经历了从硅酸盐激光钕玻璃到磷酸盐激光钕玻璃的转变。

自 1964 年建所以来,上海光机所围绕高能和高功率激光装置应用,开展了包括激光钕玻

璃光谱和性能的基础研究、品种研究开发、制备工艺技术研究开发和检测技术研究开发的系列工作,满足了中国不同时期各类高能和高功率激光器,尤其是中国神光系列高功率激光装置对激光工作物质的需求[2,62-64]。获得应用的激光钕玻璃品种包括硅酸盐激光钕玻璃和磷酸盐激光钕玻璃两大类。

干福熹、姜中宏先后比较系统地报道了上海光机所不同阶段激光钕玻璃的研究进展[65-67],反映了上海光机所从 1964 年建所到 2010 年激光玻璃的基本研究情况。

20 世纪 60 年代到 70 年代初,上海光机所干福熹、姜中宏等[68-72]对 Nd^{3+} 离子在玻璃中的光谱和激光性质进行了系统研究工作,为后续钕玻璃品种的研发奠定了重要基础。这些工作以硅酸盐玻璃、硼酸盐玻璃、磷酸盐玻璃和氟化物玻璃为重点,系统研究了玻璃成分、Nd^{3+} 离子浓度对发光性质的影响以及光谱性质与玻璃结构的关系。

1973 年上海光机所陈述春[73]以硅酸盐激光钕玻璃为对象,通过低温和室温发光光谱测试,研究了 Nd^{3+} 离子在硅酸盐玻璃中的能级结构和受激发射截面,并提出了两种受激发射截面的计算方法,发现两种方法的计算结果相当,都可以用于评估钕玻璃的激光性能。1980 年陈述春等[74]以 13 种 5 类(硅酸盐、硼酸盐、磷酸盐、锗酸盐和碲酸盐)不同玻璃为对象,实验研究了 Nd^{3+} 离子在上述玻璃中的亚稳态和基态的 Stark 能级分裂,确定了 Nd^{3+} 离子 $^4F_{3/2}$ 能级的辐射和无辐射跃迁概率、受激发射截面、辐射量子效率、荧光分支比、亚稳态荧光寿命等光谱参数,并认为:Nd^{3+} 离子在玻璃中的能级分裂充分说明了玻璃的近程有序、远程无序的结构特征;网络形成体对 Nd^{3+} 离子的能级分裂起主导作用;辐射和无辐射跃迁概率与 Nd^{3+} 离子配位场密切相关。

1980 年侯立松等[75]开展了磷酸盐激光钕玻璃化学稳定性的研究,建立了一种磷酸盐激光钕玻璃对水的化学稳定性测定方法。采用该方法对不同成分磷酸盐激光钕玻璃的化学稳定性进行了研究,并根据玻璃结构和玻璃中阳离子极化能力对测试结果进行了分析。

1989 年蒋亚丝等[76]发表了对掺钕铝磷酸盐光谱性质研究的结果,采用 $R_2O(MO)$ - Al_2O_3 - Ln_2O - $3P_2O_5$($R=Li$, Na, K; $M=Ca$, Sr, Ba; $Ln=Nd_2O_3+La_2O_3$)玻璃作为研究对象,制备了 Nd^{3+} 离子掺杂浓度最高达到 $10×10^{20}$ cm^{-3}、Fe 等过渡金属杂质小于 10 ppm、羟基吸收系数小于 $1 cm^{-1}$ 的磷酸盐激光钕玻璃。采用 Judd-Ofelt 理论计算了含不同碱金属和碱土金属氧化物的铝磷酸盐玻璃中 Nd^{3+} 离子的光谱参数。

2003 年李顺光等[77]研究了不同 Nd^{3+} 离子浓度的 N31 型磷酸盐激光钕玻璃的受激发射截面,采用 Judd-Ofelt 理论计算了光谱性质,发现随 Nd^{3+} 离子浓度增加,N31 玻璃的受激发射截面减小。

2004 年姜中宏等[78]对 5 种氧化物激光钕玻璃(磷酸盐、硼酸盐、硅酸盐、锗酸盐和碲酸盐玻璃)的光谱和增益性能进行了系统研究。

2012 年以来,上海光机所根据超快激光器对宽带光谱激光钕玻璃的需求,开展了宽带发光的硅酸盐激光钕玻璃和铝酸盐激光钕玻璃光谱与成分的研究工作。定型了一种 NSG2 型宽带发光硅酸盐激光钕玻璃,其峰值发光波长为 1 061 nm,荧光有效线宽为 34 nm。铝酸盐激光钕玻璃的峰值发光波长为 1 064 nm,荧光半高宽为 50 nm,但其制备工艺性能还不能满足大尺寸玻璃的制备要求,需要对玻璃配方进一步优化,提高其工艺性能[79-82]。

2018 年上海光机所利用先进的结构分析手段,开展了 Nd^{3+} 离子局域环境结构对新型激光钕玻璃发光性质的影响[83-84],从稀土 Nd^{3+} 离子局域环境和玻璃结构角度加深了对激光钕玻璃的光谱性能与成分关系的理解。

上海光机所硅酸盐激光钕玻璃品种的研发工作集中在 1964—1976 年。1964 年姜中宏等[65]研发了 N01 型硅酸盐激光钕玻璃(尺寸 $\phi16$ mm×500 mm),并得到 114 J 的激光输出。N01 型硅酸盐激光钕玻璃满足了中国 1966 年前钕玻璃激光器的发展要求。为改善 N01 型硅酸盐激光钕玻璃的工艺性能,1965—1973 年间,上海光机所开展了大量 N03 型硅酸盐激光钕玻璃的研发,该玻璃成分为 $73.6SiO_2 - 5.0K_2O - 6.7Na_2O - 12.8CaO$(mol%)。系统研究了不同 Nd^{3+} 离子浓度、不同坩埚熔制条件对 N03 型钕玻璃的发光和激光性质的影响[85]。结果表明,N03 型钕玻璃比 N01 型钕玻璃具有更好的工艺性能、化学稳定性、机械性能以及激光效率。铂金坩埚熔制的 N03 型激光波长损耗可以达到 0.1% cm^{-1},采用铂金坩埚熔制的 $\phi16$ mm×500 mm 的 N0330(代表含 3.0 wt% Nd_2O_3 的 N03 型玻璃)钕玻璃棒可以实现 5.8% 的最高激光效率。1969 年在 $\phi120$ mm×5 000 mm 尺寸的 N03 型硅酸盐激光钕玻璃中实现了万焦耳级的高能激光输出。"大功率"应用的钕玻璃器件,其输出激光功率不断攀升,1973 年首次得出"中子"后,在很短时间内,中子以几个数量级的速度上升,激光钕玻璃也取代掺钕激光晶体,从次要地位上升为高功率激光器的主要激光工作物质。使用的激光钕玻璃数量和尺寸也不断增加。

为提高硅酸盐激光钕玻璃的抗激光破坏阈值和储能特性,对含 SiO_2 > 80 mol% 高氧化硅含量的 N04、N06 和 N07 型硅酸盐激光钕玻璃进行了研究[86]。但 N04 和 N06 型玻璃的制备工艺特性较差,不适合大尺寸制备。N07 型玻璃工艺性能好[87],进行了 100 升以上规模的试制,但其受激发射截面较小。

由于发现上述硅酸盐激光钕玻璃棒泵浦过程的热效应会导致激光束严重变形,因而继续开展了 N08 和 N09 型硅酸盐激光钕玻璃的研发[65],其目的是降低折射率温度系数和热光系数,减少激光束的热畸变。在 N01 和 N03 型硅酸盐激光钕玻璃基础上,这两种型号玻璃的热光系数得到有效降低。

此外,针对重复频率应用的激光钕玻璃容易出现炸裂的问题,研了 N10 型硅酸盐激光钕玻璃[88]。将 N10 型硅酸盐激光钕玻璃进行表面离子交换,形成压应力层,可以显著提高玻璃的机械强度,满足 1~5 Hz 重复频率的需要。

截至 1976 年,上海光机所发展了能实现大尺寸制备的 N03、N07、N08、N09 和 N10 型硅酸盐钕玻璃[89]。部分型号(N03 和 N09 型)硅酸盐激光钕玻璃成功应用到大能量激光器和神光 I 高功率激光装置。

1964 年蒋亚丝[90]在 $\phi10$ mm×89 mm 的 $P_2O_5 - BaO$ 玻璃棒中实现了激光输出。输入 1 200 J 氙灯泵浦能量,获得 3 J 的输出。1966 年胡和方[91]研究了硼酸盐激光钕玻璃的光谱和激光性质,并在 1 000 J 氙灯泵浦能量下,于 $\phi8$ mm×90 mm 的硼酸盐激光钕玻璃棒中实现了 0.9~2.1 J 的激光输出能量。

20 世纪 70 年代,上海光机所根据国外激光钕玻璃研发动态,以及硅酸盐激光钕玻璃在光束质量和激光破坏阈值等方面的问题,启动了磷酸盐激光钕玻璃的研发,并持续开展了以磷酸盐激光钕玻璃性能、制备工艺技术为主的研究工作。

如前所述,磷酸盐激光钕玻璃由于其综合性能优异,满足了高功率激光器的应用需求,一直发展至今。1984 年由上海光机所研制定型了 $BaO - Al_2O_3 - P_2O_5$ 为主成分的 N21 型磷酸盐激光钕玻璃和 $R_2O - RO - Al_2O_3 - P_2O_5$ 为主成分的 N24 型磷酸盐激光钕玻璃[65]。N21 型玻璃产品自 20 世纪 80 年代中期开始取代硅酸盐激光钕玻璃在神光 I 高功率激光装置中获得应用,且其研制及应用一直延续至今。

由于氟磷酸盐玻璃中 Nd^{3+} 离子发光效率高,并且其非线性折射率低,对高功率激光装置应用很有吸引力。20 世纪 80 年代,上海光机所开展了氟磷酸盐激光钕玻璃的研制工作[65]。蒋亚丝等[92]研究了氟磷酸盐激光钕玻璃的成分和性能的关系,并对氟磷酸盐激光钕玻璃的激光散射和激光破坏机理进行了研究[93]。但由于其制备过程中容易析晶等问题,导致最终没有形成可以应用的氟磷酸盐激光钕玻璃牌号。

由于 N21 型磷酸盐激光钕玻璃的增益能力不能满足神光系列高功率激光装置发展的需要,根据国外激光钕玻璃的研究进展,并瞄准提高受激发射截面、降低非线性折射率的应用需求,1998 年上海光机所完成了具有更好的综合激光性能的 N31 型磷铝钾钠系列($R_2O - RO - Al_2O_3 - P_2O_5$)磷酸盐激光钕玻璃的品种定型。N31 型磷酸盐激光钕玻璃比 N21 型钕玻璃的受激发射截面高、非线性折射率 n_2 更低。此外,N31 型磷酸盐激光钕玻璃具有较日本 Hoya 公司 LHG‐8 型磷酸盐激光钕玻璃更高的受激发射截面,与德国 Schott 公司 LG‐770 磷酸盐激光钕玻璃相比则具有更好的化学稳定性。自 2000 年在神光 II 装置应用以来,截至 2014 年,已有 1 000 多件 N31 型大尺寸磷酸盐激光钕玻璃在神光系列装置中得到应用。作为核心元器件,N31 型磷酸盐激光钕玻璃在中国神光 II、神光 III 系列高功率激光装置中发挥了重要的激光能量放大作用。2016 年上海光机所定型了一种具有低非线性折射率、高增益性能的 N41 型磷酸盐激光钕玻璃。该玻璃是一种以 $K_2O - MgO - Al_2O_3 - P_2O_5$ 为主成分的偏磷酸盐玻璃,其二阶非线性折射率较 N31 钕玻璃低约 10%。测试表明,N41 钕玻璃具有比 N31 钕玻璃更高的增益能力,即将应用于中国高功率激光装置。

为满足激光钕玻璃在工业加工中的应用,上海光机所于 2010 年启动了具有较低膨胀系数和热机械性能的 NAP2 和 NAP4 型铝磷酸盐激光钕玻璃的研制。这两种玻璃含大量的 Li_2O 和 Al_2O_3,因此,相比高峰值功率应用的 N21、N31 及 N41 型钕玻璃,NAP2 和 NAP4 钕玻璃膨胀系数较低、热导率较高,可以面向低重复频率、高平均功率激光器应用。此外,为满足重复频率工作需求,2018 年上海光机所开发了 NSG2 型硅酸盐钕玻璃。经过改进除铂颗粒工艺,其激光损伤阈值可以达到 7 J/cm^2(1 064 nm, 3 ns)。表 1‐6 为上海光机所研制的磷酸盐激光钕玻璃主要性能参数。

表 1‐6 上海光机所研制的磷酸盐激光钕玻璃主要性能参数

主要性能	NSG2	N21	N24	N31	N41	NAP2	NAP4
σ_{emi}/pm^2	2.7	3.4	4.0	3.8	3.9	3.7	3.2
$Nd^{3+}/(\times 10^{20}\ cm^{-3})$	1.8	2.7	—	3.4	4.1	1.0	0.93
$\tau_f/\mu s$	330	330	—	310	310	360	360
$\tau_R/\mu s$	—	—	—	351	355	—	—
λ_L/nm	1 060	1 053	1 054	1 053	1 053	1 052	1 052
$\Delta\lambda_{eff}/nm$	34	24.0	25.5	25.5	25.4	25.4	28.5
$\rho/(g/cm^3)$	2.55	3.4	2.95	2.87	2.61	2.76	2.60
n_d	—	1.574	1.543	1.540	1.510 2	1.542	1.530
n_L	1.560	1.565 2		1.535	1.504	1.537	1.515
ν	59	65.3	66.6	65.6	67.8	67.0	66.0
$n_2/(\times 10^{-13}\ esu)$	1.6	1.3	1.2	1.18	1.05	1.22	1.10
$T_g/℃$	485	500	370	450	475	500	545
$\alpha/(\times 10^{-7}/K)_{(30\sim70℃)}$	95	—		107	118	—	—
$dn/dT/(\times 10^{-6}/K)_{(30\sim70℃)}$	2.0	−4.2		−4.3	−5.6	−0.89	1.9

续表

主要性能	NSG2	N21	N24	N31	N41	NAP2	NAP4
$dS/dT/(\times10^{-6}/K)_{(30\sim70℃)}$	7.0	1.9	—	1.4	0.3	3.6	5.0
$\alpha/(\times10^{-7}/K)_{(30\sim300℃)}$	102	120	156	127	134	96	71
$K/[W/(m\cdot K)]$	1.2	0.55		0.57		0.76	0.88
$C_p/[J/(g\cdot K)]$	—	0.75				0.757	0.775
E/GPa		56.4	54.6	58.5	52.4	58	67
$H/(kg/cm^2)$		650		404	347	382	549
$D_w/$ $(\mu g/cm^2)(1\,h,100℃\,H_2O)^*$		3		26	43	3	2

注：＊为在 100 ℃蒸馏水中 1 h 单位面积失重。

1.1.3　激光钕玻璃的制备工艺研究与发展

在过去的几十年中，由于高功率激光装置的需求牵引，国内外激光钕玻璃的制备工艺技术取得了很大进展。激光钕玻璃的制备从最初硅酸盐玻璃的坩埚熔炼，发展到了现阶段磷酸盐激光钕玻璃的连续熔炼。激光钕玻璃的尺寸也由最初的单件数百毫升发展到现在的 15 升/片。得益于国内外激光聚变装置的建设，磷酸盐激光钕玻璃的制备工艺取得了突飞猛进的发展，从单坩埚熔炼、半连续熔炼发展到了 400 mm×800 mm×40 mm 的大尺寸连续熔炼。

相比普通光学玻璃，激光钕玻璃的制备工艺复杂，需要同时满足光学和激光两方面的性能指标要求，其制造难度远高于一般的光学玻璃制品。为满足高功率激光装置应用，激光钕玻璃需要达到激光波长吸收损耗低、荧光寿命长、光学均匀性高、无夹杂物引发激光破坏、消除寄生振荡等技术要求，并且在米级尺寸范围光学均匀性要求达到 10^{-6} 量级。

激光钕玻璃的制备工艺包括熔制、粗退火、精密退火、包边和光学加工这五个工艺环节，涵盖除杂质、除羟基、除条纹、除铂金和包边等关键技术。熔制技术是激光钕玻璃制备的核心技术。激光钕玻璃的熔制技术经历了单坩埚熔炼（包括陶瓷坩埚及铂金坩埚）、半连续熔炼到连续熔炼的发展历程。

1）　激光钕玻璃的杂质控制技术

原料纯度是影响激光钕玻璃吸收损耗的重要因素，对钕玻璃的激光效率有重要影响。国内外的激光钕玻璃制备都对原料杂质提出了严格的要求，重点需要控制在 1 μm 左右有吸收的过渡金属杂质和其他可能引起 Nd^{3+} 离子无辐射跃迁的稀土离子杂质[94]。

上海光机所自 1964 年建所以来，早期的激光钕玻璃研制工作采用多种方式与上海跃龙化工厂、上海试剂三厂合作，试制用于激光钕玻璃研制的"特定"纯度原料，制定了激光钕玻璃用原料的采购标准和分析检测手段[95-96]。特定纯度原料的研制工作尤其得到了上海跃龙化工厂的大力支持。该厂生产出低 Fe 含量氧化钕原料，并在浙江湖州先后投资建立了两个高纯石英砂生产点，及时提供了硅酸盐激光钕玻璃、磷酸盐激光钕玻璃、氟磷酸盐激光钕玻璃研究和生产所需各种原料。20 世纪 90 年代以来，上海光机所为解决磷酸盐激光钕玻璃特定纯度原料问题，在上海嘉定建立了一个专门生产磷酸盐激光玻璃原料的基地，该基地为上海光机所激光钕玻璃的研制提供了多种磷酸盐原料，满足了高性能磷酸盐激光钕玻璃研制对原料纯度的需求。21 世纪以来，国内激光玻璃原料生产工艺水平有较大提高，稀土原料和其他特定原料中杂质含量都控制在数 ppm 量级。这些为降低激光钕玻璃的损耗、提高其激光效率，提供了重要的原材料保障。

2005 年上海光机所徐永春等[97]研究了 Fe 杂质对 N31 磷酸盐激光钕玻璃激光波长损耗的影响。2011 年徐永春等[98]研究了 Cu 杂质对 N31 磷酸盐激光钕玻璃损耗和 Nd^{3+} 离子无辐射跃迁的影响,得出了 Cu 杂质对 N31 磷酸盐激光钕玻璃激光波长损耗的影响系数为 $0.002\ 4\ cm^{-1}/(\mu g/g)$,这一结果与美国 Ehrmann 报道[99]的 LHG - 8 和 LG - 770 磷酸盐激光钕玻璃的相似。铜杂质对 Nd^{3+} 离子 $^4F_{3/2}$ 能级的荧光猝灭速率为 $7.9\ Hz/(\mu g/g)$。这些研究进一步明确了磷酸盐激光钕玻璃中控制 Cu 杂质含量的重要性。

2) 反应气氛法消除激光钕玻璃中的羟基

钕玻璃中的羟基(OH^- 根)对 Nd^{3+} 离子的发光产生猝灭,降低 Nd^{3+} 离子的荧光寿命,从而严重影响激光器的效率。美国 LLNL 国家实验室 Campbell 等[100-101]研究了磷酸盐激光钕玻璃的无辐射跃迁,确定了该玻璃中可能引起无辐射跃迁的四个因素,它们是:Nd^{3+} 离子之间相互作用、Nd^{3+} 离子与基质玻璃相互作用、Nd^{3+} 离子与杂质离子(包括过渡金属杂质和稀土离子杂质)相互作用、Nd^{3+} 离子与羟基相互作用。这几个因素都可以引起 Nd^{3+} 离子的无辐射跃迁,减少辐射跃迁概率,从而降低激光效率。

为减少羟基的引入量,激光玻璃熔制中尽量采用不含水的原料。但基于中国磷酸盐原料含水的现状,借鉴石英光纤中采用反应气氛法消除 OH^- 根的技术,1985 年上海光机所卓敦水等[102]首先在磷酸盐激光钕玻璃中采用含氯气氛除水,取得良好结果。玻璃中的 OH^- 含量达到国外激光玻璃相同水平。日本 Hoya 公司泉谷彻郎 1987 年申请了磷酸盐钕玻璃除羟基的日本专利[103]。

美国 LLNL 国家实验室针对激光钕玻璃连续熔炼这一动态过程的除水难题,开展了除水模拟和计算工作[18],这一工作对连续熔炼线除水设备的设计、除水工艺的制定有指导意义。反应气氛除水技术已经发展为激光钕玻璃除水的主流技术。采用该技术可以获得低 OH^- 含量($3\ 000\ cm^{-1}$ 吸收系数 $\leqslant 1.5\ cm^{-1}$,OH^- 含量 $< 140\ ppm$)的磷酸盐激光钕玻璃[104]。该技术在激光钕玻璃的坩埚熔炼和连续熔炼工艺中都发挥了重要作用。

上海光机所姜淳等[105]以 HLC - 5 型($R_2O - BaO - Al_2O_3 - P_2O_5$)和 N21 型($BaO - Al_2O_3 - P_2O_5$)两种磷酸盐玻璃为对象,系统研究了 OH^- 对玻璃激光性能和物理性能的影响。他们发现,随着 OH^- 含量降低,Nd^{3+} 离子荧光寿命延长,同时玻璃转变温度、软化温度、抗折强度和折射率有所升高,热膨胀系数和平均色散有所降低,并用 OH^- 与 Nd^{3+} 离子的相互作用、OH^- 对玻璃结构的影响机理对结果进行了解释。

上海光机所李顺光等[106]研究了 N21 和 N31 型两种磷酸盐激光钕玻璃中不同 OH^- 含量对激光性能的影响,发现 OH^- 含量显著影响两种磷酸盐激光钕玻璃的小信号增益系数,该增益系数与 OH^- 含量成反比,从而指出了激光钕玻璃熔制生产过程中控制 OH^- 含量的必要性。

3) 氧化法消除激光钕玻璃中的铂颗粒

为获得 10^{-6} 量级的光学均匀性,激光钕玻璃的熔制必须采用铂金坩埚和铂金叶桨。铂金进入玻璃中的主要途径有:铂金件的磨损、铂金坩埚的晶粒侵蚀、铂金坩埚接触还原性物质、气相 PtO_2 分解后进入玻璃。在高功率激光作用下,铂颗粒吸收激光能量,导致其气化,造成玻璃中出现局部或整体炸裂,从而对激光钕玻璃造成严重破坏,影响其正常使用。

早期的激光实验中已发现钕玻璃棒内部出现气泡状破坏。当时国内外普遍认为是热膨胀引起的裂纹,试图用降低玻璃膨胀系数的方法解决这一破坏现象。上海光机所王之江首次通过计算认为,气泡状破裂是因钕玻璃内有金属颗粒、吸收激光能量气化爆炸所引起,并为后期实验所证实[2]。

1985 年美国 Nova 装置首次使用磷酸盐激光钕玻璃,同样发现钕玻璃在 2.5 J/cm² 激光通量(1 ns 脉冲宽度)出现铂金破坏[107]。钕玻璃中铂金颗粒含量高达 10~1 000 个/升,铂金颗粒直径 5~100 μm。因此,美国 LLNL 国家实验室联合 Hoya 和 Schott 两家钕玻璃制造公司开展了磷酸盐激光钕玻璃除铂颗粒的研究工作。1989 年 Campbell 等[108]的研究报告详细总结了磷酸盐激光钕玻璃中除铂颗粒的研究进展。他们采用 Hoya 公司的 LHG‐8 和 Schott 公司的 LG‐750 磷酸盐激光钕玻璃,对在不同工艺条件下(包括温度、气氛等)铂金的溶解速度和蒸发以及 PtO_2 化合物的迁移展开研究。研究认为,铂金的形成主要为 PtO_2 气相化合物因为温度梯度导致的分解,熔制过程中形成的铂颗粒可以通过氧化气氛进行溶解;并且得出了铂颗粒溶解过程的计算模型。同时认为相比铂合金,纯铂具有更好的抗晶界侵蚀性能,不易产生铂颗粒。这些研究工作为 Hoya 和 Schott 两家公司获得 0.1 个/升铂颗粒指标的钕玻璃奠定了理论基础。采用除铂颗粒后磷酸盐激光钕玻璃的 Nova 装置实现了 80~120 kJ(1 053 nm,1~3 ns)的设计输出激光能量。而之前未除铂颗粒的磷酸盐激光钕玻璃,受限于激光破坏,只能实现 40~50 kJ 的激光输出能量。

为解决硅酸盐激光钕玻璃的铂颗粒破坏问题,上海光机所于 1965—1980 年期间,采用了与国外一样的全陶瓷熔炼工艺及利用气氛铂金熔炼两种工艺方法。但其中采用铂金坩埚熔制工艺、利用气氛铂金熔炼方法未能达到理想的除铂颗粒效果。

1991 年上海光机所蒋仕彬等[109]对磷酸盐钕玻璃熔制过程中的铂污染问题进行了研究报道。2000 年姜中宏和张勤远[110]采用热力学参数,对磷酸盐激光钕玻璃熔制过程中气‐液、气‐固、液‐固反应的铂金化合物和铂颗粒的形成能进行了计算,分析了铂颗粒的可能来源以及铂的产生、迁移和最佳除铂工艺途径。2001 年周蓓明等[111]以 N21 和 N31 型两种磷酸盐激光钕玻璃为对象,开展了不同温度和不同通气条件下铂金溶解的实验研究。这些工作为磷酸盐激光钕玻璃制定除铂颗粒工艺提供了参考。

1995 年以来,上海光机所自主研发了氧化法结合铂金坩埚独特设计的除铂颗粒技术。该技术在半连续坩埚熔炼和连续熔炼工艺中都获得了很好的除铂颗粒效果。除铂颗粒后的连熔 N31 磷酸盐激光钕玻璃的体损伤阈值达到 42 J/cm²(1 064 nm,3 ns)[112],为中国高功率激光装置提供了高性能激光钕玻璃的保障。

2017 年上海光机所程继萌等[113]报道了采用 10 J、10 ns 脉冲宽度、10 Hz 重复频率的 1 064 nm 强激光辐照检测激光钕玻璃中铂金颗粒的方法。

4) 激光钕玻璃的坩埚熔炼技术

坩埚熔炼技术具有灵活性好、更换牌号比较方便的特点,一直以来是激光钕玻璃的主要熔化方式。激光钕玻璃的坩埚熔炼技术经历了以下三个阶段。

第一阶段:单坩埚浇注成型工艺。这是最早期激光玻璃熔制的方式,采用陶瓷或铂金坩埚,经历除气泡、搅拌除条纹及降温冷却过程后,直接将玻璃熔体倾倒在预热的模具上。这种方式成品率较低,并且较难控制 Nd^{3+} 离子的荧光寿命,多用于早期硅酸盐激光钕玻璃的熔制。20 世纪 60—70 年代,上海光机所与上海新沪玻璃厂合作,采用坩埚熔炼法,进行大尺寸硅酸盐激光钕玻璃的研制,制造了大量各种规格的硅酸盐激光钕玻璃棒和片,其中包括 1969 年制造的 φ120 mm×5 000 mm 的超大尺寸激光钕玻璃棒。当时,为解决低杂质含量的陶瓷坩埚问题,上海光机所联合上海玻璃搪瓷研究所、上海益丰耐火材料厂、上海人民耐火材料厂进行攻关,研制激光玻璃全陶瓷工艺所需的低铁陶瓷坩埚、涂层坩埚和刚玉搅拌器,采用坩埚熔炼、刚玉叶桨搅拌的方式开展硅酸盐激光钕玻璃的坩埚熔炼。先后完成了 20 升和 60 升坩埚熔炼工艺实验，并最终成功试制了 300 升捣打涂层坩埚和含铁低的瓷土捣打坩埚，建立了用 50 升不透明石英坩埚熔炼磷酸盐激光钕玻璃的设备，并确立了工艺和原材料。

第二阶段：铂金坩埚漏料成型工艺。1978 年上海光机所启动磷酸盐激光钕玻璃生产工艺研究，并于 1982 年建成 13 升铂系统密闭熔炼、坩埚底部玻璃流出的浇注成型，包括陶瓷坩埚熔炼、搅拌系统、铂管辅助加热、浇注车等的全套铂金坩埚漏料成型设备。1984 年采用 15 升铂坩埚和漏料成型技术，为神光Ⅰ高功率激光装置生产了全部 N21 型磷酸盐激光钕玻璃元件，其中钕玻璃片的最大尺寸为 400 mm×200 mm×40 mm，棒的最大尺寸为 $\phi70$ mm×500 mm。蒋亚丝等[114]于 1986 年报道了磷酸盐激光钕玻璃的漏料成型工艺技术。该工艺采用铂金坩埚，将已经除条纹和气泡的激光钕玻璃熔体通过设计好的铂金漏料管浇注进入预热好的模具。相比单坩埚浇注成型工艺，该方法制备的激光钕玻璃光学均匀性有较大提高。结合退火工艺优化，在 200 mm 口径钕玻璃中实现了 $1×10^{-6}$ 的光学均匀性，出料率达到 70%。但由于磷酸盐激光钕玻璃需要采用陶瓷坩埚制备熟料并通气除水，在陶瓷坩埚化料后将玻璃倒出，再将玻璃捣碎，二次投料加入铂金坩埚中，对钕玻璃的荧光寿命、损耗控制带来较大影响。采用该方式制备的磷酸盐激光钕玻璃羟基吸收系数高达 6～10 cm^{-1}。

第三阶段：半连续坩埚熔炼工艺。1993 年以来，上海光机所在漏料成型工艺技术基础上，创新发展了磷酸盐激光钕玻璃的半连续坩埚熔炼工艺技术。磷酸盐激光钕玻璃的半连续坩埚熔炼工艺解决了激光钕玻璃制备工艺的除羟基和除铂颗粒两大技术难题，获得授权专利 2 项[115-116]。与传统钕玻璃单坩埚熔炼工艺相比，半连续坩埚熔炼工艺有利于除羟基和降低激光钕玻璃损耗，并且工序少、操作简便、能耗低、生产效率高。上海光机所于 1996 年完成 15 升扩大半连续熔炼工艺实验，随后扩大到 20 升、40 升、50 升规模。2000 年采用半连续坩埚熔炼工艺和 20 升铂金坩埚，为神光Ⅱ装置研制了 200 mm 口径的 N31 激光钕玻璃 80 片。2002 年已具备采用半连续坩埚熔炼技术，小批量研制 610 mm×330 mm×38 mm 尺寸（8 升）的磷酸盐激光钕玻璃的能力。2005 年采用 40 升半连续坩埚熔炼技术完成了 184 片神光Ⅲ原型 N31 型磷酸盐激光钕玻璃的供货任务。2007 年根据神光Ⅲ主机高功率激光装置建设需要，上海光机所进一步发展和完善了磷酸盐激光钕玻璃的半连续坩埚熔炼技术，开发了激光钕玻璃 50 升铂金坩埚半连续熔制工艺，形成了批量生产能力。采用 50 升坩埚半连续熔炼工艺，完成了数百片 810 mm×460 mm×40 mm 大尺寸 N31 型磷酸盐激光钕玻璃的批量制备，并于 2012 年交付神光Ⅲ主机装置使用。与此同时，还完成了神光Ⅱ第九路 15 片 350 mm 口径的大尺寸 N31 型磷酸盐钕玻璃片的研制。上海光机所的半连续坩埚熔炼技术在新型激光钕玻璃和小批量激光钕玻璃的研制中持续发挥着重要作用。

5) 激光钕玻璃的连续熔炼技术

与坩埚熔炼技术相比，连续熔炼技术具有产品一致性好、生产效率高、性价比高的优点。但是磷酸盐激光钕玻璃的连续熔炼技术需要攻克加热电极、耐火材料、除水、除铂颗粒和隧道窑退火炸裂等一系列难题。20 世纪 90 年代中期，美国联合法国能源部，投资 Hoya 公司和 Schott 公司，分头开展 LHG-8 和 LG-770 磷酸盐激光钕玻璃的连续熔炼工艺技术研发，以满足美国 NIF 和法国 LMJ 两大激光聚变装置对近万片大尺寸激光钕玻璃的需求。21 世纪初，Hoya 和 Schott 两家公司在美国 LLNL 国家实验室的领导下经过多年研发，完成了连续熔炼技术攻关，最终采用连续熔炼技术生产了 NIF 和 LMJ 两大激光聚变装置需要的全部激光钕玻璃（包括备片）。Campbell[117]总结报道称，连续熔炼生产效率较坩埚熔炼（2～3 片/周）提高了 20 倍以上,光学均匀性也得到 2 倍以上提高。此外,对于激光钕玻璃片之间的参数一致性,连续熔炼激光钕玻璃远优于坩埚熔炼激光钕玻璃。这对像美国 NIF 和法国 LMJ 这样有 200 束左右激光的超大型激光聚变装置非常重要,可以比较容易地实现各激光束之间的能量平衡。

上海光机所根据中国激光聚变装置的建设需求,于 2005 年开始研发磷酸盐激光钕玻璃的连续熔炼工艺技术。攻克并集成了大尺寸磷酸盐激光钕玻璃连续熔炼的除杂质、动态除羟基、除铂金、小流量大尺寸成型、无炸裂隧道窑退火等 5 项关键技术,于 2012 年取得大尺寸 N31 型磷酸盐激光钕玻璃连续熔炼工艺技术的突破,掌握了激光钕玻璃的批量制备工艺技术。2014 年采用连续熔炼技术完成了 500 余片神光Ⅲ主机大尺寸 N31 型磷酸盐激光钕玻璃的制备。连续熔炼生产效率为半连续坩埚熔炼的 8～10 倍,且钕玻璃的参数一致性得到了显著提高[118]。连续熔炼 N31 型磷酸盐激光钕玻璃的部分性能指标优于国外最优同类产品[112,119-120]。

6)　激光钕玻璃的包边技术

高功率激光玻璃放大器对激光能量的有效放大能力,在很大程度上取决于对主激光方向以外其他方位自发辐射放大行为的抑制程度,这是保证激光系统最终输出能量水平的关键。激光钕玻璃中一旦形成闭合光路,只要增益大于损耗,就会产生寄生振荡。激光钕玻璃的包边技术就是将可以有效吸收 1 μm 发光的含铜离子包边玻璃,通过有机黏结剂黏结在激光钕玻璃的侧面,从而抑制放大自发辐射(amplified spontaneous emission,ASE),保证激光钕玻璃的增益指标。

高功率激光钕玻璃有以下三种包边方法:

(1) 浇注包边法。日本 Hoya 公司和美国 Kigre 公司成功研制了这种包边方法。该方法将熔制好的液体包边玻璃直接浇注到侧面已经加工并且预制好的激光钕玻璃中。其优点是一劳永逸,不存在使用有机黏结剂的包边法可能有的脱胶问题;缺点是成品率较低,容易出现激光钕玻璃炸裂,因此比较适合于小尺寸激光钕玻璃的包边。

(2) 硬包边方法。为 20 世纪 80 年代上海光机所朱从善等所研发。该方法将包边玻璃球磨成粉末状,之后与有机黏结剂混合,形成浆糊状的包边料。将该浆料均匀涂覆在已加工好的激光钕玻璃表面,按照一定加热工艺制度烧结,获得包边好的激光钕玻璃。该包边方法已成功应用于神光Ⅰ装置椭圆形片状 N21 型磷酸盐激光钕玻璃的包边,比较适合于椭圆形状的激光钕玻璃包边。其缺点是较难实现包边玻璃与激光钕玻璃的折射率匹配。

(3) 软包边方法。为目前国内外普遍所采用。该包边方法采用有机黏结剂将加工好的激光钕玻璃和吸收 ASE 的包边玻璃粘合起来,有机黏结剂固化后形成光学接触面。为达到抑制 ASE 的理想效果,对包边玻璃、包边胶、激光钕玻璃的折射率匹配、贴合面的光学加工有严格要求。美国于 1989 年申请获得一项关于该包边方法的专利[121]。美国 NIF 和法国 LMJ 装置使用的大尺寸激光钕玻璃均采用该方法进行包边。上海光机所于 20 世纪 90 年代末期开始进行激光钕玻璃软包边技术研发。2007 年自行研发了包边胶(有机黏结剂)和低附加应力包边技术。2013 年上海光机所的软包边技术获得一项发明专利授权[122]。这种软包边技术最初在神光Ⅱ装置中得到应用。目前神光系列装置使用的 N31 磷酸盐激光钕玻璃均采用软包边技术进行包边,已成功应用于 1 000 多件 300 mm 口径以上的大尺寸 N31 型磷酸盐激光钕玻璃的包边,确保其在神光装置上实现预期的放大增益能力。

1.2　钕玻璃激光器及其发展历程

1961 年激光钕玻璃问世后,1962 年美国 LLNL 国家实验室开始启动激光聚变研究立项[123]。激光聚变点火装置的工作原理是：将兆焦耳量级的激光能量汇聚后，形成高温高压，引发氢的同位素实现聚变反应，同时释放中子和大量聚变能。激光聚变是产生清洁能源的一种重要方式，大型激光聚变装置的研究可以从根本上解决人类共同面对的能源紧缺问题。该大型激光聚变装置使用的激光放大物质即为激光钕玻璃。激光钕玻璃的最主要应用就是激光驱动的惯性约束核聚变。随着激光技术的不断发展，钕玻璃高功率激光器的应用已经拓展到了 X 射线激光、激光冲击强化、激光重离子加速、超快激光泵浦源以及由此产生的激光与物质相互作用的前沿基础研究和医疗领域。

1.2.1　钕玻璃激光器的特点

Nd^{3+} 离子具有从紫外、可见到红外波段的丰富吸收带，并且其近红外约 1 μm 的荧光主峰是对应 $^4F_{3/2}$ 能级荧光分支比最高的一个发光峰。1 μm 波长的激光对应 $^4F_{3/2} \sim ^4I_{11/2}$ 能级的跃迁，通常这是一个典型的四能级结构激光发射。Nd^{3+} 离子具有激光阈值低、受热效应影响小的激光发射特性。由于 Nd^{3+} 离子的吸收带较多，钕玻璃激光器可以采用氙灯泵浦，也可以采用半导体激光器泵浦。

激光钕玻璃的受激发射截面小于掺钕激光晶体，如典型的激光晶体 Nd：YAG，其 1 μm 的峰值受激发射截面比激光钕玻璃高约一个数量级。因此，钕玻璃激光器的激光效率低于晶体激光器。此外，激光钕玻璃是非晶态物质，其热导率较晶体低，不适合作为连续激光工作物质使用。因此，这带来了高功率钕玻璃激光器的两个缺点：一是激光效率较低，在氙灯泵浦的大型激光器中，电能转化为激光能量的效率为 1%～3%，大部分能量转化成热量消耗；二是高功率激光必须以脉冲方式运行，通常脉冲间隔为 0.5～3 h。但相比而言，激光钕玻璃的光谱和光学性能可调节范围远大于激光晶体。因此，激光钕玻璃的二阶非线性折射率和光程长温度系数可以调节到较小，这有利于抑制自聚焦破坏，实现高功率激光输出，且光束质量随温度波动变化较小。最为重要的是，激光玻璃的工艺特性优于激光晶体，可以制备较大尺寸、光学均匀性好、稀土离子均匀掺杂的激光玻璃材料用于激光器件。因此，激光钕玻璃非常适合在大型高峰值功率或低重复频率的高平均功率激光器件中作为放大器工作物质使用。

1.2.2　高峰值功率钕玻璃激光器

1960 年激光问世不久，苏联科学家巴索夫（N. G. Basov）、美国科学家道森（J. DM. Dawson）与中国科学家王淦昌都敏锐地意识到，可以利用在实验室条件下形成极高功率密度的激光，产生高温高压条件，进而诱发核聚变。他们在各自国家独立推动了激光聚变的研究。目前，激光驱动惯性约束聚变（inertial confinement fusion, ICF）研究已成为重大前沿科技领域。ICF 装置为人类在实验室条件下探索并掌握可控核聚变反应规律提供了重要平台，同时也为人类获得可再生能源——核聚变能提供了一种技术途径。ICF 装置的激光驱动器是典型的高峰值功率，同时又是高能量输出的钕玻璃激光器。

高功率激光作为 ICF 驱动条件，具备精密可控的显著优势。但要在实验室毫米空域、纳秒时域尺度内实现聚变点火的精确条件，难度非常高。比如，要求驱动激光脉冲有足够高的能量，同时还要求具有高光束品质包括激光波长、光束质量、打靶精度、脉冲波形和同步精度等。这些技术要求使得 ICF 驱动器的研制面临了巨大挑战。

ICF 装置的基本构造包括能源系统、激光器系统、三倍频光学系统（包括熔石英玻璃、倍频晶体、防溅射光学元件等）、靶场系统（含靶球、伺服测量和取样光栅等）、光路自动准直系统、激光参数测量系统、中央控制及环境保障系统。其中激光器系统包括种子光源、能量预放大系统（含激光钕玻璃棒、氙灯或半导体激光器泵浦源）、片状放大器（含泵浦能源和泵浦氙灯、激光钕玻璃片、机械装调系统等）、隔离器或电光开关、各类透镜、空间滤波器等组件。激光器是 ICF 装置的核心部件。

　　自 20 世纪 70 年代起，美、中、英、法、日等国相继建造了多台纳秒脉冲宽度的钕玻璃激光装置，能量范围从百焦耳级至数十千焦耳级。进入 20 世纪 90 年代，由于聚变研究对激光能量的需求牵引，各发达国家纷纷着手建造更大规模的 ICF 装置。图 1-1 给出了世界各国 ICF 装置研究的进展。图 1-2、图 1-3 分别给出了中国和美国 ICF 装置使用的激光钕玻璃尺寸和型号的发展情况。

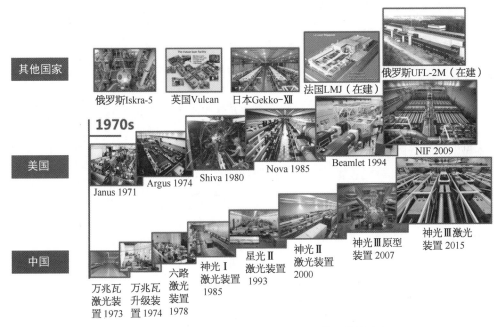

图 1-1　国内外 ICF 为主的高功率激光装置发展进程

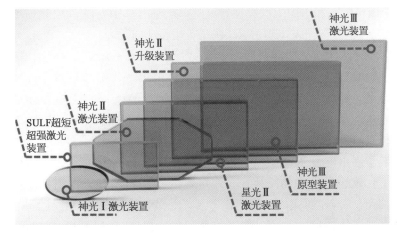

图 1-2　上海光机所研制的中国高功率激光装置应用的激光钕玻璃

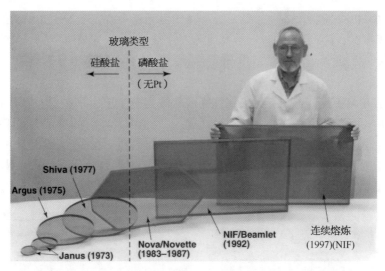

图 1-3　美国 LLNL 国家实验室 ICF 装置应用的激光钕玻璃[124]

20 世纪 90 年代美国 LLNL 国家实验室在完成激光材料(LHG-8 和 LG-770 两类磷酸盐激光钕玻璃)和光学材料(熔石英、KDP 晶体等)、激光单元技术和总体设计技术研究的基础上,率先提出了建造国家点火装置(NIF)的计划。法国原子能委员会(CEA)随即提出建造比 NIF 规模更大的兆焦耳激光装置(LMJ)。俄罗斯于 2017 年底启动了世界上最强大的 ICF 激光系统——UFL-2M 的建造,用于高能量密度物理和能源领域的研究。中国于 2009 年全面启动了国家点火装置的建造计划。

中国高功率固体激光装置的研发经历了如下历程:

1964 年王淦昌提出的"利用大能量大功率光激射器产生中子"的建议,得到了上海光机所的积极响应以及中国科学院的大力支持,从而促成上海光机所在国内率先开展激光聚变研究,并成为中国最早的高功率激光研究基地。1973 年上海光机所利用 10^9 W 的钕玻璃激光装置,实现了国内首次 10^3 的中子输出产率。1974 年上海光机所进一步利用片状激光钕玻璃实现了 10^{11} W 的激光输出,并将中子产率提高了一个数量级。1978 年上海光机所建成了 6 路激光装置,并完成了打靶物理实验。

1986 年,中国科学院和中国工程物理研究院(以下简称"中物院")在上海光机所成立了高功率激光联合实验室,共同研发 ICF 技术,并开展相关基础研究。

1986 年上海光机所建成中国第一台 ICF 装置——神光Ⅰ装置。神光Ⅰ装置初期使用的是硅酸盐激光钕玻璃,之后改用上海光机所自主研发的第一代磷酸盐激光钕玻璃——N21 型磷酸盐激光钕玻璃。神光Ⅰ装置的规模和性能与美国的 Argus 装置相当。神光Ⅰ装置的建成标志着中国基本上掌握了第一代高功率激光驱动器的关键技术,其成为中国第一台用于 ICF 基础实验研究的钕玻璃高功率激光装置。1994 年,神光Ⅰ装置连续运行 8 年后退役,科研人员利用该装置在 ICF 和 X 射线激光等前沿领域取得了一系列高水平的研究成果。

2000 年,在上海光机所、中物院和 863 计划的共同支持下,建成神光Ⅱ装置,并于 2001 年 12 月完成其验收[125],2004 年完成其精密化。神光Ⅱ装置上率先启用了上海光机所自主研发的第二代磷酸盐激光钕玻璃——N31 型磷酸盐激光钕玻璃,其通光口径是 200 mm。该装置由 8 束激光组成。由于采用了增益系数高的 N31 型磷酸盐激光钕玻璃且扩大了装置规模,神

光 Ⅱ 装置的输出功率比神光 Ⅰ 装置提高了约 4 倍,并具有 3 倍频打靶能力。神光 Ⅱ 装置自完成建造以后,开展了大量高水平、高能量密度物理领域的物理实验研究,取得了一批具有高精度和重复性好的高水平物理实验结果。

2007 年上海光机所在原有神光 Ⅱ 8 路激光的基础上,启动了多功能激光束(也称第 9 路)的建设,并为神光 Ⅱ 靶场提供了照明和诊断光源。该路激光束采用了 350 mm 通光口径的 N31 型钕玻璃片,取得了单路激光数千焦耳的高效率激光输出,并为后续上海光机所开展皮秒大能量激光系统的研制奠定了重要基础。

2017 年,上海光机所在前期工作基础上,根据 ICF 装置新技术研究的需要,完成了神光 Ⅱ 升级装置的建设及验收。这是一个由 120 片 350 mm 口径 N31 型磷酸盐激光钕玻璃组成的 8 路激光装置。经过 2004 年的精密化、2007 年的多功能激光系统(第 9 路)建设和 2017 年的升级,由 17 路激光束组成的神光 Ⅱ 装置成为中国首个集物理理论、诊断、制靶、物理实验和驱动器于一体的综合性 ICF 研究平台[125]。

20 世纪 80 年代开始,在上海光机所的大力支持下,中物院逐渐发展成为中国高功率激光技术的研究基地,并陆续承担中国更大型高功率激光装置的研发和集成。

2007 年中物院完成了神光 Ⅲ 原型装置验收。该装置由 8 路激光束组成。其采用 N31 型磷酸盐激光钕玻璃,尺寸 610 mm×330 mm×38 mm,有效口径是 290 mm。该装置具备每束可输出能量 1.2～1.8 kJ、总输出能量 1 万 J 的能力。神光 Ⅲ 原型装置建设带动了中国 ICF 技术相关的新一代单元关键技术发展,包括大尺寸高性能 N31 型磷酸盐激光钕玻璃、大口径脉冲氙灯、大尺寸 KDP 晶体等高功率光学元(器)件。此外,大口径精密光学加工、镀膜、洁净控制、检测、装校技术和 ICF 装置的工程建设能力也有了大幅度提高。值得一提的是,神光 Ⅲ 原型装置的建设为后续包括神光 Ⅲ 主机装置在内的大型 ICF 装置建设提供了重要的技术基础。

2015 年,中物院建成了目前国内最大规模的 ICF 装置——神光 Ⅲ 主机装置。该装置由 48 路激光束组成。其采用 N31 型磷酸盐激光钕玻璃,尺寸 810 mm×460 mm×40 mm,有效口径是 380 mm。该装置具备 10 万 J 能量输出能力。2015 年 9 月,神光 Ⅲ 装置首次实现了 48 束 180 kJ/3 ns、峰值功率 60 TW 的测试输出,标志着该装置正式全面投入使用,并具备全束组打靶能力。神光 Ⅲ 主机装置的建设,极大地推动了中国各类高端光学元器件的研发和批量生产能力,以及自主设计和建设超大型高功率激光装置的工程能力。神光 Ⅲ 主机装置已成为中国光学工程领域的标志性设施。其成功运行大幅提升了中国高能量密度物理的研究能力,为加快中国 ICF 技术研发尤其是聚变物理的研究和更大规模 ICF 装置的设计建设,起到了关键作用。

美国 LLNL 国家实验室在 20 世纪 60 年代开始了应用于 ICF 的高功率激光驱动器的研究,1971 年最初建成的 ICF 装置为 Janus 装置(图 1-1),1974 年建成了 Argus 装置,1980 年建造了规模更大的 Shiva 装置。以上装置全部采用硅酸盐激光钕玻璃作为激光器工作物质。1982 年开始建造更大功率的 Nova 装置,采用 LHG-8 型磷酸盐激光钕玻璃,于 1985 年建造成功。1994 年他们采用 Schott 公司的 LG-750 型磷酸盐激光钕玻璃建成了 Beamlet 单路激光束,主要用于 NIF 装置设计建设的前期判断。2009 年 3 月完成了迄今为止世界上最大规模 NIF 装置的建设和验收。该装置由 192 路激光束组成,采用了 Schott 和 Hoya 两家公司连续熔炼技术制备的 3 072 片 400 mm 通光口径、810 mm×460 mm×40 mm 尺寸的 LHG-8 型和 LG-770 型两种磷酸盐激光钕玻璃,并于 2018 年 7 月实现了 2.15 MJ 的最大输出能量。

此外,法国正在建设设计规模为 240 路激光束的 LMJ 装置。截至 2014 年,法国完成了

176 路激光束的建设,并实现 1.3 MJ 的紫外激光输出。此外,根据超强超快激光发展需求,建立了具备皮秒脉冲激光输出能力的第 177 路 PETAL 超快激光束,实现了 3.5 kJ、脉冲宽度皮秒、数 PW 激光输出。

美国 Rochester 大学拥有由 60 路激光束组成的 Omega 激光装置,用于开展新型 ICF 技术探索研究,与美国 LLNL 国家实验室形成技术互补。日本大阪大学长期开展 ICF 技术研究,建成了包括 Gekko-XII 和 Fire-X 在内的大型 ICF 装置,用于开展激光聚变研究。日本的 ICF 装置均采用 LHG-8 型磷酸盐激光钕玻璃作为激光工作物质。

俄罗斯的 ICF 装置包括 Iskra-5 装置、Iskra-6 装置以及 UFL-2M 装置,全部采用本国研制的 KGSS-0180/35 型磷酸盐激光钕玻璃。

对应用于大能量、高功率的激光钕玻璃品质因子主要由激光性质决定,可以表达为[30]

$$\text{FOM}_{\text{laser}} = \frac{\Delta\lambda_{\text{abs}}(\tau_0 Q)\sigma_{\text{emi}}\eta_{\text{ex}}}{n_2} \tag{1-1}$$

式中,$\Delta\lambda_{\text{abs}}$ 为 Nd^{3+} 离子吸收谱的平均吸收宽度;n_2 为非线性系数;σ_{emi} 为受激发射截面;τ_0 为 Nd^{3+} 离子零浓度时的荧光寿命;Q 为浓度猝灭因子;η_{ex} 为能量提取效率。$\text{FOM}_{\text{laser}}$ 因子为大能量、高峰值功率激光装置应用的激光钕玻璃研制提供了方向。这类激光钕玻璃的成分设计,主要考虑受激发射截面大、能量提取效率高、吸收带宽、非线性系数小、荧光寿命尽可能长、Q 因子尽可能大。

美国 Schott 公司的 LG-750、LG-760 和 LG-770 型激光钕玻璃,日本 Hoya 公司的 LHG-8 型激光钕玻璃,中国科学院上海光机所的 N31 型和 N41 型激光钕玻璃,都是高峰值功率激光器应用的激光钕玻璃。它们的性质如前所述,多数具有较高的受激发射截面和较小的非线性系数及热光系数。

1.2.3　高平均功率钕玻璃激光器

高平均功率钕玻璃激光器具有输出能量高的特点,但其重复频率较激光晶体为工作介质的激光器低,一般为数赫兹量级。磷酸盐激光钕玻璃由于具有稀土离子高掺杂、高储能、低非线性系数等特点,是高脉冲能量激光器的首选核心激光增益介质。高平均功率钕玻璃激光器主要应用于聚变能源、高端工作加工(飞机发动机表面处理)及生物医疗、高能物理领域。高平均功率钕玻璃激光器的工作频率要求实现高能量并且数赫兹量级的重复频率工作。这就对钕玻璃增益介质的热机械性质提出了更高的要求。

激光钕玻璃是高平均功率钕玻璃激光器的核心元器件材料。高平均功率激光器目前在国外比较成功的应用是金属表面强化处理[126]。自 2003 年起,美国联邦航空局(FAA)和日本亚细亚航空(JAA)将基于高平均功率钕玻璃激光器的激光冲击强化技术批准为飞机关键件维修技术,这大大提高了金属构件的安全性能和使用寿命,其年产值在 20 亿美元以上。

面向中长期应用,高平均功率钕玻璃激光器将成为激光聚变发电装置实现重频、高能输出的首选方案。美国 LLNL 国家实验室规划的激光驱动聚变发电工程验证试验装置拟采用 15 360 片大尺寸高强度激光钕玻璃,达到 2.2 MJ、16 Hz 和 18% 效率的激光输出[127]。实现第一座商业化的激光聚变电站,可为人类提供取之不尽、用之不竭的清洁能源。

此外,高平均功率钕玻璃激光器已经在德国用于实现质子加速和肿瘤治疗。美国和中国采用钕玻璃激光器作为泵浦源的钛宝石激光器,分别实现了输出 30 J、30 fs、1 PW、10 Hz 的重频飞秒激光和 5 PW 的飞秒激光输出,将开启极端物理条件下科学探索的新纪元。

对高平均功率激光器应用的钕玻璃,需要有优异的热机械性质,其品质因子表达如下[30]:

$$\mathrm{FOM_{tm}} = \frac{K_{1c} K (1-\nu)}{\alpha E} \qquad (1-2)$$

式中,K_{1c} 为玻璃的断裂韧性;K 为热导率;ν 为泊松比;α 为热膨胀系数;E 为杨氏模量。这种钕玻璃的成分设计,主要考虑实现热导率高、杨氏模量低、热膨胀系数低、受激发射截面适中。此外,需要对表面进行离子交换处理,形成压应力层,同时去除表面微裂纹等缺陷源,从而显著提高抗热冲击性能。

高平均功率激光器应用的激光钕玻璃有 Schott 公司的 APG-1、APG-2 型磷酸盐激光钕玻璃,Hoya 公司的 HAP-4 型磷酸盐激光钕玻璃,以及上海光机所研制的 NAP2、NAP4 型磷酸盐激光钕玻璃(其主要性质在表 1-6 中已有介绍)。有关高平均功率激光钕玻璃的内容将在本书第 7 章详细介绍。

1.2.4 超强超短激光器

超强超短脉冲激光是高功率固体激光技术的另一个重要方向。20 世纪 80 年代中期 G. Mourou 等[128]发明了啁啾脉冲放大(CPA)技术,它是激光技术的一个重要里程碑。21 世纪以来,CPA 技术、全光参量啁啾脉冲放大(OPCPA)技术,以及大尺寸钛宝石和脉冲压缩光栅的制备工艺技术进步,使得超强超短激光步入一个快速发展期。超强超短脉冲激光技术在聚变快点火和许多交叉前沿学科以及国防应用的牵引下迅速成为各科技强国关注的热点,多台皮秒和飞秒脉宽的拍瓦级超强激光装置已经建成或正在研制中。这类激光器有两种类型,一种是以钛宝石为放大器工作物质的较小能量的飞秒脉冲激光,另一种是以钕玻璃为放大器的较大能量的皮秒脉冲激光。目前欧洲 ELI、上海 SULF 是国际上超强超短激光的代表性装置。它们的建设推动了新型光学元器件的发展和应用,也带动了极端物理条件下前沿基础科学问题的研究[129]。

20 世纪 80 年代上海光机所徐至展敏锐地意识到 CPA 技术的价值,迅速启动了以钛宝石为工作介质的超强超短激光技术和装置的研究工作。其先后成功建成了 2.8 TW/43 fs 级、5.4 TW/46 fs 级、15 TW/35 fs 级和 23 TW/33.9 fs 级小型化超强超短激光装置,并发展了一系列物理实验测试技术与方法,取得了超强超短激光领域的系列研究成果[130],这为后续启动上海超强超短 SULF 科学装置建设奠定了重要基础。

2007 年徐至展研究组的梁晓燕等[131]报道了 0.89 PW、29.0 fs 的钛宝石飞秒激光输出结果,突破了包括抑制大口径放大器寄生振荡、激光脉冲超高时间对比度、CPA/OPCPA 混合放大器技术等超强超短激光器系列关键技术。2016 年以来,上海光机所在国家发改委和上海市的支持下,建成了以钕玻璃激光器为泵浦源、以大尺寸钛宝石为放大器工作物质的 SULF 超强超短激光装置,2016 年在该装置上成功实现了国际领先的 200 J、24 fs、5.13 PW 激光输出[132]。2017 年进而实现了 21 fs、10 PW 激光输出。

此外,中物院实时开展了该技术路线下超短超强脉冲激光装置的研制。其代表性装置是 SILEX-Ⅰ和星光Ⅲ超短超强激光装置。2017 年中物院 Zeng 等[133]报道了 5 PW 超强超短激光装置。2018 年 3 月,上海光机所神光Ⅱ系列装置,经过三级 OPCPA 放大器实现了 150 J/30 fs 的到靶激光脉冲输出,能量集中度显著提升。该激光装置在二级 OPCPA 的半能量输出条件下,实现 10^{20} W/cm^2 量级聚焦功率密度下的稳定输出[134]。

在国外,1996 年美国 LLNL 国家实验室实现了第一束拍瓦激光[135]。2015 年法国波尔多大学 PETAL(PETawatt Aquitaine Laser)装置实现了 1.2 拍瓦皮秒激光输出[136]。2019 年 3 月 ELI 报道在罗马尼亚的 ELI-NP 装置成功实现了 10 PW 激光输出[137],该激光装置的泵浦源采用了由法国 Thales 公司研制的钕玻璃激光器。俄罗斯科学院提出了输出 200 PW 的 XCELS 项目计划,并在俄罗斯应用物理研究所开展前期技术验证,该装置采用钕玻璃 100 mm 口径钕玻璃棒状激光器作为前段泵浦源[138]。俄罗斯科学家预言,10^{24} W/cm^2 功率密度可以开启核光子学的新领域。

上述超强超快激光的实现,为人类探索极端条件下物质的相互作用等前沿性基础研究提供了有利条件。国内外 10 PW 超强超短激光的实现,意味着人类已经接近这一研究目标。

用于超强超短的激光钕玻璃需要满足荧光带宽较宽的要求。因此,国内外研究者对具有宽带发光特性的铝酸盐钕玻璃[80,139],甚至 Yb/Nd 共掺激光玻璃[140-141]开展了研发工作。铝酸盐钕玻璃虽然可以实现 35 nm 以上的荧光有效线宽,但其制备性能较差,尚未得到实际应用。目前,在超强超快激光系统中实用的解决方案是美国 NE 公司采用的硅酸盐激光钕玻璃和磷酸盐激光钕玻璃混合体系[142]。

综上所述,自 1960 年激光发明以来,激光钕玻璃在激光聚变技术研究开发、聚变装置的建设、工业加工、医疗、国防及前沿基础研究中得到了广泛的应用。尤其重要的是,激光钕玻璃在激光聚变装置中自始至终发挥了不可替代的重要作用。在激光聚变研发进程中,激光钕玻璃的品种从硅酸盐激光钕玻璃拓展到磷酸盐激光钕玻璃;激光钕玻璃的熔制技术实现了单坩埚熔炼到连续熔炼批量生产的跨越;单片激光钕玻璃的体积从数百毫升扩大到了 15 升;激光聚变装置使用的钕玻璃数量从几十片扩大到了数千片;激光聚变装置的输出能量也从最初的 100 J 提高到了当前的最高 2 MJ。高平均功率钕玻璃激光器实现了诸如飞机发动机叶片加工这样的高端工业应用。进入 21 世纪,随着超快激光技术的发展,激光钕玻璃作为泵浦源的核心激光介质以及放大器工作物质,使得以 SULF、ELI 为代表的超强超快激光装置实现了拍瓦量级峰值功率。有理由期待并相信,随着新型激光技术和光学元器件的不断发现,激光钕玻璃将得到更新、更广的应用。

主要参考文献

[1] Snitzer E. Optical maser action of Nd^{3+} in barium crown glass [J]. Physical Review Letters, 1961, 7 (12): 444 - 446.

[2] 激光玻璃编写组. 激光玻璃[M]. 上海:上海人民出版社,1975.

[3] Krupke W F. Induced-emission cross sections in neodymium laser glasses [J]. IEEE Journal of Quantum Electronics, 1974, QE-10(4): 450 - 457.

[4] Judd B R. Optical absorption intensities of rare-earth ions [J]. Physical Review, 1962, 127(3): 750 - 761.

[5] Carnall W T, Fields P R, Wybourne B G. Spectral intensities of the trivalent lanthanides and actinides in solution. Ⅰ. Pr^{3+}, Nd^{3+}, Er^{3+}, Tm^{3+}, and Yb^{3+} [J]. Journal of Chemical Physics, 1965, 42(11): 3797 - 3806.

[6] Deutschbein O. Simplified method for determination of the induced-emission cross section of neodymium doped glasses [J]. IEEE Journal of Quantum Electronics, 1976, 12(9): 551 - 554.

［7］ Jacobs R R, Weber M J. Induced-emission cross-sections for $^4F_{3/2} - ^4I_{13/2}$ transition in neodymium laser glasses [J]. IEEE Journal of Quantum Electronics, 1975,11(10): 846 - 847.

［8］ Weber M J, Saroyan R A, Ropp R C. Optical properties of Nd^{3+} in metaphosphate glasses [J]. Journal of Non-Crystalline Solids, 1981,44(1): 137 - 148.

［9］ Weber M J. CRC handbook of laser science and technology: vol. I , lasers and masers; vol. II , gas lasers [M]. [S. l.]: CRC Press, 1983.

［10］ Bibeau C, Payne S A. Terminal-level relaxation in Nd-doped laser materials [J]. ICF Quarterly Report, Lawrence Livermore National Laboratory Report UCRL-LR-105821 - 95 - 2,1995: 119.

［11］ Bibeau C, Payne S A, Powell H T. Direct measurements of the terminal laser level lifetime in neodymium-doped crystals and glasses [J]. Journal of the Optical Society of America B, 1995,12(10): 1981 - 1992.

［12］ Bibeau C, Trenholme J B, Payne S A. Pulse length and terminal-level lifetime dependence of energy extraction for neodymium-doped phosphate amplifier glass [J]. IEEE Journal of Quantum Electronics, 1996,32(8): 1487 - 1496.

［13］ Payne S A, Bibeau C. Picosecond nonradiative processes in neodymium-doped crystals and glasses: mechanism for the energy gap law [J]. Journal of Luminescence, 1998,79(3): 143 - 159.

［14］ Payne S A, Hayden J S. Ultrafast pulsed laser utilizing broad bandwidth laser glass: US, US5663972 [P]. 1997.

［15］ Suratwala T I, Hayden J S. Dehydroxylation of phosphate laser glass [J]. Proceedings of SPIE, 2000, 4102: 175 - 194.

［16］ De P P F, Mauer P B. Phosphate glass for laser use: US, US3979322 [P]. 1966.

［17］ Dietz E D, Wengert P R. Method of melting laser glass in a noble metal container in a controlled reducing atmosphere: US, US3837828 [P]. 1974.

［18］ Myers J D, Jiang S. Athermal laser glass compositions with high thermal loading capacity: US, US5322820 [P]. 1994.

［19］ Myers J D. Ion-exchangeable phosphate glass compositions and strengthened optical quality glass articles: US, US5053360 [P]. 1991.

［20］ Myers J D, Vollers C S. Laser phosphate glass compositions: US, US4075120 [P]. 1978.

［21］ Myers J D, Vollers C S. Laser phosphate glass compositions: US, US4248732 [P]. 1981.

［22］ Myers J D, Vollers C S. Athermal laser glass composition: US, US4333848 [P]. 1982.

［23］ Cook L M, Marker A J I, Stokowski S E. Compositional effect on Nd^{3+} concentration quenching in the system $R_2O-Al_2O_3 - In_2O_3 - P_2O_5$ [J]. Proceedings of SPIE, 1984(505): 102 - 111.

［24］ Cook L M, Stokowski S E. Silica and boron-containing ultraphosphate laser glass with low concentration quenching and improved thermal shock resistance: US, US4661284 [P]. 1987.

［25］ Hayden J S, Sapak D L, Hoffmann H J. Advances in glasses for high average power laser systems [J]. Proceedings of SPIE — The International Society for Optical Engineering, 1989(1021): 36 - 41.

［26］ Hayden J S, Hayden Y T, Campbell J H. Effect of composition on the thermal, mechanical, and optical properties of phosphate laser glasses [J]. Proceedings of SPIE, 1990(1277): 121 - 139.

［27］ Hayden J S, Payne S A. Laser and thermophysical properties of Nd-doped phosphate glasses [J]. Proceedings of SPIE — The International Society for Optical Engineering, 1993(1761): 162 - 173.

［28］ Hayden J S, Marker Iii A J, Suratwala T I, et al. Surface tensile layer generation during thermal annealing of phosphate glass [J]. Journal of Non-Crystalline Solids, 2000,263&264: 229 - 239.

［29］ Hayden J S, Payne S A. Development of a laser glass for the National Ignition Facility [C]// Proceedings of the Window and Dome Technologies and Materials X, F, 2007.

［30］ Hayden J S. Overcoming technical challenges and moving into the future with laser glass [J]. International Journal of Applied Glass Science, 2015,6(1): 19 - 25.

［31］ Hayden J S，Ward J M. Phosphate glass useful in high power lasers：US，US5032315［P］. 1991.

［32］ Hayden J S，Sapak D L，Ward J M. Phosphate glass useful in high power lasers：US，US4929387［P］. 1990.

［33］ Hayden Y T，Guesto-Barnak D. Phosphate glass useful in high energy lasers：US，US5173456［P］. 1992.

［34］ Hayden J S. Phosphate glass useful in lasers：US，US5334559［P］. 1994.

［35］ Yuiko T，Hayden S A P，Campbell J H，et al. Phosphate glass useful in high energy lasers：US，US5526369［P］. 1996.

［36］ Li H，Chase E，Hayden J. Aluminophosphate glass compositions：US，US8486850B2［P］. 2013.

［37］ Anon. Laser materials［M/OL］. https：//www. us. schott. com/advanced_optics/english/products/optical-materials/optical-glass/active-and-passive-laser-glasses/index. html.

［38］ Izumitani T，Toratani H. Radiative and nonradiative properties of neodymium doped silicate and phosphate glasses［J］. Journal of Non-Crystalline Solids，1982，47(1)：87－100.

［39］ Takebe H，Morinaga K，Izumitani T. Correlation between radiative transition probabilities of rare-earth ions and composition in oxide glasses［J］. Journal of Non-Crystalline Solids，1994，178(94)：58－63.

［40］ Toratani H，Izumitani T. Optical phosphate glass in which the length of the light path is temperature independent：US，US4108673［P］. 1978.

［41］ Izumitani T，Tsuru M. Phosphate base laser glasses：US，US4239645［P］. 1980.

［42］ Tajima H. Laser medium for use in a slab laser：US，US5084889［P］. 1992.

［43］ Izumitani T，Tsutome M. Fluorophosphate-base laser glasses：US，US4120814［P］. 1978.

［44］ 泉古徹郎. 光学玻璃［M］.［出版地不详］：复汉出版社，1985.

［45］ Fujimoto Y，Nakatsuka M. A novel method for uniform dispersion of the rare earth ions in SiO_2 glass using zeolite X［J］. Journal of Non-Crystalline Solids，1997，215(2－3)：182－191.

［46］ Fujimoto Y，Sato T，Okada H，et al. Development of Nd-doped optical gain material based on silica glass with high thermal shock parameter for high-average-power laser［J］. Japanese Journal of Applied Physics，2005，44(4A)：1764－1770.

［47］ Anon. Proceedings of the academy of sciences of the USSR［J］. Inorganic Materials，1967(III)：217－259.

［48］ Mikhailovich B I，Efremovich Z M，Petrovich R J，et al. Active material for lasers：US，US3580859A［P］. 1971.

［49］ Zhabotinsky M，Lzyneev A，Koryagina E，et al. Nd and Yb containing phosphate glasses for laser use：US，US3846142［P］. 1974.

［50］ Alexeev N E，Buzhinsky I M，Zhabotinsky M E，et al. Phosphate glass for laser use：US，US3979322［P］. 1976.

［51］ Denker B I，Osiko V V，Pashinin P P，et al. Concentrated neodymium laser glasses［J］. Soviet Journal of Quantum Electronics，1981，11(3)：289－297.

［52］ Semenov A D，Charukhchev A V，Shashkin A V，et al. Large disc-shaped active elements made from neodymium phosphate glass elements made from neodymium phosphate glass［J］. Journal of Optical Technology，2003，70(5)：361－369.

［53］ Denker B I，Osiko V V，Pashinin P P，et al. Concentrated neodymium laser glasses［J］. Soviet Journal of Quantum Electronics，1981，11(3)：289－297.

［54］ Denker B I，Karasik A Y，Maximova G V，et al. Phosphate neodymium glass for laser use：US，US4470922A［P］. 1984.

［55］ Shashkin A V，Kramarev S I，Arbuzov V I，et al. How process factors affect the limiting characteristics of neodymium phosphate glasses for large disk- and rod-shaped active elements［J］. Journal of Optical Technology，2013，80(5)：321－324.

［56］ Gusev P E, Arbuzov V I, Voroshilova M V, et al. Effect of coloring impurities on the absorption in neodymium phosphate laser glass at a lasing wavelength［J］. Glass Physics and Chemistry, 2006, 32(2)：146 - 152.

［57］ Arbuzov V I, Voroshilova M V, Gusev P E, et al. Influence of the redox conditions of melting on the quantitative ratio of ions Fe^{2+}/Fe^{3+} in aluminum potassium barium phosphate glass［J］. Glass Physics and Chemistry, 2007, 33(6)：556 - 561.

［58］ Arbuzov V I, Fyodorov Y K, Kramarev S I, et al. Neodymium phosphate glasses for the active elements of a 128 channel laser facility［J］. Glass Technology, 2005, 46(2)：67 - 70.

［59］ Arbuzov V I, Fyodorov Y K, Nikitina S I, et al. Melting conditions impact on the properties of copper containing phosphate glasses for high power and high energy amplifiers［J］. Physics and Chemistry of Glasses：European Journal of Glass Science and Technology, Part B, 2015, 56(2)：67 - 70(64).

［60］ Deutschbein O, Pautrat C, Svirchevsky I. Les verres phosphates, nouveaux matériaux laser［J］. Revue de Physique Appliquée, 1967, 2(1)：29 - 37.

［61］ Deutschbein O, Faulstich M, Neuroth N, et al. Athermal laser glass：US, US4022707［P］. 1977.

［62］ 干福熹,邓佩珍.激光材料［M］.上海：上海科学技术出版社,1994.

［63］ 干福熹.光子学玻璃及应用［M］.上海：上海科学技术出版社,2011.

［64］ 姜中宏.新型光功能玻璃［M］.北京：化学工业出版社,2008.

［65］ 干福熹.中国激光玻璃的研究和发展［J］.中国激光,1984,11(8)：449 - 459.

［66］ 姜中宏.用于激光核聚变的玻璃［J］.中国激光,2006,33(9)：1265 - 1276.

［67］ 姜中宏,杨中民.中国激光玻璃研究进展［J］.中国激光,2010,37(9)：2198 - 2201.

［68］ 干福熹,姜中宏,蔡英时. Nd^{3+} 激活无机玻璃态受激光发射器工作物质的研究［J］.科学通报,1964,9(1)：54 - 56.

［69］ 干福熹,蔡英时,姜中宏,等. Nd^{3+} 激活玻璃的若干激射特性［J］.科学通报,1965,10(11)：1012 - 1017.

［70］ 干福熹,姜中宏,蔡英时,等.掺钕玻璃的荧光及激光［J］.硅酸盐学报,1965(4)：57 - 60.

［71］ 干福熹.无机玻璃结构和掺钕玻璃的光谱和发光特性［J］.硅酸盐学报,1978(Z1)：42 - 50.

［72］ 干福熹,姜中宏,肖浩延.上海光机所研究报告集：激光钕玻璃［M］.1973：63 - 71.

［73］ 陈述春.上海光机所研究报告集：激光钕玻璃-钕离子在硅酸盐玻璃中的能级和受激发射截面［M］.1974：72 - 79.

［74］ 陈述春,祁长鸿,戴凤妹.钕玻璃的光谱性质［J］.物理学报,1980(1)：54 - 63.

［75］ 侯立松,唐彦茹,朱毓秀.磷酸盐钕玻璃化学稳定性的研究［J］.硅酸盐学报,1980(2)：55 - 66.

［76］ Jiang Yasi, Jiang Shibin, Jiang Yanyan. Spectral properties of Nd^{3+} in alumonophosphate glasses［J］. Journal of Non-Crystalline Solids, 1989(112)：286 - 290.

［77］ 李顺光,陈树彬,温磊,等.钕离子浓度对受激发射截面的影响［J］.强激光与粒子束,2003,15(12)：1159 - 1162.

［78］ Yang J H, Dai S H, Jiang Z H. Optical spectroscopy and gain properties of Nd^{3+}-doped oxide glasses ［J］. Journal of the Optical Society of America B, 2004, 21(4)：739 - 743.

［79］ 康帅,何冬兵,高松,等. SiO_2 对掺钕铝酸盐玻璃结构及光谱性质的影响［J］.无机材料学报,2015,30(11)：1177 - 1182.

［80］ Kang S, Wang X, Xu W B, et al. Effect of B_2O_3 content on structure and spectroscopic properties of neodymium-doped calcium aluminate glasses［J］. Optical Materials, 2017(66)：287 - 292.

［81］ He D B, Kang S, Zhang L Y, et al. Research and development of new neodymium laser glasses［J］. High Power Laser Science and Engineering, 2017, 5(1)：1 - 6.

［82］ Kang S, He D B, Wang X, et al. Effects of CaO/Al_2O_3 ratio on structure and spectroscopic properties of Nd^{3+}-doped $CaO - Al_2O_3 - BaO$ aluminate glass［J］. Journal of Non-Crystalline Solids, 2017(468)：34 - 40.

［83］ Yue Y, Shao C Y, Wang S K, et al. Relationship investigation of structure and properties of Nd^{3+}：Ga_2O_3 – Al_2O_3 – PbO-CaO via Raman, infrared, NMR and EPR spectroscopy ［J］. Journal of Non-Crystalline Solids, 2018(499)：201 – 207.

［84］ Yue Y, Shao C Y, Wang F. Rare earth ion local environment in Nd：Al_2O_3 – P_2O_5 – K_2O glass studied by electron paramagnetic resonance spectroscopies ［J］. Physica Statue Solid RRL, 2018,1800100：1 – 4.

［85］ 中国科学院上海光学精密机械研究所.上海光机所研究报告集：激光钕玻璃[R]. 1974：14 – 23.

［86］ 中国科学院上海光学精密机械研究所.上海光机所研究报告集：激光钕玻璃[R]. 1974：32 – 39.

［87］ 中国科学院上海光学精密机械研究所.上海光机所研究报告集：激光钕玻璃[R]. 1973：24 – 31.

［88］ 中国科学院上海光学精密机械研究所.上海光机所研究报告集：激光钕玻璃[R]. 1973：40 – 50.

［89］ 中国科学院上海光学精密机械研究所.上海光机所研究报告集：激光钕玻璃[R]. 1974：1 – 13.

［90］ 中国科学院上海光学精密机械研究所.上海光机所研究报告集：激光钕玻璃[R]. 1974：57 – 59.

［91］ 中国科学院上海光学精密机械研究所.上海光机所研究报告集：激光钕玻璃[R]. 1974：60 – 62.

［92］ 蒋亚丝,张俊洲,许文娟,等.用于高功率激光系统的氟磷玻璃[J].光学学报,1990,10(5)：452 – 458.

［93］ 卓敦水,许文娟,蒋亚丝.氟磷酸盐激光玻璃光散射和激光破坏原因的研究[J].中国激光,1983,10(10)：726 – 729.

［94］ 中国科学院上海光学精密机械研究所.中国科学院上海光学精密机械研究所研究报告集,第二集,激光钕玻璃-钕玻璃的发光寿命[R]. 1974：80 – 86.

［95］ Campbell J H, Suratwala T I, Thorsness C B, et al. Continuous melting of phosphate laser glasses ［J］. Journal of Non-Crystalline Solids, 2000,263&264：342 – 357.

［96］ 中国科学院上海光学精密机械研究所.中国科学院上海光学精密机械研究所研究报告集,第二集,激光钕玻璃-钕玻璃中微量铁的分光光度法测定[R].1974：239 – 248.

［97］ Xu Yongchun, Li Shunguang, Hu Lili, et al. Effect of Fe impurity on the optical loss of Nd-doped phosphate laser glass ［J］. Chinese Optics Letters, 2005,3(12)：701 – 704.

［98］ Xu Yongchun, Li Shunguang, Hu Lili, et al. Effect of copper impurity on the optical loss and Nd^{3+} nonradiative energy loss of Nd-doped phosphate laser glass ［J］. Journal of the Chinese Rare Earth Society, 2011,29(6)：614 – 617.

［99］ Ehrmann P R, Campbell J H, Suratwala T I, et al. Optical loss and Nd^{3+} non-radiative relaxation by Cu, Fe and several rare earth impurities in phosphate laser glasses ［J］. Journal of Non-Crystalline Solids, 2000,263(99)：251 – 262.

［100］ Campbell J H, Suratwala T I. Nd-doped phosphate glasses for high-energy/high-peak-power lasers ［J］. Journal of Non-Crystalline Solids, 2000,263&264：318 – 341.

［101］ Ehrmann P R, Campbell J H. Nonradiative energy losses and radiation trapping in neodymium-doped phosphate laser glasses ［J］. Journal of the American Ceramic Society, 2010,85(5)：1061 – 1069.

［102］ 卓敦水,许文娟,蒋亚丝.磷酸盐激光玻璃中的水及消除[J].中国激光,1985(3)：47 – 50.

［103］ 泉谷徹郎.激光玻璃除铂颗粒方法：Hoya 株式会社,公开特许公报,特许昭 62 – 123041 ［P］. 1987.

［104］ Ehrmann P R, Carlson K, Campbell J H, et al. Neodymium fluorescence quenching by hydroxyl groups in phosphate laser glasses ［J］. Journal of Non-Crystalline Solids, 2004,349(6)：105 – 114.

［105］ 姜淳,高文燕,卓敦水,等.羟基对磷酸盐激光玻璃激光性能和物理性质的影响[J].硅酸盐学报,1998,26(1)：97 – 102.

［106］ Li Shunguang, Huang Guosong, Wen Lei, et al. The influence of OH groups on laser performance in phosphate glasses ［J］. Chinese Optics Letters, 2005,3(4)：222 – 224.

［107］ Campbell J H. Laser program annual report, UCRL-50021-85［R］. Lawrence Livermore National Laboratory, 1986.

［108］ Campbell J H, Wallerstein E P, Hayden J S, et al. Elimination of platinum inclusions in phosphate laser glasses, UCRL-53932 ［M］. ［S. l.］：［s. n.］, 1989.

［109］ 蒋仕彬,蒋亚丝,卓敦水.磷酸盐激光玻璃中的铂污染[J].中国激光,1991,18(12)：913 – 916.

［110］张勤远,胡丽丽,姜中宏.钕磷酸盐激光玻璃中金属铂颗粒的产生与迁移［J］.中国激光,2000,27(11)：1035－1039.

［111］周蓓明,胡丽丽,蒋亚丝,等.磷酸盐激光玻璃中铂金溶解的研究［J］.中国激光,2001,28(9)：837－840.

［112］Hu L L, He D B, Chen H Y, et al. Research and development of neodymium phosphate laser glass for high power laser application［J］. Optical Materials, 2016(62)：34－41.

［113］程继萌,周秦岭,陈伟,等.大口径钕玻璃坯片中铂金颗粒的强激光辐照检测;强激光材料与元器件学术研讨会暨激光破坏学术研讨会论文集,F［C］. 2016.

［114］Jiang Y S, Zhang J Z, Xu W J, et al. Preparation techniques for phosphate laser glasses［J］. Journal of Non-Crystalline Solids, 1986,80(1)：623－629.

［115］张俊洲,毛涵芬,陈树彬,等.半连续熔炼磷酸盐玻璃的装置：中国,ZL0127617.4［P］. 2001.

［116］张俊洲,毛涵芬,陈树彬,等.生产磷酸盐玻璃的装置：中国,259385.8［P］. 2001.

［117］Suratwala T, Campbell J, Thorsness C, et al. Technical advances in the continuous melting of phosphate laser glass［R］. Lawrence Livermore National Lab (LLNL), Livermore, CA (United States), 2001.

［118］唐景平,胡丽丽,陈树彬,等.大尺寸连熔 N31 型掺钕磷酸盐激光玻璃的性能研究［J］.中国激光,2015,42(2)：184－190.

［119］胡丽丽,陈树彬,孟涛,等.大口径高性能激光钕玻璃研究进展［J］.强激光与粒子束,2011,23(10)：2560－2564.

［120］唐景平,胡丽丽,陈树彬,等.大尺寸磷酸盐激光钕玻璃批量制备技术研发及应用［J］.上海师范大学学报(自然科学版),2017,46(6)：912－921.

［121］Powell H T. Composite polymer-glass edge classing for laser disks：US, US4849036［P］. 1989.

［122］胡俊江,孟涛,王聪娟,等.大尺寸激光钕玻璃包边尺寸和角度非接触检测装置和方法：中国,CN104406518A［P］. 2015.

［123］Parker A. Empowering light：historic accomplishments in laser research［M/OL］. http://www. llnl. gov/str/September02/September50th. html.

［124］Advanced optics — Schott North America, new laser glass from Schott meets challenges of new applications［M/OL］. http://universalphotonics. com/apoma/doc/2－17_Todd-Jaeger_SCHOTT_Laser-Glass-Applications. pdf. 2016.

［125］朱健强.神光Ⅱ高功率激光实验装置研制［J］.中国科学院院刊·成果与应用,2005,20(1)：42－44.

［126］Dane C B, Hackel L A, Daly J, et al. Laser peening of metals — enabling laser technology［J］. MRS Online Proceedings Library Archive, 1997(499)：1－45.

［127］Bayramian A, Aceves S, Anklam T, et al. Compact, efficient laser systems required for laser inertial fusion energy［J］. Fusion Science and Technology, 2011,60(1)：28－48.

［128］Strickland D, Mourou G. Compression of amplified chirped optical pulses［J］. Optics Communications, 1985,55(6)：447－449.

［129］冷雨欣.上海超强超短激光实验装置［J］.中国激光,2019,46(1)：10－14.

［130］上海光学精密机械研究所志编纂委员会.中国科学院上海光学精密机械研究所志(2004—2013)［R］. 2013.

［131］Liang X Y, Leng Y X, Wang C, et al. Parasitic lasing suppression in high gain femtosecond petawatt Ti：sapphire amplifier［J］. Optics Express, 2007,15(23)：15335－15341.

［132］Gan Z B, Yu L H, Li S, et al. 200 J high efficiency Ti：sapphire chirped pulse amplifier pumped by temporal dual-pulse［J］. Optics Express, 2017,25(5)：5169.

［133］Zeng X M, Zhou K N, Zuo Y L, et al. Multi-petawatt laser facility fully based on optical parametric chirped-pulse amplification［J］. Optics Letters, 2017,42(10)：2014－2017.

［134］上海光机所"神光Ⅱ"飞秒拍瓦级激光装置研究取得新进展［EB/OL］. http://www. siom. ac. cn/xwzx/ttxw/201803/t20180314_4973014. html.

[135] Perry M D, Pennington D, Stuart B C, et al. Petawatt laser pulses [J]. Optics Letters, 1999,24(3): 160－162.

[136] Anon. Inauguration of PETAL at the French Megajoule Laser Facility [M/OL]. http://www. epsnews. eu/2015/10/inauguration-of-petal-at-the-french-megajoule-laser-facility/.

[137] Anon. 10 PW, World Premiere at ELI-NP [M/OL]. www. eli-np. ro.

[138] Anon. Exawatt Center for Extreme Light Studies (XCELS)[M/OL]. http://www. xcels. iapras. ru/. 2015.

[139] Sousa D F D, Nunes L A O, Rohling J H, et al. Laser emission at 1 077 nm in Nd^{3+}-doped calcium aluminosilicate glass [J]. Applied Physics B, 2003,77(1): 59－63.

[140] George S, Carlie N, Pucilowski S, et al. Ultra-broad bandwidth laser glasses for short-pulse and high peak power lasers: US, US9006120 [P]. 2015.

[141] 林治全. Nd^{3+}/Yb^{3+}共掺玻璃光纤的激光特性研究[D]. 上海：中国科学院上海光学精密机械研究所,2018.

[142] Gaul E W, Martinez M, Blakeney J, et al. Activation of a 1. 1 petawatt hybrid, OPCPA-Nd: glass laser [C]//Proceedings of the Conference on Lasers & Electro-optics, F, 2009.

第 2 章

激光钕玻璃的光谱性质

作为激光增益介质,激光钕玻璃需要具备优异的光学和光谱性能。根据玻璃基质不同,激光钕玻璃可分为硅酸盐激光钕玻璃、磷酸盐激光钕玻璃、锗酸盐激光钕玻璃和卤化物激光钕玻璃等。由于激光钕玻璃的性能和基质种类密切相关,深入理解 Nd^{3+} 离子在玻璃基质中的光谱性质,对于优化其激光性能具有重要的指导意义。本章首先将对 Nd^{3+} 离子的能级结构和相应光谱理论进行简要介绍,对吸收截面及受激发射截面等激光材料中重要性能参数的意义进行说明。在此基础上,介绍不同种类玻璃基质体系中玻璃成分变化对 Nd^{3+} 离子光谱特性的影响,进而为研发性能优异的激光钕玻璃提供依据。最后将对不同种类激光钕玻璃的光谱和激光性能进行对比,并阐述磷酸盐玻璃作为激光钕玻璃基质的优势。

2.1 Nd^{3+} 离子光谱理论

2.1.1 Nd^{3+} 离子能级结构和光谱

原子和离子是由原子核和核外电子组成,原子核决定元素种类,核外电子决定元素化学性质。核外电子只能在有确定能量的特定轨道上运动。电子运动轨道的这些不同能量状态称为能级,其中能量最低的状态称为基态,其余称为激发态。一般情况下,电子在不同能级上的分布遵循玻尔兹曼分布。当电子吸收光子后,电子可以跃迁到较高能量状态的能级上,即电子由低能态被激发到高能态,该过程称为吸收。当激发到高能级的电子返回到低能级时,能量可以以光的形式放出,释放光子的能量大小取决于两个能级 E_1、E_2 间能量之差[1]:

$$E_1 - E_2 = \Delta E = h\nu \tag{2-1}$$

高能级电子向低能级跃迁发射光子有两种形式,即自发辐射和受激辐射。其中无外界作用情况下,高能级激发态向低能级基态跃迁引起的发光称为自发辐射。除自发辐射外,当频率为 ν 的光子入射时,也会引发电子以一定的概率迅速地从高能级 E_2 跃迁到低能级 E_1,同时辐射一个与外来光子频率、相位、偏振态以及传播方向都相同的光子,这个过程称为受激辐射,这一过程所产生的光即为激光。吸收、自发辐射、受激辐射三种过程发生的难易程度可由相应爱因斯坦系数表示,即 B_{12}、A_{21} 和 B_{21}。上述各参数之间存在如下关系[1]:

$$B_{12}f_1 = B_{21}f_2 \tag{2-2}$$

$$\frac{A_{21}}{B_{21}} = \frac{8\pi h\nu^3}{c^3} \tag{2-3}$$

式中，f_1 和 f_2 为上下能级的简并度；c 为光速；h 为普朗克常数；ν 为光子频率。能级结构决定激光中心波长，吸收和自发辐射与激光过程存在上述关系。因此，理解 Nd^{3+} 离子的能级结构以及吸收、自发辐射和受激辐射过程成为研究钕玻璃激光特性的基础。

Nd^{3+} 离子电子组态为 $1s^2 2s^2 2p^6 3s^2 3p^6 4s^2 4p^6 4d^{10} 5s^2 5p^6 4f^3$，$Nd^{3+}$ 离子特征吸收和发射来自 f 轨道中电子跃迁，f 轨道电子受到外层 5s 轨道和 5p 轨道电子屏蔽，因此 Nd^{3+} 离子的吸收和发射光谱均为窄带光谱。在不考虑任何影响时，同一个电子组态的电子能量是简并的，当体系在电子之间静电斥力相互作用下，能级发生分裂，对应多个不同能量的光谱项，光谱项由 ^{2S+1}L 表示，其中 L 为总轨道角动量量子数，S 为总自旋角动量量子数。光谱项由电子组态的角量子数 l、磁量子数 m_l 和自旋量子数 m_s 决定，对于 Nd^{3+} 离子 3 个 f 轨道电子对应的角量子数 l 为 3，磁量子数 $m_l = 0$、± 1、± 2、± 3，每个 f 轨道最多可容纳 2 个电子，因总轨道角动量量子数 $L = \sum (m_l)_i$，可取 0、1、2、3、4、5、6、7、8，对应符号为 S、P、D、F、G、H、K、L。总自旋角动量量子数 $S = \sum (m_s)_i$，每个电子 m_s 的取值为 $\pm 1/2$，S 可取 1/2 和 3/2。因此，Nd^{3+} 离子有 ^2P、^2D、^2F、^2G、^2H、^2I、^2K、^2L、^4S、^4D、^4F、^4G 和 ^4I 等多个光谱能级。当自旋-轨道之间的耦合作用对体系进一步微扰时，每个光谱项会分裂成 $2S+1$ 或 $2L+1$ 个光谱支项，每个光谱支项可表示为 $^{2S+1}L_J$，其中 J 为总角量子数，$J = L+S$，$L+S-1$，…，$|L-S|$。当 $L>S$ 时，分裂数目由 $2S+1$ 决定；$L<S$ 时分裂数目由 $2L+1$ 决定。在晶体场作用下，Nd^{3+} 离子每个光谱支项会继续分裂成 $J+1/2$ 个能级，称为 Stark 能级分裂。图 2-1 为

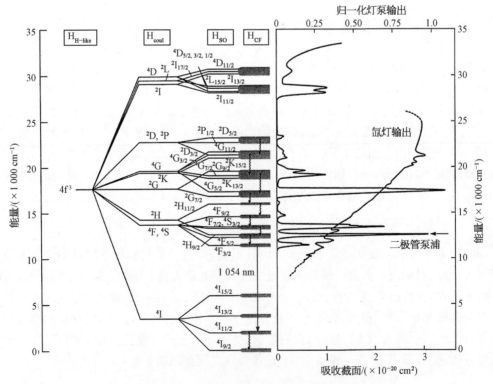

图 2-1　Nd^{3+} 离子在各种作用下的能级分裂及吸收光谱[3]

Nd^{3+} 离子在上述各种作用下的能级分裂位移和劈裂程度示意图。可见 Nd^{3+} 离子 $4f^3$ 组态的能级分裂程度大小顺序为：电子间静电斥力引起劈裂（劈裂能级间距约 10^4 cm^{-1}）＞自旋-轨道相互作用（劈裂能级间距约 10^3 cm^{-1}）＞晶体场作用（劈裂能级间距约 10^2 cm^{-1}）[2]。判断同一个电子组态离子的光谱项、光谱支项对应的能级高低，可按照洪特规则确定，即同组态离子 S 值最大者最稳定；S 值相同，L 值最大者最稳定；L 和 S 值相同时，电子少于和等于半充满时，J 值越小能量越低；电子多于半充满时，J 值越大能量越低。根据洪特规则，Nd^{3+} 离子 $4f^3$ 电子组态的基态光谱项为 ^4I，基态光谱支项为 $^4I_{9/2}$。

原子或离子的吸收和发射光谱均来自其不同能级间电子的跃迁，可分为电偶极跃迁、磁偶极跃迁和电四极跃迁三种类型。跃迁强度决定于能级间跃迁的可能性，即振子强度 f。一般情况下，电偶极跃迁强度最大，f 值为 $10^{-5} \sim 10^{-6}$；磁偶极跃迁强度次之，f 值为 10^{-8}；电四极跃迁强度 f 值为 10^{-11} 左右。因此，实际观察到的谱线跃迁是由电、磁偶极跃迁产生的。不论哪种跃迁都必须满足一定条件才可以进行，这个条件称为光谱跃迁选律。表 2-1 为上述三种不同类型跃迁的光谱跃迁选择定则。由于 Nd^{3+} 离子的 f-f 跃迁是 f^3 组态内跃迁，始态和终态的宇称相同，因而电偶极跃迁是禁戒跃迁，满足跃迁定则的磁偶极跃迁是允许的。实际上 Nd^{3+} 离子的多数跃迁都是电偶极跃迁，这是由于 Nd^{3+} 离子的对称中心移动或晶格的振动运动使相反宇称的不同组态混入 f^3 组态，使得宇称选择定则部分被解除，这种跃迁称为诱导电偶极跃迁或强制电偶极跃迁。需要指出的是，该类跃迁是大部分＋3 价稀土离子的共性，其强度比允许的 f-d 电偶极跃迁弱。因此，相比 4f-5d 跃迁，f-f 跃迁光谱具有谱线强度低、呈线状和荧光寿命长等特点。

表 2-1　电偶极跃迁、磁偶极跃迁和电四极跃迁的选择定则

跃迁类型	ΔJ	$J_1 + J_2$	ΔL	宇称变化	ΔS
电偶极跃迁	$0, \pm 1$	$\geqslant 1$	$0, \pm 1$	有	0
磁偶极跃迁	$0, \pm 1$	$\geqslant 1$	0	无	0
电四极跃迁	$0, \pm 1, \pm 2$	$\geqslant 2$	$0, \pm 1, \pm 2$	无	0

Nd^{3+} 离子作为 1 μm 波长输出激光材料的激活离子，在泵浦光作用下，处于基态的 Nd^{3+} 离子被激发到亚稳态 $^4F_{3/2}$ 及以上能级，$^4F_{3/2}$ 上粒子向下跃迁到 $^4I_{11/2}$ 即产生一个 1 μm 的光子。$^4I_{11/2}$ 能级并非基态能级，在常温下该能级基本上是空的，因此激光上下能级间容易实现粒子数反转，为典型的四能级激光系统。图 2-1 给出了 Nd^{3+} 离子掺杂磷酸盐激光玻璃的吸收光谱以及氙灯的发射光谱。由图可见，Nd^{3+} 离子吸收光谱和氙灯发射光谱存在较多交叠，因此 Nd^{3+} 离子适合采用氙灯泵浦。图 2-2 为 Nd^{3+} 离子在 800 nm 激光二极管（LD）泵浦下的荧光光谱。可见 $^4F_{3/2}$ 能级到 $^4I_{9/2}$、$^4I_{11/2}$ 和 $^4I_{13/2}$ 能级的跃迁分别对应 897 nm、$1\,053$ nm 和 $1\,325$ nm 的荧光峰，其中 $1\,053$ nm 荧光峰最强，与该材料 1 μm 波长激光来自同一跃迁。

2.1.2　Judd-Ofelt 理论和光谱参数计算

1962 年，加州大学伯克利分校 Brian R. Judd 和约翰霍普金斯大学 George S. Ofelt 分别根据镧系稀土离子在其周围电场作用下 $4f^N$ 组态与相反宇称的组态混合而产生强制的电耦合跃迁，独立提出了研究镧系离子 f-f 能级跃迁吸收及发射光谱性能的 Judd-Ofelt 理论[4-5]。

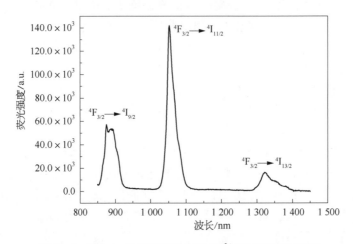

图 2-2 800 nm 波长激光激发下 Nd^{3+} 离子的荧光光谱

该理论从组态混杂出发,基于静电场单组态近似,采用微扰的处理方式,推导了跃迁强度与晶体场的关系,并提出了用拟合吸收光谱获得光跃迁强度参数的方法。

振子强度是表征原子或离子光跃迁强度的重要参数。经典电动力学把辐射或吸收的基本单元看作谐振子,电磁波的发射或吸收由该谐振子做简谐振动引起,将谱线内一个原子的吸收或发射作用用等效的振子数表达,这个振子数可称为跃迁振子强度。根据 Judd-Ofelt 理论,稀土离子 4f 电子电偶极跃迁的振子强度 f_{ed} 可表达为

$$f_{ed} = \frac{8\pi^2 mc}{3h\lambda(2J+1)} n \left(\frac{n^2+2}{3n}\right)^2 \sum_{t=2,4,6} \Omega_t \mid \langle \varphi^a \parallel U^{(t)} \parallel \varphi^b \rangle \mid^2 \quad (2-4)$$

式中,m、c、h、n 和 λ 分别为电子质量、光速、普朗克常数、基质材料折射率、4f 电子从 a 态到 b 态跃迁的中心波长;$\mid \langle \varphi^a \parallel U^{(t)} \parallel \varphi^b \rangle \mid^2$ 为约化矩阵元,与稀土离子的能级有关,但不随基质材料而变化,Nd^{3+} 离子基态到各个激发态能级的约化矩阵元见表 2-2;Ω_t 称为 Judd-Ofelt 参数,可由下式表示[6]:

$$\Omega_t = (2t+1) \sum_{p,s} \mid A_{sp} \mid^2 \Xi^2(s,t)(2s+1)^{-1} \quad (2-5)$$

式中,A_{sp} 为与配位场有关的一系列参数;$\Xi(s,t)$ 可表达为[6]

$$\Xi(s,t) = 2 \sum_{n,l} (2f+1)(2l+1)(-1)^{(f+1)} \times$$

$$\begin{Bmatrix} 1ts \\ flf \end{Bmatrix} \begin{Bmatrix} f1l \\ 000 \end{Bmatrix} \begin{Bmatrix} lsf \\ 000 \end{Bmatrix} \times \frac{\langle 4f \mid r \mid nl \rangle \langle nl \mid r^s \mid 4f \rangle}{\Delta E(\psi)} \quad (2-6)$$

式中,$\Delta E(\psi)$ 为 $4f^N$ 电子轨道和 $4f^{N-1}nl^1$ 混合电子轨道之间的能量差。对于稀土离子,$4f^{N-1}nl^1$ 混合电子轨道为 $4f^{N-1}5d^1$ 轨道,$\langle nl \mid r^s \mid 4f \rangle$ 为 $\int_0^\infty R(nl) r^k R(4f) dr$ 的简写。根据以上表述,如果已知晶体场结构,Judd-Ofelt 参数可以采用"ab-initio"方法计算获得。但由于玻璃中稀土离子所处位置的多样性和非对称性,Judd-Ofelt 参数一般通过拟合测试光谱得到。

表 2-2　Nd^{3+} 离子的约化矩阵元[7]

能级	吸收峰位置/cm^{-1}	$|\langle U^{(2)} \rangle|^2$	$|\langle U^{(4)} \rangle|^2$	$|\langle U^{(6)} \rangle|^2$
$^4I_{11/2}$	2 030	0.019 5	0.107 2	1.164
$^4I_{13/2}$	3 875	0.000 1	0.013 5	0.455 0
$^4I_{15/2}$	5 950	0	0.000 1	0.045 2
$^4F_{3/2}$	11 232	0	0.228 3	0.055 7
$^4F_{5/2}$	12 277	0.000 7	0.234 0	0.398 3
$^2H_{9/2}$	12 527	0.009 2	0.007 6	0.119 6
$^4S_{3/2}$	13 113	0	0.002 7	0.235 4
$^4F_{7/2}$	13 268	0.001 0	0.042 0	0.424 9
$^4F_{9/2}$	14 587	0.001 0	0.009 6	0.038 1
$^2H_{11/2}$	15 864	0.000 1	0.002 6	0.010 4
$^4G_{5/2}$	16 897	0.896 8	0.409 1	0.035 5
$^2G_{7/2}$	17 044	0.075 5	0.184 8	0.031 6
$^2K_{13/2}$	18 803	0.006 8	0.000 2	0.031 3
$^4G_{7/2}$	18 823	0.055 1	0.156 9	0.054 7
$^4G_{9/2}$	19 260	0.004 6	0.061 1	0.040 7
$^2K_{15/2}$	20 806	0	0.005 3	0.014 4
$^2G_{9/2}$	20 897	0.001 0	0.014 4	0.013 6
$^2D_{3/2}$	21 041	0	0.018 1	0.000 1
$^4G_{11/2}$	21 272	0	0.005 3	0.008 0
$^2P_{1/2}$	22 903	0	0.038 1	0
$^2D_{5/2}$	23 549	0	0.000 1	0.002 4
$^2D_{3/2}$	26 047	0	0.003 0	0.001 0

稀土离子电偶极跃迁的理论谱线强度 S_{ed} 和实验测得的谱线强度 S_m 可分别表示为

$$S_{ed} = \sum_{t=2,4,6} \Omega_t |\langle \varphi^a \| U^{(t)} \| \varphi^b \rangle|^2 \tag{2-7}$$

$$S_m = \frac{3ch(2J+1)}{8\pi^3 e^2 \lambda} n \left(\frac{3}{n^2+2}\right)^2 \int \sigma(\lambda)\,d\lambda \tag{2-8}$$

式中，e 为电子的电量；J 为初态能级总角量子数；σ 为跃迁的吸收或者发射截面。利用最小二乘法对理论谱线强度 S_{ed} 和实验测得的谱线强度 S_m 进行拟合，可以得到 Judd-Ofelt 参数。实验测得的谱线强度包含电偶极跃迁谱线强度和磁偶极跃迁谱线强度。通常情况下，电偶极跃迁谱线强度比磁偶极跃迁谱线强度大得多，因此采用上述方法拟合可以得到比较理想的结果。但是对于满足磁偶极跃迁选择定则 $\Delta S = \Delta L = 0$ 和 $\Delta J = 0, \pm 1$ 的跃迁，磁偶极跃迁的贡献不可忽略，磁偶极跃迁的振子强度可表示为[2]

$$f_{cal}^{md} = \frac{2\pi^2 n}{3hm_e c\lambda(2J+1)} \times$$
$$\left[\sum_{SL,\,S'L'} C(SL)C(S'L')\langle 4f^N[SL]J \| L+2S \| 4f^N[S'L']J'\rangle\right]^2 \tag{2-9}$$

磁偶极跃迁的谱线强度可表示为[2]

$$S_{md} = \frac{1}{4m^2c^2}[\langle(S, L)J \parallel L+2S \parallel (S', L')J'\rangle]^2 \qquad (2-10)$$

上二式中，$C(SL)$，$C(S'L')$ 为中介耦合系数。对不同的 J 值，矩阵元$\langle 4f^N[SL]J \parallel L+2S \parallel 4f^N[S'L']J'\rangle$ 有以下不同取值：

当 $J'=J-1$ 时为 $\hbar\{[(S+L+1)^2-J^2][J^2-(L-S)^2]/(4J)\}^{1/2}$；

当 $J'=J$ 时为 $\hbar\left[\frac{2J+1}{4J(J+1)}\right]^{1/2}[S(S+1)-L(L+1)+3J(J+1)]$；

当 $J'=J+1$ 时为 $\hbar\left\{\frac{[(S+L+1)^2-(J+1)^2][(J+1)^2-(L-S)^2]}{4(J+1)}\right\}^{1/2}$。

实验振子强度和计算振子强度之间的偏差用均方根偏差表示为[6]

$$\delta_{rms} = \left[\sum(\Delta f)^2/(p-q)\right]^{1/2} \qquad (2-11)$$

式中，$\sum(\Delta f)^2$ 为计算振子强度和实验振子强度之间偏差的平方和；p 和 q 分别为跃迁的数目和所要确定参数的个数。

通过实验测量稀土掺杂材料的吸收光谱或者发射光谱、折射率等数据，应用 Judd-Ofelt 理论计算稀土离子的跃迁振子强度、强度参数，可进一步获得电偶极自发辐射跃迁概率、荧光分支比、辐射寿命等数据。

由于 Ω_t 只与材料有关，而不强调具体哪两个能级之间的跃迁，所以 Ω_t 可以用于计算该材料任意两个能级之间的光谱参数。由 $\Omega_t(t=2, 4, 6)$ 值可获得在两个多重态之间自发辐射概率 $A_{JJ'}$，从初态$\langle(S, L)J\rangle$ 到更低能态$\langle(S', L')J'\rangle$ 跃迁的荧光分支比 $\beta_{JJ'}$ 和辐射寿命 τ_{rad} 分别如下[6]：

$$A_{JJ'} = A[(S, L)J; (S', L')J'] = A_{ed} + A_{md} = \frac{64\pi^4e^2}{3h\lambda^3(2J+1)} \times \left[\frac{n(n^2+2)^2}{9}S_{ed} + n^3S_{md}\right] \qquad (2-12)$$

$$\beta_{JJ'} = \beta[(S, L)J; (S', L')J'] = \frac{A[(S, L)J; (S', L')J']}{\sum_{bJ'}A[(S, L)J; (S', L')J']} \qquad (2-13)$$

$$\tau_{rad} = \left\{\sum_{S', L'J'}A[(S, L)J; (S', L')J']\right\}^{-1} \qquad (2-14)$$

式中，A_{ed} 和 A_{md} 分别为电偶极跃迁概率和磁偶极跃迁概率。如果实验测定相应跃迁的荧光寿命为 τ_f，则可得量子效率 η 为

$$\eta = \tau_f/\tau_{rad} \qquad (2-15)$$

2.1.3　无辐射跃迁和能量传递

稀土离子由激发态向基态跃迁的物理过程除自发辐射外，还有多声子弛豫、向杂质离子的能量传递、上转换发光以及稀土离子之间相互作用导致的自猝灭等过程。多声子弛豫过程速率(W_{mp})与玻璃微观结构中键的振动有关。向羟基等杂质的能量传递速率(W_{OH})与玻璃中的

羟基含量有关。与稀土离子浓度相关的上转换速率用 W_{up} 表示,稀土离子的自猝灭相关过程用 W_{Re} 表示。另外,考虑玻璃中稀土离子向杂质(如过渡金属离子和其他种类稀土离子等)的能量传递速率(W_{ion}),则玻璃中稀土离子无辐射跃迁的速率(W_{nr})可由下式表示[3]:

$$W_{nr} = \frac{1}{\tau_f} - \frac{1}{\tau_{rad}} = W_{mp} + W_{OH} + W_{Re} + W_{up} + W_{ion}$$

式中,τ_f 为实际测试得到的荧光寿命;τ_{rad} 为理论计算的辐射寿命。

图 2-3 给出了 Nd^{3+} 离子在玻璃中可能存在的一些对激光产生不利的跃迁过程。这一过程分为内部过程和外部过程。其中内部过程包括稀土离子的浓度猝灭上转换和多声子弛豫。外部过程由稀土离子与杂质之间能量转移引起。Nd^{3+} 离子之间的自猝灭过程主要由交叉弛豫和激发态能量转移过程引起。钕玻璃中的杂质主要有过渡金属离子、其他种类稀土离子以及羟基三类,这些杂质相关的无辐射跃迁过程是由 Nd^{3+} 离子及杂质间的能量传递引起,可以通过降低玻璃中这几种杂质含量的手段进行抑制。下面就多声子弛豫和能量传递过程的一些基本原理进行简要介绍。

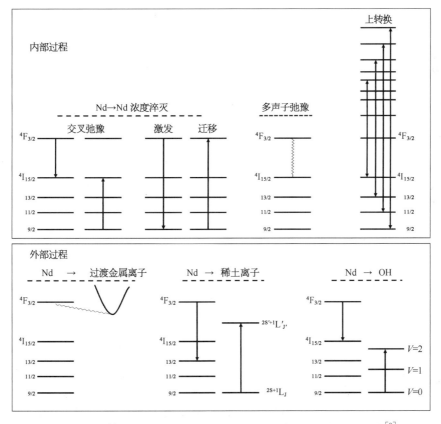

图 2-3　Nd^{3+} 离子在玻璃中可能存在的对激光产生不利的跃迁过程[3]

电子和核组成的系统总能量包括电子的能量和核的振动能,而经典谐振子的能量为 $\frac{1}{2}m\omega^2 Q^2$,Q 为其振幅。以电子基态的能量为 0,基态电子的能量和核的振动能量之和即电子处于基态时系统的能量为 $\left(\frac{1}{2}\right)m\omega^2 Q^2$。在以 $z = [m\omega/(2\hbar)]^{1/2} Q$ 为横坐标的图像中,这个状态的能量用方程$\hbar\omega z^2$的抛物线表示。由于振动能量是量子化的，抛物线是准连续的，系统只能处于抛物线上能量为$\left(n+\dfrac{1}{2}\right)\hbar\omega$的$u_n$点。电子被激发到能量为$p_0\hbar\omega$的激发态时，电子云分布的改变使得核处于一个新的平衡位置。平衡位置的改变Δ称为晶格弛豫，设

$$\Delta=\sqrt{\frac{2\,\hbar S}{m\omega}} \tag{2-16}$$

式中，S称为黄昆因子，是描述晶格弛豫大小的量。电子处于激发态时，核以这个新的位置为平衡位置振动。系统的总能量在上述坐标系中由抛物线$\left(\dfrac{1}{2}\right)m\omega^2(Q-\Delta)^2+p_0\hbar\omega=\hbar\omega(z-S^{1/2})^2+p_0\hbar\omega$表示。这条抛物线相对于基态的抛物线水平位移为$S^{1/2}$，垂直移动为$p_0\hbar\omega$。量子化使得系统能量只能取抛物线上能量为$p_0\hbar\omega+\left(m+\dfrac{1}{2}\right)\hbar\omega$的一些分离值。这就是位形坐标的基本思想。

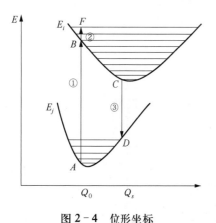

图 2-4　位形坐标

位形坐标如图 2-4 所示。横坐标代表发光中心周围晶格离子的位置。这显然是个笼统的概念，因为发光中心周围只算近邻就有许多个离子，描述它们的位置绝不是一个坐标所能胜任的。但是使用一个坐标容易具体地掌握概念，并可进行一些粗略的定量计算，因此位形坐标被广泛采用。纵坐标表示包括电子和近邻晶格离子在内整个系统的能量，亦即电子在某个能级的能量和晶格离子振动能量的总和。如图 2-4 所示，上下两条曲线 E_i、E_j 表示两个电子能级（注意它们是随着晶格离子的位置而变的，所以不像通常那样用水平直线表示）。E_j 是基态能级的能量，E_i 是激发态能级的能量。水平线段表示不同的晶格振动态。如果两线段都是最低振动态的话，线段 A 和线段 C 的距离，就是在绝对零度时电子态的能量差。曲线 E_i、E_j 上的点，亦即水平线段的端点，代表晶格离子位能最大时系统的能量。在线段的中心点则离子的动能最大，而此时离子所在的位置是平衡点的位置。

根据这样的模型来考察电子发生跃迁的情况。当温度很低而电子处于基态时，系统在 A 即在平衡点 Q_0 的附近。电子被激发而发生跃迁是遵守 Franck-Condon 原理的。在经典物理中这是 Franck 首先提出的。他认为，电子态的变化比晶格振动快得多，在跃迁过程的一瞬间，晶格（核）的位置和动量都暂时不变。如用箭头表示跃迁，箭头应是竖直的，而且始态和末态两个振动态的动量应该相同。这就是说，应该如图 2-4 中箭头①所示，从 A 到 B。这时两个态的离子动量都是零，跃迁矩阵元的值最大，即跃迁概率最大。跃迁②（从 $A\to F$）也是可能的，但其概率则小很多，因跃迁终点 F 所对应的离子运动较快，跃迁矩阵元的值很小。如果温度不是绝对零度，还应考虑系统的始态不完全是在最低振动态，而是具有许多不同的振动态。根据温度情况，系统在这些态中有一个分布。系统从 A 点跃迁到 B 点以后，由于 B 点对应着较高的振动态，系统很快就会弛豫到 C 点即最低的振动能级，这就是多声子弛豫。而从 B 弛豫到 C 放出的声子数就是激发态的黄昆因子 S。同样，当电子跃迁（跃迁③）回终态 D 时，从 D 到 A 的弛豫又放出多个声子，其声子数则是基态的 S 值。从 A 到 B 和从 C 到 D 这两个过程

分别是光的吸收和发射过程。由于吸收和发射过程中都有声子发射,这就说明了 Stokes 定则,即发光会伴随着能量的损失。

如前所述,由于晶格弛豫,则电子发生跃迁时,原则上可以同时发射任意数目的声子。有时,跃迁过程中电子能量的全部变化可以通过发射声子来完成,这就是多声子无辐射跃迁。

如图 2-5 位形坐标所示,系统在激发态 j 的最低点时,相应的坐标为 $Q=0$,如果能获得一个激活能 ΔE 而达到 C 点,就可以无辐射地进入 i 态。对于强耦合的情况,该激活能可以表示为[8]

$$\Delta E = \frac{(W_{ji} - S\overline{\hbar\omega_s})^2}{4S\hbar\omega_s} \tag{2-17}$$

若 ΔE 大,猝灭需要的温度就高,无辐射过程较难发生。若 ΔE 小,即使温度不高,无辐射跃迁概率也可以很大,也就是说,发光猝灭严重。由式(2-17)可知,ΔE 的大小又取决于耦合的强弱即黄昆因子 S 的大小。S 大,激活能 ΔE 就小,发生猝灭的温度就低;S 小,则 ΔE 大,发生猝灭的温度就高。三价稀土离子和晶格振动的耦合很弱,S 的值一般都小于 0.1。

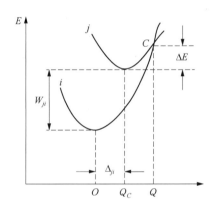

图 2-5　多声子无辐射跃迁的位形坐标表示

对于弱耦合的情况,无辐射跃迁概率可以表达为[9]

$$W = W_0 \exp(-\alpha \Delta E) \tag{2-18}$$

$$\alpha = \ln \frac{p}{S(\bar{n}+1)} - 1 \tag{2-19}$$

式中,ΔE 为能量差;p 为声子数,$\bar{n} = 1/(e^{\varepsilon/kT} - 1)$ 为统计平均声子数。无辐射跃迁概率与温度之间的关系可表达为[8]

$$W \propto e^{-S(2\bar{n}+1)} S(\bar{n}+1)^p / p! \tag{2-20}$$

稀土离子之间的能量传递多为多极子相互作用,即电偶极子-电偶极子相互作用、电偶极子-电四极子相互作用和电四极子-电四极子相互作用。这几种作用的强弱程度按照上述顺序而递减。当离子间距很近以至波函数重叠较大时,还可以发生另一种方式的能量传递即交换作用的能量传递。

对于电偶极子-电偶极子相互作用导致的能量传递,Dexter 推导出了以下公式[10-11]:

$$W_{\text{D-A}} = C_{\text{D-A}}/R^6 \tag{2-21}$$

$$C_{\text{D-A}} = \frac{6c}{(2\pi)^4 n^2} \frac{g_{\text{low}}^{\text{D}}}{g_{\text{up}}^{\text{D}}} \int \sigma_{\text{em}}^{\text{D}}(\lambda) \sigma_{\text{abs}}^{\text{A}}(\lambda) \mathrm{d}\lambda \tag{2-22}$$

式中，D 和 A 分别代表施主和受主；R 为能量传递的施主和受主之间的间距；$C_{\text{D-A}}$ 为传递常数；g 为简并度；c 为光速；n 为折射率。此外，文献中还经常用到临界距离 R_0，其意义为当能量传递的施主和受主之间距离等于临界距离时，传递速率等于不存在受主时施主寿命的倒数。临界距离 R_0 可由下式计算[12]：

$$R_0^6 = C_{\text{D-A}} \tau_{\text{D}} \tag{2-23}$$

从上述公式中，可以看出对于电偶极子-电偶极子相互作用，能量传递速率与 R 的 6 次方成反比。对于电偶极子-电四极子和电四极子-电四极子相互作用，能量传递速率分别与 R 的 8 次方和 10 次方成反比。但是通常情况下，这两种作用方式很弱，因而可以忽略。只有在能量传递的施主和受主之间间距很小的情况下，才会考虑交换作用的影响。

值得注意的是，当存在受主的时候，施主离子的荧光衰减不一定是指数形式的，这就有可能带来误差。这个问题采用 Inokuti 和 Hirayama 的理论可以得到较好的解决[8,13]。该理论认为，当杂乱分布的施主离子被激发后，其中某些会很靠近同样杂乱分布的受主离子，发生能量传递时，由于传递概率和施、受主离子间距有关，施主离子的衰减速率将和它与受主离子的间距有关，近的衰减要快一些，远的则要慢一些，这样施主离子的衰减不再是指数形式。最终，施主离子的发光强度 $I(t)$ 随时间的变化关系为[8]

$$I(t) = I(0) \exp\left[\left(-\frac{t}{\tau_s}\right) - \Gamma\left(1 - \frac{3}{n}\right)\frac{c}{c_0}\left(\frac{t}{\tau_s}\right)^{3/n}\right] \tag{2-24}$$

式中，n 代表多极相互作用的幂次，对于电偶极子-电偶极子、电偶极子-电四极子和电四极子-电四极子相互作用，分别为 6、8 和 10；c 为受主离子浓度；c_0 为临界浓度，可表达为 $\frac{3}{4\pi R_0^3}$。

在上述两种理论当中，都没有考虑施主离子之间的能量传递。但实际上，同类离子之间只要浓度足够大则可能出现能量传递。因此上述理论也适用于施主离子之间的能量传递。当施主和受主浓度相当时，施主之间的能量传递完全可能变为主要的过程。Yokota 和 Tanimoto 研究了这些问题，并得到以下衰减函数[14]：

$$N_{\text{D}}(t) = N_{\text{D}}(0) \mathrm{e}^{-t/\tau_0} \exp\left[-\frac{4\pi}{3} N_{\text{A}} \Gamma\left(\frac{1}{2}\right) \times (C_{\text{D-A}}^{\text{dd}} t)^{1/2} \left(\frac{1 + 10.87x + 15.50x^2}{1 + 8.743x}\right)^{3/4}\right] \tag{2-25}$$

式中，N_{D} 为施主离子的粒子数；N_{A} 为受主离子浓度；τ_0 为不存在受主时施主能级的荧光寿命；$C_{\text{D-A}}^{\text{dd}}$ 和 $C_{\text{D-D}}^{\text{dd}}$ 为与电偶极子相互作用有关的常数；$x = D(C_{\text{D-A}}^{\text{dd}})^{-1/3} t^{2/3}$，其中 D 是扩散系数，可由 $D = 3.376 N_{\text{D}}^{4/3} C_{\text{D-D}}^{\text{dd}}$ 计算。

上面考虑的都是施主与受主间的共振能量传递，如果施主与受主离子的两个能量不等时，要发生能量传递就需要声子的参与。在 m 个声子参与情况下，Dexter 推导的有关传递常数的公式可表达为[15]

$$C_{\text{D-A}}^{\text{dd}} = \frac{6cg_{\text{low}}^{\text{D}}}{(2\pi)^4 n^2 g_{\text{up}}^{\text{D}}} \sum_{m=0}^{\infty} \mathrm{e}^{-(2\bar{n}+1)S_0} \frac{S_0^m}{m!} (\bar{n}+1)^m \int \sigma_{\text{ems}}^{\text{D}}(\lambda_m^+) \sigma_{\text{ab}}^{\text{A}}(\lambda) \mathrm{d}\lambda \tag{2-26}$$

式中, g 为能级简并度; $\bar{n}=1/(e^{\hbar\omega_0/kT}-1)$,为声子布居数; S_0 为黄昆因子; m 为声子参与数目; $\lambda_m^{+}=1/(1/\lambda-m\hbar\omega_0)$ 。

综合考虑施主之间和施主与受主之间的能量传递,计算宏观的能量传递参数,有两种模型可以应用,即 Diffusion Model 和 Hopping Model。对于不同的多极相互作用导致的能量传递,两种模型分别给出了宏观能量传递参数的相应表达式,见表 2-3[16]。当 $C_{D-D}>C_{D-A}$ 时,多采用 Hopping Model。

表 2-3 能量传递宏观参数的计算公式[16]

参数	Diffusion Model	Hopping Model
W_{ET}^{dd}	$28(C_{D-A}^{dd})^{1/4}(C_{D-D}^{dd})^{3/4}N_D$	$13(C_{D-A}^{dd})^{1/2}(C_{D-D}^{dd})^{1/2}N_D$
W_{ET}^{dq}	$31(C_{D-A}^{dq})^{1/6}(C_{D-D}^{dq})^{5/6}N_D^{5/3}$	$21(C_{D-A}^{dq})^{3/8}(C_{D-D}^{dq})^{5/8}N_D^{5/3}$
W_{ET}^{qq}	$57(C_{D-A}^{dq})^{1/8}(C_{D-D}^{qq})^{7/8}N_D^{7/3}$	$57(C_{D-A}^{qq})^{3/10}(C_{D-D}^{qq})^{7/10}N_D^{7/3}$

注: N_D 代表施主离子浓度,上标 d 和 q 分别代表电偶极子和电四极子。

2.1.4 吸收截面和受激发射截面

吸收截面和受激发射截面是表征激光材料激光和光谱性能的重要参数,前者与激光过程中材料的泵浦光吸收效率有关,后者与材料在泵浦光作用下的激光输出能力有关。将激光介质中每个吸收光强的粒子视为一个小"光栏",它将入射到介质中的光挡掉,而吸收截面就是这个小"光栏"的横截面积。即吸收截面指处于下能级的每个粒子对入射光波吸收功率所具有的有效俘获截面积。光强为 I 、功率为 P 的入射光作用在单个低能级粒子上,低能级粒子所吸收的净光功率 ΔP 为

$$\Delta P = \sigma_a \times I = \sigma_a \times \frac{P}{A} \qquad (2-27)$$

式中, A 为总受光面积; σ_a 为吸收截面。吸收截面可以通过测试吸收光谱得到,与吸收系数成正比,与材料中吸收粒子的浓度成反比。吸收光谱多采用分光光度计测试。假定入射光光强为 I_0 ,透过样品后出射光光强为 I ,则光学密度(也称吸光度)可表示为

$$D = -\lg\frac{I}{I_0} \qquad (2-28)$$

光吸收系数可表示为

$$\alpha = -\frac{1}{l}\ln\frac{I}{I_0} \qquad (2-29)$$

光吸收截面可以表示为

$$\sigma_a = \alpha/N \qquad (2-30)$$

上几式中, l 为所测样品厚度; N 为材料中吸收粒子的浓度。因此,材料的吸收截面利用测得吸收光谱(多以光学密度形式输出)和吸收粒子浓度,直接由下式获得[2]:

$$\sigma_a(\lambda) = \frac{2.303}{Nl} D(\lambda) \qquad (2-31)$$

受激发射截面指处于上能级的每个粒子由于"负吸收"或受激发射所具有的有效截面积。由于激光材料增益为激光上下能级粒子数反转程度与受激发射截面的乘积，因此一般期望材料具有大的受激发射截面以满足对激光材料的增益需求。受激发射截面的计算可以通过 McCumber 理论或 Fuchtbauer-Ladenburg 理论求得。根据 McCumber 理论，两能级之间跃迁的发射截面可由其吸收截面计算得到[17]：

$$\sigma_e(\lambda) = \sigma_a(\lambda) \exp[(\varepsilon - h\nu)/(kT)] \qquad (2-32)$$

式中，ε 为与温度有关的激发能量；其物理意义是：保持温度不变，把一个稀土离子从基态激发到上能级所需要的自由能。而 Fuchtbauer-Ladenburg 理论是从测得的荧光光谱来计算的，其表达式为[18]

$$\sigma_{em}(\lambda) = \frac{\lambda^4 A}{8\pi cn^2} \times \frac{\lambda I(\lambda)}{\int \lambda I(\lambda) d\lambda} \qquad (2-33)$$

式中，A 为上下两个能级间的自发跃迁概率；c 为光速；n 为折射率；乘号后面的部分是测得荧光光谱的谱形函数。

2.2　Nd^{3+} 离子在不同玻璃基质中的光谱特性

2.2.1　Nd^{3+} 离子掺杂硅酸盐激光玻璃

自 1961 年由 Snitzer 发明玻璃激光器以来，掺钕激光玻璃得到了长足的发展，钕玻璃激光器也已经在惯性约束聚变装置和超短超强激光装置中得到广泛应用。Snitzer 的玻璃激光器采用的是掺钕的 $Na_2O-BaO-SiO_2$ 玻璃，随后 Owens-Illionois 公司的 ED-2、Schott 公司的 LG-680、Kigre 公司的 Q-246、Hoya 公司的 LSG-91H 等产品相继被开发出来并在大型高功率激光系统上得到应用[19-20]。相比国外，中国玻璃激光的研究起步亦不落后。1963 年上海光机所在掺钕硅酸盐玻璃中获得激光，次年在 $\phi 16$ mm×500 mm 的玻璃棒中获得了 100 J 能量及 1% 总效率的实验结果。自 20 世纪 60 年代起，上海光机所相继研发了 N01、N02、N10、N11、N12 等十几种掺钕硅酸盐激光玻璃，并在高能激光器等研究中得到应用[2,21]。

应用较多的掺钕硅酸盐玻璃，如 ED-2、LSG-91H 和 N11 等均为 $R_2O-MO-Al_2O_3-SiO_2$ 体系（R 为一价碱金属离子，M 为二价碱土金属离子）。例如 ED-2 玻璃的成分为 $60.0SiO_2-2.5Al_2O_3-27.5Li_2O-10.0CaO-0.16CeO_2$（以 mol% 计）以及 $0.5Nd_2O_3$（以 wt% 计）。针对此类激光玻璃的开发，国内外对该体系玻璃中成分变化对其光谱特性的影响进行了详细研究[2]。

上海光机所为获得物理化学性质和光谱性能较好的掺钕激光玻璃，以 $Li_2O-CaO-SiO_2$ 玻璃体系为基础，系统研究了碱金属氧化物和碱土金属氧化物种类变化、Al_2O_3 及 SiO_2 含量变化对掺钕玻璃光谱特性的影响[22]。在 $Li_2O-CaO-SiO_2$ 三元系中，当 SiO_2 含量大于 70 mol% 时，玻璃因出现强烈分相而失透；当 SiO_2 含量小于 50 mol% 时玻璃则出现析晶。只有组成为 Li_2O 10～35 mol%、CaO 0～30 mol%、SiO_2 55～68 mol% 时才能形成透明的玻璃。$Li_2O-CaO-SiO_2$ 体系玻璃形成区如图 2-6 所示。表 2-4 和表 2-5 为该形成区范围内不

同 Li_2O、CaO、SiO_2 含量及其他种类碱金属氧化物、碱土金属氧化物和 Al_2O_3 引入时基态到各激发态吸收跃迁及激发态 $^4F_{3/2}$ 能级向下跃迁的光谱参数。可见随着玻璃中 SiO_2 含量的减少，Nd^{3+} 离子各吸收带的吸收截面、受激发射跃迁概率和 $1.06~\mu m$ 荧光有效线宽及受激发射截面都明显增大，但荧光寿命下降。Judd-Ofelt 强度参量 Ω_4 和 Ω_6 也随 SiO_2 含量的减少而显著增大。当用 Al_2O_3 取代 SiO_2 时，Nd^{3+} 离子的吸收截面和自发辐射跃迁概率的变化不大。不过随着 Al_2O_3 含量的增加，其吸收光谱和荧光光谱线宽略有增大。在 Al_2O_3 含量小于 10% 时，Al_2O_3 含量对受激发射截面没有明显影响。随碱金属离子半径的增大，Nd^{3+} 离子在 $750~nm$、$810~nm$ 和 $880~nm$ 附近吸收峰的吸收截面均降低，而 $580~nm$ 附近吸收截面变化不大。Nd^{3+} 离子 $^4F_{3/2}$ 能级向下跃迁的自发辐射概率和受激发射截面均下降，$^4F_{3/2}$ 能级荧光寿命增加。强度参量 Ω_4 和 Ω_6 随着碱金属离子场强降低而降低，Ω_2 随着碱金属离子场强降低而增大。在硅酸盐玻璃中，相比碱金属离子种类变化，碱土金属离子种类变化对 Nd^{3+} 离子光谱性能的影响较小。在 $60SiO_2 - 30Li_2O - 10RO$ 组分玻璃中，碱土金属氧化物为 SrO 时玻璃的自发辐射跃迁概率和受激发射截面稍大；为 MgO 时玻璃荧光谱线最宽，故其受激发射截面最小；为 BaO 时吸收截面较小。当用 CaO 取代 Li_2O 时，其 $0.88~\mu m$ 和 $1.06~\mu m$ 波长的自发辐射概率增加，Nd^{3+} 离子 $^4F_{3/2}$ 能级寿命降低，但由于 $1.06~\mu m$ 荧光的有效线宽变大，因此 $1.06~\mu m$ 受激发射截面变化不大。

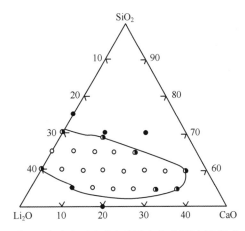

图 2-6　Li_2O-CaO-SiO_2 系统玻璃形成范围（图中空心圆为透明玻璃，半实心圆为半透明，实心圆代表玻璃全部失透）[22]

表 2-4　不同成分硅酸盐玻璃中 Nd^{3+} 离子的吸收跃迁中心波长 λ、吸收有效线宽 $\Delta\lambda$ 及吸收截面 σ_{abs} 等光谱参数[22]

编号	化学组成/mol%				Nd^{3+} 浓度/ $(\times 10^{20}$ ions $/cm^3)$	$^4I_{9/2}\rightarrow{}^2G_{11/2},{}^4G_{5/2}$			$^4I_{9/2}\rightarrow{}^4F_{7/2},{}^4S_{3/2}$			$^4I_{9/2}\rightarrow{}^4F_{5/2},{}^2H_{9/2}$			$^4I_{9/2}\rightarrow{}^4F_{3/2}$		
	SiO_2	Al_2O_3	CaO	Li_2O		λ /nm	$\Delta\lambda$ /nm	σ_{abs}/ $(\times 10^{-20}$ /cm$^2)$	λ /nm	$\Delta\lambda$ /nm	σ_{abs}/ $(\times 10^{-20}$ /cm$^2)$	λ /nm	$\Delta\lambda$ /nm	σ_{abs}/ $(\times 10^{-20}$ /cm$^2)$	λ /nm	$\Delta\lambda$ /nm	σ_{abs}/ $(\times 10^{-20}$ /cm$^2)$
1	65		10	25	0.991	584	20.8	2.14	753	25.5	1.11	811	19.5	1.56	881	27.9	0.45
2	60		15	25	1.000	585	21.1	2.45	751	24.4	1.34	810	20.5	1.77	882	28.3	0.50
3	55		20	25	1.027	586	20.4	2.59	752	25.1	1.50	812	20.3	2.06	882	27.5	0.57
4	60		10	30	0.983	585	20.9	2.37	751	25.2	1.30	809	19.5	1.82	880	27.8	0.52
5	58	2	10	30	0.973	585	21.1	2.37	752	25.2	1.30	812	19.3	1.83	882	28.0	0.51

续表

编号	化学组成/mol%				Nd³⁺ 浓度/(×10²⁰ ions/cm³)	$^4I_{9/2} \to {}^2G_{11/2}, {}^4G_{5/2}$			$^4I_{9/2} \to {}^4F_{7/2}, {}^4S_{3/2}$			$^4I_{9/2} \to {}^4F_{5/2}, {}^2H_{9/2}$			$^4I_{9/2} \to {}^4F_{3/2}$		
	SiO_2	Al_2O_3	CaO	Li_2O		λ/nm	Δλ/nm	σ_abs/(×10⁻²⁰/cm²)	λ/nm	Δλ/nm	σ_abs/(×10⁻²⁰/cm²)	λ/nm	Δλ/nm	σ_abs/(×10⁻²⁰/cm²)	λ/nm	Δλ/nm	σ_abs/(×10⁻²⁰/cm²)
6	56	4	10	30	0.987	585	21.3	2.34	752	25.4	1.32	811	19.8	1.81	880	28.0	0.51
7	54	6	10	30	0.987	585	21.1	2.34	753	25.6	1.30	811	19.4	1.83	881	28.9	0.51
8	50	10	10	30	0.991	585	21.1	2.35	753	25.8	1.30	810	20.3	1.80	881	30.3	0.50
9	60	10Na₂O	10	20	0.996	585	21.1	2.40	752	25.2	1.28	809	19.8	1.75	880	28.1	0.50
10	60	10K₂O	10	20	0.987	586	22.1	2.35	750	25.1	1.14	810	19.8	1.52	881	28.1	0.42
11	60	10MgO		30	1.295	584	21.4	2.45	751	25.4	1.35	807	19.9	1.81	877	27.3	0.51
12	60	10SrO		30	1.057	585	20.9	2.43	753	25.3	1.35	809	20.0	1.83	880	27.9	0.51
13	60	10BaO		30	1.120	585	20.8	2.39	752	25.2	1.28	808	20.2	1.73	879	26.3	0.50
14	60		5	35	0.956	584	21.0	2.40	750	25.3	1.28	811	19.6	1.81	881	27.5	0.50
15	60		20	20	1.027	586	20.9	2.51	752	25.7	1.36	813	19.6	1.90	881	27.8	0.53
16	60		25	15	1.039	586	21.1	2.45	753	26.5	1.31	812	20.5	1.79	881	30.5	0.50
17	60		30	10	1.065	586	21.1	2.56	752	26.2	1.38	812	20.5	1.87	882	30.5	0.54

表 2-5　不同成分硅酸盐玻璃中 Nd³⁺ 离子的 Judd-Ofelt 参数 Ω_t、自发辐射概率 A、辐射寿命 τ_R、实测寿命 τ_m、有效线宽 Δλ 以及峰值受激发射截面 σ_p 等光谱参数[22]

编号	Judd-Ofelt 参数 Ω_t/(×10⁻²⁰/cm²)			$A_{0.88}$/s⁻¹	$A_{1.06}$/s⁻¹	A_{all}/s⁻¹	τ_R/s	τ_m/s	Δλ/nm	σ_p/(×10⁻²⁰/cm²)
	Ω_2	Ω_4	Ω_6							
1	3.5	3.4	4.0	913	1 087	2 228	449	410	33.1	2.21
2	4.0	4.0	4.6	1 100	1 307	2 673	374	380	34.8	2.53
3	3.7	4.3	5.2	1 249	1 507	3 065	326	360	35.4	2.82
4	3.8	3.9	4.6	1 029	1 235	2 523	396	390	34.3	2.45
5	3.8	3.8	4.5	1 002	1 209	2 465	406	380		
6	3.8	3.8	4.7	1 008	1 236	2 505	399	370	35.0	2.41
7	3.7	3.9	4.6	1 069	1 278	2 615	382	360		
8	4.6	4.1	4.6	1 109	1 305	2 686	372	350	36.3	2.44
9	4.6	3.8	4.5	1 000	1 215	2 472	406	410	34.0	2.43
10	4.7	3.1	4.0	824	1 055	2 105	475	450	34.5	2.13
11	4.3	3.7	4.5	1 003	1 223	2 485	402	380	37.7	2.24
12	3.9	3.9	4.7	1 067	1 309	2 653	377	390	33.0	2.69
13	4.1	3.4	4.5	979	1 247	2 494	401	390	35.3	2.37
14	4.0	3.8	4.6	1 007	1 226	2 497	400	390	33.6	2.54
15	4.2	3.6	4.9	1 043	1 347	2 682	373	380	35.4	2.55
16	3.9	4.1	4.7	1 129	1 344	2 752	363	380		
17	4.0	4.2	4.9	1 202	1 422	2 923	342	370	37.3	2.52

　　日本 Hoya 公司亦对网络形成体离子含量及网络外体离子种类变化对掺钕硅酸盐激光玻璃辐射和无辐射跃迁性质的影响进行了研究,结果见表 2-6[23]。$x SiO_2 - (85 - x) Na_2O - 15BaO$ 玻璃体系中,SiO_2 含量由 70 mol％ 降低到 55 mol％ 时,Nd³⁺ 离子 $^4F_{3/2}$ 到 $^4I_{11/2}$ 跃迁的荧光有效线宽变窄,受激发射截面和自发辐射概率变大,该结果与 $Li_2O - CaO - SiO_2$ 玻璃体系中 SiO_2 含量对 Nd³⁺ 离子光谱的作用基本一致。$65SiO_2 - 20R_2O - 15BaO$ 体系中碱金属元

素 R 由 Li 变为 K 时,荧光有效线宽变窄,受激发射截面和自发辐射概率变小。$65SiO_2$ - $20Na_2O$ - $15ReO$ 体系中碱土金属元素由 Ca 变为 Ba 时,荧光有效线宽变窄,受激发射截面和自发辐射概率变小,当碱土金属元素为 Mg 时出现反常,可能是由于 Mg 在玻璃中的配位数与其他碱土金属元素不同。自发辐射概率的变化与 Judd-Ofelt 参数有关。Judd-Ofelt 参数越大则自发辐射概率越大,玻璃网络外体为高场强离子如 Li、Ca 时,Judd-Ofelt 参数较大,因此其具有大的自发辐射概率。此外,表 2-6 列出了不同成分掺钕硅酸盐玻璃的最大声子能量 $\hbar\omega$、电声耦合强度因子 g 以及多声子弛豫参数 W_p/W_0。可见随着玻璃中 SiO_2 含量的降低,电声耦合因子增加,而最大声子能量降低、多声子弛豫速率降低。随着网络外体离子场强的增加,电声耦合因子和最大声子能量均下降,从而导致多声子弛豫速率降低。

表 2-6　硅酸盐玻璃硅含量以及网络外体种类变化时 Nd^{3+} 离子的光谱参数[23]

硅酸盐玻璃硅含量	Ω_2 /(× 10^{-20} cm^2)	Ω_4 /(× 10^{-20} cm^2)	Ω_6 /(× 10^{-20} cm^2)	自发辐射概率 A_{rad} /s^{-1}	受激发射截面 σ_{emi} /pm^2	荧光有效线宽 $\Delta\lambda_{eff}$ /nm	电声耦合强度因子 g	最大声子能量 $\hbar\omega$/ cm^{-1}	能级间距 ΔE/cm^{-1}	归一化多声子弛豫速率 W_p/W_0
70Si	3.9	3.6	3.5	2 067	2.00	34.3	0.011 5	1 015	5 150	6.6
65Si	3.8	3.7	3.5	2 107	2.06	33.6	0.012 1	997	5 150	5.4
60Si	4.1	3.5	3.7	2 120	2.18	32.6	0.013 0	976	5 145	4.6
55Si	4.1	3.6	3.7	2 175	2.32	31.0	0.013 5	951	5 145	2.8
Si - Li	3.5	4.2	4.3	2 617	2.47	34.3	0.011 3	998	5 170	3.5
Si - Na	3.8	3.7	3.5	2 107	2.06	33.6	0.012 1	997	5 150	5.4
Si - K	4.4	2.7	2.4	1 453	1.45	32.4	0.012 5	998	5 150	6.5
Si - Mg	4.3	3.6	3.3	1 823	1.81	34.6	0.010 5	1 016	5 180	3.7
Si - Ca	4.3	4.0	3.3	2 158	2.08	34.9	0.011 2	1 007	5 180	4.0
Si - Sr	4.1	3.9	3.7	2 115	2.09	34.4	0.011 2	1 006	5 170	4.1
Si - Ba	3.8	3.7	3.5	2 107	2.06	33.6	0.012 1	997	5 150	5.4

注:$xSiO_2$ 代表 $xSiO_2$ -$(85-x)Na_2O$ - $15BaO$ 系统,如 70Si 玻璃组分为 $70SiO_2$ - $15Na_2O$ - $15BaO$;Si - R 代表 $65SiO_2$ - $20R_2O$ - $15BaO$,如 Si - Li 为 $65SiO_2$ - $20Li_2O$ - $15BaO$ 组分;Si - Re 代表 $65SiO_2$ - $20Na_2O$ - $15ReO$,如 Si - Mg 为 $65SiO_2$ - $20Na_2O$ - $15MgO$。

经过多年的研发,Owens-Illinos 公司、Hoya 公司、Kigre 公司、Schott 公司和上海光机所都开发了系列硅酸盐激光钕玻璃,并应用于强激光实验装置。表 2-7 为世界各国硅酸盐激光钕玻璃的型号与性能参数。

2.2.2　Nd^{3+} 离子掺杂硼酸盐激光玻璃

硼酸盐玻璃声子能量高,多声子弛豫导致的无辐射跃迁大,这类玻璃中稀土离子的荧光寿命短,发光量子效率低。因此,至今各国激光玻璃研究和生产单位未推出较为成熟的硼酸盐激光玻璃产品[9,24]。尽管如此,早在 20 世纪 60 年代,上海光机所就在硼酸盐激光钕玻璃中获得了激光输出,并在同等实验条件下与硅酸盐激光钕玻璃和磷酸盐激光钕玻璃的激光输出特性做了比较[25]。由于 Nd^{3+} 离子在硼酸盐玻璃中发光效率低,相比磷酸盐激光玻璃和硅酸盐激光玻璃而言,其具有更高的激光阈值和更低的激光输出能量。表 2-8 为上述三种激光玻璃的光谱性能和激光输出实验结果。可见这三种玻璃中,掺钕硼酸盐激光玻璃的荧光寿命最短、量子效率最低,从而导致了激光的高阈值和低输出能量。

表 2-7 世界各国硅酸盐激光钕玻璃的型号与性能参数[2]

国家	玻璃牌号	光学性质					激光性质				热学性质				力学性质				
		折射率		非线性折射率 n_2/ (×10^{-13} esu)	阿贝数 v	折射率温度系数 dn/dT/ (×10^{-6}/K)	受激发射截面/ pm^2	荧光寿命 τ_m /μs	荧光有效线宽 $\Delta\lambda$ /nm	荧光峰值 λ_p/nm	热传导系数 K/ (W/(m·K))	比热 C_p/ [J/(kg·K)]	热膨胀系数 α/ (×10^{-7}/K)	玻璃转变温度 T_g/°C	密度 d/ (g/cm^2)	泊松比 μ	断裂强度因子 K/ (MPa·m$^{1/2}$)	杨氏模量 E/ GPa	应力学光系数 ΔB/Pa
		587.3 nm 波长折射率 n_d	激光波长折射率 n_L																
美国	ED-2	1.564	1.555	1.4	51.5	2.9	2.9	359	34.43	1062	1.35		103	465	2.55	0.223		91.12	
美国	Q-246	1.572	1.561	1.4	57.8	2.9	2.9	330	34	1062	1.30		90	475	2.55	0.24		85.70	
日本	LSG-91H	1.5611	1.5498	1.58	56.56	1.6	2.7	300	34.4	1062	1.03	0.63	105	465	2.81	0.24		84.44	2.16
德国	LG-630	1.520	1.509			-2.2	1.052	326	34.3		0.85		97	463	2.59			60.61	
德国	LG-670	1.570	1.561	1.41	57.5	2.9	2.7	330	34.4	1061	1.35	0.92	93	468	2.54	0.242		90.1	
苏联	KTCC7	1.553	1.542			-3.6							105		2.96	0.25		65.02	
中国	N0312	1.5224	1.5122				1.35	590	39				88	590	2.51			74.44	
中国	0812	1.5354	1.5248				1.11	760	40				120	545	2.80			63.45	

46

表 2-8　掺钕硼酸盐激光玻璃、硅酸盐激光玻璃和磷酸盐激光玻璃的光谱及激光输出特性[25]

玻璃种类	荧光寿命/μs	谱线宽度/nm	量子效率/%	浓度/wt%	阈值能量/J	输出能量/J
硅酸盐	650	27	35	3.00	50	3.70
磷酸盐	330	25	25	2.67	35	3.00
硼酸盐	280	29	11	2.94	50	1.07

注：三种激光玻璃尺寸为 $\phi16$ mm×500 mm，氙灯泵浦光输入能量为 1 000 J，谐振器上下介质膜透过率分别为 1% 和 35%。

　　硼酸盐玻璃中 B 原子可以三配位和四配位两种形式存在。当玻璃中网络外体离子较少时，B 原子以三配位形式存在；网络外体离子较多时，B 原子以四配位形式存在。B 原子配位数的改变会导致掺钕硼酸盐玻璃光谱性质随成分呈非线性变化。以 1 mol% 的 Nd_2O_3 掺杂 xNa_2O-$(100-x)B_2O_3$ 玻璃体系为例，当 $x=0$ 时，B 以三配位形式存在；随着 Na_2O 的引入，部分三配位 B 转换为四配位 B，玻璃中氧原子堆积密度增加。除配位数变化外，Na_2O 的引入亦会导致玻璃中非桥氧数目的增加。当 $x=25$ 时，玻璃中非桥氧数量与玻璃中 Nd^{3+} 离子数量相当，继续增加 Na_2O 含量，玻璃中非桥氧数量则进一步增加。图 2-7 为 xNa_2O-$(100-x)B_2O_3$ 玻璃中 Nd^{3+} 离子 $^4I_{9/2}$ 能级到 $^2P_{1/2}$、$^2G_{5/2}$ 及 $^2G_{7/2}$ 能级吸收光谱线宽的变化。当 x 由 0 增加到 25 时，由于玻璃中三、四配位 B 结构共存，Nd 所处格位种类增加，继续增加 Na_2O 含量，玻璃中非桥氧和桥氧的比例发生变化，因此导致了上述吸收光谱的非线性变化规律。如图 2-8 所示，除吸收光谱外，Nd^{3+} 离子 $^4F_{3/2}$ 能级向下跃迁的自发辐射概率在 Na_2O 含量为 25 mol% 时出现极大值，而 30 mol% Na_2O 处的极小值与四配位 B 的非桥氧数量有关。

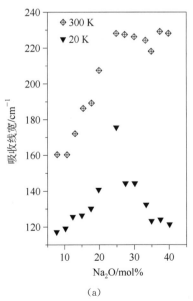
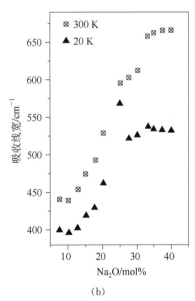

(a)　　　　　　　　　　　　　　(b)

图 2-7　xNa_2O-$(100-x)B_2O_3$ 玻璃中 Nd^{3+} 离子 $^4I_{9/2}$ 到 $^2P_{1/2}$ 吸收光谱线宽（a）和 $^4I_{9/2}$ 到 $^2G_{5/2}$、$^2G_{7/2}$ 吸收谱线宽（b）[26]

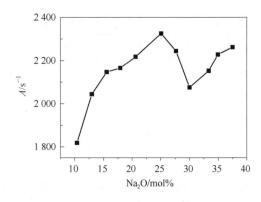

图 2-8　Nd_2O_3 掺杂的 xNa_2O - $(100-x)B_2O_3$ 玻璃 $^4F_{3/2}$ 向下跃迁的自发辐射概率[26]

2.2.3　Nd^{3+} 离子掺杂重金属氧化物激光玻璃

通常将除硅酸盐玻璃、硼酸盐玻璃、磷酸盐玻璃和铝酸盐玻璃之外,玻璃形成体为较重金属离子或类金属离子的氧化物玻璃称为重金属氧化物玻璃,主要包含碲酸盐玻璃、锗酸盐玻璃、铋酸盐玻璃和锑酸盐玻璃等。由于该类玻璃形成体离子半径大、原子序数高,因此其具有大的非线性折射率,高能激光下易导致自聚焦破坏,因而未在高能激光中得到应用。但是,相比于其他类型氧化物玻璃,重金属氧化物玻璃具有较小的声子能量,因此多声子弛豫导致的无辐射跃迁概率小,Nd^{3+} 离子在该类玻璃中发光效率高,如在碲酸盐玻璃中 Nd^{3+} 离子 $^4F_{3/2}$ 到 $^4I_{11/2}$ 发光跃迁量子效率接近 100%[24]。

在 Nd^{3+} 掺杂重金属氧化物激光玻璃中,研究较多的是碲酸盐玻璃和锗酸盐玻璃。表 2-9 为不同成分掺钕碲酸盐玻璃的 Judd-Ofelt 参数及其他光谱性质。从表中可见,Nd^{3+} 离子在碲酸盐玻璃中 $^4F_{3/2}$ 到 $^4I_{11/2}$ 跃迁的中心波长稳定在 1 061～1 062 nm,$^4F_{3/2}$ 能级测试荧光寿命 τ_f 略大于 Judd-Ofelt 理论所计算荧光寿命 τ_R,说明其量子效率在 100% 左右。此外,掺钕碲酸盐激光玻璃的受激发射截面在 4.1×10^{-20} cm^2 以上,最大可达 5.1×10^{-20} cm^2,是目前氧化物玻璃体系中最大的。从表中还可以看出,改变玻璃网络外体种类对碲酸盐玻璃光谱特性影响较小。总体而言,随着碱金属离子半径增大,Judd-Ofelt 参数变大,荧光有效线宽变窄,受激发射截面变大。但是 Rb^+、Cs^+ 离子与 Li^+、Na^+、K^+ 离子相比未呈现出相同的趋势。在掺钕碲酸盐玻璃中引入 P_2O_5,随着 P_2O_5 含量增加,Judd-Ofelt 参数变小,中心波长蓝移,荧光有效线宽变窄,而受激发射截面变小[27]。

表 2-9　碲酸盐激光钕玻璃的光谱参数[27]

玻璃成分/mol%	Judd-Ofelt 参数/($\times 10^{-20}$ cm^2)			λ_p/nm	σ_{emi}/($\times 10^{-20}$ cm^2)	$\Delta\lambda_{eff}$/nm	λ_p/nm	$\Delta\lambda_{eff}$/nm	τ_R/μs	τ_m/μs
	Ω_2	Ω_4	Ω_6	$^4F_{3/2} \rightarrow ^4I_{11/2}$			$^4F_{3/2} \rightarrow ^4I_{13/2}$			
$79TeO_2 - 20Li_2O$	3.64	4.88	4.55	1 062	4.6	28.1	1 336	50.8	154	170
$79TeO_2 - 20Na_2O$	4.06	4.79	4.62	1 062	4.9	26.4	—	—	154	177
$79TeO_2 - 20K_2O$	5.74	5.02	4.73	1 061	5.1	26.4	1 336	45.7	149	—
$79TeO_2 - 20Rb_2O$	5.14	5.10	4.44	1 061	4.7	27.4	1 335	48.8	152	—
$89TeO_2 - 10K_2O$	4.82	5.29	4.98	1 061	5.0	28.4	1 337	50.5	141	—

续表

玻璃成分/mol%	Judd-Ofelt 参数/ ($\times 10^{-20}$ cm^2)			λ_p /nm	σ_{emi}/ ($\times 10^{-20}$ cm^2)	$\Delta\lambda_{eff}$/ nm	λ_p /nm	$\Delta\lambda_{eff}$/ nm	τ_R/μs	τ_m/μs
	Ω_2	Ω_4	Ω_6	${}^4F_{3/2} \to {}^4I_{11/2}$			${}^4F_{3/2} \to {}^4I_{13/2}$			
$89TeO_2 - 10Cs_2O$	4.65	4.91	4.44	1 061	4.5	28.1	1 336	51.2	155	—
$82TeO_2 - 17BaO$	4.03	5.13	4.76	1 063	4.7	28.7	1 338	49.6	147	175
$68TeO_2 - 31ZnO$	3.62	4.63	4.23	1 062	4.1	29.2	—	—	163	181
$69TeO_2 - 30P_2O_5$	3.13	2.92	3.42	1 054	3.3	28.1	1 325	53.8	243	—
$77TeO_2 - 22P_2O_5$	3.08	3.03	3.44	1 056	3.2	29.4	1 327	50.2	217	≈240
$88TeO_2 - 11P_2O_5$	3.14	3.98	3.90	1 058	3.7	29.6	—	—	180	≈200
$88TeO_2 - 11Nb_2O_5$	3.52	3.47	3.51	1 062	3.1	31.3	1 338	51.0	207	—

　　锗酸盐玻璃是另一种重要的重金属氧化物玻璃。与硅酸盐玻璃相比,锗酸盐玻璃声子能量较低,掺 Nd^{3+} 离子的锗酸盐玻璃具有更强的吸收、更大的受激发射截面和更高的量子效率[28]。Ge 原子在元素周期表中与 Si 原子同族,且 Nd^{3+} 离子在硅酸盐玻璃和锗酸盐玻璃中具有相似的配位环境和结构状态,因此,锗酸盐玻璃中网络外体种类和含量变化对 Nd^{3+} 离子光谱性质的影响与硅酸盐玻璃中类似。表 2 - 10 为掺钕锗酸盐玻璃的光谱性质。可见,在 $75GeO_2 - 25R_2O$ 玻璃体系中,随着碱金属离子半径增大, ${}^4I_{9/2} \to ({}^4F_{7/2}, {}^4S_{3/2})$ (750 nm)和 ${}^4I_{9/2} \to ({}^4F_{5/2}, {}^2H_{9/2})$ (808 nm)吸收强度减小,吸收跃迁的振子强度逐渐降低。离子场强大的网络外体离子替代离子场强小的网络外体离子,吸收强度和吸收跃迁的振子强度增加,如碱土金属离子 Mg 取代 Ca。相比掺 Nd^{3+} 硅酸盐玻璃,锗酸盐玻璃的吸收强度、跃迁振子强度更大, ${}^4F_{3/2}$ 到 ${}^4I_{11/2}$ 跃迁的受激发射截面更大。在锗酸盐玻璃中,当 Nd_2O_3 含量低时, ${}^4F_{3/2}$ 到 ${}^4I_{11/2}$ 跃迁的量子效率更高,随其浓度增加量子效率降低得更快,如图 2 - 9 所示。在激光性能方面,锗酸盐激光钕玻璃通常比硅酸盐激光钕玻璃具有更低的激光阈值和更高的量子效率[29]。

表 2 - 10　掺钕锗酸盐玻璃的光谱性质[29]

编号	摩尔组分	Nd_2O_3 质量分数 /wt%	Nd^{3+} 浓度/ ($\times 10^{20}$ ions /cm^3)	吸收系数/ [1/(mol·cm)]				1.06 μm 荧光寿命/μs	
				@573 nm	@587 nm	@740 nm	@808 nm	τ_1	τ_2
1	$75GeO_2 - 25Rb_2O$	1.33	1.95	28.2	19.0	4.9	4.9	0.46	1.04
2	$75GeO_2 - 25K_2O$	1.63	2.12	27.3	21.0	5.3	5.9	—	—
3	$75GeO_2 - 10Na_2O$	1.77	2.45	17.3	22.0	7.1	10.4	—	—
4	$90GeO_2 - 10Li_2O$	1.71	2.45	—	22.2	9.0	12.9	0.18	0.40
5	$66GeO_2 - 17K_2O - 17BaO$	3.36	4.77	20.0	19.5	6.0	8.0	0.24	0.47
6	$64GeO_2 - 16.5K_2O - 11BaO - 4.8CaO - 2.9Al_2O_3$	4.0	5.40	18.5	20.4	6.7	8.9	0.17	0.37
7	$68GeO_2 - 7.8K_2O - 11BaO - 4.8CaO - 2.9Al_2O_3$	4.0	5.20	19.5	21.5	6.9	9.9	0.19	0.41
8	$66GeO_2 - 16K_2O - 6BaO - 9CaO - 3Al_2O_3$	4.0	4.75	19.8	23.5	7.6	11.5	0.19	0.42
9	$64GeO_2 - 16.5K_2O - 6.8BaO - 9.7CaO - 2.9Al_2O_3$	4.0	5.13	18.9	21.5	7.0	9.6	0.20	0.43
10	$64GeO_2 - 8.7K_2O - 7.8Na_2O - 11.6BaO - 4.8CaO - 2.9Al_2O_3$	4.0	5.63	15.8	20.6	7.5	11.2	0.17	0.37

续表

编号	摩尔组分	Nd₂O₃质量分数/wt%	Nd³⁺浓度/(×10²⁰ ions/cm³)	吸收系数/[1/(mol·cm)]				1.06 μm荧光寿命/μs	
				@573 nm	@587 nm	@740 nm	@808 nm	τ_1	τ_2
11	66GeO₂ - 16K₂O - 6BaO - 9MgO - 3Al₂O₃	2.0	2.62	18.5	21.4	6.8	9.9	0.31	0.50
12	66GeO₂ - 16K₂O - 6BaO - 4CaO - 5MgO - 3Al₂O₃	2.0	2.65	17.4	20.9	6.6	9.5	0.32	0.52
13	70GeO₂ - 17Rb₂O - 10CaO - 3Al₂O₃	1.46	2.02	20.0	21.0	6.0	7.9	0.41	0.63
14	64GeO₂ - 16.5Rb₂O - 6.8BaO - 9.8CaO - 2.9Al₂O₃	1.39	1.96	21.7	20.8	6.1	7.9	0.36	0.59
15	64GeO₂ - 16.5Rb₂O - 6.8BaO - 9.8MgO - 2.9Al₂O₃	1.40	1.96	23.7	21.7	6.3	7.8	0.37	0.60
16	64GeO₂ - 16.5Rb₂O - 6.8BaO - 4.9CaO - 4.9MgO - 2.9Al₂O₃	1.40	1.96	21.6	20.5	6.0	7.7	0.36	0.45
17	66GeO₂ - 17K₂O - 13BaO - 4SbO₁.₅	1.50	2.16	19.9	20.2	6.5	8.7	0.33	0.54
18	75SiO₂ - 12.5K₂O - 12.5BaO	4.0	4.2	11.9	10.8	4.7	5.1	0.46	0.63

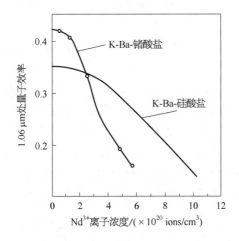

图 2-9 硅酸盐玻璃和锗酸盐玻璃中 Nd³⁺ ⁴F₃/₂ 荧光量子效率随掺杂浓度的变化[29]

2.2.4 Nd³⁺离子掺杂卤化物激光玻璃

卤化物玻璃是指玻璃中以 F⁻、Cl⁻、Br⁻ 和 I⁻ 等卤族元素为阴离子的玻璃。相比硅酸盐玻璃、磷酸盐玻璃及硼酸盐玻璃等氧化物玻璃,卤化物玻璃化学稳定性差,易析晶,制备相对困难,限制了其应用。由于玻璃中 Nd³⁺ 离子周围最近邻配位原子为负离子,造成掺钕卤化物玻璃光谱性质具有不同于氧化物玻璃中的特性。如 Nd³⁺ 离子 ⁴F₃/₂ 到 ⁴I₁₁/₂ 跃迁在氟化物玻璃中具有比任何氧化物玻璃更短的发光中心波长,位于 1 046~1 050 nm 范围内;在氯化物玻璃中 ⁴F₃/₂ 到 ⁴I₁₁/₂ 跃迁峰值发射截面[2]可达 6.3×10⁻²⁰ cm²。

氟化物玻璃相比其他种类玻璃具有更小的非线性折射率,可有效避免强激光作用下的自聚焦破坏,是一类研究最多的卤化物玻璃。根据玻璃中阳离子的组成,氟化物玻璃可以分为 BeF₂ 基玻璃、MF₃ 基玻璃(M=Al、Ga、Fe、In 等)、MeF₄ 基玻璃(Me=Zr 或 Hf 等)以及混合氟化物玻璃。其中,BeF₂ 基玻璃以[BeF₄]四面体构成网络,MF₃ 基玻璃以[MF₆]六面体构成网络,而 MeF₄ 基玻璃的结构网络中有 7、8 等多种配位[30-31]。由于玻璃网络形成结构的不同,掺钕氟化物玻璃的光学和光谱性质也有所差别。如图 2－10 所示,随着主要形成体阳离子半径的增大,氟化物玻璃的折射率和非线性折射率均增大。其中 BeF_2 基玻璃的非线性折射率可达 0.25×10^{-13} esu,远小于其他卤化物和氧化物玻璃。图 2－11 为不同种类氟化物玻璃的发光中心波长、有效线宽、吸收强度和受激发射截面等光谱性质参数,其中 BeF_2 基玻璃的光谱性能参数波动最大,而 ZrF_4 基玻璃的受激发射截面最大。

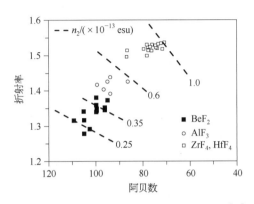

图 2－10　不同种类氟化物玻璃的光学性质[32]

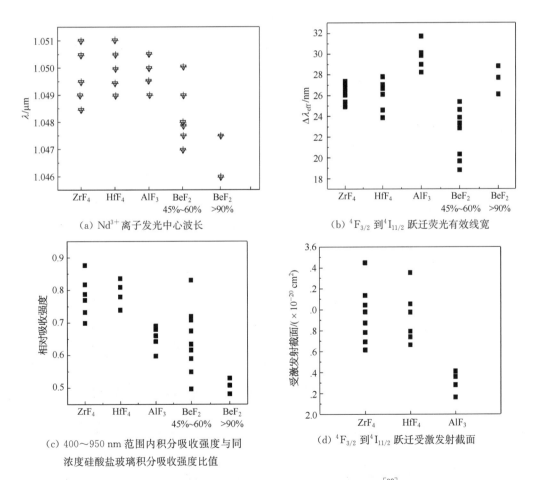

（a）Nd^{3+} 离子发光中心波长

（b）$^4F_{3/2}$ 到 $^4I_{11/2}$ 跃迁荧光有效线宽

（c）400～950 nm 范围内积分吸收强度与同
浓度硅酸盐玻璃积分吸收强度比值

（d）$^4F_{3/2}$ 到 $^4I_{11/2}$ 跃迁受激发射截面

图 2－11　不同种类氟化物玻璃的光谱性质参数[32]

2.2.5　Nd³⁺离子掺杂氟磷酸盐激光玻璃

氟磷酸盐玻璃通常是在氟化物玻璃系统中引入少量磷酸盐实现的,相比于氟化物玻璃具有更好的热稳定性和化学稳定性,相比于磷酸盐玻璃则具有更低的折射率和非线性折射率系数。美国 LLNL 国家实验室于 20 世纪 70—80 年代为追求更低的非线性折射率系数,与德国 Schott 公司和日本 Hoya 公司合作开发了 Nd³⁺离子掺杂的氟磷酸盐激光玻璃,如 Schott 公司的 LG‑810、LG‑800 型激光玻璃和日本 Hoya 公司的 LHG‑10 型激光玻璃。中国上海光机所从 20 世纪 60 年代起就对氟磷酸盐激光钕玻璃进行了研究,并获得了激光输出,目前较为成熟的氟磷酸盐钕玻璃型号为 NF1 和 NF2[24,33]。表 2‑11 为国内外各单位公布的掺钕氟磷酸盐激光玻璃的性能参数。虽然经过多年发展氟磷酸盐激光钕玻璃的性能和生产工艺水平不断提升,但截至目前,限于大尺寸掺钕氟磷酸盐激光玻璃制备工艺难度大、原料成本高、光学均匀性差等缺点,国内外尚未有大口径掺钕氟磷酸盐激光玻璃生产和应用的报道。

表 2‑11　国内外掺钕氟磷酸盐玻璃的性能参数[33]

激光玻璃	参数											
	$\sigma_{emi}/$ ($\times 10^{-20}$ cm^2)	$Nd_2O_3/$ wt%	$\tau_f/$ μs	$\lambda_{Lasing}/$ nm	$\Delta\lambda_{eff}/$ nm	n_d	阿贝数	$n_2/$ ($\times 10^{-13}$ esu)	$T_g/$ /℃	$dn/dT/$ ($\times 10^{-7}/$ K)	$ds/dT/$ ($\times 10^{-7}/$K)	$\alpha/$ ($\times 10^{-7}/$ K)$_{(30\sim300℃)}$
NF1(SIOM)	2.7	0.5	510	1 053	32.8	1.464 7	88	0.6	450	−88	−18.6	152
NF2(SIOM)	3.4	0.5	430	1 052	30.4	1.514 6	77	0.86	490	−86	−12	142
LG‑810(Schott)	2.54	1.2	470	1 053	—	1.434	91	0.52	395	—	−14	—
LHG‑10(Hoya)	2.6	2.4	384	1 051	31.25	1.467	87.7	0.61	445	—	16	—

注:SIOM 指上海光机所;下同。

国内外对氟磷酸盐激光钕玻璃进行了大量研究,一般认为较为具有实用价值的玻璃系统为 RF‑ReF₂‑AlF₃‑Al(PO₃)₃。图 2‑12 为 Nd³⁺离子在 NaF‑RF₂‑AlF₃‑Al(PO₃)₃ 氟磷酸盐玻璃中 $^4F_{3/2} \rightarrow {}^4I_{11/2}$ 跃迁的受激发射截面和荧光寿命,可见随着 Al 原子增加,受激发射截面下降,荧光寿命增加。蒋亚丝等[34]研究了 Nd³⁺离子掺杂浓度为 1×10^{20} cm⁻³ 的 18MgF₂‑18CaF₂‑8SrF₂‑22.5AlF₃‑13.5NaPO₃ 玻璃中引入 10 mol% 不同种类的氟化物或偏磷酸盐时玻璃光谱性质的变化规律,结果如图 2‑13 所示。总体而言,相比氟化物,在该玻璃系统中

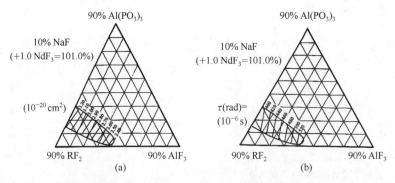

图 2‑12　Nd³⁺离子在 NaF‑RF₂‑AlF₃‑Al(PO₃)₃ 氟磷酸盐玻璃中 $^4F_{3/2} \rightarrow {}^4I_{11/2}$ 跃迁的受激发射截面(a)和荧光寿命(b)[2]

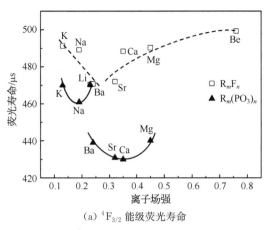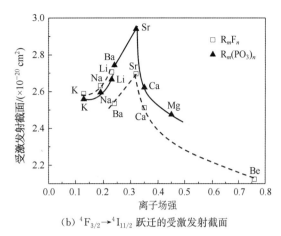

(a) $^4F_{3/2}$ 能级荧光寿命　　　　　　　　(b) $^4F_{3/2} \rightarrow {}^4I_{11/2}$ 跃迁的受激发射截面

图 2-13　**Nd^{3+} 离子在外掺 10 mol% 不同氟化物或偏磷酸盐的 18MgF$_2$ - 18CaF$_2$ - 8SrF$_2$ - 22.5AlF$_3$ - 13.5NaPO$_3$ 氟化物玻璃中研究结果**[34]

引入偏磷酸盐时,该玻璃具有更大的受激发射截面、荧光寿命更低。此外,该玻璃系统光谱特性与引入氟化物和偏磷酸盐中阳离子场强间呈现出非线性的变化规律。对氟磷酸盐玻璃的性质,可以通过成分与性质之间的经验公式进行估算如下[2]:

$$P = \sum_i a_i p_i \tag{2-34}$$

式中,p_i 为玻璃的性能参数;a_i 为玻璃成分的摩尔分数。M. J. Weber 等给出了掺钕 RF - ReF$_2$ - AlF$_3$ - Al(PO$_3$)$_3$ 氟磷酸盐玻璃的计算系数,见表 2-12。

表 2-12　**掺钕氟磷酸盐激光玻璃各个玻璃成分的计算系数**

组分	n_D	$\Delta\lambda$/nm	$\Delta\lambda_{eff}$/nm	σ_p/pm^2	τ/μs
Al(PO$_3$)$_3$	0.025 286 2	2.357 5	2.839 58	0.034 620	4.988 72
AlF$_3$	0.013 831	2.914 27	3.316 89	0.011 232	8.018 71
LiF	0.013 987	2.279 03	2.708 8	0.036 671	3.459 23
NaF	0.013 429				
KF	0.013 590				
MgF$_2$	0.013 911	2.588 84	3.089 44	0.031 073	3.450 31
CaF$_2$	0.014 414				
SrF$_2$	0.014 494				
BaF$_2$	0.014 817				
CdF$_2$	0.015 680				
YF$_3$	0.016 08	0.997 27	1.578 24	0.034 034	6.452 57
NdF$_3$	0.016 08				

2.2.6　Nd^{3+} 离子掺杂磷酸盐激光玻璃

磷酸盐激光钕玻璃是目前在国内外大型激光装置中广泛应用的一种激光钕玻璃,也是迄今为止应用最多的一类激光钕玻璃。相比于硅酸盐和硼酸盐激光钕玻璃,其具有更优异的光谱性能;相比于重金属氧化物玻璃,其具有更小的非线性系数;相比于氟化物玻璃和氟磷酸盐玻璃玻璃,其具有更大的受激发射截面,且更易于大尺寸、批量化熔制生产。此外,通过配方调整可以获得热光系数为零的磷酸盐激光钕玻璃,从而避免在强激光装置应用中光斑的热畸变。自 20 世纪 70 年代以来,经过几十年的发展,无论从光谱和激光性能还是从制备工艺上磷酸盐激光钕玻璃都取得了众多进展,国内外也相继开发出了数种成熟的磷酸盐激光钕玻璃型号,并应用于美国 NIF、法国 LMJ、中国神光系列、欧洲 ELI、日本 Gekko 等大型高功率激光装置。

磷酸盐激光钕玻璃作为应用最为广泛的一种激光玻璃,国内外对其进行了详细研究,总结了玻璃中网络形成体和网络修饰体含量与磷酸盐激光钕玻璃光谱性能之间的关系。表 2-13 为 Nd^{3+} 离子在 $Li_2O-2BaO-xP_2O_5$ 体系中的光谱性质。可见,随玻璃中 P_2O_5 含量的增加,Nd^{3+} 离子 $^4F_{3/2} \rightarrow {}^4I_{11/2}$ 跃迁的峰值波长向短波段移动,荧光线宽明显变窄。当 P_2O_5 含量在 40~60 mol% 范围内时,Nd^{3+} 离子的吸收截面变化不大,但当 P_2O_5 含量超过 60 mol% 时,随着 P_2O_5 的增加,Nd^{3+} 离子的吸收截面明显增大。Judd-Ofelt 强度参量 Ω_4 和 Ω_6 以及 $^4F_{3/2} \rightarrow {}^4I_{11/2}$ 跃迁受激发射截面随 P_2O_5 含量的变化趋势与吸收截面的变化趋势相类似,且 $^4F_{3/2}$ 能级荧光寿命随着 P_2O_5 含量增加而降低。由于玻璃的折射率随 P_2O_5 含量的增加而下降,因此玻璃的自发辐射跃迁概率随 P_2O_5 增加而降低,在 P_2O_5 含量为 60 mol% 附近出现极小值,以后又随 P_2O_5 含量的增加明显增加[36]。此外,在磷酸盐激光玻璃中改变碱金属离子种类,Nd^{3+} 离子光谱特性呈现规律性变化,随碱金属离子场强降低,Nd^{3+} 离子的吸收截面、自发辐射概率和受激发射截面都明显增大,荧光有效线宽变窄,Judd-Ofelt 参数也明显变大。图 2-14 最左侧给出了 $65P_2O_5-10Al_2O_3-25MO$ 体系中 Nd^{3+} 离子光谱参数随网络外体离子场强的变化规律[37]。随着网络外体离子场强的增加,$^4F_{3/2}$ 到 $^4I_{11/2}$ 跃迁的受激发射截面和自发辐射概率减小,荧光线宽增加。图 2-14 右侧为 $65P_2O_5-xAl_2O_3-(35-x)Na_2O$ 中 Nd^{3+} 离子光谱参数的变化规律。可见,随着 Al_2O_3 含量的增加,受激发射截面减小,荧光有效线宽变宽,自发辐射概率降低。而图 2-14 中部 Na_2O 取代 P_2O_5 时,则对 Nd^{3+} 离子光谱性能影响相对较小。当 Na_2O 取代磷酸盐玻璃中的碱土金属离子时,$^4F_{3/2} \rightarrow {}^4I_{11/2}$ 跃迁荧光有效线宽、自发辐射概率、受激发射截面呈现出如图 2-15 所示的变化,即当 Na_2O 取代 MgO 或 CaO 时,荧光有效线宽变窄,自发辐射概率以及受激发射截面变大;当 Na_2O 取代 BaO 时,荧光有效线宽变化不明显,自发辐射概率以及受激发射截面也会变大[37]。表 2-14 给出了几种偏磷酸盐掺钕激光玻璃的光学和光谱参数,可为实用磷酸盐激光玻璃光学和光谱性能的设计提供参考[38]。

表 2-13　Nd^{3+} 离子在 $Li_2O-2BaO-xP_2O_5$ 玻璃体系中的光谱性能参数[36]

P_2O_5 含量/ mol%	n_D	Judd-Ofelt 参数/ $(\times 10^{-20}/cm^2)$			$^4I_{9/2}$ 到 $^4F_{3/2}$ 的 $\sigma_{abs}/$ $(\times 10^{-20}/cm^2)$	$A_{1.06}$ /s^{-1}	A_{all} /s^{-1}	τ_m /s	$\Delta\lambda$ /nm	λ/nm ($^4F_{3/2}$ 到 $^4I_{11/2}$)	$^4F_{3/2}$ 到 $^4I_{11/2}$ 的 $\sigma_p/(\times 10^{-20}/cm^2)$
		Ω_2	Ω_4	Ω_6							
40	1.599 7	3.22	3.16	4.25	0.48	1 222	2 431	411	28.2	1 056.5	2.834
45	1.584 5	3.50	2.93	4.35	0.45	1 189	2 323	431	28.0	1 055.5	2.831
50	1.570 0	3.36	3.11	4.20	0.45	1 135	2 256	443	26.7	1 054.5	2.886
61	1.548 1	3.61	3.10	4.28	0.45	1 096	2 176	460	25.2	1 053.0	3.038

续表

P₂O₅含量/mol%	n_D	Judd-Ofelt 参数/($\times 10^{-20}$/cm²)			$^4I_{9/2}$ 到 $^4F_{3/2}$ 的 σ_{abs}/($\times 10^{-20}$/cm²)	$A_{1.06}$/s⁻¹	A_{all}/s⁻¹	τ_m/s	$\Delta\lambda$/nm	λ/nm ($^4F_{3/2}$ 到 $^4I_{11/2}$)	$^4F_{3/2}$ 到 $^4I_{11/2}$ 的 σ_p/($\times 10^{-20}$/cm²)
		Ω_2	Ω_4	Ω_6							
67	1.639 5	3.52	3.05	4.55	0.48	1 133	2 211	452	23.9	1 052.0	3.349
73	1.535 0	3.09	3.65	4.62	0.52	1 179	2 374	421	23.0	1 051.0	3.641
79	1.532 0	2.78	3.96	5.06	0.54	1 280	2 574	389	22.3	1 051.0	4.100

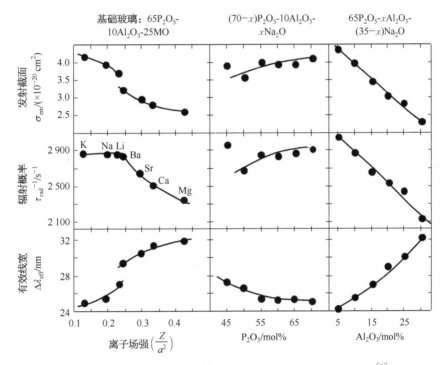

图 2-14　磷酸盐玻璃中 Nd³⁺ 离子光谱特性随成分的变化规律[3]

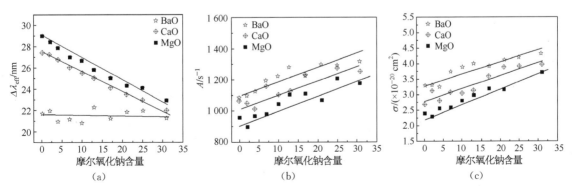

图 2-15　Na₂O 取代磷酸盐玻璃中碱土金属离子时，$^4F_{3/2} \to {}^4I_{11/2}$ 跃迁荧光有效线宽 $\Delta\lambda_{eff}$（a）、自发辐射概率 A（b）、受激发射截面 σ（c）的变化趋势[37]

表 2 - 14　Nd^{3+} 离子在几种偏磷酸盐玻璃中的光学和光谱参数[38]

激光玻璃	参　数							
	$\Omega_2/$ $(\times 10^{-20}\ cm^2)$	$\Omega_4/$ $(\times 10^{-20}\ cm^2)$	$\Omega_6/$ $(\times 10^{-20}\ cm^2)$	λ_p $/nm$	$\Delta\lambda_{eff}$ $/nm$	$\sigma/$ $(\times 10^{-20}\ cm^2)$	β	$\tau_R/\mu s$
$Mg(PO_3)_2$	5.3±0.3	4.7±0.4	4.3±0.2	1 056	33.9	2.4±0.1	0.47	431
$Ca(PO_3)_2$	4.5±0.4	4.8±0.5	4.9±0.2	1 055	30.9	3.0±0.2	0.49	358
$Sr(PO_3)_2$	4.3±0.2	4.3±0.3	5.0±0.2	1 056	30.5	3.1±0.1	0.50	358
$Ba(PO_3)_2$	4.0±0.2	5.4±0.2	5.6±0.2	1 056	28.5	3.9±0.1	0.49	290
$Zn(PO_3)_2$	5.1±0.2	4.4±0.3	4.7±0.2	1 055	29.3	3.0±0.2	0.49	393
$Cd(PO_3)_2$	3.9±0.2	4.2±0.3	4.6±0.2	1 055	30.2	3.0±0.1	0.49	340
$Al(PO_3)_3$	6.3±0.3	4.0±0.4	4.6±0.2	1 053	31.2	2.7±0.1	0.50	421

　　较为成熟的磷酸盐激光钕玻璃多为偏磷酸盐玻璃,玻璃中[PO_4]四面体以含有两个桥氧和两个非桥氧的 Q^2 基团居多。玻璃网络呈链状结构,具有较好的热稳定性和化学稳定性。国内外目前应用最多的激光钕玻璃产品型号为德国 Schott 公司 LG - 770 型、日本 Hoya 公司 LHG - 8 型和中国上海光机所 N31、N41 型激光钕玻璃。其中 Schott 公司和 Hoya 公司已为美国 NIF、法国 LMJ 等欧美国家大型激光装置提供了数千片激光钕玻璃。上海光机所研制的磷酸盐激光钕玻璃主要应用于国内神光等大型激光装置。除上述三家单位外,俄罗斯和美国 Kiger 公司亦有较为成熟的激光钕玻璃。表 2 - 15 为国内外主要激光钕玻璃产品的性能参数。

表 2 - 15　国内外主要激光钕玻璃产品的性能参数[39]

激光玻璃	参　数													
	$\sigma_{emi}/$ pm^2	τ_{rad} $/\mu s$	$\Delta\lambda_{eff}/$ nm	$d/$ (g/cm^3)	n_d	$n_{1053\ nm}$	阿贝数	$n_2/$ $(\times 10^{-13}$ $esu)$	$T_g/$ ℃	$\alpha/$ $(\times 10^{-7}$ $/K)_{(20\sim100℃)}$	$dn/dT/$ $(\times 10^{-7}$ $/K)$	$ds/dT/$ $(\times 10^{-7}$ $/K)$	$K/[W/$ $(m\cdot K)]$	$E/$ GPa
N31	3.8	351	25.5	2.84	1.540	1.535	65.6	1.18	450	115	−43	14	0.57	58.5
N41	3.9	355	25.4	2.60	1.510	1.504	67.8	1.05	475	118	−56	3	0.56	52.4
LHG - 8	3.6	365	26.5	2.81	1.529 6	1.520 1	66.5	1.12	485	127	−53	6	0.50	47.3
LG - 770	3.9	350	25.4	2.59	1.508 6	1.499 6	68.4	1.02	461	116	−47	11	0.57	47.3
KGSS0180	3.6	360		2.83	1.532			1.1	450	116	−40			59

　　综上所述,各种不同基质的激光钕玻璃具有不同的光谱性能。由于玻璃形成范围广、成分变化大,导致即使为形成体相同的同类型玻璃,Nd^{3+} 离子的光谱特性亦会有较大不同。这为开发面向不同应用的激光钕玻璃提供了便利。表 2 - 16 列出了各种体系钕玻璃的光学和光谱参数

表 2 - 16　不同玻璃基质中 Nd^{3+} 离子的光学和光谱性质[2]

玻璃基质		折射率 n_d	受激发射截面/pm^2	峰值波长/μm	有效线宽/nm	辐射寿命/μs
氧化物玻璃	硅酸盐	1.46～1.75	0.9～3.6	1.057～1.088	34～55	170～1 090
	锗酸盐	1.61～1.71	1.7～2.5	1.060～1.063	36～43	300～460
	碲酸盐	2.0～2.1	3.0～5.1	1.056～1.063	26～31	140～240
	磷酸盐	1.49～1.63	2.0～4.8	1.052～1.057	22～35	280～530
	硼酸盐	1.51～1.69	2.1～3.2	1.054～1.062	34～38	270～450

续表

玻璃基质		折射率(n_d)	受激发射截面/pm^2	峰值波长/μm	有效线宽/nm	辐射寿命/μs
卤化物玻璃	氟化铍	1.28~1.38	1.6~4.0	1.046~1.050	19~29	460~1 030
	氟化铝	1.39~1.49	2.2~2.9	1.049~1.050	28~32	540~650
	重金属氟化物	1.50~1.56	2.5~3.4	1.048~1.051	25~29	360~500
	氯化物	1.67~2.06	6.0~6.3	1.062~1.064	19~20	180~220
卤氧化物玻璃	氟磷酸盐	1.41~1.56	2.2~4.3	1.049~1.056	27~34	310~570
	氯磷酸盐	1.51~1.55	5.2~5.4	1.055	22~23	290~300
硫属化合物玻璃	硫化物	2.1~2.5	6.9~8.2	1.075	21	64~100
	硫氧化物	2.4	4.2	1.075	28	92

变化范围[20]。综合考虑玻璃的各项性能和工艺特性,磷酸盐激光钕玻璃由于其适中的声子能量、较小的非线性系数、较大的受激发射截面和成熟的生产工艺仍然是大型激光装置的首选激光材料。

主要参考文献

[1] 俞宽新,江铁良,赵启大. 激光原理与激光技术[M]. 北京:北京工业大学出版社,1998.

[2] 姜中宏,刘粤惠,戴世勋. 新型光功能玻璃[M]. 北京:化学工业出版社,2008.

[3] Campbell J H, Suratwala T I. Nd-doped phosphate glasses for high-energy/high-peak-power lasers [J]. Journal of Non-Crystalline Solids, 2000(263):318 - 341.

[4] Judd B R. Optical intensities of rare-earth ions [J]. Physical Review, 1962,127(3):750 - 761.

[5] Ofelt G S. Intensities of crystal spectra of rare-earth ions [J]. The Journal of Chemical Physics, 1962, 37(3):511 - 520.

[6] Walsh B M. Judd-Ofelt theory:principles and practices [M]//Advances in Spectroscopy for Lasers and Sensing. Springer, Dordrecht, 2006:403 - 433.

[7] Carnall W T, Fields P, Wybourne B. Spectral intensities of the trivalent lanthanides and actinides in solution. Ⅰ. Pr^{3+}, Nd^{3+}, Er^{3+}, Tm^{3+}, and Yb^{3+} [J]. The Journal of Chemical Physics, 1965,42 (11):3797 - 7806.

[8] 许少鸿. 固体发光[M]. 北京:清华大学出版社,2011.

[9] Layne C B, Weber M J. Multiphonon relaxation of rare-earth ions in beryllium-fluoride glass [J]. Physical Review B, 1977,16(7):3259 - 3261.

[10] Dexter D L. A theory of sensitized luminescence in solids [J]. The Journal of Chemical Physics, 1953, 21(5):836 - 850.

[11] Sousa D F D, Lebullenger R, Hernandes A C, et al. Evidence of higher-order mechanisms than dipole-dipole interaction in $Tm^{3+} \rightarrow Tm^{3+}$ energy transfer in fluoroindogallate glasses [J]. Physical Review B, 2002,65(9):094204 - 1 - 6.

[12] Inokuti M, Hirayama F. Influence of energy transfer by the exchange mechanism on donor luminescence [J]. The Journal of Chemical Physics, 1965,43(6):1978 - 1989.

[13] Weber M J. Luminescence decay by energy migration and transfer:observation of diffusion-limited relaxation [J]. Physical Review B, 1971,4(9):2932 - 2939.

[14] Inokuti M, Hirayama. Influence of energy transfer by the exchange mechanism on donor luminescence [J]. The Journal of Chemical Physics, 1965,43(6):1978 - 1989.

[15] Yokota M, Tanimoto O. Effects of diffusion on energy transfer by resonance [J]. Journal of the Physical Society of Japan, 1967, 22(3): 779 - 784.

[16] Miyakawa T, Dexter D L. Phonon sidebands, multiphonon relaxation of excited states, and phonon-assisted energy transfer between ions in solids [J]. Physical Review B, 1970, 1(7): 2961 - 2969.

[17] De Sousa D F, Nunes L A O. Microscopic and macroscopic parameters of energy transfer between Tm³⁺ ions in fluoroindogallate glasses [J]. Physical Review B, 2002, 66(2): 024207 - 1 - 7.

[18] McCumber D E. Einstein relations connecting broadband emission and absorption spectra [J]. Physical Review, 1964, 136(4A): A954 - A957.

[19] Lengyel, Bela A. Evolution of masers and lasers [J]. American Journal of Physics, 1966, 34(10): 903 - 913.

[20] Krupke W. Induced-emission cross sections in neodymium laser glasses [J]. IEEE Journal of Quantum Electronics, 1974, 10(4): 450 - 457.

[21] Weber M J. Handbook of optical materials [M]. [S. l.]: CRC Press, 2003.

[22] 干福熹. 中国激光玻璃的研究和发展[J]. 中国激光, 1984, 11(8): 3 - 13.

[23] 胡和方, 茅森, 林凤英, 等. 掺钕锂硅酸盐激光玻璃的研制[J]. 中国激光, 1978(Z₁): 119 - 120.

[24] Izumitani T, Toratani H, Kuroda H. Radiative and nonradiative properties of neodimium doped silicate and phosphate glasses [J]. Journal of Non-Crystalline Solids, 1982, 47(1): 87 - 99.

[25] 干福熹. 中国的激光材料研究[J]. 中国激光, 1980, 7(Z₁): 68 - 76, 127 - 128.

[26] 干福熹, 蔡英时, 姜中宏, 等. Nd³⁺激活玻璃的若干激射特性[J]. 中国科学通报, 1965, 16(11): 1012 - 1017.

[27] Gatterer K, Pucker G, Fritzer H P. Hypersensitivity and nephelauxetic effect of Nd(Ⅲ) in sodium borate glasses [J]. Journal of Non-Crystalline Solids, 1994, 176(2 - 3): 237 - 246.

[28] Weber M J, Myers J D, Blackburn D H. Optical properties of Nd³⁺ in tellurite and phosphotellurite glasses [J]. Journal of Applied Physics, 1981, 52(4): 2944 - 2949.

[29] Jacobs R, Weber M. Dependence of the ⁴F₃/₂→⁴I₁₁/₂ induced-emission cross section for Nd³⁺ on glass composition [J]. IEEE Journal of Quantum Electronics, 1976, 12(2): 102 - 111.

[30] Hirayama C, Camp F E, Melamed N T, et al. Nd³⁺ in germanate glasses: spectral and laser properties [J]. Journal of Non-Crystalline Solids, 1971, 6(4): 342 - 356.

[31] Kawamoto Y, Horisaka T, Hirao K, et al. A molecular dynamics study of barium meta-fluorozirconate glass [J]. The Journal of Chemical Physics, 1985, 83(5): 2398 - 2404.

[32] Phifer C C, Gosztola D J, Kieffer J, et al. Effects of coordination environment on the Zr-F symmetric stretching frequency of fluorozirconate glasses, crystals, and melts [J]. The Journal of Chemical Physics, 1991, 94(5): 3440 - 3450.

[33] Tesar A, Campbell J, Weber M, et al. Optical properties and laser parameters of Nd³⁺-doped flouride glasses [J]. Optical Materials, 1992, 1(3): 217 - 234.

[34] Zhang L Y, Hu L L, Jiang S B. Progress in Nd³⁺, Er³⁺, and Yb³⁺ doped laser glasses at Shanghai Institute of Optics and Fine Mechanics [J]. International Journal of Applied Glass Science, 2018, 9(1): 90 - 98.

[35] 蒋亚丝, 张俊洲, 许文娟, 等. 用于高功率激光系统的氟磷玻璃[J]. 光学学报, 1990, 10(5): 452 - 458.

[36] Weber M J. CRC handbook of laser science and technology supplement 2: optical materials [M]. [S. l.]: CRC Press, 1994.

[37] 胡和方. 掺钕磷酸盐玻璃光谱和发光特性的研究[J]. 中国激光, 1979(9): 25 - 30.

[38] Byun J O, Kim B H, Hong K S, et al. Spectral properties of Nd³⁺-doped RO·Na₂O·Al₂O₃·P₂O₅ (R＝Mg, Ca, Ba) glass system [J]. Japanese Journal of Applied Physics, 1994, 33(9A): 4907 - 4912.

[39] Weber M J, Saroyan R A, Ropp R C. Optical properties of Nd³⁺ in metaphosphate glass [J]. Journal of Non-Crystalline Solids, 1981, 44(1): 137 - 148.

[40] Hu L L, He D B, Chen H Y, et al. Research and development of neodymium phosphate laser glass for high power laser application [J]. Optical Materials, 2017(63): 213 - 220.

第 3 章

磷酸盐玻璃的结构和性质

作为应用最多的一类激光钕玻璃,磷酸盐激光钕玻璃不仅拥有优异的光谱特性,在光学、热学、抗损伤特性上亦呈现一定的优势。磷酸盐激光钕玻璃的生产和应用对其各项性质提出了苛刻要求,而磷酸盐玻璃的性质与其内部微观结构密切相关。本章先对磷酸盐玻璃的结构进行简单介绍,在此基础上阐述磷酸盐激光钕玻璃的光学特性、黏度和抗析晶特性、激光损伤特性以及玻璃的表面性质等。

3.1 磷酸盐玻璃的结构

3.1.1 磷酸盐玻璃的网络结构

磷酸盐玻璃中,磷以 $+5$ 价的形式存在,每个磷与周围四个氧通过极性共价键连接,形成各种磷氧四面体[PO_4]结构,通常以 Q^n 来描述这些四面体,n 表示每个四面体中桥氧的个数(图 3-1)[1],n 的值取决于磷酸盐玻璃组成中氧与磷的数量比[O]/[P]。随着[O]/[P]逐渐增加,玻璃网络将相应地发生如下变化:三维的交联 Q^3 结构(例如 P_2O_5 玻璃)→类似聚合物的链状偏磷酸 Q^2 结构→二聚体焦磷酸 Q^1 结构→孤立的正磷酸单体 Q^0 结构。下面将根据[O]/[P]来分别讨论磷酸盐玻璃的结构。

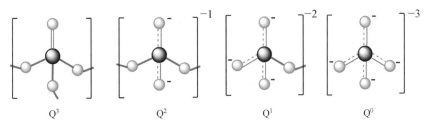

图 3-1 磷酸盐玻璃中可能存在的磷氧四面体结构单元

1) 纯 P_2O_5 玻璃

P_2O_5 晶体有六方晶系[2]与斜方晶系[3-4]两种晶型。在这些晶体中,每个磷氧四面体[PO_4]通过三个 P—O—P 共价键以共顶的形式与另外三个磷氧四面体[PO_4]连接,第四个键是末端的氧原子与磷形成的 P=O 双键,这样形成 Q^3 结构单元。通过从头计算法发现,

59

P═O 双键有 π 键增强作用,因此它比 P—O—P 键中的 P—O 单键要短[5]。表 3-1 列举了几种不同晶型 P_2O_5 晶体与 P_2O_5 玻璃中的桥氧(B—O)和非桥氧(T—O)与 P 原子形成的化学键长度。中子散射实验表明,P_2O_5 玻璃的近程结构与晶体类似,也是由 Q^3 结构单元组成。从傅里叶变换红外光谱(FTIR)与拉曼(Raman)光谱上可以看到 P_2O_5 玻璃在 1 380 cm^{-1} 附近有强烈的信号,这个信号来自 P═O 双键的振动。^{31}P 的固态核磁共振谱表明,在 P_2O_5 玻璃与晶体中,磷氧四面体[PO_4]是轴对称结构,从对称性而言也同样说明 P_2O_5 玻璃具有上述 Q^3 结构单元。

表 3-1 P_2O_5 晶体与玻璃中的平均 P—O 键长[2-4,6-7]

晶型	密度/(g/cm³)	P—BO/(×10⁻¹⁰ m)	P—TO/(×10⁻¹⁰ m)	文献来源
H-P_2O_5(Ⅰ)	2.28	1.590	1.433	[2]
O-P_2O_5(Ⅱ)	2.705	1.576	1.445	[3]
O′-P_2O_5(Ⅲ)	2.928	1.570	1.445	[4]
v-P_2O_5	2.445	1.581	1.432	[6]
v-P_2O_5	2.385	1.579	1.420	[7]

2) 二元磷酸盐玻璃

在 P_2O_5 玻璃中加入网络修饰体会解聚玻璃网络,导致桥氧减少而非桥氧增加。玻璃网络的解聚过程可以用下面近似的化学反应过程表示[8]:

$$2Q^n + R_2O \longrightarrow 2Q^{n-1}$$

对于碱金属或者碱土金属磷酸盐玻璃 $x R_2O(RO)$-$(1-x)P_2O_5$,Q^n 的数量可以根据玻璃的组成进行计算。

当 $0 \leqslant x < 0.5$ 时(过磷酸盐),$2.5 \leqslant [O]/[P] < 3.0$,随着网络修饰体含量的增加,玻璃从三维的交联结构逐渐变成链状或者环状结构,Q^3 与 Q^2 的含量可以分别表示为[8]

$$f(Q^2) = \frac{x}{1-x} \tag{3-1}$$

$$f(Q^3) = \frac{1-2x}{1-x} \tag{3-2}$$

通过 ^{31}P MAS NMR 谱可以清楚地看到,磷酸盐玻璃从交联 Q^3 结构变成链状 Q^2 结构(图 3-2)。不同的 Q^n 四面体有不同的各向同性化学位移范围,它们彼此相差约 20 ppm(参见图 3-2 中小插图)。图中可以明显地看到 Q^3(-51 ppm)、Q^2(-22 ppm)及 Q^1(0 ppm)各个结构单元。

当 $x = 0.5$ 时,玻璃是完全由 Q^2 组成的链状或者环状偏磷酸结构,[PO_4]四面体中有两个桥氧(B—O)与两个非桥氧(T—O)。玻璃中总体的桥氧与非桥氧的比 [B—O]/[T—O] = 1/2。玻璃网络可以表示为[PO_3]$_n$ 阴离子基团。在聚磷酸盐玻璃中,平均链长(n_{av})由 Van Wazer[8]给出:

$$n_{av} = \frac{2(1-x)}{2x-1} \tag{3-3}$$

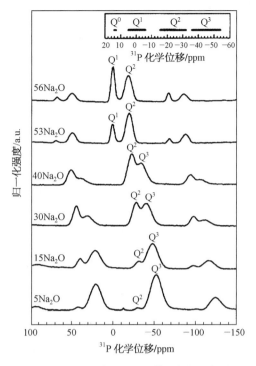

图 3-2 无水钠磷酸盐玻璃的 ^{31}P 魔角核磁共振谱

来自不同磷氧四面体的各向同性信号标注了相应的 Q^n。剩下的信号是旋转侧带。图中小插图表示不同 Q^n
四面体的各向同性化学位移范围[9]

注意,当 $x=0.5$ 时(为偏磷酸盐的化学计量),n 是无穷大(这个结论是假设了没有环状阴离子,每一个环状阴离子的出现将会减小平均链长)。典型的偏磷酸盐玻璃的链长 n_{av} 在 $40\sim$
100 个 P 四面体范围并且由羟基结尾[10]。通过对碱土偏磷酸盐玻璃除水,报道的链长接近
$1\,000$ 个四面体[11]。

当 $0.5<x\leqslant0.67$ 时(偏磷酸盐与焦磷酸盐之间),$3\leqslant[O]/[P]\leqslant3.5$,玻璃的网络结构由
Q^2 与末端的 Q^1 结构单元组成。网络的平均链长随着[O]/[P]值的增大而变短,当 $x=0.67$ 时
([O]/[P]=3.5),玻璃网络变成由两个 Q^1 相互连接的二聚体。它们的含量可以分别表示为[8]

$$f(Q^1)=\frac{2x-1}{1-x} \qquad (3-4)$$

$$f(Q^2)=\frac{2-3x}{1-x} \qquad (3-5)$$

当 $0.67\leqslant x<0.75$ 时(焦磷酸盐与正磷酸盐之间),$3.5\leqslant[O]/[P]\leqslant4$,此时,随着[O]/
[P]增加,玻璃从二聚体结构 Q^1 变成孤立的正磷酸盐结构 Q^0,它们的含量可以分别表示为[12]

$$f(Q^0)=\frac{3x-2}{1-x} \qquad (3-6)$$

$$f(Q^1)=\frac{3-4x}{1-x} \qquad (3-7)$$

但是,在熔融淬冷法制备条件下,玻璃形成区很难达到这个范围[13-14]。一般情况下,二元

碱金属或者碱土金属磷酸盐玻璃只能在 $x < 0.55 \sim 0.60$ 范围内形成,快速淬冷法能制备出 $x = 0.7$ 的锂磷酸盐玻璃[15]。一些配位数较低的金属氧化物如 SnO、ZnO、CdO、PbO、Fe_2O_3,可以与 P_2O_5 在熔融淬冷法条件下制备出焦磷酸组成的玻璃[16]。在 $0 \leqslant x < 0.75$ 范围内,桥氧与非桥氧的比值为[12]

$$[BO]/[TO] = 0.5(3 - 4x) \tag{3-8}$$

所有这些 Q^n 结构单元的含量都可以用磷的魔角核磁共振(^{31}P MAS NMR)测量。桥氧与非桥氧可以通过氧的 X 射线光电子能谱(XPS)技术测量。当多种碱金属氧化物或者碱土金属氧化物混合加入 P_2O_5 中,Q^n 以及非桥氧的计算与二元体系类似。

3.1.2 磷酸盐玻璃中网络修饰体与磷氧四面体之间的连接

在碱金属磷酸盐玻璃中,很多重要性能的最小值出现在碱金属氧化物含量为 20 mol% 左右的玻璃中。尽管磷氧四面体的比例或者分布与这种最小值(如图 3-3 所示密度随组成的变化)之间似乎没什么联系,但是磷氧四面体局部键合的改变确实出现在碱金属氧化物含量为 20 mol% 左右的玻璃中。Hoppe[17] 提出了一个基于修饰体阳离子配位环境的模型来解释碱土金属过磷酸盐玻璃和 Zn-过磷酸盐玻璃中的堆积密度。过磷酸盐晶体的结构研究表明,修饰体阳离子的局部配位环境包含 Q^2 和 Q^3 四面体的非桥氧[18]。Hoppe 认为过磷酸盐玻璃存在相似的键排布,并且提出过磷酸盐玻璃的结构和性能可能与非桥氧的数目有关。这些修饰体阳离子(Me^{v+},v 代表离子价)与特定的晶体有相似的配位数(CN_{ME}),对于化学计量比为 $x(Me_{2/v}O)(1-x)P_2O_5$ 的玻璃,每个修饰体离子非桥氧的数目为

$$M_{TO} = v(1/x) \tag{3-9}$$

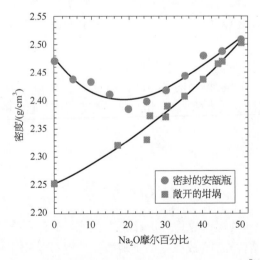

图 3-3 钠过磷酸盐玻璃的密度与组成之间的关系[12]

Hoppe 提出,将有两种结构不同的组成区域,$M_{TO} > CN_{ME}$(区域 Ⅰ)和 $M_{TO} < CN_{ME}$(区域 Ⅱ)。在区域 Ⅰ 中,存在的大量非桥氧可以与每个 Me^{v+} 配位,因此这些离子可以以孤立的配位多面体的形式存在于磷酸盐网络中(图 3-4a)。而在区域 Ⅱ 中,并没有足够的非桥氧去满足每个 Me^{v+} 离子的配位要求。因此,这些离子必须共享可以得到的非桥氧(图 3-4b)。最

终,区域Ⅱ中,Me^{v+}离子配位多面体以共棱共顶的形式存在,并且起到桥连相邻 Q^2 四面体的作用。Li$^+$、Na$^+$ 离子在过磷酸盐与 NaPO$_3$ 玻璃中配位数都在 4～5[19-20]。借助这些配位数,通过式(3-9)计算可以得到,在 Li$^+$ 和 Na$^+$ 过磷酸盐玻璃中,从区域Ⅰ到区域Ⅱ的转变发生在碱金属氧化物含量为 20～25 mol% 处。这样的分析正好解释了图 3-3 中出现的密度极小值。在区域Ⅰ,每个末端氧只与一个阳离子连接,连接作用较弱。当碱金属氧化物取代 P$_2$O$_5$ 时,密度与转变温度 T_g 降低。而在区域Ⅱ有大量的末端氧与两个阳离子连接,随着碱金属氧化物的增加,更多碱金属多面体共棱共顶,密度增加,碱金属离子与相邻 Q^3 之间的连接增强,T_g 升高。

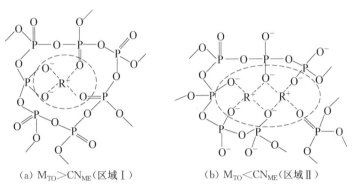

(a) M$_{TO}$>CN$_{ME}$(区域Ⅰ)　　　　(b) M$_{TO}$<CN$_{ME}$(区域Ⅱ)

图 3-4　碱金属离子在过磷酸玻璃中的成键情况[12]

区域Ⅱ中形成的网络修饰体子结构具有 Greaves 在硅酸盐玻璃中提出的修饰随机网络理论(MRN)的典型特征。修饰体离子从网络中分离,对玻璃性能有显著影响[21]。对磷酸盐玻璃的 MRN 结构研究,将会促进对磷酸盐玻璃性能的深入理解。

在偏磷酸盐玻璃中,链的构成也受到修饰体阳离子的影响。例如,在一系列按照修饰体阳离子场强组成的偏磷酸盐玻璃中,^{31}P MAS NMR 的半高宽随着网络修饰体电场强度的增加而增加。这表明 P—O 键长和键角分布随着场强的增加而展宽[10,22]。在一些偏磷酸盐玻璃的中子衍射实验中,P—O 键长的分布也有类似的趋势[23]。掺杂 Eu 的偏磷酸盐玻璃的发光研究表明,随着修饰体离子场强的增加,网络无序程度也增加。中子衍射研究表明,平均 P—O 键长随着修饰体离子场强的增加而减小[23]。Ca-、Zn-过磷酸盐玻璃的中子衍射和 X 射线衍射研究表明,随着金属氧化物含量的增加,P—BO、P—TO 平均键长增加[6,24]。但是同一个体系中,因为较短的 P—TO 键含量增加,在误差范围内,最终平均 P—O 键长并没有改变。过磷酸盐玻璃中 Q^2 和 Q^3 四面体的 P—TO 键长差别极小(可能在 0.01×10^{-10} m 数量级)[17],在 X 射线衍射谱中不能分辨。关于磷酸盐玻璃中不同种类的氧还存在争议,尤其是有关从非桥氧中区分双键氧的情况[13]。比如,Q^2 四面体通常表示为有一个 P=O 和一个 P—O—R$^+$,这意味着来自 P^{5+} 离子第 5 个价电子的局域化,导致双键更短。早期的 X 射线光电子谱研究支持了该结构假设[25]。不同磷酸盐玻璃的 O1s XPS 谱被分峰成三个单独的组分,分别代表 P=O、P—O—R$^+$ 和 P—O—P 键。之后关于偏磷酸盐的研究对这个假设提出了质疑[26]。因为在偏磷酸玻璃中 Q^2 基团的两个 P—TO 键是不能分辨的。从头计算法的分子轨道计算表明,P^{5+} 离子第 5 个价电子的负电荷几乎均等地离域在每个 Q^2 四面体的非桥氧周围[5,27]。之后在焦磷酸盐与正磷酸盐玻璃中同样发现 P—TO 键是不能分辨的。因此,可以把磷酸盐玻璃结构的末端非桥氧看成是等价的[28-29]。

3.1.3 磷酸盐玻璃的 Raman 和 FTIR 研究

磷酸盐玻璃的结构还可以通过 Raman 散射光谱与傅里叶变换红外光谱(FTIR)来解析。Raman 是由于极化率的改变产生,而 FTIR 是由于电偶极矩的改变产生。它们分别适用于非极性与极性基团的测量。这两种互补的实验方法经常被用于验证玻璃中的阴离子基团以及它们是如何受其周围修饰体离子的影响。Raman 和 FTIR 都属于振动光谱学范畴,通过获得玻璃样品中各种阴离子或阳离子基团结构的对称(或非对称)伸缩(或转动)振动信号,根据信号峰的位置和强度等信息来分析玻璃网络中存在对应的结构及其相对含量。磷酸盐玻璃中,磷氧四面体$[PO_4]$有多种不同的 Q^n($n=0,1,2,3$)结构单元(上标 n 表示 P—O—P 键的个数)。根据 Raman 谱的特征振动峰可以清晰地解析磷酸盐玻璃中各种 Q^n 基团,例如图 3-5 所示的组分为 $x\mathrm{Li_2O}\text{-}(1-x)\mathrm{P_2O_5}$ 体系玻璃的 Raman 谱[12]。图中非晶态的 $\mathrm{P_2O_5}$ 是 Q^3 结构单元,它有一个 P=O 双键,从 Raman 谱上可以看到 $1\,350\ \mathrm{cm^{-1}}$ 和 $700\ \mathrm{cm^{-1}}$ 处有两个强振动峰,分别归属于 P=O 的伸缩振动与 P—O—P 的对称伸缩振动。随着 $\mathrm{Li_2O}$ 的增加,网络逐渐解聚,依次在 $1\,190\ \mathrm{cm^{-1}}$、$1\,050\ \mathrm{cm^{-1}}$ 与 $950\ \mathrm{cm^{-1}}$ 处出现了强振动峰。它们分别是来自 Q^2、Q^1 与 Q^0 的 $v(\mathrm{PO_2})$、$v(\mathrm{PO_3})$ 和 $v(\mathrm{PO_4})$(末端氧与磷)对称伸缩振动。P—O—P 的对称伸缩振动也随着 $\mathrm{Li_2O}$ 含量的增加,其振动频率从 $700\ \mathrm{cm^{-1}}$ 增加到 $760\ \mathrm{cm^{-1}}$。这是由于随着 $\mathrm{Li_2O}$ 含量的增加,长链型的偏磷酸结构变成了二聚体的焦磷酸盐结构,二聚体的振动频率高于长链型的振动频率。

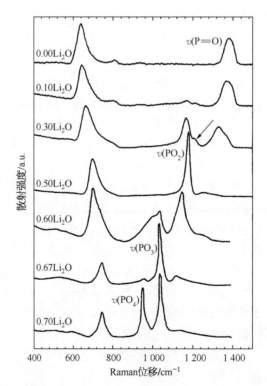

图 3-5　锂磷酸盐玻璃体系 $x\mathrm{Li_2O}\text{-}(1-x)\mathrm{P_2O_5}$(其中 $x=0\sim0.7\ \mathrm{mol\%}$)的 Raman 谱[12]

网络修饰体的场强也影响网络的振动频率。如图 3-6 所示[30],随着网络修饰体阳离子从 $\mathrm{Na^+}$ 变化到 $\mathrm{Mg^{2+}}$,位于 $700\ \mathrm{cm^{-1}}$ 附近的 P—O—P 对称伸缩振动与位于 $1\,200\ \mathrm{cm^{-1}}$ 附近

的 Q^2 对称伸缩振动 $v(PO_2)$ 表现出微弱的频率增加趋势。

　　FTIR 通过吸收谱反映磷酸盐玻璃网络结构的特征振动峰。图 3-7 是组分为 $50P_2O_5$ - $(50-x)Na_2O-xCuO$ 的磷酸盐玻璃 FTIR 谱[31]。图 3-7 中能观察到的几个主要吸收峰有：大约在 1 270 cm^{-1} 处的 PO_2 不对称振动峰（PO_2）as，1 160 cm^{-1} 处的 PO_2 对称振动峰（PO_2）s，1 100 cm^{-1} 处的 P—O$^-$ 键伸缩振动峰，900 cm^{-1} 处的 P—O—P 不对称振动峰（P—O—P）as，725 cm^{-1} 和 785 cm^{-1} 处的 P—O—P 的对称伸缩振动峰，以及 500 cm^{-1} 处的 O—P—O 弯曲振动峰。对比图 3-6 与图 3-7 可以发现，Raman 谱上的强信号，在 FTIR 上却是弱信号。例如 $v(PO_2)$、P—O—P 的对称伸缩振动在 Raman 谱上表现出强烈的信号（如图 3-6），在 FTIR 谱上却是难以观察到的弱信号。相反，在 Raman 谱上难以观察到的 $v(PO_2)$，P—O—P 不对称振动，在 FTIR 谱上却可以观察到强烈的信号，这是由于它们产生的机理不同造成的。但是同一振动模式在 Raman 谱与 FTIR 谱上的频率相同。因此 Raman 与 FTIR 可以结合互补来表征磷酸盐玻璃的结构。

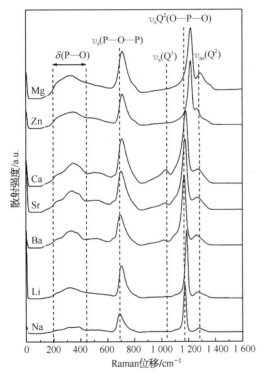

图 3-6　偏磷酸盐玻璃体系 $50M_2O/M'O$ - $50P_2O_5$（M = Li，Na；M' = Ba，Sr，Ca，Mg，Zn）的 Raman 谱[30]

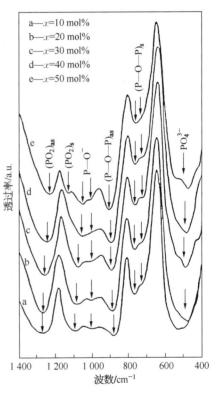

图 3-7　$50P_2O_5$ - $(50-x)Na_2O$ - $xCuO$ 的磷酸盐玻璃 FTIR 谱[31]

3.2　磷酸盐激光玻璃的光学性质

3.2.1　磷酸盐激光玻璃的折射率

玻璃的折射率可理解为光波在玻璃中传播速度的变化，其可以表示为

$$n = \frac{c}{v} \qquad (3-10)$$

式中,n 为玻璃的折射率;c 为光在真空中的传播速率;v 为光在玻璃中的传播速率。玻璃的折射率取决于玻璃内部离子的极化率以及玻璃的密度。前者表现为玻璃内部各离子受光辐照后的极化变形吸收能量,后者表现为单位体积中产生极化的离子数量。作为激光玻璃的一种重要基本光学参数,折射率可用来监控激光玻璃生产过程的波动。磷酸盐激光玻璃的折射率一般在 1.5～1.6 之间,其大小可以通过加和公式进行计算。磷酸盐玻璃中碱金属离子半径增大,玻璃折射率降低;碱土金属离子半径增大,玻璃折射率增加。前者折射率的降低是由于玻璃分子体积增大,后者折射率的提高来源于碱土金属离子极化率的增加。

玻璃的折射率为温度的函数,其随温度的变化称为折射率温度系数,可由下式表示[32]:

$$\frac{\mathrm{d}n}{\mathrm{d}T} = \frac{(n^2-1)(n^2+2)}{6n}\left(\frac{1}{\gamma}\frac{\mathrm{d}\gamma}{\mathrm{d}T} - 3\alpha\right) \qquad (3-11)$$

式中,γ 为极化率;α 为玻璃的热膨胀系数。从式(3-11)中可以看出,当温度上升时,一方面由于玻璃的热膨胀使得玻璃的密度降低,从而导致玻璃折射率的降低;另一方面由于极化率的上升导致玻璃折射率的上升。因此,玻璃的折射率随温度变化取决于上述两种效应的总和。由于部分磷酸盐玻璃的热膨胀系数较大,其折射率温度系数为负值。在不考虑热应力的情况下,激光玻璃在高能激光作用下,热效应产生的光程差变化由折射率变化和玻璃尺寸变化引起,可由热光系数 W 进行表征:

$$W = \frac{\mathrm{d}s}{\mathrm{d}T} = (n-1)\alpha + \frac{\mathrm{d}n}{\mathrm{d}T} \qquad (3-12)$$

式中,s 为激光通过玻璃的光程。通过调节配方成分,可以获得热光系数为零的磷酸盐激光钕玻璃,其称为无热效应激光玻璃。表 3-2 为磷酸盐激光玻璃中各成分的折射率、色散、膨胀系数以及热光系数的计算参数。

表 3-2　磷酸盐激光玻璃中各成分折射率 n_d、色散 n_f-n_c、膨胀系数 α 以及热光系数 W 的计算参数[33]

氧化物	n_d	$(n_f-n_c) \times 10^5$	$\alpha \times 10^7\ \mathrm{K}^{-1}$	$W \times 10^7\ \mathrm{K}^{-1}$
P_2O_5	1.505	715	100	25
Li_2O	1.52	870	190	20
	1.70	1 670	190	20
Na_2O	1.45	950	400	−160
K_2O	1.42	620	490	−350
Rb_2O	1.44	800	430	−350
Cs_2O	1.49	850	500	−500
CaO	1.85	1 650	70	140
SrO	1.83	1 500	210	−85
BaO	1.94	1 825	295	−230
CdO	2.10	2 800	25	425
PbO	2.23	4 950	215	−30

氧化物	n_d	$(n_f - n_c) \times 10^5$	$\alpha \times 10^7\ K^{-1}$	$W \times 10^7\ K^{-1}$
Sc_2O_3	1.85	2 500	−85	255
Y_2O_3	1.85	2 500	−300	400
La_2O_3				
CeO_2	1.89	2 085	−90	230
Nd_2O_3				
B_2O_3	1.59	750	−20	140
Al_2O_3	1.65	900	−205	400
Ga_2O_3	1.75	1 500	−40	375
In_2O_3	1.78	2 000	−55	270
SiO_2	1.49	635	−70	70
GeO_2	1.80	1 800	−100	530
Nb_2O_5	2.05	6 380	−185	370
Sb_2O_3	2.29	5 500	130	280
Bi_2O_3	2.42	6 900	100	280

注：当玻璃中不含有 PbO 时，Li_2O 的计算系数选用其栏中第一行；当玻璃中含有 PbO 时，Li_2O 的计算系数选用第二行。

除温度外，玻璃中应力产生的应变也会对折射率产生影响。光弹系数是表示物质折射率与应变关系的参量，由于受到静力或声光作用下产生的伸缩力等因素的影响，在应力场中材料因弹性应变引起的折射率变化可以表示为[32]

$$\Delta\left(\frac{1}{n^2}\right) = p_{ij}\varepsilon_i \qquad (3-13)$$

式中，p_{ij} 为光弹系数；ε_i 为弹性应变。玻璃的光弹系数可由两部分组成，即应变导致密度变化引起的折射率改变和应变导致极化率变化引起的折射率改变。不同成分玻璃的 p_{11} 值变化较大，它与玻璃的极化率总和 γ 成正比；而 p_{12} 改变较小，波动位于 0.20~0.25 之间。（$p_{11} - p_{12}$）值决定于玻璃中氧离子克分子总数，两者成正相关关系，说明在应变情况下阴离子容易变形而形成极化率的各向异性[32]。玻璃中常用应力光学系数 C_1、C_2 表示应力作用下在平行和垂直应力方向折射率的增量：

$$n_{/\!/} = n_i \pm C_1\sigma \qquad (3-14)$$

$$n_{\perp} = n_i \pm C_2\sigma \qquad (3-15)$$

应力光学系数与光弹系数有如下关系[32]：

$$C_1 = -\frac{n^3}{2E}(p_{11} - 2\mu p_{12}) \qquad (3-16)$$

$$C_2 = -\frac{n^3}{2E}\left[(1-\mu)p_{12} - \mu p_{11}\right] \qquad (3-17)$$

式中，E 为玻璃弹性模量；μ 为泊松比。激光玻璃在强激光作用下会产生热量，除考虑热光系数外，需要增加热应力导致的光程变化。对于圆棒激光玻璃，在强氙灯泵浦下所产生的温度不

均匀分别为径向对称分布时,其光程差受温度的改变量为[33]

$$\Delta S = L \left[W \overline{T_R} + \left(P + \frac{\mathrm{d}n}{\mathrm{d}T} \right)(T_r - \overline{T_R}) \pm Q(T_r - \overline{T_r}) \right] \qquad (3-18)$$

式中,L 为棒子长度;$\overline{T_R}$ 和 $\overline{T_r}$ 分别为相应棒的整个截面和半径为 r 截面的平均温度;P 为应力热光系数:

$$P = -\frac{aE}{2(1-\mu)}(C_1 + 3C_2) \qquad (3-19)$$

Q 为双折射热光系数:

$$Q = \frac{aE}{2(1-\mu)}(C_1 - C_2) \qquad (3-20)$$

由式(3-18)可知,若要热致光程差变化为零,最理想的状态是 W、P、Q 三个参数同时为零。应力双折射热光系数 Q 为零的玻璃一般含有大量的特定氧化物如 SnO、PbO、Bi_2O_3、Tl_2O 和 Sb_2O_3 等,而该类玻璃由于非线性系数大等因素不适于用作激光玻璃[34-35]。姜中宏等[36]研究了磷酸盐玻璃成分与上述各参数的关系,根据干福熹给出的 P_2O_5 对应计算系数,得出了固定 P_2O_5 含量为 55 mol% 磷酸盐玻璃的经验计算公式:

$$\left. \begin{aligned}
\alpha &= \sum_i a_i \alpha_i + 4.18 \\
\beta &= \sum_i a_i \beta_i + 4.18 \\
E &= \sum_i a_i E_i + 4.18 \\
W &= \sum_i a_i W_i - 0.36 \\
Q &= \alpha E(0.327 - 0.196 E \times 10^{-6}) \times 10^{-6} \\
P &= \beta + \alpha E(2.34 - 2.05 E \times 10^{-6}) \times 10^{-6}
\end{aligned} \right\} \qquad (3-21)$$

式中,a_i 为可变组分的摩尔百分数;β 为折射率温度系数。表 3-3 为姜中宏给出的各种氧化物的性能计算参数。图 3-8 为几种不同磷酸盐玻璃体系中成分与热光系数 W、应力热光系数 P 以及双折射热光系数 Q 的关系。可见,在磷酸盐玻璃中可以通过调整组分使得热光系数趋近于零,同时 P 和 Q 的差值趋近于零,获得真正无热效应的激光钕玻璃。

表 3-3　可变部分氧化物的"部分性质"g_i[36]

性质	Li_2O	B_2O_3	K_2O	MgO	CaO	SrO	BaO	ZnO
$\beta_i/(\times 10^{-5}/℃)$	−0.04	0.238	−0.38	0.24	0.06	−0.05	−0.14	0.20
$\alpha_i/(\times 10^{-6}/℃)$	0.26	−0.05	0.48	0.06	0.13	0.16	0.20	0.05
$E_i/[\times 10/(\mathrm{kg/cm^2})]$	0.008	0.024 4	0.004	0.009 2	0.011 5	0.009 5	0.007 5	0.006 9
$W_i/(\times 10^{-6}/℃)$	0.08	0.21	−0.18	0.27	0.14	0.05	0.013	0.21

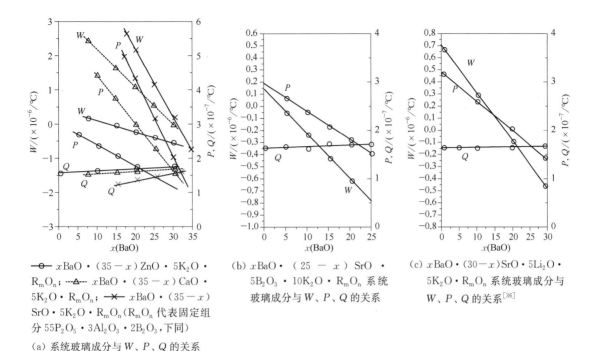

$\longrightarrow$ xBaO・（$35-x$）ZnO・$5K_2O$・R_mO_n；--$\triangle$-- xBaO・（$35-x$）CaO・$5K_2O$・R_mO_n；--$\times$-- xBaO・（$35-x$）SrO・$5K_2O$・R_mO_n（R_mO_n代表固定组分 $55P_2O_5$・$3Al_2O_3$・$2B_2O_3$，下同）

（a）系统玻璃成分与 W、P、Q 的关系

（b）xBaO・（$25-x$）SrO・$5B_2O_3$・$10K_2O$・R_mO_n 系统玻璃成分与 W、P、Q 的关系

（c）xBaO・（$30-x$）SrO・$5Li_2O$・$5K_2O$・R_mO_n 系统玻璃成分与 W、P、Q 的关系[36]

图 3-8　碳酸盐玻璃成分与 W、P、Q 的关系

3.2.2　磷酸盐激光玻璃的非线性折射率

在强电场和强光作用下玻璃的折射率产生变化，这种依赖于电场强度的折射率称为非线性折射率 n_2，其关系式可表示为

$$\delta n = n_2 |E|^2 = \gamma I \tag{3-22}$$

式中，E 为电场强度（单位：V/m）；I 为光强度（单位：W/cm^2）；n_2 和 γ 分别用伏・米（V・m）或者静电制单位 esu 与 cm^2/W 表示。强电场和强光作用下折射率的改变同样是由于电场对玻璃的密度和极化率的影响所导致。在强光和强电场作用下玻璃产生布里渊散射引起电致伸缩，从而导致折射率变化。极化率的改变来自玻璃中各种离子的非线性极化，即围绕原子核平均位置电子轨道的非线性畸变。

当强激光通过时，激光玻璃作为激光增益介质会产生非线性效应，从而引起激光束的自聚焦。自聚焦效应会破坏激光束亮度，甚至破坏激光玻璃本身。激光束的自聚焦通常由"B 积分"来表征，当强度为 I 的激光通过长度为 L 的激光玻璃，B 积分可以表示为[37]

$$B = \frac{2\pi}{\lambda} \int_0^L \gamma I \, dz \tag{3-23}$$

非线性折射率系数越小，B 值越小，自聚焦效应越弱，激光玻璃可承受的激光功率密度越大。目前激光玻璃中非线性折射率的值通常由经验公式计算得到，两种不同单位制的非线性折射率分别可表示如下[38]：

$$n_2 = \frac{68(n_d - 1)(n_d^2 + 2)^2 \times 10^{-13}}{\nu_d \left\{ 1.52 + [(n_d^2 + 2)(n_d + 1)\nu_d] \times \frac{1}{6} n_d \right\}^{1/2}} \quad \text{(esu)} \tag{3-24}$$

$$\gamma = \frac{2.8(n_d-1)(n_d^2+2)^2 \times 10^{-10}}{n_d \nu_d \left\{ 1.52 + \left[(n_d^2+2)(n_d+1)\nu_d \right] \times \frac{1}{6} n_d \right\}^{1/2}} \quad (\text{m}^2/\text{W}) \quad (3-25)$$

式中，n_d 和 ν_d 分别为 d 线的折射率和阿贝数。由上二式可知，玻璃的阿贝数越大，则非线性折射率系数越小。姜中宏等[38]整理了国内外磷酸盐激光玻璃的非线性折射率、折射率与阿贝数的数据，发现当折射率变化不大、阿贝数比较大时，阿贝数与非线性折射率密切相关，进而提出通过阿贝数计算非线性折射率系数的经验公式：

$$\left. \begin{array}{l} n_2 = a\nu_d + b \\ a = -0.044 \times 10^{-13} \text{ esu} \\ b = 4.07 \times 10^{-13} \text{ esu} \end{array} \right\} \quad (3-26)$$

图 3-9 为几种不同种类磷酸盐激光钕玻璃的非线性折射率与阿贝数的关系。可见，如式（3-26）所示，阿贝数越大则非线性折射率越小。在多组分磷酸盐玻璃中，一般含碱金属的玻璃比含碱土金属的玻璃非线性折射率小，非线性折射率随碱金属离子半径的增加而减小、随碱土金属离子半径增大而增加。图 3-10 为磷酸盐激光玻璃中其他成分相同，改变碱金属和碱土金属离子种类时玻璃非线性折射率的变化[38]。可见，磷酸盐玻璃中含有的碱土金属离子半径小时，非线性折射率较小；在含碱金属离子的磷酸盐玻璃中，非线性折射率按照 Li＞Na＞K 的顺序依次减小，而 Rb 出现反常。玻璃中含 K^+ 离子较多时，相比含其他种类碱金属离子的玻璃，具有更小的非线性折射率系数。

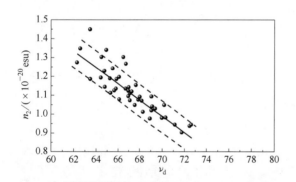

图 3-9　磷酸盐激光钕玻璃的非线性折射率与阿贝数之间的关系[33]

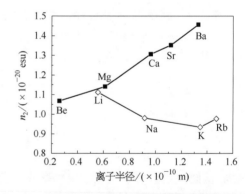

图 3-10　磷酸盐激光玻璃中碱金属离子和碱土金属离子变化时非线性折射率系数的变化趋势[38]

3.2.3　磷酸盐激光玻璃的光学质量

高功率激光系统要求激光玻璃除了具有良好的光谱性能外，对玻璃的光学质量也提出了比普通光学玻璃更为苛刻的要求。激光玻璃的光学质量参数主要包括光损耗、气泡度、条纹度、双折射和光学均匀性等。

磷酸盐激光钕玻璃的光损耗一般来自玻璃中杂质对激光的吸收，如 Fe、Cu 等过渡金属元素。图 3-11a 列出了几种过渡金属离子在磷酸盐玻璃中的吸收截面，可见 Cu 和 Fe 是激光钕玻璃吸收损耗的主要来源[39]。一般要求激光玻璃 1 053 nm 处吸收系数小于 0.15% cm^{-1}。此外，处于激光上能级的 Nd^{3+} 离子将能量传递到杂质离子，从而消耗激光上能级粒子数，降低激光玻璃的增益。通过测试激光玻璃中引入杂质离子后 Nd^{3+} 离子 $^4F_{3/2}$ 能级寿命差，可以得

到 Nd^{3+} 离子向杂质离子的能量传递速率,再对杂质离子浓度进行归一化,可得到杂质离子的
猝灭因子。表 3-4 列出了各种杂质离子的猝灭因子。可见对于过渡族金属离子猝灭因子顺
序为 $Cu^{2+} > Fe^{2+} > V^{4+} > Co^{2+} > Ni^{2+} > Cr^{3+} \gg Mn^{3+} \sim Pt^{4+}$,对于稀土离子猝灭因子顺序为
$Dy^{3+} > Pr^{3+} > Sm^{3+} \gg Ce^{3+}$。由能量传递理论式(2-22)可知,杂质离子吸收截面与 Nd^{3+} 离子
发射截面的重叠程度越大,则 Nd^{3+} 离子向杂质离子的能量传递速率越大,激光的损耗越大。
图 3-11b 为杂质离子吸收截面与 Nd^{3+} 离子发射截面的归一化重叠程度与猝灭因子的关系。
除过渡金属离子和稀土离子可作为激光玻璃的损耗源之外,玻璃中的羟基也通过能量传递的
方式降低玻璃中稀土离子上能级的荧光寿命。由于激光波长处羟基吸收截面较小,在实际激
光玻璃生产和使用过程中通过测试其 $3\,000\ cm^{-1}$ 处的吸收系数来加以控制。

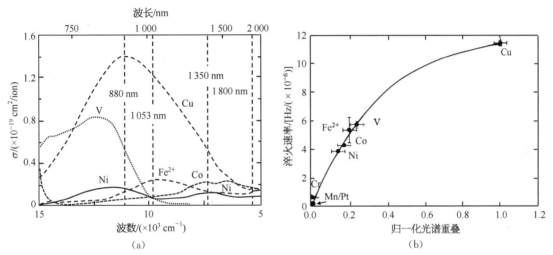

图 3-11 几种过渡金属离子在磷酸盐玻璃中的吸收光谱(a)和 Nd^{3+} 离子浓度为 $4.2 \times 10^{20}\ ions/cm^3$ 时的猝
灭速率(b)[39-40]

表 3-4 磷酸盐玻璃中过渡金属离子价态及 Nd^{3+} 离子浓度为 $4.2 \times 10^{20}\ ions/cm^3$ 时 $^4F_{3/2}$ 能级荧光猝灭概率[37]

元素	玻璃中价态	引起猝灭的价态	猝灭因子 Q_A/[Hz/(μg/g)]	
			LG-770	LHG-8
Cu	2+	2+	11.2	11.6
Fe	2+/3+	2+	6.0	4.2
V	4+/5+	4+	5.5	
Co	2+	2+	4.0	
Ni	2+	2+	3.6	
Dy	3+	3+	0.96	
Pr	3+	3+	0.74	0.50
Sm	3+	3+	0.67	
Cr	3+/6+	3+	0.66	
Ce	3+/4+	3+	≤0.1	
Mn	3+/2+	3+	≤0.1	
Pt	4+	4+	≤0.1	

气泡和条纹往往直接或者间接地导致激光传输波面质量发生变化,因此磷酸盐激光玻璃中要求不存在肉眼可见的气泡和条纹。应力的存在会导致玻璃中出现双折射,影响激光束的波面质量。一般要求应力双折射控制在 3 nm/cm 以下,玻璃中不同位置折射率差控制在 2×10^{-6} 以下。气泡和条纹与玻璃的熔制及成型工艺密切相关,应力大小与玻璃退火工艺过程相关。因此,合理的生产工艺配合先进的检测手段方可保障磷酸盐激光钕玻璃的光学质量。有关激光玻璃的生产工艺及性能检测方法将在后续章节中详细介绍。

3.3 磷酸盐激光玻璃的热学性质

3.3.1 磷酸盐激光玻璃的黏度

黏度是表征激光玻璃熔体黏滞流动的一个重要参量,它贯穿于激光玻璃生产的整个过程。在熔制过程中,配合料的熔解、气泡的消除、各个组分的扩散以及玻璃的成型等都与黏度有关。玻璃熔体中面积为 S 的两平行液面,以速度梯度 $\mathrm{d}v/\mathrm{d}x$ 移动时,黏度 η 与所需要克服的内摩擦阻力 f 呈如下关系[41]:

$$f = \eta S \frac{\mathrm{d}v}{\mathrm{d}x} \tag{3-27}$$

随着温度的升高,玻璃中分子键逐渐被打破,在外力的作用下玻璃中原子更容易移动到新的位置,因此玻璃熔体的黏度随温度升高逐渐降低。黏滞流动中原子移动需要克服一定大小的势垒 U,活化原子(能量大于 U)越多,则玻璃液流动性越大、黏度越小。按照玻尔兹曼分布,活化原子数与 $\mathrm{e}^{-U/(kT)}$ 成正比,则黏度与温度的关系可以表达为[41]

$$\eta = A \mathrm{e}^{U/(kT)} \tag{3-28}$$

式中,A 为常数。然而式(3-28)仅仅考虑了势垒,未考虑温度变化过程中的物理化学变化,因此该式仅仅适用于简单液体。在转变温度附近,玻璃存在固液转变,进一步增加了式(3-28)描述玻璃黏度-温度关系的误差。为了更准确地描述玻璃黏度与温度的关系,式(3-28)中 A 和 U 须被看作温度的函数,基于此提出了不同的黏度-温度关系方程。目前应用较多的有以下三种[42]:

Vogel-Fulcher-Tamman(VFT)关系式

$$\lg \eta(T) = \lg \eta_{\infty} + \frac{A}{T - T_0} \tag{3-29}$$

Avramov-Milchev(AM)关系式

$$\lg \eta(T) = \lg \eta_{\infty} + \left(\frac{\tau}{T}\right)^{a} \tag{3-30}$$

Mauro-Yuanzheng-Ellison-Gupta-Allan(MYEGA)关系式

$$\lg \eta(T) = \lg \eta_{\infty} + \frac{K}{T} \exp\left(\frac{C}{T}\right) \tag{3-31}$$

上几式中,A、τ、a、K、C 均为拟合参数;$\lg \eta_{\infty}$ 为无穷高温度时的黏度,一般也通过拟合得到。在激光钕玻璃生产过程中黏度至关重要,须通过测试黏度-温度关系,利用温度对玻璃生产过程加以控制。表3-5为玻璃生产过程中常采用的特征黏度点[43]。

表 3－5　玻璃生产过程的特征黏度点及其特定含义[43]

特征黏度点	黏度/(Pa·s)	说　明
熔化温度	≤10	在此黏度下玻璃澄清和均化
工作点	10^3	准备成型操作的黏度
软化点	$10^{6.6}$	玻璃液到达该黏度可抵制重力作用下引起的变形
操作范围	$10^3 \sim 10^{6.6}$	在该黏度范围内可进行成型操作
垂驰温度	$10^8 \sim 10^9$	测试热膨胀时样品变形温度
玻璃转变温度	$\approx 10^{11.3}$	高于该温度,玻璃进入黏滞状态
退火点	10^{12} 或 $10^{12.4}$	退火上限温度
应变点	$10^{13.5}$	退火下限温度

　　玻璃的黏度与玻璃的化学组成及其分子结构密切相关。一般情况下,离子场强大的离子与玻璃网络形成主体间的作用力大,玻璃中原子移动须克服的势垒大,因此玻璃黏度较大;反之,含小场强离子较多的玻璃黏度较小。图 3－12 为几种不同偏磷酸盐玻璃在不同温度下的黏度(图中,η 单位为泊)。可见固定 O/P 比,改变网络修饰体种类,同一主族网络修饰体离子场强越大,则同一温度下黏度越大[30]。玻璃黏度不仅与网络修饰体种类有关,与其配位数也有较大关联。从图 3－13 可见,离子场强与配位数的乘积与玻璃黏度呈更好的线性

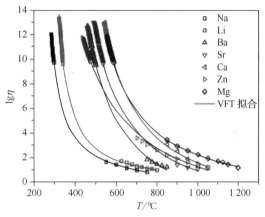

图 3－12　不同种类偏磷酸盐玻璃的黏度-温度关系[30]

关系。此外,玻璃黏度与内部分子结构密切相关。玻璃中的结构单元对原子移动形成了束缚,其中包括角束缚和线束缚。随着温度升高,分子键不断被打破,束缚逐渐消失,黏度不断减低。

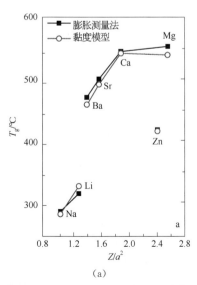

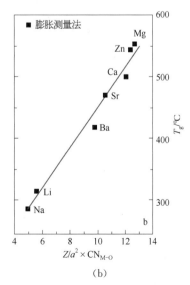

(a)　　　　　　　　　　　(b)

图 3－13　磷酸盐玻璃中网络外体离子场强(Z/a^2)与玻璃转变温度的关系(a)以及网络外体离子场强(Z/a^2)和配位数(CN_{M-O})的乘积与玻璃转变温度的关系(b)[30]

玻璃中不同的分子结构造成玻璃中的分子束缚数不同。不同种类束缚消失的温度亦不相同，造成不同组分玻璃的黏度不同。如图 3-14 所示，以 P_2O_5 - Li_2O 体系为例，随着 Li_2O 含量的增加，玻璃中 Q^3 基团减少，Q^2 基团增多，P—O 键减少，造成[PO_4]结构中线束缚数和角束缚数的降低，从而玻璃转变温度降低；当 Li_2O 含量增加到 20 mol% 后，玻璃中发生如图 3-4 所示的结构转变，导致束缚数增加、玻璃转变温度升高[19]。

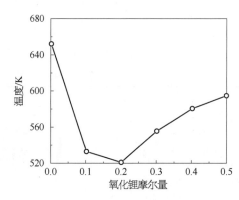

图 3-14　$(1-x)P_2O_5$ - xLi_2O 玻璃转变温度与 Li_2O 含量的关系[20]

通常磷酸盐激光玻璃黏度比硅酸盐玻璃黏度要小，因此更容易澄清和均化。但相对来说磷酸盐玻璃料性也较短（即黏度随温度变化快），因此造成玻璃成型操作温度范围窄、成型困难等问题。虽然国内外研究机构已经成功突破激光玻璃连续熔炼工艺中成型的技术挑战，但如何更精准地理解黏度、温度、成分之间关系，仍是激光玻璃乃至整个玻璃研究领域的难题。

3.3.2　磷酸盐激光玻璃的析晶特性

为制成大尺寸的激光玻璃元件，研究抗析晶性能好的玻璃配方是关键。而磷酸盐玻璃是由多种氧化物混合制成的材料，内部结构复杂，制备过程中牵涉到热力学及热动力学等多种问题，因此理解和预测玻璃的析晶性能一直是激光玻璃开发的一个难点。经过多年的研究，从相平衡和结构化学角度理解玻璃的析晶性能，可为开发抗析晶性能良好的玻璃配方提供指导。从相平衡观点出发，可以认为玻璃成分越简单，则熔体冷却时化合物各部分组成相互碰撞并排列成一定晶格的概率越大，那么玻璃越容易析晶。因此，在相图中低共熔点和相界线附近对应的玻璃成分其抗析晶性能较好。此外，在调整配方时加入与析出晶相不同的新成分也有利于改善玻璃的析晶性能。一般情况下，玻璃分子结构网络断裂越严重则玻璃越容易析晶。在玻璃网络结构破坏较严重的情况下，加入中间体氧化物可使断裂的四面体重新连接，从而使玻璃析晶倾向下降。电场强度较大的网络外体离子由于对磷氧四面体的配位要求，使近程有序的范围增加，容易产生局部积聚现象，析晶性能较差。当阳离子的电场强度相同时，离子半径较大的阳离子容易被极化，从而使玻璃的析晶倾向下降。

通常磷酸盐激光玻璃的抗析晶性能比硅酸盐玻璃差，尤其是在其成型黏度温度区间范围内，玻璃较容易失透。实用的磷酸盐玻璃中通过引入 K_2O、BaO/MgO 等氧化物使玻璃成分和结构变得更复杂，在玻璃熔体降温过程中，多种离子相互阻挡以避免形成有序的晶体结构，从而达到抗析晶的效果。此外，在磷酸盐激光玻璃中引入第二种网络形成体 SiO_2 或 B_2O_3，以及中间体 Al_2O_3 等可以起到补网作用，从而改善玻璃的析晶。

由于实用磷酸盐玻璃成分复杂,仅从结构和成分角度直接预测不同配方的抗析晶性能有较大困难。因此,为了保证后续激光玻璃生产过程中成型稳定,须对玻璃的析晶上限温度进行测试。析晶上限温度的测试可在梯温管式炉中进行。图 3-15 为几种不同成分磷酸盐激光钕玻璃的析晶测试结果[38]。由图可见,在其他组分相同的情况下,含 BaO 的磷酸盐钕玻璃具有优异的抗析晶性能。

玻璃成分/mol%				外加Nd₂O₃ /wt%	析晶情况
BaO	Al₂O₃	P₂O₅	R₂O(RO)		
15	7	58	Li₂O 20	2	950 ℃　800　　　　500 ℃
15	7	58	Na₂O 20	2	645
15	7	58	K₂O 20	2	695
25	7	58	Li₂O 10	2	779
25	7	58	Na₂O 10	1.86	753
25	7	58	K₂O 10	1.86	735
15	7	58	MgO 20	2	765　660
15	7	58	CaO 20	1.96	
15	7	58	SrO 20	1.85	750　655
15	7	58	BaO 20	1.97	
15	7	58	ZrO 20	1.83	795　720
15	7	58	Al₂O₃ 20	2.07	不成玻璃
15	7	58	B₂O₃ 20	2	780

☐ 透明　▦ 表面开始析晶　▨ 失透后厚0.1 mm　▥ 失透后厚0.1~0.3 mm　■ 全失透　▦ 表面发雾

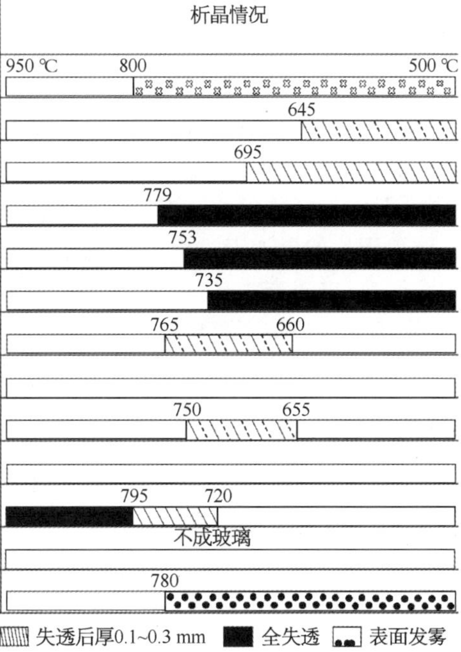

图 3-15　几种磷酸盐玻璃保温 2 h 后的析晶状态[38]

3.4　磷酸盐激光玻璃的高功率激光损伤特性

激光玻璃主要应用于高能激光系统,需要承受高的激光功率密度,高能、高功率激光容易造成激光玻璃的损伤。因此激光损伤特性是应用于高能激光系统激光玻璃的一个主要性能。激光材料的损伤机理可以归为两类,即强激光作用下的介电击穿和吸收产热。介电击穿是指当激光的光电场足够强时,在激光作用下材料中部分电子变为自由电子,自由电子不断撞击材料使之电离,从而产生新的次级电子。这些次级电子在电场中获得能量而加速运动,又撞击并电离更多的离子、产生更多的次级电子。如此连锁反应,引起电子雪崩,使贯穿材料的电流迅速增大,导致击穿。如果激光玻璃或激光玻璃中存在的杂质和缺陷对激光有吸收,则部分激光能量转换为热能,导致热应力或者夹杂物气化,从而使激光玻璃产生损伤。对于连续激光、长脉冲激光和高重复频率激光而言,材料吸收产热导致的激光玻璃损伤较为严重;在短脉冲、低重频、高能激光作用下,在热致损伤之前,激光玻璃就有可能由于强激光下的电子雪崩效应导致损伤。激光是否为连续激光,脉冲激光的空间分布、时域分布、频域分布等,均会对激光玻璃的损伤阈值造成影响。例如,不同的激光脉冲作用在材料上,时域上引起的温升分布亦不相同,导致基于吸收产热机理的损伤阈值不同。因此,在说明激光玻璃的损伤阈值时,须指出损伤阈值测试条件[44]。

如前所述,激光在通过光学元件过程中由于非线性效应会发生自聚焦,从而增加自聚焦焦点的激光功率密度,在光电场作用下引起电子雪崩击穿,进而造成激光玻璃的损伤。在激光功率密度不变的情况下,自聚焦效应仅与激光玻璃的非线性折射率有关。因此由非线性效应引起的激光玻璃损伤不能通过改变激光玻璃的熔制和加工工艺等加以预防。除自聚焦引起的激光玻璃损伤外,玻璃表面(或亚表面)的裂纹以及玻璃中的夹杂物也会引起激光玻璃的损伤。由于表面裂纹和夹杂物与玻璃的加工和熔制工艺有关,因此,国内外对上述两种缺陷引起激光损伤的原因进行了详细研究,并提出了多种通过工艺优化激光玻璃损伤特性的方法。

在制作激光玻璃元件的过程中,激光玻璃须经过切割、研磨和抛光等加工过程。在激光玻璃加工过程中玻璃表面或亚表面通常会出现各种缺陷,包括裂纹、划痕、微孔、金属或金属氧化物杂质等。这些缺陷在强激光辐照下可能会产生局部电磁场增强效应或强烈的光子吸收效应,这是降低激光损伤阈值的主要原因之一[45]。不合适的加工方式可能会将研磨抛光粉夹杂在激光玻璃表面。如果加工过程中采用对激光波长有强吸收的研磨抛光粉,其在强激光作用下会产生大量热,进而产生热应力,从而造成激光玻璃的损伤。采用精密光学加工的激光玻璃,在激光作用下的损伤主要来源于激光玻璃表面或者亚表面的裂纹、凹坑、气孔等。上述缺陷的存在会增强光电场,从而导致介电击穿损伤的概率增大。裂纹、凹坑和气孔处最大光电场强度和入射电场强度 E_0 的关系如下:

$$E_{裂纹} = n^2 E_0 \tag{3-32}$$

$$E_{凹坑} = \frac{2n^2}{n^2+1} E_0 \tag{3-33}$$

$$E_{气孔} = \frac{3n^2}{2n^2+1} E_0 \tag{3-34}$$

式中,n 为激光玻璃的折射率。除表面缺陷导致的光电场增强作用外,玻璃表面的反射对激光玻璃表面损伤也会带来一定的影响。对于激光垂直照射双面平行激光钕玻璃,考虑菲涅耳反射,玻璃的光入射面激光损伤阈值光强和出射面损伤阈值光强之比为[44]

$$\frac{I_{入口}}{I_{出口}} = \left(\frac{2n}{n+1}\right)^2 \tag{3-35}$$

N. L. Boling 等[46]测试了折射率为 1.55 的 ED-2 掺钕硅酸盐激光玻璃激光入射和出射面的损伤阈值比为 1.6±0.4,用式(3-35)计算的值为 1.48,两者符合得较好。由于界面反射光和入射激光的相互作用,玻璃激光出射面的损伤比激光入射面的损伤更为严重。在激光入射面(空气-玻璃界面),激光最大功率密度处于空气侧 $\lambda/2$ 处,在激光作用下,玻璃表面会形成一层等离子体,吸收激光能量,保护界面。在激光出射面(玻璃-空气界面),激光最大功率密度处于玻璃侧 $\lambda/2$ 处,因此玻璃更容易被损伤[44]。由于激光玻璃的表面损伤主要是由玻璃表面缺陷所引起,采用离子束研磨、激光处理和酸处理等方法可获得相对较为完美的激光玻璃表面,从而提高表面损伤阈值[45,47-49]。表 3-6 给出了几种不同磷酸盐激光钕玻璃分别在激光未预处理、准连续 Cu 离子蒸气激光(波长为 0.51 μm)预处理、Nd:YAG 脉冲激光(波长为 1.06 μm)预处理以及 CO_2 连续激光(波长为 10.6 μm)预处理后的激光损伤阈值[49]。可以看出这三种磷酸盐玻璃的体破坏阈值均比表面破坏阈值高 5～10 倍以上,激光辐照使体破坏阈值提高的效果不如表面破坏阈值好[49]。不同磷酸盐激光钕玻璃对激光吸收的不同导致了材料表面损伤阈值提高程度的不同。即使同一种磷酸盐激光钕玻璃,预处理激光波长、脉冲宽度、能量的不同也会导致表面损伤阈值提升程度的不同。磷酸盐玻璃对 $1.06\ \mu m$ 激光波长的吸收较少,激光照射到样品上,一部分为表面所吸收,起到激光抛光的作用,另一部分能量透射到样品的内部,样品在激光的光热作用下,使内部结构和离子的束缚状态发生变化,因此激光辐照对样品表面和体破坏阈值的提高有明显效果。这三种磷酸盐玻璃对 $10.6\ \mu m$ 二氧化碳激光基本上是不透明的,它仅被样品表面薄层所吸收,因而 CO_2 激光辐照对提高样品表面破坏阈值是有效的,而对提高体破坏阈值作用甚微。激光玻璃表面和亚表面的划痕等缺陷可以通过化学处理消除,进而提升激光玻璃表面的损伤阈值。表 3-7 为经不同时间 10% HF 酸 $+20H_2SO_4$ 酸处理后 N31 型激光钕玻璃的表面粗糙度以及激光入射和出射面的激光损伤阈值。随着处理时间的增加,激光玻璃表面侵蚀深度和粗糙度增加,表面损伤阈值先增加后减少。这是因为随着处理时间的增加,在酸作用下激光玻璃加工表面的缺陷逐步被去除,因此损伤阈值增加。随着侵蚀深度的增加,进一步消除加工导致的表面缺陷同时,酸液侵蚀增加了表面粗糙度,因此损伤阈值下降。

表 3-6　不同激光处理对几种磷酸盐激光玻璃损伤阈值的影响[49]

样品种类	激光预处理条件				损伤阈值/$(J \cdot cm^{-2})$	
	激光波长 /μm	功率 /$(W \cdot cm^{-2})$	脉冲持续时间	总能量 /$(J \cdot cm^{-2})$	表面损伤	体损伤
含硅磷酸盐玻璃	—	—	—	—	151	955
	10.6	30	2 s	60	238	1 109
	0.51	1	120 s	2	155	1 277
含钡磷酸盐玻璃	—	—	—	—	104	1 210
	10.6	28	2	56	200	1 478
	0.51	1	120 s	2	216	1 608
	1.06	1.4×10^7	10 发*	43	190	1 670
含铝磷酸盐玻璃	—	—	—	—	107	1 234
	10.6	32	2 s	64	251	1 378
	0.51	1	120 s	2	187	1 584
	1.06	1.4×10^7	10 发	43	216	1 608
	1.06	1.4×10^7	20 发	86	297	1 925

注: * 300 μs/发,下同。

表 3-7　不同时间 10% HF 酸 $+20H_2SO_4$ 酸处理后 N31 型激光钕玻璃的表面粗糙度以及激光入射和出射面的激光损伤阈值[48]

酸处理时间 /min	侵蚀深度 /nm	表面粗糙度 /nm	前表面损伤阈值 /$(J \cdot cm^{-2})$	后表面损伤阈值 /$(J \cdot cm^{-2})$
0	0	1.06	7.7	4.9
1	46	1.93	8.5	6.2
3	92	1.24	13.6	10.9
6	151	1.44	18.6	14.5
10	218	1.54	21.4	13.7
20	400	1.98	13.6	10.8
40	590	2.31	14.4	9.75
70	903	2.49	9.9	7.6
110	1 423	2.61	7.7	4.9

玻璃中的金属和非金属夹杂物吸收激光,造成杂质处局部高温,形成的温度梯度将在材料中产生热应力。如果杂质温度达到沸点,则其汽化变成蒸气而对周围基体材料产生很大的蒸气压,引起材料体内附加应力分布。当基体中的应力超过材料的抗拉或抗压强度,就会使材料拉裂或压碎。由于该类损伤多发生在玻璃体内部,故称为体损伤。磷酸盐激光钕玻璃中最常见的体损伤来源于玻璃中的铂颗粒。铂颗粒对 $1.00~\mu m$ 激光有很强吸收,吸收系数约为 $4.7 \times 10^5~cm^{-1}$。铂颗粒吸收激光能量后,温度骤升到数千甚至一万度以上,使铂颗粒气化,在周围玻璃中产生很大张应力,并形成冲击波。当此张应力超过玻璃抗张强度后即在玻璃中产生点状炸裂破坏[50]。虽然铂金离子在磷酸盐玻璃中的溶解度要比在硅酸盐玻璃中的大,但磷酸盐激光玻璃中亦有铂颗粒存在的可能。因此,激光玻璃使用者将不同铂颗粒含量的磷酸盐激光玻璃分为不同等级,以满足不同激光功率密度下的应用[51]。磷酸盐激光钕玻璃中铂颗粒的形成机理及铂金颗粒消除方式,在本书后续章节将有较为详尽的介绍。

由于产生机理的不同,表面损伤和体损伤与激光脉冲宽度有不同的依赖关系,如图 3-16 所示[37]。对于抛光的激光玻璃表面,表面损伤阈值与激光脉冲宽度的关系可以表示为

$$D_s(J/cm^2) = 22t_p^{0.4} \tag{3-36}$$

式中,D_s 为表面损伤阈值;t_p 为激光脉冲宽度。对于铂金颗粒夹杂物引起的体损伤,损伤阈值 D_{Pt} 与激光脉冲宽度的关系可以表示为

$$D_{Pt}(J/cm^2) = 2t_p^{0.3} \tag{3-37}$$

从图中可以看出,激光玻璃中若有铂颗粒存在,体损伤则是激光玻璃损伤的主要来源,其损伤阈值比表面损伤小近十倍。

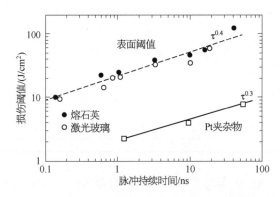

图 3-16　玻璃表面损伤和体损伤与激光脉冲宽度的关系[37]

3.5　磷酸盐激光钕玻璃的表面性质

3.5.1　磷酸盐激光钕玻璃的表面

3.5.1.1　表面概述

磷酸盐激光钕玻璃的表面性质一般是指作为基质玻璃的磷酸盐光学玻璃的表面物化性质,其取决于表面的化学组成、结构以及形成历史等多种因素。玻璃表面的化学成分和微观结构不同于玻璃块体内部,例如 Sergio E. Ruiz 等[52]用分子动力学方法模拟了 $(P_2O_5)_{0.45}(CaO)_x$

$(Na_2O)_{0.55-x}$ (x＝0.30，0.35，0.40)体系磷酸盐玻璃表面的化学组成和玻璃微观结构，发现相比玻璃体内部，玻璃表面的 Na 元素含量明显增多，而 P 和 Ca 元素明显减少。相应地玻璃的微观结构出现明显变化，表面非桥氧比例明显大于玻璃内部，结果如图 3-17 所示。

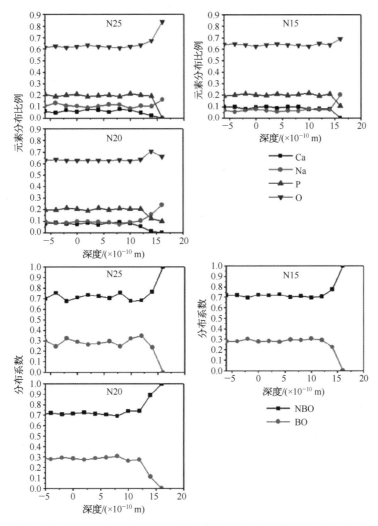

图 3-17　不同组分磷酸盐玻璃(N25，N20，N15)表面的 Ca、Na、P、O
元素以及桥氧和非桥氧元素的深度分布[52]

此外，玻璃的表面常存在缺陷，缺陷根据尺寸可分为本征缺陷和结构缺陷，本征缺陷一般在几纳米到几十纳米之间，结构缺陷在几十纳米到几百纳米之间。Hand[53]的玻璃表面二维结构模型可以阐释表面缺陷的成因。该模型是在 Greaves 关于碱硅酸盐玻璃整体网络结构中存在碱离子通道的基础上提出的，认为三维的碱离子通道在玻璃表面二维结构中以孔的形式存在，半径更小的氢离子可以进入孔中，取代碱离子而与氧键合形成 Si—OH 基团，Si—OH 间虽会以氢键相互连接，但氢键较弱，故表面的孔区域键强低易形成缺陷。磷酸盐玻璃表面不但存在 P—OH 基团会形成氢键，而且磷氧四面体结构中存在 P＝O 双键容易与外界的物质(如水分子)作用形成氢键。因此磷酸盐玻璃的表面化学稳定性较硅酸盐玻璃差，磷酸盐玻璃表面更易形成缺陷。

3.5.1.2　Griffith 裂纹

1920 年，Griffith[54]提出玻璃表面上存在微裂纹即 Griffith 裂纹，尺寸处于微观或介观范围，可以是本征微裂纹或者结构微裂纹扩展生长形成，也可以是光学加工产生。微裂纹的存在使玻璃在低应力下就可能发生断裂。玻璃表面缺陷一般都以 Griffith 裂纹形式显现，因此 Griffith 裂纹受到广泛的关注和研究。1936 年，Andrade 和 Tsien[55]用钠蒸气侵蚀的方法观察到玻璃表面的 Griffith 裂纹。Ernsberger[56]则用离子交换的方法对 Griffith 裂纹进行了探究，根据 Li^+ 与 Na^+ 半径的差异（$r_{Li^+}/r_{Na^+}=0.63$），Li^+ 代替玻璃表面的 Na^+ 后会使表面层收缩，玻璃本体则会阻止其收缩而在表面层产生张应力。如表面层中存在 Griffith 裂纹，则裂纹在张应力的扩展作用下会显现出来。Ernsberger 应用离子交换方法得到了各种类型玻璃的微裂纹，该方法不仅能观察到样品上的全部裂纹，还可以测定样品上局部区域裂纹分布：样品涂上一层聚合物薄膜并暴露出需要测定的区域，再进行离子交换则得到局部区域裂纹分布。Ernsberger 的方法得到的玻璃表面裂纹不是原始的 Griffith 裂纹，而是 Griffith 裂纹的扩大。黄利[57]通过 $LiNO_3$ 和 $NaNO_3$ 混合熔盐对磷酸盐激光钕玻璃的表面进行离子交换处理，研究了表面及亚表面微裂纹的扩展现象，以及水分子对裂纹扩展的促进作用。

王承遇等[58]认为，玻璃网络结构的空位或双空位缺陷扩散到相交界面凝聚成为空隙，在应力作用下形成裂纹核，裂纹核再扩展到表面形成 Griffith 裂纹。此假说可以解释如下问题：①因 Griffith 裂纹是由结构缺陷所引起，故新拉制的无磨损的玻璃纤维即使在非活性介质（如纯 N_2）中所测得的强度仍低于理论强度。②石英玻璃中桥氧离子不能被空位代替，故无缺陷产生，所以强度最高。但石英玻璃的强度仍未达理论值，则是因实际生产中仍含有微量或极微量的 Al^{3+}、Na^+ 等杂质，因而产生空位缺陷使强度降低。工业玻璃中加入网络外离子，空位存在的概率比石英玻璃大，故强度较石英玻璃低。③结构中微相愈多，在相界上形成裂纹的概率愈大，故强度也愈低。④空位扩散由热运动引起，故玻璃纤维经热处理后，强度会降低。虽然该假说是以硅酸盐体系玻璃为研究对象，但是基于磷酸盐玻璃和硅酸盐玻璃结构的相似性，故其也同样适用于磷酸盐玻璃。

3.5.2　磷酸盐激光钕玻璃的亚表面

磷酸盐激光钕玻璃是大能量高功率固体激光装置的增益和传输介质。磷酸盐激光钕玻璃通过光学加工形成光学元件，玻璃的光学加工一般包括切割、研磨、抛光等工序，这是一个物理化学过程。其中研磨和抛光会在表面及表面以下产生不同程度的损伤即表面缺陷，包括抛光层中存在的抛光粉等杂质以及亚表面缺陷层的微裂纹、少量金属或金属氧化物杂质，会大大影响磷酸盐激光钕玻璃的性能，如折射率、机械强度、散射特性等，尤其表面缺陷还会引发磷酸盐激光钕玻璃激光诱导损伤，是降低玻璃抗激光损伤能力的主要因素之一。

3.5.2.1　表面的激光诱导损伤

表面缺陷引发的磷酸盐激光钕玻璃激光诱导损伤分为以下三类：

1)　表面以及亚表面中的吸收性杂质颗粒造成的热破坏

通常表面缺陷的颗粒性杂质（抛光粉、金属、金属氧化物）在激光波长有相当大的吸收系数，在高功率激光的辐照下，杂质颗粒会全部或者部分吸收入射激光能量，引起温度骤然升高到数千度，致使杂质颗粒熔化、汽化而损毁表面。1997 年美国 LLNL 的研究人员[59-60]利用二次离子质谱仪（secondary ion mass spectrometry，SIMS）研究了熔石英玻璃表面在抛光后表面和亚表面层中杂质分布，如表 3-8 和图 3-18 所示。熔石英抛光表面存在浓度较高的 Al、

B、Ce 及 Zr 等抛光液中常见的元素成分,随着深度增加杂质粒子浓度迅速减少,在距表面约 50 nm 时,除 Ce 外大多数杂质粒子浓度降为峰值的 10% 左右。Ce 的浓度随深度变化相对缓慢,约需 100 nm 才降为峰值浓度的 10%。抛光液中的 Ce 在紫外波段具有很强吸收系数。Neauport 等[61]通过实验研究表明:纳秒脉冲辐照下熔石英表面激光诱导损伤密度(单位面积损伤点个数)与 Ce 的浓度相关。使用氧化铈抛光液对玻璃进行抛光,表面损伤密度随 Ce 浓度的降低而降低,当 Ce 浓度降低到一定程度时,这种关系将变得不再明显,这表明 Ce 可能引起表面损伤行为。美国 LLNL 的研究人员研究对比了不同抛光粉(氧化铈和氧化锆)对样品表面损伤的可能影响,因为氧化铈在 351 nm 有强烈吸收,而氧化锆在紫外波段是透明的,因此推测氧化铈抛光后更易损伤。结果也表明在相同表面加工质量条件下,氧化锆抛光样品表面的损伤阈值更高,从而进一步证实了吸收性杂质颗粒对光学元件的表面抗激光损伤能力有较大影响。

表 3-8　熔石英抛光表面残留杂质及其峰值浓度[59]

元素	B	Na	Mg	Ca	Cr	Fe	Ni	Cu	Zr	Ba	Ce	Al
浓度/($\times 10^{-6}$ W)	15	6	3	8	0.1	6	5	0.3	11	<0.1	23	80

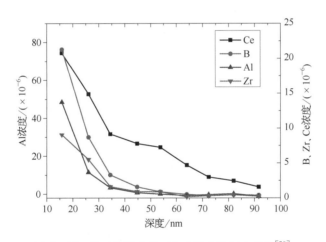

图 3-18　熔石英抛光表面杂质浓度随深度变化[59]

2) 亚表面微裂纹对激光场的调制,引起局部电场增强效应产生的破坏

激光场经过亚表面的微裂纹时会重新分布,存在局部电场增强效应,当强度超过一定限度会损坏激光玻璃。Bloembergen[62]最先建立了裂纹模型阐释裂纹的电场增强效应。模型假设裂纹的尺寸比入射光波长小,则裂纹内部电场可以看作静电场。根据边界条件,材料内部电场 E_0 与裂纹内的电场 E_I 关系为

$$E_I = \varepsilon E_0 \tag{3-38}$$

式中,$\varepsilon = n^2$,ε 为材料的介电常数,则由此式可推出微裂纹内部光场强度是材料光场强度的 n^4 倍。并定量分析了熔石英表面亚波长缺陷对电磁场的调制作用,引入了光强增强因子(light intensity enhancement factor, LIEF)作为表征量。结果表明:微孔、凹槽和裂纹的光强增强因子分别为 1.5、1.9 和 4.7,裂纹对电磁场的调制作用最大。美国 LLNL 的 Génin[63]根

据实际加工产生的裂纹形貌,利用 TEMPEST 软件模拟分析了锥状裂纹和平面裂纹对电磁场的调制作用。结果表明,当入射光相继在裂纹和玻璃表面发生全反射时可产生最大的场增强效应,平面裂纹最大场增强倍数为 10.7,而锥形裂纹的电场增强作用则要大很多,可以达到 2 个数量级。张磊等[64]采用时域有限差分(FDTD)方法模拟了磷酸盐激光钕玻璃表面三角形微裂纹对入射光调制后的分布,分析了微裂纹对 TE 和 TM 两种模式入射光的调制。TE 模式最大调制电场幅值出现在玻璃体内部,TM 模式最大调制电场幅值则发生在裂纹的缝隙中;且两种情况下磷酸盐激光钕玻璃后表面的调制电场幅值增大倍数在相同裂纹条件下均比前表面大。

3) 表面缺陷的存在降低了材料的机械强度

玻璃表面存在大量缺陷使得玻璃的实际断裂强度远小于其理论强度[65]。高功率激光辐照下,杂质颗粒吸收能量产生热应力,若超过玻璃的断裂强度则玻璃可能发生脆性断裂或者塑性形变。根据 Griffith 微裂纹理论,随着裂纹尖端应力的增加,当形成新的表面所需能量与应力释放所获得能量相等时,玻璃发生脆性断裂,脆性断裂区域大小由下式计算:

$$R_\mathrm{f} = \left(\frac{E}{K}\right)^{\frac{2}{5}} \tag{3-39}$$

式中,R_f 为脆性断裂区域半径;E 为能量;K 为玻璃的断裂韧度。

此外,在热应力作用下玻璃会产生塑性形变,塑性形变大小可由玻璃的抗压强度表征如下:

$$R_\mathrm{p} = \left(\frac{E}{P}\right)^{\frac{1}{3}} \tag{3-40}$$

式中,R_p 为塑性形变区域半径;P 为玻璃的抗压强度。玻璃表面缺陷的存在降低了 K 以及 P,使得实际断裂强度远小于其理论强度。因此在高功率激光辐照下,玻璃表面更易发生破坏。

随着激光能量密度的逐渐升高,对磷酸盐激光钕玻璃的抗激光损伤能力要求愈来愈高,因此,对磷酸盐激光钕玻璃亚表面缺陷的研究具有非常重要的意义。

3.5.2.2 亚表面缺陷的产生

1) 自由形成的玻璃表面结构

玻璃熔制时从高温冷却到室温或断裂而产生的新表面,表面的原子有部分化学键伸向空间,形成"悬空键",即不饱和键或"断键",故表面具有高表面能的特点。结构方面,Weyl[66]提出亚表面层(subsurface)理论,将表面分为界面、亚表面层以及近表面层,其中亚表面层厚度为 $10^2 \sim 10^3$ nm,是整个表面的重要部分,如图 3-19 所示。

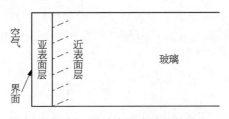

图 3-19 玻璃表面分区示意图

亚表面层的特点是结构不对称、缺陷多、空隙大且原子配位不全,故存在微多孔结构;形貌表现出凹凸不平,有台阶、裂纹;热力学角度则是亚表面的无序度高、熵值高且向内部呈梯度降低。

2) 外界作用形成的玻璃表面结构

玻璃熔制、退火完成后,需要通过光学加工来实现最终形状和光学质量要求。光学加工后的玻璃表面结构和自由形成的玻璃表面结构存在一定的差异,但两者均有亚表面缺陷结构。光学加工相关的亚表面缺陷主要是研磨工序引入。通过对研磨过程分析建模,有助于理解亚表面缺陷产生的根源。不同形状研磨料的作用下,玻璃亚表面缺陷亦有所不同。目前应用较多的玻璃表面研磨模型主要分为两类,即球形磨料研磨模型(Imanaka 研磨模型)和尖锐磨料研磨模型(Chauhan 研磨模型)[67-68]。

单个球形(近似球形)磨料在被施加仅能造成磨料弹性形变但不足以使磨料体刺入脆性材料内部的力时,磨料与脆性材料的接触面处会形成"赫兹"(Hertzian)应力场。当该应力场超过一定临界值时,会在材料表面以下形成"锥状"裂纹(cone crack)。裂纹沿一定角度深入材料内部(图 3-20),若裂纹叠加则材料表面会被剥离去除。

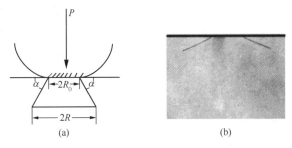

图 3-20 Imanaka 研磨模型示意图(a)与实际裂纹图(b)

单个尖锐磨料作用于脆性材料表面时,磨料与脆性材料的接触面处会形成塑性形变区域。塑性形变区域边界处会产生"横向"(lateral)以及"轴向"(median)裂纹,如图 3-21 所示。材料因轴向、横向裂纹系统的形成和扩展而去除,其中横向裂纹取决于单磨粒穿透深度以及弹性区域的扩展。

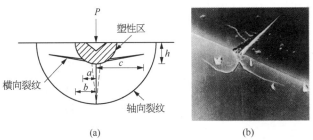

图 3-21 Chauhan 研磨模型示意图(a)与实际裂纹图(b)

研磨和抛光的介质一般在微观上呈现为球形(或近似球形)和尖锐形。根据前述研磨的模型,玻璃研磨过程中球形磨料产生的赫兹裂纹和尖锐磨料产生的横向、轴向裂纹共同作用导致表面的碎裂、剥落。两种模型的共同特点是都会产生裂纹,只是一般情况下球形磨料的裂纹比尖锐磨料的浅。

研磨过程产生的微裂纹在后续抛光工序中无法完全消除。抛光粉颗粒度更小且分布均匀,故抛光可以降低表面的粗糙度获得光滑表面,但抛光粉、杂质、金属以及金属氧化物等颗粒物会渗透嵌入微裂纹尖端并被表面的抛光层所覆盖从而形成亚表面缺陷层。Preston[69] 在1922 年首先将其定义为亚表面缺陷(subsurface damage, SSD),缺陷包括微裂纹、金属或金属氧化物残留、污染物、残余应力等。随着对亚表面缺陷影响光学元件性能认识的深入,美国LLNL 国家实验室、美国 Rochester 大学的光学制造中心(COM)及激光动力学实验室(LLE)和上海光机所等机构对亚表面缺陷展开了深入研究。图 3-22 为美国 LLNL 国家实验室的光学加工后玻璃表面结构示意图[70]。模型将表面分为抛光层、亚表面缺陷层以及变形层。表面以下 $0.1\sim1~\mu m$ 是抛光的物化反应形成的致密、高杂质浓度的抛光层,构成光学元件的光滑表面;抛光层以下 $1\sim100~\mu m$ 的深度是具有微裂纹和少量金属或金属氧化物杂质的亚表面缺陷层,微裂纹呈垂直表面向下延伸的树状结构特点;亚表面缺陷层以下为变形层和玻璃本体。

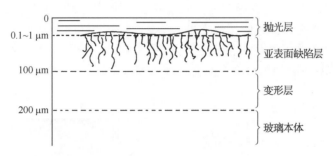

图 3-22　光学加工后玻璃表面结构示意图

3.5.2.3　亚表面缺陷表征

随着亚表面缺陷的研究深入,出现了很多亚表面缺陷的检测方法,可分为有损检测方法和无损检测方法两种。具有代表性的有损检测方法包括击坑法[71]、锥度抛光法[72]以及恒定酸蚀速率法[73]等,其原理是通过抛光、酸腐蚀等方法直接去除覆盖亚表面缺陷层的抛光层以暴露亚表面缺陷。这些方法具有高灵敏度的特点,但会破坏样品的表面。近几十年来,逐渐研发了许多新兴的无损检测方法,具有代表性的有全内反射显微镜检测法[74-75]、光学相干层析(OCT)检测法[76-77]和激光共聚焦扫描显微镜(LCSM)检测法[78]等。

激光共聚焦扫描显微镜是近几年发展比较迅速的一种高精度显微成像技术。其基本原理是,激光光源发出的激光经显微光学系统聚焦到被探测物体上的某一点,使用精密共聚焦空间滤波对物体进行三维扫描,再经光学系统共聚焦成像,并通过计算机同步处理,显示出样品的三维图像。Neauport 等[79]报道了使用共聚焦荧光显微镜技术对抛光的熔石英样品进行亚表面缺陷成像,分别使用光学显微镜和荧光显微镜对击坑区域进行观察,发现使用荧光显微镜模式可以观察到反射光模式中看不见的亚表面缺陷特征(图 3-23),光谱分析也证实了荧光的发射光谱与研磨过程中使用的油基冷却液的发射光谱一致。

(a) 反射模式　　　　　　　　　(b) 荧光模式

图 3-23　融石英共聚焦显微镜成像(参见彩图附图 1)

王威等[80]在磷酸盐激光钕玻璃的研磨、抛光加工过程中加入罗丹明(R6G),然后通过荧光显微镜观测样品中进入亚表面的 R6G 在特定激发光照射下所发出的荧光,以表征亚表面缺陷。图 3-24a 为采用该方法在磷酸盐激光钕玻璃中观测到的亚表面缺陷。图 3-24b 对比了观测区域不同部位在 480 nm 光激发下的荧光光谱,并将其与水溶液中 R6G 的荧光光谱进行了对比。可见,"Y"形缺陷部位和水溶液中 R6G 给出的荧光曲线类似,即两种测试所反映的荧光物质是完全相同的,说明"Y"形缺陷结构中含有 R6G。

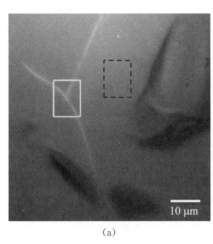

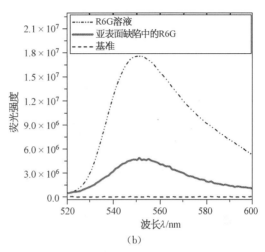

(a)   (b)

图 3-24 磷酸盐激光钕玻璃光谱检测区域(a)和不同区域光谱(b)(参见彩图附图 2)

基于 R6G 的高可靠度以及高灵敏度,对 N31 型和 N41 型两种磷酸盐激光钕玻璃的亚表面缺陷进行了观测和表征[81],详列如下:

1) 具有拖尾特征的赫兹型亚表面缺陷

钝形磨料(或称不规则的球形)滑动或跳跃式作用于表面时,在滑动方向上产生若干个"赫兹型裂纹"。因滑动下针对表面的作用力不再是一个单纯垂直于表面的力,故产生的是一系列的半赫兹型裂纹。在二维平面上显示的特征是一串半圆形缺陷,被称作具有拖尾特征的赫兹型裂纹。

图 3-25a 显示了从大尺寸整体角度来看磷酸盐激光钕玻璃(N31 型)表面在钝形磨料作用下产生明显的拖尾特征赫兹型裂纹;图 3-25b、c 是图(a)的局部放大,可看出小尺寸局部角度观测结果存在差别,图(b)属于月牙形的裂纹,图(c)属于划痕侧边的侧向裂纹。而 N41 型磷酸盐激光钕玻璃拖尾特征虽在表面不明显(图 3-25d),但在 R6G 的辅助下于亚表面 6.2 μm 处清晰显现(图 3-25e)。

2) 轴向型亚表面缺陷

尖锐磨料作用于表面会产生轴向裂纹和横向裂纹。轴向裂纹垂直于玻璃表面,相对于横向裂纹而言更为深入材料内部,抛光后残留于亚表面缺陷层。

图 3-26 中,图(a)为 N31 型磷酸盐激光钕玻璃研磨产生的轴向裂纹,图(b)为 N41 型磷酸盐激光钕玻璃研磨产生的轴向裂纹。对比图(a)和图(b),可发现 N41 型样品中的轴向裂纹与 N31 型样品相比并没有明显不同,都呈"月牙形",即裂纹的深度分布是两头浅中部深。图(c)和图(d)分别为 N31 经过抛光后同一区域不同深度轴向型亚表面裂纹的 R6G 显微荧光照片,图(c)拍摄于样品表面,图(d)拍摄于样品表面以下 2.4 μm 深度处。N31 磷酸盐激光钕玻

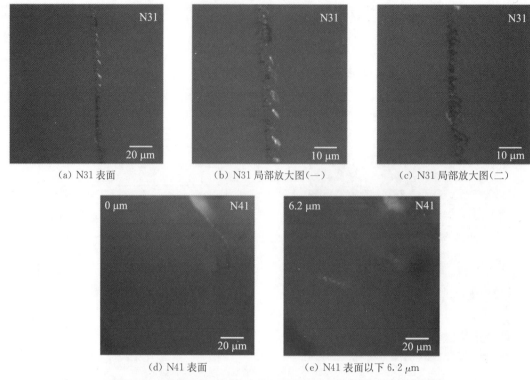

(a) N31 表面　　　　　　　(b) N31 局部放大图(一)　　　　　　(c) N31 局部放大图(二)

(d) N41 表面　　　　　　　(e) N41 表面以下 6.2 μm

图 3-25　磷酸盐激光钕玻璃具拖尾特征亚表面缺陷显微荧光图

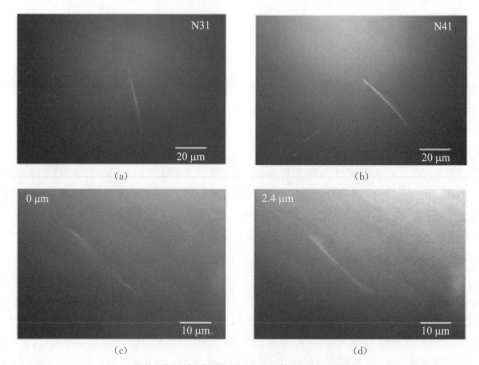

(a)　　　　　　　　　　　　　　　　　(b)

(c)　　　　　　　　　　　　　　　　　(d)

图 3-26　轴向型亚表面缺陷的显微荧光图

璃中轴向裂纹的"月牙形"深度分布特征在图(d)中更为明显。当物镜成像面位于表面时,只能清晰地看见裂纹两端;当物镜成像面位于内部约 2.4 μm 深度时,裂纹两端模糊但中部却清晰可见。

3) 横向型亚表面缺陷

为尖锐磨料作用于玻璃表面所产生的与表面具有一定平行性的横向裂纹,其进入玻璃内部的深度相对轴向较浅,抛光后会被淡化或者被去除。

图 3-27 中,图(a)为 N31 型磷酸盐激光钕玻璃经过抛光处理的表面形貌,裂纹大致上是与表面平行的。图(b)为 N41 型磷酸盐激光钕玻璃经过抛光处理后的表面形貌,可见一对对大致平行于表面、向两翼两个方向分别延伸出去的翼形裂纹。图(a)中的裂纹间距比图(b)中的要大,其裂纹走势也更为平缓。

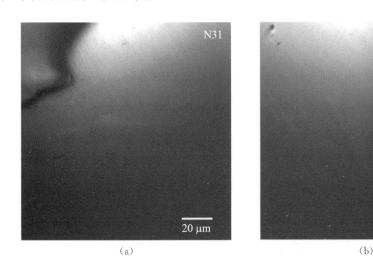

(a)   (b)

图 3-27 不同型号磷酸盐激光钕玻璃的横向裂纹

4) 放射型亚表面缺陷

这由锥角形压头造成的放射型的裂纹。

图 3-28 中,图(a)为 N31 型磷酸盐激光钕玻璃抛光后的 R6G 显微荧光照片,5 条裂纹清楚地显示裂纹共结点且呈放射状分布。图(b)为文献给出的在钠钙硅酸盐玻璃中观测到的放射型裂纹[82]。

(a) N31   (b) 钠钙硅玻璃

图 3-28 放射型亚表面缺陷

3.5.3 磷酸盐激光钕玻璃的表面改性及应用

磷酸盐激光钕玻璃表面缺陷的存在会影响其机械性能和激光性能等,因此需要采用一些表面处理技术对表面进行改性。利用表面化学处理、表面增强处理、激光预处理和离子注入等手段,可改变玻璃表面的化学组成、应力分布、化学键等,达到修复表面和提高表面性能的目的。比如离子交换可改变表面的应力状态、抑制表面微裂纹的扩展,表面化学处理可以去除缺陷,其均可达到增强的目的。此外,离子交换、离子注入或者飞秒激光写入等手段可改变玻璃表面光学性质,成为制作光波导器件的有效手段。下述列举几种方法及其在磷酸盐激光钕玻璃表面改性及功能化方面的应用。

3.5.3.1 离子交换法及应用

表面离子交换[83-84]是指在一定温度条件下,把含有 A 金属离子的玻璃沉浸在含有 B 金属离子的熔盐中,在化学势和浓度梯度甚至是外加辅助电场的驱动下,玻璃中的 A 金属离子和熔盐中的 B 金属离子相互扩散、交换,如图 3-29 所示。

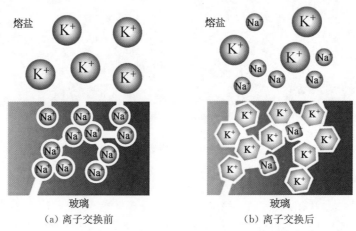

（a）离子交换前 （b）离子交换后

图 3-29　表面离子交换示意图(熔融盐中 K^+ 交换 Na^+)

离子交换可以改变玻璃表面的应力状态,若是外界的大半径碱金属离子 A 与玻璃中的小半径碱金属离子 B 相互扩散交换($R_A > R_B$,如 K^+ 与 Na^+),即大离子"挤塞"进原来小离子所在位置,则玻璃表面会产生大的压应力。表面压应力可以抑制表面或者亚表面 Griffith 微裂纹的扩展,提高玻璃的机械性能(如抗折强度、显微硬度等)以及抗热破坏能力。因此,一般将其称为化学钢化或者化学强化。反之,若是外界的小半径碱金属离子 A 与玻璃中的大半径碱金属离子 B 相互扩散交换($R_A < R_B$,如 Li^+ 与 Na^+),即小离子取代玻璃中小离子所在位置,则玻璃表面会产生大的张应力。表面张应力可以使表面或者亚表面的 Griffith 微裂纹进行扩散。

离子交换还可以改变玻璃表面的折射率分布。若外界体积较大、极化率较高的离子 A(如 Ag^+、K^+、Cs^+、Tl^+ 等)与玻璃中的 B(如 Na^+、Li^+ 等)相互扩散交换,因极化率不同或体积不同,可导致衬底玻璃的网格结构坍塌、挤压等,从而使衬底玻璃的局部折射率提高。因此,离子交换可以用来制作光波导。离子交换可以是热扩散的方式,也可以外加电场辅助。电场辅助作用下的离子扩散速度更快也更易发生,且电场还可调节波导中折射率分布的形态。通常在熔融盐中进行的交换被称为湿法离子交换,而用电场辅助在玻璃衬底上镀(银)膜的方法进行的交换称为干法离子交换。

1) 高功率固体激光器中的应用

磷酸盐激光钕玻璃棒作为一种高功率固体激光器工作物质,对其在高强度光泵浦条件下的抗热冲击能力要求越来越高。但磷酸盐玻璃是典型的脆性材料,其膨胀系数大且化学稳定性较差,表面和亚表面存在加工引起的缺陷,故在外力、介质以及热环境作用下极易发生裂纹扩展甚至毁坏。此外,表面缺陷尤其是微裂纹会降低磷酸盐激光玻璃在高强度光泵浦条件下的抗热冲击能力,制约磷酸盐激光玻璃的激光性能。改变磷酸盐激光钕玻璃棒表面的应力状态,限制表面和亚表面的微裂纹扩展,同时提高棒在冷却介质中的化学稳定性即抗侵蚀能力,可以提高磷酸盐激光钕玻璃棒的激光性能。针对磷酸盐激光钕玻璃表面的缺陷(以微裂纹为主),根据磷酸盐激光钕玻璃冷加工的表面结构以及 Griffith 理论,陈辉宇等[85-87]研究开发了多步表面处理增强的方法,详述如下:

根据磷酸盐激光钕玻璃的组分特点,首先利用酸、碱处理消除玻璃表面缺陷。再采用 Cs^+ 为主的熔盐对磷酸盐激光钕玻璃表面进行离子交换增强,形成压应力层,阻止空位缺陷所产生的微裂纹的扩展。然后采用硝酸钾和硝酸钠混合熔盐,再次在较低温条件下对磷酸盐激光钕玻璃进行快速表面离子交换,以交换出表面的 Cs^+,使近表面形成 Cs^+ 卫星峰,以提高表面的化学稳定性,同时表面的压应力再分布则更为均匀和稳定。最后,对磷酸盐激光钕玻璃进行表面酸热处理。用 H^+ 交换表面的 K^+、Na^+,减少表面的碱金属,进一步提高表面化学稳定性,使磷酸盐激光钕玻璃棒在冷却介质(以水为主)中工作的周期更长。图 3 - 30 为交换后 Cs^+ 离子在磷酸盐激光钕玻璃中沿表面深度的分布,可见离子交换后 Cs^+ 离子富集在玻璃表面以下约 30 μm 处。

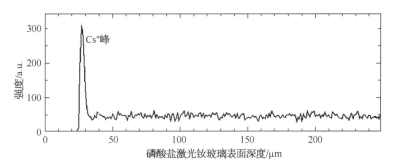

图 3 - 30　EPMA 测试玻璃表面不同深度 Cs^+ 离子的分布[87]

经过多步表面处理后的磷酸盐激光钕玻璃表现出更强的抗热破坏能力和机械性能。抗热破坏能力可以通过碎裂温度来表征。碎裂温度测试方法为,将一定尺寸的磷酸盐激光钕玻璃样品放入马弗炉中加热到一定温度并保温 10 min,然后取出样品快速放入 80 ℃的水中,玻璃出现裂纹的温度称为玻璃脆裂温度,碎裂温度越高说明玻璃的抗热破坏能力越强。图 3 - 31 对比了不同种类离子交换的磷酸盐激光钕玻璃碎裂温度。可见经过多步处理后磷酸盐激光钕玻璃(NAP2 型)样品的碎裂温度是未处理样品的约 3 倍,是常规离子交换(K^+ 交换 Na^+)碎裂温度的约 2 倍,即抗热破坏能力有显著提高。

机械强度可以用抗折强度以及表面显微硬度两个参数来表征。图 3 - 32 抗折强度实验结果显示,经过多步处理后磷酸盐激光钕玻璃(NAP2 型)样品的抗折强度是未处理样品的约 4 倍,是常规离子交换(K^+ 交换 Na^+)的约 2 倍,表明其抗折强度有显著提高。图 3 - 33 显微硬

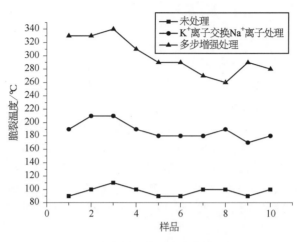

图 3-31　多步处理前后玻璃碎裂温度对比

度实验结果显示,经过多步处理后磷酸盐激光钕玻璃(NAP2 型)样品的显微硬度是未处理样品的约 2 倍,是常规离子交换(K^+ 交换 Na^+)样品的约 1.5 倍,也有显著提高。表 3-9 为离子交换前后激光钕玻璃棒在氙灯泵浦下重频工作能力的对比,1♯为未经处理样品,4♯为经离子交换处理后的样品。可见经离子交换的样品可承受的重复频率更高,持续工作时间更长,表现出更为优异的重频工作性能。

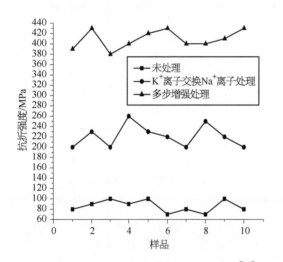

图 3-32　多步处理前后玻璃抗折强度对比[87]

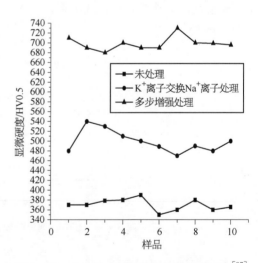

图 3-33　多步处理前后玻璃显微硬度对比[87]

表 3-9　氙灯泵浦实验对比[87]

样品	参　　数				
	电压/V	电容/J	冷却水温度/℃	闪光灯重复频率/Hz	工作时间/s
1♯	1 000	400	27	9	20
4♯	1 000	400	34	10	90

表面缺陷降低了磷酸盐激光钕玻璃的机械强度,属于引发激光诱导损伤的第三类原因,因

此钝化或者去除磷酸盐激光钕玻璃的表面缺陷,可以提高玻璃的机械强度和抗激光诱导损伤的能力。

2) 光波导中的应用

光波导元件是集成光学的基本元件,由两种以上不同折射率的材料构成,光被限制在光波导元件折射率高的区域中传输。相应高折射率区域尺寸一般在微米或纳米量级,在光波导内可获得较高的光能量或功率密度。其几何结构包括圆波导、平面光波导和直角对称光波导,具体形式为光纤、平板波导、条形波导等。光波导在微米或者纳米尺寸上限制光的传输,因此使得光波导器件在波导倍频和波导激光方面有重要作用。磷酸盐玻璃可实现高浓度的稀土离子掺杂,是制作波导激光器和波导放大器的理想材料,其中以磷酸盐激光钕玻璃为基底制作的光波导,作为增益介质应用于波导激光器中具有低腔内损耗和高输出功率等优点。以磷酸盐激光钕玻璃为基底的波导结构一般分为平面波导(图 3 - 34)和沟道波导(图 3 - 35,图中数据单位仅做示意)两种。

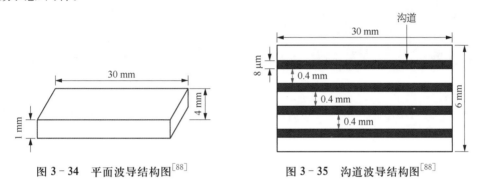

图 3 - 34　平面波导结构图[88]　　　　图 3 - 35　沟道波导结构图[88]

平面光波导元件一般采用离子交换制备。沟道波导制作工艺如图 3 - 36 所示。

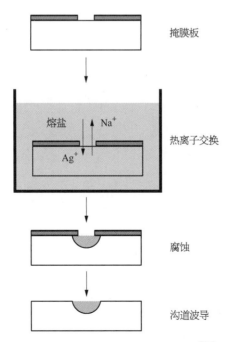

图 3 - 36　沟道波导工艺流程示意图[88]

无论是平面波导还是沟道波导,都可以通过改变离子交换的熔盐浓度、交换温度以及交换时间对折射率分布进行调控。根据折射率分布,可以对平面波导和沟道波导的光场分布进行模拟如下:

(1) 平面波导。波长为 $0.802\ \mu m$ 的泵浦光和 $1.06\ \mu m$ 的信号光在平面波导内传播的光场模拟参数为:波导折射率 $n_0 = 1.576$,波导厚度设为 $4\ \mu m$,波导长 $2\,000\ \mu m$,宽 $60\ \mu m$;基片折射率为 $n_1 = 1.531$,厚度为 $80\ \mu m$;初始场为高斯场分布,置于 $x = 1\ \mu m$ 处,光功率为 $1\ mW$,高斯光束的半宽为 $4\ \mu m$,光场分布如图 3-37、图 3-38 所示。

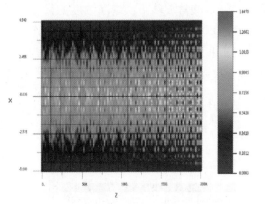

图 3-37　信号光 $1.06\ \mu m$ 在平面波导中的场分布[88](参见彩图附图 3)　　图 3-38　泵浦光 $0.802\ \mu m$ 在平面波导中的场分布[88](参见彩图附图 4)

模拟结果显示,光场在平面波导传播时,因二维波导只在一个方向上对光场有限制作用,则会产生横向散射,故波导激光器和放大器其泵浦光和信号光的横向散射损耗会降低泵浦效率和信号光的增益。由于二维波导存在横向散射问题,限制了该类波导的激光器性能。

(2) 沟道波导。沟道波导的折射率是渐变的,X-Y 平面折射率分布如图 3-39 所示。

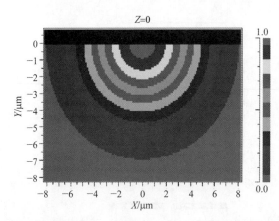

图 3-39　沟道波导 X-Y 平面折射率分布[88](参见彩图附图 5)

沟道波导横截面近似为半径 $4\ \mu m$ 半圆,图中颜色的深浅表示折射率大小,基片折射率为 1.552。模拟参数为:波导层宽 $80\ \mu m$,厚度为 $30\ \mu m$(波导上方为空气,折射率为 1)。激励源为波长 $0.802\ \mu m$(泵浦光)和 $1.060\ \mu m$(信号光)的高斯光束;激励源置于 $x = 1\ \mu m$ 处,光功率为 $1\ mW$,高斯光束的半宽为 $3\ \mu m$,光场分布如图 3-40、图 3-41 所示。相对于平面波导而言,沟道波导的光场分布更加集中。

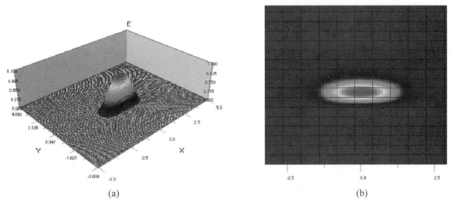

图 3-40　泵浦光(0.802 μm)在沟道波导的光场分布(a)和分布的平面图(b)[88](参见彩图附图 6)

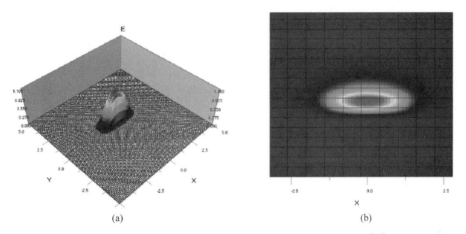

图 3-41　信号光(1.060 μm)在沟道波导的光场分布(a)和分布的平面图(b)[88](参见彩图附图 7)

3.5.3.2　离子注入法及应用

离子注入技术[89-90]是指利用加速器或离子注入机将带电离子加速成具有几万甚至几百万电子伏能量的离子束注入固体材料表面。注入离子可引起材料表面成分或微观结构的变化。因此离子注入既可以改变材料表面的物理、化学或机械性能,还可引起表面层的损伤或者缺陷,导致光学材料表面层折射率改变。故可以通过控制能量和剂量,制备具有应用价值的光波导。采用离子注入在磷酸盐激光钕玻璃表面实现光波导结构,具有波导尺寸小且较小的泵浦功率就能产生较高功率密度的优点。故所制作的波导激光器,理论上可以在较低的功率条件下产生激光输出,从而降低泵浦阈值、提高工作效率。

为了增加光学位垒的宽度,减少衍射损耗,使波导能够对其中传输的光进行更好的限制,一般采用多能量氦离子注入的方式制备光波导结构。利用能量为(450.0＋500.0＋550.0)keV、剂量为(2.0＋2.0＋2.0)×10^{16} ions/cm² 的 He⁺注入磷酸盐激光钕玻璃形成的平面光波导,光场分布如图 3-42 所示。

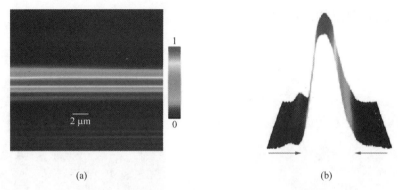

图 3-42　(450.0+500.0+550.0)keV 的 He⁺ 注入磷酸盐激光钕玻璃平面光
波导的二维(a)和三维(b)近场光强分布[91]（参见彩图附图 8）

　　近年来的研究表明[92-95]：重离子(相对于 H⁺ 和 He⁺ 等轻离子)注入某些光学材料中也能够引起折射率的改变。采用能量为 6.0 MeV、剂量为 $6.0×10^{14}$ ions/cm² 的氧或碳离子注入磷酸盐激光钕玻璃并在其表面形成平面光波导，光场分布如图 3-43 所示。

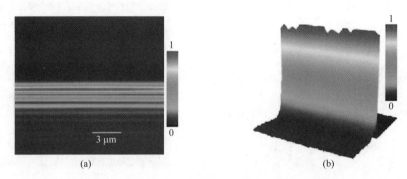

图 3-43　6.0 MeV 的 C³⁺ 注入磷酸盐激光钕玻璃平面光波导的二维(a)和三
维(b)近场光强分布[91]（参见彩图附图 9）

　　图 3-44 是 6.0 MeV 的 O³⁺ 注入磷酸盐激光钕玻璃平面光波导的近场光强分布[91]。图中所示波导输出的光场明亮均匀，说明用该方法制备的波导损耗较低；波导在空气和衬底区域均没有漏光，说明波导对光的约束能力较强，其在激光器和放大器等方面具有应用价值。

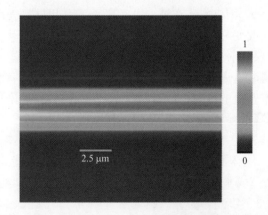

图 3-44　6.0 MeV 的 O³⁺ 注入磷酸盐激光钕玻璃平面光波导的近场光强分布[91]（参见彩图附图 10）

3.5.3.3 飞秒激光写入法及应用

飞秒激光由于脉冲非常短,通过透镜汇聚后,焦点处光强可以达到 10^{14} W/cm^2,所以在焦点附近会产生非线性效应,可以在透明介质内部进行有空间选择性的结构修饰,且飞秒激光的脉冲宽度短于物质吸收光能量后以热能的形式传递给晶格的特征时间,相对纳秒激光或皮秒激光,其对透明介质所产生的热效应要小得多。因此,利用飞秒激光可以实现超精密加工。近年来,飞秒激光已经被越来越多地应用于各种材料的微区改性,以期得到具有不同用途的功能微结构。

近年来,使用飞秒激光制备光波导结构已经成为非常有效的方法。飞秒脉冲的能量能够选择性地沉积在非常小的焦点附近,在微米尺度改变介质的折射率,可通过改变激光焦点在介质中的位置制备波导甚至更为复杂的微光学器件。自 Davis[96] 首次使用飞秒激光在玻璃基底中实现了光波导的写入后,飞秒激光制备光波导就成为研究热点。Marshall[97] 在熔融石英玻璃和掺杂磷酸盐玻璃中制备了三维波导阵列和波导布拉格光栅,并使用三次谐波显微镜分析了波导结构的性质,通过自适应系统矫正了像差,使横向分辨率达到了 500 nm。Vishnubhatla[98] 在铒掺杂玻璃中实现了光波导和光栅的制备,讨论了飞秒激光脉冲能量和写入速度对损耗的影响,得到了高达 80% 量子效率、损耗仅为 0.9 dB/cm 的光波导。Valle[99] 在铒镱共掺磷酸盐玻璃中制备了在 1 535 nm 处最高 9.2 dB 增益的 C 波段波导放大器。

虽然飞秒激光制备光波导存在诸多优点,但是还存在损耗和模式分布对称性等问题,且飞秒激光制作光波导加工一般选择在玻璃的表面附近,存在加工愈深、影响因素愈多和更难控制的问题,故其还处于实验室研究阶段。

掺杂稀土磷酸盐玻璃具有受激发射截面大、激光振荡阈值低、泵浦效率高、较长的荧光寿命以及较低的非线性系数等诸多优点,是满足高掺杂、小体积、紧凑结构等要求的理想光子器件材料。因此,在磷酸盐玻璃介质上制作三维光子结构成为光子器件制造的一个新兴方向。国际上多个研究小组开展了相关研究[100-101]。龙学文[102] 采用飞秒激光在磷酸盐激光钕玻璃的表面附近制作了如图 3-45 所示的双线型Ⅱ类波导。

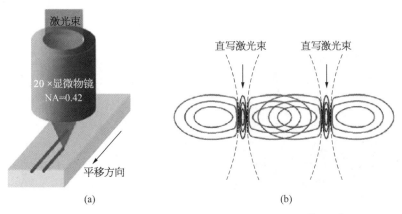

图 3-45 飞秒激光在磷酸盐激光钕玻璃表面下横向写入双线型波导[102-103]**(参见彩图附图 11)**

将样品(尺寸 4.0 mm×10.4 mm×30.0 mm)置于三维精密位移平台上,采用 20 倍显微物镜(NA=0.42,Mitutoyo)聚焦飞秒激光脉冲到样品表面下 300 μm 处,采用横向方式直写双线型波导,即样品平移方向与激光传播方向垂直,双线间距为 20 μm。刻写参数选取单脉冲能量为 1 μJ,写入速度为每秒 50 μm,脉宽为 210 fs。波导刻写后,把垂直于波导的样品端面再抛光,使波导的两个端面露出样品表面。抛光后双线型波导长度 10.0 mm,显微成像如图3-46 所示。

 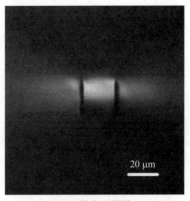

（a）透射显微图 （b）偏光显微图

图 3-46　双线型波导端面[102]

磷酸盐玻璃是光学各向同性的材料,因此透射光的偏振态在通过磷酸盐玻璃后不应改变,在偏光显微镜下,图片应该为黑色,然而双线周围特别是双线之间的区域在偏光显微镜下显示为白色,表明飞秒激光在该区域诱导了应力双折射。因为应力场在双线之间的区域叠加,双线之间的区域应力双折射最强,因此双线之间的区域最亮。由于应力双折射的缘故,双线间区域的折射率高于基质材料,为导光区域。

图 3-47 中,图(a)是双线型波导的近场模式,可见该波导具有很好的单模导光特性。图(b)是根据近场模重构的波导折射率分布,双线之间折射率增加的最大量为 2.2×10^{-4},飞秒激光诱导痕迹上的折射率是减小的,折射率减少量的最大值为 1.2×10^{-4}。从图(b)可知两个折射率减小区域的间距是 20 μm,与图(a)一致。折射率变低的双线作为一个壁垒,外加双线之间的折射率增加,共同支持了该结构导光。

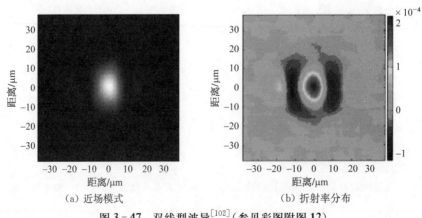

（a）近场模式 （b）折射率分布

图 3-47　双线型波导[102]（参见彩图附图 12）

综上所述,本章在介绍磷酸盐玻璃结构基础上,阐述了磷酸盐激光玻璃的热光性能、黏度特性、析晶性能、光吸收损耗、光学性能、抗激光损伤性能、表面性能等。有助于理解本书后续章节磷酸盐激光玻璃的制备工艺、性能测试和新品开发应用，以及进一步提高磷酸盐激光玻璃的综合性能，满足不断增长的新型激光器件应用需求。

主要参考文献

[1] O'Keeffe M, Navrotsky A. Structure and bonding in crystals [M]. New York：Academic Press，1981.

[2] Jansen M, Lüer B. Refinement of the crystal structure of tetraphosphorus decaoxide [J]. Zeitschrift für Kristallographie-Crystalline Materials，1986，177(1 - 4)：149 - 152.

[3] Arbib E H, Elouadi B, Chaminade J P, et al. Brief communication：new refinement of the crystal structure of o-P_2O_5 [J]. Journal of Solid State Chemistry，1996，127(2)：350 - 353.

[4] Stachel D, Svoboda I, Fuess H. Phosphorus pentoxide at 233 K [J]. Acta Crystallographica Section C：Crystal Structure Communications，1995，51(6)：1049 - 1050.

[5] Uchino T, Ogata Y. Ab initio molecular orbital calculations on the electronic structure of phosphate glasses. Binary alkali metaphosphate glasses [J]. Journal of Non-Crystalline Solids，1995，191(1 - 2)：56 - 70.

[6] Hoppe U, Walter G, Barz A, et al. The P-O bond lengths in vitreous probed by neutron diffraction with high real-space resolution [J]. Journal of Physics：Condensed Matter，1998，10(2)：261 - 270.

[7] Suzuya K, Price D L, Loong C K, et al. Structure of vitreous P_2O_5 and alkali phosphate glasses [J]. Journal of Non-Crystalline Solids，1998(232)：650 - 657.

[8] Van Wazer J R. Phosphorus and its compounds [M]. New York：Wiley-Interscience，1958.

[9] Kirkpatrick R J, Brow R K. Nuclear magnetic resonance investigation of the structures of phosphate and phosphate-containing glasses：a review [J]. Solid State Nuclear Magnetic Resonance，1995，5(1)：9 - 21.

[10] Bunker B C, Arnold G W, Wilder J A. Phosphate glass dissolution in aqueous solutions [J]. Journal of Non-Crystalline Solids，1984，64(3)：291 - 316.

[11] Griffith E J, Grayson M. Topics in phosphorus chemistry [M]. New York：Interscience Publishers，1964.

[12] Brow R K. Review：the structure of simple phosphate glasses [J]. Journal of Non-Crystalline Solids，2000(263)：1 - 28.

[13] Martin S W. Review of the structures of phosphate glasses [J]. European Journal of Solid State and Inorganic Chemistry，1991，28(1)：163 - 205.

[14] Cruickshank D W J. The rôle of 3d-orbitals in π-bonds between （a）silicon, phosphorus, sulphur, or chlorine and （b）oxygen or nitrogen [J]. Journal of the Chemical Society（Resumed），1961：5486 - 5504.

[15] Tatsumisago M, Kowada Y, Minami T. Structure of rapidly quenched lithium phosphate glasses [J]. Physics and Chemistry of Glasses，1988，29(2)：63 - 66.

[16] Weyl W A, Marboe E C. The constitution of glasses：a dynamic interpretation：vol. 1：fundamentals of the structure of inorganic liquids and solids [M]. New York：Wiley，1962.

[17] Hoppe U. A structural model for phosphate glasses [J]. Journal of Non-Crystalline Solids，1996，195(1 - 2)：138 - 147.

[18] Baez-Doelle C, Stachel D, Svoboda I, et al. Crystal structure of zinc ultraphosphate，ZnP_4O_{11} [J]. Zeitschrift für Kristallographie-Crystalline Materials，1993，203(1 - 2)：282 - 283.

[19] Hoppe U. Short-range order of phosphate glasses studied by a difference approach using X-ray diffraction results [J]. Journal of Non-Crystalline Solids，1995，183(1 - 2)：85 - 91.

[20] Alam T M, Conzone S, Brow R K, et al. ^{6}Li, ^{7}Li nuclear magnetic resonance investigation of lithium coordination in binary phosphate glasses [J]. Journal of Non-Crystalline Solids，1999，258(1 - 3)：140 - 154.

［21］ Greaves G N，Smith W，Giulotto E，et al. Local structure，microstructure and glass properties ［J］. Journal of Non-Crystalline Solids，1997(222)：13 - 24.

［22］ Brow R K，Phifer C C，Turner G L，et al. Cation effects on ^{31}P MAS NMR chemical shifts of metaphosphate glasses ［J］. Journal of the American Ceramic Society，1991,74(6)：1287 - 1290.

［23］ Hoppe U，Walter G，Stachel D，et al. Short-range order details of metaphosphate glasses studied by pulsed neutron scattering ［J］. Zeitschrift für Naturforschung A，1995,50(7)：684 - 692.

［24］ Hoppe U，Walter G，Stachel D，et al. Neutron and X-ray diffraction study on the structure of ultraphosphate glasses ［J］. Zeitschrift für Naturforschung A，1997,52(3)：259 - 269.

［25］ Brückner R，Chun H U，Goretzki H，et al. XPS measurements and structural aspects of silicate and phosphate glasses ［J］. Journal of Non-Crystalline Solids，1980,42(1 - 3)：49 - 60.

［26］ Hoppe U，Walter G，Stachel D，et al. Short-range order in KPO_3 glass studied by neutron and X-ray diffraction ［J］. Zeitschrift für Naturforschung A，1996,51(3)：179 - 186.

［27］ Zatsepin A F，Kortov V S，Shchapova Y V. Electronic structure of phosphate glasses with a complex oxygen sublattice structure ［J］. Physics of the Solid State，1997,39(8)：1212 - 1217.

［28］ Gresch R，Müller-Warmuth W，Dutz H. X-ray photoelectron spectroscopy of sodium phosphate glasses ［J］. Journal of Non-Crystalline Solids，1979,34(1)：127 - 136.

［29］ Ren J，Eckert H. Quantification of short and medium range order in mixed network former glasses of the system GeO_2 - $NaPO_3$：a combined NMR and X-ray photoelectron spectroscopy study ［J］. The Journal of Physical Chemistry C，2012,116(23)：12747 - 12763.

［30］ Muñoz-Senovilla L，Muñoz F. Behaviour of viscosity in metaphosphate glasses ［J］. Journal of Non-Crystalline Solids，2014(385)：9 - 16.

［31］ Shih P Y，Yung S W，Chin T S. FTIR and XPS studies of P_2O_5 - Na_2O - CuO glasses ［J］. Journal of Non-Crystalline Solids，1999,244(2 - 3)：211 - 222.

［32］ 干福熹,林凤英. 外场作用下玻璃的光学常数的变化[J].光学学报,1981,1(1)：77 - 90.

［33］ 姜中宏,刘粤惠,戴世勋. 新型光功能玻璃[M].北京：化学工业出版社,2008.

［34］ Saitoh A，Hoppe U，Brow R K，et al. The structure and properties of $xZnO$ - $(67-x)$ SnO - $33P_2O_5$ glasses：(Ⅲ) photoelastic behavior ［J］. Journal of Non-Crystalline Solids，2018(498)：173 - 176.

［35］ Guignard M，Albrecht L，Zwanziger J W. Zero-stress optic glass without lead ［J］. Chemistry of Materials，2007,19(2)：286 - 290.

［36］ 姜中宏,张俊洲,宋修玉,等. 低热光畸变磷酸盐激光玻璃的研究——用电子计算机选择玻璃组成[J].硅酸盐学报,1979(4)：31 - 40.

［37］ Campbell J H，Suratwala T I. Nd-doped phosphate glasses for high-energy/high-peak-power lasers ［J］. Journal of Non-Crystalline Solids，2000,263&264：318 - 341.

［38］ 姜中宏,宋修玉,张俊洲. 磷酸盐激光玻璃的研究[J].硅酸盐通报,1981(3)：3 - 17.

［39］ Ehrmann P R，Campbell J H. Nonradiative energy losses and radiation trapping in neodymium-doped phosphate laser glasses ［J］. Journal of the American Ceramic Society，2002,85(5)：1061 - 1069.

［40］ Auzel F，Bonfigli F，Gagliari S，et al. The interplay of self-trapping and self-quenching for resonant transitions in solids：role of a cavity ［J］. Journal of Luminescence，2001(94)：293 - 297.

［41］ 赵彦钊,殷海荣. 玻璃工艺学[M].北京：化学工业出版社,2006.

［42］ Zheng Q，Mauro J C. Viscosity of glass-forming systems ［J］. Journal of the American Ceramic Society，2017,100(1)：6 - 25.

［43］ Shelby J E. Introduction to glass science and technology ［M］. Berlin：Springer Verlag，2005.

［44］ Wood R M. Laser-induced damage of optical materials ［M］. Boca Raton：CRC Press，2003.

［45］ 张伟,朱健强. 磷酸盐钕玻璃表面/亚表面损伤特性实验研究[J].光学学报,2008,28(2)：268 - 272.

［46］ Boling N L，Crisp M D，Dube G. Laser induced surface damage ［J］. Applied Optics，1973,12(4)：650 - 660.

［47］［佚名］.激光引起的光学元件损伤的最近研究［J］.激光与光电子学进展,1974,11(11)：23－26.

［48］ Hu J J, Yang J X, Chen W, et al. Experimental investigation of enhancing the subsurface damage threshold of Nd-doped phosphate glass ［J］. Chinese Optics Letters, 2008,6(9)：681－684.

［49］李仲伢,李成富.增强掺钕磷酸盐玻璃激光破坏强度的研究［J］.光学学报,1995,15(5)：562－565.

［50］张俊洲,李仲伢,卓敦水,等.N_(21)型掺钕磷酸盐激光玻璃中铂微粒引起的激光破坏特性(摘要)［C］//首届中国功能材料及其应用学术会议论文集,1992.

［51］ Suratwala T I, Campbell J H, Miller P E, et al. Phosphate laser glass for NIF：production status, slab selection, and recent technical advances ［C］//Optical Engineering at the Lawrence Livermore National Laboratory Ⅱ：The National Ignition Facility. International Society for Optics and Photonics, 2004 (5341)：102－113.

［52］ Hernandez S E R, Ainsworth R I, de Leeuw N H. Molecular dynamics simulations of bio-active phosphate-based glass surfaces ［J］. Journal of Non-Crystalline Solids, 2016(451)：131－137.

［53］ Hand R J, Seddon A B. An hypothesis on the nature of Griffith's cracks in alkali silicate and silica glasses ［J］. Physics and Chemistry of Glasses, 1997,38(1)：11－14.

［54］ Griffith A A. Ⅵ. The phenomena of rupture and flow in solids ［J］. Philosophical Transactions of the Royal Society of London. Series A, Containing Papers of a Mathematical or Physical Character, 1921, 221(582－593)：163－198.

［55］ Andrade E N D C, Tsien L C. On surface cracks in glasses ［C］//Proceedings of the Royal Society of London. Series A-Mathematical and Physical Sciences, 1937,159(898)：346－354.

［56］ Ernsberger F M. Detection of strength-impairing surface flaws in glass ［C］//Proceedings of the Royal Society of London. Series A. Mathematical and Physical Sciences, 1960,257(1289)：213－223.

［57］黄利,张磊,陈伟,等.离子交换对磷酸盐玻璃表面裂纹扩展的影响［J］.硅酸盐学报,2011,39(1)：104－109.

［58］王承遇,陶瑛.玻璃的表面结构和性质［J］.硅酸盐通报,1982,1(1)：26－36.

［59］ Yoshiyama J M, Genin F Y, Salleo A, et al. Effects of polishing, etching, cleaving, and water leaching on the UV laser damage of fused silica ［C］//Laser-Induced Damage in Optical Materials：1997. International Society for Optics and Photonics, 1998(3244)：331－340.

［60］ Kozlowski M R, Carr J, Hutcheon I D, et al. Depth profiling of polishing-induced contamination on fused silica surfaces ［C］//Laser-Induced Damage in Optical Materials：1997. International Society for Optics and Photonics, 1998(3244)：365－375.

［61］ Neauport J, Lamaignere L, Bercegol H, et al. Polishing-induced contamination of fused silica optics and laser induced damage density at 351 nm ［J］. Optics Express, 2005,13(25)：10163－10171.

［62］ Bloembergen N. Role of cracks, pores, and absorbing inclusions on laser induced damage threshold at surfaces of transparent dielectrics ［J］. Applied Optics, 1973,12(4)：661－664.

［63］ Génin F Y, Salleo A, Pistor T V, et al. Role of light intensification by cracks in optical breakdown on surfaces ［J］. Journal of the Optical Society of America. A. Optics, Image Science, and Vision, 2001, 18(10)：2607－2616.

［64］张磊,黄利,陈伟,等.熔石英和磷酸盐钕玻璃表面三角形微裂纹对入射光的散射分析［J］.强激光与粒子束,2011,23(2)：381－386.

［65］ Ashby M F, Sammis C G. The damage mechanics of brittle solids in compression ［J］. Pure and Applied Geophysics, 1990,133(3)：489－521.

［66］ Weyl W A. Structure of subsurface layers and their role in glass technology ［J］. Journal of Non-Crystalline Solids, 1975(19)：1－25.

［67］ Chauhan R, Ahn Y, Chandrasekar S, et al. Role of indentation fracture in free abrasive machining of ceramics ［J］. Wear, 1993,162－164(part-PA)：246－257.

［68］ Imanaka O. Lapping mechanics of glass-especially on roughness of lapped surface ［J］. Annals of the

CIRP，1966(23)：227－233.

[69] Preston F W. The structure of abraded glass surfaces [J]. Transactions of the Optical Society，1922，23(3)：141.

[70] Hed P P，Edwards D F，Davis J B. Subsurface damage in optical materials：origin，measurement and removal：summary [R]. Lawrence Livermore National Lab，CA (US)，1988.

[71] Zhou Y，Funkenbusch P D，Quesnel D J，et al. Effect of etching and imaging mode on the measurement of subsurface damage in microground optical glasses [J]. Journal of the American Ceramic Society，1994，77(12)：3277－3280.

[72] Hed P P，Edwards D F. Optical glass fabrication technology. 2：relationship between surface roughness and subsurface damage [J]. Applied Optics，1987，26(21)：4677－4680.

[73] Camp D W，Kozlowski M R，Sheehan L M，et al. Subsurface damage and polishing compound affect the 355-nm laser damage threshold of fused silica surfaces [C]//Laser-Induced Damage in Optical Materials：1997. International Society for Optics and Photonics，1998(3244)：356－364.

[74] Temple P A. Total internal reflection microscopy：a surface inspection technique [J]. Applied Optics，1981，20(15)：2656－2664.

[75] Sheehan L M. Application of total internal reflection microscopy for laser damage studies on fused silica [R]. Lawrence Livermore National Lab. ，CA (US)，1997.

[76] Duncan M D，Bashkansky M，Reintjes J. Subsurface defect detection in materials using optical coherence tomography [J]. Optics Express，1998，2(13)：540－545.

[77] Demos S G，Staggs M，Minoshima K，et al. Characterization of laser induced damage sites in optical components [J]. Optics Express，2002，10(25)：1444－1450.

[78] Fine K R，Garbe R，Gip T，et al. Non-destructive real-time direct measurement of subsurface damage [C]//Modeling，Simulation，and Verification of Space-Based Systems Ⅱ. International Society for Optics and Photonics，2005(5799)：105－110.

[79] Neauport J，Cormont P，Legros P，et al. Imaging subsurface damage of grinded fused silica optics by confocal fluorescence microscopy [J]. Optics Express，2009，17(5)：3543－3554.

[80] 王威，张磊，冯素雅，等.采用显微荧光法研究掺钕磷酸盐激光玻璃的亚表面缺陷[J]. 中国激光，2014(9)：177－182.

[81] 王威.使用显微荧光法探测钕玻璃中的亚表面缺陷[D].上海：中国科学院上海光学精密机械研究所，2014.

[82] Lawn B，Wilshaw R. Indentation fracture：principles and applications [J]. Journal of Materials Science，1975，10(6)：1049－1081.

[83] Nordberg M E，Mochel E L，Garfinkel H M，et al. Strengthening by ion exchange [J]. Journal of the American Ceramic Society，1964，47(5)：215－219.

[84] Karlsson S，Jonson B，Stålhandske C. The technology of chemical glass strengthening — a review [J]. Glass Technology，2010，51(2)：41－54.

[85] 陈辉宇，何冬兵，胡丽丽，等.磷酸盐激光玻璃的表面酸碱处理增强[J].中国激光，2010(8)：2035－2040.

[86] 李韦韦，李顺光，陈辉宇，等.新型掺钕磷酸盐激光玻璃的耐抽运热破坏性质[J].中国激光，2014(9)：188－194.

[87] 陈辉宇，胡丽丽，陈伟，等.一种激光玻璃离子交换增强方法：中国，CN108147681A[P]. 2018－06－12.

[88] 赵小枫，张晓霞.1 060 nm 掺钕磷酸盐波导放大器的特性研究[J].红外，2007，28(11)：33－37.

[89] Destefanis G L，Townsend P D，Gailliard J P. Optical waveguides in LiNbO$_3$ formed by ion implantation of helium [J]. Applied Physics Letters，1978，32(5)：293－294.

[90] Chen F，Wang K M，Wang X L，et al. Monomode，nonleaky planar waveguides in a Nd^{3+}-doped silicate glass produced by silicon ion implantation at low doses [J]. Journal of Applied Physics，2002，92(6)：2959－2961.

［91］刘春晓. 离子注入光学玻璃光波导的制备和特性研究［D］. 西安：西安光学精密机械研究所，2012.

［92］Hu H，Lu F，Chen F，et al. Monomode optical waveguide in lithium niobate formed by MeV Si$^+$ ion implantation ［J］. Journal of Applied Physics，2001，89(9)：5224 - 5226.

［93］Wang X L，Chen F，Lu F，et al. Refractive index profiles of planar optical waveguides in β - BBO produced by silicon ion implantation ［J］. Optical Materials，2004，27(3)：459 - 463.

［94］Chen F，Wang X L，Wang K M. Development of ion-implanted optical waveguides in optical materials：a review ［J］. Optical Materials，2007，29(11)：1523 - 1542.

［95］Liu C X，Cheng S，Li W N，et al. Monomode optical waveguides in Yb^{3+}-doped silicate glasses produced by low-dose carbon ion implantation ［J］. Japanese Journal of Applied Physics，2012，51(5)：052601 - 1 - 4.

［96］Davis K M，Miura K，Sugimoto N，et al. Writing waveguides in glass with a femtosecond laser ［J］. Optics Letters，1996，21(21)：1729 - 1731.

［97］Marshall G D，Jesacher A，Thayil A，et al. Three-dimensional imaging of direct-written photonic structures ［J］. Optics Letters，2011，36(5)：695 - 697.

［98］Vishnubhatla K C，Rao S V，Kumar R S S，et al. Femtosecond laser direct writing of gratings and waveguides in high quantum efficiency erbium-doped Baccarat glass ［J］. Journal of Physics D：Applied Physics，2009，42(20)：205106 - 1 - 7.

［99］Della Valle G，Osellame R，Chiodo N，et al. C-band waveguide amplifier produced by femtosecond laser writing ［J］. Optics Express，2005，13(16)：5976 - 5982.

［100］Fletcher L B，Witcher J J，Troy N，et al. Direct femtosecond laser waveguide writing inside zinc phosphate glass ［J］. Optics Express，2011，19(9)：7929 - 7936.

［101］Fletcher L B，Witcher J J，Troy N，et al. Femtosecond laser writing of waveguides in zinc phosphate glasses ［J］. Optical Materials Express，2011，1(5)：845 - 855.

［102］龙学文. 飞秒激光直写应力光波导的实验研究［D］. 西安：西安光学精密机械研究所，2014.

［103］Burghoff J，Grebing C，Nolte S，et al. Efficient frequency doubling in femtosecond laser-written waveguides in lithium niobate ［J］. Applied Physics Letters，2006，89(8)：081108 - 1 - 3.

第4章

磷酸盐激光钕玻璃的熔制和退火工艺

为满足激光能量放大要求,大型高功率激光装置对磷酸盐激光钕玻璃性能参数有诸多严苛的要求。为实现高效激光增益特性,磷酸盐激光钕玻璃需要同时满足光学和激光两方面的性能要求。激光钕玻璃的诸多性质指标除了与玻璃组分相关,还与生产工艺过程密切相关。因此,如何制定合理的磷酸盐激光钕玻璃生产工艺,获得满足应用要求的产品显得非常重要。一方面,激光玻璃熔制需要攻克"除"杂质以降低激光波长光吸收损耗、去除羟基以满足荧光寿命指标、消除铂颗粒以实现高激光通量、除条纹以获得高光学均匀性等一系列关键技术难题,并且这些技术难题相互制约。另一方面,相比常规的硅酸盐系列光学玻璃或激光玻璃,磷酸盐激光玻璃的膨胀系数大、化学稳定性较差、机械强度较低,并且光学均匀性要求达到 10^{-6} 量级,给其粗退火和精密退火带来了较大难度。因此,磷酸盐激光钕玻璃尤其是用于大型高功率激光装置的钕玻璃,其熔制和退火工艺较普通光学玻璃复杂得多。本章重点介绍磷酸盐激光钕玻璃的熔制和退火工艺。

4.1 激光玻璃熔制工艺的特殊性

4.1.1 "除"杂质

激光钕玻璃的一个重要指标是激光波长的光吸收损耗(以下简称"光损耗")。Fe、Cu 等过渡金属离子在 1 053 nm 激光波长处有较强吸收。这些杂质离子进入激光钕玻璃中会造成 1 053 nm 的静态损耗与动态损耗增大,使激光输出效率降低[1-2]。静态损耗是指未产生激光时的损耗。动态损耗是指产生激光时的损耗。静态损耗已有成熟的测试方法和测试设备[3]。下面重点阐述激光玻璃的静态损耗与激光输出效率和杂质离子之间的关系。

4.1.1.1 掺钕激光玻璃的静态损耗

激光振荡器由反射率分别为 R_1、R_2 的两块腔镜和长度为 L 的激光材料构成。产生激光的阈值条件可表示为[4]

$$R_1 \cdot R_2 \cdot \exp[2L(\beta - \alpha)] \geqslant 1 \qquad (4-1)$$

式中,R_1、R_2 为谐振腔两镜面的反射率;α 为静态损耗;L 为激光材料的长度;β 为增益系数。激光材料的输出效率 ε 可表达为[4]

$$\varepsilon = \frac{E}{E_p} = \frac{\lambda_p}{\lambda} \cdot \eta_1 \cdot K_p \cdot \Delta\nu_p \cdot \left(1 - \frac{\alpha}{\beta}\right)^2 \tag{4-2}$$

式中，E 为振荡输出能量；E_p 为泵浦光辐射能量；λ_p、λ 分别为激发带的中心波长和激光振荡波长；η_1 为从激发带转变为激光上能级的转换效率；K_p 为激光玻璃对 λ_p 波长光的吸收系数；$\Delta\nu_p$ 为激发带的宽度。$\Delta\nu_p$、λ_p、λ、η_1、K_p 均由激光玻璃和激光振荡器本身特性决定。

从式（4-2）可知，激光玻璃的静态损耗与激光输出效率有很大关系。激光波长静态损耗的增加将直接导致激光玻璃的输出效率降低。在一般的小型激光器中，静态损耗每增加 0.001 cm^{-1}，激光玻璃的输出效率下降 7%～10%[4-5]。

掺钕激光玻璃的静态损耗 α 主要由 Nd^{3+} 离子自身的光吸收、杂质的光吸收和非光学均匀性如散射等造成[6-9]，可表示为[1,6]

$$\alpha = \alpha_{Nd} + \alpha_{satter} + \alpha_{Cu} + \alpha_{Fe} + \sum_{i=1}^{n} \alpha_{impurities} \tag{4-3}$$

式中，α_{Nd} 为 Nd^{3+} 离子的自吸收损耗；α_{satter} 为散射损耗，主要由玻璃中的缺陷和颗粒（如气泡和 Pt 颗粒）引起；α_{Cu} 为杂质 Cu 的光吸收损耗；α_{Fe} 为杂质 Fe 的光吸收损耗；$\sum_{i=1}^{n} \alpha_{impurities}$ 为其他过渡金属和稀土杂质的光吸收损耗。由于玻璃样品都经过精密抛光，并且缺陷及颗粒含量很少，它们引起的散射损耗一般低于 10^{-5} cm^{-1}[7]。因此，掺钕磷酸盐激光玻璃静态损耗主要由 Nd^{3+} 离子自吸收损耗和杂质光吸收损耗引起[1,8]。

在掺钕激光玻璃中，处于终态能级 $^4I_{11/2}$ 的 Nd^{3+} 离子在激光波段 1 053 nm 处产生吸收，显著影响玻璃的静态损耗。终态能级 $^4I_{11/2}$ 与基态之间的能量差 2 000 cm^{-1}，根据玻尔兹曼分布，终态能级粒子数为[10]

$$N = N_0 e^{-\frac{\Delta E}{kT}} \tag{4-4}$$

式中，k 为玻尔兹曼常数；ΔE 为终态能级与基态能级的能量差，是由玻璃材料本身性质决定的常数，则 Nd^{3+} 离子自吸收的大小与掺 Nd^{3+} 离子浓度 N_0 和温度 T 相关。Nd^{3+} 离子在 1 053 nm 处的自吸收损耗可以用以下经验公式表达[6,9]：

$$\alpha_{Nd}(T) = 1.03 \times 10^{-20}[Nd^{3+}]\exp\left(\frac{-2\,576}{T}\right) \tag{4-5}$$

式中，$[Nd^{3+}]$ 为 Nd^{3+} 离子浓度（$ions/cm^3$）；T 为温度（K）。掺钕激光玻璃作为激光工作物质，例如用于激光振荡器或者激光放大器时，应充分考虑温度和 Nd^{3+} 离子浓度对玻璃自吸收的影响[11]。在一定温度下，Nd^{3+} 离子浓度决定钕玻璃在该温度下的自吸收。Nd^{3+} 离子浓度越高，则自吸收程度越大。随着温度的升高，Nd^{3+} 离子浓度高的钕玻璃自吸收增加更加明显。玻璃的静态损耗越大，在激光器中表现为激光器的激光输出阈值增高，激光器的激光效率下降[5,12]。对于不同掺杂浓度和不同初始静态损耗的磷酸盐钕激光玻璃，温度和 Nd^{3+} 离子浓度对静态损耗的影响详见表 4-1。因此，在研制激光器时，应该充分考虑 Nd^{3+} 离子在激光波段 1 053 nm 处的自吸收对静态损耗的影响，选择合适的 Nd^{3+} 离子浓度。此外，在激光器工作过程中，对钕玻璃要保持良好的冷却条件，以降低激光器的阈值、提高激光器的激光效率。

表 4-1　不同 Nd^{3+} 离子浓度玻璃在不同热平衡温度下的静态损耗　　　（％cm^{-1}）

T/K	$N_0/(\times 10^{20}\ cm^{-3})$		
	0.71	2.26	3.08
300	0.141	0.116	0.131
310	0.144	0.124	0.142
330	0.152	0.143	0.172
360	0.164	0.194	0.242
380	0.185	0.250	0.320
400	0.210	0.331	0.432

4.1.1.2　杂质对激光玻璃光损耗和 Nd^{3+} 跃迁的影响

掺钕激光玻璃中还存在一定数量由制备工艺过程或原料引入的有害杂质离子。这些有害杂质离子如过渡金属离子（Cu^{2+}、Fe^{2+}、Co^{2+}、Ni^{2+}、V^{2+}）和稀土杂质（Dy^{3+}、Pr^{3+}、Sm^{3+}）等在 1 053 nm 附近有强吸收带存在。美国 LLNL 国家实验室的 P. R. Ehrmann 和 J. H. Campbell 等在这方面开展了比较详细的研究[1,6-9]。磷酸盐玻璃中过渡金属离子（Cu^{2+}、Fe^{2+}、Co^{2+}、Ni^{2+}、V^{2+}）的吸收系数结果如本书第 3 章图 3-11a 所示。在摩尔百分比为 $55P_2O_5 - 10Al_2O_3 - 10BaO - 10Na_2O - 15K_2O$ 磷酸盐玻璃中，分别外加 2％（重量）的 Fe_3O_4、Co_2O_3、NiO 和 0.13％（重量）的 CuO，于空气气氛中熔炼，所得玻璃的透过光谱如图 4-1 所示。在摩尔百分比为 $55P_2O_5 - 10Al_2O_3 - 10BaO - 10Na_2O - 15K_2O$ 的磷酸盐玻璃中，分别外加 3％（重量）的 Dy_2O_3、Sm_2O_3、Pr_2O_3 和 CeO_2，于空气气氛中熔炼，所得玻璃的透过光谱如图 4-2 所示。从图 3-11a、图 4-1 和图 4-2 可以看到，铜、铁、钴、镍等杂质离子使掺钕磷酸盐玻璃在激光波长的吸收大幅增加，激光波长的透过率大大降低，从而引起静态损耗的大幅增加，造成激光输出效率明显下降，其中过渡金属离子以铜离子的影响最大。虽然 Fe^{2+} 影响较大，但在空气或氧化气氛中熔炼，玻璃中的 Fe^{2+} 大部分会变成 Fe^{3+}[13]，铁离子的吸收会减少，使得钴、铁、镍的影响依次减弱。稀土杂质镝和钐离子影响较大，镨离子次之，铈离子影响最小。过渡金属杂质离子和稀土有害杂质离子对 LG-770 和 LHG-8 两种掺钕激光玻璃静态损耗的影响见表 4-2[1]。

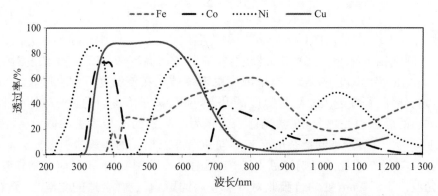

图 4-1　掺 2％（重量）Fe_3O_4、Co_2O_3、NiO 和 0.13％（重量）CuO 的磷酸盐玻璃的透过曲线

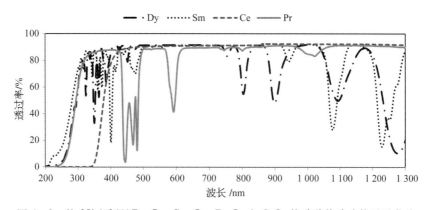

图 4 - 2 掺 3%（重量）Dy_2O_3、Sm_2O_3、Pr_2O_3 和 CeO_2 的磷酸盐玻璃的透过曲线

表 4 - 2 掺钕激光玻璃中有害杂质在激光波长 1 053 nm 处的吸收系数[1]

杂质离子	吸收系数/[× 10⁻³ cm⁻¹/(μg/g)]	
	LHG - 8	LG - 770
Cu^{2+}	2.78±0.34	2.61±0.28
Fe(>1 000 μg/g)	0.11±0.005	0.18±0.008
Fe(<1 000 μg/g)	式(4 - 6)	式(4 - 6)
Dy^{3+}	—	0.016±0.000 6
Pr^{3+}	—	0.012±0.000 5
Sm^{3+}	—	0.013±0.000 5
Ce^{3+}	—	0.008 4±0.000 3

铁离子对损耗的影响系数可以用下式表达[1]：

$$\varepsilon_{Fe} = \varepsilon_{max}[1 - \exp(-[Fe]/[Fe]_c)] \qquad (4 - 6)$$

式中，ε_{Fe} 为 Fe 的吸收系数；ε_{max} 为 Fe 浓度为 1 000 μg/g 时的极限吸收系数；[Fe] 为 Fe 的掺杂浓度（μg/g）；$[Fe]_c$ 为由玻璃体系和组分决定的单一特性参数。对 LHG - 8 和 LG - 770 两种玻璃来说，最合适的$[Fe]_c$＝170 ppm，而 ε_{max} 分别为 1.06×10^{-4} cm⁻¹/ppm 和 1.79×10^{-4} cm⁻¹/ppm。

有害杂质离子主要由原料和熔制工艺过程引入玻璃。目前，中国神光装置应用的掺钕激光玻璃含铁量（重量比）约为 1×10^{-5}，对应于玻璃的激光波长光吸收损耗约为 0.001 cm⁻¹。玻璃在激光波长 1 053 nm 处的静态损耗是衡量钕玻璃质量的重要参数，美国 LLNL 国家实验室给出的指标要求为≤0.001 9 cm⁻¹[14]，中国神光装置要求为≤0.001 5 cm⁻¹。因此，在掺钕激光玻璃中必须严格控制有害杂质，特别是 Cu^{2+}、Fe^{2+} 的含量[1]。杂质离子在激光波长光吸收损耗的增加将导致激光玻璃的激光效率降低，阈值升高。此外，对强激光而言，光吸收增大还会使激光破坏阈值下降，光束发散角增大。当激光波长的光吸收大到一定量时，甚至不能产生激光振荡，式(4 - 1)也说明了这一点。

国内徐永春等[15-16]也开展了有害杂质对掺钕激光玻璃静态损耗影响的研究。通过研究得出激光钕玻璃中 Fe 离子含量与激光斜率效率之间的经验公式[2]：

$$\eta = A\exp(-C_{Fe}/B) \qquad (4 - 7)$$

式中，η 为斜率效率（%）；C_{Fe} 为 Fe 离子含量（μg/g）；A 和 B 为拟合常数，与实验条件和玻璃性质有关。从式(4-7)可以看出,斜率效率与 Fe 离子含量之间呈指数衰减关系,Fe 离子含量显著影响钕玻璃的激光输出效率。

钕玻璃中的过渡金属和稀土离子同时影响 Nd^{3+} 离子 $^4F_{3/2}$ 能级的弛豫,产生无辐射跃迁。Ehrmann 研究了过渡金属和稀土离子对磷酸盐激光钕玻璃 $^4F_{3/2}$ 能级的猝灭[1]。各种过渡金属和稀土离子对 Nd^{3+} $F_{3/2}$ 的猝灭因子见本书第 3 章表 3-4。

4.1.1.3 激光玻璃制备的杂质控制

为保证获得尽可能低的损耗值,在激光玻璃制备过程中要严格控制杂质离子的引入,保证激光玻璃优良的光学与激光性能。具体须从以下几方面控制杂质离子:

(1) 原料。与普通光学玻璃相比较,熔制激光玻璃的原料要求非常严格,仅允许含有痕量($\mu g/g$ 量级)的过渡金属杂质离子。有代表性的杂质离子是金属铁、钴、镍等离子,其在激光玻璃中的总含量要求控制在 20 ppm 以下。而对于铜离子来说,其在红外波段的强吸收对激光玻璃的损耗影响很大,高性能激光玻璃中铜离子含量要求控制在 0.2 ppm 以下。

图 4-3 磷酸盐激光玻璃对电极和耐火材料的侵蚀示意图

(2) 耐火材料。普通玻璃窑炉用耐火材料中 Fe_2O_3 含量达数千 ppm[17],对其他过渡金属如 CuO、Co_2O_3、NiO、Cr_2O_3 等的含量一般无特殊要求。相比硅酸盐玻璃,磷酸盐激光玻璃对耐火材料侵蚀性强(图 4-3)[18-19],且对杂质含量要求高。若采用普通耐火材料(图 4-4a)熔炉熔制激光玻璃,耐火材料中的高杂质含量以及磷酸盐玻璃熔体的强侵蚀性,极易导致激光玻璃中以 Fe_2O_3、CuO 为主的过渡金属杂质总量超过 20 ppm 的指标要求。因此,熔制激光玻璃必须采用特殊定制的高纯耐火材料(图 4-4b、c)。

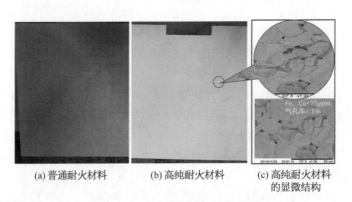

(a) 普通耐火材料　　(b) 高纯耐火材料　　(c) 高纯耐火材料的显微结构

图 4-4 耐火材料及其显微结构

(3) 设备。激光玻璃熔制工艺过程中使用的粉料称量设备、输运设备、混料设备和加料设备等大部分都是铁基的,若工艺过程控制不好,粉料极易与铁基设备接触,导致铁杂质污染超标。

(4) 熔制工艺过程控制。相比普通光学或民用玻璃熔制工艺[20],激光玻璃的熔制须严格控制杂质的引入,以相对"除去"玻璃中的杂质含量,包含"除"杂质、除羟基、除铂颗粒等特殊工艺过程,其中除羟基、除铂金的操作环节容易引入杂质,需要严格控制,减少 Fe_2O_3 等杂质的引入。例如除羟基的工艺环节需要向玻璃熔体中通入大量反应性气体,必然加剧耐火材料或坩埚材料的侵蚀,使得更多杂质进入玻璃熔体中,增加"除"杂质难度。特别是连续熔炼工艺过程中,多个关键技术难点之间相互影响和制约的矛盾更加凸显。优良的熔制工艺制度是获得低光学损耗和高性能激光玻璃的基本保证。

4.1.2　除羟基

4.1.2.1　玻璃中羟基的形成及羟基的红外吸收

1) 玻璃中羟基的形成

通常磷酸盐钕玻璃的原料中含有一定的水分,在熔制过程中挥发了一部分,如果不对熔体做除水处理,冷却后的玻璃中仍留有残余水,它主要以羟基形式结合于玻璃网络结构中。羟基伸缩振动频率随基质玻璃网络结构的不同而变化。不同基质玻璃所含 OH^- 量不同。磷酸盐玻璃对水具有强烈的亲和力,所含的分子 H_2O 和羟基比硅酸盐玻璃大得多。

2) 硅酸盐玻璃中羟基的红外吸收

Harrison[21]最早研究了石英玻璃中水的红外吸收,发现在石英玻璃中水的特征吸收带为 2.73 μm,此外还有两个较尖的吸收带 1.38 μm 和 2.2 μm,其强度随 2.73 μm 吸收带的强度而变化。

Glaze[22]等在 Harrison 研究结果的基础上,对二元、三元系统商品硅酸盐玻璃中的水和羟基吸收进行了研究,认为硅酸盐玻璃中水以分子态形式存在,H_2O 分子在硅酸盐玻璃中的吸收带为 2.7 μm,其他与 SiO_2 网络相互作用的基团吸收带见表 4-3。

表 4-3　硅酸盐玻璃中的残余基团及其红外吸收峰位[22]

波长/μm	残余基团
2.75	羟基
2.90	羟基与网络缔合
3.50	$[CO_3]^{2-}$
3.65	$[NO_3]^-$
4.25	CO_2

Glaze 等进而研究了不同水含量玻璃的红外吸收。他们制备了组成为 16 wt% Na_2O - 10 wt%CaO - 74 wt%SiO_2 的两个样品。第一个样品在 1 400 ℃温度下通干燥氮气 3 h,第二个样品通入组成为 50% N_2 和 50% H_2O 的混合气体 3 h。发现第一个样品在 2.9 μm 处吸收峰的强度比第二个样品弱。显然该吸收带是由 H_2O 在玻璃中以某种结合方式引起。通过进一步观察发现 3.6 μm 的吸收带也由水引起。

Scholze[23]研究了 Na_2O - Al_2O_3 - SiO_2 系统玻璃中 Al_2O_3 含量对羟基红外吸收的影响。随着玻璃中 Al_2O_3 含量的增加,非桥氧离子依次减少,羟基在 3.6 μm 处的吸收强度减弱。当玻璃组成为 20 mol% Na_2O - 20 mol% Al_2O_3 - 60 mol% SiO_2,即 $Na_2O/Al_2O_3 = 1$ 时,所有 Al^{3+} 的配位数为 4,几乎没有非桥氧,仅有结合较弱的羟基在 2.85 μm 处的吸收带。

Scholze 进一步测得了含水玻璃和无水玻璃的微分光谱。分析表明:除了出现 2.9 μm 和 3.6 μm 的吸收带以外,还出现了 4.25 μm 的吸收带。用该方法对二元、三元和四元系统硅酸盐玻璃光谱进行分析表明:在硅酸盐玻璃中 H_2O 的吸收带至少有三个,这三个峰分别在 2.75~

$2.95~\mu m$、$3.35\sim3.85~\mu m$ 范围内和 $4.25~\mu m$ 附近。实际吸收带的数目取决于玻璃的组成。

Tomlinson[24]、Farmer[25]等进一步研究表明,这些吸收带是由羟基引起,而不是由分子态水引起。因为实验表明,熔体中水的溶解度与熔体液面上方水蒸气分压的平方根成正比,其溶解机理为

$$\equiv Si\!-\!O\!-\!Si \equiv + H_2O \longrightarrow \equiv Si\!-\!OH + HO\!-\!Si \equiv \qquad (4-8)$$

R. V. Adams[26]认为,如果 $4.25~\mu m$ 吸收带是由羟基或 H_2O 振动吸收引起,则在玻璃中用 H_2O 的同位素化合物——重水 D_2O 蒸汽通入玻璃代替 H_2O 后,所得玻璃红外光谱的峰值振动频率由式(4-9)决定:

$$V = k(f/\nu)^{1/2} \qquad (4-9)$$

则有
$$V_{OH}/V_{OD} = (\nu_{OD}/\nu_{OH})^{1/2} \qquad (4-10)$$

式中,f 为力常数,ν 为折合质量,k 为常数。应与计算所得 $V_{OD}=0.727~6V_{OH}$ 的结果相一致,但结果并非如此。故知 $4.25~\mu m$ 处的吸收带不是由水所致,而是由 CO_2 所致。

R. V. Adams[26]总结了上述研究结果:在纯 SiO_2 玻璃中,由于不存在非桥氧,H_2O 仅以与 Si 原子结合的羟基存在。然而,若玻璃网络形成体中添入网络修饰体,如将 Na_2O 加入 SiO_2 中,则有非桥氧出现,吸收带将向长波方向移动、变宽。也就是说,在 Na_2O-SiO_2 玻璃中有以下两种主要类型的氢键存在:

$$\equiv Si\!-\!OH\cdots^-O\!-\!Si \equiv \qquad 和 \qquad \equiv Si\!-\!OH\cdots O <^{Si~\equiv}_{Si~\equiv}$$

前者吸收带为 $2.88~\mu m$,后者为 $3.62~\mu m$。

R. V. Adams 发现,当在玻璃网络形成体氧化物中加入碱土金属氧化物 CaO 和 PbO 时,新的吸收峰出现在较长波长处。加入碱土金属氧化物,可能会形成

$$\equiv Si\!-\!O^-~Ca^{2+}~O^-\!-\!Si \equiv \qquad 和 \qquad \equiv Si\!-\!O^-~Pb^{2+-}~O\!-\!Si \equiv$$

这些修饰体氧化物的加入促进了氧原子电子结构的松弛,因而氧原子上的负电荷增大,氢键较易生成,吸收带向长波移动。

3) 硼酸盐玻璃中羟基的红外吸收

Harrison[21]和 R. V. Adams[26]研究了羟基在硼酸盐玻璃中的红外吸收光谱。Harrison 指出,H_2O 在氧化硼玻璃、四硼酸钠玻璃中的吸收带分别位于 $2.85~\mu m$、$2.95~\mu m$ 处;R. V. Adams 指出,H_2O 在纯 B_2O_3 玻璃中的吸收带为 $2.79~\mu m$,尖的谐波带为 $1.4~\mu m$。吸收带的位置与羟基在玻璃中与主要基团的结合强度有关。H_2O 在 B_2O_3 玻璃中的溶解机理为

$$> B\!-\!O\!-\!B < + H_2O \longrightarrow > B\!-\!OH + HO\!-\!B < \qquad (4-11)$$

4) 磷酸盐玻璃中羟基的红外吸收

Harrison[21]认为,羟基在偏磷酸盐玻璃中的吸收带为 $3.2~\mu m$。Spierings[27]认为,磷酸盐玻璃中水的结构为

$$\equiv P\!-\!O\!-\!P \equiv + H_2O \longrightarrow \equiv P\!-\!OH + HO\!-\!P \equiv \qquad (4-12)$$

P—OH 基团伸缩振动引起的吸收带为 $2~300~cm^{-1}$($4.35~\mu m$)。

卓敦水等[28]系统研究并总结了分子 H_2O 和羟基在磷酸盐激光玻璃中的结构和红外吸收。其研究指出，羟基在磷酸盐玻璃中有 5 个吸收带：

(1) $\equiv P—OH\cdots^-O—P\equiv$：通过氢键与非桥氧结合的羟基伸缩振动吸收带为 $2\,880\ cm^{-1}(3.47\ \mu m)$；

(2) $O\cdots HO$ 或 $H_2O\cdot[PO_4]^+$：与磷氧四面体桥氧连接的羟基或缔合水分子振动的吸收带为 $3\,570\ cm^{-1}(2.8\ \mu m)$；

(3) 羟基与磷氧四面体组合振动吸收带为 $4\,348\ cm^{-1}(2.3\ \mu m)$；

(4) H_2O 分子组合振动吸收带为 $5\,000\ cm^{-1}(2.0\ \mu m)\sim6\,000\ cm^{-1}(1.9\ \mu m)$；

(5) H_2O 分子弯曲振动吸收带为 $1\,640\ cm^{-1}(6.1\ \mu m)$。

此外，卓敦水等[29]研究指出，玻璃熔体经过高温熔制后，玻璃中残余水主要以氢键与非桥氧结合的羟基形式存在。

5) H_2O 和羟基在其他玻璃中的红外吸收

R. V. Adams[26]认为，羟基在钒酸铅、砷酸铅和碲酸铅玻璃中的特征吸收峰分别为 $3.0\ \mu m$、$3.2\ \mu m$、$3.2\ \mu m$，不存在这些峰的谐波带和组合带。其波长和峰宽表明，羟基基团与其他基团存在键合。

4.1.2.2　羟基对激光玻璃荧光寿命和量子效率的影响

由于羟基的振动频率（$3\,000\ cm^{-1}$）比玻璃结构网络（约 $1\,000\ cm^{-1}$）的振动频率大得多，对激发态的 Nd^{3+} 离子有强烈的猝灭作用。因此，羟基增强了 Nd^{3+} 的无辐射跃迁过程，消耗了 Nd^{3+} 亚稳态(激光上能级)能量[30-31]。早在 20 世纪 70 年代，B. C. Tofield 等[32]提出，激光玻璃中的 H_2O 使 Nd^{3+} 的荧光严重猝灭，荧光寿命和量子效率明显降低。陈述春等[33]认为，这是由于玻璃中的 OH^-（或 H^+）使 Nd^{3+} 的 $^4F_{3/2}$ 能级无辐射跃迁速率增大所致。为了确认这一无辐射跃迁过程的性质，他们通过实验测定了含水玻璃中 Nd^{3+} 离子 $^4F_{3/2}$ 能级的无辐射跃迁速率与温度的关系，并将各种可能的无辐射过程的假设与实验结果进行了拟合比较，并做了相应的讨论。在实验中采用了三块成分相同的掺 Nd^{3+} 磷酸盐玻璃，为了得到不同的含水量，在其中加入不同的 LiF。样品中含水量的差别体现在玻璃中水在近红外区的吸收强度上。

由于吸收系数与吸收粒子密度成正比，因此玻璃中的相对含水量可以用在 $2\,800\ cm^{-1}$ 处（P—OH 基团振动）的吸收系数来表示，见表 $4-4$。相对水含量与玻璃样品中 LiF 的含量和荧光寿命呈现反比的对应关系。

表 $4-4$　玻璃中相对水含量、荧光寿命与 LiF 含量的关系[33]

样品	LiF 含量/wt%	相对含水量/%	荧光寿命/μs
Np04(1)	0	1.719	220
Np04(2)	1	1.105	260
Np04(3)	5	0.456	320

陈述春等[33]在室温下对三种玻璃进行了较细致的光谱研究，确定了 Nd^{3+} 离子的辐射量子效率和无辐射跃迁概率及含水量的关系：随着含水量的增加，Nd^{3+} 离子 $^4F_{3/2}$ 态的荧光寿命和辐射量子效率减小，而无辐射跃迁概率则随着 OH 含量成正比例增加。如果外推至含水量为零的情况，发现在磷酸盐玻璃中，Nd^{3+} 离子的总辐射量子效率接近 0.9。

陈述春[30]通过分析升温下的 Nd^{3+} 离子荧光光谱和吸收光谱,利用文献[34]中类似的方法,在 $300\sim600$ K 温度之间,确定了 Nd^{3+} 离子有效辐射跃迁概率,并测定了荧光强度,从而确定了辐射量子效率随温度的变化。同时,通过分析无辐射跃迁概率与温度的关系,认为这种过程的性质是多声子弛豫。

关于稀土离子 4f 电子的多声子弛豫已有许多研究[34-36]。Weber 等[37]把这些理论应用到玻璃中稀土离子的无辐射弛豫研究,预言多声子跃迁概率 W_m 与温度有如下关系:

$$W_m = W_0 (n+1)^{P_i} \tag{4-13}$$

$$n = \left[1 - \exp\left(-\frac{h\nu_i}{kT} \right) \right]^{-1} \tag{4-14}$$

式中,P_i 为满足能量守恒、频率为 ν_i 的声子数目;W_0 为当温度为 0 K 时,声子的自发发射速率,并可表示为

$$W_0 = c\,e^{-\beta \cdot \Delta E} \tag{4-15}$$

式中,ΔE 为跃迁所跨过的能量间隔;c 和 β 为表征基质特性的常数。对于同一能量间隔,所需要声子数最少、耦合最强的过程具有较高的多声子跃迁概率。

在含水磷酸盐玻璃中,OH、P—OH、P—O—P 和 P=O 基的振动频率分别在 3 300 cm^{-1}、2 800 cm^{-1}、1 100 cm^{-1}、1 300 cm^{-1} 处。Nd^{3+} 在 $^4F_{3/2} \rightarrow {}^4I_{11/2}$ 之间的跃迁截距为 5 730 cm^{-1}。陈述春等分析由水引起的无辐射跃迁过程,并进行拟合,得出结果与实验一致。认为 Nd^{3+} 与基质玻璃的 P—O—P 键振动耦合,通过五声子弛豫过程,且耦合系数 W_0 随 H_2O 含量而改变[33]:相对含水量为 1.719 时,$W_0 = 1.98 \times 10^3$;相对含水量为 1.105 时,$W_0 = 1.30 \times 10^3$。显然,含水量对 Nd^{3+} 离子亚稳态 $^4F_{3/2}$ 的无辐射跃迁概率有较大影响。

根据文献[38-39],荧光寿命、量子效率与无辐射跃迁概率之间存在如下关系:

$$\frac{1}{\tau_m} = \frac{1}{\tau_x} + w_{nx} \tag{4-16}$$

$$\eta = \frac{\tau_m}{\tau_x} \tag{4-17}$$

式中,τ_m 为测量荧光寿命;τ_x 为辐射跃迁寿命;w_{nx} 为无辐射跃迁概率。

因此,为了降低 Nd^{3+} 离子的无辐射跃迁概率,提高其辐射跃迁概率、荧光寿命和量子效率,必须减少钕玻璃中的羟基含量。

4.1.2.3 玻璃中羟基含量的测定

卓敦水等[40]研究了磷酸盐玻璃中含水量的测定方法。研究表明,玻璃中的含水量可通过热萃取-法拉第电解法测定;所测定的含水量与玻璃中 3.5 μm 处的红外吸收系数 K_{OH} 成较好的线性关系。经过计算,玻璃中单位体积的羟基数目与 3.5 μm 处红外吸收系数 K_{OH} 的关系为

$$N_{OH} = 4.19 \times 10^{19} K_{OH} \tag{4-18}$$

式中,N_{OH} 为每立方厘米体积内羟基数;K_{OH} 为 3.5 μm 处吸收系数(cm^{-1}),且

$$K_{OH} = (1/L)\ln(T_0/T_m) \tag{4-19}$$

式中，L 为样品厚度（单位：cm）；T_0 为玻璃基质 $2 \sim 4 \; \mu m$ 波段的峰值透过率，T_m 为 $3.5 \; \mu m$ 处的透过率。

4.1.2.4　羟基对玻璃物理、化学性质的影响

水进入玻璃的结构，对玻璃的物理化学性质有很大影响。S. Sakka 等[41]认为，水具有降低玻璃黏度的作用，并且在高黏度区、较低黏度区的影响明显。对具有致密结构玻璃黏度的影响较对疏松结构的影响明显。含水量低比含水量高的影响明显。由于玻璃转变温度（T_g）是黏度的函数，水对 T_g 的影响与对黏度的影响有相似之处，T_g 受水影响的程度按 $SiO_2 >$ $R_2O \cdot SiO_2 > B_2O_3$ 顺序减弱。

Scholze[23]、Hetherington[42]和 Pearson[43]等认为，水降低黏度和玻璃转变温度（T_g）的主要原因是分子水溶解到玻璃中，引起网络结构的断链，即

$$\equiv Si-O-Si \equiv + H_2O \longrightarrow \equiv Si-OH + HO-Si \equiv \tag{4-20}$$

$$2[\equiv Si-O-Si \equiv] + Na_2O + H_2O \rightarrow 2\left[\begin{array}{c} Na^+ \\ | \\ \equiv Si-OH \cdots O-Si \equiv \end{array}\right] \tag{4-21}$$

F. E. Wagstaff[44]、S. P. Mukherjee[45]和 C. J. R. Gonzalez-Oliver[46]等认为，增加玻璃中羟基含量，会促进玻璃的分相和析晶。这是由于水可以提供结晶需要的化学配比氧，加之羟基使玻璃结构疏松，玻璃中的质点容易迁移、按晶格要求重新排列，进而促进析晶的发生。

Scholze 等[23]测定了含水量对 $20R_2O-80SiO_2$ 玻璃折射率和密度的影响。发现每增加 $0.3 \; mol\%$ 水，按 Li_2O、Na_2O、K_2O 的顺序，折射率分别增加 5.8×10^{-4}、8.6×10^{-4}、9.0×10^{-4}，而密度分别增大 1.0×10^{-3}、2.5×10^{-3}、2.8×10^{-3}。Bruckner[47]对硼酸盐玻璃的测定结果为：每增加 $0.2 \; mol\%$ 的水，折射率增大 7.0×10^{-4}，密度增大 4.0×10^{-3}。他们认为，对于多组分硅酸盐玻璃，含有生成氢键的羟基使结构致密。对硼酸盐玻璃没有生成氢键的羟基，只有自由羟基，它们引起桥氧断裂，使三维网络变成二维网络，排列更合理，结构变得致密。对含有大量水的 Na_2O-SiO_2 玻璃，其密度随含水量的增加而直线下降。这是由于玻璃中总含水量大于 $3 \; mol\%$ 后，以自由羟基形式存在的含水量将基本保持不变，而分子水的含量逐渐增多，使得玻璃结构疏松、密度下降。

Acocella 等[48]认为，玻璃中总含水量变化会导致分子水的摩尔分数变化，并因此影响玻璃的性质。当总含水量较高时，分子水数量增多，居支配地位。由于其摩尔体积大于以羟基形式存在的水，因此降低了玻璃的密度；相反羟基则增加玻璃密度。对硅酸盐玻璃而言，折射率随含水量的变化出现极大值，含水量较高时，H_2O 的极化度大于羟基的极化度；含水量较低时，与此相反。

Sakka[41]对钠钙玻璃和铅玻璃的研究认为，含水量增加时，硬度下降，脆性降低。

Takata[49]等测定了含水量达 $1 \; mol\%$ 以上 $Na_2O-3SiO_2$ 玻璃的电导，发现含水量增加，电导开始下降，有一个最低值，之后上升，与混合碱效应极其相似。进一步增加含水量，电导继续增加。这是由于分子水扩张了网络，提高了 Na^+、H^+ 迁移率。

M. S. Maklad[50]等认为，由于玻璃的热膨胀特性与质点的热振动有关，在含水玻璃中有较多的羟基，造成了结构的不对称性，增大了玻璃的热膨胀系数。尤其在温度 T_g 以上，羟基对热膨胀的影响更为明显。

Takata[49]还研究了含水量对玻璃化学稳定性的影响。结果表明，随含水量的增加，玻璃

化学稳定性降低。

4.1.2.5　玻璃的除羟基工艺

玻璃的除水机理大体上可以分为化学反应除水与物理除水,即利用其他气体在玻璃中分压增加达到除水目的。前者如加入氯化物、氟化物或其气体,生成 HCl、HF 气体排除,后者如通入 O_2、N_2 等也可除去玻璃中的羟基,但前者效果远优于后者。

早在 20 世纪 60 年代初,Florence 和 Grove 等[51]对 $CaO - Al_2O_3 - SiO_2$ 和铅硅酸盐玻璃进行了系统的除水研究。随后,R. V. Adams[26]的实验表明,对于除羟基而言,鼓泡比真空条件有效,而真空条件又比在干燥气氛中熔制有效。在干燥气氛中熔制时,氧分压越低,除水效果越好。表明反应为

$$2OH^- \longrightarrow H_2O + \frac{1}{2}O_2^- \tag{4-22}$$

因此,在除水过程中,除水速度受化学反应控制,而不是受扩散控制。

R. V. Adams 认为,通过改变配合料化学组成比和精心设计真空条件进行熔制,可以达到更有效的除水目的。于是在两组玻璃中添加氟化物:在第一组铅硅酸盐玻璃中加入氟化铅,在第二组碲酸铅玻璃中加入 ZnF_2。由于羟基与氟离子具有相同的电荷,离子尺寸也相近,因此在玻璃中由氟离子取代羟基的类质同晶置换,将有利于提高水吸收峰处的红外透过率。

两组玻璃的熔制均是在竖直管状熔炉中进行,通干燥气体流量为 1.21 L/min。对于铅硅酸盐玻璃实验结果表明,用 PbF_2 取代 5 mol% PbO 的铅硅酸盐玻璃,在 1 000 ℃下熔制,最多 4 h,可以完全除去玻璃中的结构水。除水机理如下:

$$\equiv Si-O-Si \equiv + H_2O \longrightarrow 2 \equiv Si-OH \tag{4-23}$$

$$[SiO_4]^{4-} + nF^- \longrightarrow SiOF_n + 3O^{2-} \tag{4-24}$$

$$\equiv SiOH + SiOF_n \longrightarrow \equiv Si-OH\cdots F-Si \longrightarrow \equiv Si-O-Si \equiv + HF\uparrow \tag{4-25}$$

对于碲酸铅玻璃,如用 51.81 mol% ZnF_2 加入 PbO - TeO 系玻璃中,温度保持在 750 ℃,通干燥气体 15 min,即可将玻璃中水完全消除。

Poch[52]发现,B_2O_3 玻璃在石墨坩埚中熔制,含水量可降至 0.001 mol%。其除水反应机理如下:

$$C + H_2O \Longrightarrow CO + H_2$$

Mulfinger 和 Franz[53]用 NH_3 向玻璃熔体中鼓泡,除水效果较好,机理为

$$\equiv Si-OH + NH_3 \longrightarrow \equiv Si-NH_2 + H_2O \tag{4-26}$$

$$\equiv Si-NH_2 + HO-Si \longrightarrow \equiv Si-\underset{|}{N}-Si \equiv + H_2O \atop H \tag{4-27}$$

$$\frac{\equiv Si}{\equiv Si} > NH + HO-Si \equiv \longrightarrow \frac{\equiv Si}{\equiv Si} > N-Si \equiv + H_2O \tag{4-28}$$

日本 Hoya 公司和德国 Schott 公司等采用不含水原料、干燥的熔制环境、熔制过程中通 $POCl_3$ 除水并采用干燥气体保护等措施,所熔制的磷酸盐激光钕玻璃含水量较低,荧光寿命较高[9,14]。

美国 LLNL 实验室 Campbell 等[9]的研究表明,LHG - 8 和 LG - 770 两种磷酸盐激光钕

玻璃中的水残余量与 3 000 cm^{-1} 吸收系数成正比,而玻璃中残余含水量与熔炼时水蒸气分压的平方根成正比,如图 4-5 所示。

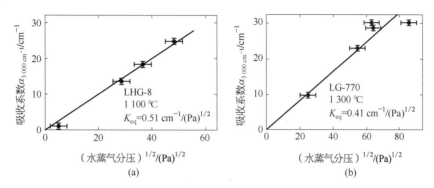

图 4-5　磷酸盐激光钕玻璃 3 000 cm^{-1} 吸收系数与熔炼时水蒸气分压的关系

20 世纪 70 年代中期,中国开始玻璃除水工艺研究。采用提高熔制温度、加 LiF 以及通干燥气体到熔体中鼓泡的方法可以减少玻璃中的含水量,其中后两种方法的除水机理如下:

$$H_2O + 2LiF = Li_2O + 2HF$$

$$N_2 + 3H_2 + 2OH^- = 2(NH_2)^- + 2H_2O$$

这两种方法在磷酸盐玻璃中已得到应用[54-56]。然而,因磷酸盐玻璃对水有强烈的亲和力,玻璃中羟基与空气中水分压保持平衡,进一步减少羟基较困难。

向氟化物玻璃中添加某些氟化物(SF_6、CF_4、NF_3),可以得到含水量很低或几乎不含水的玻璃[54-57]。这一方法在制作透红外氟化物玻璃光纤中得到广泛应用。

姜淳等[58]研究了反应气氛法减少磷酸盐玻璃中羟基并取得了良好结果,玻璃中羟基含量可降低到 0.01% 的水平,但如不隔绝空气的影响,玻璃中含水量会很快上升。

4.1.3　除铂金

4.1.3.1　激光玻璃中的微小铂颗粒

由于激光玻璃要达到 10^{-6} 量级的光学均匀性指标,因而对熔制玻璃用的容器材料提出了很高的要求。与其他诸多耐火材料相比,铂金具有非常好的化学稳定性,因而广泛地应用于光学玻璃和激光玻璃的熔制[59-60]。尽管如此,铂金在玻璃熔制过程中仍会有少量溶解,而使玻璃中含有铂离子或铂颗粒。C. Eden[61]首先发现在用铂坩埚熔制光学玻璃时会引入少量的铂颗粒。但是由于这些颗粒极小、数量极少,甚至对于最精密透镜的质量和效率也无任何影响,因而没有引起注意。1963 年春,美国光学公司发现硅酸盐激光玻璃中微小铂颗粒会引起玻璃的破坏。这些微小的铂颗粒吸收大量的激光能量,使得温度迅速上升甚至导致铂颗粒气化,从而对玻璃产生很大的张应力。当张应力超过玻璃强度时,引起玻璃的破坏。这些现象阻止了激光器输出能量或功率水平的提高。许多学者对硅酸盐激光玻璃中铂污染问题进行了研究[62-65]。

R. W. Hopper 等[65]建立了铂颗粒吸收激光而产生温升的理论模型,详细论述了激光通量和脉冲时间、颗粒的大小和形状、热膨胀系数、光谱发射率、颗粒和玻璃的热容量及热导率对玻璃的破坏和影响。计算结果表明,在 20 J/cm^2、30 ns 激光脉冲作用下,尺寸在 0.1 μm 到几个微米铂颗粒的温度可超过 10 000 K。更小的颗粒将热量损耗在玻璃内,因而是安全的;大颗粒平均温度虽低,但由于其表面温度很高,仍会导致玻璃破坏。随着能量密度的提高,破坏尺寸范围向两边发展。铂颗粒的形状不同,破坏阈值也不同,纵横尺寸比值较大的较易引起破坏。但由于缺乏铂在高温高压的物理性质数据,计算误差较大。

普遍认为,铂颗粒进入玻璃的途径可能为:①机械磨损;②铂金属直接气化或铂金相变后直接进入玻璃;③玻璃对铂腐蚀;④铂氧化后由气相转移入玻璃并分解。R. F. Woodcock[66]研究了铂颗粒可能的产生机理,通过观察和分析铂颗粒的形状和数量后,认为①和②不可能是产生铂颗粒的主要原因。此外,将 $PtCl_4$ 溶入水后加到玻璃粉料中,发现 $PtCl_4$ 的重量百分浓度低到 10^{-8} % 时玻璃中还有铂颗粒存在,这说明硅酸盐玻璃对铂的侵蚀量很小。因此 R. F. Woodcock 认为铂的氧化还原是硅酸盐玻璃产生铂颗粒的主要来源。

毛锡赉等[64]对硅酸盐激光玻璃中铂颗粒进行了较详细的研究,得出了和 R. F. Woodcock 相似的结论。他们改变炉内气氛,发现依氧气、空气、工业氩、高纯氩和经钯分子筛净化后的氩及工业氩加少量一氧化碳这一顺序,玻璃中的铂含量下降。这表明玻璃中所含的铂和气相中的氧分压有直接的关系。表 4-5 列出了实验结果。气氛为 87% 工业氩和 13% CO 时的铂含量只有气氛为氧气时的 1%。因此认为,硅酸盐玻璃对铂的侵蚀相对气相生成氧化铂转移入玻璃而言,可以忽略不计。

表4-5 不同气氛熔炼时玻璃中铂含量的变化[64]

气氛	玻璃品种	玻璃重量/g	熔炼时间/h	玻璃中铂含量/(μg/g)
氧气	LS-40	843	24	27
空气	LS-40	843	24	6.2
工业氩	LS-40	843	24	3~4
高纯氩	LS-40	843	24	2~1
钯分子筛净化后的氩	LS-40	843	24	1~0.6
87%工业氩加13% CO	LS-40	843	24	0.3

为了进一步研究气氛和坩埚之间作用对玻璃含铂量的影响,他们用改变暴露在气氛中的表面积和熔化时间等方法进行试验。发现随表面积增大,玻璃中的铂含量增加,延长熔炼时间,玻璃中铂含量大致按线性关系增大。并且发现无论改变气氛与否,玻璃表层的铂含量较内部要大。通过分析,他们认为气氛中的氧对坩埚的直接作用是产生铂颗粒的主要原因。

探明玻璃中产生铂颗粒的原因后,R. F. Woodcock 和毛锡赉都通过惰性气相保护获得了铂含量很低的硅酸盐激光玻璃。

随着磷酸盐激光玻璃的发展,磷酸盐激光玻璃几乎在所有的玻璃激光器中替代了硅酸盐激光玻璃。在高功率磷酸盐激光系统中,脉冲时间为 1 ns,仅为硅酸盐激光玻璃系统的 1/3,磷酸盐激光玻璃应用于平均功率为 10^{12} W 的高功率激光系统而没有出现因铂颗粒引起的玻璃破坏。这使研究人员一度忽视了磷酸盐激光玻璃中铂颗粒的研究。随着玻璃强激光装置的进一步发展,在美国 LLNL 国家实验室峰值功率为 10^{14} W、输出能量为 100 kJ 的 Nova 装置上人们发现了因铂颗粒引起的激光玻璃破坏。这使 Nova 装置的输出能量限制在 50% 的设计水平。美国 LLNL 国家实验室经过研究后发现,用于 Nova 装置的激光玻璃在脉冲宽度 1 ns、能量密度为 2.5~3.0 J/cm² 的激光作用下就会产生破坏[67]。

由于铂颗粒限制了 Nova 装置的正常运转,1985 年 5 月,美国 LLNL 国家实验室集合了一批化学家、材料学家、物理学家和工程师,解决磷酸盐激光玻璃中的铂颗粒问题。这个研究小组制定了以下 5 个研究目标:

(1) 测定选定的单个铂颗粒的破坏阈值,确定铂颗粒周围破坏体积的增加速率;

(2) 建立铂颗粒吸收激光能量从而导致破坏的数学模型;

(3) 估计 Nova 装置钕玻璃的破坏阈值,确定在玻璃片更换期间 Nova 装置的安全工作范围;

(4) 建立一种安全可靠的、检测大体积玻璃中微小铂颗粒的方法;

(5) 和玻璃制造商 Schott 公司、Hoya 公司一起,研究铂颗粒引入玻璃的机理,并建立一套能减少或完全消除铂颗粒的熔炼工艺。

到 1985 年底,前四项工作已全部完成,第五项也取得了重大进展。第五项是整个研究工作的关键,因此下面着重介绍下美国 LLNL 国家实验室关于第五项的研究结果[67]。

美国 LLNL 国家实验室认为,影响磷酸盐激光玻璃中铂颗粒的主要原因是:①熔制气氛中的氧含量;②熔制温度;③熔制时间;④铂在玻璃中的溶解度。

Hoya 公司和 Schott 公司[67]通过对 LHG-8 和 LG-750 型磷酸盐激光玻璃的研究得出如下结论:

(1) 随着玻璃熔制气氛中氧含量的增加,玻璃中铂颗粒明显减少。

(2) 玻璃熔制温度强烈影响玻璃铂颗粒密度。随熔制温度升高,玻璃中铂颗粒明显减少,而铂离子含量成指数增加。

(3) 延长熔制时间对铂颗粒的影响,远不如温度和气氛的影响。

(4) 进入玻璃的大多数铂离子,来源于玻璃熔制过程中铂坩埚的溶解。

(5) 玻璃中铂离子含量可用下式计算:

$$C_{Pt^{n+}} (ppm) = 637K \tag{4-29}$$

式中,K 为 400 nm 处的光吸收系数(单位:cm^{-1})。他们认为 K 不超过 0.2 cm^{-1},即铂离子含量不超过 130 ppm 时,铂离子的存在不影响玻璃的激光性能。

1985 年底,Schott 公司和 Hoya 公司通过采取减少铂污染的外界来源,以及制定合适的气氛氧含量、熔制温度和熔制时间,使铂以离子态存在于玻璃液中等技术措施,使得玻璃中的铂颗粒密度已由原来的 10～1 000 个/升下降到不超过 0.2 个/升。

4.1.3.2　铂颗粒的形成和除铂颗粒的机理研究

1)　磷酸盐激光玻璃中铂的主要来源

在同一电炉内放置互不接触的两个坩埚,一为刚玉,另一为铂金。加入相同的硅酸盐钕玻璃原料,在刚玉坩埚的玻璃内可以测得铂颗粒存在。这说明高温 PtO_2 可以挥发到刚玉坩埚玻璃内。为了确定通过气相转移和玻璃液对铂坩埚溶解所产生的比例,蒋仕彬[68]将盛有 20 g 无铂磷酸盐玻璃熟料,截面积为 9.6 cm^2、高 3 cm 的刚玉坩埚放入高 5 cm 的铂坩埚中,在 1 300 ℃熔制温度下保持 4.5 h,空气和氧气表面气氛下,玻璃中的铂含量分别为 11 ppm 和 40 ppm,换算为玻璃液面的铂接收量为 5.1 $\mu g/cm^2 \cdot h$ 和 18.4 $\mu g/cm^2 \cdot h$。另外,将 150 g 无铂玻璃熟料在直径 5 cm、高 5 cm 的铂坩埚中熔制 4.5 h(通 O_2 气 3 h),玻璃中的铂浓度为 95 ppm。由上述计算所得的接收量可知,通过气相转移产生的铂含量不大于 11 ppm,仅占总量的 12%。

可见,与硅酸盐玻璃不同,磷酸盐激光玻璃熔体对铂的溶解和氧化还原是铂的主要来源[68]。

2) 玻璃中铂的主要产生阶段

研究表明,通氧鼓泡澄清阶段,Pt^{n+} 浓度增加速度最快,并随通氧鼓泡时间而线性增加。低温均化阶段生成速度较小[69]。

3) 玻璃液流动状态对铂浓度的影响

玻璃液中的氧和铂坩埚反应生成 Pt^{n+} 离子的过程包括[69]:①氧通过边界层传递到铂坩埚表面;②氧和铂反应生成 Pt^{n+};③Pt^{n+} 通过边界层传递到玻璃液中。①和②都取决于通过边界层的质量传递速度,与玻璃液的流动状态有密切关系。

熔制温度较低时,搅拌的铂含量是不搅拌的 2 倍,随着熔制温度的提高,两者的相对差别减小。这是因为熔制温度较低时,玻璃液的黏度较大,边界层较厚,反应物和产物质量传递对整个过程起控制作用。叶桨的搅拌减薄了边界层厚度,加速了质量传递。因此搅拌和不搅拌的玻璃熔体中 Pt^{n+} 浓度相对差别比较大。随着熔制温度的提高,玻璃黏度减小,热运动加剧,边界层减薄,搅拌对质量传递的影响降低,两者的 Pt^{n+} 浓度相对差别减小。上述表明,熔炼温度较低时,氧和 Pt^{n+} 通过边界层的质量传递对整个过程起主要作用。而熔制温度较高时,氧和铂的反应速度起主要作用。

4) 玻璃熔体对铂的电化学侵蚀

铂在玻璃熔体中的溶解除了因氧化物玻璃中的溶解氧对铂氧化侵蚀外,还有玻璃熔体对铂的电化学侵蚀[67,70]。

根据金属的电化学腐蚀理论,在电解质溶液中,由于金属表面的化学组成、组织结构不均一,造成金属表面的电位不同,形成无数个微小阳极和无数个微小阴极所组成的微电池。就高温玻璃熔体中的铂片而言,由于铂金属表面组织不均匀,铂坩埚附近的玻璃成分不均匀以及所处的温度场,造成了铂坩埚表面的电化学不均匀性,从而形成无数微电池。

在微小阳极处,玻璃中的氧化剂得到来自微小阳极的电子,发生还原反应,从而微小阳极处电子变少,铂不断溶解进入玻璃熔体,以补充电子,宏观上反映为铂片不断受到侵蚀。

5) 磷酸盐玻璃中铂颗粒消除的方法

由于玻璃熔体对铂具有电化学侵蚀,于是采用阴极保护法对玻璃液中铂片进行保护[70]。

实验表明,在空气中,随着保护电压的增加,铂片的失重量不变,与无保护电压时铂片在空气中的失重量一致。在磷酸盐玻璃熔体中,电压对铂片的影响很大,可分为三个阶段:①在 0~0.6 V 之间,为恒速阶段。此时,铂片失重率与无保护电压时铂片在玻璃熔体中的失重率相当。②在 0.6~0.9 V 之间,为转变阶段。铂片由原来的失重变为稍增重,其中 0.7 V 为转变点,即铂片既不失重又不增重。③在 0.9 V 以上,为增重阶段。此时只要有较小的电压变化,铂片将有大幅度的重量变化。对铂片表面进行电子探针分析表明,铂片增重的原因是由于在其上沉淀有 Ba、P 元素及少量的 Fe、Si、Mg 元素。

阴极保护可有效减少玻璃液对铂的侵蚀,但在实际玻璃液熔化过程中较难应用。

为此,从实验上进一步研究了铂颗粒的消除方法。实验研究了气相转移和铂在玻璃液中的溶解对铂颗粒形成的影响。结果表明,在氧气气氛下,气相转移时,玻璃中铂颗粒为 $10^4 \sim 10^5$ 个/L;当铂片在玻璃熔体中时,基本观察不到铂颗粒。

6) 铂的氧化还原与铂颗粒的关系

不掺钕的 N21 型磷酸盐激光玻璃中铂离子的吸收光谱表明[69]:主吸收峰为 320 nm,次吸收峰为 335 nm，可能分别是 Pt^{4+} 和 Pt^{2+} 的吸收峰。设 320 nm 峰高为 H，335 nm 峰高为 h，吸收带总面积为 S。当 $S/(100H)$ 小于 30 时，铂颗粒每升小于 10 个，随着 $S/(100H)$ 增大，铂颗粒数增加；当 $100h/H$ 在 20 或以下时，铂颗粒每升小于 10 个，随着 h/H 值增大，铂颗粒增加。S/H 或 h/H 标志 Pt^{4+} 与 Pt^{2+} 的比例，当玻璃中所含 Pt^{4+} 比例增大时，氧化铂被还原成铂的可能性减小。也就是说，充分保持氧化条件（气氛和温度）是防止形成铂颗粒的关键之一。

在 $1\,250\sim1\,300\,℃$ 高温范围内，全过程纯氧气氛，熔制了一些玻璃，大部分整块（500 ml）不含铂颗粒，少部分每升含几个铂颗粒。

综上所述，玻璃中由铂颗粒引起的内破坏，其机理是铂颗粒在高温时（900 ℃以上）会气化生成 PtO_2 气体，在玻璃表面被还原成 Pt，随搅拌进入玻璃内形成 Pt 颗粒。因此除去铂颗粒的唯一有效途径是使金属 Pt 变成离子状态溶入玻璃中，不吸收激光能量。综合激光玻璃除铂颗粒的试验结果，通入不同气体对除铂颗粒的次序为

$$Cl_2+O_2 \geqslant CCl_4+O_2 \geqslant O_2 \approx Cl_2 > N_2+O_2+Cl_2 > N_2+O_2 \gg N_2$$

而玻璃中对铂颗粒溶解的速度依次为

磷酸盐玻璃 $>$ 磷硅酸盐玻璃 $\approx$ 磷铝酸盐玻璃 $>$ 氟磷酸盐玻璃 $>$ 硼酸盐玻璃 $>$ 硅酸盐玻璃

通过其他途径研究除铂工作的还有姜中宏等[71]，用反应热力学计算得出磷酸盐玻璃中的羟基对用 Cl_2 除铂是有利的。日本科研人员通过离心分离方法，分离出玻璃中铂颗粒量，得出磷酸盐玻璃易溶解铂、硅酸盐玻璃溶解铂能力差的结论[72]。

4.2　激光玻璃的坩埚熔炼工艺

4.2.1　激光玻璃的预熔炼

磷酸盐激光玻璃原料中含有 P_2O_5 等成分，对铂金坩埚有强烈腐蚀破坏作用，因而不能直接将配合料加入铂坩埚中。需要先将配合料在陶瓷坩埚中熔化成玻璃态，并通入反应性气体去除玻璃中的羟基，直到荧光寿命达到指标要求。这就是激光玻璃的预熔炼，如图 4-6 所示第 1 步。长时间使用后，陶瓷坩埚内壁容易被腐蚀，需要经常更换。

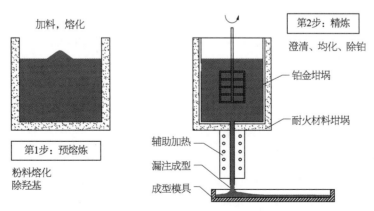

图 4-6　两步法制成激光玻璃示意图

从配合料变成透明的玻璃液一般分为两个阶段，即磷酸盐形成阶段和玻璃生成阶段。

在玻璃生成过程中,起决定作用的是下列几个因素:

1) **反应温度**

由于玻璃形成的各个阶段都是吸热过程,因此温度越高反应越快。

2) **原料颗粒的大小**

玻璃形成过程的反应速度(包括玻璃形成和氧化铝或偏磷酸盐的溶解),决定于反应表面的大小。

3) **熔剂与被熔物的比例**

形成玻璃料的原料,可根据其熔点高低分为以下三类:

(1) 熔剂物质。包括碱金属化合物和硼酐、磷酐等低熔点化合物,如 Na_2O、K_2O、Li_2O、NaF、KHF_2、B_2O_3、P_2O_5 以及大量存在时的 PbO、CdO、Bi_2O_3 等。

(2) 不活泼的助熔物。包括碱土金属如 BaO、CaO、MgO、SrO 等以及小量存在的 PbO、ZnO、CdO 和 Bi_2O_3 等。

(3) 被溶解物质。包括高熔点氧化物如 SiO_2、Al_2O_3、ZrO_2、TiO_2、La_2O_3、Nd_2O_3 等。

在以上三种原料中,第一、三类在炉料中含量的比例对玻璃形成速率起主要作用。

4.2.2 激光玻璃的精炼(除气泡和除条纹)

除羟基后将玻璃放入或漏注到铂金坩埚中进行精炼。正如光学玻璃的熔炼过程,在初期形成的玻璃液中,尚含有大量气泡和条纹,必须在下一阶段通过提高温度和机械搅拌以除去气泡和条纹。前一阶段称为澄清,后一阶段称为均化。下面将讨论激光玻璃澄清和均化过程的有关机理。

4.2.2.1 激光玻璃的澄清(除气泡)

1) **炉内气体与玻璃液相互作用**

玻璃液所含气体通常分为两种:一种是可见的,即气泡;另一种是不可见的,即溶解在玻璃液内和与玻璃液化合的气体。

在高温澄清时,玻璃液内所含的气体、气泡中的气体及炉气间平衡关系,是由该种气体在各相中的分压决定。气体由分压较高的相进入分压较低的相。

以下两种情况将促使澄清过程加速进行:

(1) $P_\lambda^{玻璃液} > P_\lambda^{气泡}$,则使大气泡体积增大加速上升;

(2) $P_\lambda^{玻璃液} < P_\lambda^{气泡}$,则使小气泡气体组分溶入玻璃液内,气泡消失。

P_λ 表示某种气体 λ 的分压力。在玻璃澄清过程中,除了包括气体溶解和排除的物理过程外,还进行着炉气中某些组分与玻璃中的某些氧化物或变价化合物间的化学反应过程。例如含氧化钡多的玻璃在澄清过程中玻璃液会与炉气中的 CO_2 相互作用[73],其过程如下:

$$BaO + CO_2 \longrightarrow BaCO_3$$

2) **实现澄清的两种方法**

为了实现澄清,一般有以下两种方法:

(1) 提高玻璃液的温度。一方面高温时气体在玻璃中溶解度比低温时小,提高温度会使玻璃液中的气体进入气泡内,体积增大;另一方面提高温度会使玻璃液黏度降低,气泡上升时的黏滞阻力下降,从而使气泡加速上升。澄清温度一般是采用玻璃液黏度为 10^2 泊时的温度。但实际熔炼玻璃时,其黏度较 10^2 泊小得多。根据前人经验,一般光学玻璃的澄清温度可采用下式进行计算[73]：

$$T_0 = 1\ 400\ ℃ + W_A S_A + W_B S_B + \cdots + W_N S_N \tag{4-30}$$

式中，T_0 为硅酸盐玻璃澄清温度(指玻璃液表面温度)；W_A、W_B、$\cdots$、W_N 为氧化物 A、B、$\cdots$、N 在玻璃中的重量(%)；S_A、S_B、$\cdots$、S_N 为各种氧化物的校正系数(表 4-6)。

表 4-6 硅酸盐玻璃中各种氧化物的校正系数[73]

成分	SiO_2	Al_2O_3	B_2O_3	R_2O	BaO	CaO	ZnO	PbO	MgO
每增加1%重量的氧化物时升高的温度/℃	① +5(<60%) ② +4.7(60%~70%) ③ +4.3(>70%)	+7	-7	-11	① -5(<18%) ② -4(18%~35%)	-5	-3.5	-3.5	-2

注：括号内为该氧化物含量的重量百分比。

例如某种玻璃的成分为 SiO_2 52.5%、PbO 37.0%、R_2O 9.9%，其澄清温度 T_0 可由式(4-30)计算得到：

$$T_0 = 1\ 400 + 52.5 × 5 - 37.0 × 3.5 - 9.9 × 11 = 1\ 424\ ℃$$

实际熔化所采用澄清温度为 1 420 ℃，与计算值较为接近。

重钡玻璃在理论上 1 200~1 300 ℃ 即可澄清，但实际上往往用高于 1 400 ℃ 进行澄清。这是由于在低温时大部分氧化钡与少量的二氧化硅及部分氧化硼形成熔融体，而余下难熔的含大量二氧化硅的料堆浮于玻璃液表面上，必须用高于 1 400 ℃ 的温度熔化。因此不能用式(4-30)计算。表 4-6 中所列校正系数，严格地说对某些氧化物如 B_2O_3、Al_2O_3 等是不够准确的。这些氧化物在一定范围内是助熔的，过量时则作用相反。但为了方便计算，表中数据有一定参考价值。

磷酸盐玻璃的澄清温度可以采用如下经验公式进行估算：

$$T_P = 1\ 200 + M_A S_A + M_B S_B + \cdots + M_N S_N \tag{4-31}$$

式中，T_P 为磷酸盐玻璃澄清温度；M_A、M_B、$\cdots$、M_N 为氧化物 A、B、$\cdots$、N 在玻璃中的摩尔分数(%)；S_A、S_B、$\cdots$、S_N 为各种氧化物的校正系数(表 4-7)。

表 4-7 磷酸盐玻璃中各种氧化物校正系数

成分	P_2O_5	Al_2O_3	R_2O^*	MO^*	CuO、ZnO、CdO	SiO_2	B_2O_3
每增加1%摩尔氧化物时升高或降低的温度/℃	① -3.5(<60%) ② -3.3(≥60%)	+30	-1.6Mr**/100	+1	-1.5	+10	-7.5

注：* R 为 Li、Na、K 等碱金属，M 为 Mg、Ca、Sr、Ba 等碱土金属。
　　** Mr 为 R_2O 的分子量。

例如，某磷酸盐玻璃成分(mol%)为 $58P_2O_5 - 10Al_2O_3 - 12K_2O - 10Na_2O - 10BaO$，其澄清温度 T_P 可由式(4-31)估算如下：

$$T_P = 1\ 200 - 3.5 × 58 + 30 × 10 - 12 × 1.6 × 94.2/100 - 10 × 1.6 × 61.98/100 + 10 × 1$$
$$= 1\ 279\ ℃$$

（2）利用澄清剂促进澄清。一般玻璃熔炼所使用的澄清剂有 As_2O_3、Sb_2O_3、NH_4Cl、$NaCl$、Na_2SO_4 和氟化物等。但在光学玻璃中用得最多的是 As_2O_3、Sb_2O_3，其含量为 $0.3\% \sim 1.2\%$。磷酸盐玻璃熔炼也常用 Sb_2O_3 作为澄清剂。使用澄清剂时，最好与硝酸盐一起加入。因含有硝酸盐和氧化砷的炉料，在第一阶段中，As_2O_3 被氧化并生成 As_2O_5，在第二阶段高温时（$800 \sim 1\,200\ ℃$）把氧气放出来，从而起到澄清作用。其反应如下：

$$As_2O_3 + O_2 \longrightarrow As_2O_5 \qquad 第一阶段$$
$$As_2O_5 \longrightarrow As_2O_3 + O_2 \qquad 1\,300\ ℃ 或更高温度时$$

激光玻璃在高温澄清时，有时也可采用"鼓泡"法作为辅助澄清。即用洁净石英管直接插入玻璃液底部，通入高纯氧气使玻璃液剧烈"翻动"以促进澄清，同时产生的大气泡可将底部的小气泡"吞并"而加速上升。

在熔制激光玻璃时澄清会受到除羟基制约。为了防止空气中的水分子与玻璃熔体反应重新回到玻璃中，激光玻璃的澄清和均化过程最好都不采用敞口坩埚熔制[74]，并采取气氛保护措施。一方面，密闭和气氛保护增大了封闭空间的气体分压，增加了除气泡的难度。另一方面，与硅酸盐玻璃相比，磷酸盐激光玻璃熔制及澄清温度低，且高温黏度小（图 4-7），易于澄清。因此，掌握各种气体在磷酸盐玻璃中的溶解和析出规律，结合熔制坩埚的精确设计、澄清温度和保护性气体分压的精确控制，激光玻璃的高温澄清完全可以达到光学玻璃 A 级标准以上（厚度 5 cm 的玻璃坯片，任意 $100\ cm^2$ 内，气泡及包裹体截面之和 $\leqslant 0.15\ mm^2$，单一气泡/包裹体的最大尺寸 $\leqslant 0.1\ mm$）。

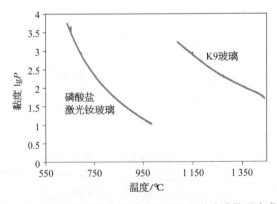

图 4-7　N31 磷酸盐激光钕玻璃与 K9 光学玻璃的黏度曲线

4.2.2.2　激光玻璃的均化（除条纹）

激光玻璃的均化目的是除去玻璃中的条纹，使化学成分高度均匀，光学均匀性达到 2×10^{-6}。玻璃均化过程实际上在磷酸盐生成后即已开始，但其效果较小且需时较长，不能满足激光玻璃熔炼的要求，为此必须进行机械搅拌。

玻璃液的均化过程可分成两个阶段：第一阶段是搅拌过程。玻璃液内的不均匀区域及粗条纹，通过搅拌被不断地分割成细而短的条纹，使其接触面增大，有利于互相扩散。第二阶段是溶解扩散过程，玻璃液与条纹间互相进行扩散而使条纹逐渐消失。

由以上两个阶段看出，可以通过以下途径加速均化过程：提高玻璃液温度、降低黏度，而且降低黏度也可提高搅拌速度，有利于条纹的去除。但是一味提高搅拌速度会使玻璃液对流加剧,且玻璃中会卷入气泡,并出现新的涡旋条纹,对均化反而不利。

　　光学玻璃搅拌叶浆及条纹消除模型,在文献[73]中有详细描述。激光玻璃对光学均匀性要求很高,需要采用高效除条纹框式搅拌器(图 4-8)。为了解激光玻璃液中条纹的消除过程,进行了如下搅拌模型模拟试验。设计加工一个与玻璃熔制坩埚等比例的(坩埚与模型比为1:1)有机玻璃模型坩埚与搅拌器,放入甘油,同时控制环境温度,使甘油的黏度与玻璃在高温搅拌时的黏度相近(约 10 泊)。用不同的搅拌器模型和不同的转速,进行去除条纹的搅拌实验。在甘油中加入有色的液体。当采用图 4-8 的框式搅拌器搅拌时,搅拌器在转动时对玻璃液的均化作用可分为两个方面:一方面将坩埚中下部带有条纹的玻璃液向斜上方推动,使之做向上旋转的螺旋运动;将坩埚中上部带有条纹的玻璃液向斜下方推动,使之做向下旋转的螺旋运动,两个螺旋运动在中下部交汇并形成涡旋界面,随转速增加界面会向上漂移。另一方面利用桨叶边框及横杆对玻璃液体产生的离心力,将条纹拉长和切断并抛向容器壁,与容器壁碰撞后分上下两环流,分别回转至搅拌器中心,形成一个周期运动。其沿坩埚与涡旋中心纵截面的玻璃流向示意图如图 4-9 所示。

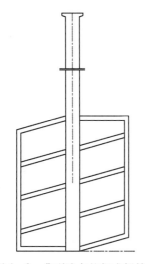 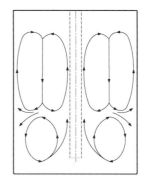

图 4-8　典型除条纹框式搅拌器　　　　图 4-9　涡旋中心纵截面的玻璃液流向示意图

　　使用 25 ℃的甘油模拟液(黏度约 8 泊),图 4-8 所示的框式搅拌器(转速为 20 r/min),坩埚中模拟液高度与坩埚直径比为 1.3:1。采用数值分析软件 Ansys-Fluent,模拟坩埚中玻璃液流向,坩埚上部模拟液向斜下方推动,使之向下并做旋转的螺旋运动,坩埚中下部模拟液向斜上方推动,使之向上并做旋转的螺旋运动;两个螺旋运动在中下部交汇并形成涡旋界面;受叶浆边框及横杆产生的离心力,使模拟液与容器壁碰撞后形成上下两环流,如图4-10 所示。

　　在高温搅拌均化过程中可以除去绝大部分存在于玻璃液的条纹。但用不同的搅拌器搅拌,超过一定时间后,玻璃液在坩埚中的运动会形成稳定的环流。这时整埚玻璃液还没有被充分均化,而在环流中心又会形成涡旋纹,以及表面某些组分的挥发在高温阶段仍不断进行,新产生的化学成分不同的玻璃液仍不断进入玻璃内,生成了新的条纹。故均化过程在高温搅拌终结时,仍未能全部完成。必须在冷却与低温阶段继续进行搅拌,同时还须防止涡旋条纹的产生。精确的温度控制及合适的熔制搅拌工艺可以在消除条纹的同时有效防止涡旋条纹的产

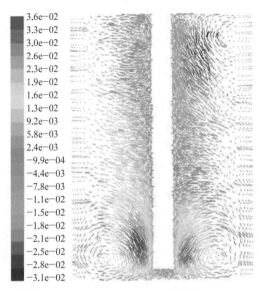

图4-10 采用 Ansys-Fluent 软件模拟坩埚中玻璃液流向图(参见彩图附图13)

生,达到完全消除激光玻璃条纹的目标。

4.2.3 激光玻璃的成型

激光玻璃的成型沿袭现有光学玻璃的古典破埚法和浇注法。古典破埚法因成品率低、工艺繁琐、大尺寸成品少且生产效率低,已经极少使用。浇注法广泛应用于科学实验、小量、小尺寸激光玻璃的生产。大批量激光玻璃的生产与大尺寸激光玻璃的成型目前越来越广泛地采用漏注成型,该成型方法在坩埚底部用铂金导流管将玻璃液导入模具中。

4.2.3.1 激光玻璃的浇注成型

磷酸盐激光玻璃因为料性短成型黏度较难控制,且其易析晶,所以磷酸盐激光玻璃浇注成型一般都采用稀黏度浇注。当激光玻璃液在炉内均化完成并逐渐降温至出炉温度,缓慢降低搅拌器转速直到停止,并缓缓提出搅拌器,要注意调整叶片方向,最好使搅拌器的外框边正对浇注口(图4-11)。当搅拌器叶片全部露出液面,在液面停留几秒钟,然后将搅拌器快速上升提出坩埚。这样可以让搅拌器上的残余玻璃液顺搅拌器杆流入坩埚中,而不是滴落在玻璃液表面,以防止新的条纹产生。

浇注的操作如下:在玻璃出炉前,坩埚中部玻璃液已经基本上搅拌均匀,但是表面层和坩埚壁附近仍有局部细条纹层,同时螺旋叶桨或框式搅拌器正下方因搅拌死角会遗留下来一粗条纹。为使均匀的玻璃液尽可能倾入模中,同时防止带条纹的玻璃液因浇注操作不当而扩散,在浇注操作时必须注意以下事项:

(1)严格控制玻璃液的浇注温度和出炉前保温时间。

(2)提升叶桨时使搅拌器的外框边正对浇注口,防止叶桨提出及浇注过程的条纹扩散。

(3)掌握浇注技术:先把坩埚浇口紧贴已预热好的斜面模具,浇口边沿高出模具1~3 cm;以接触点为轴心,先缓慢转动坩埚,使玻璃液到达浇口位置即将溢出;稍快转动坩埚,使玻璃成"瀑布"状均匀流出,顺浇注斜面流入模具而不是倾出,防止形成折叠条纹;浇注结束时将坩埚反向转动,待坩埚中玻璃不再流出时,将坩埚顺着浇口向斜下方移动,直到斜面与浇口处玻璃逐渐变薄并断开。

（4）要将底部条纹较多的玻璃液留在坩埚中，而不是将整埚玻璃全部浇出。浇注时叶桨、坩埚与铁模的相对位置如图 4-11 所示。

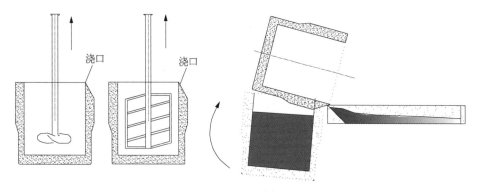

图 4-11　玻璃浇注时叶桨、坩埚与铁模的相对位置

玻璃浇出的量约占出炉前玻璃液量的 3/4。用浇注法生产的光学或者激光玻璃，其条纹往往成水平分布或者只有一根中心条纹，从垂直方向检查时不易发现。

4.2.3.2　激光玻璃的漏注成型

如图 4-12 所示，激光玻璃在铂金坩埚中完成澄清和搅拌均化精炼后，从坩埚底部的漏料管漏注到模具中，形成大块激光玻璃。其中漏注过程的流量控制由铂金坩埚的高度设计、漏料管大小和玻璃黏度等因素决定[59]。其计算公式如下：

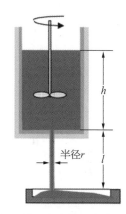

$$Q = \frac{\pi r^4 \rho g (h + l)}{8 \eta l} \qquad (4-32)$$

式中，Q 为玻璃流量大小；r 为漏料管半径；h 为玻璃液高度；l 为漏料管长度；ρ 为玻璃液密度；η 为玻璃液的黏度。

相比于浇注成型，漏注成型控制简单，玻璃利用率高，方便成型各种尺寸，且易于批量生产。玻璃的温度-黏度、浇注时间、浇注量等，漏注成型工艺更易于控制。漏注成型工艺要注意以下几点：

图 4-12　玻璃漏注成型示意图

（1）精确设计坩埚的漏料管径及漏料管的位置。

（2）控制合理的漏注温度，一般将玻璃漏注黏度控制在 $10^{1.3} \sim 10^2$ 泊，黏度太大不利于玻璃流动，容易产生折叠；黏度太小玻璃易出现湍流。

（3）漏注成型时坩埚中的玻璃液已经降到预设温度，要防止漏料管加热升温过程产生过热现象，出现二次气泡。

此外，为防止玻璃炸裂，浇注前要预热模具，其预热温度参考以下公式[59]：

$$\frac{\theta_G - \theta_S}{\theta_S - \theta_M} = \frac{\sqrt{\lambda_M C_M \rho_M}}{\sqrt{\lambda_G C_G \rho_G}} \qquad (4-33)$$

式中，θ_G 为玻璃液温度；θ_M 为模具温度；λ 为材料的导热系数；C 为材料热容；ρ 为材料的密度；θ_S 为玻璃与模具接触界面温度，一般将 θ_S 控制在玻璃转变温度 T_g 附近；下标 M、G 分别指模具、玻璃液。

玻璃浇注成型后,待玻璃表面凝固,立即放入预先升到退火温度的马弗炉里进行粗退火。

4.3 激光玻璃的连续熔炼

4.3.1 激光玻璃连续熔炼的优点

对于大型激光聚变装置,需要数千片大尺寸高性能激光钕玻璃。坩埚熔炼方式制备的钕玻璃,其激光性能和光学性能虽然可以达到激光装置的使用要求,但是相比连续熔炼工艺技术,坩埚熔炼生产效率低、成本高。此外,大型激光聚变装置光束路数多,为实现聚变中心点火,要求每路激光输出的能量和光束质量保持高度一致性。采用坩埚熔炼方法制备的钕玻璃片较难满足这样的性能一致性要求。

为了在较短时间内满足数千片大尺寸钕玻璃的供货需求,同时保证几百路激光束输出能量和光束质量的一致性,美国能源部和法国能源部从 20 世纪 90 年代开始,联合投资长期为其供货的两个激光玻璃和光学玻璃研制公司——日本 Hoya 公司和德国 Schott 公司,开展磷酸盐激光钕玻璃连续熔炼工艺技术的研究,生产美国 NIF 装置和法国 LMJ 装置使用的磷酸盐钕玻璃。通过 6 年研发攻关,最终两家公司在美国建立了两条磷酸盐激光钕玻璃连续熔炼生产线,并于 2000 年试制成功。采用该技术,Schott 和 Hoya 两家公司为美国 NIF 装置和法国 LMJ 装置生产了所需的全部钕玻璃片。上海光机所根据中国激光聚变研究的发展需要,2005 年启动了大尺寸磷酸盐钕玻璃的连续熔炼工艺技术研发,于 2014 年成功掌握该技术,并用连续熔炼技术完成了神光Ⅲ装置钕玻璃的供货。

表 4-8 是美国 LLNL 国家实验室总结的坩埚熔炼和连续熔炼法制备的磷酸盐激光钕玻璃的性质比较。从表中可以看到,通过采用连续熔炼工艺,钕玻璃的产能提高了 20 倍,价格降低到原来的 1/5,光学均匀性提高了 2～3 倍。这些数据充分证实了连续熔炼工艺对提高钕玻璃性价比的重要性。

表 4-8 坩埚熔炼和连续熔炼制备的钕玻璃性质比较[75]

各项性质		非连续熔炼	连续熔炼	比较结果
产率		2～3 片/周	70～300 片/周	提高 20 倍
玻璃价格		5 \$/ml	1 \$/ml	降低 5 倍
玻璃均匀性	像散	0.35λ	0.11λ	提高 3 倍
	乘方	0.3λ	0.15λ	提高 2 倍
Nd^{3+}离子均匀性 （1 053 nm 透过率）		99.95%	99.95%	相同
OH^-		<100 ppm	<100 ppm	相同
杂质				相同

4.3.2 激光玻璃连续熔炼的关键技术

激光玻璃的连续熔炼工艺原理类似于光学玻璃的连续熔炼,即采用空间换时间的原理,同时完成坩埚熔炼各个阶段的功能。连续熔炼线的设计使得玻璃液只朝一个方向流动,即一端加入原料、另一端流出玻璃。

由于磷酸盐原料对铂坩埚会造成严重侵蚀,因此,磷酸盐钕玻璃的连续熔炼必须采用瓷-铂连熔的技术路线。磷酸盐钕玻璃的连熔线由多个功能池组成,如图 4-13 所示。它们包括加料熔化池、除羟基功能池、澄清池、均化池和成型漏料池等,各池之间用连通管连接。各池在同一时间完成特定的功能。玻璃熔化、除羟基、澄清、除条纹、除铂金和调整成型黏度均在各池中独立完成。高纯度的粉料混合均匀后不间断地投入熔化池中,这些原料仅含有痕量的过渡金属杂质离子($<$10 ppm)。配合料在熔化池中熔化并混合均匀后流入功能池,在功能池中通入氧气和反应性气体以去除玻璃中的残余水分。通过控制铂金坩埚中的氧化-还原气氛去除玻璃中的铂颗粒。玻璃从功能池流入澄清池,通过高温和使用适当的澄清剂去除玻璃中的气泡。澄清后的玻璃流入均化池,通过搅拌在这里进行充分均匀混合以达到 10^{-6} 的光学均匀性。均化后的钕玻璃通过铂金管导入成型模具,形成厚约 5 cm、宽 0.5 m 的钕玻璃并进入隧道窑。经过隧道窑退火后,钕玻璃从 500~600 ℃ 慢慢冷却到室温,在隧道窑的末端切割成约 1 m 长的钕玻璃片。

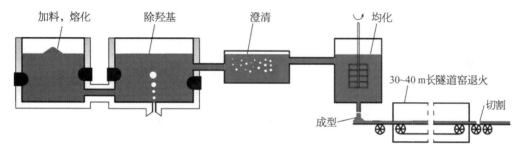

图 4-13　激光钕玻璃的连续熔炼过程示意图

与光学玻璃连续熔炼的区别在于,激光玻璃的连续熔炼包括除羟基、杂质控制、除铂金等特殊工艺。磷酸盐玻璃膨胀系数大 $[\alpha_{(20\sim300\,℃)}=(120\sim140)\times10^{-7}/K]$,吸水性强(吸水性物质如浓 H_2SO_4、CaO、Na_2O、无水 $CuSO_4$、乙酸酐、P_2O_5 等,其中吸水最严重的是 P_2O_5,能够使浓 H_2SO_4 变成 SO_3);磷酸盐玻璃熔体对耐火材料和电极材料侵蚀严重;熔制过程易挥发;磷酸盐玻璃元件达到米级尺寸(810 mm×460 mm×40 mm);其光学均匀性要求高($\pm2\times10^{-6}$)。更为严苛的是必须满足激光性能的要求。因此,激光玻璃连续熔炼制备技术需要攻克控制杂质以降低光吸收损耗、动态除羟基以满足荧光寿命指标、除铂颗粒以实现高激光通量、小流量大尺寸成型、无炸裂隧道窑退火等一系列相互制约的技术难题。

4.3.2.1　杂质控制("除"杂质)技术

如上所述,过渡金属离子和稀土离子杂质是影响激光钕玻璃激光波长损耗的主要因素。首先,根据磷酸盐激光玻璃的特性,激光钕玻璃连续熔炼采用全电熔瓷-铂连续熔炼方式。玻璃液与耐火材料和电极材料相接触,受玻璃熔体侵蚀后,很容易将杂质引入玻璃中,难以制造出高纯度的激光玻璃。其次,激光钕玻璃连续熔炼要经历除羟基、除铂颗粒等普通光学玻璃连续熔炼所没有的工艺过程。工艺流程长必然导致操作环节增多,这些因素加剧了激光钕玻璃连续熔炼损耗控制的难度。为了减少杂质的引入,熔制激光玻璃的原料必须采用高纯原料(表 4-9)。除了采用高纯磷酸盐玻璃原料外,与玻璃熔体直接接触的熔制激光玻璃的池炉材料和电极须采用特殊定制的高纯材料。

表 4-9　激光玻璃原料的纯度指标要求[9]

杂质氧化物		纯度/(μg/g)	
		指标要求	检测结果
过渡金属氧化物	CuO	<0.5	0.1
	Fe_2O_3	<2.5	1.5～2.0
	CoO	<1	<0.1
	NiO	<1	<0.1
	Cr_2O_3	<1	0.25
	V_2O_5	<1	<0.1
稀土氧化物	La_2O_3	—	10
	CeO_2	—	5
	Pr_2O_3	<10	5
	Sm_2O_3	<10	5
	Dy_2O_3	<10	<1
	其他	<10	<10

电熔窑耐火材料的选择,主要考虑耐火材料的耐侵蚀性、热稳定性和电阻特性等。与熔制的玻璃相比较,耐火材料的阻值要远大于所熔制的玻璃,以免电流流向砖块而不通过玻璃,造成耐火材料的提前蚀损,影响玻璃质量和池炉寿命。对于熔制激光玻璃而言,另一个选择标准是耐火材料的杂质含量低。耐火材料受侵蚀后引入玻璃中的杂质含量越低,激光玻璃在激光波长的损耗指标受到的影响越小。磷酸盐激光钕玻璃熔体的电阻要远小于一般的耐火材料。不同耐火材料的高温电阻率值如图 4-14 所示。因此只要求与磷酸盐激光钕玻璃接触的耐火材料具备优良的耐侵蚀性能、热稳定性和高纯度。

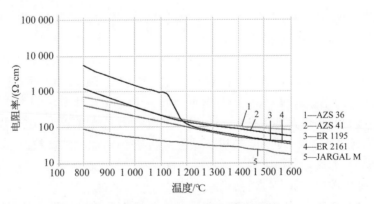

图 4-14　不同耐火材料的高温电阻率

参考美国 LLNL 国家实验室的耐火材料侵蚀数据[9]和上海光机所的动态侵蚀试验,将 1 000 g 磷酸盐钕玻璃放入 1 L 石英坩埚,再放入硅碳棒电炉中,升温至 1 200 ℃,保温 1 h。将耐火材料绑在铂金叶桨上,在熔炉顶部烘烤一段时间,缓慢放入熔炉,浸没在磷酸盐钕玻璃中,缓慢开动叶桨至 60 r/min 转速,24 h 后测试各种耐火材料的侵蚀速率。各种耐火材料的侵蚀速率结果见表 4-10。

表 4-10　各种耐火材料的侵蚀速率（1 200 ℃，N31 型激光玻璃）

耐火材料	熔融石英	氧化锡材料	致密锆英石	AZS 41	高锆砖（ZrO$_2$ wt％≥95％）
mm/d	6.1±1	0.28±0.1	0.3±0.1	3.1±0.6	0.3±0.1

从表 4-10 的数据可以看出，磷酸盐激光钕玻璃对多种耐火材料有很强的侵蚀性，一般光学玻璃熔炉所用的 AZS 砖、硅砖不再适用于磷酸盐激光钕玻璃。致密锆英石、高锆砖和氧化锡材料有较好的耐磷酸盐激光钕玻璃侵蚀性，可以作为熔炼磷酸盐激光钕玻璃的选择材料。

为熔制高纯磷酸盐激光钕玻璃，上海光机所联合国内厂家开发了新型高纯高致密耐火材料、电极材料及相应的杂质检测技术[76-77]，制备的高纯耐火材料的 Fe$_2$O$_3$ 和 CuO 等过渡金属杂质控制在 15 ppm 以内。这为制备高纯磷酸盐激光钕玻璃，去"除"玻璃中杂质，最终获得低损耗的合格激光玻璃奠定了基础。

4.3.2.2　动态消除羟基技术

采用坩埚法熔炼激光玻璃时，可以再适当延长通入反应气体时间达到消除羟基的目的。与坩埚熔炼不同的是，连续熔炼过程中玻璃液在不停地流动，随着生产的进行，流入功能池中不同羟基含量的玻璃熔体不停地交汇扩散，增大了除羟基难度，需要在有限时间内高效、动态消除磷酸盐玻璃熔体内的羟基。

上海光机所自主设计了高效除羟基装置（图 4-15a）和除羟基池炉结构。通过池炉结构优化设计，建立消除羟基的动态模型，在玻璃流过路线设计除羟基鼓泡阵列（图 4-15b）。设计可连续鼓泡的通气设备，在实际生产中取得了较好的动态消除羟基效果。

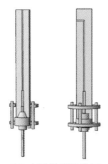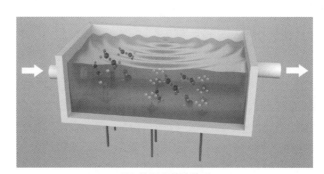

（a）高效除羟基装置　　　　　　　　（b）除羟基鼓泡阵列

图 4-15　高效除羟基装置（a）和除羟基鼓泡阵列（b）（参见彩图附图 14）

4.3.2.3　除铂颗粒

磷酸盐激光钕玻璃对铂金有很强的侵蚀作用，熔炼过程中被侵蚀的铂金进入玻璃内部会产生铂金颗粒。大型激光装置要求大尺寸激光钕玻璃中的铂颗粒数小于 0.2 个/L。因此，必须有效控制玻璃中铂颗粒的生成。激光钕玻璃连续熔炼过程中除铂颗粒的难点在于铂金系统、除铂装置和除铂工艺必须兼顾激光钕玻璃的其他光学和激光性能。也即在消除铂颗粒的同时，还要保证气泡、条纹、光学均匀性和荧光寿命等指标合格。

上海光机所采用独特设计的铂金坩埚和除铂颗粒装置，实现了较好的连续熔炼除铂颗粒效果，满足了 ICF 装置对大尺寸激光钕玻璃铂金夹杂物数量的严格要求。

4.3.2.4　小流量大尺寸成型

磷酸盐激光玻璃的连续熔炼过程因为受到除羟基工艺和光学均匀性指标的制约，其成型流量远小于坩埚熔炼,是一个典型的小流量大规格成型过程。小流量大尺寸成型极易受到周围环境温度波动的影响,导致成型区域局部温度发生变化,使成型玻璃产生折叠或者分层条纹。根据玻璃黏度随温度变化的特性,通过对铂金坩埚与漏料管几何尺寸的精确设计、对成型区温度场的模拟和精密控制,最终实现小流量条件下整个大截面尺寸范围内玻璃黏度随温度的同步变化,以及小流量大尺寸的高光学均匀性成型。

4.3.2.5 无炸裂隧道窑退火

由于较强的吸水性,除羟基后的磷酸盐激光钕玻璃与周围空气接触时很容易与空气中的水分子发生反应,导致表面和亚表面层玻璃结构发生变化,使玻璃表面的膨胀系数增大[78]。在退火冷却过程中表面层因张应力过大产生表面裂纹。磷酸盐玻璃机械强度低,温度波动或者受力条件下很容易引起表面微裂纹的扩张,使得玻璃在隧道窑退火过程中发生炸裂(图4-16a)。通过连续熔炼隧道窑的高精度设计,同时根据大尺寸磷酸盐激光钕玻璃的应力弛豫特性优化隧道窑退火工艺,解决了磷酸盐激光钕玻璃在退火过程易炸裂的问题(图4-16b)。关于隧道窑退火的详细内容将在本章4.4节进行介绍。

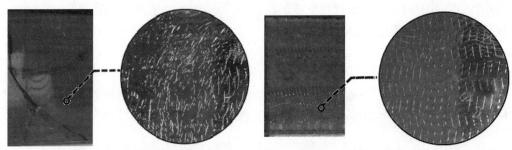

(a) 炸裂的玻璃表面布满微细裂纹　　　　(b) 完好的玻璃底部有网带印痕表面微细裂纹很少

图4-16　炸裂和完好的玻璃对比

在掌握上述5个磷酸盐激光钕玻璃连续熔炼关键技术基础上,还需要在连续熔炼线对其进行集成,解决这5个关键技术相互制约的问题。例如大气量和长时间除羟基反应对除羟基有利,但对除气泡、降损耗都会带来严重影响。增加流量对大尺寸成型有利,但对除羟基、除气泡和玻璃均化带来极大困难。因此,激光玻璃连续熔炼技术的难度不仅表现在单元技术的难度,更有均衡整个熔炼过程各关键技术难点的挑战。

美国LLNL国家实验室认为,大口径磷酸盐激光钕玻璃的连续熔炼工艺技术挑战了现有光功能玻璃连续熔炼工艺技术的极限。磷酸盐激光钕玻璃的连续熔炼技术被评为美国NIF装置的七大奇迹之首[79]。

上海光机所通过多年持续攻关,完成了包括钕玻璃连续熔炼关键单元技术的模拟、连熔实验线的设计建设和改进、实验线上关键单元技术的集成、连熔中试线的设计建设和改进,以及中试线上连熔关键单元技术的集成,直到合格产品的研制[80-81]。最终建立了独具特色的激光钕玻璃连续熔炼生产线,如图4-17所示。

图4-17　上海光机所建成的磷酸盐钕玻璃连续熔炼生产线

4.3.3　连续熔炼激光玻璃的性能

表 4-11 给出了上海光机所连续熔炼与坩埚熔炼的 N3135 激光钕玻璃的性质对比,其光学性质与激光性质基本相同。连续熔炼 N3135 钕玻璃 400 nm 吸收系数小,表明连续熔炼 N3135 钕玻璃中的铂离子浓度低于坩埚熔炼,该指标优于坩埚熔炼。连续熔炼 N3135 钕玻璃的杨氏模量和努氏硬度略高于坩埚熔炼钕玻璃,而折射率波动明显小于坩埚熔炼的折射率波动。说明连续熔炼钕玻璃的一致性优于坩埚熔炼钕玻璃。

表 4-11　连续熔炼与坩埚熔炼 N3135 激光钕玻璃的性质比较

激光玻璃性质		连续熔炼	坩埚熔炼
激光性质	Nd^{3+} 浓度/($\times10^{20}$ ions/cm^3)	$3.4\pm1\%$	$3.4\pm1\%$
	受激发射截面/($\times10^{-20}$ cm^2)	3.9 ± 0.1	3.8 ± 0.1
	荧光寿命/μs	310	310
	激光波长的有效线宽/nm	25.4	25.4
	激光中心波长/nm	1 053	1 053
	400 nm 吸收系数/cm^{-1}	$0.06\sim0.10$	$\leqslant0.25$
	3 333 nm 吸收系数/cm^{-1}	<1.5	<1.5
	1 053 nm 损耗/%cm^{-1}	$\leqslant0.15$	$\leqslant0.15$
	表面损伤阈值(1 064 nm, 3 ns)	$12\sim16$ J/cm^2	$12\sim16$ J/cm^2
光学性质	折射率		
	n_d(587.3 nm)	$1.540\,7\pm0.000\,2$	1.540 ± 0.003
	n_1(1 053 nm)	$1.533\,4\pm0.000\,2$	1.532 ± 0.003
	非线性折射率系数 n_2/($\times10^{-13}$ esu)	1.21 ± 0.1	1.20 ± 0.1
	光学均匀性	$\pm2\times10^{-6}$	$\pm2\times10^{-6}$
	阿贝数	64.9	65.0
	$dn/dT_{(20\sim100℃)}$/($\times10^{-6}$/℃)	-4.2	-4.2
热学性质	转变温度 T_g/℃	451	450
	转化温度 T_f/℃	488	485
	热膨胀系数$_{(20\sim300℃)}$/($\times10^{-7}$/K)	124	127
	热光系数$_{(20\sim100℃)}$/($\times10^{-6}$/℃)	1.4	1.4
机械性质	密度/(g/cm^3)	2.86	2.86
	杨氏模量/(kgf/mm^2)	5 240	5 180
	泊松比	0.27	0.27
	努氏硬度(0.5 HK)	390	340

图 4-18 给出了连续熔炼和坩埚熔炼 N3135 激光钕玻璃近紫外到近红外的透过谱。连

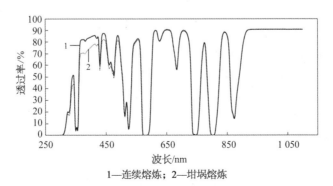

1—连续熔炼;2—坩埚熔炼

图 4-18　连续熔炼和坩埚熔炼 N3135 钕玻璃透过光谱图

续熔炼 N3135 激光钕玻璃在 400 nm 附近的透过明显好于坩埚熔炼的激光玻璃。

图 4 - 19 显示了连续熔炼与坩埚熔炼 N3135 激光钕玻璃在 1 053 nm 波长的折射率波动情况。可以看到连续熔炼的 N3135 激光钕玻璃折射率波动明显小于坩埚熔炼的钕玻璃，因而连熔钕玻璃具有更好的光学性能一致性。这对多光路的大型激光系统非常有益。这也是连续熔炼技术优越性的重要体现。

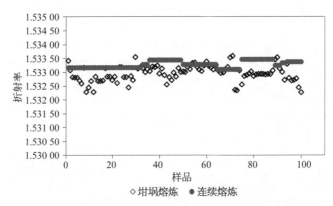

图 4 - 19　连续熔炼与坩埚熔炼 N3135 激光钕玻璃在 1 053 nm 波长的折射率波动

图 4 - 20 给出了连续熔炼和坩埚熔炼 N3135 激光钕玻璃在 3 333 nm 处吸收系数的对比。从图 4 - 20 可以看出，2010 年和 2011 年在连续熔炼实验线获得的 N3135 钕玻璃，其 3 333 nm 的吸收系数平均值约为 1.2 cm^{-1}，明显大于 2013 年连续熔炼中试线上 N3135 激光钕玻璃的 0.85 cm^{-1}。2013 年连续熔炼中试线研制的 N3135 钕玻璃 3 333 nm 的吸收系数平均值与坩埚熔炼的相当。该吸收系数指标优于美国 LLNL 报道的国外连续熔炼 LHG - 8 激光钕玻璃 3 333 nm 的吸收系数（1.46 cm^{-1}）[14]。这表明 N31 钕玻璃连续熔炼的动态除羟基工艺取得突破性进展。此外，用户单位的大能量考核平台测试结果表明，N3135 激光钕玻璃在基频（1 053 nm，5 ns）激光能量密度达到 8.25 J/cm^2 情况下无铂颗粒破坏[82]，而美国报道的连续熔炼 LHG - 8 钕玻璃在 6.0 J/cm^2 激光能量密度出现铂颗粒破坏[14]，表明了 N31 钕玻璃除铂颗粒工艺的优越性。

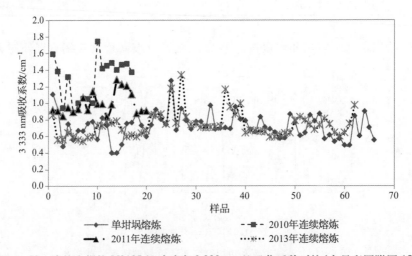

图 4 - 20　连熔和坩熔 N3135 钕玻璃在 3 333 nm 处吸收系数对比（参见彩图附图 15）

对精密退火和精密抛光加工后的 400 mm 口径连续熔炼 N3135 钕玻璃的应力双折射和光学均匀性进行抽测,应力双折射达到 5 nm/cm 的指标要求,光学均匀性指标已达到 $\pm 2 \times 10^{-6}$ 的要求。表明连熔 400 mm 口径 N31 钕玻璃的光学均匀性满足了神光系列装置指标要求。详细的检测结果参见本章 4.4 节图 4-31 和图 4-32。

图 4-21 是已经加工好、准备上装置的 N31 型钕玻璃元件。在 $4 \times 2 \times 3$ 的 TAB 模块上测试了 400 mm 口径 N3135 钕玻璃片的增益特性,这里 $n \times m \times q$ 表示用于测量小信号增益系数的平行放大通道在三个维度(高度×宽度×长度)的钕玻璃片数。每 $n \times m$ 片钕玻璃组成一个单元,q 个单元组合成一束组激光光路。将 810 mm×460 mm×40 mm 的长方形 N3135 钕玻璃测试片置于放大模块中,相对于 380 mm×380 mm 口径的输入光束成布儒斯特角方向。图 4-22 测试结果表明,在相同条件下连续熔炼 N3135 激光钕玻璃的增益系数与坩埚熔炼激光钕玻璃相当。

图 4-21　精密抛光后准备上装置测试的 N31 型钕玻璃元件(参见彩图附图 16)

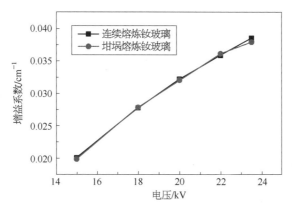

图 4-22　$4 \times 2 \times 3$ 装置上 400 mm 口径连续熔炼与坩埚熔炼 N3135 钕玻璃的增益系数对比

4.4　磷酸盐激光钕玻璃的退火工艺

在玻璃的制备过程中,为了消除过大的内应力,必须使玻璃在某一温度范围内进行缓慢的冷却,这一过程称为退火(annealing)。对光学玻璃而言,退火包括了粗退火和精密退火两个过程。粗退火在玻璃成型之后立即进行,其目的是消除成型过程中由于温度剧烈变化产生的热应力,使玻璃冷却到室温之后不发生炸裂,并且玻璃的内应力满足后续加工、检测等生产流程的要求。精密退火的目的则是进一步消除玻璃中的残余内应力,并且使同一块玻璃内部各处具有相同的热历史和一致的折射率,从而达到最终光学均匀性的要求。具体到磷酸盐激光钕玻璃,由于其尺寸大(成品尺寸达到 810 mm×460 mm×40 mm)、光学均匀性要求高($\Delta n <$ ±2×10^{-6}),并且又有力学性能较普通光学玻璃差的特点[83],其退火过程的工艺控制尤为重要。

4.4.1 玻璃的结构弛豫

4.4.1.1 玻璃的结构弛豫概述

在制定玻璃的退火工艺之前,首先要了解玻璃的结构弛豫特性。结构弛豫是指玻璃内部的原子/离子排列随着时间或在退火情况下发生缓慢的变化,逐渐改变成更稳定的原子/离子排列结构的现象[84]。由于结构弛豫现象的存在,玻璃的结构随温度发生改变;并且温度越高,结构弛豫的速度越快。在长期的研究中,研究者们总结了玻璃的结构弛豫现象,认为其与玻璃的黏度有关。当黏度低于 10^{13} dPas 时,玻璃的结构弛豫在 15 min 内就能完成。而当黏度大于 10$^{14.5}$ dPas 时,结构弛豫的速度非常缓慢,玻璃结构几乎不发生变化,可以认为玻璃已经"冻结"[85]。玻璃的退火通常在上述黏度范围内进行,所对应的温度区间称为退火温度范围。

在研究玻璃退火的过程中,玻璃转变温度(transition temperature,以 T_g 表示)是最重要的一个参数,玻璃在 T_g 时的黏度为 10^{13}～10$^{13.6}$ dPas。T_g 一般通过膨胀法测试。在膨胀曲线上,高温膨胀段与低温膨胀段延长线的交点即为 T_g,如图 4-23 所示。玻璃在转变温度 T_g 附近的黏度变化符合 Vogel-Fulcher-Tammann 公式[86-89](简称"VFT 公式"),该公式由 Vogel、Fulcher、Tammann 三人于 20 世纪 20 年代分别独立发现:

$$\eta = A \exp\left(\frac{B}{T - T_0}\right) \tag{4-34}$$

式中,η 为黏度;T 为温度;A、B、T_0 为与玻璃成分有关的常数。

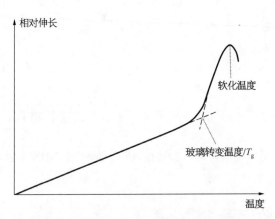

图 4-23　膨胀法测试玻璃转变温度示意图

长期以来对玻璃结构弛豫的研究多集中在温度 T_g 附近。Tool[90-93] 系统研究了结构弛豫对玻璃物理化学性质的影响,并提出了"假想温度"(fictive temperature, T_f)的概念。Tool 认为,在退火温度范围内,如果温度发生突变,玻璃在许多方面表现得像固体;而当温度变化足够慢时,则表现出液体的性质。当将玻璃加热或冷却时,玻璃的结构状态总能对应于某一温度的平衡状态,该温度就是玻璃的"假想温度"。假想温度的变化速率可以用来表征玻璃结构弛豫的速度:

$$\frac{dT_f}{dt} = K \exp\left(\frac{T}{g}\right) \exp\left(\frac{T_f}{h}\right)(T - T_f) \tag{4-35}$$

式中, t 为时间; T 为玻璃的实际温度; T_f 为玻璃的假想温度; K、g、h 均为常数。

由式(4-35)可知,玻璃的结构弛豫速度取决于玻璃的实际温度 T 和假想温度 T_f,以及两者的偏差量 $T - T_f$。

Tool 的模型较好地解释了玻璃的热膨胀与热效应的关系,其准确性在实验中得到验证[94-96]。假想温度的概念也被沿用至今。在后续的研究中发现,仅用假想温度这一个参数来表征玻璃的结构弛豫是不够的[97-100]。Narayanaswamy 等[101]提出了新的假设:①结构弛豫可以表示为活化能不变的单一非指数机制,以此来代替用多个不同活化能的指数机制;②平衡响应函数的形状是固定的;③造成玻璃转变现象非线性的唯一原因是玻璃黏度随结构(或假想温度)的变化而变化。基于以上假设,Narayanaswamy 推导出以下公式:

$$\ln \varphi(T, T_f) = \ln(\eta/\eta_B) = \frac{H_g}{R}\left(\frac{1}{T_B} - \frac{1}{T}\right) + \frac{H_s}{R}\left(\frac{1}{T_B} - \frac{1}{T_f}\right) \tag{4-36}$$

$$H = H_g + H_s \tag{4-37}$$

上二式中, φ 为位移函数; η 和 η_B 分别为玻璃的当前黏度和温度为 T_B 时的黏度; H_g 和 H_s 分别为玻璃态转变和结构变化的活化能。

Narayanaswamy 应用上述公式分析了冕牌玻璃的折射率随热处理时间的变化,理论分析结果与实验数据符合得很好。

Hoffmann[102]研究了玻璃在远低于玻璃转变温度 T_g 时的结构弛豫,发现玻璃在比 T_g 低 100 ℃以上的温度进行热处理时仍会发生折射率改变,多数玻璃的折射率变化在 10^{-5} 量级。

4.4.1.2　磷酸盐激光钕玻璃的结构弛豫研究

玻璃升到较高温度时,其内部结构发生结构弛豫,使玻璃的折射率趋向于这一温度下的平衡折射率。将高温下的玻璃快速冷却到室温(即淬火),玻璃仍将保持高温时的结构状态。因此淬火后的折射率可以反映玻璃在高温时的结构状态[103]。玻璃在某一温度 T_H 保温足够长的时间并达到平衡状态后,玻璃的平衡折射率 n_e 和保持温度 T_H 的关系,即折射率平衡曲线为[73]

$$n_e = n' + a_s T_H \tag{4-38}$$

式中, n' 和 a_s 均为常数。

玻璃在退火温度范围内保温时间与折射率的关系则可表示为[104]

$$\frac{d(n - n_e)}{dt} = Cf(n - n_e) \tag{4-39}$$

式中, C 为和玻璃有关的参数,且随温度升高而变大。由式(4-39)可知,玻璃偏离平衡状态越远、温度越高,折射率向平衡折射率变化的速度越快。

为了研究玻璃的弛豫特性,需要通过测量玻璃在不同热处理工艺之后折射率的变化,了解在玻璃转变温度 T_g 附近温度范围内玻璃的弛豫性质,确定玻璃的平衡折射率和退火温度范围,并以此为依据制定玻璃的退火工艺。下面以上海光机所研发的 N31 型磷酸盐激光钕玻璃为例介绍玻璃的结构弛豫特性。

选取精密退火后的 N31 型磷酸盐激光钕玻璃,加工成 20 mm×20 mm×10 mm 的小样品,进行热处理实验。热处理的方法分为两种:第一种是直接将玻璃样品置于马弗炉内,快速升温至所需热处理温度并保温一段时间后,将样品取出置于空气中快速冷却至室温;第二种则是将玻璃升温至软化温度 T_s 并保温较长时间之后,立刻把温度降至热处理所需温度,保温一段时间后再将样品取出置于空气中快速冷却。热处理前后分别测试玻璃的折射率。

使用热膨胀法,测得实验所采用的 N31 型磷酸盐激光钕玻璃的玻璃转变温度 T_g 和软化温度 T_s 分别为 455 ℃ 和 485 ℃。为方便描述,将热处理温度记为 T_H。图 4-24 中 N31-1 表示采用第一种热处理方法玻璃样品,N31-2 表示采用第二种热处理方法玻璃样品。两种热处理方法样品均在该温度下保持 6 h。虚线代表玻璃的平衡折射率曲线,其斜率大约为 $-5.5 \times 10^{-5}/℃$。对于第一种热处理方法,玻璃原本处于室温,升到高温后玻璃还保留着室温的结构特征,弛豫速度较慢,并且玻璃的折射率应随着保温时间的延长而逐渐减小。对于第二种热处理方法,玻璃在 T_s 温度保温后,突然降到较低的温度。由于玻璃还保持着高温时的结构特征,玻璃内部离子的移动性好,故而弛豫速度较快,并且玻璃的折射率应随着保温时间的延长而增大。如果保温时间足够长,两种热处理方法都将使玻璃达到该温度的平衡状态,玻璃的折射率也将达到该温度下的平衡折射率。由图 4-24 可知,平衡折射率 n_e 与温度 $T(℃)$ 的关系为

$$n_e = 1.537\,2 - (T - 455) \times 5.5 \times 10^{-5} \tag{4-40}$$

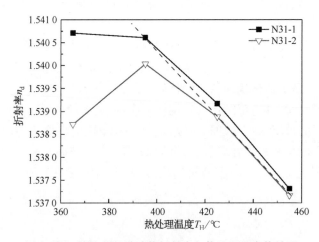

图 4-24 N31 型钕玻璃的折射率与热处理温度的关系

为了更直观地反映玻璃在热处理之后的折射率变化量,对热处理温度与玻璃转变温度之差($T_g - T_H$)和折射率变化量(Δn_d)作图。图 4-25 表示采用第一种热处理方法 N31 型钕玻璃的折射率变化量与热处理温度的关系。由图 4-25 可看出,对于实验所用的 N31 型激光钕玻璃,热处理温度越高,折射率变化量越大。并且在 $T_g - T_H < 60$ ℃ 的温度范围内,热处理温

度越低,折射率变化量 Δn_d 随之迅速变小,由 $T_g-T_H=0$ ℃ 时的 -346×10^{-5} 降到 T_g-T_H $=60$ ℃ 时的 -18×10^{-5}。而 $T_g-T_H>60$ ℃ 时,Δn_d 只有 10^{-5} 量级,并且即使进一步降低热处理温度 T_H,Δn_d 也不会有大的变化。由图 4 - 25 可知,$T_g-T_H>100$ ℃ 之后的折射率变化量 Δn_d 基本是一样的。

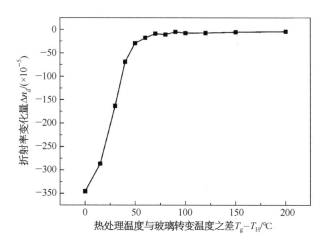

图 4 - 25 N31 型钕玻璃的折射率变化量 Δn_d 与 T_g-T_H 的关系图

图 4 - 26 为采用第二种热处理方法时 N31 型钕玻璃的折射率等温线。在 T_g 温度下(455 ℃)玻璃的折射率在 2 h 内就达到平衡。在 T_g-30 ℃(425 ℃)时,6 h 内也基本达到平衡。在 T_g-60 ℃(395 ℃)时,达到平衡折射率的时间长达几十小时甚至更长。实验发现,在该温度下保温 100 h 的折射率比保温 24 h 的折射率增加大约 60×10^{-5}。当温度为 T_g-90 ℃(365 ℃)时,由于在这一温度下玻璃的结构弛豫较缓慢,达到平衡折射率所需的时间更长。

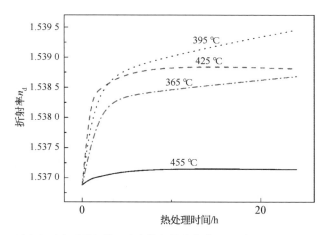

图 4 - 26 N31 型钕玻璃的折射率与热处理时间的关系图

以上热处理对折射率影响的实验结果表明,N31 型磷酸盐激光钕玻璃的结构弛豫主要在 T_g-60 ℃ 的温度以上发生。在此温度以下,尽管玻璃的弛豫仍在进行,但是速度非常慢。这一结果与 Tool[91]、Hoffmann 等[102] 的研究相符。

4.4.2 玻璃的退火工艺原理

4.4.2.1 玻璃退火工艺简述

为了获得高质量的光学玻璃,达纽舍夫斯基[104]、Lillie[105]、Hagy[106]等对玻璃退火开展了大量的研究,其共同的结论是线性降温式的退火规程最佳。该工艺不仅可保证获得折射率一致的玻璃,还具有操作简单易实现自动控制、所需退火时间短等优点。线性退火也是目前广泛采用的退火方式[107]。

如图 4-27 所示,玻璃的退火一般分为以下四个阶段:

(1)加热阶段。将已冷却的玻璃重新加热到退火温度。加热速度应保证加热过程中产生的暂时应力不超过玻璃能承受的强度。对玻璃的粗退火而言,由于玻璃进入退火炉时的温度超过了退火温度,不需要经过加热阶段。

(2)保温阶段。将玻璃温度保持在退火温度附近,其目的是消除玻璃中的永久应力,并且使玻璃各个部位的温度达到均匀,从而确保玻璃各个部位具有相同的密度和折射率。通过长时间的高温保温,使玻璃的内应力得到释放。退火温度越高,应力释放的速度越快。玻璃应力释放的过程,实际上就是玻璃结构弛豫、内部原子(团)重新排布的过程。

(3)慢冷阶段。通过缓慢降温使玻璃冷却,同时避免玻璃再次产生过大的永久应力,慢冷阶段的降温速率通常称为退火速率。退火速率必须根据退火玻璃的类型、尺寸和指标要求严格制定。

(4)快冷阶段。玻璃温度低于退火的下限温度,温度制度不再影响玻璃应力和光学均匀性时,可以加快冷却速度以提高生产效率,但必须确保玻璃在冷却过程中不会产生过大的暂时应力而导致玻璃破坏。

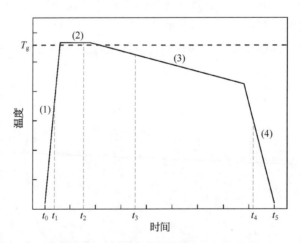

图 4-27 玻璃的退火温度曲线示意图

4.4.2.2 退火过程中玻璃应力的变化

以图 4-27 的典型退火曲线来说明退火过程中玻璃应力的变化。玻璃处于室温时(t_0),表面处于压应力状态、内部处于张应力状态。在升温过程中(t_1),玻璃表面温度始终高于内部温度,因此表面压应力和内部张应力均进一步增大。

玻璃温度升高至退火温度并保持一段时间后(t_2),由于玻璃结构已经得到弛豫,内应力完全消失,此时可认为玻璃内应力为零。当玻璃刚刚开始降温时(t_3),由于热传导作用的存在导致玻璃表面温度始终低于内部温度,即玻璃表面收缩较严重;此时玻璃本应产生表面张应力和内部压应力,但由于玻璃仍处于高温、弛豫速度较快,结构弛豫抵消了温度梯度所产生的应力,因此仍然可认为玻璃处于零应力状态。玻璃温度继续下降(t_4),此时因内外温度差的存在,玻璃表面会产生暂时的张应力,玻璃内部则是压应力。当玻璃温度下降至室温时(t_5),内外温度达到平衡,此时玻璃在前一阶段产生的暂时应力消失,但是玻璃在高温时(t_3)结构弛豫以抵消应力的结果则表现为不可消除的内应力,即永久应力,其方向为表面压应力、内部张应力[73]。

　　对于磷酸盐激光钕玻璃而言,其特殊之处在于磷酸盐激光钕玻璃化学稳定性较差,在退火过程中玻璃表面易与空气中的水分反应。其反应机理是:磷酸盐玻璃的结构网络是由磷氧四面体[PO$_4$]组成的长链构成,在高温下,组成长链的 P—O—P 键受水的侵蚀而断链,产生带有羟基的较短链[78],如下式所示:

$$H_2O + \underset{O^-}{\overset{O}{P}} - \underset{O^-}{\overset{O}{P}} \longleftrightarrow 2\left(\underset{O^-}{\overset{O}{P}} - OH \right) \tag{4-41}$$

　　磷酸盐激光钕玻璃表面与水反应的结果是表面的热膨胀系数大于玻璃内部,在退火冷却过程中,表面收缩程度比内部更大,从而在玻璃表面产生一个张应力层。表面张应力层的存在,使得磷酸盐玻璃退火过程中表面易产生龟裂和微裂纹,严重时甚至会导致玻璃炸裂。

　　对于尺寸较大的玻璃,由于退火过程中玻璃中心及边缘存在温度差,可使玻璃产生径向和切向应力,统称边缘应力[73]。磷酸盐激光钕玻璃的面积较大而厚度相对较小,其边缘应力比厚度方向的应力大得多。

4.4.2.3　退火对玻璃折射率的影响

　　在本章 4.4.1 节中,论述了玻璃在退火温度范围内保温时的折射率变化情况。在退火过程中,玻璃必须由高温冷却至室温,因此降温过程的折射率变化也需要研究。如图 4-28 所示,XY 为玻璃的折射率平衡曲线。在采用线性降温时,玻璃的折射率变化曲线可分为以下几个阶段[105]:

　　(1)YP 段。此时玻璃处于较高温度,结构弛豫速度快,折射率随平衡曲线变化。

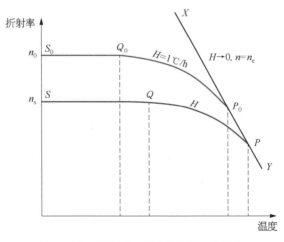

图 4-28　线性降温时玻璃折射率的变化

(2) PQ 段。随着温度降低,玻璃的黏度逐渐增大,结构弛豫速度已经无法使玻璃达到平衡状态,因此玻璃的折射率将偏离平衡曲线。

(3) QS 段。玻璃黏度继续变大以至玻璃弛豫速度很慢,折射率基本不再变化。

采用线性降温方式降至室温时,玻璃的折射率 n_s 可表示为

$$n_s = n_0 - m \lg H \tag{4-42}$$

式中,n_0 为以 $1\ \text{℃/h}$ 的速率降温得到的折射率;m 为常数,通常在 $(6\sim15)\times10^{-4}$ 之间;H 为降温速率。由此可见,采用线性降温方式退火的玻璃折射率仅与降温速率有关,而与退火温度无关。这使获得高光学均匀性玻璃成为可能。因为退火炉各点的温度不可能完全一致,只须保证玻璃各个部位的降温速率一致,便可获得各个部位折射率相同的玻璃[73]。

4.4.3 磷酸盐激光钕玻璃的粗退火工艺

磷酸盐激光钕玻璃的粗退火是在玻璃成型之后进行的。高温玻璃熔体通过流料管进入成型模具中,形成钕玻璃毛坯片。在由熔融态转变为固态的过程中,玻璃内部产生了较大的应力,必须通过退火消除。为了提高生产效率,在确保玻璃冷却后不炸裂并可用于加工和质量检验的前提下,磷酸盐激光钕玻璃的粗退火通常以较快的速度进行。

针对坩埚熔炼和连续熔炼,其粗退火方式有所不同。对于坩埚熔炼,成型后的钕玻璃坯片立即被转运至预热好的退火炉中。玻璃在退火炉内静止不动,随后经过保温、降温的过程冷却至室温。对于连续熔炼,成型后的玻璃带在传送装置带动下,进入隧道式退火窑中。与坩埚熔炼不同的是,采用连续熔炼方式制造的钕玻璃须从隧道退火窑的入口运行到出口,依次经历保温、慢速降温、快速降温等过程,在隧道窑出口根据需求切割成相应尺寸。以下主要介绍磷酸盐激光钕玻璃的隧道窑退火工艺。

通常用抗热震性 Rs 来表征材料的耐热冲击性能,Rs 可由下式表示[108]:

$$Rs = \frac{k(1-\mu)K_{IC}}{E\alpha} \tag{4-43}$$

式中,k 为热导率;μ 为泊松比;K_{IC} 为断裂韧性;E 为杨氏模量;α 为热膨胀系数。与普通光学玻璃相比,磷酸盐激光钕玻璃的热膨胀系数大、热导率低、断裂韧性低。磷酸盐激光钕玻璃与广泛使用的光学玻璃 K9 玻璃的性质对比见表 4-12。

表 4-12 磷酸盐激光钕玻璃与 K9 玻璃的性质对比

参数	磷酸盐激光钕玻璃[83]	K9 玻璃[109]
热导率 $k/[\text{W/(m·K)}]$	0.6	1.1
泊松比 μ	0.27	0.21
断裂韧性 $K_{ic}/(\text{MPa·m}^{1/2})$	0.5	1.1
杨氏模量 E/GPa	50	82
热膨胀系数 $\alpha/(\times10^{-7}/\text{K})$	130	71
抗热震性 $Rs/(\text{W/m}^{1/2})$	0.34	1.64

根据表 4-12 的数据计算,磷酸盐激光钕玻璃的抗热震性仅为 K9 玻璃的 1/5 左右,在受到热冲击时极易发生损坏。此外,正如在本章 4.4.2.2 节中所提到的,磷酸盐玻璃在高温时表

面容易吸附空气中的水蒸气,形成 P—OH 键,生成表面微裂纹。微裂纹在退火过程中逐渐扩展,进一步加剧了玻璃炸裂的风险。最后,磷酸盐激光钕玻璃的成型尺寸大,横截面积达到 500 mm×50 mm 左右、玻璃带的长度达到 30 m 以上,重量超过 2 000 kg,玻璃自身的重量使得退火过程中断裂可能性极高(图 4 - 16a)。因此,磷酸盐激光钕玻璃隧道窑退火工艺的主要挑战是如何避免玻璃在退火过程中发生炸裂或断裂[75]。

根据磷酸盐激光钕玻璃的特点,上海光机所在研发其连续熔炼技术的过程中,自主设计并建造了满足其退火要求的隧道窑。其主要特征为:①隧道窑的温度均匀性高、横向温差小,降低了退火应力;②温控精度高,有效避免了退火过程中的温度突变,降低了玻璃炸裂风险;③运行稳定性好,可实现长时间的稳定运行。

采用自主设计的隧道窑成功实现磷酸盐激光钕玻璃连续熔炼的稳定退火,退火后玻璃完整、不炸裂(图 4 - 16b)。N31 连续熔炼钕玻璃隧道窑退火后应力分布如图 4 - 29 所示,应力双折射小于 30 nm/cm,与坩埚熔炼生产的玻璃相当。

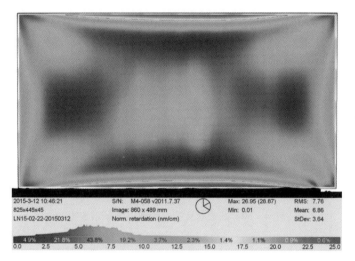

图 4 - 29　隧道窑退火后的 N31 玻璃应力测试结果(玻璃尺寸 860 mm × 480 mm × 50 mm)(参见彩图附图 17)

4.4.4　磷酸盐激光钕玻璃的精密退火工艺

磷酸盐激光钕玻璃作为大型激光装置的核心元件,除了必须满足气泡、条纹等光学质量的要求之外,还必须满足 10^{-6} 量级的高光学均匀性要求[6]:首先,玻璃的化学组成必须达到高度均匀,经过充分搅拌的玻璃液由化学成分不同引起的折射率差不超过 10^{-6}[110];其次,玻璃的各个部位必须具有相同的热历史,从而确保玻璃各个部位的密度和折射率一致;最后,玻璃内应力引起的双折射及折射率变化不应影响到光学均匀性[111]。对于大尺寸磷酸盐激光钕玻璃,应力双折射须控制在 5 nm/cm 以内。气泡、条纹等指标通过熔炼工艺的精密控制实现,而光学均匀性指标除了严格控制熔炼和成型工艺之外,最终必须通过精密退火后实现[112]。

精密退火的主要原理是:将玻璃升温至玻璃转变点 T_g 温度附近,通过长时间保温使玻璃内部的应力彻底释放,然后以非常缓慢的速率线性降温,使得降温过程中玻璃内部各部分具有完全相同的热历史,从而获得一致的折射率,并且在退火过程中因为温度差产生的应力双折射符合技术指标要求,使得残余应力双折射不影响玻璃的光学均匀性指标。

蒋亚丝[113]系统研究了 N21 型磷酸盐激光玻璃的精密退火,建立了磷酸盐激光玻璃的精密退火炉,并获得了光学均匀性优于 2×10^{-6} 的激光钕玻璃(最大尺寸为 300 mm×150 mm×30 mm)。

进入 21 世纪以来,激光装置须使用更大尺寸的激光钕玻璃,相应地对激光钕玻璃的精密退火提出了更高的要求。美国 LLNL 国家实验室在建造国家点火装置的过程中,联合德国 Schott 和日本 Hoya 两家公司共同研发了大尺寸激光钕玻璃,据文献报道其精密退火时间长达 25 d 以上[9]。

为了达到应力双折射和光学均匀性的要求,磷酸盐激光钕玻璃精密退火所使用的退火炉必须具备空间大、温差小、温控精度高等特点。磷酸盐激光钕玻璃的退火温度一般在 400~600 ℃之间[83],通常使用气流循环式电阻炉进行精密退火。通过循环风机的作用使空气在炉膛内形成强制对流,从而获得较高的温度均匀性。市售的大型气流循环式电阻加热型精密退火炉如图 4-30 所示,在工作温度保温时,工作空间内的温差可低至 3 ℃以内。

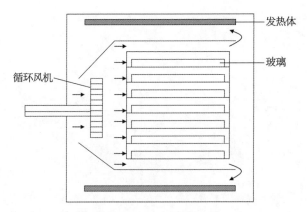

图 4-30　磷酸盐钕玻璃精密退火炉示意图

如图 4-27 所示,磷酸盐激光钕玻璃的精密退火可分为四个阶段。其中,影响玻璃应力双折射和光学均匀性的主要是保温阶段和慢速降温阶段,即退火温度、保温时间、退火速率和退火温度区间等工艺参数。退火温度一般设置为比玻璃转变温度 T_g 略高的温度,以确保玻璃的内应力得到充分释放;保温时间和退火速率应根据玻璃尺寸和应力双折射指标要求来设置;退火温度区间则应根据玻璃的弛豫特性而定。玻璃的尺寸越大,所需的精密退火周期越长,400 mm 口径 N31 型磷酸盐激光钕玻璃的精密退火时间长达 30 d 以上。

根据磷酸盐激光钕玻璃弛豫特性的研究结果,结合玻璃的力学和热学性能,改进了大尺寸激光玻璃的精密退火工艺:包括:①降低退火速率以减小退火过程中玻璃内外温度差产生的热应力;②适当延长退火温度区间,确保玻璃进入弛豫缓慢的温度区间之后再加快降温速率;③优化玻璃装载方式,减小玻璃边缘与中心的温度差。图 4-31 为精密退火后激光钕玻璃的应力分布图,其中图(a)是工艺改进前的结果,图(b)是工艺改进后的结果。由图 4-31 可知,在改进精密退火工艺之前,玻璃的应力较大,最大应力值达到 9.25 nm/cm,而且应力分布不均匀。玻璃的应力主要集中在四条侧边附近,尤其是两条长边的中间部位。这与本章 4.4.2.2 节中的分析相符,即决定退火后最终应力值大小的是玻璃的边缘应力。

精密退火工艺改进后,玻璃的应力明显下降,最大应力值为 3.29 nm/cm。精密退火后的磷酸盐激光钕玻璃在 845 mm×455 mm 的口径范围内,应力双折射小于 5 nm/cm,符合大型高功率激光装置对玻璃应力双折射的指标要求。使用 Zygo 干涉仪测试精密退火后玻璃的光学均匀性,如图 4 - 32 所示,N31 钕玻璃的透过波前 PV 值小于 0.2λ,表明该玻璃的光学均匀性达到±2×10⁻⁶。

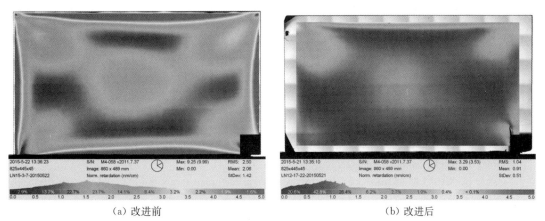

(a) 改进前　　　　　　　　　　　　　　　(b) 改进后

图 4 - 31　精密退火工艺改进前后 400 mm 口径磷酸盐激光钕玻璃的应力分布图(参见彩图附图 18)

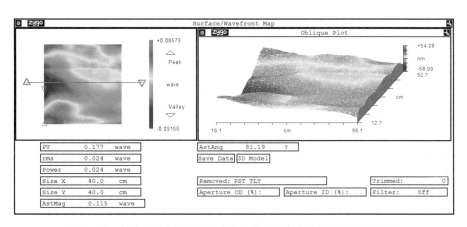

图 4 - 32　精密退火后 N31 钕玻璃的光学均匀性(参见彩图附图 19)

综合上述,本章对磷酸盐激光钕玻璃的熔制工艺和退火工艺及其相关原理进行了详细阐述。分析了磷酸盐激光玻璃熔制工艺的特殊性,以及杂质、铂颗粒、羟基对激光玻璃性质的影响规律,阐明了磷酸盐激光钕玻璃熔制过程中杂质控制、除羟基、除铂颗粒的原理和方法。并对激光玻璃的除气泡原理及常规除气泡方法,以及激光玻璃除条纹原理和搅拌除条纹的过程进行了模拟和说明。详细介绍了激光玻璃的坩埚熔炼和连续熔炼工艺技术。在阐述玻璃结构弛豫规律的基础上,讨论了玻璃精密退火过程中折射率和应力的变化规律。玻璃结构弛豫理论为制定合理的激光玻璃精密退火工艺提供了依据。并以磷酸盐激光钕玻璃为例,讨论了坩埚熔炼和连续熔炼过程中粗退火工艺的区别。本章内容可为开展新型激光玻璃熔制工艺和退火工艺的研发提供参考。

主要参考文献

［1］ Ehrmann P R, Campbell J H, Suratwala T I, et al. Optical loss and Nd^{3+} non-radiative relaxation by Cu, Fe and several rare earth impurities in phosphate laser glasses［J］. Journal of Non-Crystalline Solids, 2000,263&264: 251 - 262.

［2］ 徐永春,陈丹平,李顺光,等.磷酸盐激光玻璃中杂质离子铁和铜对激光效率的影响［J］.无机材料学报, 2015,30(3): 240 - 244.

［3］ Uchiyama H, Harima Y. Method of measuring optical loss and apparatus for measuring optical loss: US, US9255861［P］. 2016.

［4］ 激光玻璃编写组.激光玻璃［M］.上海:上海人民出版社,1975.

［5］ 张华,黄国松,徐世祥,等.磷酸盐钕玻璃的荧光寿命和损耗对激光增益特性的影响［J］.光学学报,1998, 18(9): 1186 - 1191.

［6］ Campbell J H, Suratwala T I. Nd-doped phosphate glasses for high-energy/high-peak-power lasers［J］. Journal of Non-Crystalline Solids, 2000,263&264: 318 - 341.

［7］ Sapak D L, Ward J M, Marion J E. Impurity absorption coefficient measurements in phosphate glass melted under oxidizing conditions［J］. International Society for Optics and Photonics, 1989(970): 107 - 112.

［8］ Ehrmann P R, Campbell J H. Nonradiative energy losses and radiation trapping in neodymium-doped phosphate laser glasses［J］. Journal of the American Ceramic Society, 2002,85(5): 1061 - 1169.

［9］ Campbell J H, Suratwala T I, Thorsness C B, et al. Continuous melting of phosphate laser glasses［J］. Journal of Non-Crystalline Solids, 2000,263&264: 342 - 357.

［10］ 陈钰清,王静环.激光原理［M］.杭州:浙江大学出版社,1992.

［11］ 李顺光,陈树彬,温磊,等.钕离子浓度对受激发射截面的影响［J］.强激光与粒子束,2003,15(12): 1159 - 1162.

［12］ 激光玻璃编写组.激光玻璃研究报告:第八集［R］.上海:中国科学院上海光学精密机械研究所,1980.

［13］ 刘再进,宫汝华,李盛印,等.浮法工艺对玻璃中铁离子价态的影响因素分析［J］.江苏建材,2018,161 (2): 6 - 7,19.

［14］ Suratwala T I, Campbell J H, Miller P E, et al. Phosphate laser glass for NIF: production status, slab selection, and recent technical advances; proceedings of the lasers and applications in science and engineering［C］. San Jose, CA: Proceedings of SPIE, Vol. 5341,2004.

［15］ Xu Y C, Li S G, Hu L L, et al. Effect of Fe impurity on the optical loss of Nd-doped phosphate laser glass［J］. Chinese Optics Letters, 2005,3(12): 701 - 704.

［16］ 徐永春,李顺光,胡丽丽,等.杂质对掺钕磷酸盐激光玻璃光谱性质的影响［J］.激光与光电子学进展, 2005,42(10): 57 - 59.

［17］ 全国耐火材料标准化技术委员会.耐火材料标准汇编［M］.3 版.北京:中国标准出版社,2007.

［18］ 曹德庚,廖教章,沈刚.影响电熔 AZS 砖抗玻璃液侵蚀的若干因素［J］.玻璃与搪瓷,1997(3): 19 - 20.

［19］ 李宏,于长军,李滔.硼硅酸盐玻璃熔液对熔铸锆刚玉耐火材料侵蚀的研究［C］//全国玻璃科学技术年会.杭州,2011.

［20］ 王承遇,陈敏,陈建华.玻璃制造工艺［M］.北京:化学工业出版社,2006.

［21］ Harrison A J. Water content and infrared transmission of simple glasses［J］. Journal of the American Ceramic Society, 1947,30(12): 362 - 366.

［22］ Glaze F W. Transmittance of infrared energy by glasses［J］. American Ceramic Society Bulletin, 1955, 34(9): 33 - 36.

［23］ Scholze H. Der einbau des wassers in glasern［J］. Glastechnische Berichte, 1959,32(19): 81 - 88.

［24］ Tomlinson J W. A note on the solubility of water in a molten sodium silicate［J］. Journal of the Society of Glass Technology, 1956(40): 25 - 31.

［25］ Farmer V C, Russell J D. The infra-red spectra of layer silicates［J］. Spectrochimica Acta, 1964,

20(7)：1149 - 1173.

[26] Adams R V. Infra-red absorption due to water in glasses [J]. Physics and Chemistry of Glasses, 1961 (2)：39 - 49.

[27] Spierings G. The near-infrared absorption of water in glasses [J]. Physics and Chemistry of Glasses, 1982,23(4)：101 - 106.

[28] 卓敦水,许文娟,蒋亚丝. 磷酸盐激光玻璃中的水及消除[J]. 中国激光,1985,12(3)：47 - 50.

[29] 卓敦水,齐根福,彭柏林. 磷酸盐激光玻璃中水的测定[J]. 中国激光,1986,13(3)：188 - 190.

[30] 陈述春,戴凤妹. 玻璃中 Nd^{3+} 离子 $^4F_{3/2}$ 态的多声子弛豫及电子-声子相互作用[J]. 物理学报,1981(5)：624 - 632.

[31] Li S G, Huang G S, Wen L, et al. The influence of OH groups on laser performance in phosphate glasses [J]. Chinese Optics Letters, 2005,3(4)：222 - 224.

[32] Tofield B C, Weber H P, Damen T C. Growth of neodymium pentaphosphate crystals for laser action [J]. Materials Research Bulletin, 1974,9(4)：435 - 447.

[33] 陈述春,宋修玉,戴凤妹. 水对掺钕磷酸盐玻璃 $^4F_{3/2}$ 态无辐射弛豫的影响[J]. 中国激光,1983,10(6)：48 - 51.

[34] Riseberg L A, Moos H W. Multiphonon orbit-lattice relaxation of excited states of rare-earth ions in crystals [J]. Physical Review, 1968,174(2)：429 - 438.

[35] Miyakawa T, Dexter D L. Interpretation of photoejection experiments and well depth of electronic bubbles in liquid helium [J]. Physical Review A, 1970,1(2)：513 - 518.

[36] Reed E D, Moos H W. Multiphonon relaxation of excited-states of rare-earth ions in YVO_4, $YAsO_4$, and YPO_4[J]. Physical Review B, 1973,8(3)：980 - 987.

[37] Weber M J. Multiphonon relaxation of rare-earth ions in yttrium orthoaluminate [J]. Physical Review B, 1973,8(1)：54 - 64.

[38] 干福熹. 无机玻璃中钕离子 Nd^{3+} 的能量转移过程 I. 辐射跃迁[J]. 科学通报,1978,23(12)：723 - 726.

[39] 干福熹. 无机玻璃中钕离子 Nd^{3+} 的能量转移过程 II. 无辐射跃迁[J]. 科学通报,1979,24(2)：59 - 62.

[40] 卓敦水,齐根福,彭柏林. 磷酸盐激光玻璃中水的测定[J]. 中国激光,1986,13(3)：62 - 64.

[41] Sakka S, Kamiya K, Huang Z J. Effects of a small amount of water on characteristics of glasses [J]. Suicide and Life-Threatening Behavior, 1982,30(3)：222 - 238.

[42] Hetherington G, Jack K H, Kennedy J C. The viscosity of vitreous silica [J]. Physics and Chemistry of Glasses, 1964(5)：130 - 136.

[43] Pearson A D, Pasteur G A, Northover W R. Determination of the absorptivity of OH in a sodium borosilicate glass [J]. Journal of Materials Science, 1979,14(4)：869 - 872.

[44] Wagstaff F E, Brown S D, Cutler I B. The influence of water and oxygen atmospheres on the crystallization of vitreous silica [J]. Physics and Chemistry of Glasses, 1964(5)：76 - 81.

[45] Mukherjee S P, Zarzycki J, Traverse J P. A comparative study of "gels" and oxide mixtures as starting materials for the nucleation and crystallization of silicate glasses [J]. Journal of Materials Science, 1976, 11(2)：341 - 355.

[46] Gonzalez-Oliver C J R, Johnson P S, James P F. Influence of water content on the rates of crystal nucleation and growth in lithia-silica and soda-lime-silica glasses [J]. Journal of Materials Science, 1979, 14(5)：1159 - 1169.

[47] Bruckner R. Characteristische physikalische eigenschaften der oxidischen hauptglasbildner und ihre beziehung zur struktur der gläser [J]. Glastechnische Berichte, 1964(37)：413 - 425.

[48] Acocella J, Tomozawa M, Watson E B. The nature of dissolved water in sodium-silicate glasses and its effect on various properties [J]. Journal of Non-Crystalline Solids, 1984,65(2 - 3)：355 - 372.

[49] Takata M, Acocella J, Tomozawa M, et al. Effect of water-content on the electrical-conductivity of $Na_2O \cdot 3SiO_2$ glass [J]. Journal of the American Ceramic Society, 1981,64(12)：719 - 724.

［50］ Maklad M S. Some effects of OH groups on sodium silicate glasses ［D］. Rolla：University of Missouri-Rolla，1970.

［51］ Florence J M，Glaze F W，Hahner C H，et al. Transmittance of near-Infrared energy by binary glasses ［J］. Journal of the American Ceramic Society，1948,31(12)：328－331.

［52］ Poch W. Vollständige entwässerung einer B_2O_3— schmelze und einige eigenschaftswerte des daraus Erhaltenen glases ［J］. Glastechnische Berichte，1964,37(12)：533－535.

［53］ Mulfinger Hans-Otto，Franz H. Incorporation of chemically dissolved nitrogen in oxide glass melts ［J］. Glastechnische Berichte，1965,38(6)：235－242.

［54］ Tran D C，Sigel G H，Bendow B. Heavy-metal fluoride glasses and fibers — a review ［J］. Journal of Lightwave Technology，1984,2(5)：566－586.

［55］ Nakai T，Mimura Y，Tokiwa H，et al. Dehydration of fluoride glasses by NF_3 processing ［J］. Journal of Lightwave Technology，1986,4(1)：87－89.

［56］ Drexhage M G，Moynihan C T，Bendow B，et al. Influence of processing conditions on Ir edge absorption in fluorohafnate and fluorozirconate glasses ［J］. Materials Research Bulletin，1981,16(8)：943－947.

［57］ Robinson M，Pastor R C，Turk R R，et al. Infrared-transparent glasses derived from the fluorides of zirconium，thorium，and barium ［J］. Materials Research Bulletin，1980,15(6)：735－742.

［58］ 姜淳,张俊洲,卓敦水. $BaO-P_2O_5$ 和 $R_2O-BaO-P_2O_5$ 系统磷酸盐激光玻璃 RAP 法除水的研究［J］. 中国激光,1996,23(2)：182－186.

［59］ Izumitani T S. Optical glass ［M］. New York：American Institute of Physics，1986.

［60］ Shchavelev O S，Babkina V A，Mokin N K，et al. Thermal-shock resistance of binary meta- and ultraphosphate glasses ［J］. Soviet Journal of Glass Physics and Chemistry，1988,14(1)：50－54.

［61］ Eden C. Technical process advances in the melting of optical glass ［J］. Glastechnische Berichte，1961,34(3)：120－122.

［62］ Ginther R J. The contamination of glass by platinum ［J］. Journal of Non-Crystalline Solids，1971,6(4)：294－306.

［63］ Paul A，Tiwari A N. Optical-absorption of platinum(Ⅳ) in $Na_2O-B_2O_3$ and $Na_2O-NaCl-B_2O_3$ glasses ［J］. Physics and Chemistry of Glasses，1973,14(4)：69－72.

［64］ 毛锡赉,等.上海光机所报告集(八)［R］.上海：中国科学院上海光学精密机械研究所,1980.

［65］ Hopper R W，Uhlmann D R. Mechanism of inclusion damage in laser glass ［J］. Journal of Applied Physics，1970,41(10)：4023－4037.

［66］ Woodcock R F. Preparation of platinum-free laser glass ［J］. Laser and Unconventional Optics Journal，1970,26(1)：1－26.

［67］ Campbell J H. Laser program annual report，UCRL-50021－85(1986)［R］. CA，US：Lawrence Livermore National Laboratory，1986.

［68］ 蒋仕彬.新型激光玻璃及磷酸盐激光玻璃除铂的基础研究［D］.上海：中国科学院上海光学精密机械研究所,1989.

［69］ 卓敦水,刘国平,张俊洲,等. N21 型磷酸盐激光玻璃中铂离子的吸收光谱及其与铂微粒的关系［J］.中国激光,1993(12)：926－930.

［70］ 宋斌.铂在玻璃熔制过程中的电化学腐蚀机理［D］.杭州：浙江大学,1989.

［71］ 张勤远,胡丽丽,姜中宏.钕磷酸盐激光玻璃中金属铂颗粒的产生与迁移［J］.中国激光,2000,27(11)：1035－1039.

［72］ 姜中宏.用于激光核聚变的玻璃［J］.中国激光,2006,33(9)：1265－1276.

［73］ 干福熹.光学玻璃［M］.北京：科学出版社,1985.

［74］ Jiang Y S，Zhang J H，Xu W J，et al. Preparation techniques for phosphate laser glasses ［J］. Journal of Non-Crystalline Solids，1986,80(1－3)：623－629.

[75] Suratwala T，Campbell J，Thorsness C，et al. Technical advances in the continuous melting of phosphate laser glass，UCRL-JC-145108 [R]. CA，US：Lawrence Livermore National Laboratory，2001.

[76] 萧子良，刘华利，钟恒飞，等. 耐高温抗侵蚀低着色二氧化锡电极[J]. 玻璃与搪瓷，2012，40(3)：33 - 38.

[77] 徐永春，邹兆松，胡丽丽. 氧化锡电极微量杂质元素 Fe 和 Cu 的分析方法：中国，CN103543141A [P]. 2014.

[78] Hayden J S，Marker A J，Suratwala T I，et al. Surface tensile layer generation during thermal annealing of phosphate glass [J]. Journal of Non-Crystalline Solids，2000，263&264：228 - 239.

[79] LLNL. The seven wonders of NIF，laser program annual report LLNL-BR-611652 [R]. CA，US：Lawrence Livermore National Laboratory，2002.

[80] 唐景平，王标，陈树彬，等. 激光钕玻璃连续熔炼技术[J]. 光学精密工程，2016，24(12)：2969 - 2974.

[81] 唐景平，胡丽丽，陈树彬，等. 大尺寸磷酸盐激光钕玻璃批量制备技术研发及应用[J]. 上海师范大学学报（自然科学版），2017，46(6)：912 - 921.

[82] Zhao J P，Wang W Y，Fu X J，et al. Recent progress of the integration test bed. High-power lasers and applications Ⅶ [C]. Bellingham，Proceedings of SPIE，Vol. 9266，2014.

[83] 胡丽丽，姜中宏. 磷酸盐激光玻璃研究进展[J]. 硅酸盐通报，2005，24(5)：125 - 129.

[84] 陆栋. 结构弛豫[M]//中国大百科全书. 北京：中国大百科全书出版社，2009：261.

[85] Schott. Stress in optical glass，schott technical information TIE-27 [R]. Duryea，PA：Schott AG，2004.

[86] Vogel H. The temperature dependence law of the viscosity of fluids [J]. Physikalische Zeitschrift，1921 (22)：645 - 646.

[87] Fulcher G S. Analysis of recent measurements of the viscosity of glasses [J]. Journal of the American Ceramic Society，1925，8(6)：339 - 355.

[88] Tammann G，Hesse W. Die abhängigkeit der viscosität von der temperatur bie unterkühlten flüssigkeiten [J]. Zeitschrift für anorganische und allgemeine Chemie，1926(156)：245 - 257.

[89] Angell C A. Relaxation in liquids，polymers and plastic crystals — strong/fragile patterns and problems [J]. Journal of Non-Crystalline Solids，1991，131 - 133(Part 1)：13 - 31.

[90] Tool A Q，Eichlin C G. Variations in glass caused by heat treatment [J]. Journal of the American Ceramic Society，1925，8(1)：1 - 17.

[91] Tool A Q，Eicitlin C G. Variations caused in the heating curves of glass by heat treatment [J]. Journal of the American Ceramic Society，1931，14(4)：276 - 308.

[92] Tool A Q. Relaxation of stresses in annealing glass [J]. Journal of Research of the National Bureau of Standards，1945，34(2)：199 - 211.

[93] Tool A Q. Relation between inelastic deformability and thermal expansion of glass in its annealing range [J]. Journal of the American Ceramic Society，1946，29(9)：240 - 253.

[94] Winter A. Transformation region of glass [J]. Journal of the American Ceramic Society，1943，26(6)：189 - 200.

[95] Brandt N M. Annealing of 517. 645 borosilicate optical glass：Ⅰ. refractive index [J]. Journal of the American Ceramic Society，1951，34(11)：332 - 338.

[96] Kreidl N J，Weidel R A. Annealing of 517：645 borosilicate optical glass：Ⅱ. density [J]. Journal of the American Ceramic Society，1952，35(8)：198 - 203.

[97] Ritland H N. Limitations of the fictive temperature concept [J]. Journal of the American Ceramic Society，1956，39(12)：403 - 406.

[98] Goldstein M，Nakonecznyj M. Volume relaxation in zinc chloride glass [J]. Physics and Chemistry of Glasses，1965，6(4)：126 - 133.

[99] Goldstein M. Modern aspects of the vitreous state [M]. London：Butterworth and Co. (Publishers) Ltd.，1964：90 - 125.

［100］ Gardon R，Narayanaswamy O S. Stress and volume relaxation in annealing flat glass ［J］. Journal of the American Ceramic Society，1970，53(7)：380–385.

［101］ Narayanaswamy O S. Model of structural relaxation in glass ［J］. Journal of the American Ceramic Society，1971，54(10)：491–498.

［102］ Hoffmann H J，Jochs W W，Neuroth N M. Relaxation phenomena of the refractive index caused by thermal treatment of optical glasses below T_g. Properties and characteristics of optical glass ［C］. San Diego，CA，United States，Proceedings of SPIE 0970，1989.

［103］ 李家治，陈学贤，盛连根. 玻璃的结构弛豫［J］. 硅酸盐学报，1983，11(3)：88–97.

［104］ 达纽舍夫斯基 E∋э. 光学玻璃线性退火原理［M］. 邹德燊，译. 北京：国防工业出版社，1965.

［105］ Lillie H R，Ritland H N. Fine annealing of optical glass ［J］. Journal of the American Ceramic Society，1954，37(10)：466–473.

［106］ Hagy H E. Fine annealing of optical glass for low residual stress and refractive index homogeneity ［J］. Applied Optics，1968，7(5)：833–835.

［107］ Ma Y F，Wu N，Zhang H，et al. Thermal annealing system and process design to improve quality of large size glasses ［J］. International Journal of Heat and Mass Transfer，2014，72(72)：411–422.

［108］ Marion J E. Appropriate use of the strength parameter in solid-state slab laser design ［J］. Journal of Applied Physics，1987，62(5)：1595–1604.

［109］ Schott. 光学玻璃目录表［M］. ［S. l. ］：SCHOTT A G，2016：13.

［110］ 李锡善，夏青生，蒋安民. 光学玻璃内部折射率梯度的形成［J］. 光学学报，1983，3(6)：71–78.

［111］ 赵文兴. 退火光学玻璃的光学均匀性［J］. 光学精密工程，1991(4)：1–6.

［112］ Reitmayer F，Schuster E. Homogeneity of optical glasses ［J］. Applied Optics，1972，11(5)：1107–1111.

［113］ Jiang Y S，Li J. The fine annealing of large dimension laser glass，ⅪⅤ International Congress on Glass ［C］. New Delhi，India，1986.

第5章

磷酸盐激光钕玻璃的包边技术

在高功率固体激光器系统中,吸收主放大器工作物质(大尺寸片状钕玻璃)内放大自发辐射(amplified spontaneous emission,ASE),抑制寄生振荡(parasitic oscillations,PO),对于提高激光器系统主放大器的增益、最终提高激光系统的输出功率,具有十分重要的意义。试验证明,如果采用高受激发射截面磷酸盐钕玻璃制成的径向尺寸较大的片状放大器,则寄生振荡的危害更为突出。寄生振荡也是为保证片状放大器维持一定激光增益所必须克服的问题。

抑制寄生振荡的有效方式是采取一定的工艺在激光钕玻璃侧边匹配吸收介质,且吸收介质能够有效抑制激光钕玻璃内形成的 1 053 nm 寄生振荡。因而可以得出抑制寄生振荡的两点要求:一是要有适当的吸收介质;二是设计适当的工艺,使得钕玻璃和吸收介质的结合满足最终使用要求。

目前大规模应用的高功率激光器中,普遍采用掺 Cu^{2+} 离子的磷酸盐玻璃作为放大自发辐射的吸收介质,并将掺 Cu^{2+} 的磷酸盐玻璃与大口径钕玻璃侧面紧密贴合,从而达到抑制大尺寸片状钕玻璃寄生振荡的目的。上述吸收 ASE、抑制 PO 的方法称为钕玻璃"包边(edge cladding)"。

5.1　放大自发辐射和包边

5.1.1　放大自发辐射

在泵浦光源作用下,增益与放大介质(如激光钕玻璃)中稀土离子的下能级粒子被激发到高能级时,高能级的粒子在没有任何外界能量作用下,跃迁到低能级而释放出能量,即产生无辐射跃迁(能量以热量形式释放)和自发辐射跃迁(能量以光子形式释放)。在激光放大过程中,种子光被放大的同时,自发辐射也会同步被放大,即产生所谓的放大自发辐射。当增益介质表面的菲涅耳反射形成闭合振荡时,放大自发辐射本身在激光系统中即会产生寄生振荡。增益介质中的放大自发辐射(ASE)光与受激辐射光在空间特性和时间特性上皆不同,并且相位也没有确定的关系。因此,ASE 和 PO 的存在会消耗稀土离子激光上能级粒子数。这一方面会降低激光介质的储能密度和储能效率[1],另一方面还会引起激光介质内抽运能量的再分布,影响增益的均匀性[2-4]。在低功率激光器中,ASE 可以忽略。然而随着抽运功率的增加,ASE 会逐渐增加。因此,在高功率激光系统中 ASE 的影响不可忽略,需要采取措施抑制 ASE

甚至 PO 的发生。

1972 年，美国海军实验室（Naval Research Laboratory，NRL）的 Trenholme[5]首先对片状放大器内的放大自发辐射和寄生振荡进行了详细研究，并采用蒙特卡罗方法对球形片、圆形片和椭圆形片内的 ASE 进行了模拟分析。1973 年，NRL 的 Mcmahon 等[6]在激光实验中发现，激光增益介质的增益很难进一步提高，怀疑其主要是受 ASE 和 PO 的影响。因此通过实验分析了 ASE 和 PO，结果是 ASE 的影响较小，而 PO 的影响较大。

当 ASE 光子未被吸收而重新进入增益介质后，即被增益介质放大，形成闭合回路，从而导致 PO 的出现。不同模式的 PO 与增益介质的结构和增益分布有关。ASE 光子形成的 PO 主要有以下几种模式。

1) **体模式**（bulk mode）[5, 7-9]

当增益介质的面之间存在全反射时，在面与面之间就可能存在体模式的寄生振荡。如图 5-1 所示，当自发辐射光子以入射角度 θ 和 ϕ 分别入射到增益介质的表面和侧面，并且入射角度满足式（5-1）时，在表面和侧面都会发生全反射：

$$\left.\begin{array}{l} \theta > \theta_c = \arcsin\left(\dfrac{n_1}{n_2}\right) \\[2mm] \phi > \phi_c = \arcsin\left(\dfrac{n_3}{n_2}\right) \end{array}\right\} \tag{5-1}$$

式中，θ 为 ASE 光在增益介质表面方向的入射角度；ϕ 为 ASE 光在增益介质侧面方向的入射角度；θ_c 和 ϕ_c 分别为表面和侧面的全反射临界角；n_1、n_2、n_3 分别为表面接触介质（如空气）、增益介质、侧面接触介质（如吸收玻璃）的折射率。

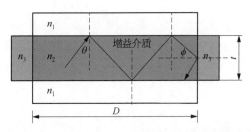

图 5-1　增益介质中 ASE 形成体寄生振荡[10]

通常增益介质表面接触介质为空气，$n_2 > n_1$。表面的全反射总是不可避免，而侧面可以通过包边处理，使得折射率满足 $n_3 > n_2$，并使材料吸收入射到侧面的 ASE 光子，这样可以减少甚至消除体振荡的产生。产生寄生振荡的阈值条件为

$$R \cdot \exp\left[\frac{n_2}{n_1}\bar{\alpha}D\right] = 1 \tag{5-2}$$

式中，R 为侧面的反射率；$\bar{\alpha}$ 为增益介质的平均增益系数（单位：cm^{-1}）；D 为增益介质的横向尺寸（单位：cm）。

2) **表面模式**（surface mode）[5, 7-9]

在一定条件下（例如片状增益介质，泵浦源对称），增益介质内的储能密度通常是不均匀的[11-12]。表面的增益通常是平均增益的数倍，这时面振荡模式会先于体振荡模式发生。如图

5-2 所示,在增益介质表面附近,由于表面增益大于平均增益,自发辐射光子被更快地放大。当在表面附近满足振荡条件时,会率先形成表面寄生振荡。表面寄生振荡的阈值条件为

$$R_{\mathrm{N}} \cdot \exp(\alpha_s D) = 1 \qquad (5-3)$$

式中,R_{N} 为侧面的法向反射率;α_s 为增益介质的表面增益系数(单位:cm^{-1});D 为增益介质的横向尺寸(单位:cm)。

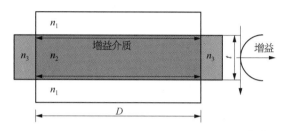

图 5-2 增益介质中 ASE 形成表面寄生振荡[10]

在增益介质中两种模式都存在,比较式(5-2)和式(5-3)可以得到,当满足式(5-4)时,表面寄生振荡占主导地位:

$$\alpha_s D > \frac{n_2}{n_1} \bar{\alpha} D + \ln\left(\frac{R}{R_{\mathrm{N}}}\right) \qquad (5-4)$$

3) **环形模式** (ring mode) [5, 7-9]

当增益介质折射率与侧面吸收介质的折射率满足 $n_3 < n_2$ 时,在增益介质侧面也会发生全反射,从而可能在平行于表面内部形成环形寄生振荡。如图 5-3 所示,图(a)为方形片,图(b)为圆形片。因此,在选择侧面吸收材料时,如果吸收材料的折射率大于增益介质折射率,即 $n_3 > n_2$,侧面不会发生全反射,因而环形寄生振荡也不会发生。

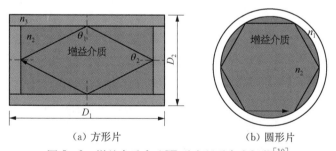

(a) 方形片 (b) 圆形片

图 5-3 增益介质中 ASE 形成环形寄生振荡[10]

4) **横向模式** (transverse mode) [7-8]

当其他模式寄生振荡被有效抑制后,在传输方向(横向)的增益介质表面之间,如果增益足够高,也可能发生横向寄生振荡(特别是在圆棒放大器中)。如图 5-4 所示为样品在横向可能形成的寄生振荡。形成横向寄生振荡的阈值条件为

$$R_{\mathrm{T}} \cdot \exp(\alpha_{\mathrm{T}} L) = 1 \qquad (5-5)$$

式中,R_{T} 为增益介质表面的反射率;α_{T} 为增益介质的横向增益系数(单位:cm^{-1});L 为增益

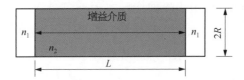

图 5-4　增益介质中 ASE 形成横向寄生振荡[10]

介质的横向尺寸(单位：cm)。

5.1.2　激光材料的包边

在增益介质内部,系统储能效率和激光输出能力不可避免地受 ASE 和 PO 的影响。针对不同的激光系统结构,为抑制激光增益介质内的 ASE 和 PO、提高激光系统激光效率,从激光系统结构、增益介质和包边结构等方面着手,发展了各种抑制 ASE 和 PO 的包边工艺和技术。

从上文分析可知,只要在增益介质的侧面进行包边处理,使 ASE 在增益介质侧面没有反射或者反射非常小,就可以有效抑制 ASE 和 PO。因此,包边材料必须满足[13]:①在激光波长处,其折射率与激光材料折射率相匹配。实际上,两者材料折射率需要尽可能接近,并且包边吸收材料折射率大于(或等于)激光材料。②包边材料必须与激光材料均匀接触。③包边材料能够吸收稀土离子的自发辐射。例如掺钕激光玻璃发射的 $0.88~\mu m$、$1.06~\mu m$ 和 $1.35~\mu m$ 波长的自发辐射。④包边必须在激光器重复工作的过程中持续稳定工作。根据这些技术要求,针对不同的应用需求,科研人员研究和开发了各种包边技术,主要有高低温烧结包边、液体包边、薄膜包边、斜边设计、涂覆包边和聚合物粘接技术等。以下介绍常用的几种增益介质包边技术。

1)　烧结包边 (sealing cladding)

又称硬包边。烧结包边技术大体分为两种:一种称作涂覆法,是在增益介质(如掺钕激光玻璃)侧面涂覆上吸收 ASE 的材料,然后将吸收材料烧结至增益介质侧面;另一种称作浇注法,该方法直接将物化参数与增益介质高度匹配的熔融态包边材料直接浇注于增益介质周边,待冷却后两者融为一体,形成含包边吸收介质的增益元件[14]。涂覆法通常采用低熔点的玻璃粉和分散剂(dispersing agent)混合形成浆状液,将浆状液均匀涂覆在增益介质侧面,然后在增益介质玻璃转变温度 T_g 下加热处理,将吸收材料烧结在增益介质侧面,从而达到吸收 ASE 的目的。其缺点是容易在吸收介质内部产生大量气泡,从而影响抑制 ASE 的性能。浇注法是将增益介质(如掺钕激光玻璃)侧面抛光达到特定光洁度要求,然后直接将吸收材料(如掺 Cu^{2+} 离子的玻璃)浇注在增益介质侧面。这种包边方法性能优良,但是成本较高,而且容易在增益介质边缘造成较大的残余应力,影响光束质量[15]。

2)　液体包边技术 (liquid cladding)

美国 Owens-Illions 的 Dubé 和 Boling[13]采用液体包边,实现了对掺钕玻璃片 ASE 和 PO 的抑制。液体包边是在掺钕激光玻璃片的侧面用密封容器装上能够吸收 ASE 和抑制 PO 的液体,从而实现抑制寄生振荡的目的。其包边液是以水、$FeCl_2$、$ZnBr_2$ 和 ZnI_2 为主要成分,按一定比例形成的混合溶液。其中,$ZnBr_2$ 和 ZnI_2 用于调节液体折射率,$FeCl_2$ 用于吸收 $1.06~\mu m$ 处的激光。溶液在 $1.06~\mu m$ 处的折射率可实现 $1.33 \sim 1.60$ 范围内可调,吸收系数在 $0.0 \sim 5.0~cm^{-1}$ 范围内可调。

除液体折射率和吸收系数两大关键指标外,设计液体包边还必须考虑耐泵浦源辐照能力、与密封材料的反应性、无毒和安全性(如易燃易爆)等要求。要满足上述要求,很难确定一种单一溶液,使其既与激光玻璃的折射率匹配又有显著的 ASE 吸收能力。因此,设计时可将这两种要求分开考虑,即先确定与折射率匹配的溶液,再向其中掺杂吸收物质。

美国 LLNL 国家实验室的 Steve Guch[16]针对掺钕激光玻璃包边溶液的设计与选择进行了详细研究。很多有机溶液的折射率等于或稍高于 1.55,通过折射率和化学键强度判断,芳香族和卤化碳氢化合物可能满足应用需求,例如四溴乙烷(tetrabromoethane)和氯化三联苯 1232(arochlor 1232)。但这两种有机物在能量密度为 15 J/cm^2 的氙灯照射 50 次后,都发生了分解,因为这些有机物质中的碳卤键在激光作用下发生了断裂。因此,从耐氙灯辐照性能角度考虑,在氙灯泵浦光源的短波部分不能有效屏蔽的情况下,有机溶液不适合用作包边液。

因此,可设计无机溶液作为包边液。无机溶液折射率须满足洛伦兹关系:

$$\frac{n^2-1}{n^2+2}=\frac{4\pi}{3}\sum_i N_i\gamma_i \qquad (5-6)$$

式中,N_i 为溶液中第 i 种元素的离子数密度(单位:cm^{-3});γ_i 为第 i 种元素的电子极化率;n 为溶液的折射率。

Steve Guch 通过分析发现,锌卤化物的水溶液与掺钕激光玻璃有很好的折射率匹配。$ZnCl_2$、$ZnBr_2$ 和 ZnI_2 的近饱和水溶液在 1.06 μm 的折射率分别为 1.52、1.54 和 1.62。这三种溶液在 15 J/cm^2 闪光灯辐照下 50 次后仍然可以保持稳定,并且安全。在实验室容易操作,与常见的结构材料之间不会发生化学反应,折射率可以调节。其中,ZnI_2 水溶液与掺钕激光玻璃(O-I,ED-2,1.565@1.06 μm)折射率最为匹配。该溶液在不流动系统中存放几个星期,颜色会出现从浅黄色到深褐色的缓慢变化。

液体包边对 ASE 的吸收可由两种方法实现:①在包边液中掺杂吸收物质;②密封容器壁具有吸收能力,例如含金属离子的吸收剂(例如铁、锰、钴、钐、铜和镍等)。研究发现,在同等溶解的情况下,$CuCl_2$ 水溶液在 1.06 μm 处吸收能力最强。但是,由于溶液中的氯化亚铜会与结构材料之间发生强烈的化学反应,使得液体包边放弃了 $CuCl_2$ 的应用。$NiCl_2$ 溶液与 $CuCl_2$ 溶液的吸收能力几乎相同,并且它与常用结构材料之间不发生反应。例如,Steve Guch 配制的由 ZnI_2 和 $NiCl_2$ 混合配制的包边液样品,其 1.06 μm 时折射率为 1.58,吸收系数为 4.6 cm^{-1}。

液体包边的另外一个关键是密封容器和流通系统的设计。Steve Guch 针对掺钕激光玻璃设计了密封装置和流动系统,其中的关键是:①选择最佳密封材料。围绕在增益介质周围的容器需要密封,其在使用过程中不发生泄漏。根据在金属、人造橡胶、丁基合成橡胶(丁钠橡胶)、氟硅氧烷(氟橡胶)和硅树脂上的研究结果,最终采用了聚酯基聚亚胺酯作为圆环材料应用于液体包边密封。实验结果亦证明其具有很好的适用性。在没有涂层的情况下,其密封性能和抗损伤性更佳。②流动系统的设计。包边液流动系统要设计成既能在压力下补充包边液又能在真空下将其抽取出来的形式。流动系统可以排除包边液中的残余气泡,增加抑制 ASE 和 PO 的性能。

与其他烧结包边等技术相比,液体包边有以下优点:①包边吸收材料与激光玻璃之间可以实现均匀接触;②包边材料的折射率和吸收系数很容易实现调整;③在包边实验过程中,无须撤去或重新加工激光玻璃,使得包边效果试验非常方便;④液体包边不会在包边材料或激光玻璃中引入应力。液体包边的缺点是需要大容器来容纳包边液。

近年来,随着拍瓦级激光系统的发展,作为增益介质的钛宝石尺寸越来越大,液体包边常用于抑制钛宝石的 ASE 和 PO。由于钛宝石折射率较高,Klaus Ertel 等[17]选用 1-溴代萘(1-bromonaphthalene,BN)和氯化锡的甘油溶液(Tin(Ⅱ) chloride in glycerol,TCG)作为包边液。BN 中掺入激光染色剂如 IR140(吸收 800 nm 光)后即可以作为包边溶液使用。TCG 是低毒的,在其中掺入吸收激光波长的盐类物质,也可以作为液体包边的包边吸收物质。将上述包边液密封在增益介质周围,作为吸收介质抑制 ASE 和 PO。

3) **聚合物包边**(polymer edge cladding) [15, 18-19]

美国 LLNL 国家实验室的 Novette 和 NOVA 装置上早期使用的掺钕激光玻璃,主要是采用直接在钕玻璃侧面浇注吸收玻璃的硬包边工艺,但该包边工艺较复杂且成本高。因此,为提高便利性和降低成本,科研人员开发了聚合物包边技术代替硬包边,并取得了成功。J. E. Murray 等首先在单片放大器(single segment amplifier,SSA)实验中采用将聚合物材料粘结到激光玻璃上的包边技术。采用室温硫化型(RTV)合成硅橡胶(silicon rubber)作为载体,在其中掺入吸收玻璃粉,然后将其涂覆在掺钕激光玻璃片四周,形成吸收介质,代替了传统的浇注包边方式。其中,橡胶材料主要是将 ASE 光导入吸收玻璃粉,并且硅橡胶与玻璃粉的折射率需要匹配,以消除菲涅耳反射。为有效抑制 ASE,要求硅橡胶内无气泡和散射杂质,并能承受氙灯辐照破坏。但其在使用过程中容易磨损,满足不了系统对洁净度的要求。

H. T. Powell[18,20]等对聚合物包边技术做了进一步研究。其包边主要有三种结构:第一种是将包边玻璃嵌入聚合物中,形成一个相对较厚的粘结条。这种设计与 J. E. Murray 的设计类似,如图 5-5a 所示。第二种是采用一种非常薄(<25 μm)的粘合层,将包边玻璃和激光玻璃直接粘合在一起。其方法是先在包边玻璃与激光玻璃的粘接面涂上一层聚合物黏结剂,然后将包边玻璃和激光玻璃轻压到一起直至粘接固化。这种方法的优点是聚合物用量少,并可以减少夹杂物的引入,如图 5-5b 所示。第三种是直接在钕玻璃侧面粘接一层本身含吸收体的聚合物。吸收体为均匀分布在聚合物中的染料或者透明吸收颗粒,使得聚合物既是粘合剂又是吸收体,如图 5-5c 所示。这种方法的优点是简单、便宜。但由于聚合物使用太多,使得因杂质点而造成的光学损伤概率增加,降低了放大器的可靠性。另外,吸收物或染料不能被漂白,否则在经受放大器内的高能光后就会失效。最后,玻璃与聚合物间弹性模量的差异使得精加工(打磨和抛光)非常困难。因此最终采用了第二种结构。

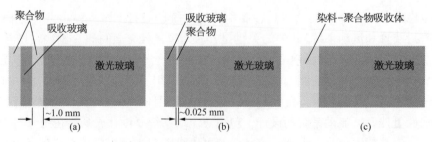

图 5-5　聚合物包边结构示意图

4) **镀膜包边**(thin film or coating) [21-23]

这种包边技术是在增益介质(如钛宝石晶体、Nd∶GGG 和红宝石等)侧面通过热扩散等方式沉积或者镀上一层或多层薄膜,膜层之间折射率相匹配,并选择合适的吸收材料,达到抑制 ASE 的目的。

相对于主要应用于高峰值功率和低平均功率系统中的传统包边技术(如液体包边和聚合

物包边)而言,镀膜包边技术解决了吸收材料的热效应问题,更适合用于高平均功率系统(如"之"字形激光器)。将很薄的一层吸收介质镀在增益介质的表面,可以抑制增益介质内部的全内反射。采用合适的折射率匹配材料,可以在大角度入射的情况下,减少内表面的反射率,从而达到抑制 ASE 和 PO 的目的,并可以很好地解决散热问题。

镀膜包边结构如图 5-6 所示,图(a)主要用于端面泵浦激光系统中,图(b)主要用于侧面泵浦激光系统中。吸收介质层 2 对于泵浦光源而言是不透的,而对于自发辐射光是透过的,这样可以有效利用泵浦光源。介质层 1 用于吸收或者散射 ASE 光。镀膜包边技术主要应用于陶瓷和晶体材料,这是由于晶体和陶瓷折射率都比较高,用低折射率包边材料很难抑制 ASE 和寄生振荡,从而采用镀膜的方式进行包边。

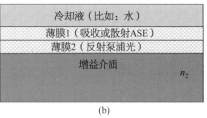

图 5-6　镀膜包边结构示意图[10]

5)　泄露技术(leak method)　[24-25]

其方法是在增益介质侧面设计加工出一些棱形结构或者通过研磨等方式将侧面打毛,这样 ASE 会在边缘不规则形状处部分泄露。结合其他包边技术,可以降低包边折射率匹配要求和扩展包边材料的选择。图 5-7 所示为侧面棱形结构的增益介质示意图,图 5-8 为侧面粘接吸收材料后的钕玻璃坯片。

图 5-7　增益介质侧面棱形结构[24]　　　　图 5-8　包边完成的钕玻璃[25]

5.2　磷酸盐激光钕玻璃的包边

5.2.1　包边性能要求

用于惯性约束核聚变(ICF)研究的高功率固体激光系统大量采用片状掺钕磷酸盐激光玻璃作为增益介质。同其他固体激光器一样,系统储能效率和激光输出能力不可避免地受放大自发辐射的影响。针对掺钕激光玻璃先后发展了高低温烧结包边、液体包边和聚合物粘接等包边技术。

由于高功率固体激光系统中使用的钕玻璃尺寸大、数量多,钕玻璃的包边性能是决定整个钕玻璃元件性能的关键技术指标之一。从工程化批量应用和成本等方面考虑,目前对于片状掺钕磷酸盐激光玻璃,主要采用聚合物粘接包边技术,即在片状掺钕激光玻璃四周用聚合物粘接一层吸收 ASE 的包边玻璃。相对于烧结涂覆等包边技术,其具有易于实现、成本低等优点,特别适合工程化批量生产。上海光机所为实现大尺寸钕玻璃批量化、低成本包边,开展了大尺寸钕玻璃聚合物包边技术研究,取得了显著的成效。该包边技术已经成功应用于中国神光Ⅱ和神光Ⅲ装置的钕玻璃片状增益介质。

钕玻璃工程化批量生产时,其包边技术方案的设计需要综合考虑包边剩余反射率、折射率匹配、吸收材料、包边粘接强度、包边粘接附加应力、装置运行中的包边温升和使用寿命等性能指标。应用于高功率激光装置的钕玻璃光学元件,其包边关键性能要求主要包括以下几方面[10]:

(1)包边剩余反射率的控制。包边剩余反射率是评价包边性能的最重要指标。通常对于大尺寸钕玻璃片,要求吸收介质与增益介质粘接后吸收 ASE 效率高于 99.9%,即包边后的剩余反射率小于 0.1%。

(2)包边粘接附加应力和使用过程中的动态热应力控制。包边粘接附加应力(特别是通光口径范围内)要足够小,原因在于,一方面应力过大会增加粘接过程中材料炸裂风险;另外一方面过大的附加应力会在钕玻璃内部产生较大的应力双折射,影响钕玻璃元件的光学质量。放大器在使用过程中的动态热应力与包边材料的热性能和系统的 ASE 有关,因此,在掺钕激光玻璃包边过程中需要控制包边的附加应力和热应力。

(3)包边可靠性。包边采用有机聚合物粘接,在使用过程中一方面要承受氙灯泵浦光和 ASE 的辐照,另一方面由于包边玻璃吸收 ASE 后温度不均匀升高,包边将承受热和热应力冲击。高功率激光装置通常要求钕玻璃片在稳定运行数千至上万次后包边性能不下降。因此,包边在装置运行中应具有高可靠性。

5.2.2　包边剩余反射率

大口径掺钕磷酸盐激光玻璃采用聚合物包边技术,其包边结构如图 5-9 所示。将钕玻璃侧面打磨抛光,然后用聚合物将光学加工好的包边条粘接在钕玻璃周围,最后加工整形得到包边完成的钕玻璃片。如前所述,包边性能的关键指标之一是包边剩余反射率,其直接影响钕玻璃储能效率的利用。影响包边剩余反射率的主要因素有如下几方面:

(1)折射率匹配。包边玻璃、包边胶和钕玻璃的折射率匹配程度,直接影响包边剩余反射率的大小。如果三者的折射率相同,则在粘接界面处不会由于折射率差而产生界面反射。但在实际生产过程中,三者的折射率不可能完全相同。因此,三者折射率差异会造成界面的反射。

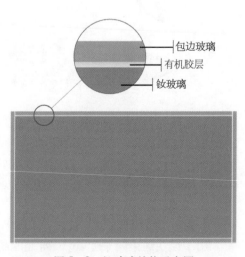

包边玻璃
有机胶层
钕玻璃

图 5-9　钕玻璃结构示意图

（2）包边玻璃的吸收系数和吸收厚度。作为吸收 ASE 的材料，包边玻璃吸收系数决定了对 ASE 吸收的效果和程度。

（3）界面疵病。包边玻璃、钕玻璃侧面加工和包边工艺过程引入的疵病在粘接的界面处形成散射点，造成包边剩余反射率的增加。

5.2.2.1　多界面反射率原理分析

1）　菲涅耳反射基本理论 [10]

如图 5-10 所示，当光线从一种介质传输到另外一种介质时，界面的反射率不仅仅与界面两侧介质的折射率有关，还与光线的入射角度有关。其反射率 R 和透射率 T，与折射率、入射角度和偏振态的关系满足菲涅耳公式。

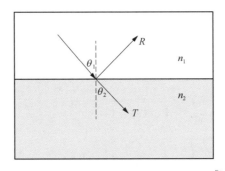

图 5-10　平面波在两个界面的反射和透射[10]

对于 P 偏振光，反射率和透过率分别为

$$\left.\begin{array}{l} R_p = \left[\dfrac{\tan(\theta_1 - \theta_2)}{\tan(\theta_1 + \theta_2)}\right]^2 \\[3mm] T_p = \dfrac{n_2 \cos\theta_2}{n_1 \cos\theta_1}\left[\dfrac{2\sin\theta_2 \cos\theta_1}{\sin(\theta_1 + \theta_2)\cos(\theta_1 - \theta_2)}\right]^2 \end{array}\right\} \tag{5-7}$$

对于 S 偏振光，反射率和透过率分别为

$$\left.\begin{array}{l} R_s = \left[\dfrac{\sin(\theta_1 - \theta_2)}{\sin(\theta_1 + \theta_2)}\right]^2 \\[3mm] T_s = \dfrac{n_2 \cos\theta_2}{n_1 \cos\theta_1}\left[\dfrac{2\sin\theta_2 \cos\theta_1}{\sin(\theta_1 + \theta_2)}\right]^2 \end{array}\right\} \tag{5-8}$$

对于非偏振光，反射率和透过率分别为

$$\left.\begin{array}{l} R_n = \dfrac{1}{2}(R_s + R_p) \\[3mm] T_p = \dfrac{1}{2}(T_s + T_p) \end{array}\right\} \tag{5-9}$$

上几式中，R 为界面的反射率；T 为界面的透射率；n 为介质的折射率；θ 为界面的入射或者反射角。

2）　薄膜反射基本原理

当光线传输经过三种介质时，存在两个界面，如图 5-11 所示。当中间介质厚度较薄时，可以将中间一层介质当作光学薄膜。因此，可以采用光学薄膜原理的公式进行处理。介质的反射率和透射率大小与中间介质的厚度及透过的光是否产生干涉有关。

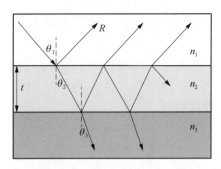

图 5‑11 三层介质膜双界面的反射和透射[10]

（1）第一种情况。假定中间介质相对于入射光来说很薄，则会产生干涉，可以采用多光束干涉原理来进行处理。对于 S 偏振光和 P 偏振光，反射率和透过率分别为

$$R = \frac{r_1^2 + r_2^2 + 2r_1r_2\cos\delta}{1 + r_1^2r_2^2 + 2r_1r_2\cos\delta} \left.\vphantom{\frac{(1-r_1^2)(1-r_2^2)}{1+r_1^2r_2^2+2r_1r_2\cos\delta}}\right\}$$
$$T = \frac{(1-r_1^2)(1-r_2^2)}{1 + r_1^2r_2^2 + 2r_1r_2\cos\delta}$$

$$(5-10)$$

对于 P 偏振光，反射系数为

$$r_1 = \frac{\tan(\theta_1 - \theta_2)}{\tan(\theta_1 + \theta_2)} \left.\vphantom{\frac{\tan(\theta_2-\theta_3)}{\tan(\theta_2+\theta_3)}}\right\}$$
$$r_2 = \frac{\tan(\theta_2 - \theta_3)}{\tan(\theta_2 + \theta_3)}$$

$$(5-11)$$

对于 S 偏振光，反射系数为

$$r_1 = -\frac{\sin(\theta_1 - \theta_2)}{\sin(\theta_1 + \theta_2)} \left.\vphantom{\frac{\sin(\theta_2-\theta_3)}{\sin(\theta_2+\theta_3)}}\right\}$$
$$r_2 = -\frac{\sin(\theta_2 - \theta_3)}{\sin(\theta_2 + \theta_3)}$$

$$(5-12)$$

δ 为光束在薄膜中产生的相位差

$$\delta = \frac{4\pi}{\lambda} n_2 t \cos\theta_2$$

$$(5-13)$$

式中，t 为单层薄膜的几何厚度；λ 为入射光波波长。

（2）第二种情况。假定中间介质相对于入射光来说很厚，则不会产生干涉，可以采用厚膜原理来进行处理。当介质没有吸收时，总的反射率和透过率与两个界面的反射率和透过率满足以下关系：

$$R = \frac{R_1 + R_2 - 2R_1R_2}{1 - R_1R_2} \left.\vphantom{\frac{T_1T_2}{1-R_1R_2}}\right\}$$
$$T = \frac{T_1T_2}{1 - R_1R_2}$$

$$(5-14)$$

当介质有吸收时，设介质的内透过率为 τ，总的反射率和透过率与两个界面的反射率和透过率满足以下关系：

$$R = \frac{R_1 + (T_1^2 - R_1^2)R_2\tau^2}{1 - R_1 R_2\tau^2}$$

$$T = \frac{T_1 T_2\tau}{1 - R_1 R_2\tau^2}$$

$(5-15)$

5.2.2.2　包边折射率匹配与界面反射率的关系[10]

设包边玻璃折射率为 n_3，包边胶折射率为 n_2，钕玻璃折射率为 n_1，四周空气的折射率为 n_0，胶层厚度为 t，包边玻璃厚度为 l，钕玻璃样品厚度为 d，与空气接触面的入射角度为 θ_1，从钕玻璃到包边胶的入射角度为 θ_2，从包边胶到包边玻璃的入射角度为 θ_3。自发辐射光在钕玻璃与包边胶界面的反射率为 R_1，包边胶与包边玻璃界面的反射率为 R_2，包边玻璃与空气的反射率为 R_3，包边玻璃在激光波长处的吸收系数为 β，如图 5-12 所示。

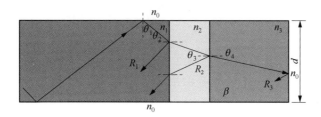

图 5-12　包边胶层结构[10]

在氙灯泵浦下，钕玻璃内部自发辐射产生的光子沿各个方向传播。当入射角度小于钕玻璃与空气接触的全反射角度（$\theta_1 = \arcsin\dfrac{n_0}{n_1} = \arcsin\dfrac{1}{1.530} \approx 41°$）时，一部分光从钕玻璃的表面溢出，一部分光则返回钕玻璃内部；而当钕玻璃的入射角度大于 41° 时，自发辐射光子将全部被反射回钕玻璃内部。如图 5-13 所示，对于不同偏振态，P 偏振、S 偏振和自然光的反射率有所不同。由于钕玻璃表面积大，并与空气接触，因此泵浦产生的自发辐射光子大部分将被钕玻璃-空气界面反射回钕玻璃内部。

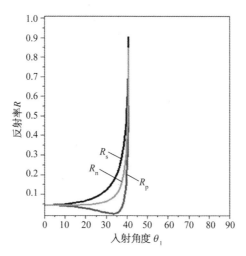

图 5-13　钕玻璃-空气界面的反射率（$n_1 = 1.530@1\,053$ nm）[10]

在钕玻璃与包边胶界面,由于两者折射率差异较小,故其反射率亦相对较小。但由于包边胶层较薄,光子进入包边胶层后可能会产生干涉,在满足干涉条件的区域反射率会较高。当在包边胶层发生干涉时,需要将胶层当作薄膜来处理,利用多光束干涉原理进行分析。设包边胶的折射率 $n_2 = 1.531@1\,053\,nm$,钕玻璃的折射率为 $n_2 - \Delta n$,包边玻璃的折射率为 $n_2 + \Delta n$,并设包边胶层的厚度为 t,在垂直入射的情况下($\theta_2 = 0°$),利用式(5-10)~式(5-13)可以得到:

$$\left.\begin{array}{l} r_{1s} = r_{1p} = \dfrac{\Delta n}{2n_2 - \Delta n} \\[3mm] r_{2s} = r_{2p} = \dfrac{\Delta n}{2n_2 + \Delta n} \end{array}\right\} \tag{5-16}$$

$$R = \frac{\left(\dfrac{\Delta n}{2n_2 - \Delta n}\right)^2 + \left(\dfrac{\Delta n}{2n_2 + \Delta n}\right)^2 + 2\left(\dfrac{\Delta n}{2n_2 - \Delta n}\right)\left(\dfrac{\Delta n}{2n_2 + \Delta n}\right)\cos\left(\dfrac{4\pi t}{\lambda}\right)}{1 + \left(\dfrac{\Delta n}{2n_2 - \Delta n}\right)^2 \left(\dfrac{\Delta n}{2n_2 + \Delta n}\right)^2 + 2\left(\dfrac{\Delta n}{2n_2 - \Delta n}\right)\left(\dfrac{\Delta n}{2n_2 + \Delta n}\right)\cos\left(\dfrac{4\pi t}{\lambda}\right)} \tag{5-17}$$

结果如图5-14所示。从图中可以看出,对于P光和S光,由于折射率差值较小,通过钕玻璃-包边胶,包边胶-包边玻璃界面后,其反射光光强非常小,即便折射率差值达到 0.006,在干涉强度最强位置,其反射率也仅有约 1.5×10^{-5}。

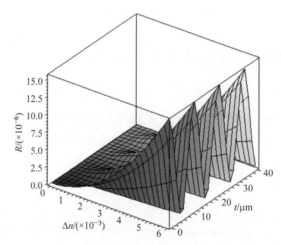

图5-14 反射率与折射率差以及包边胶厚度关系($\boldsymbol{\theta_2 = 0°}$)[10]

在斜入射情况下($\theta_2 = 45°$),仍利用式(5-10)~式(5-13)可以得到:

$$\left.\begin{array}{l} r_{1s} = \dfrac{\tan\left[\theta_2 - \arcsin\left(\dfrac{n_2 - \Delta n}{n_2}\sin\theta_2\right)\right]}{\tan\left[\theta_2 + \arcsin\left(\dfrac{n_2 - \Delta n}{n_2}\sin\theta_2\right)\right]} \\[6mm] r_{1p} = \dfrac{\sin\left[\theta_2 - \arcsin\left(\dfrac{n_2 - \Delta n}{n_2}\sin\theta_2\right)\right]}{\sin\left[\theta_2 + \arcsin\left(\dfrac{n_2 - \Delta n}{n_2}\sin\theta_2\right)\right]} \end{array}\right\} \tag{5-18}$$

同理可以得到 r_{2s} 和 r_{2p},则反射率为

$$R_s = \frac{(r_{1s})^2 + (r_{2s})^2 + 2(r_{1s})(r_{2s})\cos\left(\dfrac{4\pi t}{\lambda}\cos\theta_3\right)}{1 + (r_{2s})^2(r_{2s})^2 + 2(r_{2s})(r_{2s})\cos\left(\dfrac{4\pi t}{\lambda}\cos\theta_3\right)}$$

$$R_p = \frac{(r_{1p})^2 + (r_{2p})^2 + 2(r_{1p})(r_{2p})\cos\left(\dfrac{4\pi t}{\lambda}\cos\theta_3\right)}{1 + (r_{2p})^2(r_{2p})^2 + 2(r_{2p})(r_{2p})\cos\left(\dfrac{4\pi t}{\lambda}\cos\theta_3\right)}$$

(5 - 19)

结果如图 5 - 15 所示。图(a)为 S 偏振光干涉反射强度与折射率差和胶层厚度的关系,图(b)为 P 偏振光干涉反射强度与折射率差和胶层厚度的关系。同样,由于折射率差值较小时,光通过钕玻璃-包边胶、包边胶-包边玻璃界面后,其反射光光强也非常小。对于 S 偏振光,在干涉强度最强位置,其反射率约为 6×10^{-5}。而 P 偏振光则更小,即便在最强处,其反射率也只有 8×10^{-10}。

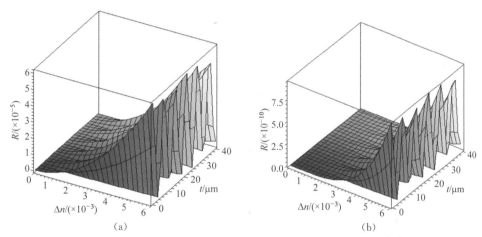

图 5 - 15 反射率与折射率差以及包边胶厚度关系($\theta_2 = 45°$)[10]

在不考虑包边胶层干涉以及包边胶层对 ASE 光子无吸收的情况下,反射率与包边胶层的厚度无关,只与钕玻璃-包边胶、包边胶-包边玻璃面的折射率差值有关。同样利用式(5 - 11)、式(5 - 12)、式(5 - 14)和式(5 - 18)可以计算得到界面的反射率,结果如图 5 - 16 所示。从图中可以看出,在垂直入射和斜入射情况下($\theta_2=45°$),无论是 P 偏振光还是 S 偏振光,在折射率差值为 0.003 左右时,其反射率都非常小。

如前所述,靠近钕玻璃表面的增益较大。一方面,在工程中,钕玻璃、包边胶和包边玻璃折射率不可能完全相等,折射率只能在一定程度上进行匹配;另一方面,聚合物包边在靠近钕玻璃通光表面的交界处容易有轻微分层产生。因此,靠近钕玻璃表面的 ASE 光子从侧面反射后,更容易产生寄生振荡。如图 5 - 17 所示,包边胶的折射率为 $n_2 = 1.531$,包边胶层的厚度 $t = 20~\mu m$,在大角度入射并考虑在胶层内光的干涉情况下,反射率已经非常大。例如,设 $\Delta n = 0.003$,包边胶的折射率 $n_2 = 1.531$,钕玻璃折射率 $n_1 = 1.528$,包边玻璃折射率 $n_3 = 1.534$,包边胶层的厚度 $t = 20~\mu m$,在入射角度 $\theta_2 = 88°$ 时的反射率 $R' \approx 0.1 \sim 0.2$,在入射角□□时的反射率 $R' \approx 0.03$。因此,为减少大角度入射光子的反射,需□□□□□□□□配精度,这在工程上比较难以实现。为降低表面产生寄生振□□□□□□□□□□低折射率的匹配难度,一种策略就是钕玻璃侧面采用倾斜角度设计,让靠近钕玻璃表面的反射光反射进入钕玻璃体内,使得高增益的 ASE 表面模式变成低增益的体模式,从而可以减少大角度入射的光子进入钕玻璃体内消耗反转粒子数。

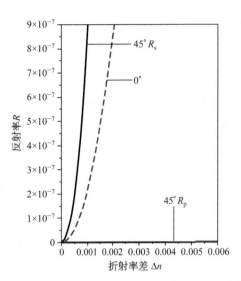

图 5-16 反射率、折射率差以及包边胶厚度关系[10]

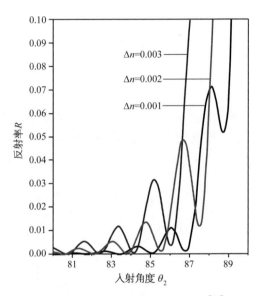

图 5-17 大角度入射下的反射率[10]

如图 5-18 所示,设包边倾斜角度为 $\varphi_i(i=1, 2, 3)$,则反射光反射角度为 $2\varphi_i(i=1, 2, 3)$,倾斜角度使得表面 ASE 变成体 ASE,为减少其反射,可使其通过钕玻璃内部后,再次被包边界面吸收,从而进一步减少反射的光子。根据钕玻璃侧面倾斜角度结构,分以下三种情况进行说明。

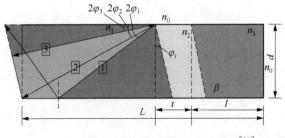

图 5-18 倾斜角度对表面 ASE 光的影响[10]

第一种情况是反射的光通过表面反射后,再次被包边面吸收,设此种情况下,倾斜角度为 φ_1,对应反射角度为 $2\varphi_1$,此时倾斜角度 φ_1 满足

$$2d\tan(90° - 2\varphi_1) = L \tag{5-20}$$

第二种情况是反射光直接反射到包边侧面,设此种情况下,倾斜角度为 φ_2,对应反射角度为 $2\varphi_2$,此时倾斜角度 φ_2 满足

$$d\tan(\varphi_2) + \frac{d}{\tan(2\varphi_2)} = L \tag{5-21}$$

第三种情况是让反射后的光偏离距离大约为 $0.5d$，即钕玻璃厚度方向的中心位置，此处的增益最小，设此种情况下，倾斜角度为 φ_3，对应反射角度为 $2\varphi_3$，此时倾斜角度 φ_3 满足

$$d\tan(\varphi_3) + \frac{d}{\tan(2\varphi_3)} = 2L \qquad (5-22)$$

假设钕玻璃长度 $L = 800$ mm、$d = 40$ mm，求解上述方程得到 $\varphi_1 = 2°52'$、$\varphi_2 = 1°56'$、$\varphi_3 = 43'$。为将表面寄生振荡转换为体寄生振荡，倾斜角度范围可以选择为 $43' \leqslant \varphi \leqslant 2°52'$。

此外，倾斜角度可以使侧面大角度入射的光反射不再进入钕玻璃体内消耗上能级粒子数，因此可以有效降低对折射匹配的要求。如图 5-19 所示，无倾斜角度时，在包边界面的入射角度为 θ_2，引入倾斜角度后，入射角度 $\theta_2' = \theta_2 + \varphi$。在大角度入射情况下，当反射角度满足式 (5-23) 时，大角度入射的反射光将再次被包边侧面吸收，而不会进入玻璃内部：

$$2\varphi > 90° - \theta_2 \qquad (5-23)$$

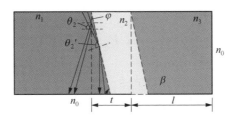

图 5-19　倾斜角度对折射率匹配的影响[10]

从图 5-19 可以看出，无论干涉与否，当入射角度 $\theta_2 > 83°$ 时，反射率已经很高，因此当 $\varphi \approx 3.5°$ 时，大角度入射的光将反射至侧面被吸收。

综上所述，对于钕玻璃样品长边为 800 mm 时，倾斜角度可以为 $\varphi \approx 2.5°$。用同样的方法对钕玻璃样品 400 mm 短边进行分析，为减少包边加工和包边工艺的复杂性，对 400 mm 长的短边也可以采用倾斜角度 $\varphi \approx 2.5°$。

5.2.2.3　包边玻璃吸收系数与厚度[10]

包边剩余反射率不仅取决于钕玻璃、包边胶、包边玻璃之间的折射率匹配和胶层厚度，还与包边玻璃的吸收系数 β 和吸收厚度 l 密切有关。包边玻璃的吸收系数越大，吸收厚度越大，吸收 ASE 和抑制 PO 的效果越好。但过大的吸收系数会导致包边界面温升过高，从而影响包边寿命和包边折射率匹配，不利于系统的热应力控制和热恢复。吸收材料过厚，在钕玻璃材料通光口径一定的情况下，会增加元件的尺寸，不利于工程设计。因此，需要合理设计包边玻璃的吸收系数和厚度。

工程上使用的包边玻璃厚度比包边胶层厚度要厚得多，且包边玻璃对 ASE 有强烈吸收。在这种情况下，与包边胶层不同，可以忽略包边玻璃前后表面的干涉。假定包边玻璃外表面抛光，与空气直接接触，吸收系数与内透过率的关系如图 5-20 和式(5-24)：

$$\left. \begin{aligned} \tau &= \frac{I''}{I'} \\ \beta &= -\ln\left(\frac{I''}{I'}\right)/l \\ \tau &= e^{-\beta l} \end{aligned} \right\} \qquad (5-24)$$

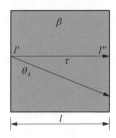

图 5-20　吸收系数与内透过率[10]

利用式(5-25)可以分别得到垂直入射和斜入射情况下的反射率：

$$
\left.\begin{array}{l}
R(0°)=\dfrac{R_1+\left[(1-R_1)^2-R_1^2\right]R_2(e^{-\beta l})^2}{1-R_1R_2(e^{-\beta l})^2} \\[4mm]
R(\theta_4)=\dfrac{R_1+\left[(1-R_1)^2-R_1^2\right]R_2(e^{-\beta l\sec(\theta_4)})^2}{1-R_1R_2(e^{-\beta l\sec(\theta_4)})^2}
\end{array}\right\} \qquad (5-25)
$$

式中，$\theta_4=\arcsin\left(\dfrac{n_2}{n_3}\sin\theta_3\right)=\arcsin\left(\dfrac{n_1}{n_3}\sin\theta_2\right)$。设空气折射率 $n_0=1$，钕玻璃折射率 $n_2=1.528$，包边胶折射率 $n_2=1.531$，包边玻璃折射率 $n_3=1.534$，相邻两者折射率差值 $\Delta n=0.003$，利用式(5-25)可以得到在 $\theta_2=0°$ 时，光过包边胶、包边玻璃、空气的反射率与吸收系数和吸收厚度的关系，如图 5-21 所示。包边玻璃对 ASE 光子的吸收特点为吸收系数越大、反射率越低。光束在包边玻璃内的传输路径越长，即包边玻璃厚度越厚，吸收也越大。选择两个比较典型的角度即 $\theta_2=0°$ 和 $\theta_2=45°$，可以得到包边玻璃吸收系数和厚度的乘积与反射率的关系，如图 5-22 所示。从图中可以看出，当 $\beta l<2$ 时，反射率 $R<0.001$；当 $2<\beta l<6$ 时，反射率 $R<0.0001$（$\beta l=2$ 时，反射率 $R=0.0008$；$\beta l=4$ 时，反射率 $R=1.5\times10^{-5}$；$\beta l=6$ 时，反射率 $R=3\times10^{-7}$）。

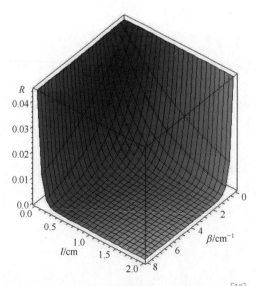

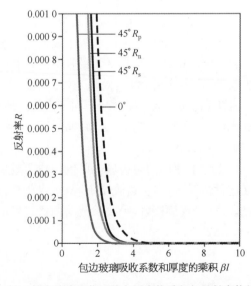

图 5-21　反射率和吸收系数、包边厚度关系[10]　　图 5-22　包边玻璃吸收系数和厚度的乘积与反射率的关系[10]

从上述分析可以看出，为有效吸收 ASE、抑制 PO，包边玻璃厚度和包边吸收系数的乘积 βl 可以选择在 $2\sim6$，其剩余反射率可以控制在 10^{-4} 量级。

5.2.2.4　包边界面疵病

为减少钕玻璃、包边胶、包边玻璃界面的反射率，在工程设计中，包边胶折射率、包边玻璃厚度和包边吸收系数需要根据设计参数进行优化。但由于包边界面面积大，实际生产过程中，在界面处不可避免地会引入一些界面疵病，如气泡、划痕、油脂、毛发和抛光粉等，这些疵病会在包边界面处形成散射点，增加反射，如图 5-23 所示。设上述疵病的折射率为 $n_{气泡}\approx1.0$、$n_{毛发}\approx1.5$、$n_{油脂}\approx1.6$、$n_{Fe_2O_3}\approx3.0$、$n_{CeO_2}\approx2.0$，忽略材料的吸收，利用菲涅耳反射公式即式(5-7)、式(5-8)可以得到在钕玻璃-包边胶界面的反射率，结果如图 5-24 所示。从图中可以看出，气泡的影响最为严重。在很小角度范围内反射率即急剧上升，其他疵病影响也比较严重。因此包边过程中需要避免气泡的产生，同时需要对粘接表面进行清洁处理，减少疵病对包边剩余反射率的影响。

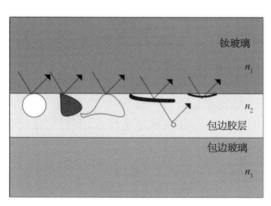

图 5-23　胶层疵病引起的反射[10]

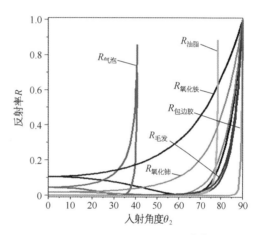

图 5-24　胶层疵病反射率[10]

另外，胶层内部的细小颗粒也会造成散射，影响界面反射率。包边面在加工过程中存在的亚表面缺陷[26]也会影响界面的反射率。但相对于折射率匹配和疵病，细小颗粒和亚表面缺陷造成的散射要小得多，可以忽略不计。

5.2.2.5　温度对折射率匹配的影响

掺 Cu^{2+} 离子包边玻璃被粘接在钕玻璃的四周，吸收 ASE 后，包边玻璃温度会升高。温升会使钕玻璃、包边玻璃和包边胶的折射率发生变化。对于包边玻璃和钕玻璃，其折射率温度系数较低，温度对其折射率的影响较小。但包边胶是有机聚合物，其折射率温度系数远大于钕玻璃和包边玻璃的折射率温度系数，因此，温升会影响钕玻璃、包边玻璃和包边胶的折射率匹配。在室温条件下，通过检测钕玻璃、包边胶和包边玻璃的折射率，可以进行有效匹配。但在氙灯泵浦运行条件下，包边界面温度会升高。例如，美国 LLNL 国家实验室 NOVA 系统中使用的钕玻璃片，在泵浦时间 500 μs 内，其包边玻璃温度可以达 36 ℃（包边玻璃吸收系数为 7.5 cm^{-1}，ASE 能量密度为 10 J/cm^2）。美国 LLNL 国家实验室 NIF 装置中所使用的钕玻璃片，其包边玻璃的峰值温升可到 9.8 ℃，平均温升 3.0 ℃，钕玻璃温度也会升高[27]。因此，可以断定激光装置中的钕玻璃元件在运行过程中，包边界面附近的钕玻璃、包边玻璃和包边胶的温度会发生变化[28]。界面的温升主要由 ASE 能量密度和包边玻璃的吸收系数决定，包边玻璃温升与吸收距离呈指数衰减。显然三种材料的折射率也会随温度发生变化。因此需要考虑温度对折射率匹配的影响[29]。

根据 Prod'homme 模型可知,材料的折射率温度系数是材料的特性之一,主要由材料的密度和电极化率决定[30]:

$$\frac{\mathrm{d}n}{\mathrm{d}t} = \frac{(n^2-1)(n^2+2)}{6n}(\Phi - B) \tag{5-26}$$

式中,Φ 为电极化率温度系数;B 为热膨胀系数。当电极化率起主导作用时,折射率温度系数为正,折射率随着温度增加而增加;当热膨胀系数起主导作用时,折射率温度系数为负,折射率随着温度的增加而减小。对于无机玻璃而言,其折射率温度系数主要由电极化率温度系数 Φ 和热膨胀系数 B 共同决定,其变化趋势主要取决于哪个处于主导地位。对于大多数聚合物而言,热膨胀系数 B 通常高于电极化率温度系数 Φ,因此其折射率温度系数随温度的升高而减小。

通过测量钕玻璃、包边玻璃和包边胶折射率随温度的变化,分析温度对折射率匹配的影响[29]。包边胶为上海光机所自行研制的聚合物,钕玻璃型号为 N3135(Nd$_2$O$_3$ 3.5 wt%),包边玻璃型号为 C3135(CuO 0.35 wt%),三种样品尺寸为 10 mm×10 mm×0.5 mm。

对钕玻璃和包边玻璃,测试温度范围 25～150 ℃,每次升温 20 ℃,得到的测试结果如图 5-25 所示。从图中可以看出包边玻璃和钕玻璃的折射率温度系数为负,即随温度升高、折射率减小。通过斜率计算,可以得到钕玻璃的折射率温度系数为 -4.52×10^{-6}/℃@632.8 nm 和 -4.93×10^{-6}/℃@1 064 nm,包边玻璃的折射率温度系数为 -4.68×10^{-6}@632.8 nm 和 -4.07×10^{-6}@1 064 nm。包边玻璃和钕玻璃的折射率温度系数非常接近。因此,温度变化对钕玻璃和包边玻璃的折射率匹配影响较小。

对于包边胶,由于其玻璃化转变温度 T_g 较低,测试温度范围为 25～55 ℃,每次升温 5 ℃,得到的测试结果如图 5-26 所示。当温度小于 40 ℃时,包边胶的折射率温度系数为 -1.68×10^{-4}@632.8 nm 和 -1.20×10^{-4}@1 064 nm,而当温度大于 40 ℃时,其折射率温度系数 -2.97×10^{-4}@632.8 nm 和 -3.11×10^{-4}@1 064 nm。在温度较高时,其折射率变化更快。主要原因是包边胶在其 T_g 温度以上已经软化,导致其折射率变化更快。

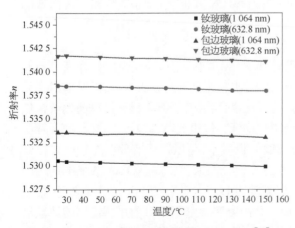

图 5-25　钕玻璃和包边玻璃折射率温度系数[29]

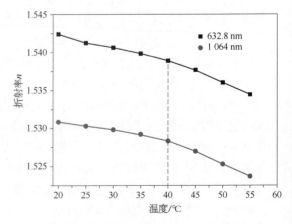

图 5-26　包边胶折射率温度系数[29]

图 5-27 对钕玻璃、包边玻璃和包边胶折射率随温度的变化进行了对比。由图可见,在室

温 25 ℃条件下,钕玻璃、包边玻璃和包边胶的折射率在 632.8 nm 分别为 1.538 5、1.541 2 和 1.541 6,在 1 064 nm 折射率分别为 1.530 6、1.531 2 和 1.533 6,可以满足前面所述的折射率匹配要求,这时界面反射率非常低。当温度为 30 ℃时,界面的反射率同样很小[31-32]。而当温度高于 40 ℃时,包边胶的折射率会低于钕玻璃折射率,钕玻璃折射率为 1.530 5@1 064 nm,包边胶折射率为 1.528 4@1 064 nm,折射率差 $\Delta n = 0.002\ 1$,在大角度范围内可能产生全反射,对控制包边剩余反射率不利。因此,需要通过减少包边玻璃的掺杂浓度来降低包边玻璃的温升,提高界面折射率匹配度,减少界面的反射率及其对温度的敏感性。

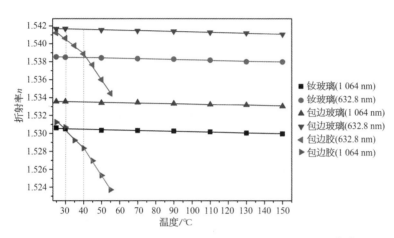

图 5 - 27　钕玻璃、包边胶和包边玻璃折射率温度系数比较[29]

5.2.3　包边附加应力及其影响因素

聚合物粘接包边的另一个关键技术指标是包边附加应力,包括静态应力和动态应力。包边附加应力会造成以下几点危害:①粘接过程中钕玻璃炸裂;②在钕玻璃材料内部产生应力双折射,影响通光质量;③造成透过光的退偏效应,降低三倍频光的转换效率。

(1) 静态应力。指钕玻璃片包边粘接过程中,由于包边胶固化收缩在钕玻璃通光口径范围内形成的附加应力。包边粘接过程中静态附加应力的产生受多种因素影响,例如聚合物本身的特性、被粘接包边玻璃和激光玻璃机械性能与应力状况、粘接胶层厚度、包边面的光学加工质量和包边工艺(固化温度、固化时间、固化压力)等[33-36]。

(2) 动态应力。指激光装置运行时,钕玻璃片在脉冲氙灯泵浦作用下,包边玻璃吸收 ASE 光子并将其转化为热能,使得包边玻璃温度升高引起材料膨胀。由于钕玻璃、包边胶和包边玻璃的温升程度不同,且三者热膨胀系数存在一定差异,膨胀会受到约束,并且包边玻璃吸收 ASE 光子后,其内部会产生温度梯度,从而导致动态热应力的产生。动态热应力也受多种因素影响,例如钕玻璃、包边胶和包边玻璃的膨胀系数以及包边玻璃的吸收系数等。

5.2.3.1　包边胶对包边附加应力的影响

包边胶是有机聚合物,液态包边胶在固化过程中由于体积收缩、固化后包边胶的黏弹特性以及固化温度等的影响,会在胶内形成应力。而包边胶固化收缩会进一步影响被粘接的钕玻璃和包边玻璃,在包边界面附近的钕玻璃和包边玻璃材料内部形成包边附加应力。

为验证包边胶对包边附加应力的影响,进行如下实验[10,37]。钕玻璃样品:型号 N3135,线性热膨胀系数 30～100 ℃为 11.18×10^{-6},杨氏模量 52.7 GPa,泊松比 0.27,密度 2.87 g/cm³。

包边玻璃样品：型号C3103，线性热膨胀系数30～100℃为11.27×10^{-6}，杨氏模量52.7 GPa，泊松比0.27，密度2.86 g/cm³。包边玻璃和钕玻璃线性热膨胀在固化温度范围内基本相同（固化温度小于100℃）。包边胶为有机聚合物，固化体积收缩率小于10%。

对两组等效样品进行平行实验，编号设为S1、S2。每组样品均包含一块钕玻璃和一条包边玻璃，其中，钕玻璃块尺寸为170 mm×46 mm×25 mm，包边玻璃条尺寸为170 mm×46 mm×15 mm，粘接面尺寸均为170 mm×46 mm。将钕玻璃和包边玻璃的粘接面进行切割、研磨和抛光，在粘接面均匀涂敷上包边胶，将钕玻璃片和包边条粘接在一起。

为研究包边附加应力在钕玻璃和包边玻璃中的方向性，设垂直于粘接面为Y方向、平行于粘接面为Z方向。检测粘接前后钕玻璃和包边玻璃上两个方向应力双折射的变化，分析包边胶的体积收缩、黏弹性特性和固化温度对残余应力的综合影响。

粘接前后的包边样品应力双折射结果见表5-1。从表中可以看出，在垂直于粘接面的Y方向，两组样品粘接前后应力双折射变化不大，说明在Y方向包边附加应力比较小。而在平行于粘接面的Z方向，应力双折射增加了1倍左右，说明在Z方向的包边附加应力较大，但最大值均小于5 nm/cm。其应力分布如图5-28所示。从图中可以看出，粘接后应力增加主要来源于包边玻璃区域，钕玻璃区域基本没有变化。这是由于钕玻璃在Y方向的尺寸较包边玻璃大得多（厚将近2倍），并通过包边工艺的设计，使得粘接过程中的形变主要集中于包边玻璃条上。从而使得包边附加应力主要分布在包边玻璃区域，确保钕玻璃的通光区域无包边附加应力。

表5-1　粘接前后应力双折射

样品	方向	最大值/(nm/cm)		平均值/(nm/cm)		RMS/(nm/cm)	
		粘接前	粘接后	粘接前	粘接后	粘接前	粘接后
S1	Y方向	2.28	2.46	0.76	0.72	0.86	0.83
	Z方向	1.50	3.91	0.54	0.86	0.64	1.25
S2	Y方向	1.97	2.38	0.72	0.71	0.81	0.82
	Z方向	1.53	3.52	0.44	0.74	0.54	1.00

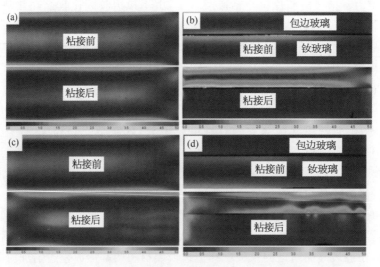

图5-28　粘接前后应力双折射分布[37]（参见彩图附图20）

(a)、(c)为样品S1、S2在Y方向应力双折射；(b)、(d)为样品S1、S2在Z方向应力双折射

5.2.3.2 材料应力对包边附加应力的影响

钕玻璃和包边玻璃在熔制过程中,须经历粗退火和精密退火工序。在粗退火的冷却过程中,钕玻璃和包边玻璃的边缘和中间、表面和内部皆存在温差,在玻璃边缘和内部形成应力。精密退火工序能够降低玻璃应力,但不会完全消除玻璃应力。在钕玻璃包边过程中,由于包边胶的粘接作用,使钕玻璃和包边玻璃材料内部的应力重新分布。因此,钕玻璃坯片在包边完成后,其通光口径范围内的应力双折射不仅取决于包边工艺的影响,还取决于包边之前钕玻璃和包边玻璃的原始应力状态。

对两组样品进行平行实验[10,37],编号设为 S3、S4。每组样品均包含一块钕玻璃和四条包边玻璃,通过包边胶将四条包边玻璃粘接在钕玻璃的四个侧面。其中,钕玻璃样品尺寸约为 794 mm×435 mm×45 mm,包边玻璃长边条尺寸约为 810 mm×46 mm×16.5 mm,包边玻璃短边条尺寸约为 460 mm×46 mm×16.5 mm。采用与前述相同的包边过程,检测包边粘接前后钕玻璃应力双折射的变化,分析钕玻璃和包边玻璃原始应力状态对包边粘接后应力双折射的影响。

包边玻璃条的初始应力双折射分布如图 5-29、图 5-30 所示,应力双折射数值见表 5-2。设垂直于粘接面为 Y 方向,平行于粘接面为 Z 方向,从表 5-2 可以看出,对于短边包边玻璃条,其在 Y 方向(垂直于粘接面)应力双折射最大值约为 6 nm/cm,而在 Z 方向(平行于粘接面)应力双折射最大值约 4 nm/cm。对于长边包边玻璃,其在 Y 方向应力双折射约为 8 nm/cm,在 Z 方向应力双折射约为 11 nm/cm。

编号 S3 的钕玻璃坯片全口径范围内,初始应力双折射最大值为 10.36 nm/cm,如图 5-31a 所示。包边完成后,应力双折射最大值为 10.44 nm/cm,如图 5-31b 所示。对比钕玻璃坯片包边前后的应力双折射分布和数值可发现,应力分布几乎不变,应力双折射数值仅轻微增加。同时,包边胶层起到有效隔断作用,使包边玻璃条的应力双折射变化仅仅局限在包边玻

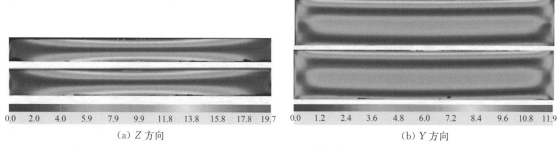

0.0　2.0　4.0　5.9　7.9　9.9　11.8　13.8　15.8　17.8　19.7　　0.0　1.2　2.4　3.6　4.8　6.0　7.2　8.4　9.6　10.8　11.9

(a) Z 方向　　　　　　　　　　　　　　(b) Y 方向

图 5-29　短边包边玻璃条应力分布图[10,37](参见彩图附图 21)

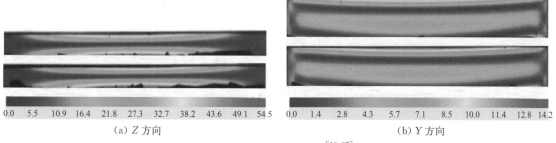

0.0　5.5　10.9　16.4　21.8　27.3　32.7　38.2　43.6　49.1　54.5　　0.0　1.4　2.8　4.3　5.7　7.1　8.5　10.0　11.4　12.8　14.2

(a) Z 方向　　　　　　　　　　　　　　(b) Y 方向

图 5-30　长边包边玻璃条应力双折射分布[10,37](参见彩图附图 22)

表 5-2　包边条应力双折射

样品	垂直于粘接面 Y 方向 最大值/(nm/cm)	平行于粘接面 Z 方向 最大值/(nm/cm)
短边玻璃条 1	6.46	4.20
短边玻璃条 2	6.58	4.16
长边玻璃条 1	8.15	11.56
长边玻璃条 2	8.17	11.55

璃范围。扣除钕玻璃坯片边缘一周的适当宽度,剩余部分称作通光口径范围,尺寸为 765 mm×415 mm。由表 5-3 中数据可以看出,钕玻璃包边前后的通光口径范围内,应力双折射数值仅轻微增加。

对于初始应力双折射数值较小的 S4 钕玻璃坯片,包边前后的应力分布如图 5-31c、d 所示,应力双折射值的变化见表 5-3。可以发现,包边前后钕玻璃全口径范围和通光口径范围的应力双折射只发生了非常轻微的变化。

因此,从上述结果可以看出,包边粘接后钕玻璃的应力双折射状态主要受钕玻璃的原始应力状态影响。由于包边胶层的有效隔断作用,包边玻璃条上的初始应力几乎不影响钕玻璃通光口径范围内的应力变化。

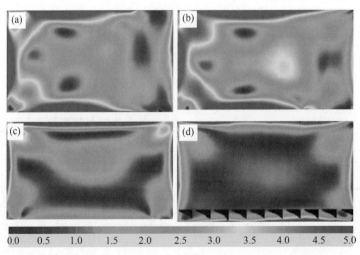

图 5-31　包边前后钕玻璃的应力分布图变化[10,37](参见彩图附图 23)

(a)、(b)S3 包边前后应力状态;(c)、(d)S4 包边前后应力状态

表 5-3　包边前后应力双折射比较

样品编号	钕玻璃包边前 全口径范围 最大值/(nm/cm)	钕玻璃包边后 全口径范围 最大值/(nm/cm)	钕玻璃包边前 通光口径范围 最大值/(nm/cm)	钕玻璃包边后 通光口径范围 最大值/(nm/cm)
S3	10.36	10.44	8.17	8.51
S4	6.36	6.9	4.83	5.1

注:通光口径尺寸为 765 mm×415 mm。

5.2.3.3　切割和抛光加工对钕玻璃应力的影响

钕玻璃坯片和包边玻璃坯片经过精密退火工艺后,其应力双折射可以控制在较小的范围内。包边玻璃精密退火后,通过切割成条工序,可进一步释放应力达到小于 12 nm/cm。包边玻璃切割尺寸越小,其应力双折射也越小。而钕玻璃在后续加工过程中,会承受机械挤压和切削温度变化,进而可能在包边界面附近产生额外的附加应力。以下分别阐述切割和研磨抛光工序对钕玻璃坯片应力的影响[10]。

切割实验样品编号为 S5。S5 样品尺寸为 800 mm×500 mm×43 mm,将其切割成大小约为 500 mm×285 mm×43 mm 的三块样品,测试切割前后的应力双折射,应力分布如图 5-32 所示,应力数值见表 5-4。可以看出,钕玻璃切割并不会增加应力。相反,由于切割后部分应力释放并重新分布,切割后钕玻璃的应力双折射通常变小。

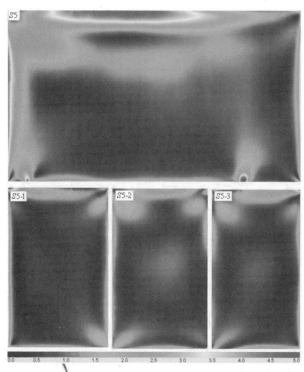

图 5-32　切割对钕玻璃应力双折射的影响[10,37]（参见彩图附图 24）

表 5-4　钕玻璃切割前后应力双折射变化

样品编号	切割前	样品编号	切割后
	平均值/最大值/(nm/cm)		平均值/最大值/(nm/cm)
S5	5.3/8.3	S5-1 S5-2 S5-3	3.6/6.0 2.8/5.0 3.0/5.4

研磨抛光实验样品编号为 S6。样品尺寸约为 490 mm×270 mm×46 mm,样品两大面经过研磨、抛光,并检测大面方向应力双折射。然后将其侧面研磨、抛光,检测其应力双折射。光学加工前后应力双折射结果见图 5-33 和表 5-5。可以看出,钕玻璃加工前后边缘应力双折

射的最大值、平均值和 RMS 值并未明显变大,说明磨削、抛光等加工过程对钕玻璃侧面并未引入附加应力。

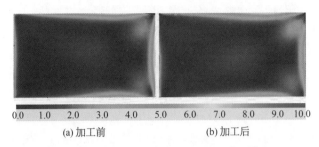

(a) 加工前　　　　　　　　　　(b) 加工后

图 5‑33　钕玻璃侧面研磨抛光对应力双折射的影响[10,37](参见彩图附图 25)

表 5‑5　加工对应力双折射的影响

样品编号	边编号	最大值/(nm/cm)		平均值/(nm/cm)		RMS/(nm/cm)	
		加工前	加工后	加工前	加工后	加工前	加工后
S6	A 边	7.7	7.3	2.4	2.4	2.8	2.8
	B 边	6.1	5.3	1.8	1.9	2.1	2.1
	C 边	4.3	3.4	1.4	1.3	1.7	1.5
	D 边	7.3	7.0	2.9	3.0	3.2	3.3

5.2.3.4　平整度匹配度对包边附加应力的影响

钕玻璃片和包边玻璃条采用有机聚合物粘接。由于粘接面面积大、长度长,而粘接的胶层厚度仅为微米量级,因此,粘接界面的平整度可能对粘接后钕玻璃材料的应力产生影响。这是由于包边胶层固化收缩后会导致包边玻璃条的变形,从而在包边界面附近产生应力[37]。

包边平整度对附加应力影响的样品编号为 S7。钕玻璃样品尺寸约为 490 mm×270 mm×46 mm,包边玻璃条尺寸约为 490 mm×46 mm×15 mm,对包边面进行光学抛光。在粘接前,用干涉仪检测包边面平整度。用大口径偏光应力仪检测平行于粘接面 Z 方向的应力双折射,粘接完成后再次测量 Z 方向的应力双折射,分析粘接表面加工质量(平整度)对残余应力的影响。通过干涉仪检测钕玻璃包边侧面和对应的包边玻璃条平整度,取样品中间区域平整度。其平整度结果如图 5‑34 所示,可以看出 A 边平整度的匹配峰谷 PV 值约在 10λ,B 边 PV 约

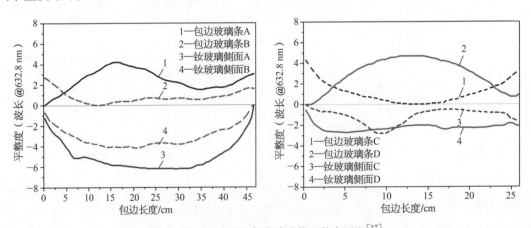

图 5‑34　钕玻璃与包边玻璃的平整度匹配[37]

在 6λ，C 边 PV 约在 5λ，D 边 PV 约在 7λ，B 边较 A 边匹配得更好，C 边较 D 边匹配得更好。

包边粘接完成后，检测样品应力双折射，平行于包边界面 Z 方向的应力双折射见表 5-6。可以看出，包边界面附近的钕玻璃区域应力双折射最大值的增加值均小于 $1\,nm/cm$。因此，包边玻璃平整度匹配程度对钕玻璃区域应力影响较小。

表 5-6　不同平整度对粘接后应力双折射的影响

样品	边	平整度匹配 PV(λ)		应力最大值/(nm/cm)		应力平均值/(nm/cm)		应力 RMS/(nm/cm)	
		PV	均值	包边前	包边后	包边前	包边后	包边前	包边后
S7	A	10.0	7.42	5.42	5.62/7.05*	1.82	1.85/2.28	2.17	2.11/2.58
	B	4.68	3.86	4.42	4.90/5.46	1.60	1.62/2.28	1.65	1.85/2.53
	C	4.88	2.28	4.62	4.84/6.35	1.50	1.58/2.05	1.60	1.84/2.34
	D	6.87	5.00	6.52	7.07/7.17	1.40	2.35/2.61	1.67	2.73/3.10

注：*"/"前面数据不包含包边玻璃，"/"后面数据包含包边玻璃。

四条包边玻璃条初始应力双折射最大值的数值为 $4.0\sim4.2\,nm/cm$。包边粘接后，包边界面附近的包边玻璃区域应力双折射最大值的增加值均大于 $1\,nm/cm$，并且平整度匹配 PV 值越大，应力双折射最大值的增加值越大。

各边在包边界面附近的应力双折射测试结果分布如图 5-35a～d 所示，上部和下部分别为包边前后样品的应力双折射分布。图中清楚显示出钕玻璃区域应力双折射变化较小，应力主要集中在包边玻璃区域。平整度匹配越差，在包边胶固化过程中包边玻璃条的形变也越大，从而造成包边附加应力也越大。

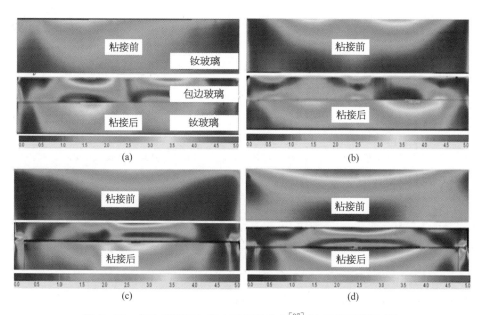

图 5-35　包边界面附加应力双折射分布[37]（参见彩图附图 26）

综上所述，包边是大口径钕玻璃元件制备过程中的一项关键技术。高功率激光装置应用的大尺寸激光钕玻璃的包边必须满足以下六项性能要求：①钕玻璃、包边胶和包边玻璃在 $1\,053\,nm$ 波长处的折射率差值在 ±0.003。并且为避免发生全内反射，折射率须满足钕玻璃<

包边胶＜包边玻璃。②包边粘接界面疵病、气泡和杂质等缺陷尽可能低。③包边玻璃具有足够吸收 PO 的能力。可以通过选择合适的包边玻璃 Cu^{2+} 掺杂浓度和厚度来实现。④包边胶必须能够经受住激光系统中的脉冲氙灯辐照和 ASE 破坏，且在数千次甚至上万次运行后，包边性能不衰减。⑤高的粘接强度和低的粘接应力。⑥包边工艺相对方便，成本低。

在大批量工程化应用过程中，影响钕玻璃包边性能的因素主要有包边胶、包边面光学加工质量、包边工艺、生产设备和质量管理等，这些因素相互影响、相互制约。需要以满足包边性能指标为目标，研制出性能优良的包边胶，制定相应的包边工艺，建设满足包边工艺要求的设备条件，以保证钕玻璃包边性能稳定、可靠。

主要参考文献

[1] 贺少勃,於海武,郑万国,等.高功率激光片状放大器中自发辐射放大研究[J].强激光与粒子束,2004,16(5)：603-606.

[2] 张华,范滇元.钕玻璃片状激光放大器自发辐射放大特性的研究[J].物理学报,2000,49(6)：1047-1051.

[3] 王成程,郑万国,於海武,等.大口径片状放大器增益均匀性实验研究[J].中国激光,2001,28(4)：355-358.

[4] Rotter M D, McCracken R, Erlandson A, et al. Gain measurements on a prototype NIF/LMJ amplifier pump cavity [R]. Lawrence Livermore National Lab., CA (United States), 1996.

[5] Trenholme J B. Fluorescence amplification and parasitic oscillation limitations in disc lasers [R]. Naval Research Lab, Washington, D. C., 1972.

[6] Mcmahon J M, Emmett J L, Holzrichter J F, et al. A glass-disk-laser amplifier [J]. IEEE Journal of Quantum Electronics, 1973,9(10)：992-999.

[7] Brown D C, Jacobs S D, Nee N. Parasitic oscillations, absorption, stored energy density and heat density in active-mirror and disk amplifiers [J]. Applied Optics, 1978,17(2)：211-224.

[8] Sawicka M, Divoky M, Lucianetti A, et al. Effect of amplified spontaneous emission and parasitic oscillations on the performance of cryogenically-cooled slab amplifiers [J]. Laser and Particle Beams, 2013,31(4)：553-560.

[9] Glaze J A, Guch S, Trenholme J B. Parasitic suppression in large aperture Nd：glass disk laser amplifiers [J]. Applied Optics, 1974,13(12)：2808-2811.

[10] 胡俊江.大口径钕玻璃包边工程化若干关键问题研究[D].北京：中国科学院大学,2015.

[11] Soures J M, Goldman L M, Lubin M J. Spatial distribution of inversion in face pumped Nd：glass laser slabs [J]. Applied Optics, 1973,12(5)：927-928.

[12] Brown D C. Parasitic oscillations in large aperture Nd^{3+}：glass amplifiers revisited [J]. Applied Optics, 1973,12(10)：2215-2217.

[13] Dubé G, Boling N L. Liquid cladding for face-pumped Nd：glass lasers [J]. Applied Optics, 1974, 13(4)：699-700.

[14] 唐景平,胡丽丽,孟涛,等.激光玻璃与包边玻璃的折射率匹配[J].中国激光,2008,35(10)：1573-1578.

[15] Coleman L W, Strack J R. Laser program annual report, 1979 [R]. California Univ., Livermore (US). Lawrence Livermore National Lab., 1980.

[16] Guch S. Parasitic suppression in large aperture disk lasers employing liquid edge claddings [J]. Applied Optics, 1976,15(6)：1453-1457.

[17] Ertel K, Hooker C, Hawkes S J, et al. ASE suppression in a high energy titanium sapphire amplifier [J]. Optics Express, 2008,16(11)：8039-8049.

[18] Rufer M L, Murphy P W. Laser program annual report, 1985 [R]. Lawrence Livermore National

Lab., CA (US), 1986.

[19] Campbell J H, Edwards G, Frick F A, et al. Development of composite polymer-glass edge claddings for Nova laser disks [M]. Laser Induced Damage in Optical Materials：1986. ASTM International，1988.

[20] Powell H T, Riley M O, Wolfe C R, et al. Composite polymer-glass edge cladding for laser disks：US, US4849036 [P]. 1989 - 7 - 18.

[21] Zapata L E. Parasitic oscillation suppression in solid state lasers using absorbing thin films：US, US5335237 [P]. 1994 - 8 - 2.

[22] Honea E C, Beach R J. Parasitic oscillation suppression in solid state lasers using optical coatings：US, US6904069 [P]. 2005 - 6 - 7.

[23] Bayramian A J, Caird J A, Schaffers K I. Method and system for edge cladding of laser gain media：US, US8682125 [P]. 2014 - 3 - 25.

[24] Zhang Y, Ye H, Li M, et al. ASE suppression in high-gain solid-state amplifiers by a leak method [J]. Laser Physics，2013,23(7)：075802.

[25] Zhang Y, Wei X, Li M, et al. Parasitic oscillation suppression in high-gain solid-state amplifiers [J]. Laser Physics，2013,23(5)：055802.

[26] Hu J J, Zhang L Y, Chen W, et al. Experimental investigation on laser-induced surface damage threshold of Nd-doped phosphate glass [J]. Chinese Optics Letters，2012,10(4)：29 - 32.

[27] Sutton S B, Marshall C D, Petty C S, et al. Thermal recovery of NIF amplifiers [C]//Solid State Lasers for Application to Inertial Confinement Fusion：Second Annual International Conference. International Society for Optics and Photonics，1997(3047)：560 - 571.

[28] Ren Z, Zhu J, Liu Z, et al. Analysis of convective heat transfer coefficient for SG Ⅱ prototype [J]. 高功率激光及等离子体物理研究论文集(专题),2012,10(1)：S21410.

[29] Hu J J, Meng T, Chen H Y, et al. Effect of temperature on refractive index match of laser glass edge cladding [J]. Chinese Optics Letters，2014,12(10)：101401 - 101403.

[30] Kang E S, Lee T H, Bae B S. Measurement of the thermo-optic coefficients in sol-gel derived inorganic-organic hybrid material films [J]. Applied Physics Letters，2002,81(8)：1438 - 1440.

[31] 孟涛,唐景平,胡俊江,等. 抑制大尺寸片状激光钕玻璃放大自发辐射的方法：中国,CN101976796A [P]. 2011 - 11 - 16.

[32] Tang J P. Cladding glass' refract index match up to the laser glass [J]. Chinese Journal of Lasers，2008,35(10)：1573 - 1578.

[33] 廖家胜,巩岩,袁文全,等. 低应力光学结构胶恒温下固化应力大小分析[J]. 光电工程,2013,40(5)：138.

[34] 刘强,何欣. 反射镜用光学环氧胶粘接固化工艺研究[J]. 机械设计与制造,2011(2)：118 - 120.

[35] 袁金颖,潘才元. 树脂固化时体积收缩内应力的本质及消除途径[J]. 化学与粘合,1998(4)：234 - 236.

[36] 游敏,郑小玲,郑勇. 金属胶接接头的内应力及其消除[J]. 中国胶粘剂,1996(3)：26 - 28.

[37] 胡俊江,孟涛,温磊,等. 激光钕玻璃包边残余应力实验研究[J]. 中国激光,2015,42(2)：180 - 186.

第 6 章

激光钕玻璃检测技术

激光钕玻璃[1-6]是一种特殊的光学玻璃,其作为高功率和高能量激光器的核心工作物质,已广泛应用于各类固体激光器特别是大型多路激光系统中,例如惯性约束聚变激光驱动器。激光钕玻璃既要满足高的光学质量技术要求,又要满足高增益的光谱性能指标要求,同时还要满足高负载输出下不损坏的可靠性要求。高功率激光装置应用的激光钕玻璃,其技术指标要求多达 20 余项,其中部分技术指标如气泡、条纹和光学均匀性的检测技术与普通光学玻璃检测技术类似[7-9],而光谱、光学、杂质和损伤相关的指标具有其特殊性,需要采用专门的检测技术。此外,作为放大器工作物质的激光钕玻璃片是由激光钕玻璃和包边玻璃通过包边胶粘结形成的光学元件,其制作过程还需要应用与包边相关的检测技术。本章重点介绍激光钕玻璃的光谱参数、光学性能、杂质和抗损伤性能,以及与包边性能相关的特殊技术指标及其检测原理、检测技术。本章内容还可以为其他类型激光材料的检测提供参考。

6.1　光谱与光学性质检测技术

6.1.1　受激发射截面和荧光寿命

激光玻璃作为激光器的核心增益介质,其主要功能是产生激光或对激光能量(功率)进行放大。在小信号增益时,激光玻璃的增益与受激发射截面、荧光寿命及损耗的关系为[10]

$$G \propto \exp\left[(n_0 W\tau\sigma - \alpha)l\right] \qquad (6-1)$$

式中,G 为增益;n_0 为单元体积工作物质内的总粒子数;W 为激发概率;τ 为荧光寿命;α 为光损耗系数;σ 为受激发射截面;l 为样品长度。因此,准确测量受激发射截面和荧光寿命,对评估激光钕玻璃的增益特性具有重要意义。

6.1.1.1　受激发射截面

受激发射截面是衡量激光玻璃增益特性的关键参数。测量激光材料中稀土发光离子受激发射截面的方法主要有 Judd-Ofelt 理论、Fuchbauer-Ladenburg 公式(以下简称"F‐L 公式")、McCumber 理论、倒易法和 Weber 法等。Nd^{3+} 离子由于具有丰富的能级结构,导致紫外到近红外波段出现多个吸收峰,其最强的发光波段位于 $1\sim1.1~\mu m$,对应的发光上能级为 $^4F_{3/2}$ 能级,下能级为 $^4I_{11/2}$ 能级。Nd^{3+} 离子的受激发射截面等光谱参数通常采用 Judd-Ofelt 理论计算。下面主要介绍基于 Judd-Ofelt 理论计算激光钕玻璃受激发射截面的原理和技术[4]。

1) **测量原理** [11-15]

根据 F－L 公式,在 Nd^{3+} 离子 $^4F_{3/2} \rightarrow {}^4I_{11/2}$ 的荧光跃迁峰值波长的受激发射截面为

$$\sigma = \frac{\lambda_p^4}{8\pi c n^2} \frac{1}{\Delta\lambda_{\text{eff}}} A\left[({}^4F_{3/2}); ({}^4I_{11/2})\right] \qquad (6-2)$$

式中,λ_p 为荧光峰值波长;$A\left[({}^4F_{3/2}); ({}^4I_{11/2})\right]$ 为 Nd^{3+} 离子 $^4F_{3/2}$ 能级与 $^4I_{11/2}$ 能级间的自发辐射概率;π 为圆周率;c 为光速;n 为发射谱峰值波长处的折射率;$\Delta\lambda_{\text{eff}}$ 为荧光有效线宽。由式(6-2)可知,Nd^{3+} 离子的受激发射截面与自发辐射概率和荧光有效线宽密切相关。

Nd^{3+} 离子的自发辐射跃迁概率为

$$A\left[(S', L')J'; (\bar{S}, \bar{L})\bar{J}\right] = \frac{64\pi^4 e^2 n(n^2+2)^2}{27h(2J'+1)\lambda_p^3} \sum_{t=2,4,6} \Omega_t \mid \langle (S', L')J' \parallel U^{(t)} \parallel (\bar{S}, \bar{L})\bar{J} \rangle \mid^2$$

$$(6-3)$$

式中,e 为电子电量;$\Omega_t(t=2, 4, 6)$ 为跃迁强度参数;$\mid \langle (S, L)J \parallel U^{(t)} \parallel (S', L')J' \rangle \mid$ 为 Nd^{3+} 离子发射跃迁矩阵元;h 为普朗克常数;J 和 J' 为基态角动量总和。

荧光有效线宽计算公式为

$$\Delta\lambda_{\text{eff}} = \frac{\int I(\lambda)d\lambda}{I_p} \qquad (6-4)$$

式中,λ 为发光波长;$I(\lambda)$ 为发光波长 λ 对应荧光强度;I_p 为荧光峰值波长对应荧光强度。

在自发辐射跃迁计算公式中,$\Omega_t(t=2, 4, 6)$ 是关键参数。它们由吸收光谱根据下式计算:

$$\int_{\text{band}} k(\lambda)d\lambda = \frac{8\rho\pi^3 e^2 \bar{\lambda}}{3ch(2J+1)} \frac{(n^2+2)^2}{9n} \sum_{t=2,4,6} \Omega_t \mid \langle (S, L)J \parallel U^{(t)} \parallel (S', L')J' \rangle \mid^2$$

$$(6-5)$$

式中,$k(\lambda)$ 为在波长 λ 处的吸收系数;ρ 为 Nd^{3+} 离子浓度;$\bar{\lambda}$ 为吸收波段平均波长;$\mid \langle (S, L)J \parallel U^{(t)} \parallel (S', L')J' \rangle \mid$ 为 Nd^{3+} 离子吸收跃迁矩阵元。从式(6-5)可知,计算 $\Omega_t(t=2, 4, 6)$ 须测量激光钕玻璃的吸收光谱和 Nd^{3+} 离子浓度。 Nd^{3+} 离子浓度计算公式为

$$\rho = \frac{2kdw}{m} \qquad (6-6)$$

式中,k 为阿伏伽德罗常数,数值为 6.022×10^{23};d 为密度;w 为激光钕玻璃中 Nd_2O_3 质量百分比;m 为 Nd_2O_3 分子量。

2) **受激发射截面测量**

根据上述受激发射截面测量原理,受激发射截面测量流程如图 6-1 所示。为测量受激发射截面,需要完成激光钕玻璃的吸收光谱、折射率、Nd^{3+} 离子浓度、荧光光谱的测试。在此基础上,根据式(6-1)~式(6-5)计算 Nd^{3+} 离子的受激发射截面参数。

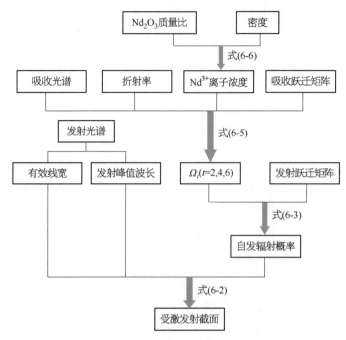

图 6-1 受激发射截面测量流程框图

(1) 吸收光谱。在测量激光钕玻璃受激发射截面时,强度参数 $\Omega_t(t=2,4,6)$ 是关键参数,由式(6-5)计算得到。由式(6-5)可知,激光钕玻璃的吸收光谱是计算 $\Omega_t(t=2,4,6)$ 的基础。采用分光光度计测量激光钕玻璃吸收光谱,如图 6-2 所示。根据激光钕玻璃吸收光谱上不同吸收峰对应的能级跃迁,得到对应的吸收跃迁矩阵。对不同吸收波段分别进行积分,根据式(6-5)计算得到 Nd^{3+} 离子的强度参数 Ω_t。

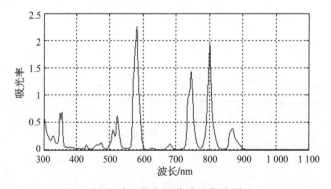

图 6-2 激光钕玻璃吸收光谱

(2) 有效线宽及荧光峰值波长。采用荧光光谱仪测量激光钕玻璃的荧光光谱,如图 6-3 所示。激光钕玻璃 $^4F_{3/2} \rightarrow {}^4I_{11/2}$ 对应的荧光峰在 $1 \sim 1.15\ \mu m$,荧光峰值波长在 $1.04 \sim 1.065\ \mu m$ 之间。常用磷酸盐基质激光钕玻璃如上海光机所(SIOM)的 N31 型、N41 型、NAP2 型等的荧光峰值波长在 $1.053\ \mu m$ 附近,硅酸盐基质激光钕玻璃在 $1.06\ \mu m$ 附近,氟化物基质激光钕玻璃在 $1.047\ \mu m$ 附近。通过激光钕玻璃荧光光谱,式(6-4)计算得到激光钕玻璃中 Nd^{3+} 离子 $1\ \mu m$ 附近发光主峰的有效线宽。

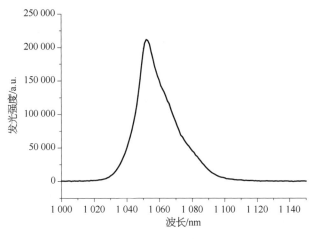

图 6-3　激光钕玻璃荧光光谱

（3）Nd^{3+} 离子浓度。激光钕玻璃氧化钕的质量比通常采用电感耦合等离子体原子发射光谱仪（ICP-OES）测量，密度采用 GB/T 5432 测量，将激光钕玻璃的质量百分比和密度代入式（6-6），计算得到激光钕玻璃的 Nd^{3+} 离子浓度。

（4）Nd^{3+} 离子的跃迁矩阵。在激光钕玻璃受激发射截面计算中，Nd^{3+} 离子每个吸收波段都对应相应的吸收能级跃迁，而每个发射能级跃迁均有对应的发射能级跃迁矩阵。Nd^{3+} 离子吸收波段对应的跃迁矩阵见表 6-1。表 6-1 中 λ 为每个吸收波段的吸收峰波长。同理，Nd^{3+} 离子每个发射波段有对应的发射能级跃迁，其对应的能级跃迁矩阵见表 6-2。表 6-2 中 λ 为每个发射波段的发射峰波长。

表 6-1　Nd^{3+} 离子各个吸收波段对应的吸收跃迁矩阵[11,15-16]

$\langle \| U^{(t)} \| \rangle^2$	$\lambda/\mu m$							
	0.88	**0.8**	**0.75**	**0.68**	**0.58**	**0.53**	**0.47**	**0.43**
$\langle \| U^{(2)} \| \rangle^2$	0	0.01	0.001	0.001	0.974	0.067	0.001	0
$\langle \| U^{(4)} \| \rangle^2$	0.229	0.245	0.045	0.009	0.594	0.218	0.044	0.037
$\langle \| U^{(6)} \| \rangle^2$	0.055	0.512	0.66	0.042	0.067	0.127	0.036	0.002

表 6-2　Nd^{3+} 离子各个发射波段对应的发射跃迁矩阵[11,15-16]

$\langle \| U^{(t)} \| \rangle^2$	$\lambda/\mu m$			
	0.896	**1.053**	**1.325**	**1.88**
$\langle \| U^{(2)} \| \rangle^2$	0	0	0	0
$\langle \| U^{(4)} \| \rangle^2$	0.23	0.142	0	0
$\langle \| U^{(6)} \| \rangle^2$	0.056	0.407	0.212	0.028

3）受激发射截面的检测标准和测量不确定度

受激发射截面是决定激光钕玻璃激光增益性能的关键参数。为准确确定激光钕玻璃的受激发射截面，上海光机所编写了该参数的测试标准，即 GYB 30—2018《掺钕激光玻璃受激发射截面检测方法》。该标准确定了激光钕玻璃受激发射截面检测原理、检测步骤、检测仪器和不确定度评价等内容。激光钕玻璃的受激发射截面检测参照 GYB 30—2018 标准,保证了数据的准确性和可靠性。受激发射截面的测量不确定度从以下几个方面进行分析。

(1) $\Omega_t(t=2,4,6)$ 测量引入的不确定度分量。

① 激光钕玻璃吸收系数 K 测量引入的不确定度分量。应符合 ZWB 302—2009《无色光学玻璃折射率检测方法最小偏向角法》第 7 章的有关规定。灵敏系数

$$c(K)=\frac{3ch(2J+1)}{8\rho\pi^3 e^2\bar{\lambda}}\frac{9n}{(n^2+2)^2}\frac{1}{|\langle(S',L')J'\|U^{(t)}\|(\bar{S},\bar{L})\bar{J}\rangle|^2} \tag{6-7}$$

② 激光钕玻璃荧光峰值波长处折射率测量引入的不确定度分量。应符合 ZWB 304—2009 标准第 7 章的有关规定。灵敏系数

$$c(n)=\frac{27ch(2J+1)}{\rho\pi^3 e^2\bar{\lambda}}\frac{n^3}{(n^2+2)^2}\frac{\int_{band}k(\lambda)d\lambda}{|\langle(S',L')J'\|U^{(t)}\|(\bar{S},\bar{L})\bar{J}\rangle|^2} \tag{6-8}$$

(2) Nd^{3+} 离子浓度测量引入的不确定度分量。

① 激光钕玻璃中 Nd_2O_3 质量比测量引入的不确定分量。灵敏系数

$$c(w)=\frac{2kd}{m} \tag{6-9}$$

② 密度测量引入的不确定度。应符合 GB/T 5432—2008《玻璃密度测定　浮力法》第 10 章的有关规定。灵敏系数

$$c(d)=\frac{2kw}{m} \tag{6-10}$$

由此得到 Nd^{3+} 离子浓度测量带来的不确定度为

$$u_\rho=\sqrt{c(w)^2 u_{\rho 1}^2+c(d)^2 u_{\rho 2}^2} \tag{6-11}$$

灵敏系数

$$c(\rho)=\frac{3ch(2J+1)}{8\pi^3 e^2\bar{\lambda}}\frac{9n}{(n^2+2)^2}\frac{1}{|\langle(S',L')J'\|U^{(t)}\|(\bar{S},\bar{L})\bar{J}\rangle|^2}\frac{1}{\int_{band}k(\lambda)d\lambda} \tag{6-12}$$

由此得到 $\Omega_t(t=2,4,6)$ 测量带来的不确定度为

$$u_{\Omega_t}=\sqrt{c(K)^2 u_{\Omega_{t1}}^2+c(n)^2 u_{\Omega_{t2}}^2+c(\rho)^2 u_{\Omega_{t3}}^2} \tag{6-13}$$

灵敏系数

$$c(\Omega_t)=\frac{8\pi^3 e^2\lambda(n^2+2)^2}{27cnh(2J'+1)}\frac{1}{\Delta\lambda_{eff}}|\langle(S',L')J'\|U^{(t)}\|(\bar{S},\bar{L})\bar{J}\rangle|^2 \tag{6-14}$$

(3) 有效线宽测量引入的不确定度。灵敏系数

$$c(\Delta\lambda_{eff})=\frac{8\pi^3 e^2\lambda(n^2+2)^2}{27cnh(2J'+1)}\frac{1}{\Delta\lambda_{eff}^2}|\langle(S',L')J'\|U^{(t)}\|(\bar{S},\bar{L})\bar{J}\rangle|^2 \tag{6-15}$$

（4）钕玻璃荧光峰值波长处折射率测量引入的不确定度。应符合 ZWB 304—2009 标准第 7 章的有关规定。灵敏系数

$$c(n) = \frac{64\pi^3 e^2 \lambda (n^2 + 2)}{27 c n h (2J' + 1)} \frac{1}{\Delta\lambda_{\text{eff}}} | \langle (S', L')J' \| U^{(t)} \| (\bar{S}, \bar{L})\bar{J} \rangle |^2 \qquad (6-16)$$

综上分析，激光钕玻璃的受激发射截面测量准确性受到 Nd^{3+} 离子浓度、有效线宽、折射率、吸收光谱和密度等参数的影响，一般测量误差在 10% 左右。

上海光机所从 20 世纪 60 年代开始研制激光钕玻璃，玻璃基质从硅酸盐发展至现在的磷酸盐系统、磷硅系统、氟磷系统等各种型号玻璃。每种基质的受激发射截面随组分的变化而改变。硅酸盐激光钕玻璃一般在 $(1\sim3)\times10^{-20}$ cm^2，磷酸盐激光钕玻璃一般在 $(3\sim5)\times10^{-20}$ cm^2，磷硅激光钕玻璃一般在 $(2\sim4)\times10^{-20}$ cm^2，氟磷激光钕玻璃一般在 $(2\sim4)\times10^{-20}$ cm^2。目前国内外针对各种激光系统，已开发出多种型号激光钕玻璃。国内外若干商业化激光钕玻璃的受激发射截面见表 6-3[4]。

表 6-3　国内外商业应用激光钕玻璃的受激发射截面[4]

生产单位	SIOM				Hoya		Schott			
型号	N21	N31	N41	NAP2	LHG-8	HAP-4	LG-770	LG-760	APG-1	APG-2
$\sigma_{\text{em}}/(\times10^{-20}\text{ cm}^2)$	3.4	3.8	3.9	3.6	3.6	3.6	3.9	4.6	3.4	2.4

6.1.1.2　荧光寿命

发光材料在激发光的激发下，起始阶段处于激发态的粒子数较多，发出的荧光较强。随着时间的推移，激发态的粒子数越来越少，发光也越来越弱。这一发光强度下降的过程称作荧光衰减。荧光从初始强度衰减到初始强度的 1/e 时所对应的时间称作该发光材料的荧光寿命，常用 τ 表示。激光钕玻璃的荧光寿命反映了 Nd^{3+} 离子在激发态的粒子数，对其激光增益性能有重要影响，是激光钕玻璃的关键光谱参数之一。

1)　测量原理和测量方法

图 6-4 为发光材料荧光寿命衰减曲线。根据荧光寿命定义，计算荧光寿命公式如下：

$$\tau = -(t - t_0)/\ln\left(\frac{I - I_0}{\Delta I}\right) \qquad (6-17)$$

式中，τ 为荧光寿命；t_0 为荧光开始衰减时的时间；I 为荧光强度；I_0 为初始荧光强度；ΔI 为荧

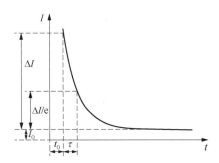

图 6-4　荧光寿命衰减曲线

光开始衰减时的强度。

荧光寿命测量方法[17-18]根据激发光源的不同主要分为三类,分别是相调制法、单光子计数法和闪频法(脉冲取样法)。如激发光源为连续激光,则可用相调制法(称为频域法或相移法,frequency domain method,FDM)进行荧光寿命的测量。如用脉冲激光激发,可用时间相关单光子计数法(time correlated single photo counting,TCSPC)或闪频法(称作脉冲取样技术,pulse sampling techniques,PST)进行测量。除了上述三种主要的荧光寿命测试方法外,条纹相机法(streak cameras)和上转换法(up-conversion methods)等近年来也受到人们的关注。

相调制法是利用相位变化测量荧光寿命的方法。不同于脉冲法,相调制法对仪器的要求相对简单[14]。激发源常采用正弦调制的光源,频率和调制度在一定范围内可调。样品被激发后发出的荧光也是调制光,不过相位和调制度相对于激发光都有了变化。测量这些变化,就可以解析出荧光寿命。由于设备相对简易,现代用于生物技术、物理化学实验等领域的荧光计大多以相调制法为基础[15,17]。

单光子计数法(TCSPC)最早由Bollinger等提出并用以检测闪烁体发光,但此后被广泛应用于荧光寿命的测量实验。由于其比光子计数技术具有更高的灵敏度、更好的稳定性、更高的时间分辨本领,测量范围覆盖皮秒至微秒。该方法在近代物理领域、化学领域、生物领域等方面获得了广泛应用。

闪频法采用脉冲激发光激发被测样品,样品发出的荧光被探测器收集,得到样品的荧光寿命衰减曲线。该方法简单易行,测量范围从纳秒到毫秒,广泛应用于发光材料荧光寿命的测量。激光钕玻璃中 Nd^{3+} 离子的荧光寿命通常在1 ms以内,荧光信号强,采用PMT(光电倍增管)或者硅光电池对收集的发光信号进行光电转换,获得荧光衰减曲线。因此,激光钕玻璃非常适合采用闪频法测量荧光寿命。

2) 测量装置和测量流程

上海光机所研制的激光钕玻璃荧光寿命测量装置见图6-5。该装置利用闪频法测量原理,由脉冲半导体激光器激发光源、聚光镜、被测样品台架、单色仪、探索器、信号处理器、示波器或电脑组成。其中,激发光源采用808 nm半导体激光器,脉冲输出频率约100 Hz。808 nm半导体激光器输出的激光通过聚光透镜后,形成直径约1 mm的光斑。聚焦后的激光照射到被测样品上,样品发出荧光。荧光进入单色仪,待测波长荧光经单色仪选择后照射到探测器上。探测器将光信号转换成电信号,经信号处理后输入示波器或者电脑,得到荧光寿命衰减曲线。根据式(6-17)计算样品的荧光寿命。

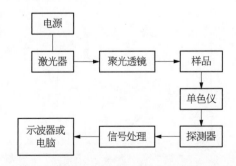

图6-5 激光钕玻璃荧光寿命测量装置示意图

3) 测量标准和测量不确定度

荧光寿命是影响激光钕玻璃激光性能的关键参数,为准确提供激光钕玻璃的荧光寿命,上海光机所编写了 GYB 9—2018《掺钕激光玻璃荧光寿命检测方法》,该标准确定了激光钕玻璃荧光寿命检测原理、检测装置、检测步骤、参数计算和不确定度评价等内容。激光钕玻璃荧光寿命检测参照 GYB 9—2018 标准,保证了数据的准确性和可靠性。

影响激光钕玻璃荧光寿命测量不确定度主要因素有以下几方面。

(1) 时间测量引入的不确定度。有以下几个分量:

① 时间测量引入的不确定度分量 u_{t1};

② 时间重复测量引入的不确定度,重复测量次数 $\geqslant 6$:

$$u_{t2} = \sqrt{\frac{\sum\limits_{i=1}^{n}(t_i - \bar{t})^2}{n(n-1)}} \tag{6-18}$$

时间测量引入的不确定度为

$$u_{\tau 1} = \sqrt{u_{t1}^2 + u_{t2}^2} \tag{6-19}$$

灵敏系数

$$c(t) = \frac{1}{\ln\dfrac{V-C}{V_0-C}} \tag{6-20}$$

(2) 电压测量引入的不确定度。主要有以下几个分量:

① 电压测量引入的不确定度分量 u_{V_1}。灵敏系数

$$c(V_1) = \frac{1}{V_0 - C} \tag{6-21}$$

② 初始电压测量引入的不确定度分量 u_{V_2}。灵敏系数

$$c(V_2) = -\frac{V-C}{(V_0-C)^2} \tag{6-22}$$

③ 基准电压测量引入的不确定度分量 u_{V_3}。灵敏系数

$$c(V_3) = -\frac{1}{V_0-C} + \frac{V-C}{(V_0-C)^2} \tag{6-23}$$

④ 电压重复测量引入的不确定度,重复测量次数 $\geqslant 6$:

$$u_{V_4} = \sqrt{\frac{\sum\limits_{i=1}^{n}(V_i - \bar{V})^2}{n(n-1)}} \tag{6-24}$$

电压测量引入的不确定度为

$$u_{\tau 2} = \sqrt{c(V_1)u_{V_1}^2 + c(V_2)u_{V_2}^2 + c(V_3)u_{V_3}^2 + u_{V_4}^2} \tag{6-25}$$

灵敏系数

$$c(V) = \frac{V_0 - C}{V - C} \qquad (6-26)$$

综合上述影响激光钕玻璃荧光寿命测量准确性的因素,上海光机所采用图 6-5 所示装置对激光钕玻璃荧光寿命进行测量的误差为 5 μs。与日本大阪大学、美国 LLNL 国家实验室等权威机构进行比对的检测结果见表 6-4,可见采用该方法的测量结果与美国 LLNL 国家实验室的检测结果基本一致。

表 6-4 N31 玻璃与 LHG-8 玻璃荧光寿命比较

玻璃牌号	N3122			LHG-8		
测试单位	SIOM	大阪大学	LLNL	SIOM	大阪大学	LLNL
荧光寿命/μs	340	330	340	340	330	340

掺杂离子的浓度猝灭效应是激光材料的重要问题之一,浓度猝灭效应直接影响激光材料的光学和激光性能。国内外针对激光材料浓度猝灭进行了大量的研究。一般认为,随着掺杂稀土离子浓度的提高,离子之间的距离缩短,离子间相互作用概率增加,导致激光上能级荧光寿命降低,该现象称作激光材料的浓度猝灭效应。激光钕玻璃荧光寿命与 Nd^{3+} 离子浓度关系为[4]

$$\tau = \tau_0 \Big/ \left[1 + \left(\frac{N_d}{Q} \right)^2 \right] \qquad (6-27)$$

式中,τ_0 为 Nd^{3+} 离子零浓度寿命;Q 为玻璃基质决定的浓度猝灭因子;N_d 为 Nd^{3+} 离子浓度。由上式可见随着 Nd^{3+} 离子浓度增加,激光钕玻璃的荧光寿命不断降低。

激光钕玻璃荧光寿命随浓度的增加而降低,表 6-5 以现有已定型 N31 激光钕玻璃为例,由表可见,Nd^{3+} 离子浓度从 0.375 wt% 到 4.2 wt%,N31 型激光钕玻璃荧光寿命从 380 μs 降至 300 μs。

表 6-5 不同 Nd^{3+} 离子浓度 N31 型激光钕玻璃的荧光寿命

Nd^{3+} 离子浓度/wt%	0.5	1.2	2.2	3.0	3.5	4.2
荧光寿命/μs	370	360	350	330	310	300

不同品种激光钕玻璃的荧光寿命随着玻璃组分和 Nd^{3+} 离子浓度变化而变化。表 6-6 列举了国内外常用的不同种类激光钕玻璃的零浓度荧光寿命 τ_0[4]。

表 6-6 国内外各种型号激光钕玻璃的零浓度荧光寿命[4]

生产厂家	SIOM				Hoya		Schott				Kigre
型号	N21	N31	N41	NAP2	LHG-8	HAP-4	LG-770	LG-760	APG-1	APG-2	Q-88
零浓度荧光寿命/μs	370	386	369	365	365	350	372	330	385	464	326

6.1.2　激光波长光损耗系数

如式(6-1)所述,激光钕玻璃的光损耗系数和光吸收系数是影响激光器的增益系数,而增益系数是大型高功率激光装置效率的关键参数。

表征激光钕玻璃在 1 μm 处单位长度光损耗的参数,称为激光钕玻璃 1 μm 处的光损耗系数(简称"激光钕玻璃光损耗系数")。光损耗系数包括激光钕玻璃在 1 μm 处的光吸收、通光面的残余反射和激光钕玻璃的光散射等。表征激光钕玻璃在 1 μm 处单位长度光吸收的参数,称为激光钕玻璃 1 μm 处的光吸收系数(简称"激光钕玻璃光吸收系数")。激光钕玻璃 1 μm 处的光吸收由激光钕玻璃的基质本征吸收和 Nd^{3+} 离子的吸收组成。

激光钕玻璃光损耗系数反映了激光钕玻璃对激光能量或功率的总体损耗,包括了激光钕玻璃本体和表面对光的吸收及散射的综合影响,是激光钕玻璃各种损耗的总和。它综合反映了激光钕玻璃本体和生产工艺对激光增益性能的影响。而光吸收系数是玻璃中的 Nd^{3+} 离子及各类杂质离子对激光波长的吸收,与激光钕玻璃动态损耗密切相关。它更能反映激光钕玻璃的本征特性。当激光钕玻璃样品加工满足要求后,激光钕玻璃光损耗系数与激光钕玻璃光吸收系数的差值基本不变。

6.1.2.1　测试原理和测试方法

光损耗系数测量方法主要有双光路比较法和光衰荡法。双光路比较法测量原理与分光光度计相同,针对激光钕玻璃激光波长弱吸收特性,采用长棒样品测量,测量结果偏差为 $\pm 0.01\%$ cm^{-1}。

光吸收系数测量主要有激光绝对量热法、光热偏转法和光热透镜法等,其中激光绝对量热法测量结果准确,符合 ISO 11551 标准,是美国 LLNL 国家实验室测量激光钕玻璃光吸收系数的方法。下面分别介绍测量光损耗系数的双光路比较法和测量光吸收系数的激光绝对量热法。

1)　光损耗系数双光路比较法

双光路法的基本原理如图 6-6 所示。待测样品的光损耗系数计算公式为

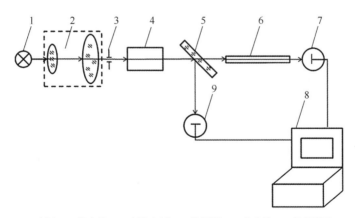

1—光源;2—扩束镜;3—小孔光阑;4—偏振器;5—分光镜;6—被测样品;
7—测量探测器;8—数据处理模块;9—参考探测器

图 6-6　光损耗检测原理框图

$$\alpha = -\frac{1}{l}\left[\ln T - 2\ln(1-R)\right] \tag{6-28}$$

式中,α 为光损耗系数;l 为样品长度;T 为待测样品透过率;R 为样品通光面的反射率。

光源经起偏后成为偏振光束,光束整形后经分光片分成两路,分别为参考光束和测量光束。参考光束入射到参考探测器上;测量光束通过待测样品,然后入射到测量探测器。这两路光经探测器转换为电信号,A/D 转换后的数字信号由电脑采集,经专用软件处理后,即可获得样品的光损耗系数。

2) 光吸收系数激光绝对量热法[19]

激光绝对量热检测原理如图 6-7 所示。被测样品放置在绝热样品室中,泵浦激光器经过光阑垂直入射到样品的中心位置,用功率计测量出透过样品的激光功率,利用点温计测量样品温度,使用数据记录处理系统测量温度变化曲线。采用式(6-29)即可计算样品的光吸收系数:

$$\beta = \frac{mc}{lP_T}\frac{2n}{n^2+1}\left(\left|\frac{\mathrm{d}T_{\mathrm{gain}}}{\mathrm{d}t}\right|_{T_1} + \left|\frac{\mathrm{d}T_{\mathrm{lose}}}{\mathrm{d}t}\right|_{T_1}\right) \tag{6-29}$$

式中,β 为光吸收系数;m 为样品质量;c 为样品热容;l 为样品厚度;P_T 为透过样品的激光功率;n 为样品的折射率;$\left|\dfrac{\mathrm{d}T_{\mathrm{gain}}}{\mathrm{d}t}\right|_{T_1}$ 为在 T_1 处的温升速率;$\left|\dfrac{\mathrm{d}T_{\mathrm{lose}}}{\mathrm{d}t}\right|_{T_1}$ 为在 T_1 处的降温速率。

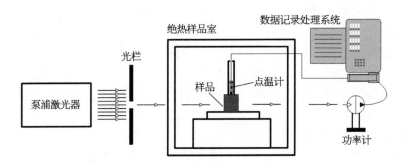

图 6-7　激光量热法测量光吸收系数示意图

6.1.2.2　光损耗系数测量标准和测量不确定度

光损耗系数是影响激光钕玻璃激光性能的关键参数。为准确提供激光钕玻璃的光损耗系数,上海光机所编写了标准 GYB 26—2018《掺钕激光玻璃 1 053 nm 光损耗系数测量方法　双光路比较法》。该标准确定了激光钕玻璃光损耗系数的检测原理、检测装置、检测步骤和不确定度评价等内容。激光钕玻璃光损耗系数检测参照 GYB 26—2018 标准,保证了数据的准确性和可靠性。

激光钕玻璃光损耗系数采用双光路比较法测量的测量不确定度分析如下。

1) 长度测量引入的不确定度

灵敏系数为

$$c(l) = -\frac{1}{l^2}\left[\ln T - 2\ln(1-R)\right] \tag{6-30}$$

2) 样品透过率测量引入的不确定度

样品透过率测量引入不确定度主要有以下几个分量:

（1）不放置标准样品测量的不确定度分量 $u_{T_{10}}$。灵敏系数

$$c(T_{10}) = \frac{T_0 T_{20}}{T_1 T_{10}^2} T_2 \qquad (6-31)$$

（2）放置标准样品测量的不确定度分量 u_{T_1}。灵敏系数

$$c(T_1) = \frac{T_0 T_{20}}{T_1^2 T_{10}} T_2 \qquad (6-32)$$

（3）不放置待测样品测量的不确定度分量 $u_{T_{20}}$。灵敏系数

$$c(T_{20}) = \frac{T_0}{T_1 T_{10}} T_2 \qquad (6-33)$$

（4）放置标准样品测量的不确定度分量 u_{T_2}。灵敏系数

$$c(T_2) = \frac{T_0 T_{20}}{T_1 T_{10}} \qquad (6-34)$$

由此得到样品透过率测量引入的不确定度为

$$u_{a2} = \sqrt{c(T_{10}) u_{T_{10}}^2 + c(T_1) u_{T_1}^2 + c(T_{20}) u_{T_{20}}^2 + c(T_2) u_{T_2}^2} \qquad (6-35)$$

灵敏系数

$$c(T) = \frac{1}{lT} \qquad (6-36)$$

3）折射率测量引入的不确定度

激光钕玻璃 1 053 nm 处折射率测量不确定度应符合 ZWB 304—2009 标准第 7 条的有关规定。折射率测量精度优于 10^{-4}，且表面反射率与折射率为平方关系。因此，折射率测量引入误差可忽略不计。

4）重复测量引入的不确定度

重复测量次数 $n \geqslant 6$：

$$u_{a4} = \sqrt{\frac{\sum_{i=1}^{n} (\alpha_i - \bar{\alpha})^2}{n(n-1)}} \qquad (6-37)$$

综合上述影响因素，激光钕玻璃的光损耗系数采用双光路比较法测量的精度可达 1×10^{-4} cm^{-1}。

6.1.2.3　激光钕玻璃光损耗的影响因素

激光钕玻璃的光损耗，不仅与激光钕玻璃的组分和 Nd^{3+} 离子的浓度相关，还与激光钕玻璃中所含的微量杂质及其价态密切相关。在激光钕玻璃组分设计时，要充分考虑组分对光损耗的影响。Nd^{3+} 离子激光下能级的离子数随着 Nd^{3+} 离子浓度增加而增多，Nd^{3+} 离子的吸收损耗随着激光下能级离子数增加而变大。因此，在激光器设计时，应选择合适 Nd^{3+} 离子浓度的激光钕玻璃。在激光钕玻璃熔制过程中，激光钕玻璃原料以及熔制过程中均会带入微量的杂质。这些杂质是影响激光钕玻璃光损耗的重要因素。铜离子和铁离子是微量杂质中对光损

耗影响最大的两种离子,钕玻璃中铁离子的含量要控制在 10 ppm 以内,铜离子的含量应控制在 0.2 ppm 以内。激光钕玻璃的光损耗一般要求在 0.15% cm^{-1} 以内,Nd_2O_3 浓度低于 1.0 wt% 的激光钕玻璃,其光损耗在 0.1% cm^{-1} 以内。在激光玻璃光损耗组成中,Nd^{3+} 离子的吸收是最受关注的部分,Nd^{3+} 离子吸收系数与其浓度的关系为[20]

$$\alpha_{Nd}(T) = 1.03 \times 10^{-20} \exp(-2576/T) [Nd^{3+}] \tag{6-38}$$

式中,T 为温度;$[Nd^{3+}]$ 为 Nd^{3+} 离子浓度。由式(6-38)可知,Nd^{3+} 离子的吸收系数随着浓度增加而变大,而 Nd^{3+} 离子的吸收是激光钕玻璃光损耗的一部分。因此,激光钕玻璃光损耗系数随着 Nd^{3+} 离子浓度增加而变大。表6-8列举了 N31 型激光钕玻璃不同浓度的光损耗系数,表明 N31 型激光钕玻璃的光损耗系数随着 Nd^{3+} 离子浓度的增加而变大。

表 6-7　N31 型激光钕玻璃的光损耗系数

Nd_2O_3 浓度/wt%	0.5	1.2	2.2	3.0	3.5	4.2
光损耗系数/%cm^{-1}	0.08	0.09	0.10	0.11	0.12	0.13

6.1.3　非线性折射率

在强激光作用下,物质折射率将产生变化。非线性折射率[21-24]是表征折射率变化量与光强关系的物理量。介质折射率(实部部分)与光强的关系如下:

$$n = n_0 + \frac{1}{2}n_2 |E|^2 = n_0 + \gamma I \tag{6-39}$$

式中,n_2 为 CGSE 单位制下的非线性折射率(单位：esu);γ 为 MKS 单位值下的非线性折射率(单位：m^2/W);n_0 为介质的线性折射率;E 为入射光的振幅强度;I 为入射光强度(单位：W/m^2)。

n_2 和 γ 的关系如下:

$$n_2(esu) = (cn_0/40\pi)\gamma \quad (m^2/W) \tag{6-40}$$

式中,c 为真空中光的速度(单位：m/s)。

1)　引起折射率产生非线性变化的主要原因 [25]

(1) 电子效应。在强光场作用下,介质中的电子云发生畸变和电子能级布居数改变,从而导致非线性效应、引起介质折射率发生变化,其响应时间通常为 $10^{-15} \sim 10^{-14}$ s,激励激光脉宽皮秒量级。

(2) 分子重新取向。在强光场作用下,光场同分子的感应偶极矩相互作用,各向异性分子在空间的取向分布会发生变化,从而导致介质的极化率张量发生变化,引起折射率变化,响应时间通常为 $10^{-12} \sim 10^{-11}$ s,激励激光脉宽纳秒量级。

(3) 电致伸缩效应。在介质的一个局域区域,在强光场作用下,介质的密度会重新分布,从而引起介质折射率等参数发生改变。由强光束电致伸缩效应导致介质折射率变化的响应时间通常为 $10^{-9} \sim 10^{-8}$ s,激光脉宽微秒量级。

(4) 热效应。介质因热吸收而产生折射率的改变。通常热效应产生的折射率变化并不与外加的光场强度成正比,响应时间通常为 $10^{-7} \sim 10^{-1}$ s。但在纳秒级的短脉冲激光情况下,可类似于其他非线性光学效应。

非线性折射率是激光材料一个重要的技术指标[26]，与激光材料在强光场中的性质相关，是高功率激光器设计的一个重要参考指标。

2) 非线性折射率的测量方法

非线性折射率的测量方法主要有[25,27-34]干涉法、非线性椭圆偏振法、简并四波混频法、光束畸变法、三次谐波法、单光束 Z 扫描法和经验公式法等。采用这些方法可以直接或者间接得到材料的非线性极化率或者非线性折射率。以下简单介绍这些测试方法。

（1）干涉法。将被测样品放置在干涉仪的一个臂中，由于强光作用，材料的折射率发生变化，从而引起光程变化，干涉产生的条纹发生移动。通过观察干涉条纹的移动，可以测量样品的非线性折射率。干涉法测量光学非线性的缺点是：光路调节比较复杂，测量精度不高。现在已经比较少用。

（2）非线性椭圆偏振法。利用强单色椭圆偏振光通过各向同性中心对称无吸收材料所产生的椭圆主轴旋转与透射光强度的关系，对三阶非线性引起折射率变化进行测量。该方法对实验装置要求较高。

（3）简并四波混频法。三束频率相同的光波因介质的非线性产生第四束同频光束，通过测量分析四束光的关系，测量材料的非线性折射率大小。该方法灵敏度高，是研究材料非线性性质的一种常用方法。其缺点是不能分辨非线性吸收和非线性折射率，并且对实验条件要求比较苛刻。

（4）光束畸变法。通过测量非线性介质中的自陷阈值功率，利用自陷阈值功率与非线性折射率的关系，计算得到样品非线性折射率。该方法测试光路比较简单，但测试误差比较大。并且由于样品存在弱吸收以及长的相互作用距离，使得折射率变化中有很大一部分是由热效应引起，当激光脉冲宽度大于纳秒时该热效应的影响更为显著。此外，该方法只适应于透明介质，需要对光束在非线性介质中的传播过程进行详细分析，对激光束的质量要求较高，测量灵敏度也较低。

（5）单光束 Z 扫描法。将被测样品沿强光与样品的作用方向纵向移动，在光束的焦点附近，由于材料的非线性效应，光束在横向的分布会发生变化。利用这种变化，可以测量材料的非线性折射率大小、振幅和非线性吸收系数。Z 扫描测试的实验装置简单，测量灵敏度高，是光学非线性测量领域的里程碑。近年来，人们不断研究 Z 扫描法，从实验和理论分析上提出了改进[35]，使得 Z 扫描法的灵敏度有了提高，应用的范围也越来越广。Z 扫描法已成为目前最常用的方法之一，被广泛应用于材料的非线性效应研究。

Z 扫描测量非线性折射率原理如图 6-8 所示。激光器输出光场在横向光强分布为圆对称的高斯光束，模式为 TEM_{00}。分束镜将入射的高斯光束分成两部分：一部分入射到探测器 D_1 上，可以监测激光输出的光强稳定性；另一部分被透镜聚焦后，光束的瑞利长度为 ZR（在此范围，高斯光束可以看出平行光束），光束的半径 ω_0，令聚焦透镜的焦点位置 $Z=0$，并定义光束传播方向为 $+Z$ 方向。被测样品放置在焦点附近，若被测样品在焦点前后移动，由于高斯光束在横向空间分布的非均匀性和在高功率密度光场作用下表现出来的非线性效应，使介质内部产生了类透镜效应。最终导致从样品出射后的光发散或者汇聚，从而使得其横向光场发生改变。当样品处于不同位置时，透过小孔的光能量会发生改变。当样品远离焦点处 $Z=\pm\infty$ 时，可以忽略介质对光束传播的影响，探测器 D_2 得到的激光能量基本为常数 $D(0)$。而在焦点附近，当样品移动时，在不同样品位置，透过光阑的能量 $D(Z)$，可以得到归一化透过率

$T(Z) = D(Z)/D(0)$ 随位置的变化关系曲线,如图 6-9 所示。这种透过率的变化与材料的非线性折射率有关。

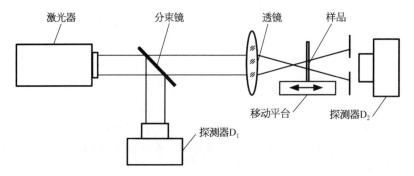

图 6-8　非线性折射率 Z 扫描测量基本原理图

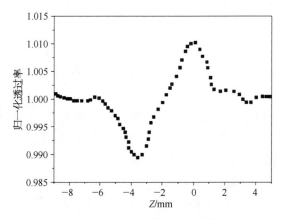

图 6-9　归一化透过率示意图

对于薄介质样品(样品厚度小于瑞利长度),入射光为 TEM_{00} 高斯光束,在没有非线性吸收系数情况下,非线性折射率为

$$\nu = \frac{\Delta T_{\text{PV}}}{0.406(1-S)^{0.25} k L_{\text{eff}} I_0} \tag{6-41}$$

式中,$\Delta T_{\text{PV}} = T_P - T_V$,$T_P$ 和 T_V 分别为 Z 向扫描得到的归一化透过率的波峰和波谷值;$k = 2\pi/\lambda$;$S = 1 - \exp(-2 r_a^2/\omega_a^2)$,为孔径的线性透过率,其中 r_a 和 ω_a 分别为小孔光阑半径和光束截面半径;$L_{\text{eff}} = [1 - \exp(-\alpha L)]/\alpha$,为样品的等效厚度,其中 α 为线性吸收系数;I_0 为在轴焦点处的光强,$I_0 = E/\pi\omega_0^2\tau$。通过测量公式中的各参数,即可得到样品的非线性折射率。

(6)经验公式法[36-38]。基于激光材料非线性折射率与材料色散特性的关系,计算非线性折射率的方法。经验计算公式如下:

$$n_2 = \begin{cases} 252.4 - 2.3\nu, & 68 \leqslant \nu \leqslant 90 \\ 32\,100/\nu - 346.7, & 25 \leqslant \nu \leqslant 68 \end{cases} \tag{6-42}$$

$$n_2 = -0.044\nu + 4.07 \tag{6-43}$$

$$n_2 = 391 \frac{n_\mathrm{d} - 1}{\nu^{5/4}} \tag{6-44}$$

$$n_2 = \frac{68(n_\mathrm{d}^2 + 2)^2 (n_\mathrm{d} - 1)}{\nu \{1.517 + [\nu(n_\mathrm{d}^2 + 2)(n_\mathrm{d} + 1)]/(6n_\mathrm{d})\}^{1/2}} \tag{6-45}$$

式中, ν 为材料的色散系数,即阿贝数; n_d 为 587.6 nm 处的折射率。上述经验公式得到的非线性折射率单位均为 10^{-13} esu。目前激光钕玻璃的非线性折射率通常采用式(6-45)进行评估,这也是国际上广泛应用的激光钕玻璃非线性折射率评估方法。当被测光学材料阿贝数在50~100 之间且折射率在 1.5~1.7 之间时,利用式(6-45)计算得到的 n_2 与公开文献报道中测量得到的非线性折射率相吻合。表 6-8 给出了国内外商业激光钕玻璃[27]的线性折射率、阿倍数和非线性折射率 n_2。

表 6-8　各种商品化激光钕玻璃的非线性折射率计算值

玻璃牌号	$n_\mathrm{d}=587.6$ nm 折射率	阿贝数	非线性折射率 $n_2/(\times 10^{-13}$ esu$)$
N2117	1.574 0	64.50	1.35
N3135	1.541 0	66.20	1.18
N4142	1.513 5	68.00	1.04
NAP	1.544 1	66.00	1.20
LHG-5	1.541 0	63.50	1.26
LHG-8	1.529 6	66.50	1.13
LHG-80	1.542 9	64.70	1.23
LG-750	1.526 0	68.20	1.08
LG-760	1.519 0	69.20	1.03
LG-770	1.508 6	68.40	1.02
Q-88	1.544 9	64.80	1.23
Q-98	1.555 0	63.60	1.31
N89-Nd	1.559 0	63.60	1.32
APG-1	1.537 0	67.70	1.13
APG-2	1.512 7	66.90	1.07
HAP-3	1.529 8	67.70	1.10
HAP-4	1.543 3	64.60	1.23

6.1.4　热光系数

在激光器工作过程中,工作物质激光钕玻璃吸收泵浦光,其中一部分泵浦能量转化为热量,使得激光钕玻璃温度升高。由于温升引起激光钕玻璃工作物质的长度和折射率的变化,直接影响激光输出的光场分布和发散角。评价由于温度变化导致激光器激光性能降低的相关参数为热光系数。

热膨胀系数、折射率温度系数和热光系数是衡量激光钕玻璃热性能最常用的参数,其中热光系数 W 是表征光通过被激发后的激光钕玻璃,光束波面曲率半径随温度变化关系的参数。激光钕玻璃的热光系数 W 可以用下式表达[39]:

$$W = \beta + (n-1)\alpha \tag{6-46}$$

式中, n 为激光钕玻璃折射率; α 为热膨胀系数; β 为折射率温度系数。下面介绍采用马赫-曾

德尔干涉仪法测量 α、β 和 W 的方法。测量原理如图 6-10 所示。

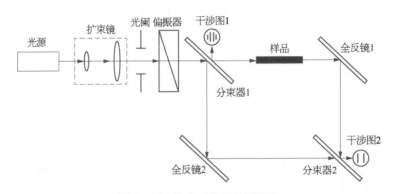

图 6-10　热光系数测量原理图

光源发出的光经扩束镜后,依次通过光阑和偏振器,然后经分束器 1 分成两路:一路为测试光,通过样品,样品两端面反射形成等厚干涉,在干涉图 1 处形成干涉图;通过样品的光经全反镜 1 反射,入射到分束器 2;另一路为参考光,经全反镜 2 反射后入射到分束器 2 上。测试光和参考光在分束器 2 处产生马赫-曾德尔干涉,形成干涉图 2。对样品进行加温,随着样品温度的变化,干涉图 1 和干涉图 2 中的干涉条纹产生平移。记录两幅干涉图的条纹变化量,根据条纹变化量得到样品在这一温度范围的热膨胀系数和折射率温度梯度系数。热光系数的计算过程如下[39-40]。

样品两通光表面形成等厚干涉(干涉图 1),两路光的光程差为

$$l_1 = 2nl \qquad (6-47)$$

式中,l_1 为两路光的光程差;n 为样品折射率;l 为样品长度。检测装置两路光形成马赫-曾德尔干涉(干涉图 2),光程差为

$$l_2 = (n-1)l \qquad (6-48)$$

通过对样品加热,等厚干涉和马赫-曾德尔干涉的干涉条纹随温度变化而移动,条纹变化数分别为

$$\Delta l_1 = m_1\lambda = 2\beta l\Delta T + 2\alpha nl\Delta T \qquad (6-49)$$

$$\Delta l_2 = m_2\lambda = \beta l\Delta T + \alpha(n-1)l\Delta T \qquad (6-50)$$

式中,m_1 为等厚干涉条纹变化量;λ 为测量波长;β 为折射率温度系数;ΔT 为温度变化量;α 为热膨胀系数;m_2 为马赫-曾德尔干涉条纹变化量。通过式(6-49)和式(6-50)得到热膨胀系数和折射率温度系数计算式(6-51)和式(6-52):

$$\alpha = \frac{m_1 - 2m_2}{2\Delta Tl}\lambda \qquad (6-51)$$

$$\beta = \frac{m_1 + n(2m_2 - m_1)}{2\Delta Tl}\lambda \qquad (6-52)$$

再应用式(6-46)即可计算出激光钕玻璃的热光系数 W。

激光钕玻璃的热光系数是评估其重频激光器应用的重要参数,影响重频激光器的光场分布和破坏阈值。国内外商用激光钕玻璃的膨胀系数、折射率温度系数及热光系数见表 6-9[4]。

表 6-9　国内外商业激光钕玻璃的膨胀系数、折射率温度系数及热光系数(20~80℃)

$(\times 10^{-7}℃^{-1})$

玻璃型号	α	β	W
N31	104	−45	10
N41	110	−43	14
NAP2	84	−8	37
NF	−88	140	−23
LG-770(Schott)	−47	134	21
LG-760(Schott)	−68	150	10
APG-1(Schott)	12	99.6	65.5
APG-2(Schott)	34	62.6	66
LHG-8(Hoya)	−53	127	14
HAP-4(Hoya)	18	85	64
Q-88(Kigre)	−5	104	51

注：表第 1 列中括号内指生产厂商,未加括号的指上海光机所研制生产的激光钕玻璃。

6.2　Nd^{3+} 离子、微量杂质、铂颗粒及羟基光吸收系数检测技术

6.2.1　Nd^{3+} 离子和微量杂质离子

激光钕玻璃中 Nd^{3+} 离子作为激活离子,其离子浓度对激光钕玻璃的荧光寿命及储能和激光效率等都会产生重要影响[41-43]。Nd^{3+} 离子浓度是高功率和高能量激光装置应用的激光钕玻璃的关键参数之一。激光钕玻璃中存在的微量有害杂质离子如过渡金属离子(Cu^{2+}、Fe^{2+}、Co^{2+}、Ni^{2+}、V^{2+})和稀土杂质(Dy^{3+}、Pr^{3+}、Sm^{3+}、Ce^{3+})等,在 1.06 μm 附近有强吸收带存在,使激光钕玻璃的光吸收损耗系数大大增加,严重影响激光效率和增益[44,44-46]。微量有害杂质主要由化工原料及随后的熔制工艺过程引入,一些杂质离子即使在 10^{-6} 甚至 10^{-9} 量级范围,对激光钕玻璃的光吸收损耗系数都会造成很大影响,其中以 Cu 和 Fe 两种过渡金属离子影响最大。与之相比较,稀土杂质离子的影响较小[41-43]。表 6-10 所示为 Schott 公司的激光钕玻璃 LG-770 中微量杂质对光吸收损耗系数的影响因子和微量杂质的上限指标要求[41-43]。

表 6-10　杂质元素对光吸收损耗及原料中的含量要求

杂质元素	LG-770 光吸收损耗系数/$(\times 10^{-3} cm^{-1}/ppm)$	化工原料杂质含量要求/ppm
Cu	2.61	1
Fe	0.18	2
Dy	0.016	10
Pr	0.012	100
Sm	0.013	30
Ce	0.008 4	30

1) 测试原理和方法

电感耦合等离子光谱仪(ICP‐OES)和电感耦合等离子体质谱仪(ICP‐MS)检测灵敏度高、测试精度好、测试速度快,同时基体效应相对较低[47-48]。因此,ICP‐OES 和 ICP‐MS 是检测激光钕玻璃中 Nd^{3+} 离子浓度和微量杂质的常规检测手段。

ICP‐OES 由 ICP 光源、进样装置、分光装置、检测器和数据处理系统组成。当待测样品溶液由进样器引入雾化器,并被氩载气带入高温等离子体光源时,试样中组分被原子化、电离、激发,以光的形式发射出能量。不同元素的原子在激发或电离后回到基态时,发射不同波长的特征光谱,故根据特征光的波长可进行元素的定性分析。元素的含量不同时,发射特征光的强弱也不同,据此可进行元素的定量分析。

激光钕玻璃样品按一定步骤溶解为澄清溶液后导入 ICP‐OES 仪器。溶液经蠕动泵提升至雾化室。经雾化器雾化后,被载气带入等离子体炬管。经高温燃烧后充分等离子化,发出待测元素特征谱线。ICP‐OES 仪器检测谱线强度,根据标准曲线上插值计算出溶液中待测元素质量/体积浓度并输出读数。依据式(6‐53)计算待测元素质量/体积浓度,再转换为被测样品的待测元素含量。

ICP‐MS 是痕量元素测定的关键设备。用等离子体(ICP)作为离子源,质谱(MS)分析器检测产生的离子,可以测量周期表中大多数元素,测定分析物浓度可精确至 10^{-9} 或 10^{-12} 量级的水平。试样中各组分在离子源中发生电离,生成不同荷质比的带电荷离子。经加速电场的作用,形成离子束,进入质量分析器。在质量分析器中,再利用电场和磁场使之发生相反的速度色散,将它们分别聚焦后得到质谱图,从而确定其质量。

激光钕玻璃样品按一定步骤溶解为澄清溶液后导入 ICP‐MS 仪器。通过蠕动泵引入一个雾化器产生气溶胶。样品气溶胶瞬间在等离子体中被解离,形成原子,同时被电离。将等离子体中产生的离子经采样锥和截取锥提取到高真空的质谱仪部分。离子由一组离子透镜聚焦进入四极杆质量分析器,按其质荷比进行分离。采用电子倍增器测量待测离子,由一个计数器收集待测离子质量计数强度,根据标准曲线上插值计算出溶液中待测元素质量/体积浓度并输出读数。依据式(6‐53)计算待测元素质量/体积浓度,再转换为被测样品的待测元素含量:

$$\omega = \frac{(C - C_0)V}{m} \tag{6-53}$$

式中,ω 为激光钕玻璃样品中待测元素的质量比;C 为激光钕玻璃样品溶液待测元素质量/体积浓度值($\mu g/ml$);C_0 为空白样品溶液中 Fe 和 Cu 测定值($\mu g/ml$);V 为激光钕玻璃样品溶液体积值(ml);m 为激光钕玻璃样品称量质量(g)。

2) ICP‐OES 和 ICP‐MS 的测试样品制备

ICP‐OES 和 ICP‐MS 检测激光钕玻璃中 Nd^{3+} 离子浓度和微量杂质,必须先采用湿法消解玻璃样品,建立快速有效、基于湿法消解的样品溶液制备方法。根据样品的主量元素组成特征,选择合适的酸试剂组合、实现玻璃结构快速有效破坏,以及合适的酸试剂用量和温度、获得良好的样品分解效果。为保证混合酸与样品充分、快速反应,玻璃样品须经过玛瑙研钵进行破碎、研磨至小颗粒状(小于 50 目),以充分增加混合酸与样品反应的表面积,加快反应速率,保证溶液制备过程中粉末样品能进行充分反应。样品称量范围在 0.05~0.2 g,混合酸采用氢氟酸(HF)与盐酸(HCl)组合。由于激光钕玻璃样品主要是以磷酸盐或硅酸盐为基体,具有相对比较稳定的链状或网状结构。因此须采用氢氟酸破坏其相对稳定的分子结构。盐酸对激光玻璃样品中的主元素具有良好的溶解性能,对于 0.05～0.2 g 的称样量,可采用以 HCl 1 ml 和 HF 2 ml 组合酸试剂放置于铂金坩埚,以 180 ℃左右进行消解,至样品溶液蒸干。在此过程中如选择高氯酸进行赶氟处理,可使氟化物进行转化。但考虑到高纯高氯酸不易得到,同时高氯酸赶酸速度慢,会大大延长样品溶液制备时间,增加样品污染的风险,因此采用低沸点盐酸代替。样品蒸干后,即可达到高氯酸的效果,且大大缩短了样品溶液制备时间,有效避免了长时间样品处理带来的环境污染。样品蒸干后,以(5%)HCl 20 ml 继续对样品进行消解,使样品溶解透明澄清,以一级去离子水定容,形成样品待测溶液。同时,按照上述相同步骤制作空白液体。

3)　ICP－OES 检测激光钕玻璃中钕和铁离子含量

采用标准工作曲线法定量测试。配制 Nd^{3+} 离子系列标准溶液,形成 0 μg/ml、10.0 μg/ml、20.0 μg/ml、50.0 μg/ml;配制铁离子系列标准溶液 0 μg/ml、0.1 μg/ml、0.5 μg/ml、1 μg/ml。在测试稳定及重复性良好的情况下,共取 4 个标准点形成标准溶液工作曲线,直至相关系数不小于 0.999,满足测试标准工作曲线线性要求。相关系数越接近 1 代表相关系数越高,保证钕和铁离子测试的准确性。对系列标准溶液进行特征谱线强度测定,在仪器软件中以钕和铁离子质量/体积浓度为横坐标、特征谱线强度为纵坐标,用最小二乘法绘制标准曲线。测定激光钕玻璃样品待测溶液和随样等步骤空白溶液中钕和铁离子特征谱线强度。ICP－OES 将测量值在绘制好的标准曲线上进行插值分析,得出样品溶液中钕和铁离子的质量/体积浓度。根据式(6-53)分别计算钕和铁离子含量。

由于掺钕激光玻璃是含多种氧化物的复杂基体,ICP－OES 检测钕和铁离子应克服光谱干扰及基体干扰。为获得准确的测试数据,ICP－OES 光谱仪必须选择灵敏度高且干扰小的分析波长。根据激光钕玻璃基质元素对钕和铁离子谱线干扰的情况分析,分别选择 401.225 nm 和 240.488 nm 谱线为最佳测试波长,信背比优良。为消除基体干扰,标准溶液必须进行基体匹配配制。仪器工作参数的设定对检测数据的准确性有较大影响。需要根据检测样品特性及特定设备性能决定仪器工作参数。通常 RF 功率设定为 950～1 150 W,功率过大会带来背景辐射增强,信背比变差;功率过低,不能有效激发检测元素。雾化器流量和进样泵速分别设定 0.5～0.7 L/min 和 50～70 r/min,雾化器流量和进样泵速根据被测样品的特性规定在合理范围,设定范围过高,使样品溶液经过等离子体中心通道的温度过低,元素激发不充分,从而使谱线强度变弱;设定范围过低,使样品溶液经过等离子体中心通道的温度过高,元素激发过强,使检测背景增强,信背比变差。积分时间设定 6～20 s,如设定时间过短,样品检测精度会变差;如设定时间过长,样品检测的精度不会提高,反而使测试效率大幅降低。具体仪器工作参数见表 6-11。

表 6-11　ICP－OES 仪器工作参数

参数	数值
RF 功率	950～1 150 W
雾化器气流量	0.5～0.7 L/min
进样泵速	50～70 r/min
积分时间	5～20 s
积分次数	3 次
钕分析线波长	401.225 nm
铁分析线波长	240.488 nm

4) ICP-MS 检测激光钕玻璃中铜离子含量

采用在线内标法定量测试。根据激光钕玻璃基体元素组成,选择铑(Rh)作为内标元素针对铜离子测试有很好的基体效应补偿作用。将内标元素加入待测样品溶液、标准溶液及空白溶液中。每个测定溶液中的内标响应趋于一致。根据实际测量的内标值与已知内标值的比值来校正铜离子的测试响应强度。由于激光钕玻璃是复杂基体组成,测试痕量铜离子含量在任何情况下都存在基体抑制效应,因此必须采用内标进行校正曲线。校正曲线是根据铜离子与内标 Rh 信号的比值进行绘制,消除了基体抑制效应,实现定量分析。配制铜离子系列标准溶液,形成 0 ng/ml、0.05 ng/ml、0.1 ng/ml、0.5 ng/ml、1.0 ng/ml。共取 5 个标准点形成标准溶液工作曲线,直至相关系数不小于 0.999。选择内标元素 Rh 在线引入,依次测定铜离子系列标准溶液。在仪器软件中以铜离子质量/体积浓度为横坐标,^{63}Cu 质量数强度为纵坐标,用最小二乘法绘制标准曲线。在激光钕玻璃样品待测溶液和随样等步骤空白溶液中在线引入内标元素 Rh,测定 ^{63}Cu 离子质量数强度。ICP-MS 将测量值在绘制好的标准曲线上进行插值分析,得出样品溶液中铜离子的质量/体积浓度。根据式(6-53)计算铜离子含量。

ICP-MS 检测痕量铜离子,必须考虑来自氩与其他离子产生的质量数干扰,比如 ^{40}Ar^{23}Na;^{31}P^{16}O^{16}O;^{31}P^{31}P^{1}H^{+} 干扰 ^{63}Cu 和 ^{40}Ar^{25}Mg;^{31}P^{17}O^{17}O^{+} 干扰 ^{65}Cu。由于激光钕玻璃基体为磷酸盐体系,含有大量的 P 和 O 元素,对铜离子测试带来了大量的干扰因素。通过开启碰撞反应池模式且保持较高的碰撞气流量,以 He 为碰撞反应气,且流量保持在 6 ml/min 以上,可以获得较高的 ^{63}Cu 信背比,满足技术指标检出限要求。通过优化等离子体功率,发现在 1 300 W 时,信背比达到最佳。通过选择白金采样锥以及降低雾化气流量(降低等离子体负载量)有效消除含有 HCl 样品的酸度对测试的影响。仪器工作参数见表 6-12。

表 6-12 推荐 ICP-MS 主要工作参数

参数	数值
RF 功率	1 300 W
冷却气流量	10.0 L/min
辅助气流量	1.1 L/min
载气流量	0.7 L/min
驻留时间	10~15 s
分析同位素	^{63}Cu
内标同位素	^{103}Rh
碰撞反应池条件	He, 6~7 ml/min

5) 检测标准和测量不确定度

ICP-OES 法检测激光钕玻璃中 Nd^{3+} 离子含量已经得到了广泛应用。上海光机所参与编写了国家军用标准 GJB 9254—2017《磷酸盐钕玻璃中钕元素质量浓度测定方法 ICP-AES 法》,该标准采用等离子体光谱法测量。

微量杂质 Fe 和 Cu 含量测试须进行加标回收率实验,加标回收率均在 90%~110%,验证了方法的准确性。针对同一样品平行测定 6 次,获得测定结果精密度相对标准偏差(RSD)小于 10%。

根据式(6-53),测试误差主要来自样品溶液质量/体积浓度 C、样品溶液体积 V 及样品质量 m。根据测量不确定度分量评定,计算出样品溶液质量/体积浓度 C 的合成相对不确定度 $u_{c\text{-rel}}$ 为 0.020 4 μg/ml;溶液体积 V 的相对不确定度 $u_{v\text{-rel}}$ 为 0.288 7 ml;样品质量 m 的相对不确定度为 0.029 0 mg。根据式(6‑53)和不确定度传递律,在公式各个变量为互相独立的情况下,样品中 ω 含量的合成相对不确定度 $u_{\omega\text{-rel}}$ 计算为 0.002 5%。

6.2.2　铂金颗粒

高功率激光装置中的激光钕玻璃,在熔制过程中一般使用化学稳定性较好的铂金坩埚和搅拌器,这使得激光钕玻璃内部有可能存在铂离子或铂颗粒。在高通量激光系统中,铂颗粒吸收激光能量温度上升甚至气化,从而使得激光钕玻璃出现炸裂缺陷甚至发生炸裂破坏。在激光聚变研究的早期,激光装置所采用的是硅酸盐激光钕玻璃。1978 年美国 LLNL 国家实验室的 SILVA 装置由于激光能量的提升,造成装置中硅酸盐激光钕玻璃因铂金颗粒气化发生了严重炸裂破坏。R. F. Woodcock[49] 经过详细研究,认为铂氧化后气相转移入硅酸盐激光钕玻璃熔体并分解还原,是硅酸盐激光钕玻璃中铂金颗粒形成的主要原因。

由于磷酸盐激光钕玻璃对铂颗粒有更好的溶解特性,其铂颗粒破坏的风险远低于硅酸盐激光钕玻璃,因此从 1980 年美国 LLNL 国家实验室的 NOVA 装置开始,当前全球各大激光钕玻璃激光聚变装置全部采用磷酸盐激光钕玻璃作为激光增益介质。

为降低铂颗粒的破坏风险,提高总体激光输出能量,对于高功率激光装置所使用的激光钕玻璃,其铂颗粒的含量和尺寸都有严格的指标要求,并建立了严苛的铂颗粒检测技术。

美国 NIF[50]、法国 LMJ[51] 以及俄罗斯 LUTCH[52] 等装置所使用的激光钕玻璃片,在上线使用前均经过了强激光辐照铂金颗粒检测。美国 NIF 装置铂颗粒夹杂物检测激光器的重复频率为 30 Hz,检测速度最快;法国 LMJ 装置采用的铂颗粒夹杂物检测激光器能量密度最高,达到 9 J/cm²;俄罗斯 LUTCH 装置所采用的铂颗粒夹杂物检测激光器脉冲宽度最小,为 4.5 ns。其中,美国的铂颗粒检测方法适合激光钕玻璃规模生产的工业化检测。法国和俄罗斯所采用的检测方法为研究铂颗粒夹杂物在强激光辐照下的生长变化,选取了更高的激光辐照强度和更短的脉冲时间。

为满足最终输出兆焦耳量级能量的要求,避免激光钕玻璃在线使用出现铂颗粒破坏,美国 LLNL 国家实验室对 NIF 装置所使用的激光钕玻璃片,在上线使用前均采用波长为 1 064 nm、频率为 30 Hz、脉宽为 10 ns 的脉冲激光进行辐照。根据检测到的铂颗粒数量对激光钕玻璃进行分级,并决定其在装置中的摆放位置。

表 6‑13 所示为美国 NIF 装置使用的 LG‑770、LHG‑8 型激光钕玻璃片铂颗粒夹杂物的检测结果。根据玻璃内部铂颗粒夹杂物数量和尺寸大小,采用了四级分级的方式来确定其使用等级。其中 27% 的激光钕玻璃内部含有 5 个以下、尺寸不大于 200 μm 的铂金颗粒(这其中的 70% 钕玻璃片不含铂颗粒夹杂物),13% 的激光钕玻璃内部含有 5 个以下、尺寸不大于 350 μm 的铂颗粒,17% 的激光钕玻璃内部含有 10 个以下、尺寸不大于 500 μm 的铂颗粒,43%

表 6‑13　美国 NIF 装置激光钕玻璃的分级标准[53]

等级	单片中 Pt 破坏点最大数量	Pt 破坏点最大尺寸/μm	占总片数的百分比	最大允许激光通量/(J·cm⁻²)(在 3 ns 等效脉宽)
1	5	200	27%	11.1
2	5	350	13%	9.3
3	10	500	17%	6.7
4	20	1 000	43%	4.7

的激光钕玻璃内部含有 20 个以下、尺寸不大于 1 000 μm 的铂颗粒。

上海光机所建立了大口径激光钕玻璃铂颗粒扫描平台,对激光钕玻璃片内部的铂颗粒夹杂物情况进行检测。平台测试原理如图 6‑11 所示。

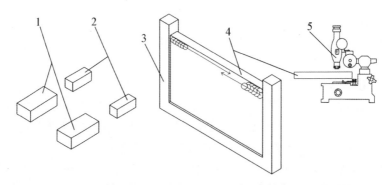

1—激光器;2—光束整形;3—激光钕玻璃夹具;4—激光钕玻璃;5—显微观测

图 6‑11 大口径激光钕玻璃铂颗粒扫描平台原理图

大口径激光钕玻璃铂颗粒扫描平台主要由大能量 Nd：YAG 激光器、光束整形和检测系统、激光钕玻璃片机械位移系统、显微观测系统构成。采用 Nd：YAG 激光器作为激光光源,其输出激光波长为 1 064 nm,输出光束的直径为 18 mm,最高重复频率 10 Hz,最高脉冲输出能量为 10 J,脉冲宽度为 10 ns。该激光器的最大输出能量密度为 3.9 J/cm²。为了进一步提高激光能量密度,在激光器后面配置了光束整形系统,对激光光束进一步压缩整形。能量密度在 1.06～20 J/cm² 的范围,同时满足了对铂颗粒夹杂物的检测,以及后续研究铂颗粒夹杂物在强激光辐照情况下的生长所需要的实验条件。

平台中的机械系统可以实现激光钕玻璃片 X 方向和 Y 方向的自动位移。在数小时内完成一片 480 mm×760 mm 激光钕玻璃片的铂颗粒检测工作,与美国同类设备检测效率相当。为了进一步提高激光钕玻璃铂颗粒夹杂物的检测效率,在大口径激光钕玻璃铂颗粒扫描平台中增加了双路检测功能,将检测效率提高 1 倍,并取得相关专利授权[54]。同时,平台中的机械系统可以设置相邻扫描点的间距,根据需要确定相邻扫描点及相邻扫描行之间的重叠比例,确保在检测过程中整片激光钕玻璃内部不存在漏检部位。

机械系统附带显微镜头,用于对激光钕玻璃内部铂颗粒夹杂物进行显微观测。配备的软件控制系统,包括了扫描方式的设定、铂颗粒夹杂物疑似点坐标记录、铂颗粒夹杂物图像放大观测功能。同时配置了两束 650 nm LD 平行光,可以从激光钕玻璃两侧短边面入射,配合显微镜头实现对铂颗粒夹杂物的粗略观测和定位。使用体视显微镜对激光钕玻璃内部铂金颗粒尺寸进行详细测量。

采用大口径激光钕玻璃铂颗粒扫描平台,对激光钕玻璃中铂颗粒夹杂物检测条件进行了一系列实验研究。

为了兼顾激光钕玻璃检测之前表面加工的经济成本和时间成本,以及强激光辐照过程中钕玻璃本身的安全性,首先对激光钕玻璃表面破坏阈值和表面加工精度的关系进行了研究。在激光钕玻璃表面加工过程中,对于表面粗糙度一般取表面上某一个截面的外形轮廓曲线来表示,用轮廓算数平均偏差 Ra 或轮廓均方根偏差 Rq 来描述。在表面研磨加工方式中,Rq/Ra 的比值一般为 1.22～1.27。首先选取单坩埚熔炼和连续熔炼 N31 型激光钕玻璃各一片。

加工表面粗糙度要求为 $Ra \leqslant 0.05\ \mu m$，使用不同能量密度的激光对其表面进行辐照。当激光辐照能量密度在 $6\ J/cm^2$ 以下时，激光钕玻璃表面没有出现破坏；当激光辐照能量密度达到 $6.7\ J/cm^2$ 时，部分辐照点的激光钕玻璃后表面出现点状破坏；当激光辐照能量密度达到 $8.8\ J/cm^2$ 时，辐照点的激光钕玻璃后表面出现坑状破坏，并向激光钕玻璃内部扩展；当激光辐照能量密度达到 $10.7\ J/cm^2$ 时，辐照点的破坏由后表面向激光钕玻璃内扩展，呈花瓣状向周围放射。该结果表明，单坩埚熔炼和连续熔炼 N31 型激光钕玻璃在相同表面粗糙度下，表面破坏阈值基本一致。在表面粗糙度要求为 $Ra \leqslant 0.05\ \mu m$ 的加工精度下，激光钕玻璃后表面破坏阈值达到 $6.7\ J/cm^2$ 左右。

选取一块连续熔炼工艺生产的 N31 型激光钕玻璃，表面加工精度为精密抛光，表面粗糙度要求为 $Ra \leqslant 0.02\ \mu m$，尚未达到成品片激光钕玻璃表面粗糙度 $Rq \leqslant 1.2\ nm$（相当于 $Ra = 1\ nm$ 左右）的要求，进行强激光辐照实验。当激光能量密度达到 $11.5\ J/cm^2$ 时，激光钕玻璃表面仍未出现破坏。继续加大激光辐照能量密度，激光钕玻璃后表面出现炸裂。起初是点状破坏，随着激光辐照次数的增加，逐渐变为坑状破坏并向激光钕玻璃内部延伸，最终变为花瓣状向周围放射性破坏。

综合以上实验结果可知，在兼顾激光钕玻璃表面加工经济成本和时间成本，以及激光钕玻璃片安全性的情况下，对于铂颗粒夹杂物检测的激光钕玻璃片，采用表面精密抛光加工，表面粗糙度要求为 $Ra \leqslant 0.02\ \mu m$ 时，激光器辐照能量密度在 $10\ J/cm^2$ 以下，不会诱发表面损伤。据此规定，用于铂颗粒夹杂物检测的激光钕玻璃片需要进行表面精密抛光加工，表面粗糙度要求为 $Ra \leqslant 0.02\ \mu m$，激光器辐照能量密度在 $10\ J/cm^2$ 以下。结合美国 NIF、法国 LMJ 和俄罗斯 LUTCH 装置的检测方法及研究结果，确定检测铂颗粒采用的激光光源参数为：能量密度在 $5\ J/cm^2$ 左右，单个辐照点的辐照次数为 30 次，激光器输出频率 10 Hz。

在前期验证性实验中，为了验证大口径激光钕玻璃铂颗粒扫描平台的工作可靠性，对除铂颗粒工艺出现问题时生产的激光钕玻璃以及正常除铂颗粒工艺条件下生产的激光钕玻璃都进行了强激光辐照检测。由于连续熔炼生产工艺的特殊性，只要生产工艺条件正常，激光钕玻璃的各项性能指标不会发生突变。只有当某个工艺条件发生异常时，才可能出现品质不合格的激光钕玻璃片。这与美国 NIF 装置报道的规律相符合[50]。

首先选取连熔生产过程中除铂颗粒工艺出现问题的激光钕玻璃片，在强光照射下可见其内部含有极淡的灰雾状夹杂物，但肉眼无法分辨出单个颗粒夹杂物，只能看到内部通透性较差。使用体视显微镜对激光钕玻璃内部灰雾状铂颗粒夹杂物进行了观测，发现该铂颗粒夹杂物的尺寸在数微米至几十微米之间，如图 6 - 12 所示。

 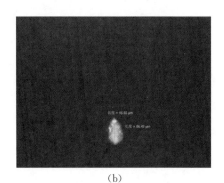

(a)　　　　　　　　　　　　　　　(b)

图 6 - 12　强激光辐照前铂金颗粒夹杂物显微形貌（参见彩图附图 27）

在经过大能量 Nd：YAG 激光器辐照后，使用体视显微镜对该激光钕玻璃片中辐照后的铂颗粒夹杂物进行观测。可以看到激光辐照后，铂颗粒夹杂物颗粒的炸裂形貌具有一定的规律性，如图 6-13 所示。

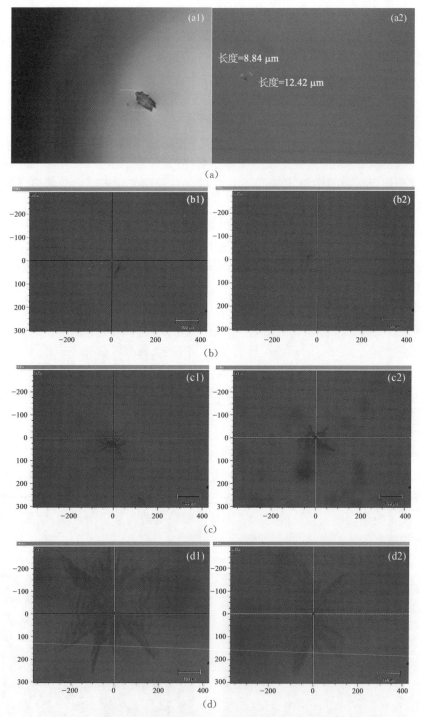

图 6-13 强激光器辐照后铂颗粒夹杂物显微形貌（参见彩图附图 28）

对于杂质导致的光学材料破坏机理,相关文献[55-57]报道了这方面的工作。在强激光辐照下,激光钕玻璃本身对激光的吸收很小,激光辐照所引起的温度变化也很小。而激光钕玻璃内部的铂颗粒夹杂物对激光的吸收很强,会在夹杂物内部和周围形成局部高温,在激光钕玻璃内部产生很大的热应力。当铂颗粒夹杂物在强激光辐照下发生气化时,会产生很大的蒸气压,在激光钕玻璃内部形成附加应力。当铂颗粒夹杂物吸热所产生的应力超过激光钕玻璃本身的抗压强度时,就会使夹杂物周围的激光钕玻璃发生破碎或炸裂。如图 6-13 中图(a1)所示,当铂颗粒尺寸在几百微米以上时,颗粒本身的热容较大,不易发生气化导致炸裂,且尺寸较大的铂颗粒也更易于检出。如图 6-13 中图(a2)所示,当铂颗粒尺寸在几微米以下时,其吸收激光能量后所产生的热应力小于激光钕玻璃的抗压强度,也不会发生炸裂。如图 6-13 中图(b)、(c)、(d)所示,十几微米至几十微米尺寸的铂颗粒,在激光钕玻璃内部所造成的危害最大,不仅易于在激光辐照下吸热发生炸裂,也由于尺寸较小,不易在辐照前被肉眼检出。

根据 V. S. Sirazetdinov 等[58]的研究,激光钕玻璃中铂颗粒的激光破坏阈值约为 $2.5\ \mathrm{J/cm^2}$。法国 LMJ 装置的研究结果表明[51],随着激光辐照次数和激光辐照能量的增加,铂颗粒炸裂的尺寸逐渐扩大并趋于稳定。上海光机所在对激光钕玻璃内铂颗粒的检测中,也观测到了类似的现象。如图 6-13 所示,图(b)、(c)、(d)分别为使用 $2.07\ \mathrm{J/cm^2}$、$2.69\ \mathrm{J/cm^2}$、$3.29\ \mathrm{J/cm^2}$ 三种能量密度的激光,对激光钕玻璃中铂颗粒进行 30 次辐照后的显微形貌。在 $2.07\ \mathrm{J/cm^2}$ 能量密度的激光辐照后,铂颗粒夹杂物颗粒炸裂后尺寸为 $40\sim80\ \mu\mathrm{m}$,部分夹杂物颗粒未出现炸裂。在 $2.69\ \mathrm{J/cm^2}$ 能量密度激光辐照后,夹杂物颗粒炸裂后尺寸为 $100\sim150\ \mu\mathrm{m}$,铂颗粒夹杂物炸裂的尺寸较 $2.07\ \mathrm{J/cm^2}$ 能量密度更大,达到 $200\ \mu\mathrm{m}$ 以上。在 $3.29\ \mathrm{J/cm^2}$ 能量密度激光辐照后,铂颗粒夹杂物颗粒的炸裂尺寸为 $400\sim600\ \mu\mathrm{m}$ 或更大,炸裂情况最为明显。实验中进一步加大激光能量密度时,铂颗粒夹杂物的炸裂尺寸基本不再增大。

综合以上实验情况可知,在正常工艺条件下生产的激光钕玻璃内部无铂颗粒夹杂物检出。对于除铂颗粒工艺不正常时生产的激光钕玻璃,有可能存在尺寸在几微米至几百微米之间的铂颗粒夹杂物。如果仅用强光照射的方法,有可能出现铂颗粒夹杂物的漏检。通过强激光辐照可以有效检出激光钕玻璃内部可能存在的铂颗粒夹杂物,对于肉眼不可见的铂颗粒夹杂物,辐照后可以变为肉眼可见尺度的散射点;对于肉眼可见的夹杂物颗粒,辐照后会进一步加大散射尺寸,确保了激光钕玻璃内部铂颗粒夹杂物检测的准确性。

与美国 NIF、法国 LMJ 以及俄罗斯 LUTCH 等装置检测方法相类似,上海光机所建立的激光钕玻璃内部铂颗粒夹杂物检测设备和检测方法可以满足相邻辐照点之间重叠面积 50%,以及相邻两排辐照点之间错位 1/2 的要求,确保激光钕玻璃内部不存在铂颗粒漏检位置。同时便于对强激光辐照后新增散射点的观测,有效地检出激光钕玻璃内部可能存在的铂颗粒夹杂物。

6.2.3 羟基光吸收系数

根据式(6-1),$\mathrm{Nd^{3+}}$ 离子的荧光寿命对激光玻璃的增益性能有重要影响。处于 $^4F_{3/2}$ 激发态的 $\mathrm{Nd^{3+}}$ 离子到下能级的迁移可能是辐射跃迁,从而产生荧光,也可能与其他杂质或近邻 $\mathrm{Nd^{3+}}$ 离子相互作用,发生无辐射跃迁,消耗上能级离子,产生热量。$\mathrm{Nd^{3+}}$ 离子的荧光寿命取决于 $^4F_{3/2}$ 能级到 $^4I_{9/2}$ 能级辐射跃迁的概率。其中激光钕玻璃中的羟基离子与 $^4F_{3/2}$ 能级上的 $\mathrm{Nd^{3+}}$ 离子相互作用后,会产生无辐射跃迁,降低 $\mathrm{Nd^{3+}}$ 离子的荧光寿命。研究发现,激光钕玻璃中的羟基严重影响 Nd^{3+} 离子的发光特性。激光钕玻璃中残存的羟基含量越高,Nd^{3+} 离子激光上能级 $^4F_{3/2}$ 发生能量转移的速率越快,激光钕玻璃的储能效率越低,荧光寿命越短,从而导致整个固体激光器能量转换效率低、激光输出能量下降等[59-66]。因此,激光钕玻璃生产过程必须经历除羟基的工艺过程。激光钕玻璃中的羟基含量是评估激光钕玻璃除水工艺的一个重要指标。因此,羟基含量是激光钕玻璃的关键技术指标之一。需要对羟基含量进行精确检测。

1) **测试方法和测试原理**

激光钕玻璃中羟基含量的检测方法主要有两种,分别是加热排气法和光谱法[67-68]。加热排气法是将激光钕玻璃加热或者向玻璃熔体中通入干燥气体,使玻璃中的羟基转化成水分子,并以水汽的形式排出玻璃体。然后通过检测排出的水汽量来确定激光钕玻璃中的羟基含量。在激光钕玻璃研究的早期阶段,这种方法采用得比较多。由于这种方法没有统一的检测标准,不同研究小组的测试结果相差比较大。更重要的是由于这样测试方法周期长,无法及时获得玻璃中有关羟基含量的信息,不能满足批量化生产中在线检测的需求,因而较少应用。

光谱法包括核磁共振谱法和傅里叶变换红外光谱法。通过这两种方法都可以获得激光玻璃中羟基含量的信息。由于核磁共振谱法使用的设备价格昂贵,且测试时需要将被测玻璃样品加工成粉末,测试过程复杂,测试技术要求高,因此该方法在激光钕玻璃规模化生产和产品日常检测中并未得到广泛应用。

傅里叶变换红外光谱法利用傅里叶变换红外光谱仪测试激光钕玻璃的红外透过光谱,通过简单计算,就可以得到激光钕玻璃的羟基光吸收系数。研究发现,激光钕玻璃中的羟基含量与羟基光吸收系数呈线性关系。因此,通过检测激光钕玻璃的羟基光吸收系数表征玻璃中残余羟基含量的测试方法,已经得到激光钕玻璃生产厂家和产品用户的普遍认可。

下面重点介绍傅里叶变换红外光谱法的测试原理和方法。

由于玻璃网络结构具有近程有序远程无序的特性,在激光钕玻璃中,羟基通过氢键与玻璃形成体中的桥氧和非桥氧相连接,因此玻璃中羟基的红外吸收带宽且弥散。关于激光钕玻璃羟基红外吸收谱的解析以及峰位的归属一直存在争议,也是研究热点之一。由于玻璃中羟基的吸收取决于玻璃的成分,当玻璃成分固定后,羟基的峰位和相对强度也保持不变。目前国际上对激光钕玻璃通常取 3 000 波数处的吸收系数为检测玻璃中残留羟基的主吸收峰位[64-69]。因此,激光钕玻璃 3 000 波数光吸收系数又称作激光钕玻璃的羟基光吸收系数。

根据 Beer-Lambert 定律,激光钕玻璃羟基光吸收系数可以由式(6-54)得到:

$$\alpha_{OH} = -\frac{1}{l}\ln\left(\frac{T}{T_{max}}\right) \tag{6-54}$$

式中,α_{OH} 为样品在 3 000 波数处的光吸收系数;T 为样品在 3 000 波数处的透过率;T_{max} 为 4 000~2 000 波数之间的最大透过率;l 为样品厚度(cm)。

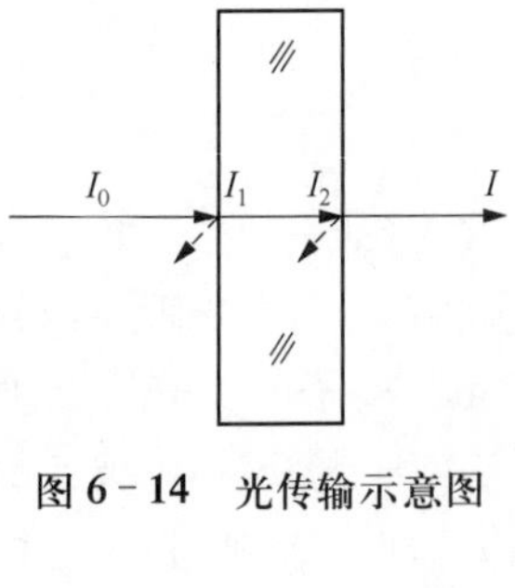

式(6-54)由如下方法得到。如图 6-14 所示,一束光强为 I_0 的光垂直入射到厚度为 l 的激光钕玻璃样品上,前后表面的反射率为 R,考虑前后表面的反射后,从后表面出射光强为

I_0 I_1 I_2 I

图 6-14 光传输示意图

$$I = (1-R)^2 e^{-\alpha_{OH}l}(1 + R^2 e^{-2\alpha_{OH}l})I_0 \tag{6-55}$$

式中，α_{OH} 为激光钕玻璃羟基光吸收系数；反射率 R 与样品折射率 n 的关系可表示为

$$R = \left(\frac{n-1}{n+1}\right)^2 \tag{6-56}$$

忽略表面多次反射的影响，根据式(6-57)可以得到羟基光吸收系数 α_{OH} 为

$$\alpha_{OH} = -\frac{1}{l}\ln\left[\frac{I/I_0}{(1-R)^2}\right] \tag{6-57}$$

式中，(I/I_0) 为光强透过比 T；$(1-R)^2$ 为入射光经过样品前表面、均匀样品和后表面的无吸收光强透过比 T_{max}。因此，羟基光吸收系数 α_{OH} 可简化为式(6-54)。

激光钕玻璃在 2 000～4 000 波数范围内折射率变化小于 0.01，引起的羟基在 3 000 波数吸收系数变化小于 0.001 cm^{-1}，而激光钕玻璃的羟基光吸收系数通常为 0.5～3 cm^{-1}，折射率变化引起的测量误差可忽略。因此，可以用 2 000～4 000 波数之间的最大透过率 T_{max} 表征玻璃无吸收的透过率，计算羟基光吸收系数。

采用傅里叶变换红外光谱仪测试激光钕玻璃羟基光吸收系数的光路如图 6-15 所示。

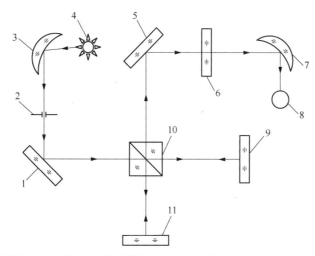

1—平面反射镜 Ⅰ；2—光阑；3—椭圆反射镜 Ⅰ；4—红外光源；5—平面反射镜 Ⅱ；6—被测样品；
7—椭圆反射镜 Ⅱ；8—检测器；9—动镜；10—分束器；11—固定镜

图 6-15　测试光路示意图

红外光源发出的红外光经椭圆反射镜 Ⅰ 收集、反射，反射光经过小孔光阑后到达平面反射镜 Ⅰ，被反射到分束器。经过分束器分为两路：一路到达定镜，并被反射回分束器；另一路通过分束器到达动镜，然后被反射回分束器。这两路红外光从分束器出射后形成干涉。干涉光被平面反射镜 Ⅱ 反射后，透过被测样品。透过被测样品的干涉光经椭圆反射镜 Ⅱ 反射汇聚到检测器。检测器探测到的干涉光强信号经过逆傅里叶变换得到被测样品的透过率。

傅里叶变换红外光谱测试一般包含两个步骤，一是采集样品与背景混合的光谱，二是采集并扣除背景光谱。在此过程中样品表面反射、散射以及空气中水、二氧化碳等的影响都可以自动扣除。

目前商业化的科研级傅里叶变换红外光谱仪采用长寿命、高稳定性的红外光源，光谱分辨率优于 0.1 cm^{-1}、全光谱线性准确度优于 0.1%T，测试灵敏度高、稳定性好、速度快，可以满

足激光钕玻璃 3 000 波数羟基光吸收系数的测试。

对于检测样品的要求包括样品两个通光面的平行度、表面粗糙度、表面疵病等。分析不同样品条件对实验结果的影响,认为样品通光表面光洁无污物、前后表面平行、厚度为 1.0 cm时,利用上述测试方法得到的激光钕玻璃在 3 000 波数处透过率在 10%～90%间,测试结果能够满足羟基光吸收系数的测试需求。被测样品厚度可通过游标卡尺测量。

通过傅里叶变换红外光谱仪获得样品的透射光谱后,分别从谱图中提取 3 000 波数处的透过率值 T 和 2 000～4 000 波数间的最大透过率值 T_{max},与测得的样品厚度 l 值一并代入式(6-54),即可得到被测样品的羟基光吸收系数值。

2) 检测标准和测量不确定度

傅里叶变换红外光谱法具有测试方法简单、测试时间短、测试精度高、稳定性好、样品无损伤以及设备商品化程度高等优点。该方法已经在激光钕玻璃羟基光吸收系数检测中得到广泛应用。上海光机所编写了测试标准 GYB 31—2018《掺钕激光玻璃 3000 波数吸收系数检测方法》,该标准采用傅里叶变换红外光谱法测量。

羟基光吸收系数的测试不确定度主要有两大来源:其一是待测样品的 3 000 波数透过率 T 测量及玻璃基质的最大红外透过率 T_0 测量引入的不确定度;其二为待测样品厚度测量引入的不确定度。透过率测量的不确定度是由傅里叶变换红外光谱仪引入,由校准证书给出;待测样品厚度测量引入的不确定度包含计量器具引入的不确定度和重复测量引入的不确定度。综合以上分析,按照不确定度的计算方法,通常激光钕玻璃羟基光吸收系数的测量不确定度为 $\pm 5 \times 10^{-3}$ cm^{-1}。

激光钕玻璃的傅里叶变换红外透过光谱如图 6-16 所示。激光钕玻璃的羟基吸收系数通常为 0.5～2 cm^{-1},大于 2 cm^{-1} 通常视为不合格品。根据不同类型的激光钕玻璃及不同的应用要求,激光钕玻璃的羟基光吸收系数合格标准也会有所调整。

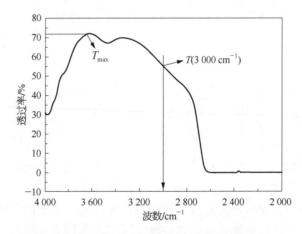

图 6-16 激光钕玻璃红外透过光谱

6.3 包边检测技术

6.3.1 包边可靠性

包边可靠性主要是指激光钕玻璃四周粘接的吸收放大自发辐射的包边层,在承受氙灯辐照等实际使用环境下的长期运行稳定性。包边可靠性通常用包边寿命来表征。

　　包边寿命是高功率激光装置中使用的激光钕玻璃元件的一个关键指标。包边必须能经受住放大器内的高辐射能流而不被损坏,且在长期激光照射后性能不退化。激光钕玻璃元件的包边寿命越长,则系统的激光能量输出稳定,并可以减少激光钕玻璃元件的更换频次以及系统的维护使用成本,提高整个激光系统的运行稳定性和可靠性。

　　高功率激光装置使用的激光钕玻璃元件通常采用有机聚合物作为包边胶,通过包边工艺将钕玻璃本体材料和包边玻璃粘接成一体,形成一个完整的激光钕玻璃元件,结构如图 6‑17 所示。

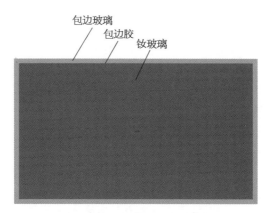

图 6‑17　激光钕玻璃包边结构示意图

　　影响激光钕玻璃包边寿命的主要因素有[70-71]:①有机聚合物包边胶的抗氙灯辐照和抗老化能力。包边胶为有机聚合物,与其他有机聚合物一样,在使用过程中,其物理化学性质和力学性能在外界的光热作用下,会逐渐变差,称为老化或降解。②包边过程中在包边界面引入的杂质点(例如抛光粉颗粒、灰尘等)的影响。这些杂质点吸收激光能量,形成热源。这些热源会加速包边胶的热分解。③粘接界面在激光钕玻璃片大面精密抛光过程中形成亮线和轻微脱胶,在包边胶层内可能嵌入抛光过程中使用的抛光磨料,以及抛光过程中抛光液与包边界面的作用,都可能在包边界面处引入潜在疵病。上述疵病可能在激光钕玻璃使用过程中诱发包边破坏,加速激光钕玻璃在实际使用过程中的失效,造成激光系统的输出性能下降,从而缩短包边寿命。④使用过程中的附加应力[72]。包边玻璃吸收 ASE 光,使得界面存在温升,产生热应力。包边胶在热应力作用下,不可避免地产生蠕变变形,也会降低包边胶的寿命[6]。同时,包边界面承受的热冲击会影响包边的使用寿命。上述因素相互作用,共同影响包边寿命。

　　此外,影响激光钕玻璃包边寿命的两个外界因素还有泵浦光源和放大自发辐射光,它们主要通过对包边胶的作用影响包边寿命。

　　用于泵浦激光钕玻璃的氙灯光其辐射能量集中于 $200\sim400$ nm 紫外波段,这一部分紫外光容易使包边胶老化破坏。

　　根据爱因斯坦的光子理论,一个光子的能量为

$$E = h\nu = hc/\lambda \tag{6-58}$$

式中,h 为普朗克常数,$h = 6.63 \times 10^{-34}$ J·s;ν 为光波频率;c 为真空光速,$c = 2.99 \times 10^{8}$ m·s^{-1};λ 为光波波长。由于每个分子只吸收一个光子,则每摩尔分子(原子)吸收的能量为

$$M = NE = Nhc/\lambda = 1.19 \times 10^{5}/\lambda \quad (\mathrm{kJ \cdot nm \cdot mol^{-1}}) \tag{6-59}$$

式中,N 为阿伏伽德罗常数,$N=6.02\times10^{23}$ mol^{-1}。与常见光的光学键能相比,紫外光可以使有机物中大部分光学键能断裂。因此,在脉冲氙灯泵浦中紫外光对包边胶而言是非常不利的。

为防止氙灯光谱中紫外光对激光钕玻璃和包边胶的影响,在其管材石英玻璃中掺入少量的氧化铈,铈离子在 320 nm 附近有强的吸收峰。掺铈石英玻璃紫外透过率将大大降低。氙灯管壁掺铈后紫外部分光被截止,这不仅有利于抑制激光钕玻璃色心的产生,还可以提高有机聚合物包边胶的寿命和激光钕玻璃包边寿命。此外,脉冲氙灯泵浦光进入激光钕玻璃后,会被激光钕玻璃进一步吸收,从而减少到达包边胶的氙灯紫外和可见光能量,对包边胶起到保护作用。

包边胶承受的另一种辐射是放大自发辐射即 ASE 辐射,其大部分光波长为 1 μm。激光钕玻璃的 ASE 一部分会溢出表面,而大部分将被限制在包边玻璃片内,最终被包边玻璃吸收。包边胶在脉冲氙灯泵浦过程中将承受 ASE 光的辐照,在 1 μm 附近,包边胶只有非常小的吸收。考虑到包边胶层仅有数十微米的厚度,包边胶对 ASE 光的吸收非常小,可以忽略。但 ASE 光可能会使得胶层内部的杂质颗粒受热,造成胶的热分解,降低包边胶的寿命。包边胶经受氙灯辐照和 ASE 辐照如图 6 - 18 所示。

综上所述,为提高激光钕玻璃的包边寿命,首先需要滤除氙灯泵浦源的紫外光,其次,需要尽可能减少包边胶层内的杂质。

通常采用工程应用模拟的方法考核激光钕玻璃包边胶的耐辐照性能和包边寿命。模拟实际运行环境,建立考核平台,考核激光钕玻璃的包边寿命与可靠性。该方法采用加速氙灯泵浦源辐照频率的方法,缩短考核时间。通过辐照前后包边界面附近应力和包边胶层的变化等来评估激光钕玻璃的包边寿命,从而为工程应用提供激光钕玻璃包边寿命的预期。

考核平台由能源模块、氙灯模块及机械模块构成。能源模块包括预电离和主放电两部分电路。氙灯的排布和激光钕玻璃片的放置如图 6 - 19 所示。核心模块包括两个激光钕玻璃框,三排合计 20 支氙灯组成。

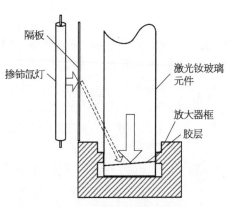

图 6 - 18　包边胶所受光辐照示意图

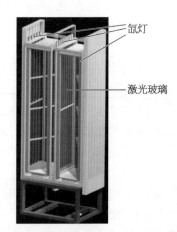

图 6 - 19　脉冲氙灯和激光钕玻璃放置装置(参见彩图附图 29)

脉冲氙灯管径为 φ48 mm,放电弧长 1 800 mm,20 支氙灯按照 6 - 8 - 6 的方式竖直安装在两个侧灯箱和一个中灯箱里。侧灯箱在灯外侧配置了双渐开线形反射器,中灯箱的氙灯之间安装有菱形截面反射条。包边好的激光钕玻璃片安装在片箱中,参照高功率激光器的设计方案,能源模块各回路主放电的放电参数和氙灯负载条件为:①放电脉宽:$\tau \approx 360(1 \pm 10\%)\mu s$;②氙灯负载:~34 kJ/支;③爆炸系数:$f_x \approx 0.2$;④放电试验频率为 1 发次/5 min,并采用压缩冷空气强迫风冷。

被考核激光钕玻璃样品尺寸为 810 mm×460 mm×40 mm,氙灯放电电压为 23.5 kV。查看氙灯辐照 10 000 发次后激光钕玻璃包边界面胶层的显微形貌,未发现胶层有明显变化。

图 6-20 为氙灯辐照 10 000 发次包边附加应力的变化,可以看出辐照前后激光钕玻璃包边界面附近的应力双折射变化不大。

图 6-20 氙灯辐照 10 000 发次后的应力变化(参见彩图附图 30)

6.3.2 包边界面的无损检测

1) 角度和尺寸

包边前,对激光钕玻璃侧面加工的尺寸、角度和光学质量都有严格的检测要求,以保证包边完成后的激光钕玻璃能够满足技术指标要求。例如,目前在神光Ⅲ(SG-Ⅲ)中所用长方体的激光钕玻璃,在包边前,其侧面加工完成后,外形尺寸长度约在 780 mm,宽度约为 430 mm,侧面的倾斜角度约为 2°。

测量长度或者宽度方向两个平行斜面之间的距离,用得到的距离除以倾斜角度的余弦值,得到长度或者宽度的实际值。该方法需要保证游标卡尺测量爪内侧与玻璃的两个倾斜面贴合。但由于测试距离长,两个倾斜面角度不完全相同,测量过程中容易引入较大误差。且测量过程容易划伤精密抛光的激光玻璃包边面,在包边面上留下划痕、污渍等,影响包边面的光学质量。如前所述,包边界面疵病的引入会对包边寿命产生负面影响,因而在包边工艺环节需要严格控制表面疵病。同时,由于测试长度将近 1 m,使用游标卡尺测量时,游标卡尺伸长后长度将近 2 m,在操作过程中很容易磕碰玻璃,造成损失。

另一种测量激光钕玻璃包边尺寸方法是结合游标卡尺的特点,采用顶针方法测量[73]。该方法虽然克服了游标卡尺测量中倾斜角度的影响,提高了测试的精度和可靠性,但由于被测元件大,工具本身也较大、较重,测量由人工操作。因而一方面当需要大量测量时,劳动强度大;另一方面当进行多处位置测量时,会不可避免地污染和损伤被测表面,造成表面疵病。

对于角度测量,主要采用角度尺,即以样品表面作为基准,测试侧面与表面的夹角得到倾斜角度。与尺寸测量一样,在测量过程中,容易划伤激光玻璃包边面,在包边面留下划痕、污渍等,影响包边面的光学质量。

上述尺寸和角度的测量方法都是手工测量,是传统的接触式测量。其存在检测效率较低、劳动强度大,并且会影响测试表面光学质量的缺点。

机械视觉的测量方法[74]可以对样品的长度、宽度和角度进行无损非接触式检测,解决了传统测试的缺点。尺寸测量原理如图 6-21 所示。两个 CCD 中心距离 S 通过光栅尺标定。采用 CCD 对样品的边缘进行成像和图像处理。边缘与系统中心的距离为 d_1、d_2，则样品的尺寸 $L=S-d_1-d_2$。两个激光位移传感器的中心距离为 D，通过两个激光位移传感器可以测量得到表面的距离差为 D_2-D_1。根据公式 $\tan\delta=(D_2-D_1)/D$，计算得到被测边的倾斜角度 δ。

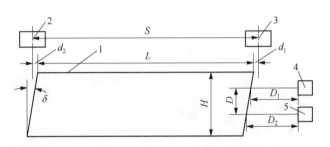

1—样品；2,3—CCD；4,5—激光位移传感器

图 6-21　无损非接触测量角度和尺寸示意图

2)　包边面平整度

为了保证包边质量和包边寿命，包边工艺过程中需要控制包边胶性能、粘接面疵病和包边面平整度等指标。这些指标共同决定了包边面的剩余反射率、粘接强度等关键指标。其中，包边面的平整度与粘接附近区域的应力密切相关[72]。

光学元件光学平整度的检测[75-76]包括标准板贴合、干涉仪、轮廓仪测试等方法。采用标准板贴合激光钕玻璃和包边玻璃的待检测面，用肉眼观察贴合面干涉条纹，通过干涉条纹数量（即光圈）、形状、变化和颜色来判断加工件的光学平整度。该方法成本低，在加工现场使用非常简便，但容易对玻璃表面造成损伤，在包边面上引入疵病，且难以定量化。图 6-22 所示为标准板贴置方法的原理图。

为避免对表面的损伤，光学元件平整度可以采用干涉仪进行测量。根据被测面的不同，干涉仪采用不同的结构形式，如菲索型、泰曼-格林型、马赫-曾德尔等[76]。菲索型干涉仪采用共光路结构，抗干扰能力强，广泛应用于光学元件的高精度检测领域。图 6-23 所示为菲索型干涉仪原理示意图。通过单幅静态干涉或者移相干涉得到的多幅动态干涉图，利用计算机进行数据处理，直观显示出被测面的平整度结构。图 6-24 为采用 Zygo 干涉仪得到包边面的平整度（尺寸约为 $400~\text{mm}\times40~\text{mm}$）。

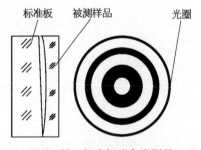

图 6-22　标准板贴合法测量

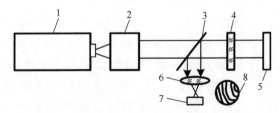

1—激光器；2—扩束镜；3—分束镜；4—参考镜；5—被测样品；
6—汇聚透镜；7—成像系统；8—干涉条纹

图 6-23　菲索型干涉仪原理图

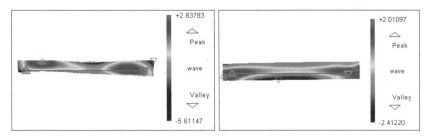

图 6-24　干涉仪检测包边面平整度结果

由于大口径的干涉仪造价高,使用和维护成本都比较高。对于大口径光学元件,可以采用子孔径拼接检测方法,测量包边面的光学平整度。移动被测元件,利用口径小于被测光学元件口径的干涉仪对光学元件被测面逐次进行检测,然后进行拼接。通过算法得到整个面的光学平整度。该方法可实现超大口径光学平面检测,基于干涉仪原理,核心是拼接算法和移动台的精度。在实际测试过程中,受限于使用环境,对运动机构要求严苛。此外,该方法操作过程复杂。图 6-25 为采用 400 mm 子孔径分四次拼接得到的尺寸为 810 mm×48 mm×17 mm 包边玻璃面的光学平整度。

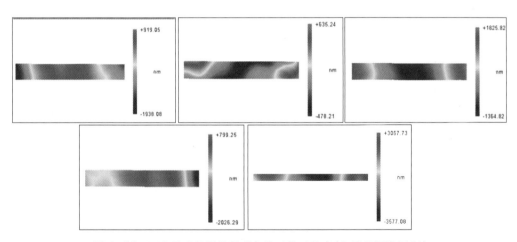

图 6-25　四次子孔径拼接得到包边面的平整度(参见彩图附图 31)

另一种测试平整度的方法是角差法[77-78]。光入射到平面然后被反射,由于平面存在平整度偏差,反射光的法线方向将发生偏转。通过法线方向的偏转量,可以重构出平面的光学平整度,如图 6-26 所示。测试原理如图 6-27 所示。高精度测角装置(如自准直仪)发出的测试光束经过五棱镜后,精确转向到被检平面镜上。由于被检平面镜表面轮廓的变化,各采样点的法线方向将有所不同,导致反射光线的方向发生改变。反射光线由高精度测角装置接收,从而实现对被测平面镜表面各点法线方向角度变化量的测量。将自准直仪固定在基座上,使五棱镜在大量程直线导轨上沿预定的扫描路线移动,对全口径进行若干条带的扫描测试,得到全口径被测表面各点法线方向角度变化量。通过积分运算可获得各扫描条带的轮廓。最后根据各扫描条带的轮廓数据拟合出平面镜的平整度。完成对大口径光学平面整体表面的平整度测量,达到一种精度高又经济的直接测量大口径平面镜平整度的效果。

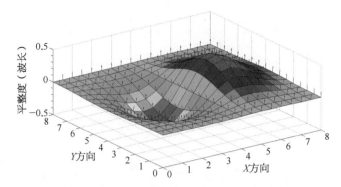

图 6-26　角差法测试平整度重构(参见彩图附图 32)

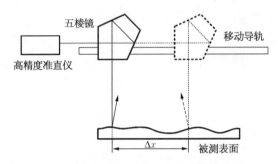

图 6-27　角差法测试平整度原理示意图

3)　包边面疵病

包面界面的疵病是表征包边质量的一个重要指标。当包边胶层内部存在光学麻点、划痕、气泡和脱胶等疵病时,会形成散射。根据疵病对光的散射强弱,通过目视或者机械视觉对包边胶层疵病进行检测。

在暗室环境下,用较高照度的光源从特定角度照射包边胶层,从不同方向目测,可检测包边胶层内部疵病质量,如图 6-28 所示[79]。

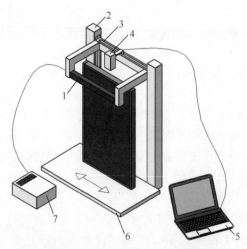

1—光源;2—支架;3—移动支架;4—CCD;5—电脑;6—移动平台;7—电源

图 6-28　包边面疵病检测原理图

6.3.3　包边剩余反射率

对于高功率激光装置,包边剩余反射率反映包边综合性能,是激光钕玻璃的关键技术指标,一般要求达到 $10^{-3} \sim 10^{-4}$ 量级。

1)　影响激光钕玻璃片包边剩余反射率的主要因素 [80]

(1) 折射率匹配。包边玻璃、包边胶和激光钕玻璃的折射率匹配程度,如果三者材料的折射率相同,则在粘接界面处将不会由于折射率差而产生界面反射。但实际生产中,三者的折射率不可能完全一样。因此,三者折射率差异会造成界面的反射。

(2) 包边玻璃的吸收系数和吸收厚度。作为吸收 ASE 的材料,包边玻璃的吸收系数决定了对 ASE 吸收效果和程度。

(3) 界面疵病。在实际生产过程中,在界面处不可避免地会引入一些界面疵病,例如气泡、划痕、油脂、毛发等外加疵病。这些疵病会在粘接界面处形成散射点,增加包边剩余反射率。

2)　包边剩余反射率测试方法

包边剩余反射率的测试方法有两种,一种是单光路测量法,另一种是多光路参比测量法。以下分别做一介绍。

(1) 单光路测量法。采用如图 6-29 所示的测试样品。三角形部分是激光钕玻璃,其上的长方形部分为包边玻璃,两者按照包边工艺要求加工、检验并用包边胶粘结后,对其外表面进行抛光加工。将 $1\,\mu m$ 激光垂直入射到被测样品的一个直角边,则在界面处的包边剩余反射率为

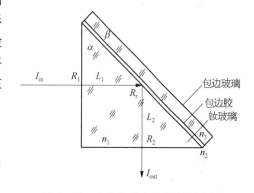

图 6-29　直角棱镜包边样品示意图

$$R_{\mathrm{r}} = \frac{\dfrac{I_{\mathrm{out}}}{(1-R_2)\mathrm{e}^{-aL_2}}}{I_{\mathrm{in}}(1-R_1)\mathrm{e}^{-aL_1}} = C\,\frac{I_{\mathrm{out}}}{I_{\mathrm{in}}} \qquad (6-60)$$

$$C = \frac{1}{(1-R_1)(1-R_2)\mathrm{e}^{-aL_1}\mathrm{e}^{-aL_2}} \qquad (6-61)$$

通过探测器得到的输入和输出光强,代入被测样品的特征参数,根据式(6-60)和式(6-61)可以得到被测样品的包边剩余反射率。测试光路装置如图 6-30 所示,激光器输出的激光经分束器分成两路,一路光经探测器标定激光器输出功率,另一路光从待测激光钕玻璃一侧垂直进入待测激光钕玻璃,45°照射到待测激光钕玻璃样品包边面上,其反射光经待测激光钕玻璃进入另一探测器。包边剩余反射率计算公式为

$$R_{\mathrm{r}} = C\,\frac{I_{\mathrm{out}}}{I_{\mathrm{in}}} = C\,\frac{E_1}{kE_0} \qquad (6-62)$$

式中,R_{r} 为包边剩余反射率;E_1 为剩余反射功率(单位:mW); k 为分束比;E_0 为激光输出功率(单位:mW)。

采用直角棱镜检测方法的优点在于:由于为直角棱镜并垂直入射,则 $R_1 \cong R_2$、$l_1 \cong l_2$,可以简化计算,在样品固定、入射角度固定情况下,修正因子可以看作一个常数,只需要检测入

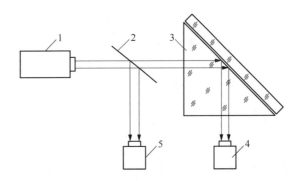

1—激光器;2—分束器;3—待测样品;4—探测器1;5—探测器2

图 6-30 激光钕玻璃包边剩余反射检测装置示意图

射粘接面前后的激光光强变化。例如,设激光钕玻璃材料折射率 $n_1 = 1.53$,且入射光垂直入射,如不考虑光的偏振态影响,则反射率 $R_1 = R_2 = 0.0439$。由于激光钕玻璃材料本身的吸收,会损失一部分能量,设激光钕玻璃材料激光波长的光吸收系数 $\alpha = 0.0015\ \mathrm{cm^{-1}}$,样块边长为 $40\ \mathrm{mm}$,中心入射,则 $L_1 = L_2 = 20\ \mathrm{mm}$,由于材料吸收后的透过率 $T = 0.9940$,将上述结果代入式(6-60)~式(6-62),得到剩余反射率为

$$R_r = C\frac{I_{\mathrm{out}}}{I_{\mathrm{in}}} = 1.1005\ \frac{I_{\mathrm{out}}}{I_{\mathrm{in}}} = 1.1005\ \frac{E_1}{kE_0} \tag{6-63}$$

该检测方式的缺点是被测样品与实际样品几何尺寸存在一定差异,只能反映折射率匹配的程度,而且需要对样品进行破坏,不能全面反映包边的质量。

该种方法测试不确定度主要有两大来源:第一是功率测试的不确定度;第二是待测样品表面反射和吸收引入的不确定度。功率测试不确定度可以通过功率计的校准给出。表面反射主要由折射率测试不确定度决定。吸收由测试样品吸收系数不确定决定。长度测量不确定由尺寸测量不确定度给出。相比而言,折射率、样品光吸收和尺寸测量的不确定度影响较小,测试不确定性主要由功率测试引起。综合上述影响因素,单光路测试包边剩余反射的不确定度可优于 $\pm 5\%$,测试分辨率可达 1×10^{-3}。

(2)多光路参比测量法。为满足工程应用的需求,该方法采用实际使用尺寸的已包边激光钕玻璃样品,测量其包边粘接面的剩余反射率[81-82]。被测样品结构如图6-31所示。

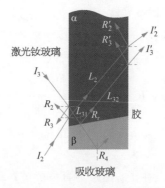

图 6-31 包边界面光路示意图

该样品界面处的剩余反射率与第一种测试方法即单光路测量法类似,剩余反射率为

$$R_r = \frac{I_3'}{I_3(1-R_3)(1-R_3')[e^{-\alpha(L_{31}+L_{32})}]} \tag{6-64}$$

式中,I_3 为从空气入射到激光钕玻璃的光强度;R_3 为空气到激光钕玻璃界面的反射率;R_3' 为激光钕玻璃到空气界面的反射率;L_{31} 为光进入空气与激光钕玻璃界面入射到胶合层界面所经过的光程;L_{32} 为光从胶合层界面出射到激光钕玻璃与空气界面所经过的光程;α 为激光钕玻璃的光吸收系数;I_3' 为粘接界面反射后从激光钕玻璃到空气中的光强度。在实际测量过程中,由于反射率和光程无法直接测量,因此引入第二束参考光,扣除界面反射和材料吸收的影响,可得

$$R_r = \frac{I_3'}{I_2'} \cdot \frac{I_2}{I_3} \cdot \frac{1-R_2}{1-R_3} \cdot e^{-\alpha[L_2-(L_{31}+L_{32})]} \cdot \frac{1-R_2'}{1-R_3'} \tag{6-65}$$

式中,I_2 为参考光从空气入射到激光钕玻璃的光强度;R_2 为参考光从空气到激光钕玻璃界面的反射率;R_2' 为参考光激光钕玻璃到空气界面的反射率;L_2 为参考光进入空气与激光钕玻璃界面入射到胶合层界面所经过的光程;I_2' 为参考光由粘接界面反射后从激光钕玻璃到空气中的光强度。由于包边面的倾斜角度非常小,且材料的吸收系数非常小,因此 $R_2' \approx R_3'$、$R_2 \approx R_3$、$\alpha L_2 \approx \alpha(L_{32}+L_{31})$,则式(6-65)可简化为

$$R_r = \frac{I_3'}{I_2'} \cdot \frac{I_2}{I_3} \tag{6-66}$$

由上可知,只需要准确测试样品放置前后参考光与测量光的光强变化,就可以测量得到剩余反射率。

多光路参比测量法测试原理如图 6-32 所示。用激光器作为检测光源,经过光纤分成三束光后,一束测量光按照一定角度入射到被测样品表面,并经包边界面反射。光束在一定角度范围内从激光钕玻璃入射到包边玻璃和激光钕玻璃界面。激光能量大部分被包边玻璃吸收,剩余能量将反射回激光钕玻璃和空气。另一束光以相同角度入射到激光钕玻璃上,并穿过激光钕玻璃后出射到空气中。第三束光用于监测光强的变化,并可以通过光纤分束比得到入射前第一、第二束光的光强。采用高灵敏度探测器探测第一束测量光和第二束参考光出射的激光能量,比较放置样品前后激光能量的变化,根据式(6-66)计算包边剩余反射率。移动样品即可以得到整个界面在一定入射角度下的剩余反射率和分布。图 6-33 为实测尺寸为480 mm×460 mm×40 mm 激光钕玻璃包边样品粘接面的剩余反射率分布图。

该方法测试不确定度主要有两大来源,第一个功率测试的不确定度;第二个是待测样品表面反射和吸收引入的不确定度。通过多光路设计,表面反射、材料吸收引起的不确定可以忽略。测试的不确定度主要来自功率测试不确定。综合上述影响因素,多光路测试包边剩余反射率的不确定度可优于±5%,测试分辨率可达 1×10^{-5}。

与单光路相比,多光路可以直接测试成品件界面的包边剩余反射率,且扣除了表面反射和激光钕玻璃材料吸收的影响,从而大大提高了测试分辨率和测试数据的可靠性。

本章从高功率激光装置对激光钕玻璃的性能要求出发,全面阐述了激光钕玻璃的光谱参数(如受激发射截面、光损耗系数、羟基光吸收系数、荧光寿命等)、离子含量和杂质(如 Nd^{3+} 离

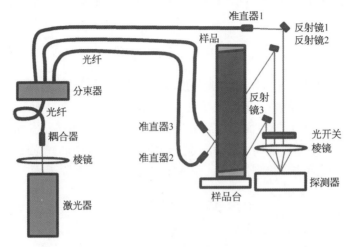

图 6‑32　多光路参比测量法测试原理示意图

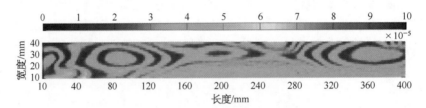

图 6‑33　包边剩余反射大小和分布图

子浓度和痕量杂质、铂颗粒含量),以及包边相关技术参数(包边剩余反射率、包边可靠性、包边加工平整度质量、疵病和尺寸)的检测原理及技术和相关检测标准。为高功率激光装置使用的激光钕玻璃的批量生产和应用,提供了重要的测试技术保障。

主要参考文献

[1] Neuroth N,尹江河. 激光玻璃的现状和前景[J]. 应用光学,1990(6):7 - 12.

[2] 姜中宏. 用于激光核聚变的玻璃[J]. 中国激光,2006(9):1265 - 1276.

[3] 陶辉锦,卢安贤,唐晓东,等. 惯性约束核聚变用激光玻璃的研究进展[J]. 材料导报,2002(11):32 - 34.

[4] Campbell J H, Hayden J S, Marker A. High-power solid-state lasers:a laser glass perspective [J]. International Journal of Applied Glass Science,2011,2(1):3 - 29.

[5] 邵建达,戴亚平,许乔. ICF 激光驱动装置用光学元器件研究进展[C]//强激光材料与元器件学术研讨会暨激光破坏学术研讨会,成都,2016.

[6] Hu Junjiang, Meng Tao, Chen Youkuo, et al. Investigation on the temperature rise and thermal stress of edge-cladding [C]. Proceedings of SPIE 10255,2017:102550X1 - 102550X6.

[7] Aikens D M. Origin and evolution of the optics specifications for the National Ignition Facility [C]. Proceedings of SPIE 2536,1995:2 - 12.

[8] Williams W H. NIF large optics metrology software:description and algorithms [M]. Lawrence Livermore National Laboratory (LLNL),Livermore, CA, 2002.

[9] 徐德衍. 现行光学元件检测与国际标准[M].北京:科学出版社,2009.

［10］周炳琨,高以智,等.激光原理［M］.北京:国防工业出版社,2009.

［11］李顺光,陈树彬,温磊,等.钕离子浓度对受激发射截面的影响［J］.强激光与粒子束,2003,15(12):1159-1162.

［12］Krupke W F. Induced-emission cross sections in neodymium laser glasses ［J］. IEEE Journal of Quantum Electronics,1974,10(4):450-457.

［13］Fowler W B, Dexter D L. Relation between absorption and emission probabilities in luminescent centers in ionic solids ［J］. Physical Review,1962,128(5):2154-2165.

［14］Krupke W F. Optical absorption and fluorescence intensities in several rare-earth-doped Y_2O_3 and LaF_3 single crystals ［J］. Physical Review,1966,145:325-337.

［15］Jacobs R R, Weber M J. Dependence of the $^4F_{3/2} \rightarrow ^4I_{11/2}$ induced-emission cross section for Nd^{3+} on glass composition ［J］. IEEE Journal of Quantum Electronics,1976,12(2):102-111.

［16］Carnall W T, Fields P R, Rajnak K. Electronic energy levels in the trivalent lanthanide aquo ions. I. Pr^{3+}, Nd^{3+}, Pm^{3+}, Sm^{3+}, Dy^{3+}, Ho^{3+}, Er^{3+}, and Tm^{3+}［J］. Journal of Chemical Physics,1968,49(10):4424-4442.

［17］李昌立,孙晶,曾繁明,等.Nd:GGG 晶体荧光寿命的测试及受激发射截面的计算［J］.光学技术,2006,32(2):193-195.

［18］黄秀军,陈建国,冯国英,等.基于不同泵浦波形的荧光寿命测量［J］.光谱学与光谱分析,2010,30(11):3013-3017.

［19］黄呈辉,曾政东,周玉平,等.激光量热法测量 KTP 晶体吸收系数的实验研究［J］.人工晶体,1989,18(1):88-91.

［20］Campbell J. Recent advances in phosphate laser glasses for high-power applications ［C］. UCRL-JC-124244,1996.

［21］石顺祥.非线性光学［M］.西安:西安电子科技大学出版社,2012.

［22］Boyd R W. Nonlinear optics ［M］. San Diego:Academic Press Inc.,1992.

［23］沈元壤.非线性光学原理［M］.北京:科学出版社,1987.

［24］布洛姆伯根 N,吴存恺.非线性光学［M］.北京:科学出版社,1987.

［25］贾振红,周骏.三阶极化率测量方法的比较研究［J］.新疆大学学报(自然科学版),1997(3):48-52.

［26］文双春,范滇元.高功率激光放大器中光束的成丝和 B 积分［J］.光学学报,2001(11):1331-1315.

［27］Weber M J. Handbook of optical materials ［M］. Boca Raton:CRC Press,2008.

［28］Milam D. Review and assessment of measured values of the nonlinear refractive-index coefficient of fused silica ［J］. Applied Optics,1998,37(3):546-550.

［29］Nibbering E T J, Franco M A, Prade B S, et al. Measurement of the nonlinear refractive index of transparent materials by spectral analysis after nonlinear propagation ［J］. Optics Communications,1995,119(5):479-84.

［30］Kurnit N A, Shimada T, Sorem M S, et al. Measurement and control of optical nonlinearities of importance to glass laser fusion systems ［C］. Proceedings of SPIE 3047,1997:387-395.

［31］晴天.激光玻璃折射率的非线性［J］.激光与光电子学进展,1991(4):15-17.

［32］傅文标,郑桂珍.用干涉法测量 ZF-7 玻璃非线性折射率 n_2［J］.激光,1981(4):48-50.

［33］Sheik-bahae M, Said A A, Van stryland E W. High-sensitivity, single-beam n_2 measurements ［J］. Optics Letters,1989,14(17):955-957.

［34］Liu Shanliang, Zheng Hongjun. Measurement of nonlinear coefficient of optical fiber based on small chirped soliton transmission ［J］. Chinese Optics Letters,2008,6(7):533-535.

［35］王伟.高灵敏度 Z 扫描测量方法的研究［D］.苏州:苏州大学,2015.

［36］Boling N L, Glass A J, Owyoung A. Empirical relationships for predicting nonlinear refractive index changes in optical solids ［J］. IEEE Journal of Quantum Electronics,1978,14(8):601-608.

［37］干福熹,林凤英.关于玻璃的非线性折射率及其计算方法［J］.激光,1979(4):12-55.

［38］姜中宏,宋修玉,张俊洲. 磷酸盐激光玻璃的研究［J］. 硅酸盐,1981(3)：1－15.

［39］黄国松,陈世正. 光学玻璃的热光性质［J］. 光学学报,1982,2(4)：380－384.

［40］刘海清,金德运,黄国松. 光学材料热光系数的精确测量——热光系数仪［J］. 光学学报,1987,7(8)：760－765.

［41］Ehrmann P R, Campbell J H, Suratwala T I, et al. Optical loss and Nd^{3+} non-radiative relaxation by Cu, Fe and several rare earth impurities in phosphate laser glasses ［J］. Journal of Non-Crystalline Solids，2000,263&264：251－262.

［42］Zhang Long, Hu Hefang. The effect of OH^{-1} on IR emission of Nd^{3+}, Yb^{3+} and Er^{3+} doped tetraphosphate glasses ［J］. Journal of Chemical Physics, 2002,63(4)：575－579.

［43］Campbell J H, Suratwala T I, Thorsness C B, et al. Continuous melting of phosphate laser glasses ［J］. Journal of Non-Crystalline Solids，2000,263&264：342－357.

［44］Campbell J H, Suratwala T I. Nd-doped phosphate glasses for high-energy/high-peak-power lasers ［J］. Journal of Non-Crystalline Solids，2000,263&264：318－341.

［45］Li S, Huang G, Wen L, et al. The influence of OH groups on laser performance in phosphate glasses ［J］. Chinese Optics Letters, 2005,3(4)：222－224.

［46］Toratani H, Izumitani T, Kuroda H. Compositional dependence of nonradiative decay rate in Nd laser glasses ［J］. Journal of Non-Crystalline Solids，1982,52(1－3)：303－313.

［47］高双斌,龚书明. 石墨炉原子吸收法测定眼玻璃体和房水样品中铜和铁［J］. 理化检验-化学分册,1993,29(4)：214－215.

［48］陈世焱,和振云. ICP-AES 和 ICP-MS 法测定光学玻璃中的 15 种稀土元素［J］. 分析测试技术与仪器,2011,17(4)：217－222.

［49］Woodcock R F. Preparation of platinum-free laser glass ［J］. Laser and Unconventional Optics, 1970,26(1)：1－26.

［50］Campbell J H, Rainer F. Optical glasses for high-peak-power laser applications ［C］. Proceedings of SPIE 1761,1993：246－255.

［51］Raze G, Loiseau M, Taroux D, et al. Growth of damage sites due to platinum inclusions in Nd-doped laser glass irradiated by the beam of a large-scale Nd：glass laser ［C］. Proceedings of SPIE 4932,2003：415－420.

［52］Dmitriev D I, Arbuzov V I, Dukelsky K V, et al. Testing of KGSS-0180 laser glass for platinum micro-inclusions ［C］. Proceedings of SPIE 6594,2007：65940N. 1－65940N. 8.

［53］Suratwala T I, Campbell J H, Miller P E, et al. Phosphate laser glass for NIF：production status, slab selection, and recent technical advances ［C］. Proceedings of SPIE 5341,2004：102－113.

［54］陈力,李韦韦,陈伟,胡丽丽. 米级尺寸激光玻璃铂金颗粒检测仪及其检测方法：中国,CN102830124B ［P］. 2012.

［55］Bonneau F, Combis P, Rullier J L, et al. Study of UV laser interaction with gold nanoparticles embedded in silica ［J］. Applied Physics B, 2002,75(8)：803－815.

［56］Bonneau F, Combis P, Rullier J L, et al. Numerical simulations for description of UV laser interaction with gold nanoparticles embedded in silica ［J］. Applied Physics B, 2004,78(3－4)：447－452.

［57］Gruzdev V E, Gruzdeva A S. Blow-up behavior of high-power laser field in tiny nonabsorbing defects in transparent materials ［C］. Proceedings of SPIE 3244,1998：634－640.

［58］Sirazetdinov V S, Arbuzov V I, Dmitriev D I, et al. Resistance of KGSS-0180 neodymium glass to laser-induced damage under different irradiation conditions ［C］. Proceedings of SPIE 6610,2007：6610001－66100024.

［59］李仲伢,陈泽兴,张军昌. 掺钕磷酸盐玻璃中残余水分对激光性质的影响［J］. 光学学报,1984,4(6)：562－565.

［60］茅森,毛涵芬. 磷酸盐激光玻璃中水的红外吸收［J］. 中国激光,1984,12(12)：719－725.

[61] 卓敦水,许文娟,蒋亚丝.磷酸盐激光玻璃中的水及消除[J].中国激光,1984,12(3):173-176.

[62] 姜淳,高文燕,卓敦水,等.羟基对磷酸盐激光玻璃激光性能和物理性质的影响[J].硅酸盐学报,1998,26(1):97-102.

[63] 柳祝平,戴世勋,祁长鸿,等.OH⁻对磷酸盐铒玻璃光谱性质的影响[J].光子学报,2001,30(11):1413-1416.

[64] Ehrmann P R, Campbell J H. Nonradiative energy losses and radiation trapping in neodymium-doped phoshphate laser glasses [J]. Journal of the American Ceramic Society, 2002,85(5):1061-1069.

[65] Li S, Huang G, Wen L, et al. The influence of OH groups on laser performance in phosphate glasses [J]. Chinese Optics Letters, 2005,3(4):222-224.

[66] 曹亮军,于天来,邱红,等.掺钕磷酸盐激光玻璃除水工艺[J].光子学报,2014,43(1):0116002-1-0116002-4.

[67] 卓敦水,齐根福,彭柏林.磷酸盐激光玻璃中水的测定[J].中国激光,1986(3):188-190.

[68] Ebendorff-Heidepriern H, Ehrt D. Determination of the OH content of glass [J]. Glastechnische Berichte-Glass Science and Technology, 1995,68(5):139-145.

[69] Ehrmann P R, Carlson K, Campell J H, et al. Neodymium fluorescence quenching by hydroxyl groups in phosphate laser glasses [J]. Journal of Non-Crystalline Solids, 2004,349:105-114.

[70] 胡俊江.大口径钕玻璃包边工程化若干关键问题研究[D].北京:中国科学院大学,2015.

[71] Campbell J H, Edwards G, Frick F A, et al. Development of composite polymer-glass edge claddings for Nova laser disks [C]//Proceedings of Laser Induced Damage in Optical Material, 1986:19-41.

[72] Hu Junjiang, Meng Tao, Wen lei, et al. Experiment investigation on residual stress of Nd:glass edge cladding [J]. Chinese Journal of Lasers, 2015,42(2):02060011-02060017.

[73] 徐学科,单海洋,吴福林,等.磷酸盐激光玻璃元件平行斜面间距离的测量装置:中国,CN201310078382.5[P].2013.

[74] 胡俊江,孟涛,王聪娟,等.大尺寸激光钕玻璃包边尺寸和角度非接触检测装置和方法:中国,CN104406518A[P].2015.

[75] 《计量测试技术手册》编辑委员会.计量测试技术手册:光学[M].北京:中国计量出版社,1996.

[76] 马拉卡拉 D.光学车间检验[M].北京:机械工业出版社,1983.

[77] 马冬梅,孙军月,张波,等.高精度大口径平面镜面形角差法测试探究[J].光学精密工程,2005,13(z1):121-126.

[78] 陈海平,李佳斌,刘长春,等.基于角差法面形测量装置的测角误差研究[J].光学学报,2014,34(10):148-153.

[79] Licchesi V. Process for inspecting bonding of a laser amplifier disc:US, US4849036[P]. 1998.

[80] Hirota S, Izumitani T. Reflection measurements at the interface between disk laser glass and edge cladding glass [J]. Applied Optics, 1979,18(1):97-100.

[81] 李顺光,李夏,陈伟,胡丽丽.包边大尺寸钕玻璃包边剩余反射检测装置及检测方法:中国,CN102768202B[P].2012.

[82] 薄铁柱,刘辉,黄永刚,等.激光玻璃包边后剩余反射率的测量和计算[J].光学技术,2012(3):381-384.

第 7 章

新型掺钕激光玻璃

由于磷酸盐玻璃具有对稀土离子溶解度高、非线性折射率系数小、声子能量适中、光谱性能好等优点,成为被广泛使用的激光玻璃介质。另外,Nd^{3+}离子具有典型的四能级结构,在 UV-VIS-NIR 波段都有吸收,适用于氙灯或 LD 泵浦,并在室温下就能获得 $1.06\ \mu m$ 的激光发射,且激光输出阈值低,激光稳定性和光束质量受温度影响小。因此,掺钕磷酸盐玻璃成为大型高功率激光装置激光放大器工作物质的首选[1-6]。鉴于激光钕玻璃的高储能特性,其在重频-高能激光装置和超短超强激光装置上也具有十分显著的应用价值[7],并受到国内外的广泛关注。

7.1 重频激光器应用的钕玻璃

7.1.1 重频激光器技术发展简介

近年来,无论基于激光驱动核能发电的美国 LIFE(Laser Inertial Fusion-Fision Energy)装置[8],还是用于原子物理实验的 ELI(Extreme Light Infrastructure for Nuclear Physics)激光装置[9],或者激光驱动质子医疗成像装置[10],对激光驱动装置的工作频率都提出了更高的要求(从 0.05 Hz 到 16 Hz)。而该类大能量重频激光驱动器不仅在泵浦方式和冷却方式上有新的创新发展,对激光增益介质的热机械性能也提出了更高的要求。

在已知的激光增益材料中,激光钕玻璃在规模生产、大尺寸制备和成本方面均具有很大优势。另外,大型钕玻璃激光器装置经过几十年的发展,基于钕玻璃相关的配套技术也发展得比较成熟,如光路系统设计、材料匹配及加工方面。因而,国内外均在原有钕玻璃基础上进行了新型耐热冲击钕玻璃的研究,并基于耐热冲击钕玻璃开展重频激光器结构设计、泵浦方式和冷却方式的优化,进而满足 10 Hz 以上的重频运行。其中最为突出的为美国 LLNL 国家实验室和日本 Osaka 大学。2008 年,美国 LLNL 国家实验室提出利用现有 LHG-8 玻璃、LD 泵浦、氦气冷却的放大器结构进行下一代聚变能源装置设计。但受限于 LHG-8 玻璃较低的热机械性能参数,钕玻璃片的厚度降低到 8 mm,从而大幅度增加了加工及实际使用的难度。因此,美国 LLNL 国家实验室提出需要研发具有更高热机械性能的新型激光玻璃[7]。为满足 LIFE 装置的需要,美国 LLNL 国家实验室于 2011 年提出基于新型耐热冲击钕玻璃的紧凑、高效的激光系统,其结合 LD 泵浦技术以及从 Mercury 计划发展起来的氦气冷却技术和耐热冲击钕玻璃 APG-1 技术,通过 384 束光路设计,达到 2.2 MJ、16 Hz 和 18% 效率的激光输出[8]。

基于耐热冲击型钕玻璃的重频大能量激光器,在国内外拍瓦装置中有着重要应用。近年来,欧洲部分国家与美国等研制了高重频先进拍瓦激光器(HAPLS),其设计指标为峰值功率超过 1 PW(1015 W)、频率 10 Hz[11]。HAPLS 由两个相连的激光系统构成。第一个组成部分是二极管泵浦固体激光器,其作用是为第二个组成部分即"啁啾脉冲放大器短脉冲激光器"提供能量。二极管泵浦固体激光器使用磷酸盐激光钕玻璃作为放大介质(这与美国 NIF 装置相同),在 10 Hz 重频的情况下产生 200 J 能量,平均功率达到 2 kW。HAPLS 的短脉冲激光系统将使用钛蓝宝石作为放大介质,可将二极管泵浦固体激光器的能量转换成脉宽为 30 fs、能量为 30 J、峰值功率超过 1 PW 的超强超短激光。

此外,基于耐热冲击型钕玻璃的低重频激光器在其他重大科研领域和国防领域也有重要应用[12]。其中,激光冲击强化思想最早由美国于 20 世纪 70 年代提出[13]。激光冲击强化是一种新型的激光改性材料表面处理技术,其主要机理是利用高功率密度(109 W/cm² 以上)、短脉冲(20~30 ns)激光照射有涂层的金属表面,诱发强烈的高压冲击波,使材料产生塑性变形、位错,从而提高材料的机械性能如疲劳寿命、硬度、耐磨性和抗腐蚀性等。在激光冲击强化技术中,激光器是一项关键核心技术,其能量、脉宽和功率直接影响激光强化处理效果和最终的实用化。在常见的 1 μm 波段工业应用激光器中,主要有掺钕 YAG 晶体激光器和钕玻璃激光器。由于激光晶体的热机械性能好,使其在工作频率上具有很大的优势。但激光晶体中较低的掺杂浓度导致其储能受限,无法实现较高的能量输出(>25 J)。与之相反,激光玻璃则在大能量激光器中占有绝对的优势。20 世纪 90 年代末,美国 LLNL 国家实验室和美国 GE、MIC 公司结合耐热冲击型钕玻璃技术、氙灯平面泵浦和主动冷却技术,在钕玻璃激光器中实现了频率为 5~10 Hz 及能量为 25~100 J 的激光输出,从而大大提高了激光冲击强化技术对金属表面的强化效果和工作效率,使其走向了实际应用。研制该技术的美国 MIC 公司于 2005 年获美国国防制造最高成就奖。该系统目前是世界上最成功的高能、重复频率钕玻璃激光冲击强化装置[14]。

国内,江苏大学和中国科技大学开展了重频钕玻璃用于激光冲击强化技术的研究[15]。北京航空制造工程研究所最早开展钕玻璃激光器在激光冲击强化方面的应用[16],2004 年,他们采用俄罗斯进口硅酸盐钕玻璃棒状激光器实现了 0.1 Hz 的输出,可以对航空航天领域的小型元器件进行强化处理。

7.1.2　面向重频激光器应用的钕玻璃研究

在重频高能量装置中,激光钕玻璃面临两个主要问题:一是重频泵浦引起的严重热应力将使玻璃发生断裂;二是热透镜效应使光束产生热自聚焦效应,进而发生玻璃的激光损伤。

为了解决高平均功率激光器中激光钕玻璃热应力破坏及相关物理问题,黄国松等[17-18]通过一系列研究,建立了相应的理论模型。其认为,重频激光器件运转特性主要与玻璃的折射率温度系数、应力热光系数、抗热冲击性相关。目前,用于高重复频率激光装置的商用玻璃均为磷酸盐钕玻璃,包括 Hoya 公司早期发展的 HAP 系列,Schott 公司 20 世纪 90 年代开发的 APG-1、APG-2,以及 2017 年开发的 APG-760,它们的部分参数见表 7-1[3]。

表 7-1　Schott 和 Hoya 公司开发商用高重复频率激光玻璃的主要参数

性质	APG-1	APG-2	APG-760	HAP-4
密度/(g·cm^{-3})	2.64	2.56	2.70	2.70
折射率	1.537	1.513	1.532	1.5416
转变温度/℃	450	549	520	486
受激发射截面/($\times 10^{-20}$ cm^{-2})	3.4	2.4	3.2	3.6
热导率/(W/m·K)	0.83	0.84	0.76	0.88
断裂韧性/(MPa·m$^{0.5}$)	0.6	0.64	0.73	0.83
热膨胀系数/($\times 10^{-6}$/K)	7.6	6.4	8.9	8.5
杨氏模量/GPa	71	64	74	70

7.1.2.1　玻璃组分对耐热冲击性能的影响

对用于高重复频率激光器的钕玻璃而言,主要考虑它的耐热冲击性能。衡量激光玻璃耐热冲击性能的是耐热冲击品质因数(FOM)[18]:

$$\text{FOM} = \frac{SK(1-\nu)}{\alpha E} \qquad (7-1)$$

式中,S、K、υ、α、E 分别为激光玻璃的断裂韧性、热导率、泊松比、热膨胀系数和杨氏模量。从式(7-1)中可以看出,为了提高玻璃的耐热冲击性能,应尽可能提高玻璃的热导率和断裂韧性,降低玻璃的热膨胀系数和杨氏模量。

为提高磷酸盐玻璃的耐热冲击性能,改变磷酸盐玻璃组分是一个思路。1989 年,Marion[19]认为在磷酸盐玻璃中加入具有较大场强的 Li$^+$ 离子能够提高磷酸盐玻璃的耐热冲击性能。1990 年,Hayden 等[20]研究了碱金属和碱土金属对玻璃热机械性质的影响。结果表明,在磷酸盐玻璃中加入场强较大的网络修饰体离子能够提高玻璃的热机械性质。1993 年,Hayden 等[21]研究了掺钕磷酸盐玻璃的激光和热机械性质,发现在磷酸盐玻璃中引入 Al$_2$O$_3$、MgO 或 Li$_2$O 能够提高玻璃的热机械性质。除了通过改变组分提高磷酸盐玻璃的耐热冲击性能外,还可以通过离子交换的方式来提高玻璃的耐热冲击性能[22]。

丁亚军[23]研究了 xSiO$_2$-$(65-x)$P$_2$O$_5$-15Al$_2$O$_3$-10Li$_2$O-10MgO(mol%)玻璃中 SiO$_2$ 对磷酸盐玻璃热机械性能及激光性能的影响,$x=0$、4、8、12、16,玻璃编号分别记为 P1、P2、P3、P4、P5,外掺 1 wt% 的 Nd$_2$O$_3$ 和 0.5 wt% 的 Sb$_2$O$_3$。结果表明,玻璃转变温度 T_g 随着 SiO$_2$ 含量的增加逐渐从 540 ℃降低到 515 ℃;玻璃的热导率随 SiO$_2$ 含量增加从 0.98 W/(m·K)减小到 0.93 W/(m·K);玻璃的热膨胀系数随 SiO$_2$ 含量增加、从 8.0×10^{-6}/K 减小到 7.2×10^{-6}/K;而玻璃断裂韧性变化不大,在 1.0 MPa·m$^{1/2}$ 左右。

玻璃的杨氏模量是应力与应变之比,与玻璃单位体积的总键能(U_m)有关[24],U_m 越大,弹性模量越大,见式(7-2):

$$U_m = \frac{\rho}{M} \sum_i V_i X_i \sum_i G_i X_i \qquad (7-2)$$

式中,ρ 为密度;M 为有效摩尔质量;V_i 为单位摩尔氧化物所有原子体积之和;X_i 为第 i 个氧化物的摩尔分数[25]。计算结果表明,随着 SiO$_2$ 含量的增加,玻璃的 U_m 值逐渐减小。因此,玻璃的杨氏模量如图 7-1 所示,随着氧化硅含量增加而逐渐下降。图 7-2 则给出了玻璃 FOM

随着 SiO_2 含量增加的变化。可以看到,玻璃的 FOM 随 SiO_2 含量逐渐增加,当 SiO_2 含量为 12 mol% 时,FOM 值达到最大值。随着 SiO_2 含量进一步增加,FOM 值下降。这是由于随着 SiO_2 含量进一步增加,杨氏模量下降幅度变小。玻璃热导率的变化不大,最大降幅不超过 4.5%,热膨胀系数下降的最大幅度为 11.6%,玻璃的断裂韧性变化不大,玻璃的杨氏模量最大降幅为 9.1%。可见,玻璃中耐热冲击性能主要取决于热膨胀系数和杨氏模量的影响。

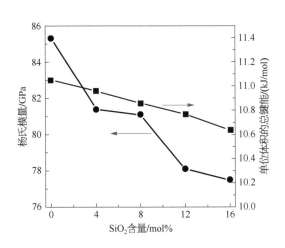

图 7-1　SiO_2 取代 P_2O_5 对玻璃杨氏模量的影响　　　图 7-2　SiO_2 取代 P_2O_5 对玻璃耐热冲击性的影响

图 7-3 为 P1～P5 样品中 Nd^{3+} 离子的荧光光谱。玻璃的荧光光谱峰值波长为 1 053 nm,随着 SiO_2 含量的增加,峰值波长的位置几乎没有发生改变,而 Nd^{3+} 离子的荧光有效线宽则逐渐增大。Nd^{3+} 离子的有效线宽与 Nd^{3+} 离子周围环境的无序度有关,无序度越大,荧光光谱的非均匀展宽越大、有效线宽越大。

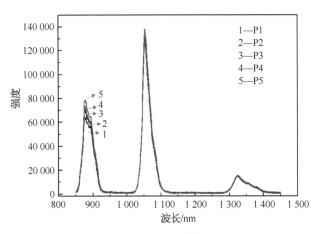

图 7-3　P1～P5 样品的荧光光谱

图 7-4 给出了 SiO_2 取代 P_2O_5 对 Nd^{3+} 离子 Judd-Ofelt 参数的影响。如图所示,随着 SiO_2 含量的增加,Ω_2 逐渐增加,Ω_6 先增加后下降。Ω_2 依赖于稀土离子与配位阴离子之间的共价性,反映了 Nd^{3+} 离子周围环境的非对称性[26-27]。Ω_2 越小,Nd^{3+} 离子周围环境越呈中心

对称,则稀土离子与配位阴离子之间的共价性越小。SiO_2 取代 P_2O_5 ,Ω_2 逐渐增大。当 SiO_2 含量小于 8 mol% 时,Ω_6 逐渐增加,但是当 SiO_2 含量大于 8 mol% 时,Ω_6 有逐渐下降的趋势。

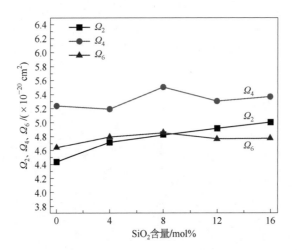

图 7-4 SiO_2 取代 P_2O_5 对 Judd-Ofelt 参数的影响

图 7-5 给出了 SiO_2 取代 P_2O_5 对 Nd^{3+} 离子 1 053 nm 处峰值受激发射截面的影响。随着 SiO_2 含量的增加,Nd^{3+} 离子的受激发射截面先增加后减小,但皆大于 3.0×10^{-20} cm^2。

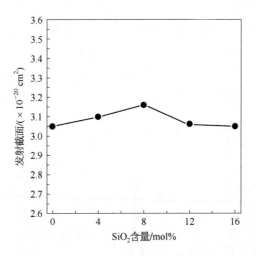

图 7-5 SiO_2 取代 P_2O_5 对 Nd^{3+} 离子峰值受激发射截面的影响

丁亚军[23]在 $x SiO_2 - 65P_2O_5 - (15-x)Al_2O_3 - 10Li_2O - 10MgO(mol\%)$ 的玻璃中(x 依次为 3、6、9、12、14.5,玻璃编号分别记为 A1、A2、A3、A4、A5),外掺 0.4 wt% 的 Nd_2O_3 和 0.5 wt% 的 Sb_2O_3,系统研究了 SiO_2 取代 Al_2O_3 对磷酸盐玻璃热机械性能及激光性能的影响。研究发现,Al_2O_3 含量减少和 SiO_2 含量增加,共同导致玻璃密度和折射率的下降。但玻璃的折射率逐渐趋于稳定,甚至有增加的趋势。可能是由于 Al_2O_3 含量较低时,玻璃中四配位 Si 向六配位 Si 转变,导致折射率增加。玻璃热导率同样随 SiO_2 增加而减小,从 0.96 W/ (m·K)减小到 0.90 W/(m·K),而玻璃的热膨胀系数随 SiO_2 增加、从 8.0×10^{-6}/K 增加到

$8.7 \times 10^{-6}/K$，断裂韧性从 $0.85 \, MPa \cdot m^{1/2}$ 提高到 $0.91 \, MPa \cdot m^{1/2}$。

图 7-6 给出 SiO_2 取代 Al_2O_3 对玻璃杨氏模量的影响。随着 SiO_2 含量的增加，玻璃的 U_m 值逐渐减小，杨氏模量逐渐下降。图 7-7 给出 SiO_2 取代 Al_2O_3 对玻璃耐热冲击性能的影响。如图 7-7 所示，当 SiO_2 含量小于 12 mol% 时，FOM 值变化不大；随着 SiO_2 含量进一步增加，FOM 值明显上升。与 SiO_2 取代 P_2O_5 类似，当 SiO_2 取代 Al_2O_3 时，玻璃耐热冲击性的变化主要受热膨胀系数和杨氏模量的影响。

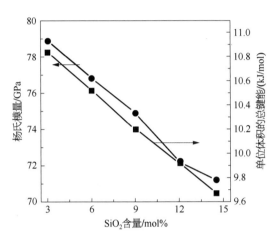
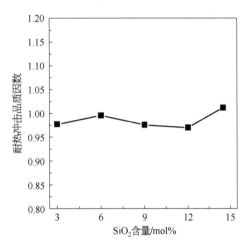

图 7-6　SiO_2 取代 Al_2O_3 对玻璃杨氏模量的影响　　图 7-7　SiO_2 取代 Al_2O_3 对玻璃耐热冲击性的影响

图 7-8 为 A1～A5 样品 Nd^{3+} 离子的荧光光谱，荧光光谱峰值波长为 1 053 nm。随着 SiO_2 含量的增加，峰值波长的位置几乎未有改变，有效线宽从 28.4 nm 逐渐减小到 27 nm，同时，Nd^{3+} 离子的发射截面从 $2.8 \times 10^{-20} \, cm^2$ 逐渐增加到 $3.7 \times 10^{-20} \, cm^2$。

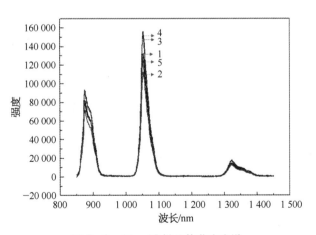

图 7-8　A1～A5 样品的荧光光谱

图 7-9 为玻璃样品的 ^{31}P MAS NMR 谱图，磷氧四面体 Q^2 和 Q^3 分别对应于图中 -30 ppm 和 -40 ppm 的位置。图 7-10 为玻璃样品的 ^{27}Al MAS NMR 谱图，图中位于 32 ppm、4 ppm、-20 ppm 附近的峰分别对应于四配位、五配位和六配位的 Al。由图可见，磷酸盐玻璃中的 Al 主要以六配位的形式存在。图 7-11 为玻璃样品的 ^{29}Si MAS NMR 谱图，四

配位和六配位 Si 分别对应于图中−125 ppm 和−220 ppm 附近的峰。图中显示,A2 玻璃中的六配位 Si 含量较少,从 A4 到 A5,玻璃中六配位 Si 明显增加。结果显示,在磷酸盐玻璃中,随着 Al 含量的减少,硅逐渐以六配位的形式存在,替代 Al 作为网络连接体的作用,玻璃的耐热冲击性能先降低后有所增加。

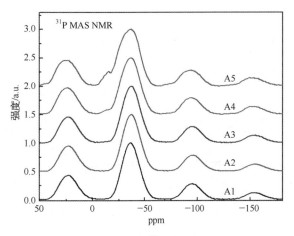

图 7‑9　玻璃样品的^{31}P MAS NMR 谱图

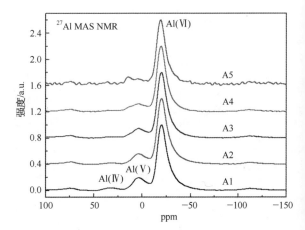

图 7‑10　玻璃样品的^{27}Al MAS NMR 谱图

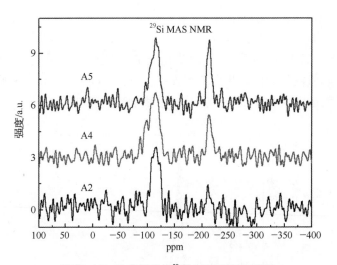

图 7‑11　玻璃样品的^{29}Si MAS NMR 谱图

7.1.2.2　玻璃组分对热光性能的影响

在高平均功率应用中,大量的热积累会造成玻璃中心与边缘部位产生温度差。当温差过大时,玻璃会发生热破坏和热畸变[28]。热畸变不仅限制了激光重复频率的提高,也严重降低了光束质量和激光器输出功率[29-30]。因此,有必要对玻璃的热光学系数做进一步的研究。Davis M J 等[31]对激光玻璃棒的光学畸变进行研究后指出,造成激光玻璃棒动态光学畸变的原因可以归结为四个方面:①激光玻璃棒的长度变化;②温度升高引起的折射率变化;③热应力引起的折射率变化;④稀土离子激发态离子数分布不均引起的折射率变化。这些因素导致的折射率变化均会引起光程差的改变,从而降低输出激光的光束质量。为应对在强激光过程中玻璃出现的热畸变问题,日本 Hoya 公司的泉谷徹郎[32]研究了 LHG - 8 磷酸盐钕玻璃,并认为由温度变化引起的光程差变化(ds/dT)可以写成

$$\frac{\mathrm{d}s}{\mathrm{d}T} = (n-1)\alpha + \frac{\mathrm{d}n}{\mathrm{d}T} \tag{7-3}$$

式中,n 为玻璃折射率;α 为玻璃热膨胀系数;$\mathrm{d}n/\mathrm{d}T$ 为折射率温度系数。理想无热效应玻璃,其 $\mathrm{d}s/\mathrm{d}T$ 为 0。对于磷酸盐玻璃,$\mathrm{d}n/\mathrm{d}T$ 可能为负值,因此磷酸盐玻璃是为数不多的可以实现零热畸变的玻璃类型。如硅酸盐激光玻璃 LSG91H(相当于 ED - 2)的 $\mathrm{d}s/\mathrm{d}T$ 为 $6.6 \times 10^{-6}/℃$,而磷酸盐激光玻璃 LHG - 8 的 $\mathrm{d}s/\mathrm{d}T$ 可降低至 $0.6 \times 10^{-6}/℃$。

根据式(7 - 3)可知,玻璃的 $\mathrm{d}n/\mathrm{d}T$ 是决定 $\mathrm{d}s/\mathrm{d}T$ 的重要参数。在外场作用下,玻璃的折射率温度系数是极化率和密度影响的总和。对于不同玻璃,这两者的影响程度不同。折射率温度系数 $\mathrm{d}n/\mathrm{d}T$ 可由 Lorentz-Lorenz 方程推导得出[33]:

$$\frac{\mathrm{d}n}{\mathrm{d}T} = \frac{(n^2-1)(n^2+2)}{6n}(\varphi - 3\alpha) \tag{7-4}$$

式中,φ 为电子极化率温度系数。当温度升高时,一方面玻璃产生热膨胀会引起密度减小;另一方面电子跃迁的本征频率随温度的升高而降低,使紫外吸收边向长波方向移动,从而导致极化率增大[34]。因此可以得出,$\mathrm{d}n/\mathrm{d}T$ 的正负取决于热膨胀系数和电子极化率随温度变化系数的综合影响。

殷倩文[35]研究了在 $60P_2O_5 - 15K_2O - 5Al_2O_3 - (20-x)BaO - xPbO$($x = 0$ mol%、1.5 mol%、3 mol%、4.5 mol%、6 mol%)玻璃中(玻璃依次编号为 PB0、PB1.5、PB3、PB4.5、PB6,统一外掺 1 wt% Nd_2O_3),PbO 取代 BaO 对玻璃热光性能和光谱性能的影响。表 7 - 2 列出了玻璃样品的折射率温度系数 $\mathrm{d}n/\mathrm{d}T$ 和热光系数 $\mathrm{d}s/\mathrm{d}T$。由表可知,不同 PbO/BaO 摩尔比玻璃的 $\mathrm{d}n/\mathrm{d}T$ 和 $\mathrm{d}s/\mathrm{d}T$ 均为负值,且分别在 $(-8.50 \sim -9.20) \times 10^{-6}/K$ 和 $(-1.49 \sim -2.26) \times 10^{-6}/K$ 范围内波动。与商业玻璃相比,本实验玻璃样品的 $\mathrm{d}n/\mathrm{d}T$ 和 $\mathrm{d}s/\mathrm{d}T$ 都更小。Izumitani 等[33]研究发现,电子极化率温度变化系数 φ 主要取决于离子间距。在同一温度下,离子场强越大,其离子间距的变化越小,即 φ 与离子场强 z/a^2 呈负相关。如前所述,Pb^{2+} 和 Ba^{2+} 的离子场强大小相近,少量的 PbO 取代 BaO,对玻璃的电子极化率随温度变化系数和热膨胀系数的影响均较小。因此玻璃的 $\mathrm{d}n/\mathrm{d}T$ 和 $\mathrm{d}s/\mathrm{d}T$ 都在较小的范围内波动。

表 7 - 2　不同 PbO/BaO 摩尔比玻璃与商业钕玻璃的热光性质

样品编号	折射率温度系数 $\mathrm{d}n/\mathrm{d}T/(\times 10^{-6}/K)$ (30~100 ℃)	热光程系数 $\mathrm{d}s/\mathrm{d}T/(\times 10^{-6}/K)$ (30~100 ℃)
PB0	-8.50	-1.49
PB1.5	-9.20	-2.26
PB3	-9.00	-1.65
PB4.5	-9.16	-1.90
PB6	-8.80	-1.52
N31	-4.30	1.40

此外,选取玻璃样品 PB1.5 进行热效应测试。利用多片式气冷研究平台,测试对比了相

同热量下不同型号磷酸盐钕玻璃的热效应(热负载为 1.4 W/cm³),结果如图 7-12 所示。相比于其他磷酸盐钕玻璃如 N31 和 NAP2,在热负荷相同的情况下,PB1.5 因具有较大负值的热光系数而产生更小的热致波前畸变。

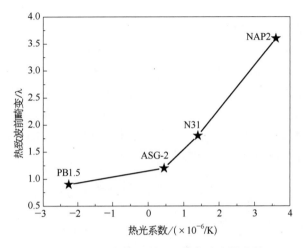

图 7-12 玻璃样品 PB1.5 的热致波前畸变

殷倩文[35]在 $60P_2O_5-5Al_2O_3-20BaO-(15-x)K_2O-xLi_2O$($x=0$ mol%、3 mol%、6 mol%、9 mol%、12 mol%、15 mol%)玻璃中(玻璃依次编号为 LK0、LK3、LK6、LK9、LK12、LK15,统一外掺 1 wt% Nd_2O_3),发现随 Li_2O 含量的逐渐增加,dn/dT 从 -8.50×10^{-6}/K 增大至 -3.44×10^{-6}/K,见表 7-3。随着 Li_2O/K_2O 的增大,玻璃样品的热光系数 ds/dT 由 -1.49×10^{-6}/K 增大至 2.53×10^{-6}/K。当 Li_2O/K_2O 摩尔比为 9:6 时,玻璃的 ds/dT 为 0.08×10^{-6}/K,接近于零,与被称为无热效应激光玻璃的 LHG-8($ds/dT=0.6\times10^{-6}$/K)相比,玻璃样品 LK9 的热光系数更低一个数量级。

表 7-3 不同 K_2O/Li_2O 摩尔比玻璃的热光性质

样品编号	折射率温度系数 dn/dT/($\times10^{-6}$/K) (30～100 ℃)	热光程系数 ds/dT/($\times10^{-6}$/K) (30～100 ℃)
LK0	-8.50	-1.49
LK3	-7.90	-1.12
LK6	-4.68	1.34
LK9	-5.44	0.08
LK12	-4.69	1.32
LK15	-3.44	2.53
LHG-8	-5.30	0.60

如表 7-4 所示,随着 Li_2O/K_2O 摩尔比增大,玻璃样品在 1 053 nm 处的受激发射截面 δ_{em} 由于混合碱效应而呈现非线性变化,在 $(4.27\sim4.54)\times10^{-20}$ cm² 范围内波动。当 Li_2O/K_2O 摩尔比为 6:9 时,玻璃受激发射截面最小。Li_2O/K_2O 摩尔比为 3:12 时,玻璃受激发射截面最大。

表 7-4　不同 Li_2O/K_2O 摩尔比玻璃的有效线宽、峰值受激发射截面、测量的荧光寿命

玻璃	有效线宽 /nm	受激发射截面 $/(\times 10^{-20} cm^2)$	荧光寿命 /μs
LK0	24.48	4.37	229
LK3	24.53	4.52	295
LK6	24.44	4.36	263
LK9	25.00	4.22	323
LK12	25.48	4.32	310
LK15	26.56	4.10	298
LHG-8	26.50	3.60	320

此外,殷倩文等[36]在 $60P_2O_5 - 15K_2O - 5Al_2O_3 - (20-x)BaO - xPbO$($x=0$ mol%、1.5 mol%、3 mol%、4.5 mol%、6 mol%)玻璃中(玻璃依次编号为 PB0、PB1.5、PB3、PB4.5、PB6,统一外掺 1 wt% Nd_2O_3),系统研究了 PbO 取代 BaO 对玻璃光谱性能的影响,见表 7-4。随着 PbO/BaO 摩尔比的增大,玻璃中 Nd^{3+} 离子在 1 053 nm 处的受激发射截面从 4.37×10^{-20} cm² 增加至 4.50×10^{-20} cm²。

表 7-5　不同 PbO/BaO 摩尔比玻璃的荧光峰中心波长、有效线宽、峰值受激发射截面、测量的荧光寿命

样品编号	中心波长/nm	有效线宽/nm	受激发射截面 $/(\times 10^{-20} cm^2)$	荧光寿命 /μs
PB0	1 053	24.48	4.37	229
PB1.5	1 053	25.11	4.39	329
PB3	1 053	24.85	4.43	253
PB4.5	1 053	24.74	4.47	276
PB6	1 053	24.78	4.50	245
N31	1 053	25.50	3.80	310

7.1.2.3　新型耐热冲击型钕玻璃

在上述研究基础上,上海光机所发展了两种适用于重频-高能量激光装置应用的 NAP 型钕玻璃,其性能见表 7-6。

表 7-6　NAP 型高平均功率用钕玻璃的性能参数

性能	NAP2	NAP4
受激发射截面/$(\times 10^{-20} cm^2)$	3.6±0.1	3.1±0.1
荧光寿命/μs(Nd_2O_3: 0.5 wt%)	≥360	≥370
荧光有效带宽/nm	25.4	28.5
荧光峰值波长/nm	1 052	1 052
非线性折射率系数 n_2/($\times 10^{-13}$ esu)	≤1.25	≤1.10
折射率(1 053 nm)	1.537	1.515
阿贝数	67	67
折射率温度系数/($\times 10^{-6}$/K)$_{(20\sim100℃)}$	-0.9	1.9
转变温度/℃	500	545

性能	NAP2	NAP4
热膨胀系数/($\times 10^{-7}$/K)$_{(50\sim100℃)}$	87	63
热膨胀系数/($\times 10^{-7}$/K)$_{(30\sim300℃)}$	95	71
热光系数/($\times 10^{-6}$/K)$_{(50\sim100℃)}$	3.8	5.0
热导率(25℃)/[W/(m·K)]	0.76	0.88
热容(25℃)/[J/(g·K)]	0.757	0.775
密度/(g/cm³)	2.84	2.58
杨氏模量/GPa	58	67
泊松比	0.25	0.25
努氏硬度/(kg/cm²)	382	549

对相同 Nd^{3+} 离子掺杂浓度的 N31 玻璃和 NAP2 玻璃进行了抗热破坏实验,加工状态为表面粗磨,尺寸为 $\phi16$ mm×216 mm。实验数据见表 7-7。由氙灯泵浦热破坏实验对比可知,NAP2 玻璃的耐热破坏能力相对于 N31 玻璃提高了 50%。

表 7-7　N31 和 NAP2 玻璃在 2 Hz 下的最大承受泵浦电压

Nd₂O₃ 浓度/wt%	N31 玻璃	NAP2 玻璃
1.0	1 200 V	1 550 V
2.0	1 030 V	1 350 V
3.0	950 V	1 250 V

通过使用不同目数的金刚砂进行细磨和酸洗工艺处理(SX)[37],不同表面加工状态对棒状 NAP2 玻璃抗热破坏能力有显著影响($\phi16$ mm×216 mm),测试结果见表 7-8。改变加工状态和引入酸处理,可以使钕玻璃棒的抗热破坏能力提高 20%。

表 7-8　不同加工状态 NAP2 玻璃的激光效率和抗热破坏能力

加工状态	激光效率/%	热破坏/J(2 Hz,泵浦能量)
W14	3.3	1 090
W10	3.6	1 310
W14+SX	3.6	1 310

注:W14 指金刚砂颗粒尺寸 10~14 μm,W10 指金刚砂颗粒尺寸在 7~10 μm。

7.2　超短脉冲激光器应用的钕玻璃

7.2.1　超短脉冲激光器技术发展简介

超短超强激光可以应用于产生实验室尺度极端物理条件,如高时间分辨率、强电场、强磁场、高压强和高温度等,在强场激光物理等基础研究和高能粒子加速等前沿应用方面具有重要意义[38-41],因而得到了世界各国科研人员的持续关注。激光器发明的初期,激光脉冲的峰值功率密度一直停留在 kW/cm² 量级无法提高。仅在第一台激光器出现两年之后(1962 年),科研人员就发明了调 Q 技术[42]。该技术通过某些特定的方法控制激光腔的 Q 值随时间按照程序改变,通过控制 Q 值,在腔内积累能量并且随后同时释放,从而得到高峰值功率的脉冲激光。通过调 Q,激光脉冲被压窄至纳秒量级,激光峰值功率密度也达到 MW/cm^2 量级。1964年,锁模技术出现[43]。锁模技术基本原理是通过特殊的调制激光束,控制不同的振荡模式之间具有固定的相位;将各模式进行相干叠加,从而获得超短脉冲。利用锁模技术,激光脉冲宽度可被缩窄至皮秒甚至飞秒量级,同时激光的峰值功率密度可以达到 GW/cm^2 量级。然而当激光强度达到基质材料破坏阈值(GW/cm^2)时,增益介质中产生的非线性效应如自聚焦和成丝等现象,造成材料破坏并降低光束质量,从而阻碍了激光峰值功率密度的进一步提高。

1985 年,Rochester 大学的 Mourou 等[44]通过将啁啾雷达技术的方法应用于激光放大,开发出革命性的啁啾脉冲放大(CPA)技术。CPA 技术是一个里程碑式的突破,该技术的基本原理是将短脉冲(飞秒量级)在放大过程前先展宽成宽带宽啁啾脉冲(百皮秒或纳秒量级);展宽后的脉冲经过增益介质的逐级放大同时充分提取激光介质的储能;之后再进行压缩,将脉冲宽度重新压缩至初始脉宽,从而得到超高峰值功率、超短脉宽的激光脉冲。CPA 技术不仅避免了在放大过程中由于光功率过强对激光放大介质造成损伤,同时也解决了高功率条件下介质的非线性效应引起的脉冲质量降低问题。但是 CPA 技术存在自发辐射放大、光谱漂移和增益窄化(因为放大介质增益谱的不均匀,在总增益增加的同时,脉冲光谱急剧的缩窄)等不足,从而阻碍了其继续发展。为此,1992 年,A. Dubietis[45]设计并实验验证了全光参量啁啾脉冲放大(OPCPA)技术的理论概念。OPCPA 技术和 CPA 技术最大的不同,就是将 CPA 中的放大级替换为非线性参量放大,通过全 OPCPA 激光系统或 CPA - OPCPA 混合激光系统,高功率激光输出达到 10 PW 量级[46-47]。

目前,世界各地建造的拍瓦激光装置主要有两种类型[48-52],两种激光装置分别对应拍瓦激光技术中的两种主要路线分支:①以激光钕玻璃(Nd：glass)作为主要放大介质实现 1 053 nm 波段拍瓦激光输出的激光系统,适用于聚变相关的高峰值功率超高能量装置。②以钛宝石(Ti：sapphire)作为主要放大介质以实现 800 nm 波段拍瓦激光输出的激光系统,适用于高功率飞秒级台式拍瓦激光器。两种类型的激光装置都面临如何进一步提高脉冲峰值功率的难题。实验中一般通过提高脉冲能量或者压缩脉冲在时域上的脉宽来提高峰值功率。然而,过度提高脉冲能量容易引起自聚焦效应等非线性现象,甚至造成激光元器件的损毁。而压缩脉宽的方法则要满足以下限制:根据傅里叶定理,对于锁模激光,如果要使其在时域上脉宽越窄,就要求产生和放大此脉冲激光介质的增益带宽越宽;如果入射种子光脉冲和最终锁模脉冲均为高斯峰型,则发射带宽和脉冲持续时间满足关系式"带宽×脉冲时间≥0.44"[48]。很显然,若要通过压缩脉冲脉宽的方式提高峰值功率,则需要增益介质具备尽可能宽的发射带宽。

钛宝石晶体具有良好的热传导能力,并且机械性能较强,可以承受相对较高的温度和激光能量密度。因此,钛宝石晶体的损伤阈值较高。钛宝石晶体具有大约 200 nm 的发射带宽,这一优点使其成为一种非常理想的固态飞秒级拍瓦脉冲激光增益介质[53-54]。在钛宝石激光体系中可通过压窄脉宽的方式获得高峰值功率。目前,钛宝石介质得到的脉冲宽度可以达到小于 10 fs。因此,尽管钛宝石脉冲激光装置系统输出单脉冲能量只有几十焦耳,但其脉冲激光的峰值功率极高。

然而,钛宝石脉冲激光体系也存在以下固有的缺陷:①钛宝石基质较短的荧光寿命。短的荧光寿命意味着其只能使用激光泵浦,泵浦源为倍频固态激光器,而此激光器也需要使用另外的泵浦源。所以,搭建一套钛宝石泵浦装置非常复杂,极大增加了激光装置整体的设计难度和成本。②钛宝石是一种晶体材料,不可避免地具有晶体固有的生长周期较长的缺点。此外,制备大尺寸、高光学质量晶体材料难度较高,并且价格昂贵[48]。

钕玻璃拍瓦脉冲激光装置可以实现千焦耳到兆焦耳量级高能量皮秒量级脉冲输出[4],其激光脉冲的峰值功率可以达到拍瓦以上。相比钛宝石晶体,激光钕玻璃可以较方便地制备成高光学均匀性、大尺寸样品,且相对较为便宜。同时,钕玻璃介质能使用氙灯光源直接泵浦,无须搭建泵浦激光器,降低了激光装置在整体设计上的难度。但钕玻璃的热传导能力大大低于钛宝石晶体,其抗热破坏能力较差、脉冲激光工作频率低,激发一次需要 20 min 到 3 h 进行散热[55]。

钕玻璃作为超快激光器增益介质,还存在一个无法克服的缺陷——Nd^{3+} 离子在玻璃基质中发射带宽窄。钛宝石晶体的发射带宽有 200 nm,而商用钕玻璃带宽一般不到 30 nm[2]。较窄的发射带宽使得钕玻璃仅能够进行亚皮秒量级的脉冲放大,并且脉冲压缩后的脉宽在400 fs 以上。在这样的脉宽下,提高脉冲峰值功率只能通过更高单脉冲能量来实现,而能量过高则会引起强烈的自聚焦效应,损毁玻璃元件。

为了突破带宽限制,美国 LLNL 国家实验室和得克萨斯大学提出混合钕玻璃高功率激光器的设想[56-62]。利用玻璃基质不同带来的 Nd^{3+} 离子发射特性(如发射波长、发射带宽)不同的特点,将两块甚至多块不同基质的钕玻璃串联起来组成一个整体,从而获得更宽的整体带宽。图 7-13 为混合型钕玻璃整体脉宽示意图[56]。显而易见,混合型钕玻璃体系可拓宽钕玻璃介质的增益带宽。因此,在脉冲压缩时能够获得时域上更窄的脉冲,从而提高峰值功率。应用这一方案,美国 LLNL 国家实验室和得克萨斯大学共同研制建造了 Texas Petawatt 激光装置。该装置通过结合 OPCPA 和混合型钕玻璃方案,成功获得了 150 fs、190 J 单脉冲1.26 PW 的脉冲激光输出[60]。

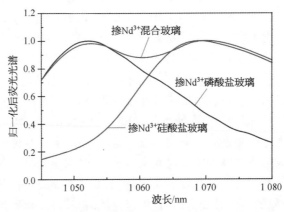

图 7-13　硅酸盐和磷酸盐钕玻璃组成的混合型钕玻璃整体带宽示意图[56]

在混合型钕玻璃体系中,为实现更高的脉冲峰值功率,则要继续展宽其整体带宽。通过对已有牌号的商业钕玻璃进行模拟,发现现有商业激光玻璃组成的混合型钕玻璃体系不能满足未来的 10 PW 或更高的 EW 级激光系统应用需求。因此,美国得克萨斯大学从 250 多种玻璃组分中进行筛选[56],寻找符合要求的宽带钕玻璃。其中有两款玻璃曾得到了关注,分别为K824 Ta-Silicate 钕玻璃和 L65 Aluminate 钕玻璃。两种钕玻璃的主要性质列于表 7-9 中。但是,这两款钕玻璃的制备工艺都不成熟,影响了其应用。因此,有必要研制新型超宽带钕玻璃,拓展混合型钕玻璃整体带宽,满足超快激光器系统的需求。

表 7-9 美国 LLNL 国家实验室开发的掺钕硅酸盐玻璃和铝酸盐玻璃的主要参数

参数	K824	L65
峰值波长 λ_p/nm	1 064.5	1 067
受激发射截面 σ_{emi}/($\times 10^{-20}$ cm^2)	2.4	1.8
辐射寿命 τ_{rad}/μs	274	349
荧光半高宽(FWHM)/nm	38.2	41.23
有效线宽 $\Delta\lambda_{eff}$/nm	42.64	—
折射率 $n_{1\,064\,nm}$	1.703 3	1.663 7

7.2.2 超宽带铝酸盐钕玻璃研究

铝酸盐玻璃(aluminate glasses)是以 Al_2O_3 作为网络形成体,以 CaO 作为网络外体组成的一种氧化物玻璃[63-67]。但是,由于铝酸盐玻璃不含传统玻璃网络形成体氧化物(SiO_2、B_2O_3、P_2O_5),其热稳定性相对较差,并且玻璃形成区间非常窄小。此外,在制备过程中铝酸盐玻璃需要高的熔化温度(1 600 ℃),高的熔制温度、强烈的析晶倾向等固有缺点长期阻碍着铝酸盐玻璃的发展。所以,铝酸盐玻璃的研发主要集中在如何拓展形成区和抑制玻璃析晶[68-73]。比如在玻璃组成中加入碱土金属(例如 Mg、Ba)氧化物,或者加入少量 SiO_2,有助于扩大成玻区间,并且提高玻璃热稳定性。稀土离子在低硅铝酸盐玻璃中的光谱性质也得到大量研究[74-78]。2003 年,Baesso 等[75]报道钕掺杂铝酸盐玻璃具有超宽带发射能力,但仍然无法解决玻璃析晶的问题。铝酸盐玻璃依旧无法进行大尺寸制备。康帅[79-80]系统研究了不同组分对铝酸盐钕玻璃热性能和超宽带光谱性能的影响。

7.2.2.1 SiO_2 对铝酸盐钕玻璃结构和光谱性质的影响

在恒定的碱土金属/Al_2O_3 比例下,通过调整 SiO_2 的引入量,研究 SiO_2 含量对铝酸盐玻璃[$(100-x)$($36.9Al_2O_3$ - $53.1CaO$ - $10BaO$)- $xSiO_2$]- $2Nd_2O_3$;$x = 0$ mol%、2 mol%、4 mol%、6 mol%、8 mol%、10 mol%、12 mol%,Nd_2O_3 为外掺;分别编号为 Si0、Si2、Si4、Si6、Si8、Si10、Si12)结构和热学性质的影响。表 7-10 对比了 7 个不同 SiO_2 含量铝酸盐玻璃的密度、折射率、Nd^{3+} 离子质量百分比和离子浓度等。随着 SiO_2 含量增加,玻璃折射率从 1.674 9 下降至 1.655 4;同时,玻璃密度和摩尔体积均呈现下降趋势。图 7-14 为不同 SiO_2 含量玻璃样品的 DSC 曲线。玻璃转变温度 T_g 和析晶起始温度 T_x 列于表 7-10 中。可以观察到,随着 SiO_2 逐渐增加,玻璃的 T_g 点从样品 Si0 的 809 ℃逐渐升至样品 Si12 的 848 ℃;与 T_g 变化规律相似,样品的 T_x 点从样品 Si0 的 924 ℃升至样品 Si12 的 963 ℃。

表 7-10 不同 SiO_2 含量铝酸盐钕玻璃的物理性质、特征温度及 Nd^{3+} 离子浓度

玻璃	折射率 $n_{1\,064\,nm}$	密度 d/(g/cm^3)	Nd^{3+} 离子浓度 N/($\times 10^{20}$ ion·cm^{-3})	转变温度 T_g/℃	析晶开始温度 T_x/℃	特征温度 ΔT/℃
Si0	1.674 9	3.33	7.43	809	924	115
Si2	1.672	3.34	7.47	816	929	113

续表

玻璃	折射率 $n_{1\,064\,nm}$	密度 d / (g/cm^3)	Nd^{3+} 离子浓度 N / $(\times 10^{20}\,ion \cdot cm^{-3})$	转变温度 T_g/℃	析晶开始温度 T_x/℃	特征温度 ΔT/℃
Si4	1.669 2	3.33	7.47	810	927	117
Si6	1.665 2	3.31	7.53	827	931	104
Si8	1.661 9	3.32	7.53	823	938	115
Si10	1.659 3	3.29	7.48	842	945	103
Si12	1.655 4	3.29	7.61	848	963	115

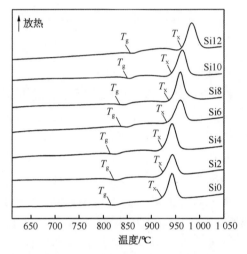

图 7-14　不同玻璃样品的 DSC 曲线

图 7-15 为上述铝酸盐钕玻璃的 Raman 光谱，测试范围为 200～1 100 cm^{-1}。从图中可观察到三个强峰，分别处于 540 cm^{-1}、770 cm^{-1} 和 865 cm^{-1} 附近。这些拉曼峰均为四配位 [TO$_4$] 形式的 [AlO$_4$] 和 [SiO$_4$] 相关的特征峰[81]。其中，540 cm^{-1} 附近的振动峰对应于桥氧连接 Al—O—Al 的横向振动；中心位于 770 cm^{-1} 附近的峰归因于 Al 与非桥氧连接 Al—NBOs 的伸缩振动；865 cm^{-1} 处的峰则归因于 Si^{4+} 离子 [SiO$_4$] 四面体 Q^0 基团（Si^{4+} 离子连接桥氧数为 0）中 Si—NBOs 伸缩振动[82]。随着 SiO$_2$ 含量的提高，样品在 540 cm^{-1} 处的 Al—O—T(T＝Si, Al) 振动峰略微增强，而 770 cm^{-1} 附近的 Al—NBOs 振动峰强度明显减弱。说明玻璃中部分 Al—NBOs 连接转换成桥氧连接；同时 865 cm^{-1} 附近的 Si—NBOs 振动峰随着 Si^{4+} 的引入显著增强。拉曼峰强度变化原因分析如下：①样品 Si0 中，过量的碱土金属起到断键作用，形成大量的 NBOs 分布在 [AlO$_4$] 中，导致 Al—NBOs 振动峰较强。②随着 SiO$_2$ 含量上升，770 cm^{-1} 处 Al—NBOs 振动峰强度显著减弱，540 cm^{-1} 处 Al—O—Al 振动峰强度变化不明显，但峰值向高波数方向发生移动，表明 [AlO$_4$] 基团之间的连接得到加强。同时，[SiO$_4$] 四面体 Q^0 结构中的 Si—NBO 振动峰显著增强。说明相比 Al^{3+} 离子，离子场强更高的 Si^{4+} 离子吸引玻璃中游离氧的能力更强。网络中 NBOs 倾向于聚集在 Si^{4+} 离子周围，形成高解聚态的 [SiO$_4$] 四面体 Q^0 结构。综合 SiO$_2$ 含量变化对 [AlO$_4$] 和 [SiO$_4$] 基团的影响，随 SiO$_2$ 含量增加，Si^{4+} 离子夺取并积聚 [AlO$_4$] 中 NBOs，导致 Al—NBOs 数量减少。

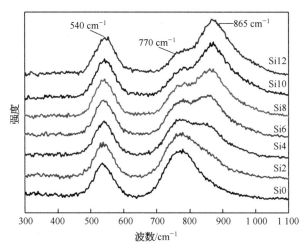

图 7‑15　不同 Si 含量的铝酸盐玻璃 Raman 光谱

图 7‑16 为不同 SiO_2 含量的钕掺杂铝酸盐玻璃吸收光谱,范围为 300~1 000 nm。如图所示,玻璃样品吸收谱线的谱型、峰位、强度存在细微差别。吸收光谱中观察到 9 个较为明显的吸收峰,位于 361 nm、433 nm、476 nm、531 nm、589 nm、687 nm、742 nm、811 nm 和 874 nm,分别对应于 Nd^{3+} 离子从基态能级 $^4I_{9/2}$ 至不同激发态能级 $(^4G_{5/2}+^4D_{3/2})$、$^1P_{1/2}$、$(^4G_{11/2}+^2D_{3/2}+^2G_{9/2})$、$(^4G_{9/2}+^4G_{7/2})$、$(^4G_{5/2}+^2G_{7/2})$、$^4F_{9/2}$、$(^4F_{7/2}+^4S_{3/2})$、$(^4F_{5/2}+^2H_{9/2})$ 和 $^4F_{3/2}$ 的跃迁。

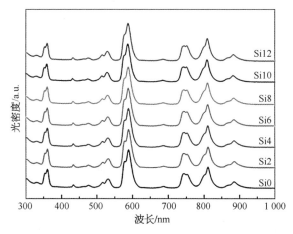

图 7‑16　不同 SiO_2 含量的钕掺杂铝酸盐玻璃吸收光谱

通过 Nd^{3+} 离子吸收光谱部分峰位谱型的变化,可以推断出玻璃中 Nd^{3+} 离子与周围配体 (Nd—O 键)的共价性变化趋势。图 7‑17 为 Nd^{3+} 离子吸收光谱中 720~780 nm 范围内的放大图。图中观察到两个明显的吸收峰,分别对应 $^4I_{9/2}\rightarrow ^4F_{7/2}$ 跃迁和 $^4I_{9/2}\rightarrow ^4S_{3/2}$ 跃迁。由于 Stark 劈裂和非均匀展宽造成光谱展宽,使两个吸收峰发生重叠。在不同基质中,$^4I_{9/2}\rightarrow ^4F_{7/2}$ 跃迁和 $^4I_{9/2}\rightarrow ^4S_{3/2}$ 跃迁在吸收光谱中相对吸收强度(光密度)的细微改变,可以作为基质中 Nd—O 键共价性程度的一个判据[83]。如图 7‑17 所示,令 $^4I_{9/2}\rightarrow ^4F_{7/2}$ 跃迁的光密度为 OD_1,

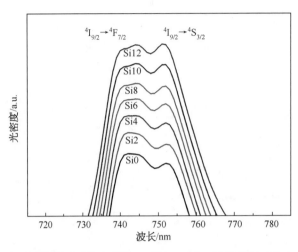

图 7 - 17　Nd^{3+} 离子吸收光谱 $^4I_{9/2} \rightarrow {}^4F_{7/2} + {}^4S_{3/2}$ 跃迁的相对光密度变化

$^4I_{9/2} \rightarrow {}^4S_{3/2}$ 跃迁的光密度为 OD_2。OD_1/OD_2 增大，反映了玻璃中 Nd—O 键的共价性程度增大。表 7 - 11 列出了不同铝酸盐钕玻璃中的 OD_1/OD_2 值和 Judd-Ofelt 参数。随着 SiO_2 含量上升，OD_1/OD_2 逐渐降低，说明 Nd—O 键共价性程度逐渐减弱。随着 SiO_2 含量增加，高场强的 Si^{4+} 离子夺取并积聚玻璃 Al—O 网络中 NBOs，导致部分 Nd^{3+} 离子次近邻离子从 Al^{3+} 转变为 Si^{4+}。由于 Si^{4+} 离子半径小于 Al^{3+} 离子半径，且电荷数高于 Al^{3+}，Si^{4+} 离子场强（25）远大于 Al^{3+} 离子场强（10.5），Al—O—Nd 连接与 Si—O—Nd 连接中，O^{2-} 离子对 Nd^{3+} 离子的电子贡献程度不同，从而导致 Nd—O 键的共价性程度发生变化。

表 7 - 11　不同 SiO_2 含量铝酸盐玻璃中 Nd^{3+} 离子的相对光密度 OD_1/OD_2 和 Judd-Ofelt 参数 Ω_t

玻璃	OD_1/OD_2	Ω_2	Ω_4	Ω_6	Ω_4/Ω_6
Si0	1.062	5.69	4.82	3.61	1.33
Si2	1.051	5.63	4.87	3.53	1.37
Si4	1.034	5.69	4.87	3.69	1.31
Si6	1.027	5.45	4.79	3.66	1.30
Si8	1.012	5.36	4.75	3.72	1.27
Si10	1.005	5.33	4.83	3.83	1.26
Si12	0.998	5.13	4.82	3.80	1.26

表 7 - 11 列出不同 SiO_2 含量铝酸盐玻璃中 Nd^{3+} 离子的 Judd-Ofelt 参数。根据 Reisfeld[84] 的研究，Judd-Ofelt 参数 Ω_2 被认为与稀土离子所处局域环境的不对称性和配体的共价性有关。由表 7 - 11 观察到，Nd^{3+} 离子的 Ω_2 随着 SiO_2 含量的增加而减小，说明 Nd^{3+} 离子格位局域环境对称性上升，同时也反映出 Nd—O 键的共价性程度减小[74]。一般认为，Ω_4 和 Ω_6 受稀土局域环境影响较小，而与基质玻璃的刚度有关[83]。Ω_4 随 SiO_2 含量增加变化不大，Ω_6 逐渐升高。Nd^{3+} 离子荧光发射相关能级（$^4F_{3/2}$、$^4I_{15/2}$、$^4I_{13/2}$、$^4I_{11/2}$、$^4I_{9/2}$）的简约矩阵元 $[U^{(2)}]$ 均为 0[85]，因此 Nd^{3+} 离子发光相关跃迁的自发辐射概率 A 仅由 Ω_4 和 Ω_6 决定，而两者比例 $\Omega_4：\Omega_6$ 则被用来估算 $^4F_{3/2} \rightarrow {}^4I_{11/2}$ 和 $^4F_{3/2} \rightarrow {}^4I_{9/2}$ 跃迁的发光强度比，即 Nd^{3+} 离子发

光的荧光分支比。当 $\Omega_4 > \Omega_6$ 时，$^4F_{3/2} \rightarrow {}^4I_{9/2}$ 跃迁的发光强度大于 $^4F_{3/2} \rightarrow {}^4I_{11/2}$ 发光强度，即上能级到基态的跃迁概率大；当 $\Omega_4 < \Omega_6$ 时，认为上能级到 $^4I_{11/2}$ 态的跃迁概率大。

利用已得到的 J-O 参量 $\Omega_t(t=2,4,6)$，计算得到自发辐射概率 A_{rad}、荧光分支比 β 和辐射寿命 τ_{rad}，列于表 7-12 中。随 SiO_2 含量变化，铝酸盐玻璃 Nd^{3+} 离子 $^4F_{3/2} \rightarrow {}^4I_{11/2}$ 跃迁的自发辐射概率 A_{rad} 没有明显改变。

表 7-12　不同 SiO_2 含量铝酸盐玻璃中 Nd^{3+} 离子光谱参数

玻璃	自发辐射概率 A $(^4F_{3/2} \rightarrow {}^4I_{11/2})/s^{-1}$	荧光分支比 β $(^4F_{3/2} \rightarrow {}^4I_{11/2})$	受激发射截面 $\sigma_{emi}/$ $(\times 10^{-20}\ cm^2)$	辐射寿命 $\tau_{rad}/\mu s$	荧光半高宽 (FWHM)/nm	有效线宽 $\Delta\lambda_{eff}/nm$	峰值波长 λ_p/nm
Si0	1 361	0.46	1.84	338	39.7	48.2	1 067
Si2	1 369	0.463	1.85	338	38.8	47.9	1 067
Si4	1 387	0.464	1.9	335	37.9	46.8	1 067
Si6	1 361	0.465	1.92	342	38.0	46.7	1 066
Si8	1 364	0.467	1.92	343	37.1	46.4	1 066
Si10	1 391	0.468	2.04	337	36.5	44.8	1 066
Si12	1 372	0.468	2.02	341	36.3	44.7	1 065
N31	—	—	3.8	351	20.1	25.8	1 053
ED-2	—	—	2.7	406	27.8	34.43	1 064
L65	—	—	1.8	349	41.23	—	1 067

图 7-18 为 811 nm 激发下，不同 SiO_2 含量钕掺杂铝酸盐玻璃的归一化荧光光谱。图中三个发射峰分别对应 $^4F_{3/2} \rightarrow {}^4I_{13/2}$、$^4F_{3/2} \rightarrow {}^4I_{11/2}$ 和 $^4F_{3/2} \rightarrow {}^4I_{9/2}$ 跃迁。其中 $^4F_{3/2} \rightarrow {}^4I_{11/2}$ 跃迁具有最高强度，发射峰位置列于表 7-12。由表 7-12 可知，随 SiO_2 含量增加，$^4F_{3/2} \rightarrow {}^4I_{11/2}$ 跃迁的发射峰中心波长有 $1\sim2$ nm 的轻微蓝移现象。峰位蓝移与 Nd—O 键的共价性程度降低有关。

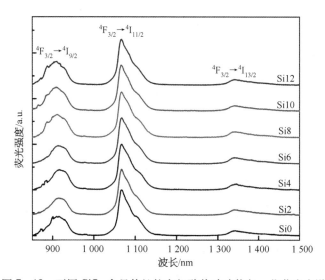

图 7-18　不同 SiO_2 含量的钕掺杂铝酸盐玻璃的归一化荧光光谱

图 7-19 为磷酸盐钕玻璃 N31 与铝酸盐钕玻璃 Si0 中 Nd^{3+} 离子 $^4F_{3/2} \to {}^4I_{11/2}$ 跃迁归一化荧光光谱对比图。可以明显看出,相比 N31 磷酸盐钕玻璃,铝酸盐玻璃中 Nd^{3+} 离子的发射峰明显红移,并且带宽显著展宽,表明铝酸盐钕玻璃具有宽带发射特点。为了进一步分析荧光带宽随 SiO$_2$ 含量的变化,图 7-20 展示了 Si0、Si6 和 Si12 玻璃中 Nd^{3+} 离子 $^4F_{3/2} \to {}^4I_{11/2}$ 跃迁的归一化荧光光谱。

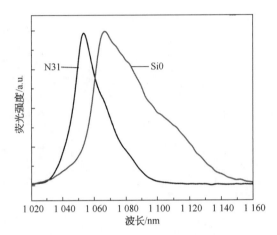

图 7-19　磷酸盐钕玻璃 N31 和铝酸盐钕玻璃 Si0 中 Nd^{3+} 离子 $^4F_{3/2} \to {}^4I_{11/2}$ 跃迁的归一化荧光光谱

如图 7-20 所示,随着 SiO$_2$ 含量增加,Nd^{3+} 离子发射峰出现明显窄化。$^4F_{3/2} \to {}^4I_{11/2}$ 跃迁的荧光半高宽列于表 7-12 中。随着 SiO$_2$ 含量提高,FWHM 从 39.7 nm 逐渐减小至 36.3 nm。同 FWHM 减小的趋势相同,随着 SiO$_2$ 含量提高,$\Delta\lambda_{eff}$ 从 Si0 样品中 48.2 nm 逐渐缩窄至 Si12 样品中 44.7 nm,但也远大于 N31 等商业玻璃的有效带宽(约 25 nm)。

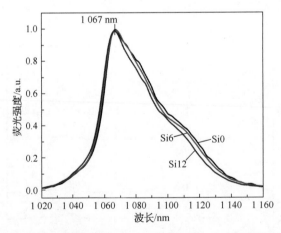

图 7-20　不同 SiO$_2$ 含量铝酸盐钕玻璃中 Nd^{3+} 离子 $^4F_{3/2} \to {}^4I_{11/2}$ 跃迁归一化荧光光谱

结合荧光光谱数据和 $^4F_{3/2} \to {}^4I_{11/2}$ 跃迁的自发辐射概率,使用 F-L 公式计算得到 Nd^{3+} 离子在低硅铝酸盐玻璃中的受激发射截面,结果列于表 7-12 中。随 SiO$_2$ 含量增长,Nd^{3+} 离子的受激发射截面 σ_e 从 1.84×10^{-20} cm^2 逐渐增大至 2.04×10^{-20} cm^2,Nd^{3+} 离子发射截面增大,说明 SiO$_2$ 的增加有助于改善铝酸盐钕玻璃的激光性能。

7.2.2.2　B_2O_3 对铝酸盐钕玻璃结构和光谱性质的影响

表 7 - 13 对比了不同 B_2O_3 含量的铝酸盐玻璃（$(100-x)(35Al_2O_3 - 54CaO - 8BaO - 2.5MgO - 0.5Sb_2O_3) - xB_2O_3 - 0.6Nd_2O_3$；$x = 0$ mol%、2.5 mol%、5 mol%、7.5 mol%、10 mol%；分别编号为 B0、B2.5、B5、B7.5、B10）的密度、折射率和 Nd^{3+} 离子浓度等。随着 B_2O_3 含量增加，玻璃折射率从 1.671 3 下降至 1.651 7；同时，玻璃密度从 3.39 g/cm³ 降低至 3.21 g/cm³。

表 7 - 13　低硼铝酸盐钕玻璃的物理性质、特征温度及 Nd^{3+} 离子浓度

玻璃	转变温度 T_g/℃	析晶开始温度 T_x/℃	特征温度 ΔT/℃	折射率 $n_{1064 nm}$	密度 d /(g/cm³)	Nd^{3+} 离子浓度 N/ (×10²⁰ cm⁻³)
B0	790	883	93	1.671 3	3.39	2.43
B2.5	783	878	95	1.667 5	3.28	2.31
B5	768	868	100	1.660 6	3.23	2.22
B7.5	755	859	104	1.656 2	3.24	2.19
B10	743	857	114	1.651 7	3.21	2.15

图 7 - 21 为玻璃样品的 DSC 曲线。随着 B_2O_3 含量增加，铝酸盐玻璃的玻璃化转变温度 T_g 从 790 ℃下降至 743 ℃，析晶起始温度 T_x 从 883 ℃下降至 857 ℃。

高钙铝酸盐玻璃（$CaO/Al_2O_3 > 1$）中只存在 Al 的四配位结构单元 $[AlO_4]^{-[86-87]}$，玻璃网络由桥氧连接的 $[AlO_4]^-$ 组成。修饰体 Ca^{2+} 离子填充在间隙位，为 $[AlO_4]^-$ 提供游离氧并进行价态补偿。图 7 - 22 为不同 B_2O_3 含量铝酸盐钕玻璃在 810 nm 激发下的荧光光谱，测试范围 850～1 200 nm。图中两个发射峰分别对应 $^4F_{3/2} \rightarrow {}^4I_{11/2}$ 和 $^4F_{3/2} \rightarrow {}^4I_{9/2}$ 跃迁，其中 $^4F_{3/2} \rightarrow {}^4I_{11/2}$ 跃迁具有更高强度。

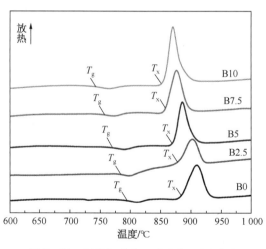

图 7 - 21　低硼铝酸盐钕玻璃的 DCS 曲线

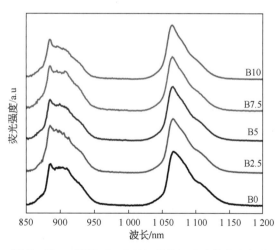

图 7 - 22　不同 B_2O_3 含量铝酸盐钕玻璃的荧光光谱

图 7 - 23 为 $^4F_{3/2} \rightarrow {}^4I_{11/2}$ 跃迁的归一化荧光光谱放大图。从图中可见，随着 B_2O_3 含量的增加，发射峰中心波长从 1 067 nm 蓝移至 1 064 nm，说明 Nd—O 键的共价性程度逐渐降低。随着 B_2O_3 含量的增加，荧光峰发射峰带宽逐渐缩窄。

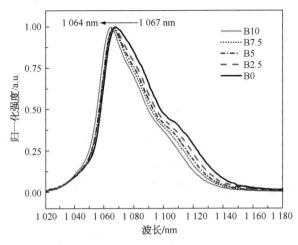

图 7 - 23　低硼铝酸盐钕玻璃中 Nd^{3+} 离子 $^4F_{3/2} \rightarrow {}^4I_{11/2}$ 跃迁的归一化荧光光谱

表 7 - 14 总结了不同 B_2O_3 含量铝酸盐玻璃中 Nd^{3+} 离子 $^4F_{3/2} \rightarrow {}^4I_{11/2}$ 跃迁的发射峰中心波长、荧光半高宽(FWHM)和有效线宽 $\Delta\lambda_{eff}$ 等。随着 B_2O_3 含量的增加,FWHM 和 $\Delta\lambda_{eff}$ 均显著下降,并且发光峰最大有 3 nm 的蓝移。利用 Judd-Ofelt 参数 $\Omega_t(t=2, 4, 6)$,计算得到 Nd^{3+} 离子的自发辐射概率 A_{rad}、荧光分支比 β、辐射寿命 τ_{rad}。随 B_2O_3 含量增加,Nd^{3+} 离子 $^4F_{3/2} \rightarrow {}^4I_{11/2}$ 跃迁的自发辐射概率 A_{rad} 有所增长,荧光分支比也逐渐增大。使用 F-L 公式计算 Nd^{3+} 离子的受激发射截面,数据显示随 B_2O_3 含量增加,Nd^{3+} 离子 $^4F_{3/2} \rightarrow {}^4I_{11/2}$ 跃迁的受激发射截面 σ_e 从 B0 样品的 1.6×10^{-20} cm^2 逐渐增大至 B10 样品的 2.04×10^{-20} cm^2。

表 7 - 14　低硼铝酸盐钕玻璃 Nd^{3+} 离子的发射峰中心波长、荧光半高宽(FWHM)和有效线宽 $\Delta\lambda_{eff}$ 等性质参数

性能	B0	B2.5	B5	B7.5	B10
荧光半高宽(FWHM)/nm	40.1	37.4	36	34.7	34.3
有效线宽 $\Delta\lambda_{eff}$/nm	50	46.5	44.53	42.8	41.6
峰值波长 $\lambda(^4F_{3/2} \sim {}^4I_{11/2})$/nm	1 067	1 067	1 066	1 065	1 064
自发辐射概率 $A_{rad}(^4F_{3/2} \rightarrow {}^4I_{11/2})$/$s^{-1}$	1 236	1 123	1 201	1 287	1 314
荧光分支比 $\beta(^4F_{3/2} \rightarrow {}^4I_{11/2})$/%	45.4	46.09	46.64	47.04	46.87
辐射寿命 $\tau_{rad}(^4F_{3/2})$/μs	367	410	388	365	356
受激发射截面 $\sigma_{emi}(^4F_{3/2} \rightarrow {}^4I_{11/2})$/($\times 10^{-20}$ cm^2)	1.6	1.62	1.76	1.98	2.08

7.2.2.3　GeO_2 对铝酸盐钕玻璃结构和光谱性质的影响

表 7 - 15 对比了不同 GeO_2 含量铝酸盐钕玻璃($[(100-x)(34.5Al_2O_3 - 55.5CaO - 9BaO - 0.5Na_2O - 0.5Sb_2O_3) - xGeO_2] - 0.7Nd_2O_3$;$x=0$ mol%、3 mol%、6 mol%、9 mol%、12 mol%、15 mol%,Nd_2O_3 为外掺;分别编号为 Ge0、Ge3、Ge6、Ge9、Ge12、Ge15)的密度、折射率和 Nd^{3+} 离子浓度等。随着 GeO_2 含量增加,玻璃折射率从 1.671 5 下降至 1.665 4;同时,玻璃密度从 3.25 g/cm^3 升高至 3.42 g/cm^3。

表 7 - 15　不同 GeO₂ 含量铝酸盐钕玻璃的物理性质、特征温度及钕离子浓度

玻璃	转变温度 T_g/℃	析晶开始温度 T_x/℃	特征温度 ΔT/℃	钕离子浓度 N/ $(\times 10^{20}\ cm^{-3})$	折射率 $n_{1\,064\,nm}$	密度 d/ $(g \cdot cm^{-3})$
Ge0	802	918	116	2.76	1.671 5	3.27
Ge3	806	919	113	2.76	1.670 5	3.29
Ge6	809	926	117	2.72	1.669 2	3.33
Ge9	807	928	121	2.73	1.668	3.36
Ge12	818	930	112	2.7	1.666 6	3.39
Ge15	821	943	122	2.82	1.665 4	3.42

图 7 - 24 为测得的玻璃样品 DSC 曲线。玻璃特征温度 T_g、T_x 列于表 7 - 15 中。随着组分中 GeO₂ 含量增加,铝酸盐玻璃的玻璃转变温度 T_g 从 802 ℃ 上升至 821 ℃,析晶起始温度 T_x 从 918 ℃ 上升至 943 ℃。

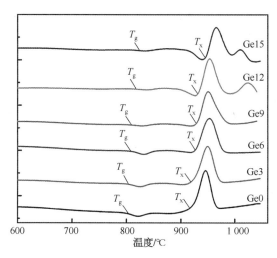

图 7 - 24　不同 GeO₂ 含量铝酸盐钕玻璃的 DSC 曲线

表 7 - 16 列出不同 GeO₂ 含量铝酸盐钕玻璃 Nd³⁺ 离子的 Judd-Ofelt 参数。随着 GeO₂ 增加,Ω_2 逐渐减小,说明 Nd³⁺ 离子局域环境对称性上升或 Nd—O 键的共价性程度减小。

表 7 - 16　Nd³⁺ 离子在低锗铝酸盐玻璃中的 Judd-Ofelt 参数

玻璃	Ge0	Ge3	Ge6	Ge9	Ge12	Ge15
Ω_2	5.2	5.11	5.15	4.9	4.87	4.55
Ω_4	4.3	4.23	4.14	4.49	4.3	4.22
Ω_6	3.2	3.2	3.25	3.28	3.32	3.23

图 7 - 25 为 Nd³⁺ 离子 $^4F_{3/2} \rightarrow {}^4I_{11/2}$ 跃迁的归一化荧光光谱。图 7 - 26 为铝酸盐钕玻璃中 Nd³⁺ 离子 $^4F_{3/2} \rightarrow {}^4I_{11/2}$ 跃迁的荧光半高宽和有效线宽 $\Delta\lambda_{eff}$ 随 GeO₂ 含量变化图。可见随着 GeO₂ 含量增加,FWHM 从 40.5 nm 降低至 36 nm,$\Delta\lambda_{eff}$ 从 49.6 nm 降低至 44.5 nm。

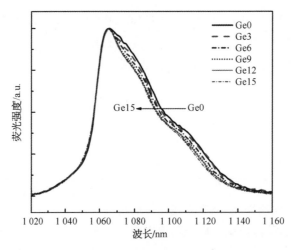

图 7-25　不同 GeO_2 含量铝酸盐钕玻璃 Nd^{3+} 离子的荧光光谱

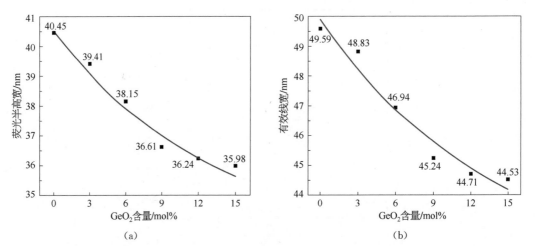

（a）　　　　　　　　　　　（b）

图 7-26　不同 GeO_2 含量铝酸盐钕玻璃中 Nd^{3+} 离子 $^4F_{3/2} \rightarrow ^4I_{11/2}$ 跃迁的荧光半高宽（a）和有效线宽 $\Delta\lambda_{eff}$（b）

通过 F-L 公式算得 Nd^{3+} 离子的受激发射截面 σ_e，结果列于表 7-17 中。随着 GeO_2 增加，Nd^{3+} 离子受激发射截面 σ_e 从 1.6×10^{-20} cm^2 增大至 1.85×10^{-20} cm^2。

表 7-17　不同 GeO_2 含量铝酸盐钕玻璃中 Nd^{3+} 离子 $^4F_{3/2} \rightarrow ^4I_{11/2}$ 跃迁的自发辐射概率 A_{rad}、荧光峰值比 β、辐射寿命 $\tau_{rad}(^4F_{3/2})$ 和发射截面 σ_e

性能	Ge0	Ge3	Ge6	Ge9	Ge12	Ge15
自发辐射概率 A_{rad}/s^{-1}	1 232	1 246	1 237	1 254	1 246	1 269
荧光峰值比 $\beta(^4F_{3/2} \rightarrow ^4I_{11/2})/\%$	46.7	47.7	47.6	46.2	46.9	48
辐射寿命 $\tau_{rad}(^4F_{3/2})/\mu s$	379	383	385	368	377	379
受激发射截面 $\sigma_{emi}/(\times 10^{-20}$ $cm^2)$	1.60	1.65	1.71	1.80	1.81	1.85

7.2.2.4　Ga_2O_3 对铝酸盐钕玻璃结构和光谱性质的影响

表 7-18 对比了不同 Ga_2O_3、Al_2O_3 含量的铝镓酸盐钕玻璃样品 $[(30-x)Al_2O_3 - xGa_2O_3 - 56CaO - 3ZnO - 8BaO - Na_2O - Sb_2O_3$；$x = 0$ mol%、5 mol%、10 mol%、

15 mol％、20 mol％、25 mol％、30 mol％，Nd_2O_3 为外掺 0.5 mol％；分别编号为 Ga0、Ga5、Ga10、Ga15、Ga20、Ga25、Ga30）的密度、折射率等。随着 Ga_2O_3 逐渐替代 Al_2O_3，玻璃折射率从 1.675 6 上升至 1.755 8；同时，玻璃密度从 3.27 g/cm^3 升高至 4.2 g/cm^3。

表 7-18 铝镓酸盐钕玻璃的物理性质和特征温度

性能	Ga0	Ga5	Ga10	Ga15	Ga20	Ga25	Ga30
折射率 $n_{1064\ nm}$	1.675 6	1.687 0	1.699 5	1.713 0	1.726 7	1.741 7	1.755 8
密度 $d/(g \cdot cm^{-3})$	3.27	3.41	3.56	3.72	3.87	4.01	4.2
转变温度 $T_g/℃$	793	784	778	764	750	746	730
析晶开始温度 $T_x/℃$	907	902	902	886	882	865	822
特征温度 $\Delta T/℃$	114	118	124	122	132	119	92
热稳定性判据 H	0.143	0.151	0.159	0.160	0.176	0.159	0.126

图 7-27 为铝镓酸盐钕玻璃的 DSC 曲线。随着 Ga_2O_3 取代 Al_2O_3，玻璃转变温度 T_g 从 793 ℃下降至 730 ℃；析晶起始温度 T_x 从 907 ℃下降至 822 ℃。特征温度降低，间接说明 Ga_2O_3 取代 Al_2O_3 有利于降低玻璃熔制温度。表 7-18 和图 7-27 表明，随着 Ga_2O_3 含量从 0 上升至 20 mol％，玻璃的热稳定性判据 ΔT 从 114 ℃逐渐提高至 132 ℃，说明 Ga_2O_3 取代 Al_2O_3 有助于增加玻璃的热稳定性和抗析晶能力；ΔT 在 Ga_2O_3 含量为 20 mol％样品中出现极大值；之后随着 Ga_2O_3 继续增加，ΔT 显著下降。同时，另一热稳定性判据 H' 也在 Ga_2O_3 含量为 20 mol％样品中出现极大值，其变化趋势与 ΔT 相同。ΔT 和 H' 出现极大值说明铝镓酸盐玻璃比纯铝酸盐和纯镓酸盐玻璃热稳定性更高，Ga_2O_3 和 Al_2O_3 混合形成体效应有助于提高铝镓酸盐玻璃的热稳定性和抗结晶的能力。

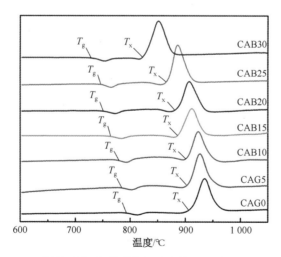

图 7-27 铝镓酸盐钕玻璃的 DSC 曲线

根据 Judd-Ofelt 理论，利用吸收光谱、Nd^{3+} 离子浓度、折射率等数据，计算得到 Nd^{3+} 离子在该铝镓酸盐玻璃中的 Judd-Ofelt 参数，结果列于表 7-19。随着 Ga_2O_3 取代 Al_2O_3，Nd^{3+} 离子的 Judd-Ofelt 参数 $\Omega_t(t=2,4,6)$ 变化不大。同时，表 7-19 中列出了部分文献报道的钕玻璃的 Judd-Ofelt 参数。Ω_2 反映 Nd—O 共价性和稀土离子局域环境对称性。根据前文分析,铝镓酸盐玻璃中 Nd—O 共价性要高于其他高场强形成体组成玻璃中 Nd—O 共价性。较大的 Ω_2 印证了铝镓酸盐玻璃中 Nd—O 共价性程度较高,且 Nd^{3+} 离子局域环境对称性低。

表 7 - 19　铝镓酸盐钕玻璃 Nd^{3+} 离子 Judd-Ofelt 参数 Ω_t、自发辐射概率 A_{rad}、荧光分支比 β 和上能级 $^4F_{3/2}$ 辐射寿命 τ_{rad}

玻璃	Ω_2	Ω_4	Ω_6	自发辐射概率 A_{rad} $(^4F_{3/2} \rightarrow {}^4I_{11/2})/s^{-1}$	荧光分支比 β $(^4F_{3/2} \rightarrow {}^4I_{11/2})/\%$	辐射寿命 τ_{rad} $(^4F_{3/2})/\mu s$
Ga0	5.96	5.28	3.6	1 406	48.3	327
Ga5	6	5.18	3.78	1 498	48.3	308
Ga10	5.98	5.19	3.7	1 510	47.3	305
Ga15	5.93	5.26	3.69	1 525	47.6	301
Ga20	5.74	5.27	3.65	1 552	47.9	293
Ga25	5.84	5.35	3.63	1 607	47.3	281
Ga30	5.78	5.32	3.66	1 620	46.8	275

利用 Judd-Ofelt 参数 Ω_t 和玻璃折射率等数据,计算得到 Nd^{3+} 离子 $^4F_{3/2} \rightarrow {}^4I_{11/2}$ 跃迁的自发辐射概率 A_{rad}、荧光分支比 β、$^4F_{3/2}$ 能级辐射寿命 τ_{rad},结果列于表 7 - 19。随着 Ga_2O_3 取代 Al_2O_3,Nd^{3+} 离子 $^4F_{3/2} \rightarrow {}^4I_{11/2}$ 跃迁的自发辐射概率 A_{rad} 从铝酸盐玻璃中 1 406 s^{-1} 逐渐增大至镓酸盐玻璃中 1 650 cm^{-1}。A_{rad} 的增大主要与折射率显著变大有关。图 7 - 28 为铝镓酸盐玻璃中 Nd^{3+} 离子的 $^4F_{3/2} \rightarrow {}^4I_{11/2}$ 跃迁荧光光谱,激发波长为 810 nm,测试范围为 850～1 500 nm。图中可见中心波长为 890 nm、1 067 nm 和 1 340 nm 的三个发射峰,其中 1 067 nm 荧光峰最强。

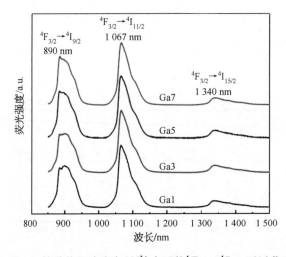

图 7 - 28　铝镓酸盐钕玻璃中 Nd^{3+} 离子的 $^4F_{3/2} \rightarrow {}^4I_{11/2}$ 跃迁荧光光谱

表 7 - 20 列出不同 Al_2O_3/Ga_2O_3 铝镓酸盐钕玻璃中 Nd^{3+} 离子 $^4F_{3/2} \rightarrow {}^4I_{11/2}$ 跃迁的荧光半高宽(FWHM)、有效线宽 $\Delta\lambda_{eff}$ 和中心波长等。随着 Ga_2O_3 取代 Al_2O_3,Nd^{3+} 离子 $^4F_{3/2} \rightarrow {}^4I_{11/2}$ 跃迁荧光峰的带宽没有明显变化,随着 Ga_2O_3 含量的逐渐上升,Nd^{3+} 离子受激发射截面 σ_{emi} 从铝酸盐玻璃的 1.79×10^{-20} cm^2 增大至镓酸盐玻璃的 2.06×10^{-20} cm^2。

表 7 - 20　铝镓酸盐钕玻璃中 Nd^{3+} 离子$^4F_{3/2} \rightarrow {}^4I_{11/2}$ 跃迁的荧光半高宽（FWHM）、有效线宽 $\Delta\lambda_{eff}$ 和受激辐射截面 σ_{emi}

玻璃	荧光半高宽（FWHM）/mn	有效线宽 $\Delta\lambda_{eff}$ /nm	峰值波长 λ_p /nm	受激辐射截面 σ_{emi} /($\times 10^{-20}$ cm^2)
Ga0	39.6	48.43	1 065	1.79
Ga5	39.5	48.34	1 065	1.86
Ga10	38.5	47.27	1 066	1.88
Ga15	39	47.54	1 066	1.92
Ga20	38.7	47.61	1 066	1.99
Ga25	39.5	48.26	1 066	2.01
Ga30	38.8	47.88	1 067	2.06

此外，薛天峰[88]研究了 Nd^{3+} 离子在氟镓酸盐玻璃 $35Ga_2O_3 - 45SrO - 10BaF_2 - 10(LaF_3 + YF_3 + AlF_3)$中的宽带光谱特性。图 7 - 29 给出氟镓酸盐玻璃中 Nd^{3+} 离子的荧光光谱，其主要发射峰波长在 1 070 nm，有效半高宽为 49 nm，峰值受激发射截面为 2.1×10^{-20} cm^2。

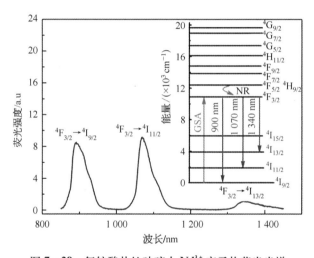

图 7 - 29　氟镓酸盐钕玻璃中 Nd^{3+} 离子的荧光光谱

综上，随着激光技术和新型激光器的发展，激光钕玻璃的品种和应用得到了拓展。本章详细介绍了国内外重频激光器应用的激光钕玻璃的研究进展及其应用。针对超快激光器的应用需求，国内外均开展了新型宽带激光钕玻璃的研制。采用磷酸盐钕玻璃和硅酸盐钕玻璃的混合激光钕玻璃方案，在一定程度上满足了超快激光器的应用要求。宽带激光钕玻璃研发方面，尽管已经开展了大量 Nd^{3+} 离子在铝酸盐玻璃、镓酸盐玻璃、铝镓酸盐玻璃、氟镓酸盐玻璃中发光性能的研究，并取得了远高于磷酸盐钕玻璃的 50 nm 荧光半高宽，但到目前为止，尚未有一种新型宽带钕玻璃应用于超快激光装置。需要进一步开展新玻璃体系的探索以及相关制备工艺的研究。

主要参考文献

[1] Hu L L, He D B, Chen H Y, et al. Research and development of neodymium phosphate laser glass for

high power laser application [J]. Optical Materials, 2017(63)：213 – 220.

[2] Campbell J H, Hayden J S, Marker A. High-power solid-state lasers：a laser glass perspective [J]. International Journal of Applied Glass Science, 2011,2(1)：3 – 29.

[3] 姜中宏,杨中民.中国激光玻璃研究进展(邀请论文)[J].中国激光,2010,37(9)：2198 – 2201.

[4] 姜中宏.新型光功能玻璃[M].北京：化学工业出版社,2008.

[5] Zhang L Y, Hu L L, Jiang S B. Progress in Nd^{3+}, Er^{3+}, and Yb^{3+} doped laser glasses at Shanghai Institute of Optics and Fine Mechanics [J]. International Journal of Applied Glass Science, 2018,9(1)：90 – 98.

[6] He D B, Kang S, Zhang L Y, et al. Research and development of new neodymium laser glasses [J]. High Power Laser Science and Engineering, 2017(5)：1 – 6.

[7] Caird J, Agrawal V, Bayramian A, et al. Nd：glass laser design for laser ICF fission energy (LIFE) [J]. Fusion Science and Technology, 2009,56(2)：607 – 617.

[8] Bayramian A, Aceves S, Anklam T, et al. Compact, efficient laser systems required for laser inertial fusion energy [J]. Fusion science and Technology, 2011,60(1)：28 – 48.

[9] Schwarz J, Rambo P, Geissel M, et al. A hybrid OPCPA/Nd：phosphate glass multi-terawatt laser system for seeding of a petawatt laser [J]. Optics Communications, 2008,281(19)：4984 – 4992.

[10] Sistrunk E, Spinka T, Bayramian A, et al. All diode-pumped, high-repetition-rate advanced petawatt laser system (HAPLS)[C]//CLEO：Science and Innovations. Optical Society of America, 2017：STh1L. 2.

[11] Rus B, Bakule P, Kramer D, et al. ELI-Beamlines：development of next generation short-pulse laser systems [C]//Research Using Extreme Light：Entering New Frontiers with Petawatt-Class Lasers Ⅱ. International Society for Optics and Photonics, 2015(9515)：95150F.

[12] 李伟,李应红,何卫锋,等.激光冲击强化技术的发展和应用[J].激光与光电子学进展,2008,45(12)：15 – 19.

[13] Fairand B P, Clauer A H. Laser generation of high-amplitude stress waves in materials [J]. Journal of Applied Physics, 1979,50(3)：1497 – 1502.

[14] Dane C B, Hackel L A. Laser peening of metals-enabling laser technology [J]. MRS Online Proceedings Library Archive, 1997(499)：73 – 85.

[15] 杨兴华,管海兵,吴鸿兴,等.高重复率钕玻璃冲击处理装置的多横模激光振荡器[J].激光与光电子学进展,2010,47(7)：1 – 4.

[16] 王健,邹世坤,谭永生.激光冲击处理技术在发动机上的应用[J].应用激光,2005,25(1)：32 – 34.

[17] 顾绍庭,张国轩,黄国松.玻璃板条激光器的热应力[J].物理学报,1991,40(3)：399 – 406.

[18] 黄国松,张国轩,顾绍庭,等.玻璃板条激光器的热效应[J].物理学报,1990,39(10)：1563 – 1569.

[19] Marion J E. Advanced phosphate glasses for high average power lasers [C]//Proceedings of SPIE 1128, Glasses for Optoelectronics, 1989 International Congress on Optical Science and Engineering, 1989, Paris, France, 318 – 324.

[20] Hayden J S, Hayden Y T, Campbell J H. Effect of composition on the thermal, mechanical, and optical properties of phosphate laser glasses [C]//High-Power Solid State Lasers and Applications. International Society for Optics and Photonics, 1990(1277)：121 – 139.

[21] Hayden J S, Aston M K, Payne S A, et al. Laser and thermophysical properties of Nd-doped phosphate glasses [C]//Damage to Space Optics, and Properties and Characteristics of Optical Glass. International Society for Optics and Photonics, 1993(1761)：162 – 173.

[22] Lee H C, Meissner H E. Ion-exchange strengthening of high average power phosphate laser glass [J]. Proceedings of SPIE 1441, Laser-Induced Damage in Optical Materials：1990,87 – 103.

[23] 丁亚军.掺钕磷硅酸盐玻璃的热机械性能及光谱性能研究[D].上海：中国科学院上海光学精密机械研究所,2016.

［24］ Baikova L G, Pukh V P, Fedorov Y K, et al. Mechanical properties of phosphate glasses as a function of the total bonding energy per unit volume of glass ［J］. Glass Physics and Chemistry, 2008,34(2)：126 – 131.

［25］ Makishima A, Mackenzie J D. Direct calculation of Young's moidulus of glass ［J］. Journal of Non-Crystalline Solids, 1973,12(1)：35 – 45.

［26］ Ajroud M, Haouari M, Ouada H B, et al. Investigation of the spectroscopic properties of Nd^{3+}-doped phosphate glasses ［J］. Journal of Physics：Condensed Matter, 2000,12(13)：3181.

［27］ Choi J H, Margaryan A, Margaryan A, et al. Judd-Ofelt analysis of spectroscopic properties of Nd^{3+}-doped novel fluorophosphate glass ［J］. Journal of Luminescence, 2005,114(3 – 4)：167 – 177.

［28］ Pfistner C, Weber R, Weber H P, et al. Thermal beam distortions in end-pumped Nd：YAG, Nd：GSGG, and Nd：YLF rods ［J］. IEEE Journal of Quantum Electronics, 1994,30(7)：1605 – 1615.

［29］ Koechner W. Solid-state laser engineering ［M］.［S. l.］：Springer, 2013.

［30］ Li W, He D, Li S, et al. Investigation on thermal properties of a new Nd-doped phosphate glass ［J］. Ceramics International, 2014,40(8)：13389 – 13393.

［31］ Davis M J, Hayden J S. Thermal lensing of laser materials ［C］//Laser-Induced Damage in Optical Materials：2014. International Society for Optics and Photonics, 2014,9237：923710.

［32］ 泉谷徹郎,杨淑清. 光学玻璃与激光玻璃开发：一个玻璃研究者的历程［M］. 北京：兵器工业出版社,1996.

［33］ Izumitani T, H Toratani. Temperature coefficient of electronic polarizability in optical glasses ［J］. Journal of Non-Crystalline Solids, 1980,40(1)：611 – 619.

［34］ 干福熹,林凤英. 外场作用下玻璃的光学常数的变化［J］. 光学学报,1981,1(1)：75.

［35］ Yin Q W, Kang S, Wang X, et al. Effect of PbO on the spectral and thermo-optical properties of Nd^{3+}-doped phosphate laser glass ［J］. Optical Materials, 2017(66)：23 – 28.

［36］ 殷倩文. 掺钕磷酸盐玻璃的热光性能及光谱性能研究［D］. 上海：中国科学院上海光学精密机械研究所,2017.

［37］ 陈辉宇,何冬兵,胡丽丽,等. 磷酸盐激光玻璃的表面酸碱处理增强［J］. 中国激光,2010,37(8)：2035 – 2040.

［38］ 侯洵. 超短脉冲激光及其应用［J］. 深圳大学学报(理工版),2001,18(2)：1 – 2.

［39］ 彭翰生. 超强固体激光及其在前沿学科中的应用［J］. 中国激光,2006,33(7)：865 – 872.

［40］ Mourou G A, Barry C P J, Perry M D. Ultrahigh-intensity lasers：physics of the extreme on a tabletop ［J］. Physics Today, 2008,51(1)：22 – 28.

［41］ Garrec B L, Sebban S, Margarone D, et al. ELI-beamlines：extreme light infrastructure science and technology with ultra-intense lasers ［C］//Conference on Lasers and Electro-Optics, 2014.

［42］ McClung F J, Hellwarth R W. Giant optical pulsations from ruby ［J］. Journal of Applied Physics, 1962,33(3)：828 – 829.

［43］ Hargrove L E, Fork R L, Pollack M A. Locking of He – Ne laser modes induced by synchronous intracavity modulation ［J］. Applied Physics Letters, 1964,5(1)：4 – 5.

［44］ Strickland D, Mourou G. Compression of amplified chirped optical pulses ［J］. Optics Communications, 1985,55(6)：447 – 449.

［45］ Dubietis A, Jonušauskas G, Piskarskas A. Powerful femtosecond pulse generation by chirped and stretched pulse parametric amplification in BBO crystal ［J］. Optics Communications, 1992,88(4 – 6)：437 – 440.

［46］ Ross I N, Matousek P, Towrie M, et al. The prospects for ultrashort pulse duration and ultrahigh intensity using optical parametric chirped pulse amplifiers ［J］. Optics Communications, 1997,144(1 – 3)：125 – 133.

［47］ Ross I N, Matousek P, Collier J L. Optical parametric chirped pulse amplification ［C］//Conference on

Lasers and Electro-Optics，2000.

[48] George S A，Hayden J S. Spectroscopy of Nd-doped laser materials［C］//Solid State Lasers ⅩⅧ：Technology and Devices. International Society for Optics and Photonics，2014(8959)：89591R.

[49] 曾小明. 光参量啁啾脉冲放大的增益稳定性研究［D］. 绵阳：中国工程物理研究院，2005.

[50] Li S，Wang C，Liu Y Q，et al. Dispersion management of the SULF front end［J］. Quantum Electronics，2017,47(3)：179.

[51] Xie X L，Zhu J J，Yang Q W，et al. Introduction to SG－Ⅱ 5 PW laser facility［C］//2016 Conference on Lasers and Electro-Optics (CLEO). IEEE，2016：1－2.

[52] 彭翰生，张小民，范滇元，等. 高功率固体激光装置的发展与工程科学问题［J］. 中国工程科学，2001，3(3)：1－8.

[53] 徐军，司继良，李红军，等. 大尺寸钛宝石晶体 CPA 超短超强激光输出突破 100 太瓦［J］. 人工晶体学报，2004,33(5)：876－876.

[54] 张小翠，司继良，徐民，等. 钛宝石晶体的制备、光学和激光性能研究［J］. 中国激光，2014,41(5)：151－155.

[55] 魏晓峰，郑万国，张小民. 中国高功率固体激光技术发展中的两次突破［J］. 物理，2018,47(2)：73－83.

[56] Hays G R，Gaul E W，Martinez M D，et al. Broad-spectrum neodymium-doped laser glasses for high-energy chirped-pulse amplification［J］. Applied Optics，2007,46(21)：4813－4819.

[57] Martinez M，Gaul E，Ditmire T，et al. The texas petawatt laser［C］//Laser-Induced Damage in Optical Materials，2005.

[58] Gaul E W，Ditmire T，Martinez M，et al. Design of the texas petawatt laser［C］//Quantum Electronics and Laser Science Conference，2005.

[59] Gaul E W，Martinez M，Blakeney J，et al. Demonstration of a 1. 1 petawatt laser based on a hybrid optical parametric chirped pulse amplification/mixed Nd：glass amplifier［J］. Applied Optics，2015,49(9)：1676－1681.

[60] Gaul E，Martinez M，Blakeney J，et al. Activation of a 1. 1 petawatt hybrid, OPCPA-Nd：glass laser［C］//Conference on Lasers and Electro-Optics，2009.

[61] Gaul E W，Hays G R，Martinez M D，et al. High energy, broadband Nd：glass applications for CPA［C］//Frontiers in Optics. Optical Society of America，2005：JTuF3.

[62] Gaul E，Martinez M，Ditmire T，et al. A hybrid, OPCPA-Nd：glass petawatt laser［C］//Advanced Solid-State Photonics. Optical Society of America，2008：MC3.

[63] Hwa L G，Chen C C，Hwang S L. Optical properties of calcium-aluminate oxide glasses［J］. Chinese Journal of Physics，1997,35(1)：78－89.

[64] Hafner H C，Kreidl N J，Weidel R A. Optical and physical properties of some calcium aluminate glasses［J］. Journal of the American Ceramic Society，1958,41(8)：315－323.

[65] Sung Y M，Kwon S J. Glass-forming ability and stability of calcium aluminate optical glasses［J］. Journal of Materials Science Letters，1999,18(15)：1267－1269.

[66] Durham J A，Risbud S H. Low silica calcium aluminate oxynitride glasses［J］. Materials Letters，1988,7(5－6)：208－210.

[67] Kalampounias A G，Nasikas N K，Pontikes Y，et al. Thermal properties of calcium aluminate xCaO－$(1-x)$Al$_2$O$_3$ glasses［J］. Physics and Chemistry of Glasses-European Journal of Glass Science and Technology Part B，2012,53(5)：205－209.

[68] Uhlmann E V，Weinberg M C，Kreidl N J，et al. Glass-forming ability in calcium aluminate-based systems［J］. Journal of the American Ceramic Society，1993,76(2)：449－453.

[69] Marquis P M. The crystallization of calcium aluminate glasses［J］. Journal of Microscopy，2011,124(3)：257－264.

[70] Sebdani M M，Mauro J C，Smedskjaer M M. Effect of divalent cations and SiO$_2$ on the crystallization

behavior of calcium aluminate glasses [J]. Journal of Non-Crystalline Solids, 2015,413(5): 20 - 23.

[71] Higby P L, Merzbacher C I, Aggarwal I D, et al. Effect of small silica additions on the properties and structure of calcium aluminate glasses [C]//Properties and Characteristics of Optical Glass Ⅱ. International Society for Optics and Photonics, 1990(1327): 198 - 202.

[72] Sebdani M M, Mauro J C, Jensen L R, et al. Structure-property relations in calcium aluminate glasses containing different divalent cations and SiO$_2$[J]. Journal of Non-Crystalline Solids, 2015(427): 160 - 165.

[73] Sampaio J A, Catunda T, Gandra F C G, et al. Structure and properties of water free Nd$_2$O$_3$ doped low silica calcium aluminate glasses [J]. Journal of Non-Crystalline Solids, 1999,247(1 - 3): 196 - 202.

[74] De Sousa D F, Nunes L A O, Rohling J H, et al. Laser emission at 1077 nm in Nd^{3+}-doped calcium aluminosilicate glass [J]. Applied Physics B, 2003,77(1): 59 - 63.

[75] Baesso M L, Bento A C, Andrade A A, et al. Neodymium concentration dependence of thermo-optical properties in low silica calcium aluminate glasses [J]. Journal of Non-Crystalline Solids, 1997(219): 165 - 169.

[76] Uhlmann E V, Weinberg M C, Kreidl N J, et al. Spectroscopic properties of rare-earth-doped calcium-aluminate-based glasses [J]. Journal of Non-Crystalline Solids, 1994(178): 15 - 22.

[77] De Sousa D F, Zonetti L F C, Bell M J V, et al. On the observation of 2. 8 μm emission from diode-pumped Er^{3+}- and Yb^{3+}-doped low silica calcium aluminate glasses [J]. Applied Physics Letters, 1999, 74(7): 908 - 910.

[78] Hafner H C, Kreidl N J, Weidel R A. Optical and physical properties of some calcium aluminate glasses [J]. Journal of the American Ceramic Society, 1958,41(8): 315 - 323.

[79] Kang S, Wang X, Xu W B, et al. Effect of B$_2$O$_3$ content on structure and spectroscopic properties of neodymium-doped calcium aluminate glasses [J]. Optical Materials, 2017(66): 287 - 292.

[80] Kang S, He D B, Wang X, et al. Effects of CaO/Al$_2$O$_3$ ratio on structure and spectroscopic properties of Nd^{3+}-doped CaO - Al$_2$O$_3$ - BaO aluminate glass [J]. Journal of Non-Crystalline Solids, 2017(468): 34 - 40.

[81] Neuville D R, Cormier L, Massiot D. Al coordination and speciation in calcium aluminosilicate glasses: effects of composition determined by 27Al MQ-MAS NMR and Raman spectroscopy [J]. Chemical Geology, 2006,229(1 - 3): 173 - 185.

[82] Licheron M, Montouillout V, Millot F, et al. Raman and 27Al NMR structure investigations of aluminate glasses: $(1-x)$Al$_2$O$_3$ - xMO, with M=Ca, Sr, Ba and 0. 5<x<0. 75 [J]. Journal of Non-Crystalline Solids, 2011,357(15): 2796 - 2801.

[83] Kumar S, Khatei J, Kasthurirengan S, et al. Optical absorption and photoluminescence studies of Nd^{3+} doped alkali boro germanate glasses [J]. Journal of Non-Crystalline Solids, 2011,357(3): 842 - 846.

[84] Reisfeld R, Nieboer E, Jørgensen C K, et al. Radiative and non-radiative transitions of rare-earth ions in glasses [M]//Rare Earths. [S. l. :] Springer Berlin Heidelberg, 2007.

[85] Carnall W T, Fields P R, Wybourne B G. Spectral intensities of the trivalent lanthanides and actinides in solution. Ⅰ. Pr^{3+}, Nd^{3+}, Er^{3+}, Tm^{3+}, and Yb^{3+} [J]. Journal of Chemical Physics, 2004,42(11): 3797 - 3806.

[86] Thompson L M, Stebbins J F. Non-bridging oxygen and five-coordinated aluminum in aluminosilicate glasses: a cation field strength study [C]//AGU Fall Meeting Abstracts, 2011.

[87] Stebbins J F, Dubinsky E V, Kanehashi K, et al. Temperature effects on non-bridging oxygen and aluminum coordination number in calcium aluminosilicate glasses and melts [J]. Geochimica et Cosmochimica Acta, 2008,72(3): 910 - 925.

[88] Xue T F, Zhang L Y, Hu J J, et al. Thermal and spectroscopic properties of Nd^{3+}-doped novel fluorogallate glass [J]. Optical Materials, 2015(47): 24 - 29.

第 8 章

掺镱激光玻璃

镱（Yb^{3+}）离子是继钕（Nd^{3+}）离子之后~1.0 μm 波段最重要的激活离子，其独特的能级构型赋予它一些独特的性质，如高稀土掺杂、高储能、高量子效率等。这些特点不仅能显著减小掺 Yb^{3+} 增益介质的尺寸[1-3]，且可大大降低增益介质中的热应力和热畸变[4]。自 20 世纪 90 年代开始，与 Yb^{3+} 离子吸收带相匹配的高功率、窄带宽、输出波长为 900~1 100 nm 的半导体激光器（LD）的生产工艺逐渐成熟，价格不断降低，因此掺 Yb^{3+} 激光材料尤其是掺 Yb^{3+} 光纤的研究和应用获得了空前的发展和进步[5-6]。然而，Yb^{3+} 离子准三/四能级运行的特点，使得热导率较低的掺 Yb^{3+} 块体激光玻璃不可避免地产生了激光下能级热壅塞的问题，因而极大地限制了掺镱块体激光玻璃在激光系统中的应用。显然，改善掺镱块体激光玻璃的热效应问题是提高该材料性能的关键。因此，本章主要对降低掺镱块体激光玻璃激光下能级热壅塞、提高激光输出性能等方面的研究做简要介绍。

8.1 Yb^{3+} 离子能级结构和光谱特性

8.1.1 Yb^{3+} 离子能级结构

Yb^{3+} 离子的外层电子构型为 $4f^{13}$，它只有基态和激发态（$^2F_{7/2}$，$^2F_{5/2}$）两个电子态，两者能量间隔约为 10 000 cm^{-1}。这种简单的能级结构在很大程度上避免了因激发态吸收而使抽运光和信号光发生损耗，也避免了上转换发光等降低激光功率和激光效率并使增益介质生热的能量迁移过程[7]。因此，即便是掺杂在具有很高声子能量的玻璃基质中，Yb^{3+} 离子也不易产生多光子发射的非辐射跃迁。二能态的 Yb^{3+} 离子在配位场作用下产生 Stark 分裂，形成准三/四能级运行构型[8]。图 8-1 以掺镱磷酸盐玻璃为例，给出了 Yb^{3+} 离子的能级结构、$4f^{13}$ 及 $4f^{12}-5d$ 构型、电荷迁移带、吸收及发射间的关系。Yb^{3+} 离子有以下主要特点[7,9-13]：

1) 宽吸收谱、宽增益带与宽调谐范围

Yb^{3+} 离子吸收带在 800~1 100 nm 波长范围内，吸收带宽 $\Delta\lambda$ ~18 nm，吸收截面变化缓慢，这对于输出波长对环境温度依赖性较强且发射带窄的半导体激光器泵浦是十分有利的，无需严格的温度控制就很容易使掺 Yb^{3+} 增益介质与商用 InGaAs 激光二极管泵浦波长 900~1 100 nm 有效耦合，几乎不受波长温漂的影响，可极大地提高泵浦效率和放大器及激光器的量子效率，且 Yb^{3+} 离子的强吸收峰也恰好位于 980 nm 附近。另外，宽的吸收谱使泵浦源的选择有更多的灵活性,如可供选择的激光器有 AlGaAs、InGaAs 半导体激光器,Nd：YAG 激光器和 Nd：YLF 激光器等;宽增益带意味着脉冲压缩及激光调谐变得更容易。

2) 长荧光寿命、高储能能力及在增益介质中的高掺杂能力

Yb^{3+} 离子的荧光寿命为 Nd^{3+} 离子的 4～7 倍,可允许更多的能量储存在激光上能级;其简单的能级结构大幅度减少了 Yb^{3+} 离子之间的能量传递过程,并在很大程度上避免了浓度猝灭的发生,进而为高掺杂提供了便利。

3) 高泵浦效率、高量子效率及低的材料热负荷

高泵浦效率源自宽吸收谱及与 LD 泵源的高效耦合;其激光波长接近吸收带,量子效率高达 90％ 以上,热效应小,仅为 Nd^{3+} 离子的 1/3。另外,其激光上下能级间的大能量间隔消除了上能级受激粒子的非辐射弛豫(即多声子弛豫)。

4) 准三/四能级运行

由于二能态的原因使得 Yb^{3+} 激光为准三/四能级运行,因此激光阈值高;激光下能级粒子数排空困难,造成掺 Yb^{3+} 激光介质具有激光性能对热效应敏感的特点。

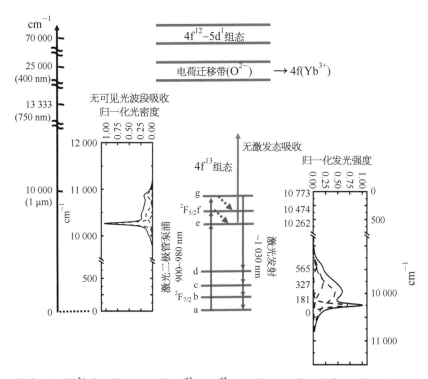

图 8-1　Yb^{3+} 离子的能级结构、$4f^{13}$ 及 $4f^{12}$-5d 构型、电荷迁移带、吸收及荧光谱

研究发现,虽然 Yb^{3+} 离子的能级结构在理论上可以避免浓度猝灭,但 Yb^{3+} 离子的浓度并非可以无限制提高,过高时使增益下降,存在实际的浓度猝灭,即高掺杂时 Yb^{3+} 离子之间存在能量的相互转移,造成增益下降;另外一种可能是高掺杂时能量传递给杂质,即存在所谓的杂质猝灭。因此,Yb^{3+} 离子在增益介质中的最佳掺杂浓度,须通过实验进行优化选择。

8.1.2　Yb^{3+} 离子光谱与激光参数

掺 Yb^{3+} 激光材料性能的主要表征参数分为光谱性能参数和激光性能参数两类。从 Yb^{3+}

离子在某种基质中的吸收和发射特性,可以评估其潜在的激光性能。Yb^{3+} 离子在激光介质中的主要光谱参数包括激发态 $^2F_{5/2}$ 和基态 $^2F_{7/2}$ 之间跃迁的吸收截面 σ_{abs},受激发射截面 σ_{emi},积分吸收截面 Σ_{abs},自发辐射概率 A_{rad},辐射寿命 τ_{rad},荧光寿命 τ_f 和荧光有效线宽 $\Delta\lambda_{eff}$ 等;激光性能参数包括激发态最小粒子数 β_{min},饱和泵浦强度 I_{sat} 及最小泵浦强度 I_{min}。荧光寿命由实验直接测得,其他参数计算方法简介如下。

8.1.2.1 光谱性能参数

1) 吸收截面 σ_{abs}

由吸收光谱根据式(8-1)计算求得。其中 $\lg(I_0/I)$ 是吸收度,N 是单位体积中 Yb^{3+} 离子浓度,l 是样品厚度。进行吸收截面计算时,吸收光谱的基线取零才能得到正确的结果。

$$\sigma_{abs}(\lambda) = \frac{2.303}{Nl}OD(\lambda) = \frac{2.303\lg(I_0/I)}{Nl} \tag{8-1}$$

2) 受激发射截面、自发辐射概率、辐射寿命和荧光有效线宽

对于只存在一个能级($^2F_{7/2} \rightarrow {}^2F_{5/2}$)跃迁的 Yb^{3+} 离子,Judd-Ofelt 理论不适用。因为对 Yb^{3+} 离子来说,其基态电子构型为 $4f^{13}$,有效的 $4f$-$4f$ 电子跃迁只有一个,没有足够的数据准确确定强度参数 Ω_t,无法直接利用 Judd-Ofelt 理论来计算 Yb^{3+} 离子的辐射寿命和受激发射截面。因此,需要用到倒易法(reciprocity method)[14-15] 或 Fuchitbauer-Ladenburg(F-L)[13,16] 方程计算其受激发射截面。

(1) 倒易法。指利用稀土离子的吸收光谱计算其受激发射截面的方法,适合于计算能级结构简单、荧光光谱较弥散的稀土离子光谱参数。计算公式如下:

$$\sigma_{emi}(\lambda) = \sigma_{abs}(\lambda)\frac{Z_l}{Z_u}\exp\left(\frac{E_{zl} - hc\lambda^{-1}}{kT}\right) \tag{8-2}$$

式中,Z_l、Z_u 分别代表下能级和上能级的配分函数;在室温下 Z_l/Z_u 近似为简并度的比,一般近似等于 $4/3$;k 为玻尔兹曼常数;E_{zl} 为零线能量,即上下能级最低子能级之间的能量差,对应于 $^2F_{5/2}$ 和 $^2F_{7/2}$ 的最低 Stark 能态能量差,也即图8-1中子能级"e"与"a"的能量差。由倒易法确定的受激发射截面仅取决于吸收光谱,与荧光光谱测试结果无关,计算结果受实验误差的影响较小。因此,倒易法被广泛地用于计算掺镱激光材料的受激发射截面。

(2) F-L法。该方法根据测定的吸收光谱和荧光光谱计算受激发射截面,因此受荧光再吸收和测试误差的影响较大。计算过程如下:

$$\sigma_{emi} = \frac{\lambda_p^4 A_{rad}}{8\pi cn^2 \Delta\lambda_{eff}} \tag{8-3}$$

式中,λ_p 为吸收峰值波长;A_{rad} 为自发辐射概率,与辐射寿命 τ_{rad} 互为倒数关系:

$$A_{rad} = \frac{1}{\tau_{rad}} = \frac{32\pi cn^2}{3\bar{\lambda}^4}\Sigma_{abs} \tag{8-4}$$

式中,$\bar{\lambda}$ 为吸收带的平均波长,一般为主吸收峰波长;n 为 $\bar{\lambda}$ 对应的折射率。由于吸收平均波长 $\bar{\lambda}$ 随玻璃成分变化较小,故掺镱玻璃自发辐射跃迁概率 A_{rad} 主要取决于积分吸收截面 Σ_{abs}

和折射率 n。将吸收截面在整个吸收带波长范围进行积分,得到 Yb^{3+} 离子 $^2F_{7/2} \rightarrow {}^2F_{5/2}$ 跃迁的积分吸收截面 Σ_{abs}:

$$\Sigma_{abs} = \int \sigma_{abs}(\lambda) d\lambda \tag{8-5}$$

荧光有效线宽 $\Delta\lambda_{eff}$ 的计算方法为

$$\Delta\lambda_{eff} = \frac{\int I(\lambda) d\lambda}{I_p} \tag{8-6}$$

式中,$I(\lambda)$、I_p 分别为波长 λ 处荧光强度和峰值荧光强度。

对于脉冲激光系统,要求激光输出波长处的发射截面要大。对于连续激光系统,也可用发射截面与荧光寿命之积 $(\sigma_{emi} \times \tau_f)$ 来表征材料的增益性能。

8.1.2.2　激光性能参数[13,17]

由于掺镱激光材料的荧光峰值波长和吸收峰值波长比较接近,Yb^{3+} 离子存在强烈的自吸收效应,这就要求泵浦能量密度较高。如前所述,由激发态最小粒子数 (β_{min})、饱和泵浦强度 (I_{sat})和最小泵浦强度 (I_{min})三个参数评估掺镱激光材料产生激光的难易程度。

1)　激发态最小粒子数 (β_{min})

即获得零增益所需激活的最小粒子数。激光输出波长处的共振吸收对激光振荡的效率影响很大,理论计算共振吸收的简单方法是假设激光构型是单程的。这种情况下,可计算为实现激光增益所需激活的最小粒子数:

$$\beta_{min} = \frac{\sigma_{abs}(\lambda)}{\sigma_{abs}(\lambda) + \sigma_{emi}(\lambda)} \tag{8-7}$$

2)　饱和泵浦强度 (I_{sat})

高效率半导体泵浦可将大量 Yb^{3+} 离子激发到激发态,从而降低基态吸收损失。饱和泵浦强度表示将 Yb^{3+} 离子全部抽运到激发态,实现基态耗尽模式激光运行的难易:

$$I_{sat} = \frac{hc}{\lambda_p \sigma_{abs}(\lambda_p) \tau_f} \tag{8-8}$$

3)　最小泵浦强度 (I_{min})

最小泵浦强度表示在没有其他损耗的激光系统中,突破激光阈值所需要吸收的最小泵浦强度,与激光材料中 Yb^{3+} 离子的吸收和发射特性有关,计算公式为

$$I_{min} = \beta_{min} \times I_{sat} \tag{8-9}$$

从激光性能出发,这三个参数越小越好。掺镱激光材料的合适泵浦源是铟镓砷(InGaAs)半导体激光器,一个二维阵列 LD 的泵浦强度在 $10\ kW/cm^2$ 左右。因此在其他光谱性能相当的情况下,$I_{min} < 10\ kW/cm^2$ 是非常有利的。表 8-1 列举了一些掺镱玻璃的激光性能参数[17]。由于掺镱激光准三/四能级运行及热效应敏感的特点,掺镱激光材料需要对光谱激光性能参数以及抗热震性能进行综合评估。

表 8 - 1 部分掺镱玻璃的激光性能参数[17]

玻璃系统	β_{min}	$I_{sat}/(kW/cm^2)$	$I_{min}/(kW/cm^2)$
SiO_2	0.083 3	15.41	1.28
锂硅酸盐	0.078 5	22.23	1.75
磷硼硅酸盐	0.088 4	22.11	1.95
钙铝酸盐	0.096 3	11.62	1.12
ZBLAN	0.100 0	11.24	1.12
氟磷酸盐 FCD - 10	0.100 1	8.65	0.87
磷酸盐 QX	0.194 6	10.79	3.34
磷铌酸盐(0～22.5 mol% Nb_2O_5)	0.071 8～0.059 5	10.29～9.90	0.74～0.59
磷铌硼酸盐(0～20 mol% Nb_2O_5)	0.059 3～0.054 9	9.67～9.29	0.57～0.51
碱土金属磷硼酸盐	0.067 9～0.058 1	12.23～13.75	0.83～0.80
磷铌钾酸盐(25～40 mol% K_2O)	0.054 9～0.081 2	9.29～11.03	0.51～0.90
碱土金属硼硅酸盐(5～35 mol% SiO_2)	0.080 5～0.085 4	10.14～12.73	0.82～1.09
碱土金属硼锗酸盐(5～30 mol% GeO_2)	0.076 7～0.075 6	9.42～10.04	0.72～0.76
碱土金属硼铌酸盐(5～15 mol% Nb_2O_5)	0.060 0～0.058 6	11.92～10.88	0.72～0.64
碱土金属硼铌硅酸盐(0～25 mol% SiO_2)	0.059 5～0.062 8	10.85～12.46	0.65～0.80

8.1.3 Yb^{3+} 离子在不同玻璃中的光谱性质

玻璃材料的缺点是热导率偏低。但是作为重要的高功率激光增益介质,掺镱激光玻璃仍具有大尺寸、高光学均匀性、低成本、多品种的优势。杨斌华等[18]对 8 种掺镱激光玻璃进行了研究,玻璃具体成分见表 8 - 2。

表 8 - 2 8 种不同掺镱玻璃系统的成分

编号	组分/mol%	熔融温度/℃
铋酸盐- Bi	$55Bi_2O_3 - 28H_3BO_3 - 10SiO_2 - 7Ga_2O_3 - 1.5Yb_2O_3$	900
碲酸盐- Te	$70TeO_2 - 17WO_3 - 8La_2O_3 - 5Na_2O - 1.5Yb_2O_3$	950
锗酸盐- Ge	$55GeO_2 - 20PbO - 15BaO - 10ZnO - 1.5Yb_2O_3$	1 250
硅酸盐- Si	$55SiO_2 - 30PbO - 15Al_2O_3 - 1.5Yb_2O_3$	1 400
硼酸盐- B	$58H_3BO_3 - 27BaO - 15La_2O_3 - 1.5Yb_2O_3$	1 200
磷酸盐- P	$70P_2O_5 - 10H_3BO_3 - 10BaO - 3Al_2O_3 - 3Nb_2O_5 - 4K_2O - 1.5Yb_2O_3$	1 250
氟化物- F	$54ZrF_6 - 20BaF_2 - 20NaF - 3LaF - 3AlF_3 - 3YbF_3$	900
氟磷- FP	$15Al(PO_3)_3 - 10MgF_2 - 10CaF_2 - 17SrF_2 - 35BaF_2 - 8Ga_2O_3 - 5AlF_3 - 3YbF_3$	1 050

将 8 种玻璃中 Yb^{3+} 离子的吸收和发射光谱进行分峰拟合处理。表 8 - 3 列出了各分峰波长的峰值位置,其中两组 $\lambda_1 \sim \lambda_4$ 各自代表吸收和荧光谱从低波长到长波长 4 个分峰的峰位。显然,锗酸盐和硅酸盐具有最宽的吸收和发射光谱。表 8 - 4 为 8 种玻璃的密度、Yb^{3+} 离子浓度和玻璃转变温度 T_g 及某些光谱参数。铋酸盐玻璃和碲酸盐玻璃与氟化物玻璃一样,具有相对较低的转变温度。铋酸盐玻璃和碲酸盐玻璃具有最大的受激发射截面,硅酸盐、磷酸盐和硼酸盐玻璃的受激发射截面也高于 0.8 pm^2,锗酸盐、氟化物及氟磷酸盐玻璃的受激发射截面相对较低。氟化物和氟磷玻璃具有明显高于其他玻璃的荧光寿命,而磷酸盐、氟磷及氟化物玻

璃的荧光有效线宽较其他玻璃的窄。

表 8 - 3　Yb^{3+} 离子在 8 种玻璃中吸收和发射波长分峰拟合后的峰值位置

样品	吸收波长 /nm				发射波长 /nm			
	λ_1	λ_2	λ_3	λ_4	λ_1	λ_2	λ_3	λ_4
铋酸盐 - Bi	922	953	976	996	977	1 005	1 027	1 054
碲酸盐 - Te	923	952	976	994	977	1 004	1 027	1 050
锗酸盐 - Ge	906	936	975	998	976	1 007	1 027	1 070
硅酸 - Si	911	946	976	1 000	976	1 003	1 026	1 067
硼酸盐 - B	916	949	976	997	977	1 000	1 021	1 062
磷酸盐 - P	928	956	974	990	976	994	1 004	1 034
氟化物 - F	930	957	974	988	976	999	1 019	1 037
氟磷 - FP	922	952	974	991	975	1 001	1 025	1 049

表 8 - 4　8 种掺镱玻璃的密度、玻璃转变温度、Yb^{3+} 离子浓度和光谱参数

编号	密度 d /(g/cm³)	转变温度 T_g /℃	离子浓度 $N_{Yb^{3+}}$ /(× 10^{20} ions/cm³)	发射截面 σ_{emi} /pm²	荧光寿命 τ_f /ms	有效线宽 $\Delta\lambda_{eff}$ /nm
铋酸盐 - Bi	7.721	369	4.701	1.044	0.667	82
碲酸盐 - Te	5.469	·399	5.524	1.016	0.593	81
锗酸盐 - Ge	5.155	502	6.518	0.572	0.826	85
硅酸盐 - Si	4.634	737	6.909	0.871	0.682	80
硼酸盐 - B	3.951	698	5.440	0.825	0.451	91
磷酸盐 - P	2.902	501	3.549	0.849	0.798	70
氟化物 - F	4.432	268	4.218	0.635	2.361	73
氟磷 - FP	4.159	498	4.627	0.551	1.883	78

迄今为止,得到实际应用的掺镱激光玻璃有磷酸盐、硅酸盐及氟磷酸盐玻璃。目前代表性的商业化掺镱玻璃为 Kigre 公司的 QX/Yb 磷酸盐玻璃[19] 和 Q - 246/Yb 硅酸盐玻璃[20]。掺镱氟磷玻璃目前虽未有商业化定型产品,却在德国 POLARIS 全固态 LD 泵浦激光系统中作为增益介质使用[21]。这三种体系的掺镱激光玻璃各自特点如下[7,22-24]:

(1) 掺镱磷酸盐玻璃具有发射截面大、Yb^{3+} 离子掺杂浓度高、荧光寿命长的优点,热性能优于氟磷玻璃;缺点是增益曲线尖而窄、下能级 Stark 分裂能低、激光下能级热壅塞严重,导致玻璃产生严重的热效应,进而难以在室温下实现较高功率的激光输出。

(2) 掺镱硅酸盐玻璃具有抗热冲击性能高、下能级 Stark 分裂能高的优点,但其增益曲线尖而宽,受激发射截面、荧光寿命及 Yb^{3+} 离子掺杂浓度偏低。

(3) 掺镱氟磷酸盐的受激发射截面、荧光寿命及 Yb^{3+} 离子掺杂浓度高,增益曲线宽而平坦,十分适合超短脉冲激光输出,且其下能级 Stark 分裂能较大。尤为重要的是,其有负的光程长温度系数和低的非线性折射率。但其缺点是抗热冲击性能比另外两种玻璃体系差。

激光增益介质的超短和调谐性能可以通过有效增益截面 σ_g 进行评估,其计算公式如下:

$$\sigma_g(\beta) = \beta\sigma_{emi} - (1-\beta)\sigma_{abs} \tag{8-10}$$

式中,β 为激发态粒子数。三种玻璃的有效增益截面如图 8 - 2 所示。相比于掺镱硅酸盐玻璃与磷酸盐玻璃尖而窄的增益曲线而言,掺镱氟磷玻璃的增益曲线极为宽而平坦,表明掺镱氟磷

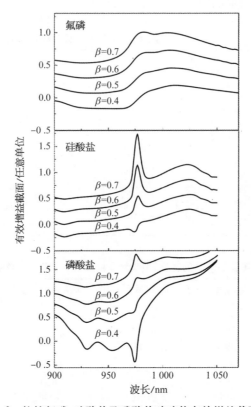

图 8‑2　掺镱氟磷、硅酸盐及磷酸盐玻璃的有效增益截面曲线

玻璃适合于实现超短、调谐脉冲激光应用。

8.2　掺镱激光玻璃的 Stark 能级分裂

　　作为一种可实现高量子效率、高功率输出的激光增益介质,掺镱激光材料应具备的三个性能特征为:泵浦波长处的吸收截面和线宽大;激光输出波长处的受激发射截面大;荧光寿命长且基态 $^2F_{7/2}$ 能级的 Stark 分裂要尽量大。强调 Stark 分裂能的大小,是由于 Yb^{3+} 离子在常温下以准三/四能级运行,理论上激光(波长$\sim$1 μm)下能级,即子能级"c"处于 200$\sim$600 cm^{-1},与温度上升造成的热能(200 cm^{-1})相差不多,导致常温运行下激光下能级粒子数增加,占基态粒子数的 4%,为实现粒子数反转则要求高的泵浦能流密度,由此而造成掺镱激光材料中的一系列热问题。因此,要求掺镱增益介质中 Yb^{3+} 离子基态 $^2F_{7/2}$ 能级有大的晶场分裂,且 $^2F_{7/2}$ 到 $^2F_{5/2}$ 的跃迁强[25]。长的荧光寿命有利于储能,大的晶体场分裂(Stark 分裂)有利于减小玻尔兹曼分布效应带来的激光下能级粒子数增加问题,使激光下能级粒子迅速排空至最低能态的同时,保持粒子数反转所需的泵浦能流密度不会增加,进而实现良性的激光输出运行。但是,由于 Yb^{3+} 离子的二能级结构,掺镱块体激光材料都面临 Yb^{3+} 离子激光准三/四能级运行带来的高阈值及较为严重的下能级热雍塞问题。因此,即使满足了前三个条件,若 $^2F_{7/2}$ 能级的 Stark 分裂能不够大,则激光输出性能会严重劣化[26]。因此,掺镱激光材料基态能级的 Stark 分裂是评价其激光输出难易程度的一个重要衡量指标。

8.2.1　Yb³⁺ 离子 Stark 分裂与玻璃成分的关系

图 8 - 1 中，"e→c"跃迁为理论上的激光上下能级间的～1 μm 跃迁，且"b""c"两个子能级因能量间隔较窄而容易发生简并。由于激光下能级"c"较低的 Stark 分裂能，使得在激光运行时其上的粒子数很难及时回落至最低能态"a"，激光波长因而红移至"e→d"跃迁，因此，子能级"d"的 Stark 分裂能高低最终决定了激光运行的波长及质量。

以表 8 - 1 中的 8 种掺镱激光玻璃为对象，详细研究它们的 Stark 分裂特征[18,27]。图 8 - 3 以掺镱硅酸盐为例演示了实验确定 Stark 能级分裂的具体过程。采用洛伦兹拟合对 Yb³⁺ 离子室温和低温的吸收与荧光谱进行谱线拟合，确定每个拟合峰的跃迁归属，进而确定各个分裂子能级的 Stark 分裂能。

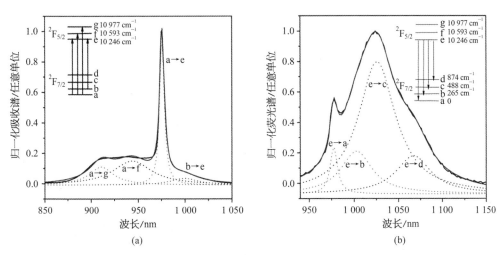

图 8 - 3　室温下 Yb³⁺ 离子在硅酸盐玻璃中吸收(a)和荧光谱(b)的洛伦兹分峰拟合及相应拟合峰对应的 Stark 分裂能[18]

对比 Yb³⁺ 离子在图 8 - 1 磷酸盐玻璃和图 8 - 3 硅酸盐玻璃中的 Stark 分裂能，可以明显看出两者子能级"d"的分裂能差异。Yb：磷酸盐玻璃为 565 cm⁻¹，Yb：硅酸盐玻璃为 874 cm⁻¹。可以预见，相比磷酸盐玻璃，硅酸盐玻璃中 Yb³⁺ 离子激光下能级粒子更容易排空，因此掺镱硅酸盐玻璃的热阻塞效应更小。图 8 - 4 为通过室温吸收和荧光光谱实验确定的 8 种掺 Yb³⁺ 玻璃的 Stark 分裂精细能级结构，其中，锗酸盐、硅酸盐和硼酸盐玻璃的 Yb³⁺ 离子 ²F₇/₂ 能级 Stark 分裂能最大，磷酸盐玻璃的最小。

Stark 分裂能随温度变化有一定的波动。图 8 - 5 为根据上述 8 种玻璃低温吸收(4 K)和荧光(9 K)谱确定的 Stark 分裂能。显然，低温情况下的 Stark 分裂能明显低于室温下的分裂能，且以硅酸盐、锗酸盐玻璃等 Stark 分裂较大的玻璃波动最大，而磷酸盐玻璃波动最小。由于掺镱块体激光通常是在常温下运行，因此，室温 Stark 分裂更接近于激光运行时的 Yb³⁺ 离子能级分布情况。

通过文献[28 - 29]可知，玻璃中配位场场强大小并没有直接的数据来进行比较，但可以间接通过晶体中计算晶体场强参数 N_J 的方法来表征 Yb³⁺ 离子受到配位场场强作用的大小，其计算方法如式(8 - 11)及式(8 - 12)所示：

$$\Delta E_J = \left(\frac{3g_a^2}{g(g_a+2)(g_a+1)\pi} \right)^{\frac{1}{2}} \left| \prod_{k=2,4,6} \langle J \| C^k \| J \rangle \right|^{1/3} N_J \qquad (8-11)$$

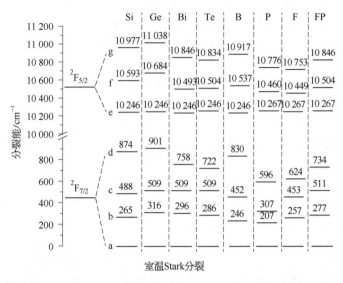

图 8‑4　Yb^{3+} 离子在 8 种传统激光玻璃系统中的室温 Stark 分裂精细能级结构

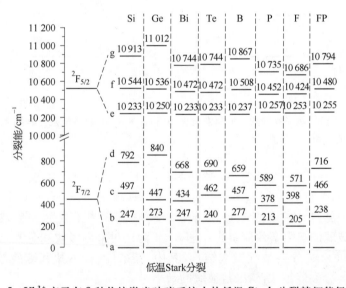

图 8‑5　Yb^{3+} 离子在 8 种传统激光玻璃系统中的低温 Stark 分裂精细能级结构

式中，g_a、g 和 ΔE_J 分别为晶体场强引起 Yb^{3+} 离子能级的简并度、$^{2s+1}L_J$ 能级总的简并度和 J 能级最大分裂能级的数值；玻璃基质因素 $\langle J \parallel C^k \parallel J \rangle$ 的大小与玻璃材料有密切的关系。对于 Yb^{3+}：^{2}F$_{7/2}$ 能级，由于其简单的能级结构，式(8‑1)可以简化为

$$\Delta E_{(7/2)} = 0.245 N_J \qquad\qquad (8\text{-}12)$$

式(8‑12)表明，不同玻璃基质中 Yb^{3+} 离子受到不同配位场作用的强度参数 N_J 可以用其在玻璃中的最大下能级 Stark 分裂能评估，其变化趋势与 Stark 分裂能一致。图 8‑6 所示为计算的 Yb^{3+} 离子在上述 8 种玻璃基质中的 N_J 值。锗酸盐玻璃的 N_J 达到 3 677.55 cm^{-1}，而磷酸盐玻璃仅为 2 432.65 cm^{-1}。

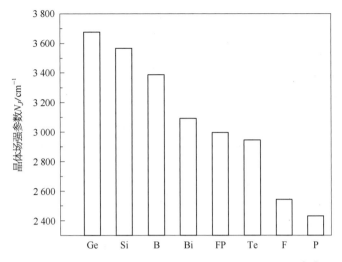

图 8-6　不同基质玻璃中 Yb^{3+} 离子的晶体场强参数 N_J [18]

此外, Yb^{3+} 离子周边配位体结构的非对称性是表征其受到玻璃网络结构影响程度的一个重要参数。由文献[30]可知, Yb^{3+} 离子的上能级 $^2F_{5/2}$ 能级分裂产生的"e"和"f"的能级间距与总的能级分裂值的比值可以作为衡量 Yb^{3+} 离子配位体偏离正八面体的程度,即其配位体结构的非对称性。可以通过式(8-13)~式(8-15)计算:

$$\Gamma = E_f - E_e \tag{8-13}$$

$$\Delta = E_g - E_e - (E_f - E_e)/2 \tag{8-14}$$

$$a = \Gamma/\Delta \tag{8-15}$$

式中, Γ 和 Δ 代表 Yb^{3+} 离子能级之间的能量差值; a 表示 Yb^{3+} 离子配位体偏离正八面体的程度,即其配位体结构的非对称。这 8 种玻璃的 Yb^{3+} 离子配位体非对称性计算结果示于图 8-7。在碲酸盐玻璃中 Yb^{3+} 离子配位体非对称性数值较高,其值大于硼酸盐、铋酸盐和氟磷酸盐玻璃,可能与碲酸盐玻璃中复杂的双三角锥体和三角棱锥体结构有关[31]。掺镱基质玻璃

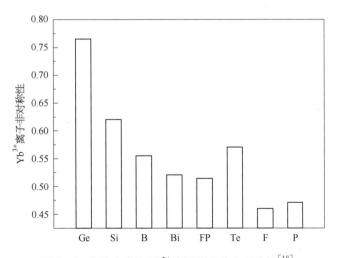

图 8-7　8 种玻璃的 Yb^{3+} 离子配位体非对称性[18]

中,晶体场强参数和 Yb^{3+} 离子配位体的非对称性是描述 Yb^{3+} 离子在玻璃基质中受配位场强和配位体双重作用下的两个重要参数,其在很大程度上决定了 Yb^{3+} 离子的光谱性能。

由于 Yb^{3+} 离子的上下能级 $^2F_{5/2}$ 和 $^2F_{7/2}$ 的 Stark 分裂源自自旋和轨道的相互作用[32],因此 Yb^{3+} 离子在玻璃基质中会存在两个明显的作用增大其 Stark 分裂能:自旋-轨道耦合和 J-耦合。对于镧系稀土离子,自旋-轨道耦合的作用很小。对于 J-耦合,其作用属于上下能级配位场的相互耦合,可以增大稀土离子上下能级之间的间距。不过对于 Yb^{3+} 离子,其上下能级相差很大,这种作用不明显。因此,Yb^{3+} 离子上、下能级 Stark 分裂值的重心间存在一个比例,且该比例不会随基质或组分的变化而改变。若将 $^2F_{7/2}$ 和 $^2F_{5/2}$ 的 Stark 能级分裂重心分别作为 X 轴和 Y 轴,则不同基质或组分中的分裂重心分布在按自由离子与掺杂在 YAG 中所得数值点作出的直线附近,且偏差不大。Yb^{3+} 离子上下能级的分裂重心计算结果示于图 8-8。显然,相对而言,氟化物和氟磷玻璃是最接近于自由离子特点的玻璃系统,即具有很强的离子性,碲酸盐玻璃次之,而磷酸盐玻璃基质是偏离重心线最远的体系,间接说明了这个玻璃系统的特殊性。由于同一玻璃系统的组分可以在很大范围内调整,因此 8 种激光玻璃的 Stark 分裂能也会随玻璃组分产生一定程度的变化。

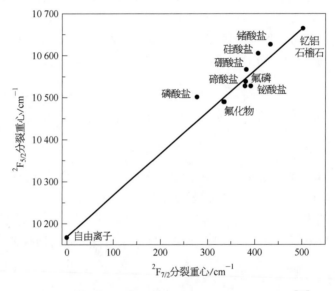

图 8-8 8 种掺镱玻璃的 Yb^{3+} 离子上下能级分裂重心[18]

8.2.2 Yb^{3+} 离子 Stark 分裂与激光性能的关系

为了进一步证实 Stark 分裂对 Yb^{3+} 离子激光输出性能的重要影响,分别设计并制备了掺镱磷酸盐玻璃和氟磷玻璃,从光谱性能、Stark 分裂、激光运行系统能级模拟以及激光输出等方面,对比和评价了两种增益介质的性能,进而提出并进行了后续的掺镱磷酸盐玻璃的 Stark 分裂改性研究[33]。表 8-5 为实验中掺镱磷酸盐玻璃及氟磷酸盐玻璃的光谱性质对比。Yb^{3+} 离子在磷酸盐玻璃中的发射截面和荧光寿命皆优于氟磷玻璃,激光增益参数 $\sigma_{emi} \times \tau_f$ 更是高出氟磷酸盐玻璃 37%,热膨胀系数亦显著低于氟磷酸盐玻璃。可见,实验所用磷酸盐玻璃是一种与商业化 QX/Yb[34] 磷酸盐玻璃类似的掺镱激光玻璃。掺镱氟磷酸盐玻璃的发射截面和荧光寿命乃至激光增益系数皆低于磷酸盐玻璃,但其激光波长的受激发射截面远高于磷酸盐玻璃,约为其 50 倍。文献[20]总结的 Yb^{3+} 离子分别在 QX/Yb 磷酸盐玻璃、Q‑246/Yb 硅酸盐玻璃及一种氟磷/Yb 玻璃中的激光波长受激发射截面也证实了磷酸盐玻璃激光波长受激发射截面的严重衰减,见表 8‑6。此外,掺镱硅酸盐、磷酸盐和氟磷玻璃的激光波长受激发射截面的数值间接表明了掺镱硅酸盐和磷酸盐的窄带宽特性。

表 8‑5　掺镱磷酸盐与氟磷酸盐玻璃性质[26]

性质	磷酸盐/Yb	氟磷酸盐/Yb
泵浦波长吸收截面 σ_{abs}/pm^2 *	1.08	1.48
次峰受激发射截面 σ_{emi}/pm^2 **	0.94	0.76
荧光寿命 τ_f/ms	2.0	1.8
受激发射截面×荧光寿命 $\sigma_{emi} \times \tau_f/(pm^2 \cdot ms)$	1.88	1.368
激光波长受激发射截面 $\sigma_{emi}^{(L)}/pm^2$	0.09@1.030 μm 0.03@1.032 μm 0.02@1.034 μm	0.49@1.055 μm
荧光有效线宽 $\Delta\lambda_{eff}/nm$	40	50
折射率 n_d	1.52	1.51
非线性折射率 $n_2/(\times 10^{-13}\ esu)$	1.1	0.81
热膨胀系数 $\alpha/(\times 10^{-6}/K)_{(30\sim300℃)}$	12.0	14.5
玻璃转变温度 $T_g/℃$	501	492
简单谐振腔激光输出功率/W	0	1.166

注: * $pm^2 = \times 10^{-20}\ cm^2$, ** 次峰为 ~1 000 nm 处发射峰。

表 8‑6　三种掺镱玻璃的光谱和光学参数[20]

激光玻璃	磷酸盐 QX/Yb	硅酸盐 Q‑246/Yb	氟磷
峰值波长受激发射截面@0.975 $\mu m/pm^2$	0.67	0.71	1.2
激光波长受激发射截面 $\sigma_{emi}^{(L)}/pm^2$ *	0.05	0.095	0.16
激光波长吸收截面 $\sigma_{abs}^{(L)}/pm^2$ *	0.001	0.002	0.002
激光波长饱和通量 $F_{sat.L}/(J/cm^2)$	370	190	120
荧光寿命 τ_f/ms	1.3	1.1	1.3
泵浦波长吸收截面 $\sigma_{abs}^{(P)}$@0.97 $\mu m/pm^2$	0.25	0.19	0.4
折射率 n_d	1.535	1.56	1.5

注: * 1.06 μm 波长处。

　　将实验用掺镱磷酸盐玻璃与氟磷玻璃的吸收及荧光谱分别进行洛伦兹分峰拟合,结果示于图 8‑9。拟合准确度会直接影响 Stark 分裂能的确定。

　　氟磷酸盐玻璃的拟合结果完全符合 Yb^{3+} 离子 $^2F_{5/2}$ 和 $^2F_{7/2}$ 能级间的跃迁准则,但磷酸盐玻璃中有多余峰出现,显然,其中存在电子振动峰。由于电声耦合的存在,很难区分电子振动与电子跃迁,这样会对 Yb^{3+} 离子在磷酸盐中 $^2F_{7/2}$ 能级最大 Stark 分裂能的确定产生干扰。为确定 915 nm 吸收峰和 993 nm、1 012 nm、1 034 nm 及 1 052 nm 荧光峰的跃迁归属,将非掺杂

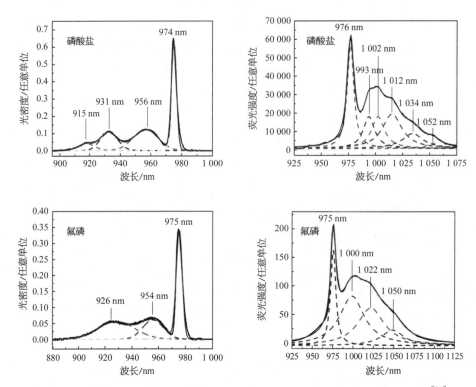

图 8-9 掺镱磷酸盐玻璃与氟磷酸盐玻璃的吸收与荧光谱图及洛伦兹分峰拟合[26]

磷酸盐基质玻璃的 Raman 光谱与掺镱后的吸收(减去零声子能)及荧光谱(被零声子能所减)调整在同一个能量范围内进行对比分析,结果示于图 8-10。1 034 nm 处的荧光峰未与 Raman 振动重叠,即 1 034 nm 处的荧光是电子跃迁所致;相反,915 nm 吸收峰及 1 052 nm 荧光峰都与 POP 对称振动峰完全重叠,表明这两处的峰皆为电子振动峰,非电子跃迁所致。因此可以判定,掺镱磷酸盐玻璃荧光峰最长波长位于 1 034 nm,据此可以准确确定其 Stark 分裂精细能级结构,与掺镱氟磷玻璃的结果一同示于图 8-11 中。

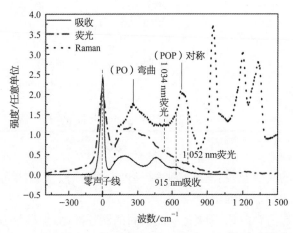

图 8-10 统一能量区间的吸收、荧光及 Raman 光谱[26]

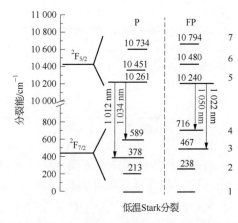

图 8-11 掺镱磷酸盐玻璃(P)与氟磷酸盐玻璃(FP)的低温 Stark 分裂精细能级结构[26]

　　Yb^{3+} 离子 $^2F_{7/2}$ 能级在氟磷酸盐玻璃中的 Stark 分裂明显优于磷酸盐玻璃,表明其光谱展宽大于磷酸盐玻璃,因此其激光波长实际位于 1 050 nm 左右,而掺镱磷酸盐激光波长则位于 1 034 nm 处。将 3 mm 厚度的掺 Yb^{3+} 磷酸盐与氟磷酸盐玻璃片于 19 ℃水冷条件下在简单谐振腔内进行激光实验,实验装置构型示于图 8 - 12。同等实验条件下,掺镱氟磷酸盐玻璃获得了 1.166 W 的连续激光输出,掺镱磷酸盐玻璃未能实现激光输出。实验结果列于图 8 - 13。值得注意的是,实验过程中,磷酸盐样品的温度亦明显高于氟磷玻璃样品,间接表明掺镱磷酸盐样品的激光下能级热壅塞效应十分严重,在缺乏有效冷却的条件下,难以实现连续激光输出。

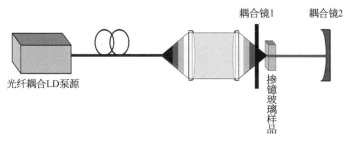

图 8 - 12　简单谐振腔 Yb：玻璃激光实验装置构型[26]

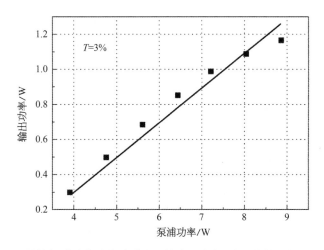

图 8 - 13　掺镱氟磷玻璃块体连续激光输出功率(*T* 为耦合输出镜透过率)[26]

　　为了从理论上进一步证实 Stark 分裂的差异在激光运行时造成的增益介质实际输出能力的差别,从理论上对掺镱磷酸盐玻璃与氟磷玻璃进行了激光运行系统能级的模拟,目的是判定增益介质在激光输出时是否以准三或四能级运行。Jeffrey Owen White[35]详细阐述了 Er^{3+}、Nd^{3+} 等稀土离子掺杂晶体材料中运行系统能级模拟的具体方法。这种方法基于光子在吸收、发射波长及在激光上下能级的布居情况,用"布居因子"描述光子在荧光和激光状态下的热动力学统计分布,进而对稀土离子在大、小信号(即激光发射和荧光发射)时的运行系统能级随增益介质、温度、泵浦波长和激光波长的变化做量化估算。激光实验所用掺镱氟磷与磷酸盐玻璃的大信号模拟,即激光状态下的模拟结果示于图 8 - 14。图中显示,掺镱氟磷玻璃的激光运行系统能级明显高于磷酸盐玻璃。例如,300 K 时,掺镱磷酸盐玻璃在激光波长 1 034 nm 处的系统能级为 3.13,氟磷玻璃在 1 050 nm 处为 3.36。这并非代表掺镱磷酸盐和氟磷玻璃是以

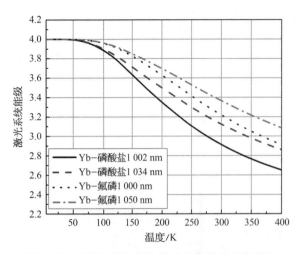

图 8-14 掺镱氟磷与磷酸盐玻璃的激光系统能级-温度模拟图[26]

3.13 和 3.36 能级运行的,而是表明哪一种增益介质更接近于准四能级系统运行。模拟结果证实,掺镱氟磷玻璃比磷酸盐玻璃更接近准四能级系统。另外,氟磷玻璃在理论激光波长 1 000 nm 处的模拟系统能级为 3.2,而磷酸盐在波长 1 002 nm 处的该值仅为 2.9,这可能是 $^2F_{7/2}$ 能级最大 Stark 分裂达 579 cm^{-1} 的掺镱磷酸盐玻璃在 8 K 的低温下仅仅实现 1 001 nm 处 2 mW 激光输出的原因[36]。因此,在掺镱激光材料的研究中,提高下能级 Stark 分裂能,进而达到提高激光波长受激发射截面的目的,比单纯提高～1.0 μm(即荧光次峰)附近受激发射截面和荧光寿命更有意义。

8.2.3 基于 Stark 分裂特性的掺镱玻璃光谱改性

前述研究结果表明,Yb^{3+} 离子在块体材料中的 Stark 分裂显著影响了其激光输出特性。尽管在磷酸盐玻璃中 Yb^{3+} 离子的下能级分裂能较小,然而掺镱磷酸盐玻璃具有荧光寿命长、光程长温度系数较低、光致暗化阈值高[37]和非线性系数较低等特点。因此,结合 Yb^{3+} 离子在 8 种玻璃中 Stark 分裂的理论研究以及掺镱磷酸盐和氟磷玻璃激光实验结果所证实的 Stark 分裂对掺 Yb^{3+} 激光增益介质激光输出性能的重要作用,开展了对传统掺镱磷酸盐玻璃进行 Stark 分裂改性的研究。设计依据是扩大磷酸盐玻璃的非均匀展宽,具体方法为引入具有较大 Stark 分裂的氧化物或可以增大非均匀展宽的阳离子,则多种网络形成体离子共存或多离子共存必然引起更显著的发射光谱非均匀展宽,进而提高 Stark 分裂能。由于锗酸盐和硅酸盐玻璃具有最大的下能级 Stark 分裂能,因此以(60P$_2$O$_5$ - 7.5Al$_2$O$_3$ - 15K$_2$O - 17.5BaO)- 1Yb$_2$O$_3$ mol%(P 玻璃)作为基础磷酸盐玻璃,以分别引入 GeO$_2$ 和 SiO$_2$ 的磷锗(PG/Yb)和磷硅(PS/Yb)玻璃为研究对象,进行掺镱磷酸盐玻璃 Stark 分裂改性的研究。

1) 掺镱磷锗玻璃[33]

基础磷酸盐玻璃 P 的发射截面为 0.57 pm^2,下能级最大 Stark 分裂能为 627 cm^{-1}。P 与 PG 系列玻璃的 Stark 分裂变化如图 8-15 所示,其中 PG1、PG2、PG3 分别外掺了 2 mol%、10 mol%、20 mol% 的 GeO$_2$。显然,添加 2 mol% GeO$_2$ 即可将掺镱磷酸盐玻璃下能级 Stark 分裂能提高至 741 cm^{-1}。随着 GeO$_2$ 含量增加,Stark 分裂能的增幅变缓。这一现象说明少量第二玻璃形成体引入某一玻璃系统中可引起显著的玻璃局域结构改变,当第二玻璃形成氧化物增多时,这种局域结构改变程度逐渐变缓。

图 8-16 展示了 GeO$_2$ mol%- Yb^{3+} 非对称性-晶体场强参数三者之间的关系。图(a)显示,低 GeO$_2$ 含量时,晶体场强参数几乎呈直线增强,3.75～10 mol% 之间,有微小增加,10～18.25 mol% 时,几乎未有变化,超过 18.25 mol% 后,又呈现快速增强的趋势。这与一直认为的晶体场强参数与 Yb^{3+} 离子非对称性应该呈现一致变化的看法并不完全相同,即两者之间并非完全的线性关系;图(b)的 Yb^{3+} 非对称性与 Stark 分裂间的关系则显示,在 Stark 分裂能较高的区域,两者之间呈线性变化;图(c)显示晶体场强参数与 Stark 分裂的变化趋势一致。

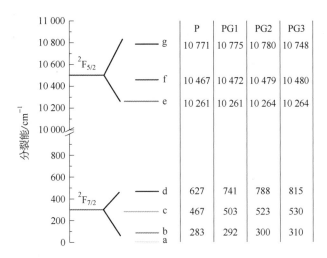

图 8-15　Yb³⁺离子在磷酸盐玻璃（P）与 PG 玻璃中的 Stark 分裂[33]

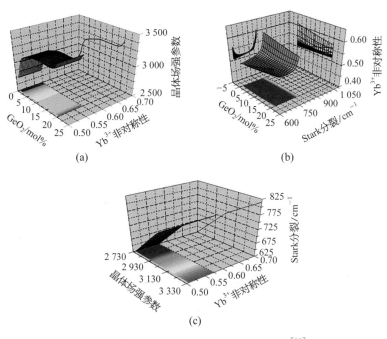

图 8-16　GeO₂ mol%-Yb³⁺非对称性-晶体场强参数关系图[33]（参见彩图附图 33）

　　图 8-17 为 P 与 PG 玻璃的 DSC 曲线，其显示出明显的玻璃转变温度变化。表 8-7 列出了 P 与 PG 系列玻璃的某些关键性质对比。GeO₂的引入对基础玻璃的热学性质即转变温度与热膨胀系数，有显著的改善作用。两个关键光谱性质参数——受激发射截面和荧光寿命，也有不同程度的增大。值得注意的是，激光波长受激发射截面有很大的提高。PG3 相比于 P，1 040 nm 处的发射截面提高近 3 倍。可以预见，PG3 玻璃的激光输出性能将得到较大改进。图 8-18 为激光系统能级模拟结果。显然，由于 Stark 分裂能的增大，PG3 玻璃比基础玻璃 P 更接近四能级系统运行。表 8-7 和图 8-19 的荧光寿命衰减曲线清晰地表明，PG 系列玻璃与基质磷酸盐玻璃 P 之间存在较为显著的荧光寿命差异，PG 系列玻璃的荧光寿命高于 P 玻璃。

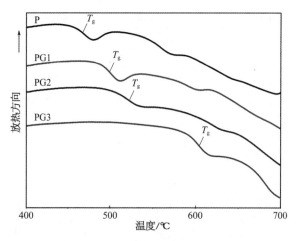

图 8-17　P 与 PG 玻璃的 DSC 谱

表 8-7　P 与 PG 系列玻璃的主要性质对比[33]

样品编号	P	PG1	PG2	PG3
$N_{Yb^{3+}}/(\times 10^{20}\ ions/cm^3)$	2.56	2.61	2.73	2.83
$\alpha/(\times 10^{-6}/K)$	12.45	12.07	10.33	9.54
$T_g/℃$	466	494	512	593
$\Delta\lambda_{eff}/nm$	36	38	40	43
τ_{eft}/ms	1.74	2.09	2.14	2.27
σ_{emi}/pm^2 *	0.572@1 000 nm	0.587@1 002 nm	0.588@1 001 nm	0.589@1 002 nm
	0.31@1 030 nm	0.36@1 030 nm	0.41@1 030 nm	0.48@1 030 nm
	0.14@1 040 nm	0.22@1 040 nm	0.30@1 040 nm	0.39@1 040 nm

注：* $pm^2 = \times 10^{-20}\ cm^2$。

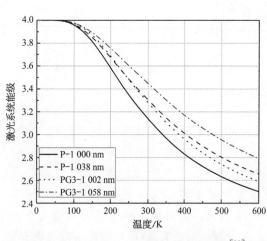

图 8-18　P 与 PG3 玻璃的激光系统能级[33]

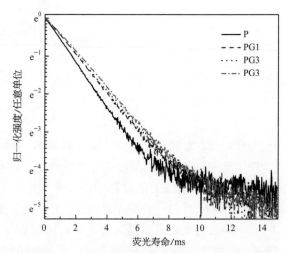

图 8-19　P 与 PG 系列玻璃的荧光寿命衰减曲线[33]
（参见彩图附图 34）

图 8-20 为简单谐振腔内 3 mol% Yb_2O_3 掺杂的 P 与 PG3 玻璃的激光实验结果,样品厚度为 3 mm,实验装置同图 8-12。基玻璃 P 仍然未能实现激光输出,PG3 玻璃获得了 375 mW 的激光输出,示于图 8-20a。调整基础磷酸盐玻璃至 1 μm 处的受激发射截面为 0.76 pm^2,引入 GeO_2 改性后得到的磷锗玻璃在同等条件下进行了激光实验,激光输出结果示于图 8-20b,为 724 mW。

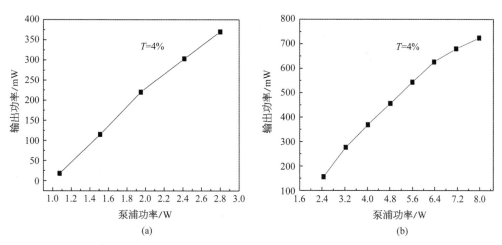

图 8-20 PG3 玻璃(a)与另一较高发射截面改性磷酸盐玻璃的激光输出功率(b)[33]

2) 掺镱磷硅玻璃[38]

由于 SiO_2 比 GeO_2 有更高的熔点、更好的抗热震性能和析晶稳定性,且硅酸盐玻璃的 Stark 分裂能仅次于锗酸盐玻璃,因此,从组分设计上对磷硅玻璃进行预判,SiO_2 的引入不仅会使 Yb^{3+} 离子在磷酸盐玻璃中的 Stark 分裂增大,且磷硅玻璃比磷锗玻璃应具有更高的玻璃转变温度和更低的热膨胀系数。将 SiO_2 引入上述基础磷酸盐玻璃 P 中,引入量分别为 5 mol%、15 mol%、20 mol%,标记为 PS1、PS2、PS3 玻璃。图 8-21 为 P 与 PS 玻璃的 Stark 分裂精细能级结构。结果显示,SiO_2 对磷酸盐玻璃 Stark 分裂能的提高作用弱于 GeO_2,与图 8-4 的研究结果相一致。表 8-8 为 P 与 PS 玻璃某些性质的对比。除去称量和计算误差的影响,PS 玻璃的受激发射截面与基础 P 玻璃相比未有显著改变,荧光寿命有明显提升,荧光有效线宽在引入 20 mol% SiO_2 后展宽 5 nm。值得注意的是,PS 玻璃的 T_g 值显著低于 PG 玻璃,即 SiO_2 对磷酸盐基质玻璃转变温度的提高效果大大低于 GeO_2,这与 SiO_2 的高熔点特性不符。这一实验结果间接证明了 SiO_2 与 GeO_2 引入对磷酸盐玻璃的结构产生的影响不同。NMR 研究结果显示[39],在磷酸盐玻璃中,GeO_2 的引入形成了几

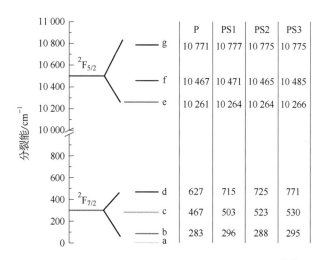

图 8-21 P 与 PS 玻璃的 Stark 分裂精细能级结构[38]

种新的格位结构,并非通常认为的磷酸盐四面体与锗酸盐四面体的简单连接。磷硅玻璃系统的 NMR 研究证实了硅氧六面体的存在[40],并没有新的格位结构出现。这或许是 SiO_2 与 GeO_2 对磷酸盐玻璃转变温度影响存在巨大差异的原因所在。可见,引入第二网络生成体在玻璃结构中的具体影响并非完全符合预判结果,尚需要进一步实验证实。

表 8-8 P 与 PS 玻璃的性质对比

样品编号	$N_{Yb^{3+}}$ /($\times 10^{20}$ ions/cm³)	d /(g/cm³)	T_g /℃	$\Delta\lambda_{eff}$ /nm	σ_{emi} /pm²	τ_f /ms
P	2.56	2.98	466	36	0.57	1.74
PS1	2.52	2.86	473	38.24	0.55	2.17
PS2	2.64	2.85	478	38.33	0.57	2.24
PS3	2.77	2.83	488	41.08	0.56	2.25

上述掺镱 PG 及 PS 玻璃和基础磷酸盐 P 的有效增益截面对比如图 8-22 所示。显然,PS 及 PG 玻璃,尤其是 PG 玻璃,增益线宽比基础磷酸盐玻璃更宽、更平坦,显示出更好的可调谐性质。另外,引入硅和锗的磷酸盐玻璃有更好的抗热震性能,光谱性能也略有改善,因此,相比含单一 P_2O_5 玻璃形成体的磷酸盐玻璃,含混合形成体的掺镱磷酸盐玻璃具有更好的 Yb^{3+} 离子激光性能。

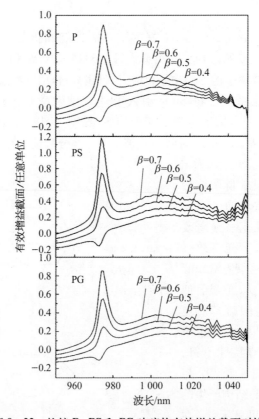

图 8-22 掺镱 P、PS 和 PG 玻璃的有效增益截面对比图

8.3　掺镱玻璃在高功率超短脉冲激光中的应用

超短、超强、高能 LD 激光系统对掺镱激光材料有较高的要求,即需要增益介质满足"五高一宽"的特点：高掺杂、高截面、高储能、高热稳性、高热导率、宽带宽和低光程长温度系数。由于掺镱氟磷玻璃满足了上述 7 个条件中的 6 个(高热导率除外),自 1999 年以来一直被德国 POLARIS 高功率全固态 LD 泵浦超快激光系统用作增益介质。2016 年 2 月,POLARIS 系统取得了重大突破,在阵列式高功率激光泵浦条件下,采用联级放大的方法,获得了 54.16 J、120 fs、重复频率 1/40 Hz 的激光输出[41]。其 2014 年报道的装置基本构型显示[21],六级放大系统中,前五级使用掺镱氟磷玻璃,第六级使用掺镱 CaF_2 晶体,如图 8-23 所示。上海光机所一直从事掺镱氟磷玻璃的研究,在高光学均匀性、高增益、大尺寸掺镱氟磷玻璃的研究上取得了实质性进展。实验证明,Yb^{3+} 离子在氟磷玻璃中确实具有高的激光波长发射截面、宽的有效线宽、低的非线性折射率及合适的光程长温度系数以及高的激光输出功率。作为实用化研究储备材料,掺镱氟磷玻璃可以为未来全固态高功率激光系统提供一种可用于实验验证的增益介质,依然具有不可替代的应用前景。

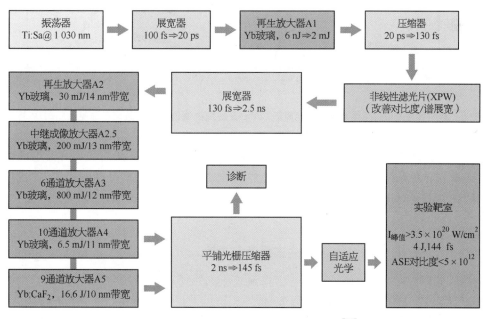

图 8-23　POLARIS 激光系统装置构型图[21]

1/40 Hz 的重频激光结果表明,若重复频率进一步提高,则掺镱氟磷玻璃仍面临热性能问题,需要进一步降低玻璃膨胀系数、提高硬度和机械强度等。相比氧化物玻璃,氟磷玻璃这种偏离子型的玻璃具有较高的热导率,但其热膨胀系数也相对较大。

受到氟磷玻璃抗热冲击性能的限制,全固态高功率超短脉冲激光系统的未来发展必将需要具有更好综合性能的增益介质,这将促进高品质、高性能激光材料的研发。自 2014 年以来,德国 Jena 大学开展了系列掺镱锂铝硅酸盐(LiAS)及锂镁铝硅酸盐(LiMgAS)玻璃的研究[42]。该类玻璃具有好的抗热震性能,且具有比 POLARIS 激光系统所用 FP20 型掺镱氟磷玻璃更大的吸收和受激发射截面以及更宽的带宽。图 8‑24 的激光调谐实验显示,掺镱铝硅酸盐玻璃具有更宽更平坦的调谐范围[43]。但是,高光学均匀性掺镱铝硅酸盐玻璃的熔制工艺尚需进一步研究[44]。

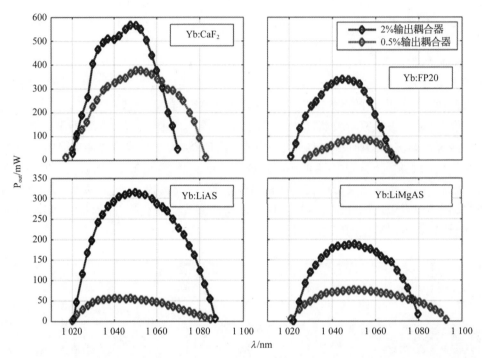

图 8‑24　掺镱 CaF$_2$ 晶体及 FP,LiAS 及 LiMgAS 玻璃的调谐实验结果[43](参见彩图附图 35)

　　随着对重频激光需求的日益增加,以往对掺镱块体激光玻璃高截面和高寿命的设计已不能满足日新月异激光技术的要求。鉴于玻璃的热导率很难得到根本提高的事实,掺镱块体激光玻璃的研究需要向提高材料的抗热冲击性能和扩大 Stark 分裂两个方向进行努力。

主要参考文献

［1］顾绍庭,张国轩.玻璃板条激光器的热应力[J].物理学报,1991(3):399‑406.

［2］黄国松,张国轩,顾绍庭,等.玻璃板条激光器的热效应[J].物理学报,1990,39(10):1563‑1569.

［3］Hein J, Kaluza M C, Bödefeld R, et al. POLARIS: an all diode‑pumped ultrahigh peak power laser for high repetition rates [J]. Lasers and Nuclei. Springer, Berlin, Heidelberg, 2006(694):47‑66.

［4］Giesen A, Hügel H, Voss A, et al. Scalable concept for diode‑pumped high‑power solid‑state lasers [J]. Applied Physics B, 1994,58(5):365‑372.

［5］李敬钦.高功率掺镱双包层光纤激光器的研究[D].成都:西南交通大学,2008.

［6］叶云,王小林,史尘,等.高功率掺镱光纤激光振荡器的最新研究进展[J].激光与光电子学进展,2018,55(12):84‑95.

［7］张丽艳.Yb,Er 掺杂氟磷酸盐玻璃光谱和激光性质的研究[D].上海:中国科学院上海光学精密机械研究所,2005.

［8］Boulon G. Why so deep research on Yb³⁺‑doped optical inorganic materials? [J]. Journal of Alloys and Compounds, 2008,451(1):1‑11.

［9］ Binnemans K，Deun R V，Görller-Walrand C，et al． Spectroscopic properties of trivalent lanthanide ions in fluorophosphate glasses ［J］． Journal of Non-Crystalline Solids，1998，238(1－2)：11－29．

［10］ Deloach L D，Payne S A，Chase L L，et al． Evaluation of absorption and emission properties of Yb^{3+} doped crystals for laser applications ［J］． IEEE Journal of Quantum Electronics，1993，29(4)：1179－1191．

［11］ Fan T Y． Heat generation in Nd：YAG and Yb：YAG ［J］． IEEE Journal of Quantum Electronics，1993，29(6)：1457－1459．

［12］ Seeber W，Barth S，Seifert F，et al． New Yb-doped fluoride phosphate laser glass-structural investigations using probe ions ［J］． Journal of Luminescence，1997，72－74(6)：449－450．

［13］ Yeh D C，Sibley W A，Suscavage M，et al． Radiation effects and optical transitions in Yb^{3+} doped barium-thorium fluoride glass ［J］． Journal of Non-Crystalline Solids，1986，88(1)：66－82．

［14］ Mccumber D E． Einstein relations connecting broadband emission and absorption spectra ［J］． Physical Review，1964，136(4A)：A954－A957．

［15］ Takebe H，Murata T，Morinaga K． Compositional dependence of absorption and fluorescence of Yb^{3+} in oxide glasses ［J］． Journal of the American Ceramic Society，2010，79(3)：681－687．

［16］ Aull B F，Jenssen H． Vibronic interactions in Nd：YAG resulting in nonreciprocity of absorption and stimulated emission cross sections ［J］． IEEE Journal of Quantum Electronics，1982，18(5)：925－930．

［17］ Zou X，Toratani H． Evaluation of spectroscopic properties of Yb^{3+}-doped glasses ［J］． Physical Review B，1995，52(22)：15889－15897．

［18］ Yang B H，Liu X Q，Wang X，et al． Compositional dependence of room-temperature Stark splitting of Yb^{3+} in several popular glass systems ［J］． Optics Letters，2014，39(7)：1772－1774．

［19］ Jiang S B，Myers M J，Rhonehouse D L，et al． Ytterbium-doped phosphate laser glasses ［J］． Proceedings of SPIE-The International Society for Optical Engineering，1997(2986)：10－15．

［20］ Hönninger C，Paschotta R，Graf M，et al． Ultrafast ytterbium-doped bulk lasers and laser amplifiers ［J］． Applied Physics B，1999，69(1)：3－17．

［21］ Hornung M，Liebetrau H，Seidel A，et al． The all-diode-pumped laser system POLARIS—an experimentalist's tool generating ultra-high contrast pulses with high energy ［J］． High Power Laser Science and Engineering，2014，2(3)：1－7．

［22］ Rolli R，Chiasera A，Montagna M，et al． Rare-earth-activated fluoride and tellurite glasses：optical and spectroscopic properties ［J］． Proceedings of SPIE — The International Society for Optical Engineering，2001(4282)：109－122．

［23］ Zhang L Y，Hu L L，Jiang Z H． Yb^{3+} doped fluorophosphate glasses a good candidate for high energy，ultrashort pulse，tunable fiber lasers ［J］． Progress in Physics，2003(23)：473－483．

［24］ 干福熹,邓佩珍.激光材料[M].上海：科学技术出版社,1994.

［25］ 明海,张国平,谢建平.光电子技术[M].合肥：中国科技大学出版社,1998.

［26］ Zhang L Y，Xue T F，He D B，et al． Influence of Stark splitting levels on the lasing performance of Yb^{3+} in phosphate and fluorophosphate glasses ［J］． Optics Express，2015，23(2)：1505－1511．

［27］ 杨斌华.掺镱单频光纤玻璃的 Stark 分裂与预制棒选材研究[D].上海：中国科学院上海光学精密机械研究所,2014.

［28］ Auzel F，Malta O L． A scalar crystal field strength parameter for rare-earth ions：meaning and usefulness ［J］． Journal De Physique，1983，44(2)：201－206．

［29］ Auzel F． On the maximum splitting of the $^2F_{7/2}$ ground state in Yb^{3+}-doped solid state laser materials ［J］． Journal of Luminescence，2001，93(2)：129－135．

［30］ Robinson C C，Fournier J T． Co-ordination of Yb^{3+} in phosphate，silicate，and germanate glasses ［J］． Journal of Physics and Chemistry of Solids，1970，31(5)：895－904．

［31］ Feng X，Qi C H，Lin F Y，et al． Tungsten-tellurite glass：a new candidate medium for Yb^{3+}-doping

[J]. Journal of Non-Crystalline Solids，1999，256 - 257(5)：372 - 377.

[32] Haumesser P H，Gaumé R，Viana B，et al. Spectroscopic and crystal-field analysis of new Yb-doped laser materials [J]. Journal of Physics Condensed Matter，2001，13(23)：5427 - 5447.

[33] Zhang L Y，Li H. Lasing improvement of Yb：phosphate glass with GeO_2 modification [J]. Journal of Luminescence，2017(192)：237 - 242.

[34] Koch R，Clarkson W A，Hanna D C，et al. Efficient room temperature cw Yb：glass laser pumped by a 946 nm Nd：YAG laser [J]. Optics Communications，1997，134(1 - 6)：175 - 178.

[35] White J O. Parameters for quantitative comparison of two-，three-，and four-level laser media，operating wavelengths，and temperatures [J]. IEEE Journal of Quantum Electronics，2010，45(10)：1213 - 1220.

[36] Dai S X，Sugiyama A，Hu L L，et al. The spectrum and laser properties of ytterbium doped phosphate glass at low temperature [J]. Journal of Non-Crystalline Solids，2002，311(2)：138 - 144.

[37] 姜雄伟，邱建荣，Hirao K，等. 飞秒激光作用下光学玻璃和激光玻璃的光致暗化及其 ESR 研究[J]. 物理学报，2001，50(5)：871 - 874.

[38] 王朋，王超，胡丽丽，等. SiO_2 对 Yb^{3+} 离子在磷酸盐玻璃中扩大 Stark 分裂的作用[J]. 物理学报，2016，65(5)：057801 - 1 - 057801 - 7.

[39] Ren J J，Eckert H. Quantification of short and medium range order in mixed network former glasses of the system $GeO_2 - NaPO_3$：a combined NMR and X-ray photoelectron spectroscopy study [J]. Journal of Physical Chemistry C，2012，116(23)：12747 - 12763.

[40] Yamashita H，Yoshino H，Nagata K，et al. NMR and Raman studies of $Na_2O - P_2O_5 - SiO_2$ glasses：six-coordinated Si and basicity [J]. Journal of the Ceramic Society of Japan，1998，106(6)：539 - 544.

[41] Anon. POLARIS Laser sets new record [EB/OL]. https://www. hi-jena. de/en/news/announcements/ 16442-polaris-laser-sets-new-record/，polaris laser sets new record，2016 - 02 - 26.

[42] Tiegel M，Herrmann A，Kuhn S，et al. Fluorescence and thermal stress properties of Yb^{3+}-doped alumino silicate glasses for ultra high peak power laser applications [J]. Laser Physics Letters，2014，11(11)：115811 - 1 - 115811 - 6.

[43] Körner J，Hein J，Tiegel M，et al. Investigation of Yb^{3+}-doped alumino-silicate glasses for high energy class diode pumped solid state lasers [J]. Proceedings of SPIE，2015(9513)：95130S - 1 - 95130S - 7.

[44] Kuhn S，Tiegel M，Herrmann A，et al. Effect of hydroxyl concentration on Yb^{3+} luminescence properties in a peraluminous lithium-alumino-silicate glass [J]. Optical Materials Express，2015，5(2)：430 - 440.

第 9 章

掺铒激光玻璃

利用稀土离子掺杂的玻璃及光纤材料作为增益介质,是获得红外激光输出的一种重要途径。铒(Er^{3+})离子由于其独特的能级结构,可产生 1 550 nm、2 700 nm 及可见光波段激光输出。其中,1 550 nm 波段位于人眼安全及大气窗口波段,基于人眼安全的 LD 泵浦铒玻璃激光器作为第三代激光测距技术,目前在国外已经得到深入研究。基于 Yb^{3+}/Er^{3+} 共掺磷酸盐激光玻璃,已实现能量从微焦(μJ)到毫焦(mJ)、工作频率最大 25 Hz 的激光输出,可实现最大 50 km的探测距离[1]。此外,1 550 nm 波段激光在测风雷达领域也有广泛应用[2],基于 Yb^{3+}/Er^{3+} 共掺磷酸盐玻璃平面波导结构,日本三菱公司已实现 3 mJ/3 kHz 的激光输出[3]。鉴于 Er^{3+} 离子的三能级结构发光,其掺杂浓度、敏化浓度以及玻璃性质,都直接决定了最终激光输出能力,因而从 20 世纪 80 年代起,掺铒激光玻璃就得到了广泛的关注和研究[4]。

9.1 Er^{3+} 离子能级结构和光谱特性

9.1.1 Er^{3+} 离子能级结构与光谱参数计算

图 9-1 是 Er^{3+} 离子 $4f^{11}$ 电子组态部分能级的分裂情况。不同基质中稀土离子 $4f^n$ 组态的能级位置存在几百个波数的差异,这是由于其在基质中的局域环境不同引起的。

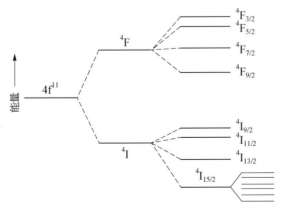

图 9-1 Er^{3+} $4f^{11}$ 电子组态的部分能级分裂情况

269

　　图 9‑2 给出了 Er^{3+} 离子能级结构图及其 1.5 μm 发光[5‑7]。对 1.5 μm 辐射跃迁而言，Er^{3+} 离子为三能级系统。其中，$^4I_{13/2}$ 亚稳态能级是 1.5 μm 激光的上能级，而基态为下能级。当用 980 nm 激光二极管(LD)激发铒玻璃时，Er^{3+} 离子将首先从基态 $^4I_{15/2}$ 能级被激发至 $^4I_{11/2}$ 能级。由于 $^4I_{11/2}$ 能级的寿命较短，Er^{3+} 离子迅速弛豫至 $^4I_{13/2}$ 能级。在 $^4I_{13/2}$ 能级进行粒子数积累和反转后，跃迁至 $^4I_{15/2}$ 能级产生～1.5 μm 激光。由于 Er^{3+} 离子在 980 nm 附近吸收截面较小，限制了其对泵浦光的有效吸收。同时对于 Er^{3+} 离子的三能级系统而言，必须降低 Er^{3+} 离子的掺杂浓度以降低激光阈值。在高浓度铒掺杂玻璃系统中，无辐射跃迁和上转换荧光的发生将会降低 $^4I_{13/2} \rightarrow {}^4I_{15/2}$ 跃迁的效率，因此通常需要对 Er^{3+} 离子进行敏化。

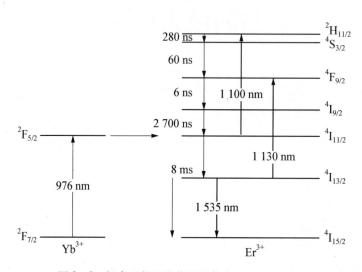

图 9‑2　铒离子能级结构图及其在 1.5 μm 处发光

　　Yb^{3+} 离子在 800～1 100 nm 的光谱范围内具有很强的吸收，且 Yb^{3+} 离子的发射与 Er^{3+} 离子的吸收在光谱上有很大的重叠，保证了 $Yb^{3+} \rightarrow Er^{3+}$ 较高的能量传递效率。故常用 Yb^{3+}、Er^{3+} 离子共掺杂来敏化 Er^{3+} 离子的发射。其能量转移过程为：Yb^{3+} 离子吸收泵浦能量后到达 $^2F_{5/2}$ 能级，通过 $Yb^{3+}({}^2F_{5/2} \rightarrow {}^2F_{7/2})$ 与 $Er^{3+}({}^4I_{15/2} \rightarrow {}^4I_{11/2})$ 的共振能量转移过程将能量传递给 Er^{3+} 离子，使基态 Er^{3+} 离子被激发至 $^4I_{11/2}$ 能级。处于 $^4I_{11/2}$ 激发态的 Er^{3+} 离子经无辐射跃迁弛豫到 $^4I_{13/2}$ 激光上能级，增加了激光上能级的粒子数积累，即实现了 Yb^{3+} 离子对 Er^{3+} 离子的有效敏化。

　　图 9‑3 为氙灯发光光谱，其发射光谱分布在可见至近红外区的宽带范围内。对 Yb^{3+} 和 Er^{3+} 离子而言，氙灯泵浦能量未得到有效利用。掺杂其他吸收带与 Yb^{3+} 离子吸收带不重合，而发射光谱与 Yb^{3+} 离子的吸收带有重叠的"第二敏化离子"，是一种有效提高氙灯泵浦能量利用率的方法。早期研究人员曾将 Nd^{3+} 离子掺入 Yb^{3+}、Er^{3+} 共掺磷酸盐玻璃中[8]。图 9‑4 为与 Er^{3+} 离子氙灯泵浦过程有关的 Nd^{3+}、Yb^{3+}、Er^{3+} 离子间能量传递简图。Nd^{3+} 离子吸收可见光波段的泵浦能量后经过无辐射跃迁到达 $^4F_{3/2}$ 能级，同时将能量传递到 Yb^{3+} 离子的 $^2F_{5/2}$ 能级，随后再由 Yb^{3+} 离子将能量转移到 Er^{3+} 离子，从而增加了掺铒激光玻璃对可见光波段泵浦能量的利用。但实验结果证实，Nd^{3+} 离子同时对 Er^{3+} 离子的 1.54 μm 荧光产生很强的猝灭效应，并且带来非常严重的热效应[9]。

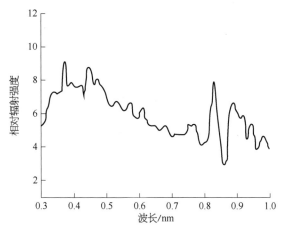

图 9-3　氙灯发射光谱

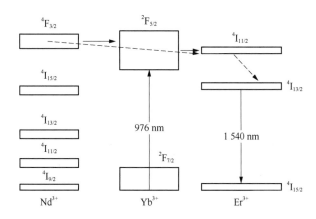

图 9-4　与 Er^{3+} 离子泵浦过程有关的 Nd^{3+}、Yb^{3+}、Er^{3+} 离子能级简图

20 世纪 80 年代以来，Cr^{3+} 离子逐渐取代 Nd^{3+} 离子，成为目前最有效的 Yb^{3+}、Er^{3+} 共掺磷酸盐玻璃的第二敏化离子。图 9-5 为 Cr^{3+}、Yb^{3+}、Er^{3+} 间可能的能量转移过程示意图[8]。Cr^{3+} 离子在可见光波段具有两个较宽的吸收带，即谱线中心分别为 450 nm 和 640 nm 的 $^4T_1$ 和 $^4T_2$ 吸收带。Cr^{3+} 离子的发射光谱在 750~1 100 nm 间，与 Yb^{3+} 离子的吸收谱有较好的交叠[10]。磷酸盐玻璃中 $Yb^{3+} \rightarrow Er^{3+}$ 的能量转移效率通常在 90% 以上，接近于 1[8]，因此总的能量转移效率主要取决于 $Cr^{3+} \rightarrow Yb^{3+}$ 的能量转移效率。室温下该效率通常为 45%~70%。适量 Cr^{3+} 的掺入，可以使铒玻璃的激光阈值降低 20%，斜率效率提高 50%~100%[6]。铬离子在玻璃中不仅以 Cr^{3+} 价态存在，还可表现为 Cr^{2+} 和 Cr^{6+} 价态[11]。Cr^{6+} 离子主要在近紫外区存在吸收。磷酸盐玻璃中 Cr^{2+} 离子在 400~1 500 nm 间存在峰值波长位于 700 nm 左右的宽吸收带，与 Yb^{3+} 离子的发射谱存在交叠，因此会部分猝灭 Yb^{3+} 离子的荧光，增加玻璃在 900~1 500 nm 范围内自身的吸收损耗，且温度升高和 Cr^{2+} 离子含量增加都将增强该猝灭效应，因此需要降低玻璃中的 Cr^{2+} 离子含量。根据玻璃组分和熔制工艺的不同，Cr^{2+} 离子占玻璃中铬总含量的 0.1%~20%[12]。在氧化性气氛中熔制的玻璃 Cr^{2+} 离子含量较低，在还原性气氛中熔制的玻璃 Cr^{2+} 离子含量较高。在泵浦过程中，Cr^{3+} 离子同时带来较大的热沉积，引起玻璃内部较大幅度的升温。温度升高将降低 $Cr^{3+} \rightarrow Yb^{3+}$ 的能量转移效率,并使 Cr^{3+} 离子的吸收光谱稍有展宽,当与 Yb^{3+} 离子的发射谱产生交叠时,引起对 Yb^{3+} 离子的荧光猝灭。$Cr^{3+} \rightarrow Yb^{3+}$ 的能量转移效率还与 Cr^{3+} 离子的浓度有关。Cr^{3+} 离子的浓度越大,能量转移效率随温度升高下降得越快[13]。因此,Cr^{3+} 离子的浓度对铒玻璃的激光性能有重要影响。

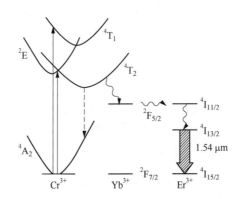

图 9-5　Cr^{3+}、Yb^{3+}、Er^{3+} 共掺磷酸盐玻璃的能量传递过程示意图[14]

为增加 $^4I_{13/2}$ 能级粒子数的积累,也可以选择其他合适的离子通过共振能量转移的方式实现这一目的。稀土离子如 Ce^{3+}、Eu^{3+} 和 Tb^{3+} 等由于各自的电子跃迁能级间距与 Er^{3+} 离子 $^4I_{11/2} \rightarrow {}^4I_{13/2}$ 跃迁的能级间距相近,被认为是合适的敏化离子。但 Eu^{3+} 和 Tb^{3+} 离子在降低 Er^{3+} 离子 $^4I_{11/2}$ 能级寿命的同时,也在很大程度上降低了 $^4I_{13/2}$ 能级的寿命[15]。Ce^{3+} 离子的 $^2F_{7/2}$、$^2F_{5/2}$ 间的能级间距与 Er^{3+} 离子的 $^4I_{11/2}$、$^4I_{13/2}$ 间的能级间距近似相同,因此可以通过两种离子间的共振能量转移增加 $^4I_{13/2}$ 的粒子数积累。研究表明,Er^{3+} 离子 $^4I_{11/2}$ 能级与 Ce^{3+} 离子 $^2F_{5/2}$ 能级间的能量转移效率远大于 Er^{3+} 离子 $^4I_{13/2}$ 能级与 Ce^{3+} 离子 $^2F_{7/2}$ 能级间的能量转移效率。因此,在 Ce^{3+} 离子含量适中的情况下,Ce^{3+} 离子的引入将主要影响 Er^{3+} 离子 $^4I_{11/2}$ 能级的寿命,且对 $^4I_{13/2}$ 能级的影响较小[16]。

图 9-6 给出了 Er^{3+} 离子能级结构图及其在 2.7 μm 和 3.5 μm 波长处发光对应的能级跃迁[17]。它们分别来源于两个四能级跃迁过程:Er^{3+}:$^4I_{11/2} \rightarrow {}^4I_{13/2}$ 跃迁和 Er^{3+}:$^4F_{9/2} \rightarrow {}^4I_{9/2}$ 跃迁。对于 Er^{3+}:$^4I_{11/2} \rightarrow {}^4I_{13/2}$ 跃迁,一般采用商用 808 nm 或 980 nm LD 直接泵浦 Er^{3+} 离子即可实现 2.7 μm 的发光,简便有效[18]。然而,由于该激光上能级 $^4I_{11/2}$ 的寿命低于下能级 $^4I_{13/2}$ 的寿命,Er^{3+}:$^4I_{11/2} \rightarrow {}^4I_{13/2}$ 跃迁实际上是一种自终止过程(self-terminating transition)。因此,要产生连续有效的 2.7 μm 激光,需要采取措施降低 $^4I_{13/2}$ 能级的布居数来解除自终止限制[19]。一般可通过采取高浓度掺杂 Er^{3+} 离子的方法来实现[20-22]。也可通过其他稀土离子与 Er^{3+} 离子共掺,利用稀土离子之间的相互能量转移过程来降低 $^4I_{13/2}$ 能级上的粒子,从而增强其中红外发光[23-25]。如图 9-7 所示,在高浓度铒掺杂的基质材料中,稀土离子分布密集,存在众多交叉弛豫。交叉弛豫 CR1($^4I_{13/2} \rightarrow {}^4I_{15/2}$:$^4I_{13/2} \rightarrow {}^4I_{9/2}$)的存在,一方面可以提高 $^4I_{9/2}$ 能级的粒子数布居,并经非辐射弛豫过程到达 $^4I_{11/2}$ 能级;另一方面导致 $^4I_{13/2}$ 能级的消布居,从而有利于产生中红外 2.7 μm($^4I_{11/2} \rightarrow {}^4I_{13/2}$)波段发光。CR2($^4I_{13/2} \rightarrow {}^4I_{15/2}$:$^4I_{9/2} \rightarrow {}^2H_{11/2}$,$^4S_{3/2}$)和 CR3 过程($^4I_{13/2} \rightarrow {}^4F_{9/2}$:$^4I_{11/2} \rightarrow {}^4I_{15/2}$)均会导致 $^4I_{13/2}$ 能级的粒子数减少,进而增强 2.7 μm 的发光。由于羟基基团的大部分振动频率在 3 700 cm^{-1} 附近,因此羟基基团极易与 $^4I_{11/2} \rightarrow {}^4I_{13/2}$

跃迁产生交叉弛豫(CR4 过程)。该过程会大量消耗 $^4I_{11/2}$ 能级的粒子数,导致该能级的消布居。因此,需要尽量去除玻璃中的羟基基团,减少 CR4 过程,获得较强的 2.7 μm 中红外发光。

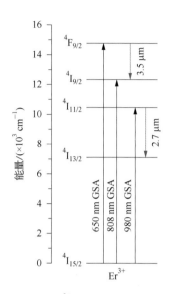

图 9-6　Er^{3+} 离子能级结构图及
　　　　其在 2.7 μm 和 3.5 μm
　　　　处发光[17]

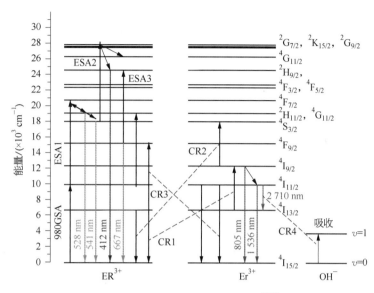

图 9-7　高浓度铒单掺发光机理[22]

铒、钕共掺可提高 Er^{3+} 离子在 2.7 μm 处的发光[26,27]。图 9-8 是铒、钕能级结构及能量传递机理图。在铒、钕单掺的玻璃基质中,通过 808 nm 泵浦光的激发,Er^{3+}、Nd^{3+} 离子皆可以分别通过各自的基态吸收过程(GSA)吸收泵浦光子,跃迁至相应的激发态能级 Er^{3+}:$^4I_{9/2}$ 和 Nd^{3+}:$^4F_{5/2}$,$^4H_{9/2}$ 上,然后通过无辐射跃迁至下一能级 Er^{3+}:$^4I_{11/2}$ 和 Nd^{3+}:$^4F_{3/2}$。最后通过辐射跃迁产生相应的中红外和近红外发光。如以下几个过程所示:

$$Er^{3+}:^4I_{11/2} \rightarrow 2.7\ \mu m\ 发射 + Er^{3+}:^4I_{13/2} \tag{A}$$

$$Er^{3+}:^4I_{13/2} \rightarrow 1.53\ \mu m\ 发射 + Er^{3+}:^4I_{15/2} \tag{B}$$

$$Nd^{3+}:^4F_{3/2} \rightarrow 0.9\ \mu m\ 发射 + Nd^{3+}:^4I_{9/2} \tag{C}$$

$$Nd^{3+}:^4F_{3/2} \rightarrow 1.06\ \mu m\ 发射 + Nd^{3+}:^4I_{11/2} \tag{D}$$

$$Nd^{3+}:^4F_{3/2} \rightarrow 1.34\ \mu m\ 发射 + Nd^{3+}:^4I_{13/2} \tag{E}$$

Er^{3+}、Nd^{3+} 两稀土离子间的能量传递过程则为,位于激发态 $^4F_{3/2}$ 或者 $^4F_{5/2}$、$^4H_{9/2}$ 的 Nd^{3+} 离子将能量传递给位于基态 $^4I_{15/2}$ 上的 Er^{3+} 离子,使 $^4I_{15/2}$ 上的粒子被激发到 Er^{3+}:$^4I_{9/2}$,$^4I_{11/2}$ 能级。同时 Nd^{3+}:$^4F_{3/2}$ 上的粒子弛豫回基态 $^4I_{9/2}$,传递过程表达如下:

$$Nd^{3+}:^4F_{5/2},\ ^4H_{9/2} + Er^{3+}:^4I_{15/2} \rightarrow Nd^{3+}:^4I_{9/2} + Er^{3+}:^4I_{9/2},\ ^4I_{11/2} \tag{F}$$

$$Nd^{3+}:^4F_{3/2} + Er^{3+}:^4I_{15/2} \rightarrow Nd^{3+}:^4I_{9/2} + Er^{3+}:^4I_{9/2},\ ^4I_{11/2} \tag{G}$$

显然,(F)(G)过程使 Er^{3+}:$^4I_{9/2}$ 和 $^4I_{11/2}$ 能级上的粒子数增加,辐射跃迁到 Er^{3+}:$^4I_{13/2}$ 能级后增强了 2.7 μm 的中红外发光。虽然 $^4I_{13/2}$ 能级的粒子数也会有所增加,但是 1.5 μm 的荧光测

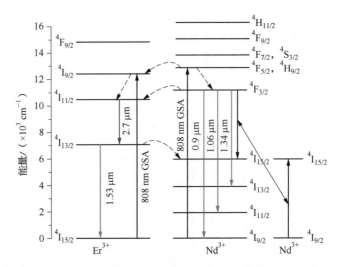

图 9-8 铒、钕共掺能量转移机理[27]

试表明,随着共掺 Nd^{3+} 浓度的增加,1.5 μm 发光强度急剧降低,荧光寿命也从 8.3 ms 锐减至 0.22 ms。这是由于 $Er^{3+}:{}^4I_{13/2}$ 能级上的粒子通过以下两个过程被 Nd^{3+} 离子有效转移:

$$Nd^{3+}:{}^4I_{9/2} + Er^{3+}:{}^4I_{13/2} \rightarrow Nd^{3+}:{}^4I_{15/2} + Er^{3+}:{}^4I_{15/2} \tag{H}$$

$$Nd^{3+}:{}^4I_{15/2} + Er^{3+}:{}^4I_{13/2} \rightarrow Nd^{3+}:{}^4F_{5/2}, {}^4H_{9/2} + Er^{3+}:{}^4I_{15/2} \tag{I}$$

因此,通过以上两个能量转移过程,掺入的钕导致铒在 ${}^4I_{13/2}$ 能级上的粒子数大大减少,1.5 μm 荧光均明显减弱,且随着钕浓度的增加,1.5 μm 荧光强度不断降低。同时由于钕粒子被激发至 ${}^4F_{5/2}$、${}^2H_{9/2}$、${}^4F_{3/2}$ 能级后,可继续将能量传递给铒,进而增加铒在 ${}^4I_{11/2}$ 能级上的粒子数,从而持续获得增强的 2.7 μm 荧光。

铒镨共掺也同样可以提高 Er^{3+} 离子 2.7 μm 的发光[19,28]。其可能的能级传递和荧光辐射过程如图 9-9 所示:

基态吸收 ${}^4I_{15/2} + h\nu \rightarrow {}^4I_{11/2} (GSA)$

激发态吸收 ${}^4I_{11/2} + h\nu \rightarrow {}^4F_{7/2} (ESA1)$

                           ${}^4I_{13/2} + h\nu \rightarrow {}^4F_{9/2} (ESA2)$

能量上转换 $Er^{3+}:{}^4I_{11/2} + Er^{3+}:{}^4I_{11/2} \rightarrow Er^{3+}:{}^4I_{15/2} + Er^{3+}:{}^4F_{7/2} (ETU1)$

                $Er^{3+}:{}^4I_{13/2} + Er^{3+}:{}^4I_{13/2} \rightarrow Er^{3+}:{}^4I_{15/2} + Er^{3+}:{}^4I_{9/2} (ETU2)$

交叉弛豫 $Er^{3+}:{}^4H_{11/2} + Er^{3+}:{}^4I_{15/2} \rightarrow Er^{3+}:{}^4I_{9/2} + Er^{3+}:{}^4I_{13/2} (CR)$

稀土离子间的能量传递过程如下:

$$Er^{3+}:{}^4I_{11/2} + Pr^{3+}:{}^3H_4 \rightarrow Er^{3+}:{}^4I_{15/2} + Pr^{3+}:{}^1G_4 (ET1)$$

$$Er^{3+}:{}^4I_{13/2} + Pr^{3+}:{}^3H_4 \rightarrow Er^{3+}:{}^4I_{15/2} + Pr^{3+}:{}^3F_3 (ET2)$$

以及一系列非辐射跃迁 NR。辐射跃迁如下:

$$Er^{3+}:{}^4I_{11/2} \rightarrow Er^{3+}:{}^4I_{13/2} + h\nu (2\,710\,nm) \text{中红外} \tag{J}$$

$$Er^{3+}:{}^4I_{13/2} \rightarrow Er^{3+}:{}^4I_{15/2} + h\nu (1\,536\,nm) \text{近红外} \tag{K}$$

$$\mathrm{Er^{3+}:{}^4F_{9/2} \rightarrow Er^{3+}:{}^4I_{15/2}} + h\nu(662\,\mathrm{nm})\ 红光 \qquad (L)$$

$$\mathrm{Er^{3+}:{}^4S_{3/2} \rightarrow Er^{3+}:{}^4I_{15/2}} + h\nu(549\,\mathrm{nm})\ 绿光 \qquad (M)$$

$$\mathrm{Er^{3+}:{}^2H_{11/2} \rightarrow Er^{3+}:{}^4I_{15/2}} + h\nu(525\,\mathrm{nm})\ 绿光 \qquad (N)$$

其中：

增加 $\mathrm{Er^{3+}:{}^4I_{13/2}}$ 能级粒子布居数的过程有 CR 和过程 J；

减小 $\mathrm{Er^{3+}:{}^4I_{13/2}}$ 能级粒子布居数的过程有 ETU2、ESA2、ET2。

增加 $\mathrm{Er^{3+}:{}^4I_{11/2}}$ 能级粒子布居数的过程有 GSA 以及从 $^4I_{9/2}$ 的 NR；

减小 $\mathrm{Er^{3+}:{}^4I_{11/2}}$ 能级粒子布居数的过程有 ETU1、ESA1、CR、ET1。

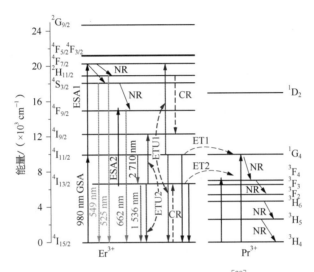

图 9-9　铒镨共掺能量转移机理[28]

Er^{3+} 离子的可见光波长发光现象已在很多基质材料中获得[29]。图 9-10 给出了 Er^{3+} 离子的上转换发光示意图。位于基态能级 $^4I_{15/2}$ 上的 Er^{3+} 离子在 980 nm 泵浦下直接激发或通过

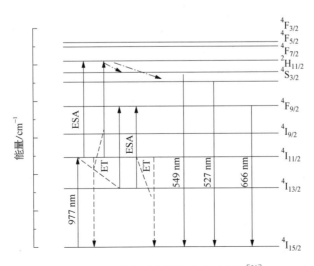

图 9-10　Er^{3+} 离子上转换发光示意图[29]

与 Yb^{3+} 离子的能量转移过程跃迁至 $^4I_{11/2}$ 能级。在特殊玻璃体系(如最大声子能较低的玻璃系统)中，$^4I_{11/2}$ 能级上的 Er^{3+} 离子具有较长的荧光寿命($>300\ \mu s$)，从而激发到 $^4I_{11/2}$ 能级的粒子继续以下述形式吸收能量、激发至更高能级：

交叉弛豫(CR)：$^4I_{11/2}$(Er^{3+})$+^4I_{11/2}$(Er^{3+})$\rightarrow^4F_{7/2}$(Er^{3+})$+^4I_{15/2}$(Er^{3+})；

激发态吸收(ESA)：$^4I_{11/2}$(Er^{3+})$+$ a photon $\rightarrow^4F_{7/2}$(Er^{3+})；

能量转移(ET)：$^2F_{5/2}$(Yb^{3+})$+^4I_{15/2}$(Er^{3+})$\rightarrow^2F_{7/2}$(Yb^{3+})$+^4I_{11/2}$(Er^{3+})。

由于 $^4F_{7/2}$ 能级与 $^2H_{11/2}$、$^4S_{3/2}$ 能级间较小的能量差，处于 $^4F_{7/2}$ 能级的 Er^{3+} 离子迅速通过非辐射弛豫跃迁至 $^2H_{11/2}$ 和 $^4S_{3/2}$ 能级。同时也正因为 $^2H_{11/2}$ 和 $^4S_{3/2}$ 能级间较小的能量差，使得两者之间存在动态的热平衡，所以有 $^2H_{11/2}\rightarrow^4I_{15/2}$ 的 527 nm 及 $^4S_{3/2}\rightarrow^4I_{15/2}$ 的 549 nm 绿光发射。在不同的基质材料中，两者的发射强度比例有所不同。

对于 666 nm 的红光发射，主要是由 Er^{3+} 离子的 $^4F_{9/2}\rightarrow^4I_{15/2}$ 跃迁造成的。其产生机理为，激发到 $^4I_{11/2}$ 能级的粒子通过多声子弛豫跃迁到 $^4I_{13/2}$ 能级。由于 $^4I_{13/2}$ 能级较长的荧光寿命(>4 ms)，所以该能级上的粒子一部分辐射跃迁至 $^4I_{15/2}$ 能级，发出 1 550 nm 荧光；另一部分可能通过激发态吸收和能量转移跃迁到 $^4F_{9/2}$ 能级。其具体过程如下：

激发态吸收过程(ESA)：$^4I_{13/2}$(Er^{3+})$+h\nu\rightarrow^4F_{9/2}$(Er^{3+})

能量转移(ET)：$^4I_{13/2}$(Er^{3+})$+^4I_{11/2}$(Er^{3+})$\rightarrow^4F_{9/2}$(Er^{3+})$+^4I_{15/2}$(Er^{3+})

聚集在 $^4F_{9/2}$ 能级的粒子则辐射跃迁到基态，产生红光发射。但在大多数情况下，该红光强度不高，且与基质材料性质及稀土离子浓度有很大关系。

9.1.2　Er^{3+} 离子的激光光谱参数计算

McCumber 理论[31]和 F - L 公式常用于计算稀土离子受激发射截面。

McCumber 理论只有一个假定：在能级多组态内建立热平衡的时间小于它的辐射寿命。根据 McCumber 公式，可由吸收截面 $\sigma_{abs}(\lambda)$ 推导出 Er^{3+} 离子在波长 λ 处的受激发射截面 $\sigma_{emi}(\lambda)$：

$$\sigma_{emi}(\lambda)=\sigma_{abs}(\lambda)\exp\left(\frac{\varepsilon-hc/\lambda}{kT}\right) \qquad (9-1)$$

式中，h 为普朗克常数；k 为玻尔兹曼常数；ε 为与温度有关的激发能量，其物理意义是温度 T 时从低能级向高能级激发时的势阱自由能。

对于 Er^{3+} 离子对应 $^4I_{13/2}$ 与 $^4I_{15/2}$ 能级 Stark 组态间的最低迁移能，可由下式求得：

$$\frac{N_1}{N_2}=\exp\left(\frac{\varepsilon}{kT}\right) \qquad (9-2)$$

式中，N_1、N_2 分别为室温下无外界光泵浦时处于上能级 $^4I_{13/2}$ 与下能级 $^4I_{15/2}$ 的粒子数。根据近似计算，在磷酸盐玻璃中，

$$\exp\left(\frac{\varepsilon}{kT}\right)=1.1\exp\left(\frac{E_0}{kT}\right) \qquad (9-3)$$

式中，E_0 为 Er^{3+} 离子 $^4I_{13/2}$ 与 $^4I_{15/2}$ 最低 Stark 组态间的能隙。

Er^{3+} 离子在波长 λ 处的吸收截面可通过测量的吸收光谱计算得出：

$$\sigma_{abs}(\lambda) = \frac{2.303 \lg(I_0/I)}{Nl} \qquad (9-4)$$

式中，$\lg(I_0/I)$ 为光密度；N 为单位体积的激活离子浓度；l 为样品厚度。

F－L 公式是基于 Einstein 公式得到的[31]：

$$\sigma_{emi}^a = \frac{\lambda^4 A_{rad}}{8\pi cn^2} q(\lambda) \qquad (9-5)$$

式中，$q(\lambda)$ 为归一化的荧光光谱线型函数；n 为折射率；c 为光速；A_{rad} 为自发辐射概率，且有

$$A_{rad} = \frac{8\pi cn^2(2J'+1)}{\lambda_p^4(2J+1)} \Sigma_{abs} \qquad (9-6)$$

式中，J 和 J' 分别为上下能级总角动量；λ_p 为吸收峰值波长；Σ_{abs} 为积分吸收截面：

$$\sum_{abs} = \int \sigma_{abs}(\lambda) d\lambda \qquad (9-7)$$

实际上，由于本征的非辐射弛豫、羟基以及杂质等引起的荧光猝灭及尺寸效应带来的荧光捕获等因素的影响，很难精确测量荧光辐射寿命。实际测量的荧光寿命往往与辐射寿命有偏差，这一偏差的大小可以用量子效率来反映：

$$\eta = \frac{\tau_f}{\tau_{rad}} \qquad (9-8)$$

式中，τ_f 为实测荧光寿命；τ_{rad} 为某一激发态的辐射寿命。

9.2　激光铒玻璃在 1.5 μm 激光器上的应用

9.2.1　1.5 μm 激光器的研究及应用

9.2.1.1　1.5 μm 波段激光的优势

激光在国防、通信、工业加工、医疗、精密测量等多个领域有着越来越广泛的应用。在众多的激光发射波长中，1.5 μm 波段激光因其本身多种独特的优势而广受关注。

（1）人眼安全——最突出的优点[32]。人体对光最敏感的器官是眼睛，眼球是精细的光能接收器，它是由不同的屈光介质和光感受器组成的极灵敏的光学系统。眼球屈光介质有很强的聚焦作用，将入射光束高度汇聚成很小的光斑，从而使视网膜单位面积内接收的光能，比入射到角膜的光能高 105 倍。视网膜光感受器是极灵敏的光敏组织，在蓝、绿光谱内只要 8～10 个光子就可以产生视觉，其能量相当于 1.4×10^{-5} J·cm^{-2}。由此可见，眼球对光极为敏感，很容易受到激光的伤害。

目前，常见的激光波长从 0.2 μm 的紫外线开始，包括可见光、近红外、中红外直至远红外。由于人眼对不同波长的光辐射具有不同的透过和吸收，所以对眼的损伤程度也不同。图 9－11 给出了人眼对各种波长光的透射率与吸收率关系曲线[33]。由图可知，从 1.4 μm 开始即进入对人眼视网膜安全的波长范围，1.5 μm 发射波长正是处于人眼不敏感的波段。

表 9－1 列出了美国国防部公布的各种波长激光对人眼的损伤阈值测量统计[34]。由表可知，1.54 μm 和 2.01 μm 波长的激光对人眼的损伤阈值比 0.694 3 μm 和 1.06 μm 波长激光高

很多倍。此外,$1.54\ \mu m$ 激光对人眼的允许曝光量是 $Nd:YAG1.06\ \mu m$ 激光的 40 万倍,是 $10.6\ \mu m\ CO_2$ 激光的 100 倍。这些统计结果皆显示,$1.54\ \mu m$ 激光是目前最理想的人眼安全激光。

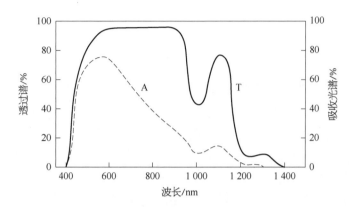

图 9‑11　人眼对各种波长光的透射率与吸收率关系曲线[33]（A 表示吸收谱，T 表示透过谱）

表 9‑1　典型激光保护标准[34]

激光类型	光波形式	波长/μm	曝光持续时间	视野内光束保护标准
红宝石激光	单脉冲	0.694 3	1 ns~18 μs	5×10^{-7} J·cm^{-2}/脉冲
钕玻璃激光	单脉冲	1.064	1 ns~100 μs	5×10^{-6} J·cm^{-2}/脉冲
铒激光	单脉冲	1.54	1 ns~1 μs	1 J·cm^{-2}/脉冲
Nd:YAG 激光	连续波	1.064	100 s~8 h	0.5 mW·cm^{-2}
钬激光	单脉冲	2.01	1~100 ns	10^{-2} J·cm^{-2}/脉冲
CO_2 激光	连续波	10.6	10 s~8 h	0.1 W·cm^{-2}

(2) 对烟、雾穿透能力强。尽管液态水对 $1.5\ \mu m$ 附近波段有强吸收能力,但该波段激光在水蒸气中却具有高的透过性(湿空气)。因而处于 $1.5\sim1.8\ \mu m$ 的大气红外窗口对烟、雾的穿透能力强。尤其适用于战场硝烟(主要成分是磷和六氯乙烷)弥漫的环境下,其传输测距效果十分显著[35]。因此 $1.5\ \mu m$ 激光在激光测距、大气探测、激光雷达等领域获得了广泛应用,具有重要地位,并成为激光应用技术的发展趋势。

(3) 与通信网络兼容性好。$1.5\ \mu m$ 波段激光对应于光纤和大气通信的低衰减、低色散窗口,与当前的通信网络系统能够很好地匹配兼容。因此,在光通信上具有广阔的应用前景[36],并被选作第四代和第五代光纤通信系统的工作波段。此外,该波段信号恰好对应于室温下工作的 Ge 和 InGaAs 探测器的探测灵敏区,因此,无须低温制冷即可实现信号收集[35]。

(4) 可直接获得 $1.54\ \mu m$ 波长的激光输出。激光器结构简单,体积小,且激光输出光束质量好,运转稳定,还可实现多纵模、单频或锁模运转,效率高,成本低,符合现代激光技术的发展要求,是实现 $1.5\ \mu m$ 附近波段激光的最理想方法之一。利用 Er^{3+} 离子$^4I_{13/2}$ 能级到$^4I_{15/2}$ 能级的跃迁,可直接得到 $1.54\ \mu m$ 附近的光辐射。因而,鉴于 $1.5\ \mu m$ 激光器的需求,对于 Er^{3+} 离子能级结构、发光特性及掺铒激光材料的研究也得到国内外广泛关注。

9.2.1.2　1.5 μm 波段掺铒激光器的应用

自 1965 年 Snitzer 和 Woodcock[7]首次以掺铒硅酸盐玻璃为激光介质实现了 $1.54\ \mu m$ 激

光发射以来,人们对各种掺铒激光基质进行了大量的研究。其中,掺铒磷酸盐玻璃[6,37]最终以其声子能量适中、稀土掺杂浓度高、不易产生猝灭,成为目前最佳的掺铒玻璃体系。随着泵浦源的发展,1.54 μm 掺铒激光技术主要经历了以下几个发展阶段:20 世纪六七十年代是掺铒固体激光器发展的最初阶段,但以氙灯为泵浦源却大大影响了激光介质的吸收效率,且铒激光属于三能级系统,阈值高,增益较低。所以在这个阶段掺铒激光器发展缓慢[38]。20 世纪 80 年代,人们尝试使用激光作为泵浦源,提高铒激光器的效率;钛宝石调谐激光器的发展,使得可以把泵浦波长调谐到 Yb[3+] 离子的吸收峰附近,以此为泵浦源,获得了相当高的效率。20 世纪 90 年代,随着合适波长半导体激光泵浦源的出现,掀起了研究掺铒玻璃激光器的热潮。除了连续运转外,人们还对掺铒玻璃激光进行了单频、窄线宽、可调谐、调 Q、锁模等研究[39-42]。

目前,1.54 μm 掺铒玻璃激光器主要采用闪光灯泵浦和 LD 泵浦两种方式,相应的铒玻璃激光器则各有特点,适用于不同的要求。目前商品化的铒玻璃激光器主要以泵浦方式加以分类:

1) 氙灯泵浦铒玻璃激光器技术

氙灯泵浦铒玻璃激光器的泵浦源为氙灯。聚光腔通常为镀银单椭圆腔或是以高纯度的 $BaSO_4$ 粉末作为漫反射体的紧耦合腔,多采用侧面泵浦方式。氙灯泵浦铒玻璃激光器谐振腔和激光腔的设计部分沿用了传统钕玻璃激光器系统,仅调整了一些参数以更加适应铒玻璃的要求。影响氙灯泵浦铒玻璃激光器激光输出性能的因素包括谐振腔的腔长、输出耦合镜的反射率、泵浦脉宽以及系统的冷却等[14]。氙灯泵浦铒玻璃激光器存在发热量大、效率较低等问题,但也有高稳定性、低成本以及系统设计成熟简便等优点。因此,仍具有较广泛的应用,特别是在长距离探测、激光美容等领域[43]。

2) LD 泵浦铒玻璃激光器技术

20 世纪 90 年代以来,随着发射波长对应 Yb[3+] 离子吸收带的 InGaAs 半导体激光器激光二极管(laser diode, LD)泵浦源的出现和发展,镱、铒共掺磷酸盐玻璃激光器的研究得到了快速发展。与氙灯泵浦相比,LD 的发射光谱窄,与稀土离子的吸收带更加匹配,效率高,产生热量少,可使激光器在高重复频率或连续条件下工作。LD 泵浦铒玻璃激光器除侧面泵浦方式外,也可采用端面泵浦。目前,LD 泵浦的铒玻璃激光器已实现了脉冲和连续输出[44-45]。随着低损耗掺铒激光材料的研制成功,掺铒光纤激光器、光纤放大器以及光波导等从 20 世纪 80 年代起也开始蓬勃发展[46-51]。

9.2.2　1.5 μm 应用的掺铒激光玻璃研究

9.2.2.1　Er[3+] 离子在磷酸盐玻璃中的光谱性能

1965 年,Snitzer 等[5]在掺铒硅酸盐玻璃中首次实现了室温下 Er[3+] 离子的 1.54 μm 激光发射。之后,研究人员对掺铒激光玻璃做了大量的研究,陆续报道了 Er[3+] 离子在硼酸盐、磷酸盐、锗酸盐、碲酸盐玻璃中的光谱性质[52-55]。但是由于 Er[3+] 离子 1.54 μm 激光属于三能级系统,阈值高、增益低,掺铒激光材料的研究一直没有太大进展。直到 20 世纪 80 年代初,苏联科学家 V. Gapontsev 等[37]系统研究了不同玻璃基质对 Er[3+] 离子发光的影响,确定磷酸盐玻璃为最佳基质。

稀土离子的电价高、半径大,需要有较高的阴离子配位数。硅酸盐玻璃的优点是力学性能好,化学稳定性和热稳定性高。但是,在硅酸盐玻璃中,由于玻璃的网络结构主要由硅氧四面体组成,结构较致密,稀土离子较难进入网络间隙。掺杂浓度高时,容易造成稀土离子的团簇。

而团簇会增加稀土离子之间发生能量上转换和浓度猝灭的概率,严重影响稀土离子的光谱性质。这一原因造成了硅酸盐玻璃中稀土离子无法实现高浓度掺杂的缺点[56]。氟化物玻璃具有较高稀土离子溶解度[57],但氟化物玻璃化学稳定性、热稳定性差,不利于实际应用。

磷酸盐玻璃虽然在力学性能、化学稳定性等方面不如硅酸盐玻璃,但是掺铒磷酸盐玻璃具有出色的光谱性质。含碱金属氧化物的磷酸盐玻璃,其网络结构由只含两个桥氧的磷氧四面体基团构成的长链组成,对稀土离子具有高溶解度。稀土离子在磷酸盐玻璃中能获得较高的配位数且在玻璃中均匀分布,形成较为独立有序的结构[58]。优异的光谱性质加之适当的力学性能和化学稳定性,使得磷酸盐玻璃成为最受关注的激光铒玻璃。此外,磷酸盐玻璃的声子能量达 $1\,300\,cm^{-1}$,使 Er^{3+} 离子 ${}^4I_{11/2} \rightarrow {}^4I_{13/2}$ 的无辐射跃迁速率较大,抑制了 $Er^{3+} \rightarrow Yb^{3+}$ 的反向能量转移[6],因此能够保持 $Yb^{3+} \rightarrow Er^{3+}$ 的有效能量传递。

1998 年,蒋仕彬[6]在 $67P_2O_5 - 14Al_2O_3 - 14Li_2O - 1K_2O - 4(Yb_2O_3 + Er_2O_3)$ 玻璃中获得了最佳的 Cr_2O_3、Yb_2O_3、Er_2O_3 配比,其发现当 Yb_2O_3 掺杂浓度为 1.8×10^{21} ions/cm³、Cr_2O_3 掺杂浓度为 8×10^{18} ions/cm³、Er_2O_3 掺杂浓度为 1.45×10^{18} ions/cm³ 时,在 $\phi5\,mm \times 76\,mm$ 的玻璃棒中产生 5 mJ/15 Hz 的激光输出;2006 年,H. Desirena[59]在 $P_2O_5 - Al_2O_3 - Na_2O - K_2O - BaO$ 玻璃中研究发现,Er^{3+} 离子受激发射截面和荧光寿命随着 Er^{3+} 离子浓度升高而降低,在 Yb_2O_3、Er_2O_3 浓度分别为 2.5 mol%、0.25 mol% 时,量子效率最高为 86%。1988 年,上海光机所蒋亚丝[60]通过优化 Cr_2O_3、Yb_2O_3、Er_2O_3 浓度,在尺寸为 $\phi6\,mm \times 80\,mm$ 的磷酸盐玻璃棒中,获得 2.36 J 的激光输出。1991 年,上海光机所祁长鸿[61]研究了 Li-Al 磷酸盐玻璃中 Er^{3+} 离子的光谱性能,实验发现 Er^{3+} 离子在 $1.53\,\mu m$ 处的受激发射截面为 $0.73 \times 10^{-20}\,cm^2$。通过 Cr^{3+}、Yb^{3+} 离子的荧光寿命检测,确认了 Cr^{3+} 离子向 Yb^{3+} 离子以及 Yb^{3+} 离子向 Er^{3+} 离子间的能量转移。其在尺寸为 $\phi6\,mm \times 80\,mm$ 的玻璃棒中最高获得 3 J 的激光输出。1995 年,上海光机所蒋亚丝[62]研究了 OH^- 根对铒玻璃寿命和激光性能的影响;1997 年,蒋亚丝[63]已完成适合批量制造的掺铒磷酸盐玻璃及调 Q 材料,但未见详细的组分研究。2001 年,张龙[64]在 $LiErYbLaP_4O_{12}$ 磷酸盐玻璃体系中发现,在 Yb_2O_3、Er_2O_3 浓度分别为 1.8×10^{20} ions/cm³、0.96×10^{20} ions/cm³ 时获得的能量转换效率为 95%,但 Er^{3+} 离子的受激发射截面仅为 $0.48 \times 10^{-20}/cm^2$。上海光机所柳祝平[65]选取 $P_2O_5 - R_2O - MO - B_2O_3 - Al_2O_3 - Yb_2O_3 - Er_2O_3$(R=Li, Na, K;M=Mg, Ca, Ba, Zn)磷酸盐玻璃,研究了 Er^{3+} 离子的发光性能。其中,P_2O_5 含量为 $55 \sim 65$ mol%,$R_2O + MO$ 含量为 $17 \sim 18$ mol%,B_2O_3 含量为 $3 \sim 5$ mol%,Al_2O_3 含量为 $5 \sim 13$ mol%。玻璃中 Yb^{3+}、Er^{3+} 离子浓度分别为 $(1.0 \sim 2.0) \times 10^{21}\,cm^{-3}$ 和 $1.0 \times 10^{20}\,cm^{-3}$。

图 9-12 为实验所测得的玻璃中 Er^{3+} 离子的吸收和荧光光谱,峰值波长位置分别为 1 532 nm 和 1 533 nm,两个峰值位置仅差 1 nm,呈现出典型的三能级激活离子的光谱特征,荧光光谱较吸收光谱有些微红移。在 1 490 nm 和 1 500 nm 处吸收和荧光光谱分别有一个次峰,这表明室温下部分 Er^{3+} 离子占据着较高 Stark 能级位置。在长波长方向荧光光谱比吸收光谱延伸得更长,直到 1 680 nm 仍有荧光发射。图 9-13 是根据 Er^{3+} 离子的吸收光谱计算所得的不同波长处 Er^{3+} 离子的吸收截面和受激发射截面。图中显示在 $\lambda = 1\,532$ nm 处 Er^{3+} 离子吸收截面出现峰值,在 $\lambda = 1\,533$ nm 处受激发射截面出现峰值,两者亦相差 1 nm,理论计算结果与实验结果相符合。玻璃吸收峰 $\lambda_p = 1\,532$ nm,在 $\lambda > \lambda_p$ 的波长范围,$\sigma_{emi} > \sigma_{abs}$;而在 $\lambda < \lambda_p$ 处,$\sigma_{emi} < \sigma_{abs}$。增益系数 $\alpha(\lambda)$ 由下式决定:

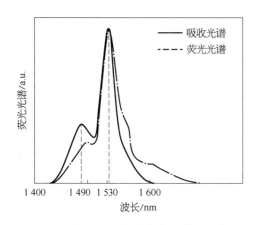

图 9-12 实验测得的玻璃中 Er^{3+} 离子的吸收光谱和荧光光谱[65]

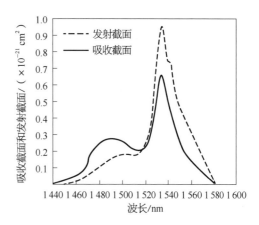

图 9-13 计算所得玻璃中 Er^{3+} 离子的吸收截面和受激发射截面[65]

$$\alpha(\lambda) = N_2 \sigma_{emi}(\lambda) - N_1 \sigma_{abs}(\lambda) \tag{9-9}$$

式中，N_2 为上能级粒子数；N_1 为下能级粒子数。从式（9-9）可见，Er^{3+} 离子的吸收截面、受激发射截面以及 Er^{3+} 的粒子布居均会影响激光输出增益。高的 σ_{emi} 有利于降低激光泵浦阈值能量，并实现高的激光效率。由于 Er^{3+} 离子在 980 nm 泵浦波长的吸收截面远小于 Yb^{3+} 离子，为提高泵浦效率，铒玻璃中需要用 Yb^{3+} 离子作敏化剂。

柳祝平[65]系统研究了玻璃组分、Yb^{3+} 离子浓度和 Er^{3+} 离子浓度对光谱性能的影响。图 9-14 表明了三种 18 mol% 碱土金属氧化物 MgO、CaO、BaO，以及 ZnO 对磷酸盐铒玻璃 Yb^{3+} 离子在 974 nm 吸收截面和 Er^{3+} 离子在 1 532 nm 受激发射截面的影响。与其他三种碱土金属氧化物相比，玻璃中含 ZnO 时 Yb^{3+} 离子峰值吸收截面和 Er^{3+} 离子峰值受激发射截面呈现最低值。而 MgO、CaO、BaO 对这两种截面的影响无明显区别。

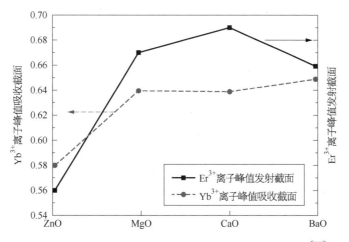

图 9-14 碱土金属氧化物（MO）对铒玻璃光谱性质的影响[65]

图 9-15 表明三种 12 mol% 碱金属氧化物 Li_2O、Na_2O、K_2O 对磷酸盐铒玻璃光谱参数的影响。随着碱金属离子半径的增加，从 Li_2O 到 K_2O，磷酸盐铒玻璃的 Yb^{3+} 峰值吸收截面

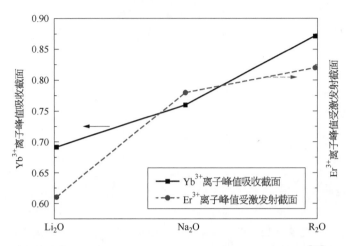

图 9 - 15 碱金属氧化物对磷酸盐铒玻璃光谱参数的影响[65]

和 Er³⁺ 峰值受激发射截面均明显增加。

图 9 - 16 显示在玻璃中 K_2O 和 BaO 总含量保持 17 mol% 不变的情况下,增加 K_2O 的比例,Yb³⁺ 峰值吸收截面和 Er³⁺ 峰值受激发射截面皆有所增加。这表明磷酸盐铒玻璃中 K_2O 比 BaO 对提高 Er³⁺ 受激发射截面更为有效。此外,实验还表明,在玻璃中 K_2O 和 BaO 的总量保持 17 mol% 不变的情况下,增加 BaO 的含量,则荧光寿命相应提高。

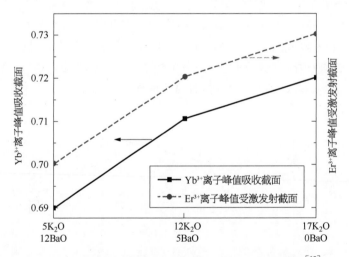

图 9 - 16 K_2O 和 BaO 相对含量变化对光谱性质的影响[65]

在磷酸盐玻璃中,Al_2O_3 作为网络中间体,常用来改变玻璃内部结构,从而改善玻璃的化学稳定性。柳祝平[65]选取了 Al_2O_3 含量分别为 5 mol%、8 mol% 和 13 mol% 的三种组成,以探讨其对光谱性质的影响。图 9 - 17 显示了三种玻璃中 Yb³⁺ 离子和 Er³⁺ 离子的吸收光谱。根据光谱计算所得玻璃的光谱性质见表 9 - 2。从图 9 - 17 和表 9 - 2 可以看出,同一玻璃中吸收光谱和荧光光谱的主峰相差为 1 nm,都处于 1 531~1 533 nm 范围内。这说明 Er³⁺ 离子的吸收和荧光在同样的两个 Stark 分裂能态之间产生。

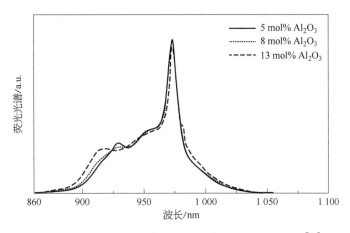

图 9-17　三种玻璃中 Yb^{3+} 离子和 Er^{3+} 离子的吸收光谱[65]

表 9-2　不同 Al_2O_3 玻璃的光谱性质[65]

光谱性质	5 mol% Al_2O_3		8 mol% Al_2O_3		13 mol% Al_2O_3	
积分吸收截面 $\Sigma_{abs(Yb^{3+})}$/($\times 10^4$ pm³)	2.88		2.84		2.85	
积分吸收截面 $\Sigma_{abs(Er^{3+})}$/($\times 10^4$ pm³)	2.74		2.19		2.43	
自发辐射概率 $A_{rad(Er^{3+})}$/s⁻¹	117		94		104	
辐射寿命 $\tau_{rad(Er^{3+})}$/ms	8.5		10.7		9.6	
测量寿命 $\tau_{m(Er^{3+})}$/ms	7.0		7.8		8.0	
吸收截面 $\sigma_{abs(Yb^{3+})}$/($\times 10^{-20}$ cm²)	0.83		0.76		0.69	
吸收截面 $\sigma_{abs(Er^{3+})}$/($\times 10^{-20}$ cm²)	0.54		0.48		0.50	
Yb 吸收峰位置/nm	930	973.4	930	973.4	915	973.4
Er 吸收峰位置/nm	1 497	1 532	1 492	1 531	1 492	1 532
Er 荧光峰位置/nm	1 503	1 532	1 503	1 531	1 497	1 533
主次峰	次峰	主峰	次峰	主峰	次峰	主峰

三种玻璃的 Yb^{3+} 离子吸收光谱在 915～930 nm 范围内都有一个次峰。从图 9-17 和表 9-2 可以发现，当 Al_2O_3 含量增加时，Yb^{3+} 离子吸收光谱的次峰从 930 nm 蓝移至 915 nm。这是由于随着 Al_2O_3 的增加，Yb^{3+} 离子所处的格位结构产生变化所导致。当 Al_2O_3 的浓度为 13 mol％时，玻璃的网络结构得到加强，配位场对 Yb^{3+} 离子的作用增大，导致很大一部分 Yb^{3+} 离子处于较高的 Stark 分裂能级。Er^{3+} 离子也存在类似原因。

表 9-2 还显示，Al_2O_3 含量为 5 mol％时，Er^{3+}、Yb^{3+} 离子的积分吸收截面 $\Sigma_{abs(Er^{3+})}$ 和 $\Sigma_{abs(Yb^{3+})}$ 最大，同时，Er 离子自发辐射概率 $A_{rad(Er^{3+})}$ 也最大，因而其辐射寿命最短。$\Sigma_{abs(Er^{3+})}$ 和 $\sigma_{abs(Er^{3+})}$ 的计算值与 Al_2O_3 的含量变化相吻合。此外，计算所得的辐射寿命和实验测试所得的荧光寿命趋势相同。实际上除辐射寿命外，影响荧光寿命的重要因素还有玻璃中的 OH⁻ 基含量。综合以上结论可以发现，在三种玻璃中 Al_2O_3 含量为 5 mol％时光谱性质最佳。荧光光谱测试也证实，Al_2O_3 含量为 5 mol％的铒玻璃荧光强度最高。

考虑到玻璃形成区和玻璃稳定性等因素，柳祝平[65]选用了三种 P_2O_5 浓度，分别为 55 mol％、60 mol％、65 mol％，研究了 P_2O_5 含量变化对光谱性能的影响。图 9-18 表明，玻

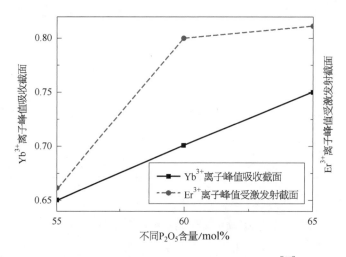

图 9-18 P₂O₅ 含量对铒玻璃光谱性质的影响[65]

璃中网络形成体 P_2O_5 含量从 55 mol％增加到 65 mol％时，Yb^{3+} 峰值吸收截面和 Er^{3+} 峰值受激发射截面的变化规律。实验发现，Yb^{3+} 离子的峰值吸收截面随着 P_2O_5 含量的增加而增加，Er^{3+} 离子的峰值受激发射截面在 P_2O_5 含量为 60 mol％时基本达到饱和。

Yb^{3+} 离子在玻璃中的主要作用是吸收泵浦光并将其能量传递给 Er^{3+} 离子以提高泵浦效率。为获取 Yb^{3+} 敏化离子的最佳浓度，柳祝平[65]在同一基质玻璃中选了 4 mol％、5 mol％、6 mol％、7 mol％和 8 mol％五种不同的 Yb_2O_3 浓度。由表 9-3 可见，在所选 Yb_2O_3 浓度范围内其最佳敏化浓度约为 6 mol％，此时 Yb^{3+} 峰值吸收截面和 Er^{3+} 峰值受激发射截面均达到最高值。当 Yb_2O_3 浓度高于 6 mol％时，上述光谱参数的降低可能与 Yb^{3+} 离子浓度过高形成团簇结构、引发稀土离子之间的能量交叉弛豫有关。荧光寿命的测试结果也表明，在同一玻璃基质中保持 Er^{3+} 离子浓度不变，当 Yb_2O_3 浓度从 6 mol％增加到 8 mol％时，Er^{3+} 离子荧光寿命从 7.5 ms 降低到 6.8 ms，荧光寿命降低了近 10％。这说明在 Yb_2O_3 浓度过高时，$Yb^{3+} \rightarrow Er^{3+}$ 能量转移效率降低。而当 Yb_2O_3 浓度低于 6 mol％时，由于 $Yb^{3+} \rightarrow Er^{3+}$ 能量转移效率不够高，Er^{3+} 的荧光强度亦会减弱。

表 9-3 Yb_2O_3 含量变化对光谱性质的影响[65]

Yb_2O_3 /mol%	$\sigma_{abs}(Yb^{3+})$ /($\times 10^{-20}$ cm²)	$\sigma_{abs}(Er^{3+})$ /($\times 10^{-20}$ cm²)	$\tau_m(Er^{3+})$/ms	$\Sigma_{abs}(Er^{3+})$ /($\times 10^4$ pm³)
4	0.95	0.54	6.8	2.60
5	0.92	0.58	7.5	2.85
6	0.90	0.58	7.5	2.80
7	0.87	0.54	7.2	2.70
8	0.80	0.50	6.8	2.40

表 9-4 表明了 Yb_2O_3 含量为 6 mol％时，改变 Er_2O_3 浓度对光谱性质的影响。由表 9-4 可见，Er_2O_3 含量的变化对 τ_{Yb} 和 η_{Er} 的影响最为明显，对其他光谱性质则影响不大。$Yb^{3+} \rightarrow Er^{3+}$ 的能量传递效率 η_{Er} 与 Er^{3+} 离子浓度有极大的关系。Er^{3+} 离子浓度越高，η_{Er} 越大。当

Er_2O_3 浓度达到 0.4 mol% 时，能量传递效率高达 96%。这主要是由于随着 Er^{3+} 离子的增加，接受激活态 Yb^{3+} 离子能量的粒子数增加，能量转移效率提高。

表 9-4　Yb_2O_3 含量为 6 mol% 时改变 Er_2O_3 浓度对光谱性质的影响[65]

Er_2O_3 /mol%	$\sigma_{abs}(Yb^{3+})$ /($\times 10^{-20}$ cm^2)	$\sigma_{abs}(Er^{3+})$ /($\times 10^{-20}$ cm^2)	$\tau_m(Er^{3+})$ /ms	$\sum_{abs}(Er^{3+})$ /($\times 10^4$ pm^3)	$\tau_m(Yb^{3+})$ /μs	η_{Er} /%
0.05	0.86	0.65	7.5	3.5	210	81
0.2	0.87	0.60	7.5	3.1	65	94
0.4	0.9	0.58	7.5	2.8	40	96

9.2.2.2　掺铒磷酸盐激光玻璃应用研究

目前，国际上的磷酸盐铒玻璃激光玻璃产品主要由俄罗斯科学院和美国 Kigre 公司提供或来自他们的技术转让。其中俄罗斯[66]首次开发出了 LGS-E 型号、KGSS 型号磷酸盐激光铒玻璃，并持续改进[67-69]。美国 Kigre 公司则先后开发出了 QE-7、QE-7S 和 QX/Er 系列磷酸盐激光铒玻璃[6,70]。上海光机所相继开发了几种满足不同应用需求的磷酸盐激光铒玻璃。国内外主要磷酸盐激光铒玻璃产品的性能见表 9-5。

表 9-5　国内外不同型号铒玻璃产品性能[12,71]

	EAT14 (SIOM)	Cr14 (SIOM)	LGS-KhM	QX/Er (Kigre)	QE-7S (Kigre)	MM2 (Kigre)	LG-960 (Schott)	LG-950 (Schott)
受激发射截面 σ_{emi}/ ($\times 10^{-20}$ cm^2)	0.8	0.8	0.75	0.8	0.8	0.8	0.68	0.7
寿命 τ/ms	7.7~8.0	7.7~8.0	8.5	7.9	8.0	7.9	10.2	6.4
中心波长 λ/nm	1 535	1 535	1 535	1 535	1 535	1 535	1 534	1 534
折射率 n/(1 535 nm)	1.524	1.530	1.532	1.521	1.531	1.53	1.533	1.515 1
折射率温度系数 dn/dt/ ($\times 10^{-6}$/℃)$_{(20\sim100℃)}$	−1.72	−5.2	—	−1.0	−6.3	−3.8	0.4	
转变温度 T_g/℃	556	455	480	450	462	506	504	422
软化温度 T_s/℃	605	493	—	485	—			
热膨胀系数 α/ ($\times 10^{-7}$/K)$_{(20\sim100℃)}$	87	103	87	82	114	73	98	129
热导率 K/(W·m^{-1}·K^{-1})	0.7	0.7		0.85	0.82	0.85	0.64	0.63

2002 年，柳祝平、胡丽丽等[72]采用激光二极管泵浦，成功实现了铒镱共掺磷酸盐铒玻璃激光器的连续运转，在室温下所得到的激光最大输出功率达 43 mW，斜率效率为 10.6%，激光光谱范围为 1 516~1 547 nm，峰值波长为 1 533 nm。2006 年，赵士龙、徐时清等[73]利用激光二极管作为泵浦源，在室温下获得最大激光输出功率为 80 mW，斜率效率为 16.5%。陈力[14]在 Cr14 玻璃基础上，研究了在激光输出状态下铒玻璃的储能和热沉积性质。结果表明，Cr^{3+} 离子的 $^4T_1$ 吸收带（400~550 nm）和 $^4T_2$ 吸收带（550~800 nm）以及 Yb^{3+} 离子的吸收带（900~1 030 nm）对 Er^{3+} 离子激光输出的泵浦贡献分别约占 25%、10% 和 65%。表明铬镱铒共掺磷酸盐玻璃中，Cr^{3+} 离子的高激发态 $^4T_1$ 泵浦带对 Er^{3+} 离子激光输出的泵浦效果很可能优于低激发态 $^4T_2$ 泵浦带，并且高激发态 $^4T_1$ 泵浦带所造成的热沉积很可能并不比低激发态 $^4T_2$ 泵浦

带更加严重。热沉积来源于 Cr^{3+} 离子的 $^4T_1$、$^4T_2$ 吸收带以及 Yb^{3+} 离子吸收带的比例分别约占 30%、30% 和 40%。采用腔长为 225 mm 的平凹谐振腔,其中全反镜(R>99.5%@1 530～1 560 nm)的曲率半径为 500 mm,输出耦合镜采用不同反射率的平面镜。实验显示,考虑输出能量指标时,优化的泵浦脉宽为 2.3 ms(10% 最大幅度间);考虑激光阈值及斜率效率时,优化的输出耦合镜反射率为 85%。栾飞[35]详细分析了氙灯泵浦 Cr:Yb:Er 共掺磷酸盐玻璃各离子能级间的能量转移过程,结果表明其可能过程如下:Cr^{3+} 离子吸收泵浦光跃迁至 $^4T_1$ 和 $^4T_2$ 能级,激发至 $^4T_1$ 能级的 Cr^{3+} 离子与 Yb^{3+} 离子和 Er^{3+} 离子间很可能并无直接的能量传输通道,因此认为是无辐射弛豫至 $^4T_2$ 能级;Yb^{3+} 离子除少量在近红外区域直接激发,大量 Yb^{3+} 离子的激发是通过 Cr^{3+} 离子 $^4T_2$ 能级与 Yb^{3+} 离子 $^2F_{7/2}$ 能级间能量传递通道完成。Er^{3+} 离子的激发主要通过 $Yb^{3+} \rightarrow Er^{3+}$ 能量传递通道完成。而通过 $Cr^{3+} \rightarrow Er^{3+}$ 能量传递通道激发的 Er^{3+} 离子相对较少,基本可以忽略。氙灯泵浦下,相比单掺铒的磷酸盐玻璃而言,在 Cr14-05 型 Cr:Yb:Er 共掺磷酸盐玻璃中实现了自由振荡激光输出能量的大幅提高。当腔长为 23 cm、工作频率为 1 Hz 时,最大输出能量为 2.297 J,激光器斜率效率可达 1.14%。通过分析铒玻璃中 Er^{3+}、Yb^{3+}、Cr^{3+} 离子掺杂浓度对自由振荡激光输出性能的影响,证实了 Er^{3+} 离子浓度的增加可迅速提高自由振荡激光器的斜率效率,泵浦阈值先减小后增大,且当 Er^{3+} 离子掺杂浓度为 2×10^{19} cm^{-3} 时泵浦阈值达到最低值。Yb^{3+}、Cr^{3+} 离子掺杂浓度的增加均能提高自由振荡激光输出的斜率效率,但增加幅度逐渐降低,对应的泵浦阈值则逐渐减小,减小幅度同样越来越小。冯素雅[74-75]以 EAT14 型 Yb^{3+}/Er^{3+} 共掺磷酸盐玻璃为增益介质,研究了 LD 泵浦 Yb^{3+}/Er^{3+} 共掺磷酸盐铒玻璃微片激光器的输出特性。根据热沉积模型分析,给出了不同掺杂浓度下磷酸盐玻璃中的热沉积系数。Yb^{3+} 离子掺杂浓度为 2.06×10^{21}/cm^3 时,热沉积系数随 Er^{3+} 离子浓度的增加而增加。当固定 Er^{3+} 离子掺杂浓度为 2.45×10^{19}/cm^3,Yb^{3+} 离子的掺杂浓度为 2.06×10^{21}/cm^3、1.64×10^{21}/cm^3、1.35×10^{21}/cm^3 时的热沉积系数基本相等。结果表明,一定增益下,为降低材料的热沉积,Er^{3+} 离子的浓度应尽可能低。此外,过高的 Yb^{3+} 离子掺杂浓度不能提高材料的激光性能,反而带来更严重的热效应。针对自主研制的 Yb^{3+}/Er^{3+} 共掺磷酸盐铒玻璃,优化的离子掺杂浓度为:Er^{3+} 离子的掺杂浓度在 0.5～1.0 wt% 之间,Yb^{3+} 离子的掺杂浓度约为 15 wt%。以不同掺杂浓度的磷酸盐铒玻璃样品为增益介质,进行了连续 LD 泵浦下的激光实验,取得了最大 325 mW、效率 25.9% 的激光输出[76]。以含有 Co^{2+}:$MgAl_2O_4$ 纳米晶粒的硅酸盐透明微晶玻璃为调 Q 元件,LD 泵浦 Yb^{3+}/Er^{3+} 共掺磷酸盐铒玻璃微片激光器的调制输出,获得了脉宽 6.2 ns、单脉冲能量 6.3 μJ 的激光输出[77]。

与石英玻璃相比,多组分玻璃对稀土离子具有良好的溶解度,可达 10 wt% 以上,且未发现因稀土离子高浓度掺杂引起的荧光猝灭现象。例如,掺杂磷酸盐玻璃光纤可将传统单频激光器中增益介质的使用长度减少至厘米量级,腔内纵模间隔可达数吉赫兹,同时可以实现几百毫瓦的单频激光输出[78]。2000 年,蒋仕彬[79]利用磷酸盐铒玻璃(Er^{3+} 离子浓度为 3.8×10^{20} ions/cm^3),通过管棒法制备光纤,在 4 μm 芯径内获得 2 dB/cm 的增益。华南理工大学杨中民等[80]在磷酸盐玻璃中均匀掺杂稀土离子铒(Er^{3+})、镱(Yb^{3+}),其掺杂浓度分别为 3.0 mol%、5.0 mol%,成功拉制出单位长度增益高达 12.6 dB/cm 的铒镱共掺磷酸盐玻璃光纤,测得磷酸盐玻璃光纤在 1 310 nm 处的传输损耗为 0.04 dB/cm。温磊等[81]利用制备的 $Yb^{3+}-Er^{3+}$ 共掺磷酸盐玻璃(6 wt% Yb^{3+} 和 0.5 wt% Er^{3+} 共掺)以及与该玻璃热学和光学性能匹配的磷酸盐白玻璃(芯、内包层、外包层玻璃在～1 550 nm 处的折射率分别为 1.539 8、

1.537 8 和 1.513 3），通过堆积法成功制备了非圆形内半层的双包层光纤。利用 927 nm LD 作为泵浦光，在 55 cm 长的光纤中实现了斜率效率 30%、最大输出功率 4.9 W 的多模激光输出。

9.3　2.7 μm 激光铒玻璃的研究

中红外波段覆盖了 2～2.5 μm 与 3.5～5 μm 两个重要的大气传输窗口以及 2.7 μm 周边的羟基基团最强吸收带，因此被认为是"大气窗口区"，如图 9 - 19 所示。中红外波段的激光在气体探测、大气通信、远距离探测及导航、军用装备和医疗等一系列军民领域均具有重要的应用价值[82-86]。

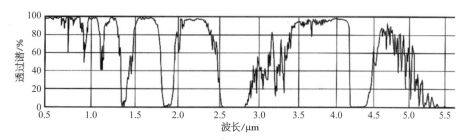

图 9 - 19　从可见光到中红外的大气传输曲线

例如在生物医疗领域，由于水分占人体体重的 65% 左右，利用含羟基基团的水分在 2.7 μm 附近有强烈吸收这一特点，可以用中红外激光实施极为精确的切割、切除手术，而对邻近组织的机械损伤很小。作为一种极其精确的激光"切割"工具，Er^{3+} 离子位于 2.7 μm 波段的激光已经被应用于医学激光微治疗领域，实施一些精细的医疗手术，如皮肤医学和眼科学等[82]。

目前有毒有害气体检测的应用非常广泛，比如工业上的火焰成分分析、家具及装修中的有害气体检测等。而中红外 2～5 μm 波段覆盖了许多重要的大气分子的特征谱线（图 9 - 20），比如 NO、CO_2、CO、NO_2、SO_2 和 H_2S 等众多有害气体在该波段均有较强的吸收，因此也被

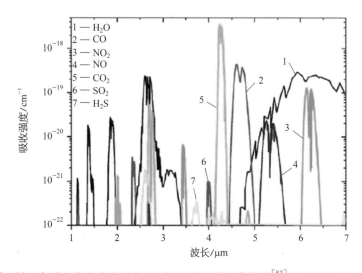

图 9 - 20　各种气体和水分子在 1～7 μm 波段的吸收曲线[83]（参见彩图附图 36）

称为分子指纹谱[83]。中红外波段的激光可以有效探测这些气体分子。其中 $3\sim5~\mu m$ 波段的激光应用最为广泛,这是因为水分子在这一波段的吸收相对弱一些,在气态物质检测时可以去除水分子的干扰。

为了获得中红外激光输出,玻璃中常用的稀土掺杂离子有 Er^{3+}、Ho^{3+} 和 Dy^{3+}。采用半导体 LD 直接泵浦的稀土掺杂玻璃光纤是获得 $2.7~\mu m$ 中红外光源的有效途径。对于可实现 $2.7~\mu m$ 波段输出的稀土掺杂玻璃材料而言,对材料的核心要求是玻璃基质具有低的声子能量以减少多声子弛豫概率,增强中红外发光对应的辐射跃迁概率。因此,具有低声子能的材料是中红外发光研究的热点。如在硫系玻璃或光纤中,已实现在 $3.4~\mu m$ 波段发射的掺 Pr^{3+} 硫系玻璃[87]、在 $2.7~\mu m$ 波段发射的掺 Er^{3+} 硫系玻璃[88]和在 $4.3~\mu m$ 波段发射的掺 Dy^{3+} 硫系玻璃[89]等。

上海光机所在 Er^{3+}:$2.7~\mu m$ 中红外发光方面进行了较为全面和深入的研究。在 Er^{3+} 单掺,Er^{3+}/Pr^{3+}、Er^{3+}/Ho^{3+}、Er^{3+}/Nd^{3+} 共掺的各种玻璃体系中[90-96]详细研究了 Er^{3+} 离子中红外发光的机理和敏化机制,并计算了稀土离子间的能量传递系数,从理论上证实了敏化离子对增强 Er^{3+}:$2.7~\mu m$ 中红外发光的显著作用。

郭艳艳研究了掺铒氟化物 ZBLAN 玻璃,引入 TeO_2 为 4 mol% 时,可明显增强 Er^{3+} 离子的 $2.7~\mu m$ 发光[91],在 Er^{3+} 离子单掺 TeO_2-Na_2O(TN)、TeO_2-GeO_2-ZnO-K_2O(TG)玻璃和 TeO_2-WO_3-La_2O_3(TWL)玻璃中[92],均获得 $2.7~\mu m$ 发光。并采用 Judd-Ofelt 理论计算 Er^{3+} 离子在各玻璃中的自发辐射跃迁概率,最大为 $59.42~s^{-1}$。依据 $2.7~\mu m$ 发射光谱计算的受激发射截面最大值为 $8.37\times10^{-21}~cm^2$。郭艳艳研究了 Er^{3+} 离子在铋酸盐玻璃 Bi_2O_3-GeO_2-Ga_2O_3-Na_2O(BGG)中的 $2.7~\mu m$ 发光特性[90],该玻璃具有较好的热稳定性及较宽的红外透过范围($\sim5~\mu m$)。通过吸收光谱计算获得的自发辐射跃迁概率为 $65.26~s^{-1}$,由发射光谱计算得到 Er^{3+} 离子 $2.7~\mu m$ 处最大发射截面为 $10.8\times10^{-21}~cm^2$。同时发现在 Er^{3+}/Pr^{3+} 离子共掺杂 BGG 玻璃中,Pr^{3+} 离子的掺入可转移 Er^{3+} 离子 $^4I_{13/2}$ 能级的能量,通过荧光衰减曲线计算 Er^{3+} 离子 $^4I_{13/2}$ 能级到 Pr^{3+} 离子 $^3F_3$ 能级的能量转移效率高达 96%。

徐茸茸等[93]通过在锗酸盐玻璃中引入 Bi_2O_3,发现基质玻璃的最大声子能量从 $850~cm^{-1}$ 降低到 $804~cm^{-1}$ 时,较低的声子能量能降低非辐射弛豫跃迁,有利于中红外发光。当 Bi_2O_3 含量为 10 mol% 时,锗酸盐玻璃在 $2.7~\mu m$ 的发光最强,其最大发射截面为 $7.17\times10^{-21}~cm^2$。此外,还研究了 Cr^{3+} 离子对 Er^{3+} 离子在 $2.7~\mu m$ 发光的增强作用和能量转移过程。发现当 Er^{3+}、Cr^{3+} 离子双掺浓度分别为 2 mol% 和 0.2 mol% 时,荧光强度最大。如图 9-21 所示,在铒镨共掺的氟锗酸盐玻璃中,Pr^{3+} 的引入提高了 Er^{3+} 在 $2.7~\mu m$ 发光的荧光强度,实验测得的 Er^{3+} 单掺和铒镨共掺样品中 Er^{3+} 的 $1.5~\mu m$ 荧光寿命分别为 8.48 ms 和 0.42 ms,得出铒镨共掺的玻璃中能量转移(Er^{3+}:$^4I_{13/2}$,Pr^{3+}:$^3H_4\rightarrow Er^{3+}$:$^4I_{15/2}$,Pr^{3+}:$^3F_3$)效率达 95%。

田颖[94-95]在 $20Al(PO_3)_3$-$17BaF_2$-$13MgF_2$-$10CaF_2$-$20SrF_2$-$20NaF$ 氟磷酸盐玻璃中,通过铒镨共掺,利用 Pr^{3+} 离子的 $^3F_{3,4}$ 能级来削减 Er^{3+}:$^4I_{13/2}$ 能级上的能量,加速 Er^{3+} 离子 $2.7~\mu m$ 发光的上下能级粒子数反转,有利于获得 $2.7~\mu m$ 荧光,其在 $2.7~\mu m$ 发光的受激发射截面为 $6.57\times10^{-21}~cm^2$。通过铒镨共掺,分别利用 800 nm LD 和 980 nm LD 激发,分析了从铒镨共掺的氟磷玻璃中观察到不同发光中心红外荧光的原因。在 980 nm LD 泵浦下,铒镨共掺的氟磷玻璃可以获得更强的 $2.7~\mu m$ 发光,计算了 Er^{3+}:$^4I_{13/2}$ 能级到 Nd^{3+}:$^4I_{15/2}$ 能级的能量转移效率为 83.91%,说明 Nd^{3+} 离子有效减少了 $2.7~\mu m$ 发光的下能级粒子数,有利于实

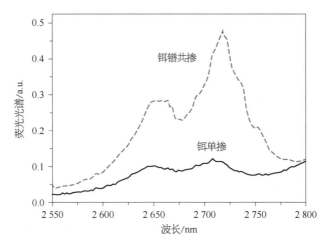

图 9‑21　铒单掺和铒镨共掺氟锗酸盐玻璃的中红外荧光光谱

现上下能级粒子数反转。

薛天峰[97-99]研究了掺铒镓酸盐玻璃 2.7 μm 发光行为,发现 $Er^{3+}:{}^4I_{11/2}\rightarrow{}^4I_{13/2}$ 跃迁的辐射跃迁概率为 25.89 s^{-1},在 2.71 μm 处的受激发射截面为 1.04×10^{-20} cm^2。通过将钕、铒共掺降低了 ${}^4I_{13/2}$ 能级上的粒子,得到了增强的中红外发光,掺入 Nd^{3+} 离子的浓度为 1 mol% 时,2.7 μm 发光最强。随着掺 Nd^{3+} 离子浓度进一步增加,Nd^{3+}-Nd^{3+} 之间的交叉弛豫逐渐增强,产生了浓度猝灭效应,从而使 $Nd^{3+}:{}^4F_{3/2}$ 到 $Er^{3+}:{}^4I_{11/2}$ 的传递粒子数减少,在一定程度上削弱了产生中红外发光的辐射跃迁(A)$Er^{3+}:{}^4I_{11/2}\rightarrow{}^4I_{13/2}$。同样,在铒镨共掺氟镓酸盐玻璃中,发现铒镨共掺样品的 2.7 μm 发光比单掺铒样品的强度增加 2.7 倍,计算所得的最大受激发射截面及吸收截面值分别为 1.132×10^{-20} cm^2 和 1.072×10^{-20} cm^2,比单掺铒样品的大(1.04×10^{-20} cm^2 和 1.0×10^{-20} cm^2)。

尽管国内外对掺 Er^{3+} 离子在玻璃中的光谱研究较多,但目前基于 Er^{3+} 离子的 2.7 μm 激光主要产生在氟化物光纤中。1988 年,Brierley 等[100]在 0.1 mol% ErF_3 单掺杂 ZBLAN 光纤中首次报道了中心波长在 2.78 μm 的连续激光输出,泵浦波长为 476.5 nm,实现连续激光输出的机理为 ${}^4I_{13/2}$ 能级在 476.5 nm 激光泵浦下存在较强的激发态吸收[100]。2007 年,美国新墨西哥大学的 Xiushan Zhu 等[101]在 6 mol% ErF_3 高掺 ZBLAN 光纤中实现了 10 W 的连续激光输出,中心波长 2.78 μm,斜率效率 21.3%,光纤损耗为 500 dB/km。2011 年,加拿大 Laval 大学 D. Faucher 等[102]在一根 4.6 m 长的 7 mol% ErF_3 掺杂 ZBLAN 光纤中实现了 20.6 W 的单模激光输出,中心波长 2.825 μm,斜率效率达到了 39.5%,首次在铒掺杂 ZBLAN 光纤超过 Stokes 极限约 15%。

综上所述,本章详细阐述了 Er^{3+} 离子的能级结构、单掺铒和稀土及过渡金属离子敏化情况下 Er^{3+} 离子的光谱性能和能量转移机制,以及国内外激光铒玻璃的研究进展。磷酸盐铒玻璃作为 1.5 μm 激光的主要激光材料,已经在激光测距、激光雷达等领域实现了广泛应用。Er^{3+} 离子在氟化物玻璃光纤中已经实现了 20 W 以上的 2.7 μm 单模激光输出。掺铒激光玻璃及其光纤因其人眼安全、通信及大气传输窗口的波长特征,将会得到更广泛的应用。

主要参考文献

[1]　Goldberg L,Hough N,Nettleton J,et al. Er/Yb glass Q-switched lasers with optimized performance

［C］//Solid State Lasers ⅩⅩⅧ：Technology and Devices. International Society for Optics and Photonics，2019(10896)：1－8.

［2］周艳宗,王冲,刘燕平,等.相干测风激光雷达研究进展和应用［J］.激光与光电子学进展,2019,56(2)：9－26.

［3］Sakimura T，Watanabe Y，Ando T，et al. 3.2 mJ，1.5 μm laser power amplifier using an Er，Yb：glass planar waveguide for a coherent Doppler LIDAR［C］//Proceedings of SPIE，The International Society for Optical Engineering，2012(8526)：04.

［4］姜中宏.新型光功能玻璃［M］.北京：化学工业出版社,2008.

［5］Snitzer E，Woodcock R，Segre J. Phosphate glass Er^{3+} laser［J］. IEEE Journal of Quantum Electronics，1968,4(5)：360.

［6］Jiang S B，Myers M，Peyghambarian N. Er^{3+} doped phosphate glasses and lasers［J］. Journal of Non-Crystalline Solids，1998,239(1－3)：143－148.

［7］Snitzer E，Woodcock R. Yb^{3+}-Er^{3+} glass laser［J］. Applied Physics Letters，1965,6(3)：45－46.

［8］Lunter A S G，Dymnikov A D，Przhevuskii A K，et al. Laser glasses［C］//Proceedings of the Glasses for Optoelectronics Ⅱ，F，1991.

［9］Lukac M，Marincek M. Energy storage and heat deposition in flashlamp-pumped sensitized erbium glass lasers［J］. IEEE Journal of Quantum Electronics，1990,26(10)：1779－1787.

［10］柳祝平,胡丽丽,戴世勋,等.Cr^{3+}，Yb^{3+}，Er^{3+}共掺磷酸盐铒玻璃中Ce^{3+}和Cr^{3+}离子对光谱性质的影响［J］.中国激光,2004,31(9)：1086－1090.

［11］Byshevskaya-Konopko L O，Izyneev A A，Pavlov Y S，et al. On the role of cerium in a chromium-ytterbium-erbium phosphate glass［J］. Quantum Electronics，2000,30(9)：767－770.

［12］Izyneev A A，Sadovskii P I. New highly efficient LGS-KhM erbium-doped glass for uncooled miniature lasers with a high pulse repetition rate［J］. Quantum Electronics，1997,27(9)：771－775.

［13］Galagan B I，Danileiko Y K，Denker B I，et al. Nature of the temperature dependence of the lasing efficiency of erbium laser glasses and the mechanism of the influence of sensitisers on this efficiency［J］. Quantum Electronics，1998,28(4)：313－315.

［14］陈力.闪光灯泵浦铬镱铒共掺磷酸盐玻璃的激光性质［D］.上海：中国科学院上海光学精密机械研究所,2006.

［15］Choi Y G，Lim D S，Kim K H，et al. Enhanced $4I_{11/2} \rightarrow 4I_{13/2}$ transition rate in Er^{3+}/Ce^{3+}-codoped tellurite glasses［J］. Electronics Letters，1999,35(20)：1765－1767.

［16］杨建虎,戴世勋,胡丽丽,等.Ce^{3+}离子对掺Er^{3+}碲酸盐玻璃光谱性质的影响［J］.中国激光,2003,30(3)：267－270.

［17］Wei T，Tian Y，Chen F Z，et al. Mid-infrared fluorescence，energy transfer process and rate equation analysis in Er^{3+} doped germanate glass［J］. Scientific Reports，2014(4)：1－10.

［18］Tokita S，Murakami M，Shimizu S，et al. 12 W Q-switched Er：ZBLAN fiber laser at 2.8 μm［J］. Optics Letters，2011,36(15)：2812－2814.

［19］范小康,王欣,李夏,等.Er^{3+}单掺与Er^{3+}/Pr^{3+}共掺碲酸盐玻璃的2.7 μm光谱性质及能量转移过程［J］.光学学报,2014,34(1)：163－169.

［20］张威.稀土铒离子掺杂铝镓酸盐玻璃中红外光谱性质研究［D］.北京：中国科学院大学,2015.

［21］Zhao G Y，Tian Y，Fan H Y，et al. Efficient 2.7 μm emission in Er^{3+}-doped bismuth germanate glass pumped by 980 nm laser diode［J］. Chinese Optics Letters，2012,10(9)：091601－1－091601－3.

［22］周亚训,黄尚廉,周灵,等.不同铒离子掺杂浓度下碲酸盐玻璃荧光特性研究［J］.无机材料学报,2007,22(4)：671－676.

［23］Tian Y，Xu R R，Hu L L，et al. 2.7 μm fluorescence radiative dynamics and energy transfer between Er^{3+} and Tm^{3+} ions in fluoride glass under 800 nm and 980 nm excitation［J］. Journal of Quantitative Spectroscopy and Radiative Transfer，2012,113(1)：87－95.

［24］马瑶瑶. 稀土掺杂碲酸盐及卤氧碲酸盐玻璃 2～3 μm 发光性能研究［D］.北京：中国科学院大学,2015.

［25］Guan Sh, Tian Y, Guo Y Y, et al. Spectroscopic properties and energy transfer processes in Er^{3+}/Nd^{3+} co-doped tellurite glass for 2.7 μm laser materials ［J］. Chinese Optics Letters, 2012,10(7)：64 - 68.

［26］赵国营,房永征,张娜,等. Er^{3+}/Nd^{3+} 共掺铋锗酸盐玻璃 2.7 μm 光谱性质研究［J］.中国激光,2015(7)：164 - 170.

［27］Guo Y Y, Li M, Tian Y, et al. Enhanced 2.7 μm emission and energy transfer mechanism of Nd^{3+}/Er^{3+} co-doped sodium tellurite glasses ［J］. Journal of Applied Physics, 2011,110(1)：013512(1 - 5).

［28］Xu R R, Tian Y, Hu L L, et al. Enhanced emission of 2.7 μm pumped by laser diode from Er^{3+}/Pr^{3+}-co-doped germanate glasses ［J］. Optics Letters, 2011,36(7)：1173 - 1175.

［29］何冬兵. 氧氟碲酸盐玻璃析晶稳定性和光谱学性能研究［D］.上海：中国科学院上海光学精密机械研究所,2006.

［30］Miniscalco W J, Quimby R S. General procedure for the analysis of Er^{3+} cross sections ［J］. Optics Letters, 1991,16(4)：258 - 260.

［31］McCumber D E. Einstein relations connecting broadband emission and absorption spectra ［J］. Physical Review, 1964,136(4A)：A954 - A957.

［32］冯宇彤,孟俊清,陈卫标. 人眼安全全固态激光器研究进展［J］.激光与光电子学进展,2007,44(10)：34 - 39.

［33］Johnson G J. Springer handbook of lasers and optics ［M］. ［S. l.］：Springer, 2012.

［34］徐军. 激光材料科学与技术前沿［M］.上海：上海交通大学出版社,2007.

［35］栾飞. 铬镱铒共掺磷酸盐玻璃调 Q 激光的速率方程［D］.上海：中国科学院上海光学精密机械研究所,2009.

［36］顾畹仪. 光纤通信系统［M］.北京：北京邮电大学出版社,2013.

［37］Gapontsev V P, Matitsin S M, Isineev A A, et al. Erbium glass lasers and their applications ［J］. Optics and Laser Technology, 1982,14(4)：189 - 196.

［38］Galagan B I. Efficient bleachable filter based on Co^{2+}：$MgAl_2O_4$ crystals for Q-switching of $\lambda=1.54$ μm erbium glass lasers ［J］. Quantum Electronics, 1999,29(3)：189 - 190.

［39］Denker B, Galagan B, Osiko V, et al. Active and passive materials for miniature diode-pumped 1.5 μm erbium glass lasers ［C］//International Workshop on Laser and Fiber-Optical Networks Modeling, 2003.

［40］Laporta P, Silvestri S D, Magni V, et al. Diode-pumped cw bulk Er：Yb：glass laser ［J］. Optics Letters, 1991,16(24)：1952 - 1954.

［41］郭猛. 宽温度范围微型化人眼安全激光器的研究［D］.北京：北京工业大学,2015.

［42］郭猛,惠勇凌,王万祎,等.宽温度范围微型人眼安全激光器［J］.强激光与粒子束,2015,27(4)：99 - 102.

［43］宋峰,陈晓波,商美茹,等.掺铒玻璃激光器及其应用［J］.光电子・激光,1998(3)：264 - 267.

［44］Knights M, Kuppenheimer J, Chicklis E, et al. Eyesafe laser rangefinder ［J］. IEEE Journal of Quantum Electronics, 2003,17(12)：2480.

［45］Laporta P, Taccheo S, Longhi S, et al. Erbium-ytterbium microlasers：optical properties and lasing characteristics ［J］. Optical Materials, 1999,11(2 - 3)：269 - 288.

［46］Poole S, Payne D, Mears R, et al. Fabrication and characterization of low-loss optical fibers containing rare-earth ions ［J］. Journal of Lightwave Technology, 1986,4(7)：870 - 876.

［47］Levoshkin A, Petrov A, Montagne J E. High-efficiency diode-pumped Q-switched Yb：Er：glass laser ［J］. Optics communications, 2000,185(4 - 6)：399 - 405.

［48］Hwang B C, Jiang S B, Luo T, et al. Erbium-doped phosphate glass fibre amplifiers with gain per unit length of 2.1 dB/cm ［J］. Electronics Letters, 1999,35(12)：1007 - 1009.

［49］Hwang B C, Jiang S B, Luo T, et al. Performance of high-concentration Er^{3+}-doped phosphate fiber amplifiers ［J］. IEEE Photonics Technology Letters, 2001,13(3)：197 - 199.

［50］Qiu T, Li L, Temyanko V, et al. Generation of high power 1 535 nm light from a short cavity cladding pumped Er:Yb phosphate fiber laser [C]//Conference on Lasers and Electro-Optics (CLEO), 2004. IEEE, 2004(1): 1 - 2.

[51] Chavez P A. Highly doped phosphate glass fibers for fiber lasers and amplifiers with applications [C]// Proceeding of SPIE 7839, 2nd Workshop on Specialty Optical Fibers and Their Applications (WSOF-2), Oaxaca, Mexico, 78390K(1 - 4).

[52] Li J C, Li S G, Hu H F, et al. Emission properties of Yb^{3+}/Er^{3+} doped $TeO_2 - WO_3 - ZnO$ glasses for broadband optical amplifiers [J]. Journal of Materials Science and Technology, 2004,20(2): 139 - 142.

[53] Li Jiacheng, Hu Hefang, Gan Fuxi. Influence of OH groups on 1.5 μm emission of Yb^{3+}/Er^{3+} co-doped tungsten-tellurite glasses [J]. Chinese Optics Letters, 2003,1(12): 702 - 704.

[54] Xu S Q, Dai S X, Zhang J J, et al. Broadband 1.5 μm emission of erbium-doped $TeO_2 - WO_3 - Nb_2O_5$ glass for potential WDM amplifier [J]. Chinese Optics Letters, 2004,2(2): 106 - 108.

[55] Jha A, Shen S, Naftaly M. Structural origin of spectral broadening of 1.5 μm emission in Er^{3+}-doped tellurite glasses [J]. Physical Review B, 2000,62(10): 6215 - 6227.

[56] Kokou L, Du J. Rare earth ion clustering behavior in europium doped silicate glasses: simulation size and glass structure effect [J]. Journal of Non-Crystalline Solids, 2012,358(24): 3408 - 3417.

[57] Kwaśny M, Mierczyk Z, Stepień R, et al. Nd^{3+}-, Er^{3+}- and Pr^{3+}-doped fluoride glasses for laser applications [J]. Journal of Alloys and Compounds, 2000(300): 341 - 347.

[58] Brow R K. The structure of simple phosphate glasses [J]. Journal of Non-Crystalline Solids, 2000 (263): 1 - 28.

[59] Desirena H, De la Rosa E, Diaz-Torres L A, et al. Concentration effect of Er^{3+} ion on the spectroscopic properties of Er^{3+} and Yb^{3+}/Er^{3+} co-doped phosphate glasses [J]. Optical Materials, 2006,28(5): 560 - 568.

[60] 蒋亚丝,祁长鸿,张秀荣,等. 磷酸盐玻璃中 Er^{3+} 激光的获得[J]. 中国激光,1988,15(9): 63.

[61] 祁长鸿,张秀荣. 磷酸盐玻璃中 Er^{3+} 离子的光跃迁和激光作用[J]. 中国激光,1991,18(1): 16 - 20.

[62] Jiang Y S, Rhonehouse D, Wu R K, et al. Effect of OH^- on fluorescence lifetime and laser performance of Er^{3+} glass [J]. Chinese Journal of Lasers B, 1995(4): 307 - 312.

[63] 蒋亚丝. 人眼安全激光器的铒玻璃和调 Q 材料[J]. 光电子·激光,1997,8(A10): 9 - 10.

[64] Zhang L, Hu H F, Qi C H, et al. Spectroscopic properties and energy transfer in Yb^{3+}/Er^{3+}-doped phosphate glasses [J]. Optical Materials, 2001,17(3): 371 - 377.

[65] 柳祝平. 掺铒磷酸盐玻璃光谱性质和激光性质研究[D]. 上海: 中国科学院上海光学精密机械研究所,2003.

[66] Arbuzov V I, Nikonorov N V. Neodymium, erbium and ytterbium laser glasses [M]//Handbook of Solid-State Lasers. [S. l.]: Woodhead Publishing, 2013: 110 - 138.

[67] Maksimova G V, Sverchkov S E, Sverchkov Y E. Lasing tests on new ytterbium-erbium laser glass pumped by neodymium lasers [J]. Soviet Journal of Quantum Electronics, 1991,21(12): 1324 - 1325.

[68] Sverchkov Y E, Denker B I, Maximova G V, et al. Lasing parameters of GPI erbium glasses [C]//Solid State Lasers Ⅲ. International Society for Optics and Photonics, 1992(1627): 37 - 41.

[69] Karlsson G, Laurell F, Tellefsen J, et al. Development and characterization of Yb-Er laser glass for high average power laser diode pumping [J]. Applied Physics B, 2002,75(1): 41 - 46.

[70] 胡丽丽,蒋亚丝,姜中宏. 光学玻璃和激光玻璃研究进展[C]//2009 中国国际应用光学专题研讨会, F, 2009.

[71] Zhang L Y, Hu L L, Jiang S B. Progress in Nd^{3+}, Er^{3+}, and Yb^{3+} doped laser glasses at Shanghai Institute of Optics and Fine Mechanics [J]. International Journal of Applied Glass Science, 2018,9(1): 90 - 98.

[72] 柳祝平,胡丽丽,戴世勋,等. 激光二极管抽运的 Er^{3+}, Yb^{3+} 共掺磷酸盐玻璃激光器[J]. 光学学报, 2002,22(9): 1129 - 1131.

[73] 赵士龙,徐时清,李顺光,等.LD泵浦的镱铒共掺磷酸盐玻璃的光谱性质和激光性质[J].中国稀土学报,2005,23(5):544-546.

[74] 冯素雅,李顺光,陈力,等.LD抽运自主研制铒玻璃实现 325 mW 连续激光输出[J].中国激光,2009,36(8):2181.

[75] 冯素雅,栾飞,李顺光,等.Yb^{3+}/Er^{3+}磷酸盐玻璃中的能量转移和上转换过程参数[J].中国光学快报,2010,8(2):190-193.

[76] Feng S Y, Li S G, Chen L, et al. Thermal loading in laser diode end-pumped Yb^{3+}/Er^{3+} codoped phosphate glass laser [J]. Applied Optics, 2010,49(17):3357-3362.

[77] Feng S Y, Yu C L, Chen L, et al. A cobalt-doped transparent glass ceramic saturable absorber Q-switch for a LD pumped Yb^{3+}/Er^{3+} glass microchip laser [J]. Laser Physics, 2010,20(8):1687-1691.

[78] 杨昌盛,徐善辉,李灿,等.1.5 μm 波段连续单频光纤激光器的研究进展[J].中国科学:化学,2013(43):1407-1417.

[79] Jiang S B, Luo T, Hwang B C, et al. Er^{3+}-doped phosphate glasses for fiber amplifiers with high gain per unit length [J]. Journal of Non-Crystalline Solids, 2000(263):364-368.

[80] Xu S H, Yang Z M, Zhang Q Y, et al. Er^{3+}/Yb^{3+} codoped phosphate glass fibre with gain per unit length greater than 3.0 dB/cm [J]. Chinese Physics Letters, 2007,24(7):1955-1957.

[81] Wen L, Wang L F, He D B, et al. Yb-Er co-doped phosphate fiber with hexagonal inner cladding [J]. Applied Physics B, 2016,122(4):1-3.

[82] Pratisto H, Frenz M, Ith M, et al. Temperature and pressure effects during erbium laser stapedotomy [J]. Lasers in Surgery and Medicine, 1996,18(1):100-108.

[83] Allen M G. Diode laser absorption sensors for gas-dynamic and combustion flows [J]. Measurement Science and Technology, 1998,9(4):545-562.

[84] Willer U, Saraji M, Khorsandi A, et al. Near- and mid-infrared laser monitoring of industrial processes, environment and security applications [J]. Optics and Lasers in Engineering, 2006,44(7):699-710.

[85] 王忠生,王兴媛,孙继凤.激光的应用现状与发展趋势[J].光机电信息,2007,24(8):31-37.

[86] 徐英,周尚武.国外空军光电对抗装备综述[J].现代军事,2005(10):35-39.

[87] Sójka L, Tang Z, Furniss D, et al. Numerical and experimental investigation of mid-infrared laser action in resonantly pumped Pr^{3+} doped chalcogenide fibre [J]. Optical and Quantum Electronics, 2017,49(1):1-15.

[88] Himics D, Strizik L, Holubova J, et al. Physico-chemical and optical properties of Er^{3+}-doped and Er^{3+}/Yb^{3+}-co-doped $Ge_{25}Ga_{9.5}Sb_{0.5}S_{65}$ chalcogenide glass [J]. Pure and Applied Chemistry, 2017,89(4):429-436.

[89] Falconi M C, Palma G, Starecki F, et al. Dysprosium-doped chalcogenide master oscillator power amplifier (MOPA) for mid-IR emission [J]. Journal of Lightwave Technology, 2017,35(2):265-273.

[90] Guo Y Y, Zhang L Y, Hu L L, et al. Er^{3+} ions doped bismuthate glasses sensitized by Yb^{3+} ions for highly efficient 2.7 μm laser applications [J]. Journal of Luminescence, 2013(138):209-213.

[91] Guo Y Y, Liu X Q, Duan H, et al. Investigation on local structure surrounding erbium cations in fluoride glasses with TeO_2 introduction for 2.7 μm emission [J]. Journal of Alloys and Compounds, 2018(753):502-507.

[92] Guo Y Y, Tian Y, Zhang L Y, et al. Erbium doped heavy metal oxide glasses for mid-infrared laser materials [J]. Journal of Non-Crystalline Solids, 2013(377):119-123.

[93] Xu R R, Tian Y, Hu L L, et al. Enhanced emission of 2.7 μm pumped by laser diode from Er^{3+}/Pr^{3+}-codoped germanate glasses [J]. Optics Letters, 2011,36(7):1173-1175.

[94] Tian Y, Xu R R, Hu L L, et al. Fluorescence properties and energy transfer study of Er^{3+}/Nd^{3+} doped fluorophosphate glass pumped at 800 and 980 nm for mid-infrared laser applications [J]. Journal of Applied Physics, 2012,111(7):1-6.

[95] Tian Y, Xu R R, Zhang L Y, et al. Observation of 2.7 μm emission from diode-pumped Er^{3+}/Pr^{3+}-codoped fluorophosphate glass [J]. Optics Letters, 2011,36(2): 109 - 111.

[96] Huang F F, Guo Y Y, Ma Y Y, et al. 2.7 μm Emission properties of Er^{3+} doped fluorozirconate glass [J]. Glass Physics and Chemistry, 2014,40(3): 277 - 282.

[97] Xue T F, Zhang L Y, Wen L, et al. Er^{3+}-doped fluorogallate glass for mid-infrared applications [J]. Chinese Optics Letters, 2015,13(8): 081602(1 - 5).

[98] Xue T F, Zhang L Y, Wen L, et al. High thermal stability and intense 2.71 μm emission in Er^{3+}-doped fluorotellurite glass modified by GaF_3[J]. Optical Materials, 2018(75): 367 - 372.

[99] Xue T F, Huang C L, Wang L F, et al. Er^{3+}-doped fluorozirconate glass modified by PbF_2 with high stimulated emission cross-section [J]. Optical Materials, 2018(77): 117 - 121.

[100] Brierley M C, France P W. Continuous wave lasing at 2.7 μm in an erbium-doped fluorozirconate fibre [J]. Electronics Letters, 1988,24(15): 935 - 937.

[101] Zhu X S, Jain R. 10 - W-level diode-pumped compact 2.78 μm ZBLAN fiber laser [J]. Optics Letters, 2007,32(1): 26 - 28.

[102] Faucher D, Bernier M, Androz G, et al. 20 W passively cooled single-mode all-fiber laser at 2.8 μm [J]. Optics Letters, 2011,36(7): 1104 - 1106.

第 10 章

掺铥与掺钬激光玻璃

2 μm 波段激光位于大气的传输窗口（1～3 μm、3～5 μm、8～14 μm），对大气和烟雾的穿透能力强，保密性好且对人眼安全，因而在激光雷达系统、红外光谱学、激光医疗、红外遥感、环境监测等方面应用前景广阔。利用 2 μm 波长激光雷达，可以探测风速和水、一氧化二氮及二氧化碳含量，此外在天气和气候预报方面也有重要作用。2 μm 激光可以作为 3～5 μm 波段光学参量振荡器和放大器的理想泵浦源，这些装置可以应用于大气其他成分（如甲烷和一氧化碳）的探测。同时，2 μm 激光在国土安全方面也有应用，比如化学和生物灾害的探测等。由于水对 2 μm 激光有很强的吸收，而生物组织中水占了很大的比重，所以生物组织能够吸收大量的激光能量，这些能量足以破坏组织的化学键。所以，2 μm 激光是一种有效的生物组织切割工具，同时能烧蚀伤口、避免手术当中大量的流血。目前，2 μm 激光已经应用于关节内窥镜检查、泌尿系统治疗、牙科和眼科等医学领域。在激光加工领域，尤其是在透明塑料材料加工方面，2 μm 激光也有着重要的应用。大多数在可见光波段透明的塑料材料，在 1 μm 波长处吸收也不强，但是在 2 μm 波长范围却有足够的吸收来满足激光加工的需要。应用 2 μm 激光器可以很容易地对塑料材料进行切割、焊接和打标。此外，2 μm 波段激光的大气传输特性好，对战场烟雾透过能力强，保密性好，对人眼也极为安全，因此，2 μm 激光器在军事上有重要应用前景。

玻璃具有稀土离子溶解度高、成分调节范围广、制造成本低、可被拉制成光纤等特点，常被用作溶解稀土离子的基质材料。实现 2 μm 波段激光输出的激光玻璃主要采用 Tm^{3+} 或者 Ho^{3+} 离子作为激活离子。因此本章将从 Tm^{3+} 和 Ho^{3+} 离子能级结构出发，阐述利用这两种离子在玻璃中获得 2 μm 波长光子的方式，并对掺铥与掺钬激光玻璃的成分及光谱特性进行介绍，在此基础上归纳总结国内外在掺铥和掺钬激光玻璃中获得的 2 μm 激光输出结果。

10.1 Tm^{3+} 离子、Ho^{3+} 离子能级结构

为实现 2 μm 左右波长的激光，多选用 Tm^{3+} 离子或者 Ho^{3+} 离子作为激活离子。通常情况下，采用后者的激光波长比前者略长一些，但是利用前者获得的激光调谐范围较宽，如利用 Tm^{3+} 离子掺杂石英光纤获得的激光波长范围为 1 850～2 100 nm。值得注意的是，即使采用相同的稀土离子作为激活离子，在不同基质材料中的激光中心波长也可以有所不同。Tm^{3+} 离子和 Ho^{3+} 离子在激光领域的应用与其能级结构有很大关系，正是其特有的能级结构决定

了它们在该领域的应用。下面简要介绍一下这两种稀土离子的能级结构和发光机理,尤其是 $2~\mu m$ 左右波长光子的获得方式。

表 10-1 给出了 Tm^{3+} 离子在石英光纤中的吸收波长和能级结构。图 10-1 是根据表 10-1 作的能级图。由图可见,Tm^{3+} 离子发出的 $2~\mu m$ 左右波长的光来自 $^3F_4$ 能级到基态 $^3H_6$ 能级的跃迁。790 nm 波长的激光器常用来泵浦 Tm^{3+} 离子,其对应由基态 $^3H_6$ 能级到 $^3H_4$ 能级的吸收跃迁。图 10-1 给出了在 790 nm 波长激光器泵浦下可能发生的跃迁。由图可见,在 790 nm 泵浦下,由于没有对应的上能级,$^3H_4$ 能级和 $^3F_4$ 能级上的粒子无法被激发到更高的能级。由 $^3H_4$ 能级弛豫到 $^3H_5$ 能级上的粒子可以被激发到 $^1G_4$ 能级,然后跃迁到基态发出蓝光。但由于 $^3H_5$ 能级和 $^3F_4$ 能级的能量差小,$^3H_5$ 能级寿命很短,处于 $^3H_5$ 能级上的粒子很快会弛豫到 $^3F_4$ 能级。因此在 790 nm 波长激发下,掺杂 Tm^{3+} 离子的材料发出的蓝光很弱。虽然 790 nm 激光可以将 $^3F_{2,3}$ 能级上的粒子激发到 $^1D_2$ 能级,但是由于处在 $^3F_{2,3}$ 能级的粒子可以很快弛豫到 $^3H_4$ 能级,$^3F_{2,3}$ 能级的布居数较低,所以发生该过程的概率也比较小。从上面的分析可以看出,在 790 nm 波长激光泵浦下,Tm^{3+} 离子不会出现明显的上转换现象。因此,$2~\mu m$ 波长高功率激光器多采用 790 nm 波长的激光器作为泵浦源。利用 790 nm 激光泵浦 Tm^{3+} 离子,Tm^{3+} 离子之间会发生对 $2~\mu m$ 发光有利的交叉弛豫(cross relaxation, CR)过程。如图 10-2 所示,790 nm 的泵浦光将 $^3H_6$ 能级上的 Tm^{3+} 粒子抽运到 $^3H_4$ 能级上,然后 $^3H_4$ 能级上的粒子向下跃迁到 $^3F_4$ 能级上,同时将一部分能量转移到附近处于基态的另一个 Tm^{3+} 离子上,使其由 $^3H_6$ 能级跃迁到 $^3F_4$ 能级,这样一个 790 nm 的光子激发了两个 Tm^{3+} 离子,能产生两个 $2~\mu m$ 的光子。由于存在交叉弛豫过程,理论上使得激光的斜率效率能够超过斯托克斯极限,量子效率可达到 200%,最大激光效率可达 82%,而不是 41%。

表 10-1 Tm^{3+} 离子在石英光纤中的能级结构[1]

能级	波长/nm	能量/cm^{-1}
$^3H_6$		0
$^3F_4$	1 670	5 988
$^3H_5$	1 210	8 264
$^3H_4$	789	12 674
$^3F_3$	683	14 641
$^3F_2$	661	15 129
$^1G_4$	470	21 227
$^1D_2$	355	28 209
$^1I_6$	290	34 483
$^3P_0$	285	35 149
$^3P_1$	274	36 563
$^3P_2$	260	38 536

除采用 790 nm 激光对掺杂 Tm^{3+} 离子进行泵浦外,也可以采用 $1.6~\mu m$ 波长和 $1.2~\mu m$ 波长的激光进行泵浦。$1.6~\mu m$ 波长泵浦是将 Tm^{3+} 离子直接从 $^3H_6$ 能级泵浦到 $^3F_4$ 能级,然后 $^3F_4$ 能级向下跃迁产生 $2~\mu m$ 波长的光子。该种方式称为同带泵浦,相比 790 nm 泵浦来说,该泵浦方式的量子亏损较小。因此,同带泵浦方式下激光的斜率效率较高,最高可达 76%[3]。

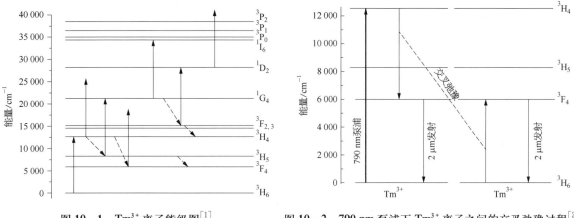

图 10-1　Tm^{3+} 离子能级图[1]　　　　图 10-2　790 nm 泵浦下 Tm^{3+} 离子之间的交叉弛豫过程[2]

1.2 μm 波长激光泵浦下，$^3H_6$ 能级 Tm^{3+} 离子可跃迁到 $^3H_5$ 能级，但 Tm^{3+} 离子上转换现象比较严重，文献中报道的激光斜率效率为 22.4%[4]。此外，1.2 μm 波长泵浦源功率较小，应用还不成熟，这也是该种泵浦方式受到限制的一个因素。

除上述几种直接泵浦的方式外，利用其他种类的稀土离子进行敏化也是获得 2 μm 波长光子的一种手段。常用的敏化离子主要有 Yb^{3+} 和 Er^{3+} 等。B. Richards 等[5]曾用 1 088 nm 的激光来泵浦 Yb^{3+}、Tm^{3+} 离子共掺的碲酸盐玻璃光纤，并获得了 2 μm 激光输出。在 1 088 nm 激光的激发下，Tm^{3+} 的敏化离子 Yb^{3+} 由基态 $^2F_{7/2}$ 能级跃迁到 $^2F_{5/2}$ 能级，然后通过 $^2F_{5/2}+^3H_6 \rightarrow ^2F_{7/2}+^3H_5$ 非共振能量转移过程，将能量传递给处于基态的 Tm^{3+} 离子，将其激发到 $^3H_5$ 能级，然后 $^3H_5$ 能级上的离子通过无辐射跃迁到 $^3F_4$ 能级，$^3F_4$ 能级到 $^3H_6$ 能级的辐射跃迁产生 2 μm 左右光子。图 10-3 为 Yb^{3+} 离子和 Tm^{3+} 离子之间能量传递的示意图。由图可见，由于 1.09 μm 的光泵浦存在严重的激发态吸收引起上转换发光，从而将 2 μm 激光的斜率效率限制在 10% 左右[6-7]。980 nm 附近波长的激光也可以作为 Yb^{3+}、Tm^{3+} 离子共掺材料的泵浦源，实现 2 μm 左右波长的激光输出。

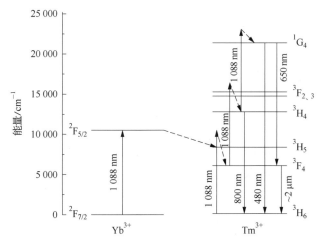

图 10-3　Yb^{3+} 离子和 Tm^{3+} 离子之间能量传递[8]

用 980 nm 波长的激光泵浦 Tm^{3+}、Er^{3+} 离子共掺的激光材料，也可以产生 2 μm 左右的光子，但是该种泵浦方式多用于 1 450 nm 左右的 S 波段放大。这种泵浦方式比较容易产生上转换发光，从而影响激光斜率效率，如图 10-4 所示。该泵浦过程中存在 Tm^{3+} 离子和 Er^{3+} 离子之间的两个能量转移过程，即 $Er^{3+}:{}^4I_{13/2} \rightarrow Tm^{3+}:{}^3F_4$ 和 $Er^{3+}:{}^4I_{9/2} \rightarrow Tm^{3+}:{}^3H_4$。在 980 nm 激光的泵浦下，${}^4I_{15/2}$ 能级上的 Er^{3+} 离子被激发到 ${}^4I_{11/2}$ 能级上，而 ${}^4I_{11/2}$ 能级上的离子能够通过多声子无辐射跃迁(MPR)弛豫到 ${}^4I_{13/2}$ 能级上。该能级上的离子可在声子的帮助下将能量转移到附近的一个 Tm^{3+} 离子，使得 Tm^{3+} 离子从基态 ${}^3H_6$ 能级跃迁到激发态 ${}^3F_4$ 能级。${}^3F_4$ 能级上的粒子一部分可通过激发态吸收(ESA)和多声子弛豫(MPR)到达 ${}^3H_4$ 能级，从而向 ${}^3F_4$ 能级跃迁产生波长为 1 450 nm 左右的光。另一部分 ${}^3F_4$ 能级上的 Tm^{3+} 离子直接跃迁到基态产生 2 μm 左右的光。此外，当 Er^{3+} 离子含量高时，可发生 Er^{3+} 离子之间的交叉弛豫(CR)过程，即处于激发态 ${}^4I_{13/2}$ 能级上的两个离子，一个 Er^{3+} 离子将能量传递给另一个 Er^{3+} 离子使其跃迁到 ${}^4I_{9/2}$ 能级上，而自身弛豫到基态。交叉弛豫产生的 ${}^4I_{9/2}$ 能级 Er^{3+} 离子的能量传递到 Tm^{3+} 离子，将其由基态激发到 ${}^3H_4$ 能级，该 Tm^{3+} 离子向 ${}^3F_4$ 能级跃迁可产生 1 450 nm 左右的光，向基态跃迁即产生所谓的上转换发光。

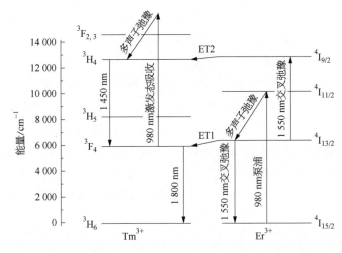

图 10-4 Tm^{3+} 离子和 Er^{3+} 离子之间的能量转移过程[9]

与 Tm^{3+} 离子相比，Ho^{3+} 离子具有受激发射截面大、荧光寿命长、激光波长大气透过性更佳等优点。Ho^{3+} 离子利用由 ${}^5I_7$ 能级到 ${}^5I_8$ 能级的跃迁产生 2 μm 左右波长的光子。Ho^{3+} 离子的能级如图 10-5 所示，可以应用的泵浦波长有 457.9 nm、480 nm、640 nm、1 100 nm、1 148 nm、1 909 nm 等。由于用短波长的激光作泵浦源，~2 μm 发光的量子亏损较大，输出的激光斜率效率和功率都不高。因此，现在多采用掺铥晶体材料或玻璃光纤输出的激光作为 Ho^{3+} 离子的泵浦源。据 Alexander Hemming 等[10] 报道，采用掺铥石英光纤产生的 1.95 μm 激光作为泵浦源，可在掺钬石英光纤中获得 140 W 的激光输出，且斜率效率高达 55%。

除直接泵浦掺钬激光材料获得 2 μm 激光外，在掺钬材料中引入稀土离子进行敏化也是一个研究热点。研究较多的有 Yb^{3+}/Ho^{3+} 共掺、Tm^{3+}/Ho^{3+} 共掺、Er^{3+}/Ho^{3+} 共掺等。这些工作的主要思想是利用敏化离子激发态能量向 Ho^{3+} 离子的转移来达到激发 ${}^5I_8$ 基态 Ho^{3+} 离

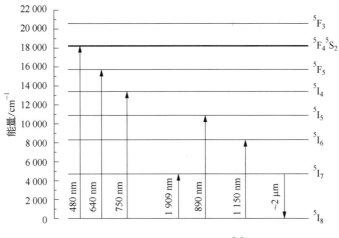

图 10-5 Ho^{3+} 离子的能级[9]

子到激发态能级的目的。相比来说,Tm^{3+}/Ho^{3+} 共掺方式由于量子亏损小,研究得最多。Tm^{3+}/Ho^{3+} 离子共掺,一方面可充分利用 Tm^{3+} 离子的敏化特性,另一方面可以降低 Ho^{3+} 离子的掺杂浓度,从而减少再吸收过程。具体的能量转移过程如图 10-6 所示。800 nm 的泵浦光把 Tm^{3+} 离子从 $^3H_6$ 基态激发到 $^3H_4$ 能级,处在该能级上的离子不稳定,容易通过交叉弛豫或其他过程跃迁到 $^3F_4$ 能级。由于 Tm^{3+} 离子的 $^3F_4$ 能级和 Ho^{3+} 离子的 $^5I_7$ 能级接近,因此可以发生近似共振的能量转移过程,处于 $^3F_4$ 能级的 Tm^{3+} 离子将能量传递给处于基态的 Ho^{3+} 离子,使其跃迁到激发态 $^5I_7$ 能级,处于 $^5I_7$ 能级的 Ho^{3+} 离子向下跃迁,即可释放 2 μm 波长的光子。

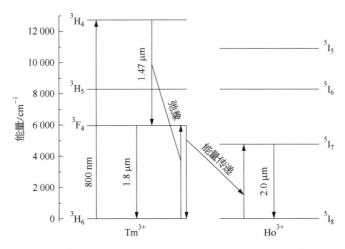

图 10-6 Tm^{3+} 离子和 Er^{3+} 离子之间的能量转移过程[9]

10.2 掺铥激光玻璃的光谱性质

掺铥激光玻璃主要用作 2 μm 激光增益介质,激光上下能级间的能级差在 5 000 cm^{-1} 左右。不同的玻璃基质最大声子能量差别很大,如硫系玻璃的声子能量在 350 cm^{-1} 左右,而硼酸盐玻璃的最大声子能量可达 1 400 cm^{-1} 左右。因此,对于声子能量小的玻璃,$^3F_4$ 能级的粒子通过多声子弛豫过程到 $^3H_4$ 能级需要十几个声子,而对于声子能量大的玻璃,所需声子个数仅为 3~4 个。由于多声子弛豫概率与该过程所需声子数目的指数负相关,因此,不同类型的掺铥激光玻璃 2 μm 发光效率差别较大。此外,Tm^{3+} 离子在不同玻璃中所处局域环境的变化对自发辐射概率、交叉弛豫、发光中心波长、吸收等光谱特性有重要影响。因此,不同类型的掺铥激光玻璃呈现出不同的光谱特性。

10.2.1 单掺铥玻璃的光谱特性

10.2.1.1 玻璃成分对掺铥玻璃光谱特性的影响

目前研究较多的掺铥激光玻璃基质有硅酸盐玻璃、碲酸盐玻璃、锗酸盐玻璃、氟化物玻璃、磷酸盐玻璃、氟磷酸盐玻璃等。Tm^{3+} 离子在不同种类玻璃中的光谱特性不同,即使形成体相同的玻璃,网络外体变化也会导致 Tm^{3+} 离子光谱特性的差异。图 10-7 为 Tm^{3+} 离子在不同种类玻璃中的吸收光谱[9],图中 TN、BN、PN、GN、SN、FPN、FN 分别表示碲酸盐玻璃、硼酸盐玻璃、磷酸盐玻璃、锗酸盐玻璃、硅酸盐玻璃、氟磷酸盐玻璃、氟化物玻璃,其成分为 60RO-40NaO$_{1.5}$-0.3TmO$_{1.5}$,其中 RO 代表玻璃形成体 TeO$_2$、BO$_{1.5}$、PO$_{2.5}$、GeO$_2$、SiO$_2$,氟磷酸盐玻璃配方为 60P$_2$O$_5$-30NaO$_{1.5}$-10NaF-0.3TmO$_{1.5}$,氟化物玻璃配方为 50ZrF$_4$-33BaF$_2$-10AlF$_3$-7YF$_3$-0.3TmF$_3$。从图中可以看到 Tm^{3+} 离子 $^3H_6$ 能级到 $^1D_2$、$^1G_4$、$^3F_{2,3}$、$^3H_4$、$^3H_5$ 以及 $^3F_4$ 能级跃迁的特征吸收峰。图中氟磷酸盐和磷酸盐玻璃在 1 600 nm 以上的强烈吸收来自基质玻璃本身,因此氟磷酸盐和磷酸盐玻璃不适合用作 2 μm 激光材料。基于吸收光谱,利用 Judd-Ofelt 理论可以计算谱线强度参数 Ω_2、Ω_4 和 Ω_6,结果见表 10-2。可见氟化物玻璃的 Ω_2 最小。这是由于 Tm—F 键相对于 Tm—O 键共价性弱导致的。氟磷酸盐玻璃的 Judd-Ofelt 参数比氟化物玻璃和磷酸盐玻璃的都大。这可能是由于在氟磷酸盐玻璃中存在两种不同的阴离子使 Tm^{3+} 配位体的对称性下降导致的。

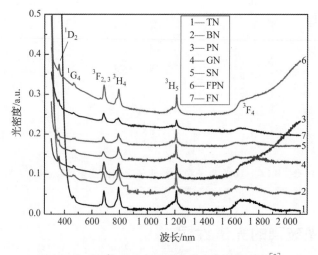

图 10-7 Tm^{3+} 离子在不同玻璃中的吸收光谱[9]

表 10-2　不同玻璃基质中 Tm^{3+} 离子的 Judd-Ofelt 参数、$^3F_4 \rightarrow {}^3H_6$ 跃迁的自发辐射概率、辐射寿命、测试$^3F_4$ 能级寿命、$^3F_4 \rightarrow {}^3H_6$ 发光量子效率、受激发射截面和玻璃的最大声子能量[9]

玻璃基质	$\Omega_2/$ $(\times 10^{-20}\ cm^2)$	$\Omega_4/$ $(\times 10^{-20}\ cm^2)$	$\Omega_6/$ $(\times 10^{-20}\ cm^2)$	A/s^{-1}	$\tau_{rad}/$ ms	τ_m/ms	$\eta/\%$	$\sigma_{em}/$ $(\times 10^{-21}\ cm^2)$	$\hbar\omega/$ cm^{-1}
TN	4.09	0.56	0.83	387.87	2.58	1.24	48.06	7.09	774
BN	2.65	0.86	0.66	122.96	8.13				1 340
PN	2.59	1.76	0.75	158.61	6.30				1 288
GN	3.11	0.50	0.43	154.87	6.46	1.47	22.76	4.51	860
SN	2.67	0.43	0.39	98.80	10.12			3.67	1 100
FPN	3.93	1.8	1.39	160.39	6.23				1 288
FN	1.29	1.57	1	112.40	8.90	4.47	50.22	3.13	574

表 10-2 同时给出了$^3F_4$ 能级到$^3H_6$ 能级跃迁的自发辐射概率、$^3F_4$ 能级的辐射寿命和测试寿命、$^3F_4$ 能级到$^3H_6$ 能级跃迁的发光量子效率、2 μm 附近峰值受激发射截面以及玻璃的最大声子能量。由于硼酸盐玻璃、磷酸盐玻璃、硅酸盐玻璃和氟磷酸盐玻璃荧光信号很弱,无法测试其$^3F_4$ 能级的寿命 τ_m,因此表中只给出了其余几种玻璃的测试寿命和量子效率。可见 Tm^{3+} 离子处于网络结构单元对称性较差的玻璃中时,$^3F_4$ 能级到$^3H_6$ 能级跃迁的自发辐射概率一般具有较大的值。这是因为在这些玻璃中 Tm^{3+} 离子配位体的对称性较差,导致 Judd-Ofelt 参数较大,而自发辐射概率与 Judd-Ofelt 参数成正比关系。在碲酸盐玻璃中,$^3F_4$ 能级到$^3H_6$ 能级跃迁的受激发射截面最大,锗酸盐玻璃次之,然后是硅酸盐玻璃和氟化物玻璃。由于在硼酸盐、磷酸盐、氟磷酸盐玻璃中 2 μm 荧光光谱几乎无法测得,因此这里没有给出相应的受激发射截面。由表 10-2 数据可知,实际测试的 2 μm 荧光寿命和量子效率跟玻璃基质的多声子弛豫速率存在密切关系。相比碲酸盐和氟化物玻璃,锗酸盐玻璃声子能量较大,$^3F_4$ 能级的铥离子很容易通过多声子过程弛豫到基态$^3H_6$ 能级,从而降低$^3F_4$ 能级的寿命。由于多声子弛豫是一种不发光的物理过程,因此导致锗酸盐玻璃中 Tm^{3+} 离子的量子效率偏低。更为严重的是,声子能量较大的硼酸盐、磷酸盐、硅酸盐和氟磷酸盐玻璃中,Tm^{3+} 离子 2 μm 左右发光的荧光寿命弱到难以测量。由此可见,Tm^{3+} 离子 2 μm 发光性能与基质玻璃的声子能量密切相关。

图 10-8 为这几种玻璃样品在 800 nm 激光泵浦下测得的荧光光谱,1 470 nm 左右荧光峰

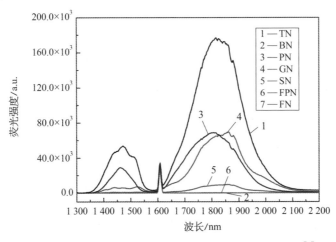

图 10-8　Tm^{3+} 离子在几种不同种类玻璃中的荧光光谱[9]

来自 $^3H_4$ 能级到 $^3F_4$ 能级跃迁，1 800 nm 左右的荧光峰来自 $^3F_4$ 能级到 $^3H_6$ 能级的跃迁，1 616 nm 的峰是泵浦光的倍频信号。可见几种玻璃中，碲酸盐玻璃的 2 μm 荧光最强，其次是锗酸盐和氟化物玻璃，之后是硅酸盐玻璃，而在氟磷酸盐、磷酸盐和硼酸盐玻璃中几乎测不到 2 μm 荧光。对比荧光强度、量子效率和玻璃声子能量，可见声子能量最小的氟化物玻璃，具有最大的量子效率和比较强的荧光。声子能量大的磷酸盐、氟磷酸盐和硼酸盐玻璃观察不到 2 μm 荧光。这主要是多声子弛豫使得上能级寿命大幅度降低导致的。碲酸盐玻璃具有最强荧光，一方面是由于其声子能量小，量子效率高；另一方面是其吸收和发射截面比其他玻璃都大。

如上所述，Tm^{3+} 离子在不同种类玻璃基质中有不同的光谱特性，但即使是在同一种玻璃基质中，由于网络外体或者网络形成体的含量及种类不同也会导致其光谱性质的不同。例如在硅酸盐玻璃体系中，Tm^{3+} 离子光谱特性随网络外体离子场强的变化呈现出规律性变化。图 10 - 9a 为 Tm^{3+} 离子在网络外体离子不同的硅酸盐玻璃中的吸收光谱，其中 SPL、SPN、SPK 和 SPM、SPC、SPS、SPB 分别代表 $60SiO_2 - 25PbO - 15R_2O - 0.3Tm_2O_3$（R＝Li, Na, K）和 $60SiO_2 - 25PbO - 15RO - 0.3Tm_2O_3$（R＝Mg, Ca, Sr, Ba）。从图中可以观察到 Tm^{3+} 离子从基态 $^3H_6$ 能级到 $^1G_4$、$^3F_{2,3}$、$^3H_4$、$^3H_5$ 和 $^3F_6$ 激发态能级的跃迁，虽然 Tm^{3+} 离子的掺杂浓度相同，但各个峰的吸收强度不尽相同。图 10 - 9b 为上述硅酸盐玻璃中，800 nm 处基态 $^3H_6$ 能级到 $^3H_4$ 能级跃迁的吸收系数和基态 $^3H_6$ 能级到 $^3F_4$ 能级跃迁的积分吸收强度随网络外体离子改变的变化趋势。可见，随着网络外体离子场强的增加，吸收明显增加。这有利于实现较高效率的泵浦光吸收。

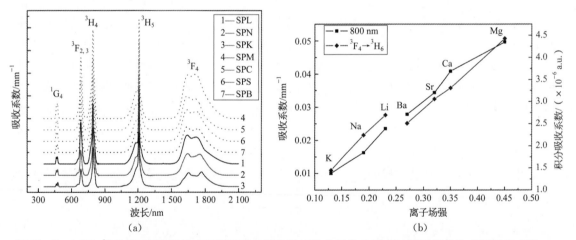

图 10 - 9　(a)Tm^{3+} 离子在网络外体离子不同的硅酸盐玻璃中的吸收光谱；(b)随网络外体离子改变，800 nm 处基态 $^3H_6$ 能级到 $^3H_4$ 能级跃迁的吸收系数和基态 $^3H_6$ 能级到 $^3F_4$ 能级跃迁的积分吸收强度的变化趋势[2]（参见彩图附图 37）

利用 Judd-Ofelt 理论计算的 Judd-Ofelt 参数列于表 10 - 3 中，可见随着网络外体离子场强的减小，Ω_2、Ω_4 和 Ω_6 均呈下降趋势。随着网络外体离子场强的降低，即从 Li^+ 到 K^+、从 Mg^{2+} 到 Ba^{2+}，玻璃的光学碱度增加，给出电子的能力增强，Tm^{3+} 离子 6s 轨道上的电子云密度增加。考虑到 6s 轨道和 nl 轨道上电子之间的斥力，nl 轨道上的电子数目降低，则 nl 轨道和 4f 轨道波函数的重叠积分减小，即 $\langle nl \mid r^s \mid 4f \rangle$ 减小，导致 Judd-Ofelt 参数的降低。由于自发辐射概率与 Judd-Ofelt 参数正相关，自发辐射概率随离子场强的增加而增大，计算的 $^3F_4$ 能级和 $^3H_6$ 能级的荧光寿命降低，具体结果见表 10 - 3。与计算的 $^3F_4$ 能级寿命变化趋势不同，实际测试的$^3F_4$能级寿命随离子场强的增大而增加,故量子效率亦增大。在 808 nm 波长激发下,上述几种玻璃的荧光光谱如图 10-10 所示,可见,随着离子场强的增加,$^3F_4$能级到$^3H_6$能级跃迁的荧光强度增加。在不考虑浓度猝灭以及玻璃中杂质影响的情况下,荧光强度和荧光量子效率的降低与多声子弛豫速率有关。表 10-4 给出上述几种玻璃的声子能量、$^3H_4$能级到$^3H_5$能级以及$^3F_4$能级到$^3H_6$能级多声子弛豫速率。可见随着网络外体离子场强的增大,上述两种跃迁的多声子弛豫速率均有降低。根据 Miyakawa-Dexter 的理论,多声子弛豫速率可以表示为

$$W_{nr} = W_0 \exp(-\alpha \Delta E) \tag{10-1}$$

$$\alpha = \hbar\omega^{-1}(\ln p/g - 1) \tag{10-2}$$

$$p \approx \Delta E / \hbar\omega \tag{10-3}$$

式中,ΔE 为上、下能级间能量差;$\hbar\omega$ 为玻璃声子能量;p 为所需声子数目;g 为电声耦合系数;W_0 为实验参数,其意义为能级间能量差为零时的多声子弛豫速率。随着网络外体离子场强的降低,多声子弛豫速率增加。当网络外体离子场强增加时,Tm—O 键之间的共价性降低,Tm 原子和周围配位体之间的相互作用减弱,导致电声耦合系数 g 降低。g 降低导致 a 增加,从而多声子弛豫速率变小。

表 10-3　Tm^{3+} 离子在网络外体离子不同的硅酸盐玻璃中的 Judd-Ofelt 参数 Ω_2、Ω_4、Ω_6,$^3F_4$ 能级到$^3H_6$ 能级跃迁的自发辐射概率 A,$^3F_4$ 能级计算寿命 τ_{rad},$^3F_4$ 能级测试寿命 τ_1,$^3H_4$ 能级测试寿命 τ_2 以及$^3F_4$ 能级到$^3H_6$ 能级跃迁的量子效率 η_{10}[2]

玻璃基质	$\Omega_2/$ $(\times 10^{-20} \text{ cm}^2)$	$\Omega_4/$ $(\times 10^{-20} \text{ cm}^2)$	$\Omega_6/$ $(\times 10^{-20} \text{ cm}^2)$	A/s^{-1}	τ_{rad}/ms	τ_1/ms	$\tau_2/\mu\text{s}$	$\eta_{10}/\%$
SPL	3.03	0.92	0.79	189.91	5.27	0.93	115.39	17.66
SPN	2.93	0.52	0.44	161.75	6.18	0.75	95.70	12.13
SPK	2.40	0.13	0.48	108.72	9.20	0.63	98.28	6.85
SPM	4.23	1.37	1.04	269.34	3.71	0.93	111.39	24.99
SPC	3.66	1.07	0.91	227.55	4.39	0.85	110.75	19.30
SPS	3.60	0.79	0.78	223.10	4.48	0.82	108.99	18.21
SPB	3.15	0.51	0.72	193.12	5.18	0.77	109.44	14.83

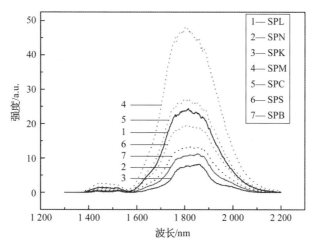

图 10-10　808 nm 波长激发下 Tm^{3+} 离子在含不同网络外体离子硅酸盐玻璃中的荧光光谱[2]

Judd-Ofelt 参数与各个能级跃迁的吸收和发射截面正相关,因此随着网络外体离子场强的增大,各个跃迁的吸收和发射截面均呈增加趋势,如表 $10-4$ 中 $^3F_4$ 能级到 $^3H_6$ 能级跃迁的受激发射截面。此外,$^3H_6$ 能级到 $^3F_4$ 能级吸收截面和 $^3H_4$ 能级到 $^3F_4$ 能级发射截面的增大,导致两者交叠程度的增加,从而使交叉弛豫($^3H_6+^3H_4\rightarrow^3F_4+^3F_4$)发生的概率增加,亦会导致 $1\,800\,nm$ 左右发光强度的增加。

表 $10-4$　硅酸盐玻璃中 Tm^{3+} 离子无辐射跃迁概率、声子能量和受激发射截面[2]

Host	W_{21}/s^{-1}	W_{10}/s^{-1}	$a/(\times10^{-3}\,cm)$	$\hbar\omega/cm^{-1}$	受激发射截面/($\times10^{-20}\,cm^2$)
SPL	7 552.19	861.09	1.80	940	2.68
SPN	9 561.95	1 125.25	1.77	965	3.82
SPK	9 505.66	1 303.28	1.65	1 058	3.96
SPM	7 315.31	774.66	1.86	965	4.02
SPC	7 641.32	907.45	1.76	1 008	4.61
SPS	7 847.25	973.90	1.73	981	4.70
SPB	7 956.65	1 067.88	1.66	1 014	5.35

10.2.1.2　羟基及最佳掺杂浓度

在激光玻璃中不可避免地含有羟基,$^3F_4$ 能级上的 Tm^{3+} 离子可以将能量传递给羟基,从而使 $^3F_4$ 能级荧光寿命降低、荧光强度减弱。图 $10-11$ 为 Tm^{3+} 离子的能级图及其 $790\,nm$ 激发下可能发生的主要过程。可见除交叉弛豫、铥离子间能量传递、多声子弛豫外,$^3F_4$ 能级向羟基的能量传递对 $^3F_4$ 能级的布居数也有较大影响。玻璃中羟基的含量常用 $3\,000\,cm^{-1}$ 的吸收系数表示。常用的除羟基方法有通氧气、通 $POCl_3$ 或 CCl_4、加入氟化物成分等。图 $10-12a$ 为不同通氧气时间条件下 $1\,mm$ 厚度掺铥硅酸盐玻璃的红外透过光谱。可见随着通氧气时间的增加,玻璃 $3\,000\,cm^{-1}$ 吸收系数由 $2.6\,cm^{-1}$ 降低到 $0.65\,cm^{-1}$。图 $10-12b$ 为 $790\,nm$ 激光泵浦下的荧光光谱,可见随着通氧气时间的增加,由于玻璃中羟基含量的降低,$1\,800\,nm$ 处荧光强度增加。

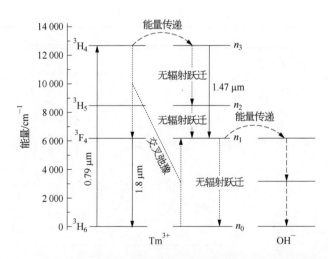

图 $10-11$　Tm^{3+} 离子的能级图及其 $790\,nm$ 激发下可能发生的主要过程[11]

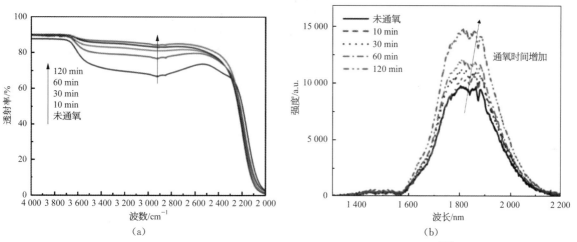

（a）　　　　　　　　　　　　　　（b）

图 10-12　不同通氧气时间对掺铥硅酸盐玻璃红外光谱及 1.8 μm 荧光光谱的影响[11]（参见彩图附图 38）

当其他组分不变，玻璃中 2 mol%、3 mol%、4 mol% 和 5 mol% 的 PbF_2 替换锗酸盐玻璃中对应含量 PbO 时，玻璃的羟基吸收系数分别为 1.16 cm^{-1}、0.59 cm^{-1}、0.43 cm^{-1} 和 0.33 cm^{-1}，红外透过光谱如图 10-13 所示[11]。表明在玻璃中引入氟化物亦是除羟基的有效手段。氟化物除羟基的机理是 PbF_2 中的 F^- 比 O^{2-} 具有更大的电负性，与 H^+ 结合的趋势更大。F^- 和—OH 发生如下反应：F^-＋—OH $==$ HF＋—O，从而达到除水目的。随着羟基含量的降低，Tm^{3+} 离子 $^3F_4$ 能级到 $^3H_6$ 能级跃迁的荧光强度明显增强，$^3F_4$ 能级荧光寿命由 0.33 ms 增加到 1.55 ms，如图 10-14 所示。

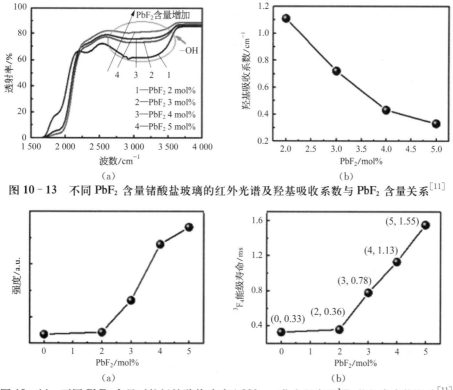

（a）　　　　　　　　　　　　　　（b）

图 10-13　不同 PbF_2 含量锗酸盐玻璃的红外光谱及羟基吸收系数与 PbF_2 含量关系[11]

（a）　　　　　　　　　　　　　　（b）

图 10-14　不同 PbF_2 含量对掺铥锗酸盐玻璃 1 880 nm 荧光强度及 $^3F_4$ 能级寿命的影响[11]

根据能量传递理论,施主和受主间的能量传递概率不仅与受主含量有关,其与施主的掺杂浓度也成正比。Tm^{3+}离子和羟基之间的能量传递速率可以表达为

$$W_{OH^-} = k \cdot \alpha_{OH^-} \cdot N_{Tm^{3+}} \qquad (10-4)$$

式中,α_{OH^-}为玻璃的羟基吸收系数;$N_{Tm^{3+}}$为玻璃中Tm^{3+}离子含量;k为与玻璃成分有关的常数。可见,随着Tm^{3+}离子含量增加,Tm^{3+}离子到羟基的能量传递速率也会增加。图10-15为锗酸盐玻璃中羟基吸收系数与Tm^{3+}离子含量乘积与Tm^{3+}离子到羟基能量传递速率的关系,可见两者呈线性关系。

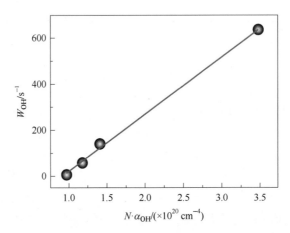

图 10-15 锗酸盐玻璃中 Tm^{3+} 离子 $^3F_4$ 能级向羟基能量传递的概率与 Tm^{3+} 离子浓度及羟基含量的关系[11]

随着玻璃中Tm^{3+}离子含量的增加,一方面有效发光粒子数增量,同时交叉弛豫概率变大,导致荧光强度变大;另一方面,Tm^{3+}离子之间的浓度猝灭以及Tm^{3+}离子向杂质及羟基的能量传递速率增加,导致荧光强度变小。所以,随着Tm^{3+}离子含量增加,$^3F_4$能级到$^3H_6$能级跃迁荧光呈现先增强后减弱的趋势,而$^3F_4$能级荧光寿命呈现出下降趋势。图10-16为不同Tm_2O_3掺杂浓度的$33Bi_2O_3$-$50SiO_2$-$17PbO$玻璃的荧光光谱。表10-5给出了ICP测试的玻璃中Tm^{3+}离子含量以及测试的$^3F_4$能级寿命以及$^3F_4$能级到达$^3H_6$能级发光的量子效率。可见,当Tm^{3+}离子含量为1.75×10^{20} ions/cm³ 时,G3玻璃荧光强度出现极大值,而荧光寿命和发光量子效率随着铥掺杂浓度的增加逐渐降低。在忽略羟基含量同时近似为两能级的情况下,稀土离子之间的自猝灭可表示为[12-13]

$$\tau(N) = \frac{\tau_w}{\left[1 + \dfrac{9}{2\pi}\left(\dfrac{N}{N_0}\right)^2\right]} \qquad (10-5)$$

式中,τ_w为低浓度时测得的能级寿命;N_0为施主离子产生自猝灭的临界浓度;N为施主离子浓度。可以将上式转换为[14]

$$\frac{1}{\tau} = \frac{1}{\tau_w} + \frac{9}{2\pi\tau_w N_0^2}N^2 \qquad (10-6)$$

激光材料的增益和荧光强度与掺杂浓度、受激发射截面以及荧光寿命正相关。在仅改变掺杂浓度的情况下,受激发射截面基本不变。将掺杂浓度N和测试荧光寿命τ的乘积对掺杂

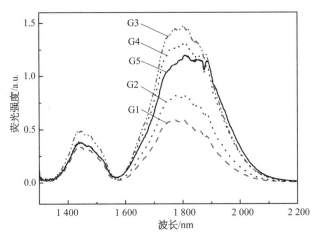

图 10-16 不同掺铥含量的 $33Bi_2O_3$-$50SiO_2$-$17PbO$ 玻璃荧光光谱[14]

浓度作图,并采用式(10-6)进行拟合得到曲线如图 10-17 所示。该曲线在离子浓度为 2.95×10^{20} ions/cm³ 时出现最大值。

表 10-5 Tm^{3+} 离子 $^3F_4$ 能级到 $^3H_6$ 能级辐射跃迁的测量荧光寿命和量子效率[14]

	G1	G2	G3	G4	G5
$N/(\times 10^{20}$ ions/cm³)	0.35	0.88	1.75	2.63	3.51
$\tau_m/\mu s$	1 534	1 321	1 030	789	588
$\eta/\%$	58.5	50.4	39.3	30.1	22.4

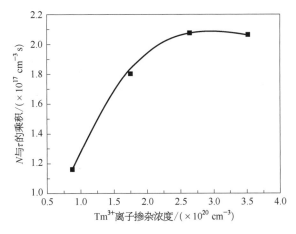

图 10-17 掺杂浓度 N 和测试荧光寿命 τ 的乘积与掺杂浓度的关系[14]

10.2.2 共掺含铥玻璃光谱特性

虽然掺铥玻璃可以在 800 nm 波长附近的半导体激光泵浦下获得 2 μm 激光输出,但掺铥玻璃亦可通过引入敏化剂的方式来拓宽泵浦波长的选择范围。目前已研究的掺铥激光玻璃的敏化剂有稀土离子(Yb^{3+}、Er^{3+} 等)[15-16]、过渡金属离子(Cr^{3+}、Bi^+ 等)[17-18]以及贵金属纳米颗粒(Ag 纳米颗粒[19])。

Yb^{3+} 离子在 980 nm 附近有较强的宽带吸收,可采用商用半导体激光二极管泵浦。因此 Yb^{3+} 离子常被用作稀土离子的敏化剂。图 10 - 18 为单掺 Tm^{3+} 离子和 Tm^{3+}/Yb^{3+} 离子共掺玻璃的吸收光谱。由图可见,除 Tm^{3+} 离子由基态^{3}H$_6$ 能级到^{3}F$_4$、^{3}H$_5$、^{3}H$_4$、^{3}F$_{2,3}$、^{1}G$_4$、^{1}D$_2$ 能级跃迁的吸收峰外,Tm^{3+}/Yb^{3+} 离子共掺玻璃在 980 nm 附近有一个来源于 Yb^{3+} 离子^{2}F$_{7/2}$ 能级到^{2}F$_{5/2}$ 能级跃迁的吸收峰。因此 Tm^{3+}/Yb^{3+} 离子共掺的激光玻璃可以采用商用 980 nm 半导体激光器泵浦。如图 10 - 3 所示,在 980 nm 波长光泵浦下,Yb^{3+} 离子^{2}F$_{7/2}$ 能级上的粒子被抽运到^{2}F$_{5/2}$ 能级上,然后将能量传递到处于^{3}H$_6$ 基态能级的 Tm^{3+} 离子,使其跃迁到^{3}H$_5$ 能级。由于该^{3}H$_5$ 能级与^{3}F$_4$ 能级间距小,该能级上的离子很快通过多声子弛豫过程到达^{3}F$_4$ 能级。^{3}F$_4$ 能级到基态能级辐射跃迁即可产生一个 1.8 μm 的光子。此外,^{3}F$_4$ 能级的 Tm^{3+} 离子可以吸收 980 nm 泵浦光到达^{3}F$_{2,3}$ 能级,接着无辐射弛豫到^{3}H$_4$ 能级,并发出 800 左右的光。而处于^{3}H$_4$ 能级的粒子亦可以吸收 980 nm 泵浦光到达^{1}G$_4$ 能级。^{1}G$_4$ 能级向基态能级辐射跃迁产生 475 nm 左右波长的光子,向^{3}F$_4$ 能级跃迁产生 650 nm 左右波长的光子。此外,部分^{1}G$_4$ 能级上的粒子无辐射跃迁到^{3}F$_{2,3}$ 能级,^{3}F$_{2,3}$ 能级向基态辐射跃迁即可产生 695 nm 左右的光子。因此,Tm^{3+}/Yb^{3+} 离子共掺的激光玻璃在 980 nm 泵浦下有较强的上转换发光,不利于~2 μm 光子的产生。

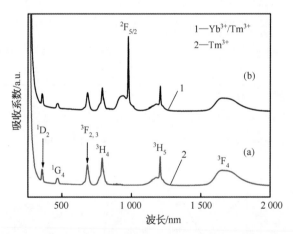

图 10 - 18   Tm^{3+} 离子单掺和 Yb^{3+}/Tm^{3+} 离子共掺玻璃的吸收光谱

图 10 - 19 为 Tm^{3+}/Yb^{3+} 离子共掺氟锗酸盐玻璃在 980 nm 激光二极管泵浦下的红外荧光光谱。可见随着玻璃中 Tm$_2$O$_3$ 含量的增加,1 015 nm 处 Yb^{3+} 离子^{2}F$_{5/2}$ 能级到^{2}F$_{5/2}$ 能级跃迁的荧光峰逐渐减弱,Tm^{3+} 离子 1.8 μm 左右的荧光峰先增强后减弱[20]。Yb^{3+} 离子荧光强度的下降是由于^{2}F$_{5/2}$ 能级粒子向 Tm^{3+} 离子的能量传递。1.8 μm 波长荧光峰的增强是由于能量传递过程导致^{3}F$_4$ 能级粒子数的增加。1.8 μm 波长荧光峰的减弱是由于随 Tm$_2$O$_3$ 含量进一步增加导致的浓度猝灭效应。图 10 - 20 为 Tm^{3+}/Yb^{3+} 离子共掺氟锗酸盐玻璃在 980 nm 激光二极管泵浦下的上转换荧光光谱,可见 800 nm 处 Tm^{3+} 离子^{3}H$_4$ 能级到^{3}H$_6$ 能级跃迁的荧光峰远强于 475 nm、650 nm 和 695 nm 处的荧光峰。说明 Tm^{3+}/Yb^{3+} 离子共掺激光玻璃在 980 nm 泵浦下的上转换能量损失主要来源于^{3}F$_4$ 能级的激发态吸收。随着 Tm$_2$O$_3$ 含量增加,浓度猝灭和 Tm^{3+} 离子间的交叉弛豫效应逐渐显现,上转换发光的强度逐渐下降。

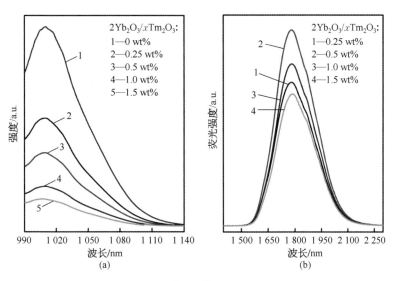

图 10‑19 980 nm 激光二极管泵浦下 Tm^{3+}/Yb^{3+} 离子共掺氟锗酸盐玻璃的红外荧光光谱[20]

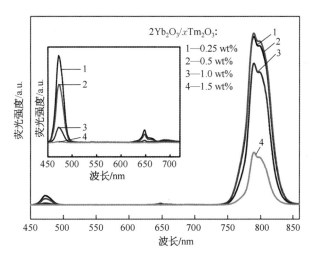

图 10‑20 980 nm 激光二极管泵浦下 Tm^{3+}/Yb^{3+} 离子共掺氟锗酸盐玻璃的上转换荧光光谱[20]

相比稀土离子,过渡金属离子在可见光波段具有更宽的吸收带宽,采用该类离子作为激光材料的敏化剂,不仅可以增加泵浦波长的多样性,更可以使该类激光材料适用于低成本闪光灯泵浦。早在 20 世纪 90 年代,俄罗斯科学家就利用 Cr、Tm 共掺的晶体在闪光灯泵浦下实现了 $2\ \mu m$ 波长的激光输出[21]。Cr、Tm 共掺激光玻璃的研究则相对较少[17,22-23]。图 10‑21 为 Cr^{3+} 离子和 Tm^{3+} 离子的能级图,图 10‑22 为 Tm^{3+} 离子掺杂和 Cr^{3+}、Tm^{3+} 共掺激光玻璃的吸收光谱。可见在 Cr^{3+}、Tm^{3+} 共掺玻璃中除 Tm^{3+} 离子的特征吸收外,在 $400\sim500$ nm 和 $600\sim700$ nm 附近存在宽带吸收,其来源于 Cr^{3+} 离子从基态 $^{4}A_{2}$ 能级到激发态 $^{4}T_{1}$ 和 $^{4}T_{2}$ 能级的吸收跃迁。从图 10‑22 插图中可以看到,Cr^{3+} 离子在 820 nm 附近有宽带的荧光峰。这来源于 $^{4}T_{2}$ 能级上粒子向基态能级的自发辐射跃迁。该荧光峰与 Tm^{3+} 离子 $^{3}H_{6}$ 到 $^{3}H_{4}$ 能级的吸收峰有较大的重叠,因此存在由 Cr^{3+} 离子向 Tm^{3+} 离子的能量传递。

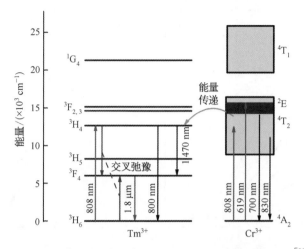

图 10-21 Cr³⁺ 离子和 Tm³⁺ 离子的能级图及能量传递过程[22]

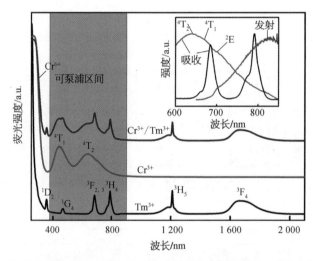

图 10-22 Tm³⁺ 离子掺杂和 Cr³⁺、Tm³⁺ 共掺激光玻璃的 200～2 000 nm 范围内的吸收光谱(插图为 Tm³⁺ 离子吸收光谱以及 Cr³⁺ 离子吸收及荧光光谱)[22]

图 10-23a 为 619 nm 激发下,同基质成分单掺 Cr³⁺ 离子、单掺 Tm³⁺ 离子以及 Cr³⁺/Tm³⁺ 共掺玻璃的荧光光谱。在该波长激发下,单掺 Cr³⁺ 离子呈现出中心波长为 820 nm 左右的宽带荧光。由于 Tm³⁺ 离子在 619 nm 处无吸收,因此在该波长激发下,单掺 Tm³⁺ 离子玻璃在 650～850 nm 范围内未观察到荧光信号。而在掺 Cr³⁺ 玻璃中引入 Tm³⁺ 离子,光谱形状出现了明显变化,中心波长为 820 nm 的宽带荧光逐渐减弱,同时出现了来源于 Tm³⁺ 离子³H₄ 能级到³F₄ 能级跃迁的窄带荧光峰。说明玻璃中确实存在 Cr³⁺ 离子向 Tm³⁺ 离子的能量。图 10-23b 为 808 nm 激发下,同基质成分单掺 Cr³⁺ 离子、单掺 Tm³⁺ 离子以及 Cr³⁺/Tm³⁺ 共掺玻璃的荧光光谱。1 000 nm 处的荧光峰来源于 Cr³⁺ 离子⁴T₂ 能级到⁴A₂ 能级的辐射跃迁,随着 Tm₂O₃ 含量的增加,该荧光峰逐渐减弱。1 450 nm 处的荧光峰来源于 Tm³⁺ 离子³H₄ 能级到³F₄ 能级的辐射跃迁。与单掺 Tm³⁺ 离子的玻璃相比,Cr³⁺/Tm³⁺ 共掺玻璃在该波段的荧光

强度更高。808 nm 波长光激发下，随着 Tm_2O_3 含量的增加，1 450 nm 处荧光峰的增强是由于有效发光粒子数的增加，之后该波段荧光强度的下降，一方面是由于浓度猝灭效应，另一方面是由于 Tm^{3+} 离子之间的交叉弛豫导致的。

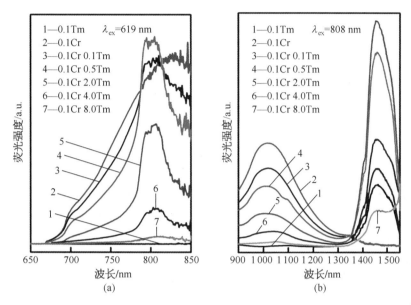

图 10 - 23　619 nm（a）和 808 nm（b）LD 激发下 Cr^{3+}/Tm^{3+} 共掺样品的荧光光谱（b）[22]

图 10 - 24 对比了 808 nm 激光二极管激发下掺 Cr^{3+} 离子、单掺 Tm^{3+} 离子以及 Cr^{3+}/Tm^{3+} 共掺玻璃在 1 500～2 100 nm 波长范围的荧光光谱。可见单掺 Cr^{3+} 离子玻璃在该波段没有荧光。而相比单掺 Tm^{3+} 离子玻璃，Cr^{3+}/Tm^{3+} 共掺玻璃在该波段具有更强的荧光。

此外，Cr^{3+} 离子对 Tm^{3+} 离子的敏化作用亦可以通过 Cr^{3+} 离子的激发态能级寿命来反映。如图 10 - 25 所示，随着 Cr^{3+}/Tm^{3+} 共掺玻璃中 Tm_2O_3 含量的增加，Cr^{3+} 离子激发态能级 ^2E 和 $^4T_2$ 的寿命均呈下降趋势。通过荧光寿命计算所得能量传递效率呈上升趋势。当 Tm_2O_3 含量达 8 wt% 时，Cr^{3+} 离子向 Tm^{3+} 离子能量传递的效率接近 80%[22]。

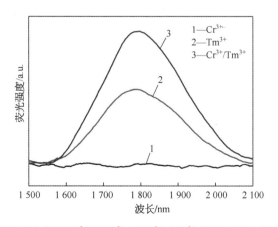

图 10 - 24　808 nm LD 激发下 Cr^{3+}、Tm^{3+} 和 Cr^{3+}/Tm^{3+} 共掺氟锗酸盐玻璃的发射光谱[22]

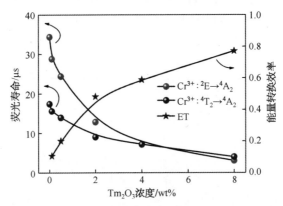

图 10-25　在 619 nm 激发下 Cr^{3+}：^2E(700 nm)和 $^4T_2$(830 nm)能级的寿命以及从 Cr^{3+} 到 Tm^{3+} 的能量传递效率[22]

如前所述,基于离子间的能量传递过程,在 2 μm 激光输出用掺铒激光玻璃中引入 Yb^{3+} 离子和 Cr^{3+} 离子,可拓宽其泵浦源的波长选择范围。若采用 800 nm 左右波长激发,在掺 Tm^{3+} 离子玻璃中引入 Er^{3+} 离子、Bi^+ 离子和 Ag 纳米颗粒,则可以增强 $^3F_4$ 能级到 $^3H_6$ 能级跃迁的荧光强度。

图 10-26 为 Er^{3+} 离子掺杂、Tm^{3+} 离子掺杂以及 Er^{3+}/Tm^{3+} 共掺玻璃的吸收光谱。Er^{3+} 离子的吸收峰分别来源于基态能级 $^4I_{15/2}$ 到 $^4I_{13/2}$、$^4I_{11/2}$、$^4I_{9/2}$、$^4F_{9/2}$、$^4S_{3/2}$、$^2H_{11/2}$ 等能级的跃迁。在 Er^{3+}/Tm^{3+} 共掺杂玻璃中,Tm^{3+} 离子 $^3H_6$ 能级到 $^3H_4$ 能级的吸收峰与 Er^{3+} 离子 $^4I_{15/2}$ 能级到 $^4I_{9/2}$ 能级的吸收峰重叠,位于 800 nm 附近。因此,上述两种激活离子均可采用该波长激发。图 10-27 为 808 nm 波长光激发下 Er^{3+}/Tm^{3+} 共掺玻璃的荧光光谱,图中 E 之后数字代表 Tm_2O_3 含量为 0.5 mol％的 Er^{3+}/Tm^{3+} 共掺玻璃中 Er_2O_3 的摩尔百分比含量,T 之后数字代表 Er_2O_3 含量为 0.5 mol％的 Er^{3+}/Tm^{3+} 共掺玻璃中 Tm_2O_3 的摩尔百分比含量。可见随着 Er_2O_3 含量的增加,不仅 Er^{3+} 离子 $^4I_{13/2}$ 到 $^4I_{15/2}$ 跃迁的 1540 nm 波长荧光增强,Tm^{3+} 离子 1800 nm 处的荧光也明显变强,而 Tm^{3+} 离子 $^3H_4$ 能级到 $^3F_4$ 能级辐射跃迁的 1470 nm 波

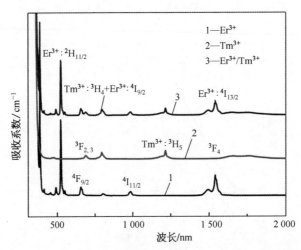

图 10-26　Er^{3+} 离子掺杂、Tm^{3+} 离子掺杂以及 Er^{3+}/Tm^{3+} 共掺玻璃的吸收光谱[24]

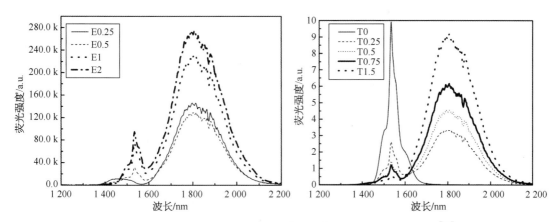

图 10-27 　800 nm 波长光激发下 Er^{3+}/Tm^{3+} 共掺玻璃的荧光光谱[25]

长荧光强度却逐渐减弱。随着 Tm_2O_3 含量的增加，Er^{3+} 离子 $^4I_{13/2}$ 到 $^4I_{15/2}$ 跃迁的 1 540 nm 波长荧光以及 Tm^{3+} 离子 $^3H_4$ 能级到 $^3F_4$ 能级辐射跃迁的 1 470 nm 波长荧光强度逐渐减弱，而 Tm^{3+} 离子 1 800 nm 处的荧光明显变强。由于 Tm^{3+} 离子 $^3H_4$ 能级到 $^3F_4$ 能级跃迁的发射光谱和 Er^{3+} 离子 $^4I_{15/2}$ 能级到 $^4I_{13/2}$ 能级的吸收光谱有重叠，$^3H_4$ 能级上的粒子可将能量传递到 Er^{3+} 离子 $^4I_{13/2}$ 能级，从而导致随着 Er_2O_3 含量增加，1 470 nm 波长荧光强度降低。而随着 Tm_2O_3 含量的增加，1 470 nm 波长荧光强度的降低主要由交叉弛豫效应导致。由于 Er^{3+} 离子 $^4I_{13/2}$ 能级上的粒子与 Tm^{3+} 离子基态能级上的粒子相互作用，使 $^4I_{13/2}$ 能级粒子跃迁到基态，而 $^3H_6$ 能级上 Tm^{3+} 离子跃迁到 $^3F_4$ 能级。因此随 Tm_2O_3 含量的增加，Er^{3+} 离子荧光强度下降，Tm^{3+} 离子 1 800 nm 附近荧光强度上升。

图 10-28 给出了 980 nm 波长光激发下 1 810 nm 和 1 540 nm 荧光强度比随 Er_2O_3 和 Tm_2O_3 含量的变化情况。可见随着上述两种稀土氧化物含量增加，来源于 Tm^{3+} 离子 $^3F_4$ 能级到 $^3H_6$ 能级跃迁的 1 810 nm 发光增加得比 Er^{3+} 离子 $^4I_{13}$ 到 $^4I_{15}$ 能级跃迁的 1 540 nm 荧光更快。这是由于 Er^{3+} 离子向 Tm^{3+} 离子的能量传递速率不仅与受主（$^3H_6$ 能级上的 Tm^{3+} 离子）有关，也与施主（Er^{3+} 离子 $^4I_{13}$ 能级）上的粒子数有关。

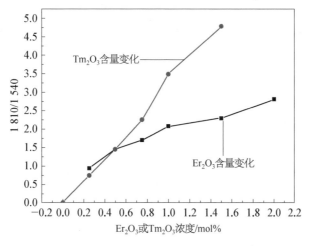

图 10-28 　980 nm 波长光激发下 1 810 nm 和 1 540 nm 荧光强度比随 Er_2O_3 和 Tm_2O_3 含量的关系[25]

表 10-6 为不同 Tm_2O_3 含量的 Er^{3+}/Tm^{3+} 共掺 $50SiO_2 - 33Bi_2O_3 - 17PbO$ 玻璃分别在 800 nm 和 980 nm 泵浦下 Er^{3+} 离子 $^4I_{13}$ 能级和 Tm^{3+} 离子 $^3F_4$ 能级荧光寿命[25]。可见，随着 Tm_2O_3 含量的增加，Er^{3+} 离子 $^4I_{13}$ 能级和 Tm^{3+} 离子 $^3F_4$ 能级荧光寿命均呈下降趋势，$^3F_4$ 能级寿命的降低源于浓度猝灭效应，而 Er^{3+} 离子 $^4I_{13}$ 能级寿命降低则说明 Er^{3+} 离子向 Tm^{3+} 离子的能量传递效率变得更高。当泵浦光波长为 800 nm 时，Tm^{3+} 离子 $^3H_4$ 能级向 Er^{3+} 离子 $^4I_{13/2}$ 能级的能量转移相比 980 nm 激光泵浦时更为有效，这是因为 800 nm 泵浦时 $^3H_4$ 能级上粒子数更多。因此，随着 Tm_2O_3 含量的增加，980 nm 泵浦时 Er^{3+} 离子的 $^4I_{13/2}$ 能级寿命降低得更快。值得注意的是，无论掺杂浓度如何改变，同等掺杂浓度情况下，980 nm 泵浦下测得的 Tm^{3+} 离子 $^3F_4$ 能级寿命始终比 800 nm 激发下测得的要长。980 nm 激发下，Tm^{3+} 离子无法吸收泵浦光，基态 Tm^{3+} 离子主要靠能量传递过程激发到 $^3F_4$ 能级。而 Er^{3+} 离子 $^4I_{13}$ 能级具有比 Tm^{3+} 离子 $^3F_4$ 能级更长的荧光寿命，因此 Er^{3+} 离子 $^4I_{13}$ 能级可以帮助 Tm^{3+} 离子 $^3F_4$ 能级储能，进而增长 Tm^{3+} 离子 $^3F_4$ 能级荧光寿命。

表 10-6　不同 Tm_2O_3 含量的 Er^{3+}/Tm^{3+} 共掺 $50SiO_2 - 33Bi_2O_3 - 17PbO$ 玻璃分别在 800 nm 和 980 nm 激发下 Er^{3+} 离子 $^4I_{13}$ 能级和 Tm^{3+} 离子 $^3F_4$ 能级的荧光寿命[25]

样品	800 nm 激发		980 nm 激发	
	$^4I_{13/2}$ 能级寿命 /ms	$^3F_4$ 能级寿命 /ms	$^4I_{13/2}$ 能级寿命 /ms	$^3F_4$ 能级寿命 /ms
T0	5.74		8.90	
T0.25	1.26	1.71	1.36	2.14
T0.5	0.94	1.38	0.90	1.64
T0.75	0.76	1.32	0.71	1.59
T1	0.68	1.13	0.55	1.31
T1.5	0.54	0.90	—	0.99

玻璃中的铋离子在可见波段也呈现宽带的吸收，其吸收光谱和价态随玻璃成分变化而改变。改变玻璃成分和熔制工艺可调控掺铋离子玻璃的吸收范围。这为铋离子敏化掺铥激光玻璃泵浦源的选择提供了方便[18,26]。纳米尺度的 Ag 金属拥有表面等离子共振效应，可以增强掺铥玻璃 $2\ \mu m$ 附近的荧光强度，因此也是一种改善掺铥激光玻璃光谱特性的潜在方式[27]。然而共掺离子的存在必然导致 Tm^{3+} 离子向敏化离子的反向能量传递，同时亦有可能增加新的能量损失途径。因此，截至目前仅 Yb^{3+}/Tm^{3+} 共掺玻璃光纤中实现了较高功率的激光输出。适用于宽光谱光源泵浦的过渡金属离子敏化 Tm^{3+} 离子掺杂激光晶体在氙灯泵浦下拥有较优异的激光输出能力，但氙灯泵浦下 Tm^{3+} 离子掺杂玻璃的激光特性尚无报道[28]。

10.3　掺铥玻璃的 $2\ \mu m$ 激光输出性能

早在 1967 年，H. W. Gandy 等[29]便利用闪光灯泵浦在液氮冷却的掺铥硅酸盐玻璃中获得了 $1.85\ \mu m$ 的激光输出。1988 年，D. H. Hanna 等[30]采用 800 nm 左右波长氩离子染料激光泵浦掺铥石英光纤获得了 $1.95\ \mu m$ 左右的激光输出，激光阈值为 30 mW，斜率效率为 13%，最大输出功率为 2.7 mW。随后掺铥玻璃的 $2\ \mu m$ 激光特性研究得到快速发展。表 10-7 列举了 2000 年以来不同基质掺铥玻璃块体、波导结构以及光纤中的激光输出结果。由于掺铥石英光纤的制备工艺成熟、所制备的光纤损耗小,因此在掺铥石英光纤中所获得的激光输出功率和斜率效率最大。值得注意的是,在 790 nm 泵浦下,石英光纤的激光斜率效率可达 72.4%,这是由于该光纤 Tm_2O_3 掺杂浓度高(可达 4.3 wt%),有利于 Tm^{3+} 离子间 200% 理论量子效率的交叉弛豫过程发生[31]。而同带泵浦由于泵浦光光子能量与所输出激光光子能量接近,量子亏损小,因此也具有较高的量子效率。如 2014 年 Daniel Creeden 等[32]采用 1 098 nm 掺镱光纤激光器泵浦掺铥光纤获得的输出激光量子效率可达 91.6%。Yb^{3+} 离子敏化的掺铥光纤在 980 nm 或 1 088 nm 光泵浦均会出现较强的上转换发光,消耗 $^3F_4$ 能级粒子数,从而限制了激光输出功率和斜率效率的提升。

表 10 - 7 不同基质掺铥玻璃块体、波导结构以及光纤中的激光输出结果

时间/年	基质成分	状态	泵浦波长/nm	最高输出功率	斜率效率	文献来源
2003	ZBLAN	块体	792	65 mW	8.6%	[33]
2008	ZBLAN	光纤	792	20 W	49%	[34]
2012	ZBLAN	光波导	790	205 mW	67%	[35]
2010	石英	光纤	790	1 050 W	53.2%	[36]
2019	石英	光纤	790	24.4 W	72.4%	[31]
2007	石英	光纤	1 567	425 W	60%	[37]
2014	石英	光纤	1 908	123 W	91.6%	[32]
2013	锗酸盐玻璃	光波导	790	44 mW	6.8%	[38]
2007	锗酸盐玻璃	光纤	800	104 W	52.5%	[39]
2007	锗酸盐玻璃	光纤	800	64 W	68%	
2011	锗酸盐玻璃	块体	790	346 mW	25.6%	[40]
2010	锗酸盐玻璃	块体	793	190 mW	50%	[41]
2009	硅酸盐玻璃	光纤	798		68.3%	[42]
2010	碲酸盐玻璃	光纤	800	1.12 W	20%	[43]
2008	碲酸盐玻璃	光纤	1 610	283 mW	76%	[3]
2008	碲酸盐玻璃	块体	793	124 mW	28%	[44]
2010	碲酸盐玻璃	块体	1 211	60 mW	22.4%	[4]
2005	Yb/Tm 石英	光纤	975	75 W	32%	[45]
2009	Yb/Tm 碲酸盐玻璃	光纤	1 088	67 mW	10%	[5]

下面分别就掺铥碲酸盐玻璃块体以及光纤中两个较为典型的激光结果进行简要介绍。2008 年英国利兹大学对比了 1.5 wt% Tm_2O_3 掺杂 TZN 玻璃($80TeO_2 - 10ZnO - 10Na_2O$)和 2.0 wt% Tm_2O_3 掺杂 TZNG 玻璃($75TeO_2 - 10ZnO - 10Na_2O - 5GeO_2$)的块体激光性能[44]。1.5 wt% Tm_2O_3 掺杂 TZN 玻璃和 2.0 wt% Tm_2O_3 掺杂 TZNG 玻璃分别沿布儒斯特角方向切割成 7 mm 和 5 mm 长的玻璃块体,将样品用钢箔包裹并放置于 15 ℃ 的铜模中。玻璃由 793 nm 钛宝石激光器泵浦,改用不同透过率输出耦合器测得了激光输出能量和斜率效率。图 10 - 29 为采用四种不同透过率的输出耦合镜测得的 2.0 wt% Tm_2O_3 掺杂 TZNG 玻璃的实验结果。可见,利用 6.2% 透过率的输出耦合镜可获得功率为 128 mW、斜率效率为 28% 的 $\sim 2~\mu m$ 激光输出。在激光谐振腔中加入熔石英棱镜,测得了上述两种玻璃的激光调谐范围,如图 10 - 30 所示,可见 Tm_2O_3 掺杂 TZNG 玻璃在 1 830～2 025 nm 范围内均获得了激光输出,调谐范围可达 195 nm。图中对比了不同透过率输出耦合镜下测得的激光调谐范围半高宽,可见相比 TZN 玻璃,TZNG 玻璃具有更宽的激光输出波长调谐范围。

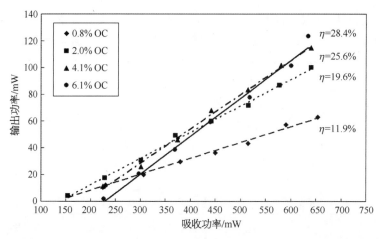

图 10-29　钛宝石激光器泵浦下 Tm_2O_3 掺杂 TZNG 玻璃激光输出功率与泵浦吸收功率的关系[44]

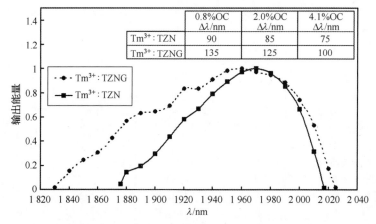

图 10-30　采用 0.8% 透过率输出耦合镜测得的 TZN 玻璃和 2.0 wt% Tm_2O_3 掺杂 TZNG 玻璃的 ~2 μm 激光调谐范围(图中的表给出了采用不同透过率输出 耦合镜的激光调谐范围半高宽)[44]

2010 年,上海光机所报道了掺铥碲酸盐玻璃光纤的激光性能[43]。其采用的光纤芯层成分 为 $60TeO_2 - 30WO_3 - 10La_2O_3 - 1Tm_2O_3$,纤芯数值孔径为 0.14 ± 0.01,纤芯直径为 20 μm。 采用如图 10-31 所示的光路测试了不同长度光纤的激光性能,测试中光纤两端均被垂直切 割。由激光二极管输出的多模激光经过校准后,通过 10 倍显微物镜聚焦到光纤一端,泵浦波 长为 793 nm。光学谐振腔由 1 950 nm 处高反、800 nm 处高透的双色镜和光纤另一端 13％部 分反射(Fresnel 反射)构成。输出激光经过 800 nm 滤光片后由功率计记录输出功率。图 10-32 为不同长度光纤的输出功率和斜率效率。其在一根 5.9 cm 长的双包层短光纤中实现 了 225 mW 激光输出,斜率效率为 24.3％。对于 22 cm 长的光纤,其最大输出功率可达 724 mW,斜率效率为 27.3％,阈值为 0.75 W。在光纤长度为 12.5 cm 时,斜率效率最大,达 31％,对应的光光效率为 22％。图 10-32 中插图为光纤光谱仪测得的激光光谱图。为获得 更高的激光输出能量,改用图 10-33 示意的光路进行测试。将光纤放置于金属板上,光纤两 端均被垂直切割。用一根芯径为 105 μm、数值孔径 0.22 的石英光纤作为泵浦光的导光光纤,在该导光光纤的一端镀有 1 950 nm 高反、800 nm 高透的双色膜,泵浦波长为 803 nm。泵浦光导光光纤的一端对准碲钨酸盐玻璃光纤,其双色膜层作为激光腔的高反镜,而碲酸盐玻璃光纤另一端大约 13% 的 Fresnel 反射作为激光腔的部分反射镜。激光实验测得芯径为 18 μm、长度 40 cm 的 Tm^{3+} 离子掺杂碲钨酸盐玻璃双包层光纤的激光阈值为 1.46 W,在最大泵浦功率 6.95 W 时输出功率达到 1.12 W,斜率效率为~20%,对应的光光效率大于 16%,如图 10-34 所示[43]。

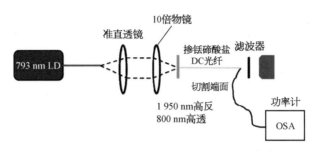

图 10-31　空间耦合光纤激光实验示意图[43]

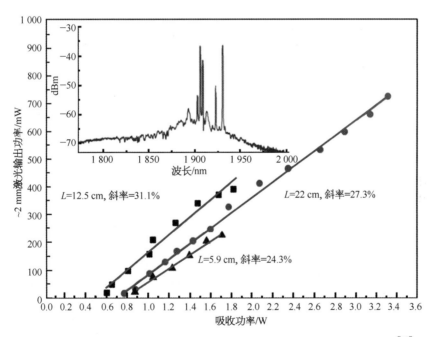

图 10-32　掺铥碲酸盐玻璃光纤~2 μm 激光输出功率与泵浦吸收功率关系[43]

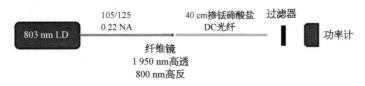

图 10-33　光纤对接激光实验示意图[43]

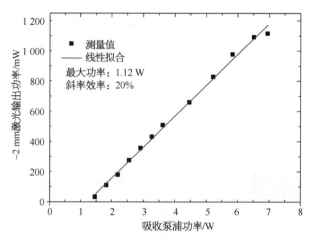

图 10 - 34　长度 40 cm 的 Tm^{3+} 离子掺杂碲钨酸盐玻璃双包层光纤泵浦吸收功率与〜2 μm 激光输出功率的关系[43]

10.4　掺钬激光玻璃的光谱性质

相比采用 Tm^{3+} 离子作为激活粒子的激光系统,由于 Ho^{3+} 离子有数倍于 Tm^{3+} 离子的吸收和发射截面、更长的荧光寿命,因此含 Ho^{3+} 离子激光材料作为工作介质的激光系统,更容易实现高能脉冲输出。相比 Tm^{3+} 离子激光系统,Ho^{3+} 离子激光系统的激光波长更趋向于长波长。这些差异使掺 Ho^{3+} 离子激光器在医疗、光电对抗、遥感和激光加工等领域有着不可替代的重要作用。

10.4.1　单掺钬激光玻璃的光谱特性

Ho^{3+} 离子〜2 μm 中心波长的发光来源于从第一激发态到基态的跃迁,且 Tm^{3+} 离子 $^3F_4$ 能级到 $^3H_4$ 能级的能量差与 Ho^{3+} 离子 $^5I_7$ 能级到 $^5I_8$ 能级的能量差接近,因此,与 Tm^{3+} 离子相似,Ho^{3+} 离子在不同种类玻璃中的光谱特性也与玻璃的声子能量、羟基含量、Ho^{3+} 离子局域环境等密切相关。

表 10 - 8 为几种不同玻璃的最大声子能量,以及 Ho^{3+} 离子在各种玻璃中的 Judd-Ofelt 参数。由于玻璃成分调节范围大,不同种类玻璃的各项性能会有所波动。表 10 - 8 中具体的玻璃成分列在表注中。从表中可以看出,不同种类玻璃的最大声子能量按照"硼酸盐玻璃＞磷酸盐玻璃＞硅酸盐玻璃和氟磷酸盐玻璃＞碲酸盐玻璃＞锗酸盐玻璃＞铝酸盐玻璃＞镓酸盐玻璃＞氟化物玻璃"的顺序递减。除氟化物和氟磷酸盐玻璃外,其他各类氧化物玻璃的 Ω_6 均小于 Ω_2 和 Ω_4,这可能是含氟玻璃具有相对较高的离子性导致的[46]。表 10 - 9 为 Ho^{3+} 离子在上述各种玻璃中的光谱参数。值得注意的是,测得的氟化物玻璃 $^5I_7$ 能级荧光寿命高达 26.7 ms。这是由于被测玻璃样品较厚(5 mm)导致了较强荧光俘获效应[46]。此外,由表 10 - 9 中数据可见,声子能量越低则发光效率越高。根据 Miyakawa-Dexter 理论,多声子弛豫速率与声子能量正相关。因此,随着玻璃声子能量的增加,Ho^{3+} 离子 $^5I_7$ 能级向下能级跃迁过程中多声子弛豫占比增大,辐射跃迁占比减小,因而量子效率降低。

表 10 - 8　几种不同玻璃的最大声子能量以及 Ho^{3+} 离子在各种玻璃中的 Judd-Ofelt 参数[46-47]

玻璃种类	声子能量/cm^{-1}	Ω_2/($\times 10^{-20}$ cm^2)	Ω_4/($\times 10^{-20}$ cm^2)	Ω_6/($\times 10^{-20}$ cm^2)
氟化物玻璃	540	1.86	1.90	1.32
镓酸盐玻璃	660	5.70	3.10	0.37
铝酸盐玻璃	800	4.90	2.50	0.68
氟磷酸盐玻璃	1 050	2.10	3.50	2.50
锗酸盐玻璃	820	3.30	1.14	0.17
硅酸盐玻璃	1 050	3.60	2.30	0.65
硼酸盐玻璃	1 350			
磷酸盐玻璃	1 300	3.33	3.01	0.61
碲酸盐玻璃	925	6.10	3.63	1.30

注：表中各种玻璃具体成分如下：氟化物玻璃[18.6AlF_3 - 14.5ZrF_4 - 51.6(MgF_2＋CaF_2＋SrF_2＋BaF_2)- 6.4(NaF＋$NaCl$)]；镓酸盐玻璃[50GaO - 8$KO_{1.5}$ - 14CaO - 19SrO - 9BaO]；铝酸盐玻璃[48$AlO_{1.5}$ - 36CaO - 8MgO - 8BaO]；氟磷酸盐玻璃[10$PO_{2.5}$ - 33AlF_3 - 4YF_3 - 48.3(MgF_2＋CaF_2＋SrF_2＋BaF_2)-5NaF]；锗酸盐玻璃[57.5GeO_2 - 16.5BaO - 26$KO_{0.5}$]；硅酸盐玻璃[50SiO_2 - 5$AlO_{1.5}$ - 24$LiO_{0.5}$ - 12$NaO_{0.5}$ - 9SrO]；硼酸盐玻璃[74.85$BO_{1.5}$ - 16.96BaO - 8.19$LaO_{1.5}$]；磷酸盐玻璃[65$PO_{2.5}$ - 9$AlO_{1.5}$ - 8(MgO＋BaO)- 18$KO_{0.5}$]；碲酸盐[60TeO_2 - 30WO_3 - 10La_2O_3]。

表 10 - 9　Ho^{3+} 离子在不同玻璃基质中的 ～2 μm 光谱特性[46-47]

玻璃种类	发光中心波长 λ/nm	有效线宽/nm	自发辐射概率/s^{-1}	荧光寿命 τ	发射截面/($\times 10^{-20}$ cm^2)	量子效率
氟化物玻璃	2 035	118	58.07	26.7	0.53	155.05%
镓酸盐玻璃	2 055	141	69.53	8.2	0.38	57.01%
铝酸盐玻璃	2 055	144	70.22	7.2	0.41	50.56%
氟磷酸盐玻璃	2 035	123	90.42	5.6	0.79	50.64%
锗酸盐玻璃	2 045	84	39.70	0.36	0.40	1.43%
硅酸盐玻璃	2 040	82	61.65	0.32	0.70	1.97%
磷酸盐玻璃	2 040	78	49.29		0.62	
碲酸盐玻璃	2 040			4.16	0.70	

　　玻璃形成体变化导致 Ho^{3+} 离子掺杂激光玻璃的光谱性能千差万别，即便玻璃形成体相同，玻璃成分变化也会对 Ho^{3+} 离子的光谱特性造成较大影响。上海光机所研究了含铅硅酸盐玻璃成分变化对 Ho^{3+} 离子光谱特性的影响。四种玻璃具体成分为$(70-x)SiO_2$ -$(20+x)PbO$ - 10Na_2O - 0.5Ho_2O_3(x＝0, 10, 20, 30)[48]。为降低玻璃中羟基对 Ho^{3+} 离子发光的猝灭效应，在样品制备过程中通入氧气以消除玻璃中的羟基，所制备的玻璃样品羟基吸收系数在 0.2 cm^{-1} 左右。图 10 - 35a 为玻璃样品在 400～2 200 nm 的吸收光谱，位于 1 937 nm、1 152 nm、640 nm、537 nm 和 446 nm 附近的吸收峰分别对应从 Ho^{3+} 离子基态能级$^5I_8$ 到激发态能级$^5I_7$、$^5I_6$、$^5F_5$、$^5S_2$ 和$^5G_6$ 的吸收跃迁。300～400 nm 的吸收光谱如图 10 - 35a 中插图所示。可见随着 PbO 含量的增加，紫外截止边发生红移。基于吸收光谱，利用 Judd-Ofelt 理论计算了上述四种玻璃的 Judd-Ofelt 参数，结果如图 10 - 35b 所示。由图可见，随着 PbO 含量的增加，Ω_2 逐渐减小，这可能与稀土周围结构的对称性变化有关。同时，随着 PbO 含量的增加，5d 轨道与 4f 轨道的作用增强，因此 Ω_4 和 Ω_6 随着 PbO 含量的增加而增大。Ho^{3+} 离子的$^5I_7$ 到$^5I_8$ 能级跃迁包括电偶极相互作用和磁偶极相互作用。前者取决于基质与稀土离子之间的相互作用，后者和稀土离子与基质相互作用的关系不大。$^5I_7$ 到$^5I_8$ 能级跃迁的约化矩阵

元$|\langle U^{(2)}\rangle|^2$、$|\langle U^{(4)}\rangle|^2$ 和 $|\langle U^{(6)}\rangle|^2$ 分别是 0.024 9、0.134 5 和 1.521 7,计算得到四种玻璃中 Ho^{3+} 离子$^5I_7$ 能级到$^5I_8$ 能级的自发辐射概率分别为 84.31 s^{-1}、87.37 s^{-1}、80.65 s^{-1} 和 78.12 s^{-1}。在该玻璃体系中成分变化对自发辐射概率的影响相对较小。然而,在 640 nm 波长光激发下测试的荧光强度却有很大差别。随着 PbO 含量的增加,荧光强度逐渐增强,如图 10-36 所示。与此同时,测试了在 640 nm 光激发下随 PbO 含量增加的四个样品中 Ho^{3+} 离子$^5I_7$ 能级到$^5I_8$ 能级跃迁发光强度随时间的衰减曲线,并利用单指数拟合得到$^5I_7$ 能级的荧光寿命分别为 1.16 ms、2.4 ms、3.31 ms 和 3.37 ms。实际测试得到的荧光寿命受自发辐射概率 A_{rad}、多声子弛豫速率 W_{nr}、Ho^{3+} 离子到羟基等杂质的能量传递速率 W_{OH} 以及浓度猝灭过程的综合影响。在不考虑浓度猝灭的情况下,可给出如下关系:

$$\frac{1}{\tau} = A_{rad} + W_{nr} + W_{OH} \tag{10-7}$$

由于玻璃中羟基含量很低,故可以忽略 W_{OH} 的影响。计算得到的多声子弛豫速率 W_{nr} 分别为 536.8 s^{-1}、329.3 s^{-1}、240.9 s^{-1} 和 218.6 s^{-1}。考虑到成分变化可能会引起玻璃结构变化,进

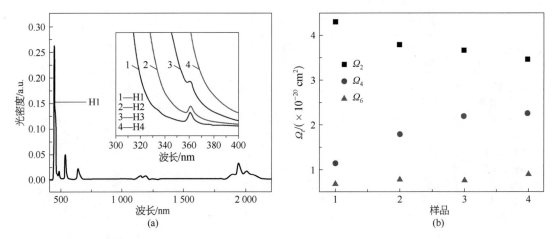

图 10-35 Ho^{3+} 离子在硅酸盐玻璃中的吸收光谱(a)和 Ho^{3+} 离子 Judd-Ofelt 参数随硅酸盐玻璃中 PbO 含量的变化关系(b)[48]

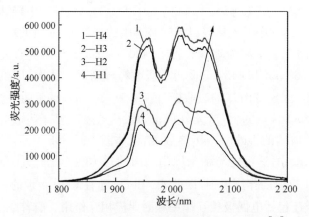

图 10-36 Ho^{3+} 离子在硅酸盐玻璃中的荧光光谱[48]

而改变玻璃中分子键的振动频率(声子)。为此测试了上述几个样品的 Raman 光谱,得到的最高振动频率分别为 1 023 cm^{-1}、1 007 cm^{-1}、935 cm^{-1} 以及 907 cm^{-1}。可见,随着玻璃中 PbO 含量的增加,玻璃最大声子能量逐渐降低,从而导致了多声子弛豫速率的明显变化。再次证明玻璃基质的声子能量对 Ho^{3+} 离子的光谱特性有至关重要的影响。

除玻璃基质的影响外,Ho^{3+} 离子掺杂浓度对 Ho^{3+} 离子~2 μm 光谱特性也有重要影响。Ho^{3+} 离子掺杂浓度的提高,可以增加有效的发光粒子数,提高 Ho^{3+} 离子的~2 μm 发光强度。但与此同时,由于向羟基等杂质的能量传递以及浓度猝灭会使发光强度下降,荧光寿命降低。图 10-37a 为 640 nm 激发下测得的不同 Ho$_2$O$_3$ 含量 33GeO$_2$ - 30TeO$_2$ - 27PbO - 10CaO - xHo$_2$O$_3$ 玻璃在 1 800~2 200 nm 范围内的荧光光谱图。可见随着 Ho$_2$O$_3$ 掺杂浓度的提高,~2 μm 发光的有效粒子数增加,因此发光强度增强。进一步提高 Ho$_2$O$_3$ 掺杂浓度,浓度猝灭的作用逐步突显,因此发光强度呈下降趋势。图 10-37b 为不同 Ho$_2$O$_3$ 含量 33GeO$_2$ - 30TeO$_2$ - 27PbO - 10CaO - xHo$_2$O$_3$ 玻璃^{5}I$_7$ 能级的荧光寿命。可见随着 Ho$_2$O$_3$ 掺杂浓度提高,荧光寿命逐渐降低。这是由于存在^{5}I$_7$ 能级的 Ho^{3+} 离子向羟基等杂质的能量转移,消耗了该能级上的粒子数,而能量传递速率与 Ho$_2$O$_3$ 掺杂浓度呈近似线性正比关系[49]。

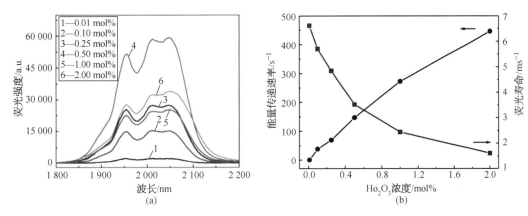

图 10-37　33GeO$_2$ - 30TeO$_2$ - 27PbO - 10CaO - xHo$_2$O$_3$ 玻璃在 1 800~2 200 nm 范围内的荧光光谱(a)和^{5}I$_7$ 能级荧光寿命以及能量传递速率与 Ho$_2$O$_3$ 浓度的关系(b)[49]

Ho^{3+} 离子除用作~2 μm 激光材料的激活离子外,其在 1.2 μm(^{5}I$_4$ 到^{5}I$_7$ 和^{5}I$_6$ 到^{5}I$_8$)、1.7 μm(^{5}I$_5$ 到^{5}I$_7$)、2.2 μm(^{5}I$_4$ 到^{5}I$_6$)、2.9 μm(^{5}I$_6$ 到^{5}I$_7$)、3.9 μm(^{5}I$_5$ 到^{5}I$_6$)以及 4.8 μm(^{5}I$_4$ 到^{5}I$_5$)波段都有发光,可用于上述波段的光放大和激光[50-51]。然而由于^{5}I$_4$、^{5}I$_5$、^{5}I$_6$、^{5}I$_7$ 这四个能级之间能量差小,多声子弛豫概率大,因此发光效率较低,须选用声子能量小的基质材料、方可实现粒子数的反转。与此同时,在 Ho^{3+} 离子的特征吸收波段目前尚无波长匹配的商用半导体激光器。因此,即使是~2 μm 的激光输出,也多采用敏化离子共掺杂或同带泵浦方式实现。

10.4.2　共掺杂含钬玻璃的光谱特性

~2 μm 波长激光输出用掺钬激光玻璃中最常用的敏化剂离子为 Yb^{3+} 离子和 Tm^{3+} 离子,前者可采用商用 980 nm 波长半导体激光器进行泵浦,后者一方面可以采用 800 nm 激光器进行泵浦,另一方面可以形成宽带宽的荧光光谱,增加~2 μm 波长激光的调谐范围。

图 10 - 38 为 Ho^{3+} 离子和 Yb^{3+}/Ho^{3+} 离子共掺硅酸盐玻璃在 400～2 200 nm 范围内的吸收光谱,其中 980 nm 附近的吸收峰来源于 Yb^{3+} 离子 $^5F_{7/2}$ 能级到 $^5F_{5/2}$ 能级的吸收跃迁,其余吸收峰与 Ho^{3+} 离子有关[52]。图 10 - 39 为 980 nm 泵浦下的红外和可见波段的荧光光谱。图 (a) 中～2 μm 附近荧光峰来源于 Ho^{3+} 离子 $^5I_7$ 到 $^5I_8$ 能级的跃迁。图 (b) 为上转换发射谱,图中 500～750 nm 范围内有两个荧光峰,其中 545 nm 附近荧光峰来源于 Ho^{3+} 离子 $^5S_2$ 和 $^5F_4$ 能级到 $^5I_8$ 能级的跃迁,而 660 nm 附近荧光峰来源于 $^5F_5$ 能级到 $^5I_8$ 能级的跃迁。可见随着 Yb$_2$O$_3$ 含量的增加,Ho^{3+} 离子荧光强度整体都在增加。这说明在 980 nm 泵浦下 Yb^{3+} 离子可将能量传递到 Ho^{3+} 离子。在 980 nm 光激发下 Yb^{3+} 离子由基态被激发到 $^5F_{7/2}$ 能级,$^5F_{7/2}$ 能级上的粒子可将能量传递给 Ho^{3+} 离子,使其由基态到达 $^5I_6$ 能级。该能级上的粒子通过发出～3 μm 左右光或者无辐射跃迁形式到达 $^5I_7$ 能级,$^5I_7$ 能级上粒子向下跃迁,即发出～2 μm 光子。而处于 $^5I_6$ 和 $^5I_7$ 能级上的 Ho^{3+} 离子在 980 nm 光子或 $^5F_{7/2}$ 能级 Yb^{3+} 离子作用下,可分别到达 $^5S_2$ 或 $^5F_4$ 能级和 $^5F_5$ 能级,再向下跃迁则发出 545 nm 和 660 nm 的光子。由于 $^5I_7$ 能级荧光寿命大于 $^5I_6$ 能级,因此 $^5I_7$ 能级激发态吸收过程更强烈,从而导致 660 nm 光强大于 545 nm 光强。Yb^{3+} 离子的发射谱与 Ho^{3+} 离子 $^5I_8$ 能级到 $^5I_7$ 能级的吸收光谱交叠不大,Yb^{3+}

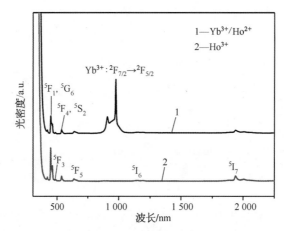

图 10 - 38　Ho^{3+} 离子和 Yb^{3+}/Ho^{3+} 离子共掺硅酸盐玻璃在 400～2 200 nm 范围内的吸收光谱[52]

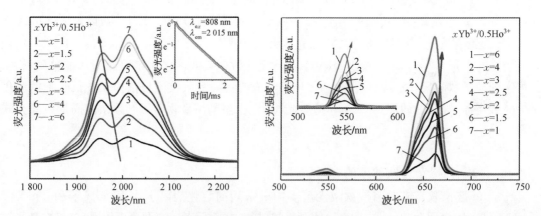

图 10 - 39　Yb^{3+}/Ho^{3+} 离子共掺硅酸盐玻璃在 980 nm 泵浦下的红外荧光光谱 (a) 和 Yb^{3+}/Ho^{3+} 离子共掺硅酸盐玻璃在 980 nm 泵浦下的上转换荧光光谱 (b)[52]

离子向 Ho^{3+} 离子的能量传递是一个需要声子参与的过程,但即使 Yb_2O_3 和 Ho_2O_3 掺杂浓度相同,Yb^{3+} 离子向 Ho^{3+} 离子的能量传递效率仍然可达 80％以上[53]。

图 10-40 为 Tm^{3+} 离子和 Tm^{3+}/Ho^{3+} 离子共掺 $50SiO_2 - 10Al_2O_3 - 25CaO - 15SrO$ 玻璃在 300～2 500 nm 范围内的吸收光谱。由图可见两个样品在 790 nm 有很强的吸收,说明该玻璃可以用 800 nm 的商用 LD 泵浦。Tm^{3+} 离子的 $^3F_4$ 能级和 Ho^{3+} 离子的 $^5I_7$ 能级非常接近,说明 Tm^{3+} 离子 $^3F_4$ 能级向 Ho^{3+} 离子 $^5I_7$ 能级的能量传递可能是比较有效的。图 10-41 为 800 nm 波长激发下 Tm^{3+}/Ho^{3+} 离子共掺 $50SiO_2 - 10Al_2O_3 - 25CaO - 15SrO - 1Tm_2O_3 - xHo_2O_3$ 玻璃(其中 $x=0$, 0.1, 0.2, 0.4, 0.7 和 1,样品分别标记为 S0、S0.1、S0.2、S0.4、S0.7 和 S1)在 1 300～2 200 nm 波段的荧光光谱。1 470 nm 左右的荧光来自 Tm^{3+} 离子 $^3H_4$ 能级到 $^3F_4$ 能级的自发辐射。1 800 nm 左右的荧光来自 Tm^{3+} 离子 $^3F_4$ 能级到 $^3H_6$ 能级的辐射跃迁。2 012 nm 左右的荧光峰来自 Ho^{3+} 离子 $^5I_7$ 能级向 $^5I_8$ 能级的辐射跃迁。随着 Ho_2O_3 浓度的提高,Ho^{3+} 离子 2 012 nm 左右的荧光强度增加,而 Tm^{3+} 离子 1 800 nm 处的荧光强度逐渐降低。当 Ho_2O_3 浓度为 0.7 mol％时,样品 1 800 nm 处和 2 012 nm 处的荧光强度相当,呈现出一个宽带的光谱,其半高宽可达 345 nm。当该玻璃中 Tm_2O_3 含量为 1 mol％,Ho_2O_3 含量分别为 0.1 mol％、0.2 mol％、0.4 mol％、0.7 mol％和 1 mol％时,利用式(10-8)计算得到 S0.1、S0.2、S0.4、S0.7 和 S1 样品中 Tm^{3+} 离子 $^3F_4$ 能级向 Ho^{3+} 离子 $^5I_7$ 能级的能量传递效率分别为 0.633、0.790、0.886、0.936 和 0.954。说明该能量传递过程和 Ho_2O_3 的掺杂浓度有很大关系,Ho_2O_3 的掺杂浓度越大,传递效率越高:

$$\eta = \frac{1}{1 + (I_{Tm}/I_{Ho})(A_{Ho}/A_{Tm})(\lambda_{Tm}/\lambda_{Ho})} \tag{10-8}$$

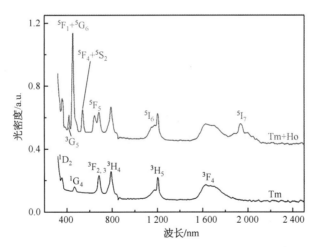

图 10-40　外掺 1 mol% Tm_2O_3 和共掺 1 mol% Ho_2O_3 与 1 mol% Tm_2O_3 的 $50SiO_2 - 10Al_2O_3 - 25CaO - 15SrO$ 玻璃吸收光谱[9]

除 Yb^{3+} 离子和 Tm^{3+} 离子作为敏化剂之外,Er^{3+} 离子和 Nd^{3+} 离子也可以用作 Ho^{3+} 离子的敏化剂,前者可以吸收 980 nm 或者 800 nm 的光子并将能量传递给 Ho^{3+} 离子,后者敏化的掺钬玻璃光纤已经在 795 nm 波长 LD 激发下实现了 2 μm 激光输出[54]。此外,拥有宽带吸收特性的过渡金属离子作为 Ho^{3+} 离子敏化剂,可使掺钬激光玻璃适用于宽带宽光源泵浦,亦增

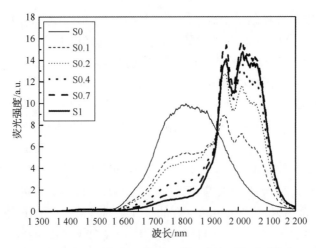

图 10 - 41　$50SiO_2 - 10Al_2O_3 - 25CaO - 15SrO - 1Tm_2O_3 - xHo_2O_3$（其中 $x = 0$，0.1，0.2，0.4，0.7 和 1）玻璃的荧光光谱[9]

加其泵浦波长的选择范围[55-56]。掺钬激光玻璃中还可以同时引入多种离子对 Ho^{3+} 离子进行敏化，如在 Nd^{3+}/Ho^{3+} 共掺激光玻璃中加入 Yb^{3+} 离子，可提高 Nd^{3+} 离子向 Ho^{3+} 离子的能量传递效率，从而增强~$2\,\mu m$ 发光；在 Yb^{3+}/Ho^{3+} 共掺激光玻璃中引入 Ce^{3+} 离子，可增加 Ho^{3+} 离子 $^5I_6$ 能级向 $^5I_7$ 能级的弛豫速率，从而使得~$2\,\mu m$ 波段发光强度大大提高[57-58]。

10.5　掺钬激光玻璃的激光特性

早在 1962 年，美国海军实验室的 H. W. Gandy 等[59]就利用闪光灯泵浦在液氮冷却的掺钬硅酸盐玻璃中获得了 $1.95\,\mu m$ 的激光输出。1988 年，Brierley 等[60]最早采用光纤获得 $2.08\,\mu m$ 激光输出。他们采用的材料是 $0.5\,m$ 长掺钬 ZBLANP 氟锆酸盐玻璃光纤，泵浦源为 $488\,nm$ 波长氩离子激光器，激光阈值为 $163\,mW$。1989 年，D. C. Hanna 等[61]用 $457.9\,nm$ 的氩离子激光器泵浦掺钬石英光纤获得了 $2.04\,\mu m$ 波长的激光，其阈值为 $46\,mW$，斜率效率为 1.7%。早期所采用的激光泵浦源波长多在 $800\,nm$ 以下，量子亏损比较严重。因此，激光输出功率和量子效率都比较低。进入 21 世纪后，随着材料制备和激光技术的发展，掺钬玻璃激光器也得到了较快发展。表 10 - 10 列举了近年来掺钬玻璃和光纤的激光输出结果。

表 10 - 10　不同基质掺 Ho 玻璃块体、波导结构以及光纤中的激光输出结果

时间/年	基质成分	掺杂方式	状态	泵浦波长	最高输出功率	斜率效率	文献来源
2001	ZBLAN	Tm^{3+}/Ho^{3+}	光纤	$803\sim806\,nm$	$8.8\,W$	36%	[62]
2008	ZBLAN	Ho^{3+}	光纤	$2\,051\,nm$	$6.6\,W$	72%	[63]
2014	ZBLAN	Tm^{3+}/Ho^{3+}	光波导	$790\,nm$	$25\,mW$		[64]
2015	ZBLAN	Ho^{3+}	光波导	$1\,945\,nm$	$1\,015\,mW$	51%	[65]
2007	石英	Tm^{3+}/Ho^{3+}	光纤	$793\,nm$	$83\,W$	42%	[66]
2013	石英	Ho^{3+}	光纤	$1.95\,\mu m$	$140\,W$	59%	[10]
2013	石英	Ho^{3+}	光纤	$1.95\,\mu m$	$407\,W$		[67]
2016	石英	Ho^{3+}	光纤	$1.95\,\mu m$	$7\,W$	74.25%	[68]

续表

时间/年	基质成分	掺杂方式	状态	泵浦波长	最高输出功率	斜率效率	文献来源
2018	石英	Ho^{3+}	光纤	$1.13\ \mu m$	5 W	48%	[69]
2009	锗酸盐玻璃	Ho^{3+}	光纤	$1.9\ \mu m$	60 mW		[70]
2016	锗酸盐玻璃	Ho^{3+}	光纤	$1.94\ \mu m$	620 mW	34.9%	[71]
2011	硅酸盐玻璃	Tm^{3+}/Ho^{3+}	光纤	793 nm	0.41 nJ, 1.1 ps		[72]
2016	硅酸盐玻璃	Ho^{3+}	光纤	$1.94\ \mu m$	60 mW		[73]
2008	碲酸盐玻璃	Tm^{3+}/Ho^{3+}	光纤	$1.6\ \mu m$	160 mW	62%	[74]
2008	碲酸盐玻璃	$Yb^{3+}/Tm^{3+}/Ho^{3+}$	光纤	$1.1\ \mu m$	60 mW	25%	
2015	碲酸盐玻璃	Ho^{3+}	光纤	$1.992\ \mu m$	161 mW	67.4%	[75]
2016	碲酸盐玻璃	Nd^{3+}/Ho^{3+}	光纤	795 nm	12 mW	11.2%	[54]
2009	碲酸盐玻璃	Tm^{3+}/Ho^{3+}	块体	1 213 nm	12 mW	7%	[76]

由表 10-10 可以看出,目前掺钬激光玻璃的最大输出功率和最高斜率效率均是采用同带泵浦方式获得的。同带泵浦方式是采用 Tm^{3+} 离子发出的 $1.9\ \mu m$ 左右的激光对玻璃中的 Ho^{3+} 离子进行泵浦。该方法相比共掺杂和其他波长泵浦方式,具有量子亏损小的优势。图 10-42 为上海光机所采用同带泵浦方式测试掺 Ho 光纤激光性能的实验示意图[71]。首先采用 793 nm 半导体激光器泵浦掺铒石英光纤获得 1 940 nm 的激光,该激光经隔离器之后到达两端接有 2 040 nm 光纤光栅的掺钬光纤。在 1 940 nm 激光泵浦下掺钬光纤中基态 Ho^{3+} 离子被激发到 $^5I_7$ 能级。当泵浦功率足够高时可实现 Ho^{3+} 粒子数反转,在 2 040 nm 光纤光栅谐振腔作用下即可产生 2 040 nm 的激光。利用该平台上海光机所测试了自制掺钬锗酸盐玻璃双包层光纤的激光性能,其光纤纤芯成分为 $50GeO_2 - 5SiO_2 - 20PbO - 20CaO - 5K_2O$,$Ho_2O_3$ 掺杂浓度为 4 wt%,纤芯数值孔径为 0.11,纤芯直径为 $13.3\ \mu m$,内包层数值孔径 0.31,直径 $33.5\ \mu m$,光纤端面如图 10-42 中插图所示。图 10-43 为 200 mW 的 1 940 nm 光泵浦下,

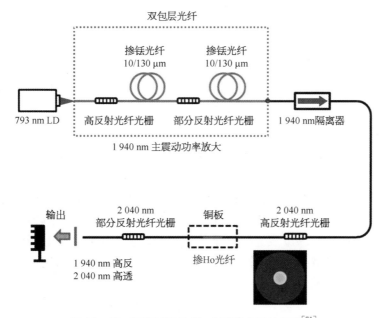

图 10-42 同带泵浦掺 Ho 光纤激光器示意图[71]

2 cm 长掺 Ho 锗酸盐光纤的放大自发辐射谱,可见该掺钬光纤在 1 980~2 150 nm 范围内均有增益,图 10-43 中插图为 1 940 nm 泵浦光的光谱图。采用不同反射率(40%和 22%)光栅,测试了 2 cm 长和 4 cm 长光纤的激光性能,结果如图 10-44 所示。可见随着泵浦功率提高,2 040 nm 激光的输出功率逐步提高。其中采用 40%反射率的光栅,在 2.4 W 的 1 940 nm 光泵浦下获得了最高 618 mW 的激光输出,斜率效率为 34.9%。

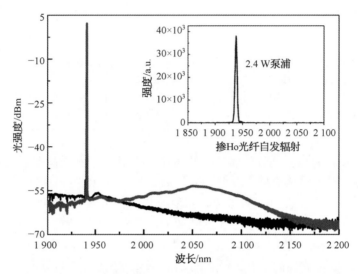

图 10-43 200 mW 的 1 940 nm 光泵浦下,2 cm 长掺 Ho 锗酸盐光纤的放大自发辐射谱[71]

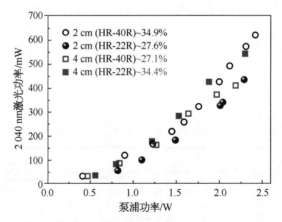

图 10-44 掺钬锗酸盐玻璃光纤在 1 940 nm 泵浦下的激光性能[71]

本章详细介绍了掺铥和掺钬玻璃的 2 μm 发光性质,以及共掺稀土或过渡金属离子作为敏化剂的情况下,对 Tm^{3+} 离子和 Ho^{3+} 离子在玻璃中的发光性能和能量转移效率的影响。指出玻璃基质的声子能量对 2 μm 发光的量子效率影响显著。在此基础上,分析了国内外掺铥和掺钬玻璃块体、平面光波导和光纤的 2 μm 激光输出的研究进展。为进一步开展 2 μm 激光玻璃、二维光波导及光纤的研究提供了重要参考。

主要参考文献

［1］ Moulton P F, Rines G A, Slobodtchikov E V, et al. Tm-doped fiber lasers: fundamentals and power scaling [J]. IEEE Journal of Selected Topics in Quantum Electronics, 2009,15(1): 85 - 92.

［2］ Wang X, Fan S J, Li K F, et al. Compositional dependence of the 1. 8 μm emission properties of Tm^{3+} ions in silicate glass [J]. Journal of Applied Physics, 2012,112(10): 103521 - 1 - 103521 - 7.

［3］ Richards B, Tsang Y, Binks D, et al. Efficient $\sim$2 μm Tm^{3+}-doped tellurite fiber laser [J]. Optics Letters, 2008,33(4): 402 - 404.

［4］ Fusari F, Vetter S, Lagatsky A A, et al. Tunable laser operation of a Tm^{3+}-doped tellurite glass laser near 2 μm pumped by a 1211 nm semiconductor disk laser [J]. Optical Materials, 2010,32(9): 1007 - 1010.

［5］ Richards B, Tsang Y, Binks D, et al. $\sim$2 μm Tm^{3+}/Yb^{3+}-doped tellurite fibre laser [J]. Journal of Materials Science: Materials in Electronics, 2009,20(1): 317 - 320.

［6］ Richards B D O, Jha A, Dorofeev V, et al. Engineering rare-earth-doped heavy metal oxide glasses for 2 - 5 μm lasers [C]//Unattended Ground, Sea, and Air Sensor Technologies and Applications ⅩⅡ. International Society for Optics and Photonics, 2010(7693): 769303 - 1 - 6.

［7］ Richards B D O, Tsang Y H, Binks D J, et al. Efficient 1. 9 μm Tm^{3+}/Yb^{3+}-doped tellurite fibre laser [C]//Lidar Technologies, Techniques, and Measurements for Atmospheric Remote Sensing Ⅲ. International Society for Optics and Photonics, 2007(6750): 675005 - 1 - 9.

［8］ 秦快,满石清. 铥镱共掺透明氟氧硅酸盐玻璃陶瓷的上转换发光[J]. 暨南大学学报(自然科学与医学版),2010,31(3): 290 - 293.

［9］ 王欣. 2 μm 波段激光输出用硅酸盐激光与光纤研究[D]. 上海:中国科学院上海光学精密机械研究所,2014.

［10］ Hemming A, Bennetts S, Simakov N, et al. High power operation of cladding pumped holmium-doped silica fibre lasers [J]. Optics Express, 2013,21(4): 4560 - 4566.

［11］ 焦孟珺,王欣,胡丽丽. Tm_2O_3 掺杂浓度对锗酸盐玻璃热稳定性及光谱性质的影响[J]. 中国激光,2018, 45(6): 0603001 - 1 - 0603001 - 9.

［12］ Auzel F, Baldacchini G, Laversenne L, et al. Radiation trapping and self-quenching analysis in Yb^{3+}, Er^{3+}, and Ho^{3+} doped Y_2O_3[J]. Optical Materials, 2003,24(1 - 2): 103 - 109.

［13］ Auzel F, BonfiglⅠ F, Gagliari S, et al. The interplay of self-trapping and self-quenching for resonant transitions in solids: role of a cavity [J]. Journal of Luminescence, 2001,94(01): 293 - 297.

［14］ 王欣,李科峰,凡思军,等. Tm^{3+} 掺杂 Bi_2O_3 - SiO_2 - PbO 玻璃的$\sim$2 μm 发光光谱性质[J]. 无机材料学报,2013,28(2): 165 - 170.

［15］ Li K F, Zhang Q, Bai G X, et al. Energy transfer and 1. 8 μm emission in Tm^{3+}/Yb^{3+} codoped lanthanum tungsten tellurite glasses [J]. Journal of Alloys and Compounds, 2010,504(2): 573 - 578.

［16］ Zhang J J, Wang N, Guo Y Y, et al. Tm^{3+}-doped lead silicate glass sensitized by Er^{3+} for efficient $\sim$2 μm mid-infrared laser material [J]. Spectrochimica Acta Part A: Molecular and Biomolecular Spectroscopy, 2018(199): 65 - 70.

［17］ Rodríguez-Mendoza U R, Rodríguez V D, Martín I R, et al. Cr^{3+}-Tm^{3+} energy transfer in alkali silicate glasses [J]. Journal of Alloys and Compounds, 2001(323): 759 - 762.

［18］ Wang W C, Yuan J, Chen D D, et al. Enhanced broadband 1. 8 μm emission in Bi/Tm^{3+} co-doped fluorogermanate glasses [J]. Optical Materials Express, 2015,5(6): 1250 - 1258.

［19］ Martins M M, Kassab L R P, da Silva D M, et al. Tm^{3+} doped Bi_2O_3 - GeO_2 glasses with silver nanoparticles for optical amplifiers in the short-wave-infrared-region [J]. Journal of Alloys and Compounds, 2019(772): 58 - 63.

［20］ Wang W C, Yuan J, Liu X Y, et al. An efficient 1. 8 μm emission in Tm^{3+} and Yb^{3+}/Tm^{3+} doped fluoride modified germanate glasses for a diode-pump mid-infrared laser [J]. Journal of Non-Crystalline Solids，2014(404)：19 - 25.

[21] Alpat'ev A N, Denisov A L, Zharikov E V, et al. Crystal YSGG：Cr^{3+}：Tm^{3+} laser emitting in the 2 μm range [J]. Soviet Journal of Quantum Electronics，1990,20(7)：780 - 783.

[22] Wang W C, Yuan J, Chen D D, et al. Enhanced 1. 8 μm emission in Cr^{3+}/Tm^{3+} co-doped fluorogermanate glasses for a multi-wavelength pumped near-infrared lasers [J]. AIP Advances，2014,4 (10)：107145 - 1 - 107145 - 8.

[23] Rodríguez V D, Rodríguez-Mendoza U R, Martín I R, et al. Site distribution in Cr^{3+} and Cr^{3+}-Tm^{3+}-doped alkaline silicate glasses [J]. Journal of Luminescence，1997(72)：446 - 448.

[24] Zhu T T, Tang G W, Chen X D, et al. Enhanced 1. 8 μm emission in Er^{3+}/Tm^{3+} co-doped lead silicate glasses under different excitations for near infrared laser [J]. Journal of Rare Earths，2016,34(10)：978 - 985.

[25] Wang X, Li Z L, Li K F, et al. Spectroscopic properties and energy transfer in Er-Tm co-doped bismuth silicate glass [J]. Optical Materials，2013,35(12)：2290 - 2295.

[26] Li Y, Ma Z J, Sharafudeen K, et al. Bidirectional energy transfer in Bi-Tm-codoped glasses [J]. International Journal of Applied Glass Science，2014,5(1)：26 - 30.

[27] Tang J Z, Lu K L, Zhang S Q, et al. Surface plasmon resonance-enhanced 2 μm emission of bismuth germanate glasses doped with Ho^{3+}/Tm^{3+} ions [J]. Optical Materials，2016(54)：160 - 164.

[28] 闫光,冯国英,杨火木,等. 基于 $LiNbO_3$ 晶体电光调 Q 的 Cr，Tm，Ho：YAG 激光器输出特性分析[J]. 激光与光电子学进展,2013(1)：148 - 152.

[29] Gandy H W, Ginther R, Weller J. Stimulated emission of Tm^{3+} radiation in silicate glass [J]. Journal of Applied Physics，1967,38(7)：3030 - 3031.

[30] Hanna D H, Jauncey I, Percival R, et al. Continuous-wave oscillation of a monomode thulium-doped fibre laser [J]. Electronics Letters，1988,24(19)：1222 - 1223.

[31] Ramírez-Martínez N J, Núñez-Velázquez M, Umnikov A A, et al. Highly efficient thulium-doped high-power laser fibers fabricated by MCVD [J]. Optics Express，2019,27(1)：196 - 201.

[32] Creeden D, Johnson B R, Rines G A, et al. High power resonant pumping of Tm-doped fiber amplifiers in core-and cladding-pumped configurations [J]. Optics Express，2014,22(23)：29067 - 29080.

[33] Doualan J L, Girard S, Haquin H, et al. Spectroscopic properties and laser emission of Tm doped ZBLAN glass at 1. 8 μm [J]. Optical Materials，2003,24(3)：563 - 574.

[34] Eichhorn M, Jackson S D. Comparative study of continuous wave Tm^{3+}-doped silica and fluoride fiber lasers [J]. Applied Physics B，2008,90(1)：35 - 41.

[35] Lancaster D G, Gross S, Fuerbach A, et al. Versatile large-mode-area femtosecond laser-written Tm：ZBLAN glass chip lasers [J]. Optics Express，2012,20(25)：27503 - 27509.

[36] Ehrenreich T, Leveille R, Majid I, et al. 1 kW, all-glass Tm：fiber laser [C]//Proceedings of SPIE，2010,7580,758016.

[37] Meleshkevich M, Platonov N, Gapontsev D, et al. 415 W single-mode CW thulium fiber laser in all-fiber format [C]//The European Conference on Lasers and Electro-Optics. Optical Society of America，2007：CP2_3.

[38] Choudhary A, Kannan P, Mackenzie J I, et al. Ion-exchanged Tm^{3+}：glass channel waveguide laser [J]. Optics Letters，2013,38(7)：1146 - 1148.

[39] Wu J, Yao Z, Zong J, et al. Highly efficient high-power thulium-doped germanate glass fiber laser [J]. Optics Letters，2007,32(6)：638 - 640.

[40] Xu R R, Xu L, Hu L L, et al. Structural origin and laser performance of thulium-doped germanate glasses [J]. The Journal of Physical Chemistry A，2011,115(49)：14163 - 14167.

[41] Fusari F, Lagatsky A A, Jose G, et al. Femtosecond mode-locked Tm^{3+} and Tm^{3+}-Ho^{3+} doped 2 μm

glass lasers [J]. Optics Express, 2010, 18(21): 22090 - 22098.

[42] Wang Q, Geng J, Luo T, et al. Mode-locked 2 μm laser with highly thulium-doped silicate fiber [J]. Optics Letters, 2009, 34(23): 3616 - 3618.

[43] Li K F, Zhang G, Hu L L. Watt-level ~2 μm laser output in Tm^{3+}-doped tungsten tellurite glass double-cladding fiber [J]. Optics Letters, 2010, 35(24): 4136 - 4138.

[44] Fusari F, Lagatsky A A, Richards B, et al. Spectroscopic and lasing performance of Tm^{3+}-doped bulk TZN and TZNG tellurite glasses operating around 1.9 μm [J]. Optics Express, 2008, 16(23): 19146 - 19151.

[45] Jeong Y, Dupriez P, Sahu J K, et al. Power scaling of 2 μm ytterbium-sensitised thulium-doped silica fibre laser diode-pumped at 975 nm [J]. Electronics Letters, 2005, 41(4): 173 - 174.

[46] Peng B, Izumitani T. Optical properties, fluorescence mechanisms and energy transfer in Tm^{3+}, Ho^{3+} and Tm^{3+}-Ho^{3+} doped near-infrared laser glasses, sensitized by Yb^{3+} [J]. Optical Materials, 1995, 4(6): 797 - 810.

[47] Li D H, Xu W B, Kuan P W, et al. Spectroscopic and laser properties of Ho^{3+} doped lanthanum-tungsten-tellurite glass and fiber [J]. Ceramics International, 2016, 42(8): 10493 - 10497.

[48] Liu X Q, Huang F F, Gao S, et al. Compositional investigation of ~2 μm luminescence of Ho^{3+}-doped lead silicate glass [J]. Materials Research Bulletin, 2015(71): 11 - 15.

[49] Gao S, Liu X Q, Kang S, et al. 2 - 3 μm emission and fluorescent decaying behavior in Ho^{3+}-doped tellurium germanate glass [J]. Optical Materials, 2016(53): 44 - 47.

[50] Ichikawa M, Ishikawa Y I, Wakasug I T, et al. Mid-infrared emissions from Ho^{3+} in Ga_2S_3 - GeS_2 - Sb_2S_3 glass [J]. Journal of Luminescence, 2012, 132(3): 784 - 788.

[51] Schweize R T, Samson B N, Hector J R, et al. Infrared emission from holmium doped gallium lanthanum sulphide glass [J]. Infrared Physics and Technology, 1999, 40(4): 329 - 335.

[52] Zhu T T, Tang G W, Chen X D, et al. Two micrometer fluorescence emission and energy transfer in Yb^{3+}/Ho^{3+} co-doped lead silicate glass [J]. International Journal of Applied Glass Science, 2017, 8(2): 196 - 203.

[53] Li K F, Zhang Q, Fan S J, et al. Mid-infrared luminescence and energy transfer characteristics of Ho^{3+}/Yb^{3+} codoped lanthanum-tungsten-tellurite glasses [J]. Optical Materials, 2010, 33(1): 31 - 35.

[54] Li L X, Wang W C, Zhang C F, et al. 2.0 μm Nd^{3+}/Ho^{3+}-doped tungsten tellurite fiber laser [J]. Optical Materials Express, 2016, 6(9): 2904 - 2914.

[55] Zhang F F, Yuan J, Liu Y, et al. Efficient 2.0 μm fluorescence in Ho^{3+}-doped fluorogermanate glass sensitized by Cr^{3+} [J]. Optical Materials Express, 2014, 4(7): 1404 - 1410.

[56] Cao W Q, Huang F F, Wang T, et al. 2.0 μm emission of Ho^{3+} doped germanosilicate glass sensitized by non-rare-earth ion Bi: a new choice for 2.0 μm laser [J]. Optical Materials, 2018(75): 695 - 698.

[57] Tao L, Tsang Y H, Zhou B, et al. Enhanced 2.0 μm emission and energy transfer in Yb^{3+}/Ho^{3+}/Ce^{3+} triply doped tellurite glass [J]. Journal of Non-Crystalline Solids, 2012, 358(14): 1644 - 1648.

[58] Yuan J, Shen S X, Wang W C, et al. Enhanced 2.0 μm emission from Ho^{3+} bridged by Yb^{3+} in Nd^{3+}/Yb^{3+}/Ho^{3+} triply doped tungsten tellurite glasses for a diode-pump 2.0 μm laser [J]. Journal of Applied Physics, 2013, 114(13): 133506 - 1 - 133506 - 5.

[59] Gandy H W, Ginther R J. Stimulated emission from holmium activated silicate glass [J]. Proceedings of the Institute of Radio Engineers, 1962, 50(10): 2113.

[60] Brierley M C, France P W, Millar C A. Lasing at 2.08 μm and 1.38 μm in a holmium doped fluoro-zirconate fibre laser [J]. Electronics Letters, 1988, 24(9): 539 - 540.

[61] Hanna D C, Percival R M, Smart R G, et al. Continuous-wave oscillation of holmium-doped silica fibre laser [J]. Electronics Letters, 1989, 25(9): 593 - 594.

[62] Hudson D, Magi E, Gomes L, et al. 1 W diode-pumped tunable Ho^{3+}, Pr^{3+}-doped fluoride glass fibre

laser [J]. Electronics Letters, 2011,47(17): 985 - 986.

[63] Guhur A, Jackson S. Efficient holmium-doped fluoride fiber laser emitting 2.1 μm and blue upconversion fluorescence upon excitation at 2 μm [J]. Optics Express, 2010,18(19): 20164 - 20169.

[64] Lancaster D G, Gross S, Withford M J, et al. Widely tunable short-infrared thulium and holmium doped fluorozirconate waveguide chip lasers [J]. Optics Express, 2014,22(21): 25286 - 25294.

[65] Lancaster D G, Stevens V J, Michaud-Belleau V, et al. Holmium-doped 2.1 μm waveguide chip laser with an output power >1 W [J]. Optics Express, 2015,23(25): 32664 - 32670.

[66] Jackson S D, Sabella A, Hemming A, et al. High-power 83 W holmium-doped silica fiber laser operating with high beam quality [J]. Optics Letters, 2007,32(3): 241 - 243.

[67] Hemming A, Simakov N, Davidson A, et al. A monolithic cladding pumped holmium-doped fibre laser [C]//CLEO: Science and Innovations. Optical Society of America, 2013: CW1M. 1.

[68] Pal D, Dhar A, Sen R, et al. All-fiber holmium laser at 2.1 μm under in-band pumping [C]// International Conference on Fibre Optics and Photonics. Optical Society of America, 2016: Tu3E. 2.

[69] Kir'yanov A V, Barmenkov Y O, Villegas-Garcia I L, et al. Highly efficient holmium-doped all-fiber ~2.07 μm laser pumped by ytterbium-doped fiber laser at ~1.13 μm [J]. IEEE Journal of Selected Topics in Quantum Electronics, 2018,24(5): 1 - 8.

[70] Wu J F, Yao Z D, Zong J, et al. Single-frequency fiber laser at 2.05 μm based on Ho-doped germanate glass fiber [C]//Fiber Lasers VI: Technology, Systems, and Applications. International Society for Optics and Photonics, 2009(7195): 71951K-1 - 7.

[71] Kuan P W, Fan X K, Li X, et al. High-power 2.04 μm laser in an ultra-compact Ho-doped lead germanate fiber [J]. Optics Letters, 2016,41(13): 2899 - 2902.

[72] Wang Q, Geng J H, Jiang Z, et al. Mode-locked Tm-Ho-codoped fiber laser at 2.06 μm [J]. IEEE Photonics Technology Letters, 2011,23(11): 682 - 684.

[73] Liu X Q, Kuan P W, Li D H, et al. Heavily Ho^{3+}-doped lead silicate glass fiber for ~2 μm fiber lasers [J]. Optical Materials Express, 2016,6(4): 1093 - 1098.

[74] Richards B, Jha A, Tsang Y, et al. Tellurite glass lasers operating close to 2 μm [J]. Laser Physics Letters, 2010,7(3): 177 - 193.

[75] Yao C F, He C F, Jia Z X, et al. Holmium-doped fluorotellurite microstructured fibers for 2.1 μm lasing [J]. Optics Letters, 2015,40(20): 4695 - 4698.

[76] Vetter S L, McKnight L J, Calvez S, et al. GaInNAs semiconductor disk lasers as pump sources for Tm^{3+}, Ho^{3+}- doped glass, crystal and fibre lasers [C]//Solid State Lasers XVIII: Technology and Devices. International Society for Optics and Photonics, 2009(7193): 71931.

第 11 章

激光玻璃的现代结构研究方法和数理统计模拟

玻璃是一种保留了高温液相结构特征的各向同性非晶态材料,也是一种热力学亚稳态材料。一方面,玻璃具有近程有序、远程无序的无定形结构特点,这增加了玻璃成分-结构-性质关系研究的复杂性。以往新型玻璃材料的研发以及现有玻璃产品的改良主要依据已有玻璃的经验数据和大量的"尝试法"实验来进行。另一方面,研究表明,玻璃近程的"类似晶体"结构可以显著影响玻璃的性质[1-4],例如结晶[5-7]、黏度[8]、化学稳定性[9]、发光离子的发射性质等一系列物理、化学乃至光学光谱性质[10-11]。因此,开展玻璃成分-结构-性质的关系研究,对揭示并理解玻璃的特性尤为重要。本章主要介绍现代结构测试技术——核磁共振(nuclear magnetic resonance,NMR)技术和电子顺磁共振(electron paramagnetic resonance,EPR)技术在激光玻璃结构和性质研究中的应用以及一种有别于传统成分-性质模拟方法、基于玻璃结构信息建立的玻璃成分-结构-性质模拟设计方法。

11.1 固态核磁共振在激光玻璃结构与性质研究中的应用

20 世纪 30 年代,美国哥伦比亚大学的伊西多·艾萨克·拉比(Isidor Isaac Rabi)发现,在磁场中的原子核会沿磁场方向呈正向或反向有序平行排列,而施加无线电波后,原子核的自旋方向发生翻转[12]。这是关于原子核与磁场以及外加射频场之间相互作用的最早认识。核磁共振发展最初阶段的应用主要在物理学领域,多用于测定原子核的磁矩等物理常数。1946 年,F. Bloch[13]和 E. M. Purcell[14]领导的研究组分别首次观察到了物质中质子的核磁共振信号,从而打开了核磁共振技术在物质结构研究领域的大门。随后几十年,魔角旋转技术(magic angle spinning,MAS)[15-16]、脉冲傅里叶变换核磁共振技术[17]、去耦多脉冲(WAHUHA 四脉冲)序列[18]和基于二维核磁共振理论的 COSY(correlation spectroscopy)[19-20]、交叉极化(cross polarization,CP)方法[21]、多量子魔角旋转(multiple quantum magic angle spinning,MQMAS)方法[22]等核磁共振理论和方法被发明并广泛应用于固体材料的结构分析等方面。

固态核磁共振技术(solid-state NMR,SSNMR)探测的是特定原子核的局部环境,其特别适合研究一些高无序度、组成复杂的结构。固态核磁共振是一种定量的光谱测量技术,它能测量出不同配位数、不同对称性以及不同化学键连接的结构单元的精确含量,是一种极其强大的解析玻璃结构的手段。核磁共振又具有元素选择性与非破坏性的特点,同时测量需要的样品较少,它能选择性地测量出复杂玻璃中低含量成分的结构信息。核磁共振最显著的特征是测量方法的多样性:研究人员可以根据需要建立起特定的测量方法,选择性地保留原子核与周围环境的某些相互作用,通过这些相互作用来探测对应的结构信息。

11.1.1 固态核磁共振理论

当原子核的自旋量子数不为零时,原子核的自旋就会产生相应的磁矩 μ。磁矩 μ 和核自旋是量子化的,核自旋算符 $\hat{\boldsymbol{I}}$ 在数学表达上像角动量算符一样[23-25]:

$$\hat{\boldsymbol{\mu}} = \hbar\gamma\hat{\boldsymbol{I}} \tag{11-1}$$

式中,$\hbar$ 为普朗克常数;γ 为各种核的特征常数,称为磁旋比。各种核有固定的磁旋比,数值在 $10^7 \ T^{-1} \cdot s^{-1}$ 量级。根据角动量量子化规则,自旋量子数为 I 的原子核有 $2I+1$ 个态,在外加磁场的作用下,由于塞曼作用,这些简并的能级发生分裂。这种相互作用由塞曼算符表示如下:

$$\hat{H}_z = -\hat{\boldsymbol{\mu}}\boldsymbol{B_0} = -\hbar\gamma B_0\hat{I}_z \tag{11-2}$$

式中,B_0 为外加磁场强度;$\hat{I}_z$ 为外加磁场方向核自旋算符。每个能级的能量与外加磁场强度成正比。两个相邻能级之间的能量差 ΔE(如图 11-1 所示)为[23]

$$\Delta E = \hbar\gamma B_0 \tag{11-3}$$

除了外加磁场外,原子核还受到样品内部一些小磁场 $B_{int}(\ll B_0)$ 的相互作用。两个相邻能级实际的能级差可以表示为

$$\Delta E = \hbar\gamma B_{loc} = \hbar\gamma(B_0 + B_{int}) \tag{11-4}$$

核自旋产生的磁场与外磁场发生相互作用,因而原子核的运动状态除了自旋外,还要附加一个以外磁方向为轴线的回旋,这种回旋运动称为进动或拉莫尔进动[23-24]。拉莫尔频率 v_0 为[23-24]

$$v_{loc} = \frac{|\gamma| B_{loc}}{2\pi} = \frac{\omega_{loc}}{2\pi} \tag{11-5}$$

单位为 Hz。

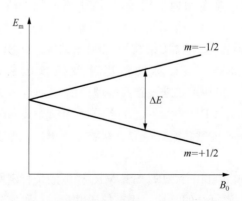

图 11-1 $I = \frac{1}{2}$ 核的 ZEEMAN 能级示意图[23](m 为原子核的自旋态)

当电磁波的频率等于拉莫尔频率时,原子核吸收电磁波,从下能级跃迁到上能级。在固态核磁共振中,原子核受到的总哈密顿算符可以写作

$$H_{total} = H_0 + H_{int} = H_0 + H_{cs} + H_D + H_J + H_Q \tag{11-6}$$

式中,H_0 表示塞曼作用;H_{cs} 表示化学屏蔽作用;H_D 表示直接偶极-偶极相互作用;H_J 表示间接偶极相互作用(J-耦合);H_Q 表示 $I > \frac{1}{2}$ 核的四偶极相互作用。

几种作用分述如下。

1) 化学屏蔽作用

在外加磁场作用下,原子核不仅能级分裂,其周围的电子也会受到外加磁场的影响,围绕外加磁场运动并产生一个诱导的小磁场 B_{ind},其大小受到原子核所处化学环境和外部磁场共同作用,在大多数情况下,B_{ind} 跟外加磁场方向相反,所以这种作用被称作磁屏蔽作用,也称化学屏蔽作用。化学屏蔽作用与外加磁场强度 B_0 成比例,原子核在屏蔽作用下受到的有效磁场 B_{eff} 为[23]

$$B_{eff} = B_0 + B_{ind} \tag{11-7}$$

在固态核磁共振中,磁屏蔽通常是各向异性的。这意味着感生磁场不平行于 B_0。通过引入磁屏蔽张量 $\overset{\leftrightarrow}{\sigma}$,原子核 i 的感生磁场与外部磁场关系为[23]

$$B_{ind} = -\overset{\leftrightarrow}{\sigma}(i) \cdot B_0 \tag{11-8}$$

在电场屏蔽作用下原子核的振动频率为[24]

$$\omega = \gamma B_0 \left[1 - \sigma_{iso} - \frac{1}{2}\sigma_{aniso}(3\cos^2\theta - 1)\right] \tag{11-9}$$

式中,极角 θ 为化学位移矢量主轴坐标 z 轴和外部磁场之间的角度;σ_{iso}、σ_{aniso} 分别为各向同性与各向异性化学位移。在液体介质中,由于布朗运动,各向异性部分被均匀掉。在固态粉末样品中,分子主轴随机分布,由于在各个方向上的分布数量以及每个方向上化学屏蔽作用的不同,导致信号的宽化[24],宽化的形状受对称性的影响。如图 11-2 所示,不同磷酸盐基团的对称性不同,导致静止粉末样品的核磁共振谱也不同。

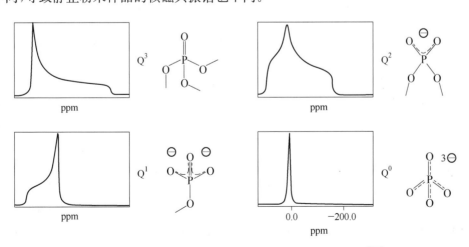

图 11-2　Q^n 磷酸结构单元的静止粉末固态核磁共振谱[26]

由于感生磁场的强度远小于外加磁场,核磁共振谱通常用振动频率相对改变量的大小即化学位移,来标识频率。化学位移是一个相对量,谱图的化学位移采用特定标准物定标[23]:

$$\delta = \frac{\omega - \omega_{ref}}{\omega_{ref}} \tag{11-10}$$

式中,ω、ω_{ref} 分别为待测样品与标准物的振动频率。化学位移 δ 实际上是一个无量纲的值,与外部磁场的大小无关,通常以 ppm 为单位表示。化学位移对原子核的第一、二壳层的组成比较敏感。比如 Al^{3+} 离子有 4、5、6 三种配位数($Al(IV)$、$Al(V)$、$Al(VI)$)存在,根据 ^{27}Al 的化学位移可以判断 Al^{3+} 离子的配位情况。如图 11-3 所示,在磷酸盐玻璃中,Al^{3+} 离子可以同时存在 4、5、6 三种不同配位。在硅酸盐玻璃中,硅氧四面体有 Q^n($n=0\sim4$)五种不同的结构单元,n 表示每个 Q^n 结构单元的桥氧数目。通过 ^{29}Si 的化学位移可以判断硅氧四面体的种类与含量。如图 11-4 所示,随 Na_2O 含量变化,Na_2O-SiO_2 玻璃中可以有四种不同的 SiO_4 基团存在。

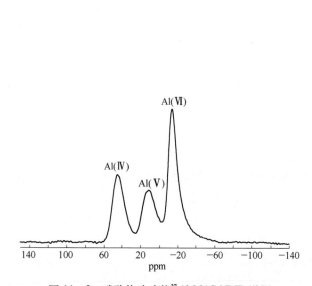

图 11-3　磷酸盐玻璃的 ^{27}Al MAS NMR 谱图

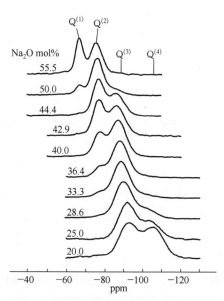

图 11-4　xNa_2O-$(1-x)SiO_2$ 玻璃系统的 ^{29}Si MAS NMR 谱图[27]

2) 魔角核磁共振 (MAS NMR)

从图 11-2 中可以看出,当样品的结构呈各向异性时,核磁共振信号将被极大地展宽,当谱图包含多个信号时,它的分辨率将会变得很低,很难对其结构进行准确解析。1959 年 Andrew 等[15]与 Lowe[16]分别独立报道了当粉末样品以特定角度围绕外加磁场旋转时,核磁谱的二阶各向异性作用将被均匀掉,只保留各向同性作用。这时核磁谱将显著变窄,分辨率得到极大的提高,如图 11-5 所示。这个角度就是 54.7°。在 54.7°旋转测量的核磁共振技术,被称为魔角旋转核磁共振(MAS NMR)。在多组分玻璃中,由于玻璃的非晶态特性与多种微观结构共存,核磁共振谱通常包含多个较宽的信号,通过 MAS NMR 可以极大地提高核磁共振信号在玻璃中的分辨率。

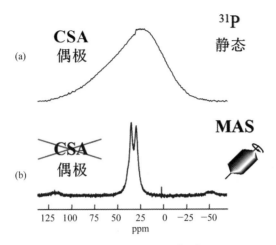

图 11 - 5　^{31}P 的静止(a)与魔角旋转(b)核磁共振谱对比[28-29][样品为有机/无机复合的锌磷酸酯。图(a)中的各向异性化学位移(CSA)在魔角旋转下(图(b))被均匀掉]

3)　四偶极相互作用

在所有核磁共振可观测核中,74%以上的原子核自旋量子数 $I > \frac{1}{2}$,即四偶极核。四偶极核的核电荷是非球对称分布的,由此而产生四偶极动量 eQ。当原子核周围电场分布不均匀时,就会产生电场梯度(EFG)。这时原子核的四偶极动量与电场梯度会产生相互作用,这种作用被称为四偶极作用。四偶极作用会对原子核的共振频率产生微扰,从而改变原子核的共振频率与谱图的线形。因此,通过四偶极核的核磁共振谱,可以获得关于原子核周围电场环境的重要信息。在笛卡儿坐标系中,四偶极相互作用的哈密顿算符表示为

$$\hat{H}_Q = \frac{eQ}{2I(2I-1)\,\hbar}\hat{\boldsymbol{I}} \cdot \vec{\vec{\boldsymbol{V}}} \cdot \hat{\boldsymbol{I}} \tag{11-11}$$

式中,$\vec{\vec{\boldsymbol{V}}}$ 表示一个对称、无痕的电场梯度张量,是对应位置电势的二阶导数。在主轴坐标系中,$V_{xx} + V_{yy} + V_{zz} = 0$。如果选择 $|V_{zz}| \geqslant |V_{yy}| \geqslant |V_{xx}|$,四偶极常数 C_Q 与不对称参数 η_Q 可以表示为

$$C_Q = \frac{e^2 qQ}{\hbar} \tag{11-12}$$

$$eq = V_{zz}, \quad \eta_Q = \frac{|V_{yy}| - |V_{xx}|}{|V_{zz}|} \tag{11-13}$$

式中,eq 表示沿张量主轴 EFG 的大小。

在大多数情况下,四偶极作用大小在兆赫兹级范围。在外加强磁场下,塞曼作用远大于四偶极作用,四偶极作用可看作塞曼作用的微扰。当四偶极作用比较小时(Hz~kHz 的范围内),四偶极作用可以用一阶近似理论简化[24]如下:

$$\hat{H}_Q^{(1)} = \frac{1}{12}\omega_Q\,\hbar[3\hat{I}_z^2 - I(I+1)][3\cos^2\theta - 1 + \eta_Q \cdot \cos 2\phi \cdot \sin^2\theta] \tag{11-14}$$

式中,θ、ϕ 表示主轴坐标系相对于实验室坐标系的方向。当 $\eta_Q = 0$ 时可以简化为

$$E_Q^{(1)} = \frac{1}{12}\omega_Q\,\hbar\big[3m^2 - I(I+1)\big]\big[3\cos^2\theta - 1\big] \qquad (11-15)$$

从这个方程可以看出一阶四偶极作用只影响边带跃迁($1\pm1/2\!>\!\leftrightarrow\!1\pm3/2\!>$),而中心跃迁不受影响。当四偶极作用较强时,中心跃迁也将受到显著影响,谱图的线型展宽,并且不再是高斯或者洛伦兹线形,要解析谱图中所包含的信号比较困难。目前主要通过魔角旋转下的二维多量子相干技术(2D MQMAS)来解析四偶极核的信号[30-31],如图 11-6 所示。在图 11-6 的直接维度(F2)上由于四偶极各向异性作用,很难根据谱形来判断有几个 ^{27}Al 的信号。但是在间接维度(F1)上,通过 MQMAS 技术把四偶极各向异性作用均匀掉,得到的是对称的信号,从而可以清楚地判断这个谱图中包含了两个信号。玻璃样品中 ^{27}Al 谱通常包含 4、5、6 三种配位体的信号,通过 MQMAS 技术可以清楚地区分这三种配位体的信号。

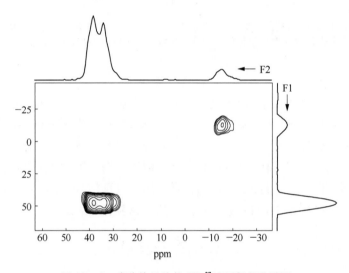

图 11-6　磷酸盐晶体的 2D ^{27}Al MQMAS 谱图

4)　异核磁偶极-偶极相互作用

核自旋具有磁矩,每个自旋产生一个局部磁场,与周围其他核自旋的磁矩相互作用。偶极-偶极作用通过空间产生,它的大小与相互作用的两个原子核之间距离倒数的立方成正比,偶极-偶极作用的大小直接反映了相互作用原子的几何结构。在一阶近似下,相同原子核($H_{D\text{-homo}}$)与不同原子($H_{D\text{-hetero}}$)之间的偶极-偶极作用强度可以分别表示为[32]

$$H_{D\text{-homo}} = -\left(\frac{\mu_0}{4\pi}\right)^2 \frac{\gamma^2\hbar^2}{r_{ij}^3}\left(\frac{3\cos^2\theta - 1}{2}\right)(3\hat{I}_z^2 - \hat{I}^2) \qquad (11-16)$$

$$H_{D\text{-hetero}} = -\left(\frac{\mu_0}{4\pi}\right)^2 \frac{\gamma_I\gamma_S\hbar^2}{r_{IS}^3}\left(\frac{3\cos^2\theta - 1}{2}\right)(\hat{I}_z\hat{S}_z) \qquad (11-17)$$

式中,γ_{ij} 表示两个相同原子核 i 与 j 之间的距离;r_{IS} 表示两个不同原子核 I 和 S 之间的距离。偶极-偶极作用大小与两个原子核的空间取向有关,θ 表示相互作用原子之间距离矢量与磁场的夹角。在多原子系统中,通常用二阶动量来描述偶极-偶极作用大小。二阶动量与原子核之间距离的关系可以用下面两个公式表示[33]:

$$M_{2homo} = \frac{3}{5}\left(\frac{\mu_0}{4\pi}\right)^2 I(I+1)\gamma^4\hbar^2\sum_{i\neq j} r_{ij}^{-6} \qquad (11-18)$$

$$M_{2hetero} = \frac{4}{15}\left(\frac{\mu_0}{4\pi}\right)^2 S(S+1)\gamma_I^2\gamma_S^2\hbar^2\sum_{s} r_{IS}^{-6} \qquad (11-19)$$

式中,I、S 分别表示原子核 I、S 的自旋量子数。在测量不同原子核之间偶极-偶极作用强度的方法中,旋转回波双共振(rotational echo double resonance,REDOR)技术使用最为广泛。它在魔角旋转的情况下,重新选择性地加载两个不同原子核之间的偶极-偶极作用。图 11-7a、

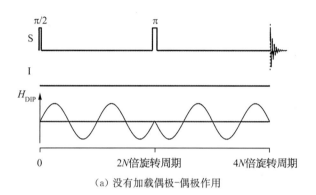

(a) 没有加载偶极-偶极作用

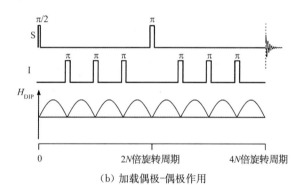

(b) 加载偶极-偶极作用

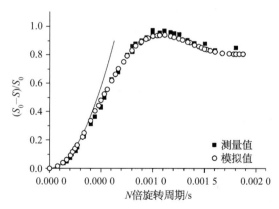

(c) ^{11}B 的 REDOR 归一化信号衰减强度对作用时间的 $\frac{S_0-S}{S_0}-NT_r$ 曲线

图 11-7　REDOR 脉冲序列[34-35]

b 是典型的 REDOR 脉冲序列。通过对 I 核在半周期的时候加载一个 180°脉冲来重新加载偶极-偶极作用，在没有加载 180°脉冲时，偶极-偶极作用被均匀掉。在一阶近似的情况下，加载 (S') 与没有加载 (S_0) 180°脉冲时 S 核的信号强度差值归一化后 $\left(\dfrac{\Delta S}{S_0} = \dfrac{S_0 - S'}{S_0}\right)$ 与二阶动量和时间之间的关系可以表示为

$$\frac{\Delta S}{S_0} = \frac{4}{3\pi^2}(NT_r)^2 M_2 \qquad (11-20)$$

式中，N、T_r 分别表示任意整数与旋转周期。通过对起始若干点 $\left(\dfrac{\Delta S}{S_0} < 0.2\right)$ 进行抛物线拟合可以得到偶极-偶极作用常数 M_2 的大小，如图 11-7c 所示。从而可以进一步判断原子核 S 与 I 之间的距离、S 核近邻有几个 I 核等信息。图 11-8 是硼磷酸盐玻璃中 $^{11}B\{^{31}P\}$ REDOR 的实验曲线。通过 REDOR 曲线可以发现，B(Ⅳ) 的信号差值明显大于 B(Ⅲ) 的信号差值，说明 B(Ⅳ) 与 P 有 P—O—B 键连接，而 B(Ⅲ) 跟 P 没有键连接。

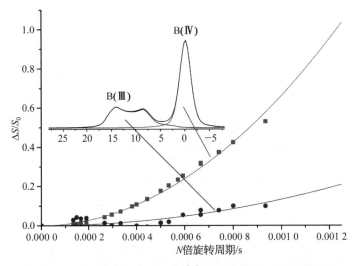

图 11-8 $^{11}B\{^{31}P\}$ REDOR 曲线[36]（插图是 ^{11}B MAS NMR 谱）

另外一种加载不同原子核之间偶极-偶极作用的方法是交叉极化（CP）。这种方法是利用不同原子核之间的偶极-偶极作用把某个原子核（标记为 I）的磁信号传递到另一个原子核（标记为 S），如图 11-9a 所示。先对 ^{19}F 发射一个 90°脉冲，使 ^{19}F 产生一个横向自旋磁矢量。然后同时对 ^{19}F 与 ^{11}B 施加脉冲并锁定 ^{19}F 的横向自旋磁矢量，当脉冲能量满足 $\gamma_F B_F = \gamma_B B_B \mp n\omega_r$ 时，^{19}F 的横向自旋磁矢量就会传递给 ^{11}B，然后探测 ^{11}B 的磁信号，γ、B 与 ω_r 分别表示磁旋比、脉冲强度与旋转速率。磁矢量传递的速度跟偶极-偶极作用强度成正相关。通过对时间 t_1 与 t_2 进行傅里叶变换，可以得到 ^{19}F-^{11}B 相关的二维（2D）谱图，如图 11-9b。这种技术被称为交叉极化异核相关技术（cross polarization heteronuclear correlation，CP-HETCOR）。从图 11-9b 中可以看出，$60B_2O_3$-$40PbF_2$ 玻璃中四配位的硼与位于 -108 ppm 的氟有连接，三配位的硼跟氟没有连接。

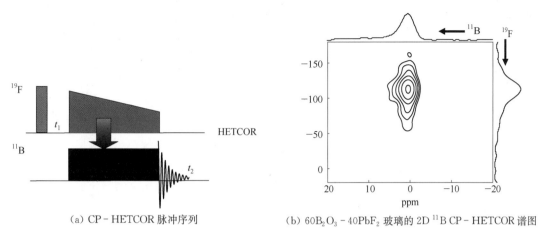

(a) CP‑HETCOR 脉冲序列　　　　(b) $60B_2O_3$‑$40PbF_2$ 玻璃的 2D ^{11}B CP‑HETCOR 谱图

图 11‑9　CP‑HETCOR[37]

5)　相同原子核磁偶极‑偶极相互作用

测量不同原子核之间偶极‑偶极作用的脉冲序列 REDOR 在 1989 年就被发明了[34]。但是在 MAS 下特别是多原子系统中,准确测量相同原子之间偶极‑偶极作用一直是个难题。相同原子核之间的偶极‑偶极作用加载与不同原子核之间的偶极‑偶极作用加载不同,不能通过对两个相互作用的原子核分别加载脉冲来实现。2012 年,类似 REDOR 的自旋量子数为 1/2 的相同原子核偶极‑偶极测量方法 DRENAR(dipolar recoupling effects nuclear alignment reduction)被发明[38]。图 11‑10 是 DRENAR 的脉冲序列。C 表示 POST‑C7 脉冲序列,C′ 相对于 C 相位旋转了 90°。加载偶极‑偶极作用(S')和未加载偶极‑偶极作用(S_0)测得的信号强度差值归一化后,其值与偶极‑偶极作用强度、时间的关系,在一阶近似下可以表示为

$$\frac{S_0 - S'}{S_0}\bigg|_{(t=NT_r)} = \frac{0.86\pi^2}{15}\sum_{j<k} b_{jk}^2 (NT_r)^2 \tag{11-21}$$

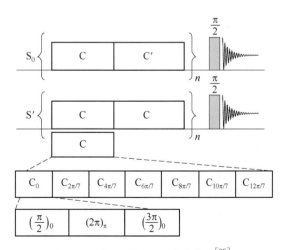

图 11‑10　DERNAR 脉冲序列[39]

$\sum\limits_{j<k} b_{jk}^2$ 表示偶极作用常数平方的和。通过对起始的若干点 $\left(\dfrac{S_0-S'}{S_0}<0.5\right)$ 进行抛物线拟合，可以估算 $\sum\limits_{j<k} b_{jk}^2$ 值的大小。图 11-11 显示了 DRENAR 在结构解析中的应用。$Ag_7P_3S_{11}$ 晶体包含有孤立的正硫磷 $[PS_4]^{3-}$ 与二聚体焦硫磷 $[P_2S_7]^{4-}$ 两种基团，$[PS_4]^{3-}$ 与其他 ^{31}P 没有化学键连接，它只受到远程的 $^{31}P-^{31}P$ 偶极-偶极作用；$[P_2S_7]^{4-}$ 中的两个磷 P2、P3 之间形成 P—S—P 键，它们受到的 $^{31}P-^{31}P$ 偶极-偶极作用要比 $[PS_4]^{3-}$ 强很多。DRENAR 可以利用偶极-偶极作用的不同，很明确地区分 $[PS_4]^{3-}$ 与 $[P_2S_7]^{4-}$ 基团的信号。从图 11-11a 可以看出，P2、P3 在加载偶极-偶极作用下信号衰减得比 P1 强很多。因此可以判断 P2、P3 属于 $[P_2S_7]^{4-}$ 基团，而 P1 属于 $[PS_4]^{3-}$ 基团。通过对图 11-11b 中初始几个信号进行抛物线拟合得到的三个信号 $\sum\limits_{j<k} b_{jk}^2$ 值与理论值非常接近，进一步证明 $[P_2S_7]^{4-}$ 与 $[PS_4]^{3-}$ 基团信号归属的正确性。由于 Q^2 比 Q^1 多一个 P—O—P 键，Q^2 信号衰减更快。通过 ^{31}P 的 DRENAR 实验，可以区分 $0.6Na_2O-0.4P_2O_5$ 玻璃的 Q^2 与 Q^1 结构单元。同时，通过 DRENAR 实验还可

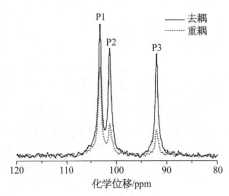

（a）$Ag_7P_3S_{11}$ 晶体在加载与没有加载 $^{31}P-^{31}P$ 偶极作用下的核磁谱图对比

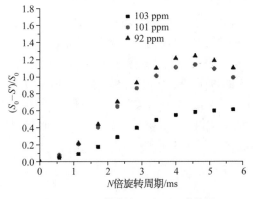

（b）$Ag_7P_3S_{11}$ 样品的 DRENAR 曲线图

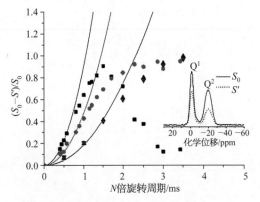

（c）■、●分别表示 $0.6Na_2O-0.4P_2O_5$ 玻璃 Q^2 与 Q^1 的 DRENAR 曲线，▲、▼分别表示 $x=1$ 与 0.5 的 $xAlPO_4-(1-x)SiO_2$ 玻璃的 DRENAR 曲线

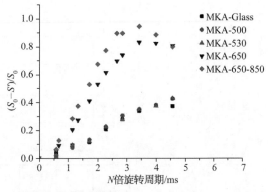

（d）$SiO_2-Li_2O-Al_2O_3-K_2O-P_2O_5$（MKA-T）玻璃在不同热处理后的 DRENAR 曲线，T 表示热处理温度

图 11-11　DRENAR 在玻璃结构解析中的应用（参见彩图附图 39）

以证明,组成 $x AlPO_4 - (1-x) SiO_2$ 的玻璃是以 $AlPO_4$ 与 SiO_2 微分相的形式存在,如图 11-11c 所示。在 $SiO_2 - Li_2O - Al_2O_3 - K_2O - P_2O_5$ 玻璃中,P_2O_5 作为成核剂诱导析晶,但是通过 DRENAR 实验发现,在 530 ℃的成核温度下,磷氧四面体 $[PO_4]$ 并没有聚集,而当温度增加到 650 ℃时,$[PO_4]$ 才开始聚集分相,如图 11-11d 所示。

在 MAS 下相同原子核系统中,四偶极核的偶极-偶极作用的精确测量,到目前为止还没有办法做到。

6)　相同原子核 J-耦合作用

J-耦合作用是原子核之间通过化学键而不是空间,产生的自旋偶极-偶极作用。这里介绍两种基于 J-耦合作用来探测玻璃结构的核磁共振技术,它们分别是 J-resolved 光谱法(图 11-12)[40] 与重聚焦双量子技术[41] refocused-INADEQUATE (refocused incredible natural abundance double quantum technique,图 11-13)。

2D J-resolved 光谱法运用了 MAS 与自旋回波两种方式选择性地均匀掉了各向异性作用与化学屏蔽作用,只保留了 J-耦合作用。在非晶态固体中,由于化学位移的非均匀展宽,很难直接通过一维(1D)谱观察到 J-耦合分裂。这个问题可以通过二维(2D)谱 F1 维度上的自旋回波技术解决。通过 F1 维度上的自旋回波技术把化学屏蔽作用均匀掉,在自旋回波完成时,信号强度只受到 J-耦合作用的调制。最后对两个维度进行傅里叶变换,可以在 F1 维度上直接观察到 J-耦合分裂。图 11-12c 是 $Ag_7P_3S_{11}$ 晶体的 2D ^{31}P J-resolved 谱图。当某个磷跟其他磷没有键连接的时候(例如位于 103 ppm 的信号),在 F1 维度上就没有信号分裂;当某个磷与其他磷有化学键连接时(例如位于 101 ppm 与 93 ppm 的信号),在 F1 维度上就可以观察到信号分裂。通过 J-resolved 光谱法,可以解析磷酸盐玻璃中磷的 Q^n 基团的信号(n 表示 P—O—P 键数目)。

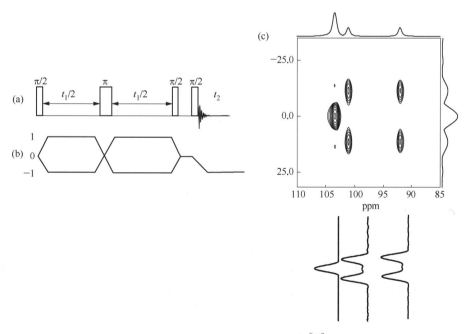

图 11-12　2D J-resolved 光谱法[40]

(a) 2D J-resolved 脉冲序列;(b)J-resolved 脉冲序列的量子相干途径;(c)$Ag_7P_3S_{11}$ 晶体的 2D 31P J-resolved 谱图

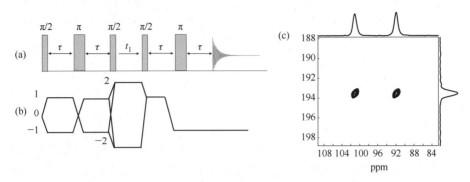

图 11－13　2D refocused-INADEQUATE 实验方法[41]

(a)2D refocused-INADEQUATE 脉冲序列；(b)2D refocused-INADEQUATE 脉冲序列的量子相
干途径；(c)$Ag_7P_3S_{11}$ 晶体的 2D refocused-INADEQUATE 谱图

另一种利用 J-耦合作用研究原子核之间化学键连接的方法是 refocused-INADEQUATE，如图 11-13 所示。图中 $\frac{\pi}{2}-\tau-\pi-\tau-\frac{\pi}{2}$ 脉冲板块部分优化 J-耦合相互作用，并创造最强双量子相干(double quantum coherence，DQ)。理论上当准备时间 $2\tau=\frac{1}{2J}$ 时，DQ 强度最大。但是实际上，由于受到横向弛豫时间 T_2 的影响，最优准备时间小于 $\frac{1}{2J}$。当双量子相干建立后，在时间 t_1 内自由演化，在演化过程中，相干幅度受两个原子共同化学位移调制。在短暂的 t_1 时间演化后，通过与 $\frac{\pi}{2}-\tau-\pi-\tau-\frac{\pi}{2}$ 脉冲板块把双量子相干转变成可探测的-1 量子相干信号，然后进行探测。通过对 t_1 与 t_2 进行傅里叶变换，就可以得到 2D refocused-INADEQUATE 谱图。有化学键连接的两个原子核信号在 F1 维度上的化学位移相同，等于它们在 F2 维度上的化学位移之和，如图 11-13c 所示。与其他相同原子核没有化学键连接的原子核因为不能创造双量子相干，它们的信号不能出现在 2D 图上。$Ag_7P_3S_{11}$ 晶体中孤立的 $Ag_3[PS_4]$ 基团中磷的信号就不能出现在图 11-13c 中。通过 refocused-INADEQUATE 技术，可以解析磷酸盐玻璃中磷的 Q^0 与 $Q^n(n\geqslant1)$ 基团，以及不同 Q^n 基团之间的化学键连接情况。

11.1.2　固体核磁共振在磷酸盐玻璃结构研究中的应用

^{31}P 原子核拥有 100% 的自然丰度，并且它的自旋量子数为 1/2，因此磷酸盐玻璃非常适合作为固体核磁共振的研究对象。目前，针对 ^{31}P 原子核已经开发了很多核磁方法，能够得到磷酸盐玻璃中各种结构信息。

^{31}P 单脉冲谱的化学位移对与 P 连接的网络修饰体阳离子非常敏感。在二元偏磷酸盐玻璃中，随着阳离子电负性的增加，^{31}P 谱化学位移逐渐减小。根据化学位移可以初步判断玻璃中存在的 Q^n 结构单元。如本书第 3 章图 3-2 所示，在 xNa$_2$O-(100-x)P$_2$O$_5$ 系列玻璃中，当 Na$_2$O 含量为 5 mol% 时，^{31}P 谱在 -50 ppm 处的信号来自三维交联的 Q^3 结构单元，而 -30 ppm 处很弱的信号属于链状的 Q^2 结构单元。随着 Na$_2$O 含量增加，整个 ^{31}P 谱的化学位移逐渐向高化学位移方向移动[43]。

对于如图 3-2 所示简单的 ^{31}P 谱,通过信号的化学位移信息,就可以初步判断玻璃中 $[PO_4]$ 结构单元的存在形式。但是当玻璃组成增多后,经常会出现如图 11-14b 所示包含多个信号的低分辨率核磁谱。此时,通过简单的单脉冲谱不能解析出谱图中所包含的信号。在这种情况下,通过与 refocused-INADEQUATE 方法测量的谱图对比,可以对低分辨率谱图进行较精确的解析。它是基于同核的 J-耦合作用,通过同核双量子相干过程来实现相同原子核之间的关联。这种方法可以过滤掉无法建立双量子相干的 Q^0 结构单元信号,而保留存在 P—O—P 化学键连接的 $Q^n (n \leqslant 1)$ 结构单元的信号(脉冲序列如图 11-14c)。如图 11-14 所示,通过对比单脉冲与 refocused-INADEQUATE 的谱图,可以发现高频率方向的三个信号在 refocused-INADEQUATE 的谱图(图 11-14d)中都消失了。说明这三个信号来自三个 Q^0 结构单元,而剩下的信号来自 Q^1 与 Q^2 结构单元[44]。对 refocused-INADEQUATE 的谱图进行拟合就可以解析出来自 Q^1 与 Q^2 结构单元的信号,最终实现对包含多个信号低分辨率谱的准确解析。

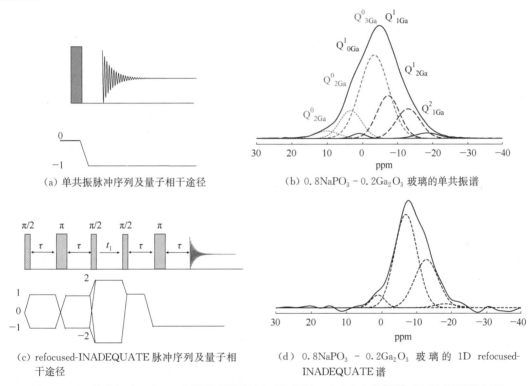

(a) 单共振脉冲序列及量子相干途径

(b) $0.8NaPO_3 - 0.2Ga_2O_3$ 玻璃的单共振谱

(c) refocused-INADEQUATE 脉冲序列及量子相干途径

(d) $0.8NaPO_3 - 0.2Ga_2O_3$ 玻璃的 1D refocused-INADEQUATE 谱

图 11-14　单共振和 refocused-INADEQUATE 对比(图 b~d 取自文献[44])(参见彩图附图 40)

2D refocused-INADEQUATE 还可以探测两个不同结构单元之间化学键的连接情况,结果如图 11-15 所示。可以明显地看到 $Q^2 - Q^2$ 自相关信号、$Q^1 - Q^2$ 交叉相关信号,及较弱 $Q^1 - Q^1$ 自相关信号。这说明存在 $Q^2 - Q^2$ 连接、$Q^1 - Q^2$ 连接、及 $Q^1 - Q^1$ 连接[45]。从 F1 维度双量子位移处可以抽取出代表 $Q^n (n=1, 2)$ 之间连接的一维谱。

另外一种基于同核之间 J-耦合作用的测量方法是 J-resolved。与 refocused-INADEQUATE 方法不同,它可以探测每个磷氧结构单元中包含的 P—O—P 化学键的数目。通过观察二维谱间接维度(F1)的分裂情况就可以确定样品中存在的 Q^n 结构单元的情况。比如,图 11-16 中,—20 ppm 处呈现出三重分裂,它代表这个化学位置对应的信号来自 Q^2 单元,而其他地方则呈现出两重分裂,表明这些信号来自 Q^1 单元。信号分裂的间距代表 J-耦合常数的大小,J-耦合常数大小不同,结构单元不同。图 11–16 中有多种不同的 Q^1 基团[46]。Q^0 单元因为不存在 P—O—P 连接,所以没有信号分裂。J-resolved 方法在 refocused-INADEQUATE 方法的基础上进一步确认了 Q^n 单元的存在。

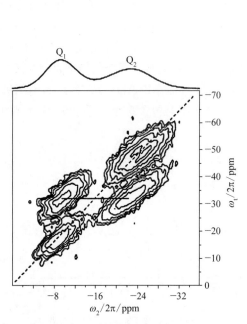

图 11–15　$Pb_3P_4O_{13}$ 玻璃的 2D refocused-INADEQUATE 谱[45]

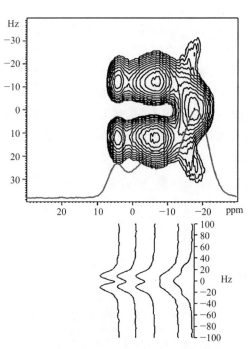

图 11–16　组成为 $40AgI–55AgPO_3–5Ag_2WO_4$ 玻璃的 2D J-resolved 谱[46](下方的一维谱是在 F2 维度上对应化学位移位置处抽取出来的投射到 F1 维度上的谱;图内曲线表示所有信号投射在 F2 维度上的一维谱)

不同原子核之间的连接可以通过 REDOR 方法探测异核之间的直接偶极-偶极作用来发现。如图 11–17 所示,在 $Na_2O–SiO_2–P_2O_5$ 系列玻璃中,$^{31}P\{^{29}Si\}$ REDOR(图 11–17a)实验显示,$P^{(3)}$ 信号相对衰减得更快($\frac{S_0-S'}{S_0}$ 值更大),表明 $P^{(3)}$ 与 Si 之间的偶极-偶极作用强度大于 $P^{(2)}$,说明平均每个 $P^{(3)}$ 连接的 Si 更多。$^{29}Si\{^{31}P\}$ REDOR(图 11–17b)表明,$Si^{(6)}$ 与 P 之间的偶极-偶极作用明显大于 $Si^{(4)}$,说明 $Si^{(6)}$ 第二壳层比 $Si^{(4)}$ 有更多的 P[47]。

不同原子核之间化学键的连接可以通过基于异核之间 J-耦合作用设计的二维核磁共振实验探测。二维 J-耦合异核多量子相关(heteronuclear multiple quantum correlation,HMQC)是其中之一。这个方法通过建立不同原子核之间的 J-耦合作用,创建两个原子核之间的双量子相干过程来获得不同原子核之间的相关谱。根据相关性来判断两核之间是否成键。如图 11–18 所示,$Si^{(4)}$ 与 $P^{(2)}$、$P^{(3)}$ 信号交叉相关说明存在 $Si^{(4)}$—O—$P^{(2)}$ 与 $Si^{(4)}$—O—$P^{(3)}$ 化学键连接,但是 $Si^{(6)}$ 只与 $P^{(3)}$ 信号交叉相关,说明只有 $Si^{(6)}$—O—$P^{(3)}$ 化学键连接,$Si^{(6)}$ 不与 $P^{(2)}$ 连接[46]。

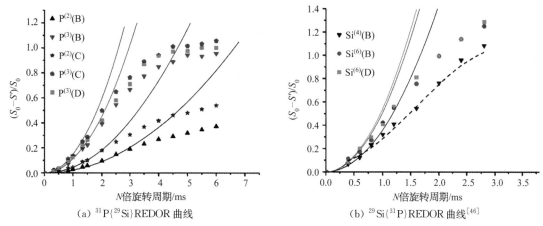

（a）^{31}P$\langle^{29}$Si$\rangle$REDOR 曲线　　　　　　　（b）^{29}Si$\langle^{31}$P$\rangle$REDOR 曲线[46]

图 11-17　REDOR 曲线（实线为抛物线拟合的结果，虚线为双自旋系统的 SIMPSON 模拟结果）

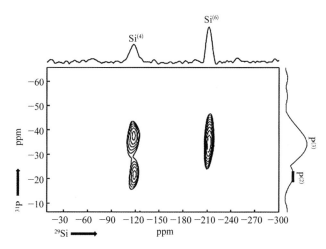

图 11-18　组成为 $0.2SiO_2-0.8(0.45Na_2O-0.55P_2O_5)$ 玻璃的 2D ^{29}Si$\langle^{31}$P$\rangle$HMQC 谱[46]

　　目前，研究磷酸盐玻璃结构的固体核磁共振方法还在不断发展，通过巧妙地设计脉冲序列，深入探测原子核与周围环境之间的相互作用，将会更清晰地解析玻璃原子尺度的结构。

11.1.3　激光玻璃结构的核磁共振研究及其与光谱的关系

　　玻璃的性质与其组成和微观结构密切相关，固态核磁共振技术在激光玻璃方面的应用主要体现在解析玻璃基质以及稀土离子的微观结构，研究玻璃组成、结构、光谱性能之间的关系等方面。稀土离子在玻璃中的分布与局部结构对稀土的光谱性能有直接影响。以往多是通过光谱性能，根据 Judd-Ofelt 理论反推稀土离子在玻璃中的局部结构，很难直接评估稀土离子的局部环境。固态核磁共振技术对稀土离子的研究主要有两种方法：①发光稀土离子都有未配对电子，未配对电子自旋形成的磁场强度是原子核自旋磁场强度的 10^3 倍级别。通过观察未配对电子对核磁共振谱的影响，可以判断稀土离子在玻璃基质中的大概分布。②利用没有未配对电子的稀土离子例如 Y^{3+}、La^{3+}、Lu^{3+}、Sc^{3+} 等，模拟发光稀土离子在玻璃中的局部结构。目前关于玻璃结构的核磁共振解析及其与光谱性能之间关系的研究比较少，尚处于起步阶段。下面将讲述氟磷酸盐玻璃体系与硅酸盐玻璃体系结构的核磁共振研究与光谱之间的关系。

1) 氟磷酸盐玻璃体系中结构与光谱的关系

Marcos de Oliveira 等[48]研究了 $BaF_2 - SrF_2 - Al(PO_3)_3 - AlF_3 - ScF_3$ 系列以及无 Sc^{3+} 离子的 $BaF_2 - SrF_2 - Al(PO_3)_3 - AlF_3 - Ba(PO_3)_3$ 系列氟磷酸盐玻璃。玻璃组成见表 11-1。文中以抗磁性的 Sc^{3+} 离子模拟稀土离子在玻璃中的局部结构，通过一维、二维固态核磁共振方法解析玻璃的微观结构，并以 Eu^{3+} 作为探针离子，研究其发光性能、玻璃组成与结构的关系。

表 11-1　氟磷酸盐玻璃组成　　　　　　　　　　　　　　（mol%）

样品	AlF_3	$Al(PO_3)_3$	BaF_2	SrF_2	$Ba(PO_3)_2$	ScF_3	[P]/[F]
A	25	5	25	25	—	20	0.064
B	20	10	25	25	—	20	0.136
C	15	15	25	25	—	20	0.220
D	15	5	30	30	20	—	0.333
E	15	5	60	—	20	—	0.333
F	10	10	20	20	40	—	1.00
G	5	15	10	10	60	—	3.00
H	5	15	20	—	60	—	3.00

图 11-19 显示了 ^{19}F Hahn-spin echo NMR 谱以及示意性的拟合结果。根据玻璃组成以及文献报道[37,49-50]，^{19}F 谱的归属、化学位移总结在表 11-2 中。之后通过图 11-20 和图 11-21 所示的 $^{19}F\{^{27}Al\}$ REAPDOR、$^{19}F\{^{45}Sc\}$ REAPDOR 以及 $^{19}F\{^{31}P\}$ REDOR 实验，证实了位于 -120 ppm、-35 ppm、-60 ppm 的 ^{19}F 信号分别来自 F—Al、F—Sc、F—P 化学键中的 F^- 离子。

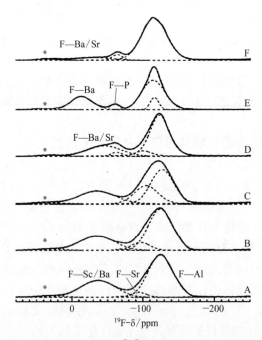

图 11-19　^{19}F Hahn-spin echo NMR 谱[48]（虚线代表拟合的结果，＊代表旋转侧带）

表 11 - 2　^{19}F Hahn-spin echo NMR 谱化学位移信息

F sites	F—Ba	F—Sc/Ba	F—Ba/Sr	F—P	F—Sr	F—Al
化学位移/ppm	−13	−36	−33(F)/−42(D)	−60	−98	−115～−125

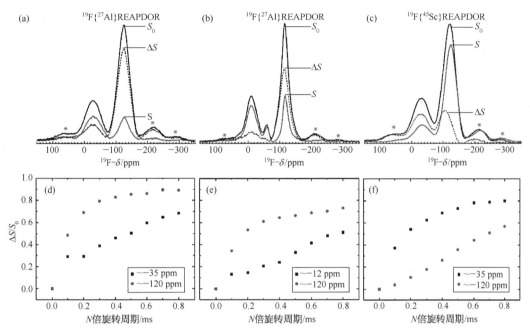

图 11 - 20　样品 B(a，c，d，f)和样品 E(b，e)的^{19}F$\{^{27}$Al$\}$ REAPDOR(a，b，d，e)以及^{19}F$\{^{45}$Sc$\}$ REAPDOR(c，f)实验结果[48]（上半部分是演化时间为 300 μs 的 REDOR 和 Spin echo 谱图对比，下半部分是完整的 REDOR 曲线，* 代表旋转侧带）

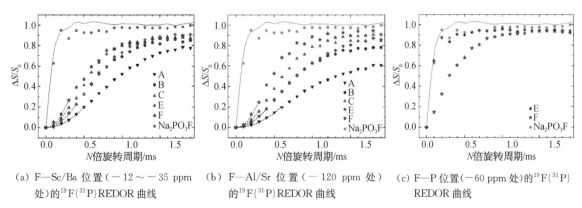

（a）F—Sc/Ba 位置（−12～−35 ppm处）的^{19}F$\{^{31}$P$\}$ REDOR 曲线

（b）F—Al/Sr 位置（−120 ppm 处）的^{19}F$\{^{31}$P$\}$ REDOR 曲线

（c）F—P 位置（−60 ppm 处）的^{19}F$\{^{31}$P$\}$ REDOR 曲线

图 11 - 21　A，B，C，E，F 样品以及标准物 Na$_2$PO$_3$F 的^{19}F$\{^{31}$P$\}$ REDOR 实验结果[48]（实线为 F 周围一个 P 的双原子系统的 SIMPSON 模拟结果。虚线为 REDOR 曲线初始部分（ΔS/S$_0$≤0.2）的抛物线拟合结果）

图 11 - 22 所示 A、B、C 样品的^{45}Sc MAS NMR 谱表明，Sc 以六配位形式存在。与标准物对比，证明 Sc^{3+} 离子存在于磷氧四面体与 F$^-$ 离子[PO$_4$]$^{3-}$/F$^-$ 混合配位环境中。进一步通过^{45}Sc$\{^{31}$P$\}$ REDOR 和^{45}Sc CT(constant time) REDOR[37]定量分析 Sc^{3+} 离子周围[PO$_4$]$^{3-}$/

F⁻配位情况（图 11-23）。晶体 ScF₃ 和 Sc(PO₃)₃ 中的 Sc^{3+} 离子都为六配位,玻璃样品中的 Sc^{3+} 离子也是六配位,那么 Sc^{3+} 离子周围$[PO_4]^{3-}$ 和 F⁻离子的平均数目可以通过比较二阶偶极动量获得: $M_{2(glass,\ Sc-P)}/M_{2(Sc(PO_3)_3,\ Sc-P)}$, $M_{2(glass,\ Sc-F)}/M_{2(ScF_3,\ Sc-F)}$。因此,可以分别从 $^{45}Sc\{^{31}P\}$ REDOR 和 $^{45}Sc^{[37]}$ REDOR 实验中得到 Sc^{3+} 离子配位体中$[PO_4]^{3-}/$F⁻数量比值 N_P/N_F。发现从两个不同实验中得到的 N_P/N_F 几乎一致,结果见表 11-3。这样得到的 N_P/N_F 值比样品中名义上$[P]/[F]$值大许多。因此,可以认为 Sc^{3+} 离子与 Al^{3+} 离子类似,优先与$[PO_4]^{3-}$ 而不是

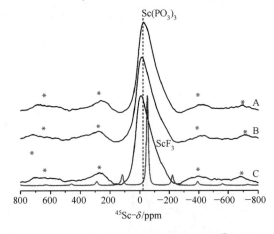

图 11-22 A、B、C 样品以及 ScF₃ 晶体的⁴⁵Sc MAS NMR 谱[48]（虚线为 Sc(PO₃)₃ 晶体的峰位[51],∗代表旋转侧带)（参见彩图附图 41）

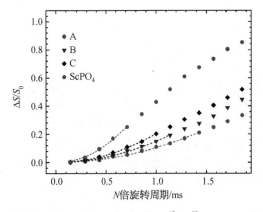

（a）A、B、C 样品以及晶体 ScPO₄ 的 $^{45}Sc\{^{31}P\}$REDOR 曲线[48]［虚线为 REDOR 曲线初始部分（$\Delta S/S_0 \leqslant 0.2$）的抛物线拟合结果］

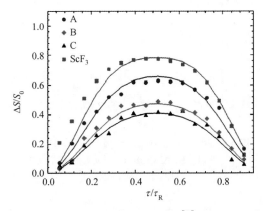

（b）A、B、C 样品以及晶体 ScF₃ 的 $^{45}Sc^{[37]}$CT REDOR 曲线（实线为 SIMPSON 拟合的结果）

图 11-23 REDOR 曲线

表 11-3　$^{45}Sc\{^{31}P\}$REDOR、$^{45}Sc^{[37]}$CT REDOR 实验获得的二阶偶极动量 $M_{2(P-Sc)}$、$M_{2(F-Sc)}$ 以及定量分析结果

样品	$M_{2(P-Sc)}$ /($\times 10^6$ rad²·s⁻²)	$M_{2(F-Sc)}$ /($\times 10^6$ rad²·s⁻²)	N_P①	N_F①	$(N_P /N_F)_{(P-Sc)}$②	$(N_P /N_F)_{(F-Sc)}$③	N_P/N_F④
A	1.4±0.1	4.0±0.5	1.8±0.1	4.2±0.5	0.43	0.43	0.43
B	2.1±0.2	2.5±0.5	2.7±0.2	2.6±0.5	0.82	1.31	1.03
C	3.1±0.2	2.1±0.5	4.1±0.2	2.2±0.5	2.16	1.73	1.86
ScPO₄	6.6±0.1	—	—	—	—	—	—
Sc(PO₃)₃	4.66		—	—	—	—	—
ScF₃	—	5.76	—	—	—	—	—

注：①N_P 和 N_F 分别为通过 $M_{2(P-Sc)}$ 和 $M_{2(F-Sc)}$ 得到的 Sc^{3+} 离子周围配位环境中$[PO_4]^{3-}$、F⁻离子的数目（Sc 是六配位）;
②$(N_P/N_F)_{(P-Sc)}$ 为通过 $^{45}Sc\{^{31}P\}$REDOR 实验得到的 Sc^{3+} 离子周围$[PO_4]^{3-}/$F⁻配位比;
③$(N_P/N_F)_{(F-Sc)}$ 为通过 $^{45}Sc^{[37]}$REDOR 实验得到的 Sc^{3+} 离子周围$[PO_4]^{3-}/$F⁻配位比;
④N_P/N_F 为两个实验得到数值直接计算的结果。

与 F^- 离子配位。假定 Sc^{3+} 离子可以有效模拟稀土离子,那么只有在[P]/[F]值非常低的情况下,玻璃中才可能形成 F^- 离子主导的稀土离子配位环境。这种情况只有是样品 A 和 B 比较符合,样品 C 中 Sc^{3+} 离子周围主要是$[PO_4]^{3-}$。

进一步以 Eu^{3+} 离子作为探针离子研究玻璃光谱性能随组成的变化。图 11 - 24 显示了 0.2 mol% Eu^{3+} 离子掺杂样品的发射光谱。样品 A - G 的吸收系数和荧光寿命参数见表 11 - 4。$\alpha = I(^5D_0 \rightarrow ^7F_2)/I(^5D_0 \rightarrow ^7F_1)$ 值的变化表明玻璃中 Eu^{3+} 离子存在于氟磷混合配位环境中。在 A 样品中 Eu^{3+} 离子更多与 F^- 离子配位。在 B、C 样品中 Eu^{3+} 离子与 F^- 离子和$[PO_4]^{3-}$配位比例相差不大。在 D、F、G 样品中 Eu^{3+} 离子的配位体主要是$[PO_4]^{3-}$。同时测量了 $^5D_0 \rightarrow ^7F_2$ 能级寿命,A 样品寿命最长,B、C 样品中等,D、F、G 样品较小。再次证实了 A 样品中大部分 Eu^{3+} 离子存在于声子能量较小的氟化物环境中,D、F、G 样品中 Eu^{3+} 离子周围主要是$[PO_4]^{3-}$。光谱结果与核磁共振结果对稀土离子局域环境的解析一致。

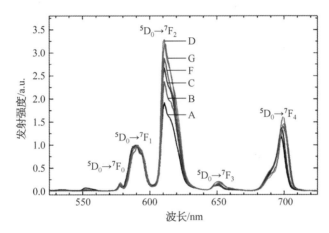

图 11 - 24　Eu^{3+} 离子掺杂样品(0.2 mol%)的发射光谱(归一化的结果)[48]

表 11 - 4　0.2 mol% Eu^{3+} 离子掺杂样品的光谱参数[48]

样品	α	τ/ms
A	1.9	4.38
B	2.4	3.58
C	2.7	3.29
D	3.3	2.15
F	2.9	2.46
G	3.2	2.33

2)　硅酸盐玻璃体系中结构与光谱的关系

Wang 等[52]通过 NMR、Raman、FT - IR 和 EPR 等测试手段解析了 Yb^{3+} 离子掺杂高硅镧铝硅酸盐玻璃的结构,并研究玻璃组成、结构与 Yb^{3+} 离子发光性能之间的关系。玻璃组成见表 11 - 5。

表 11 - 5　Yb³⁺ 离子掺杂高硅镧铝硅酸盐玻璃的组成[52]　　　　　（mol%）

样品	Yb₂O₃	Y₂O₃	Al₂O₃	La₂O₃	SiO₂
YbLAS1	0.8	—	12	0	87.2
YbLAS2	0.8	—	10.8	1.2	87.2
YbLAS3	0.8	—	7.5	4.5	87.2
YLAS1	—	0.8	12	0	87.2
YLAS2	—	0.8	10.8	1.2	87.2
YLAS3	—	0.8	7.5	4.5	87.2
YbAS1	0.1	—	1.5	0	98.4
YbAS2	0.3	—	4.5	0	95.2
YbAS3	0.5	—	7.5	0	92
YbAS4	0.8	—	12	0	87.2
YbALS	0.1	—	0.94	0.56	98.4

为了确定 Al³⁺ 离子周围稀土离子的分布情况，用逆磁性的 Y³⁺ 离子替代 Yb³⁺ 离子，制备了 YLAS 样品。通过对比两个玻璃体系中 ²⁷Al 的 MAS NMR 谱的宽化来判断 Yb³⁺ 离子的分布情况。图 11 - 25a、b 分别为 YbLAS 与 YLAS 玻璃体系的 ²⁷Al MAS NMR 谱图，从中可以

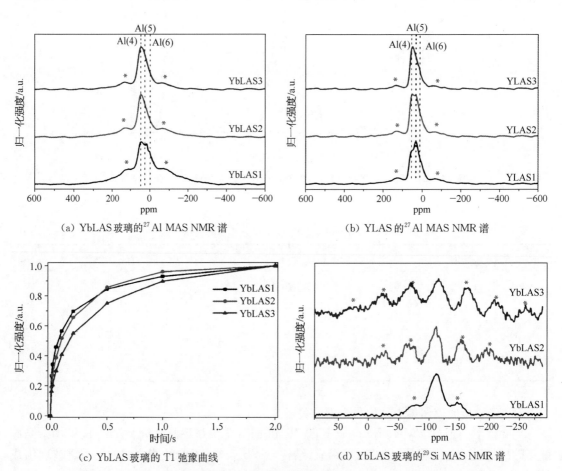

（a）YbLAS 玻璃的 ²⁷Al MAS NMR 谱　　　　　（b）YLAS 的 ²⁷Al MAS NMR 谱

（c）YbLAS 玻璃的 T1 弛豫曲线　　　　　（d）YbLAS 玻璃的 ²⁹Si MAS NMR 谱

图 11 - 25　稀土掺杂高硅镧铝硅酸盐玻璃的 MAS NMR 谱图（ * 表示施转侧带）[52]

看出 Al^{3+} 离子在玻璃中主要以 4 配位的形式存在[53]。对比图 11-25a、b 发现,在有顺磁性离子 Yb^{3+} 离子加入后,^{27}Al MAS NMR 谱特别是样品 YbLAS1,有明显的展宽现象,而没有顺磁性的离子 Y^{3+} 取代 Yb^{3+} 后,没有观察到这种展宽现象。这表明 Al^{3+} 离子周围有 Yb^{3+} 离子分布,并且随着 La^{3+} 离子含量的增加,Al^{3+} 离子周围的 Yb^{3+} 离子减少。同时,Yb^{3+} 离子的顺磁性效应也会导致弛豫时间 T1 的缩短。图 11-25c 为 YbLAS 体系玻璃 ^{27}Al 的 T1 弛豫曲线。从图中可以推测出,随着 La^{3+} 离子的减少,顺磁性效应增强,使得 T1 弛豫时间降低。这一结果再次表明 Al^{3+} 离子周围 Yb^{3+} 数量随着 La^{3+} 离子含量的减少而增多。这一推断与 ^{27}Al MAS NMR 谱宽化得到的结论一致。图 11-25d 是 YbLAS 体系玻璃的 ^{29}Si MAS 谱图。可以发现随着 La^{3+} 离子含量的增多,^{29}Si 自旋边带逐渐增多,受到的顺磁性影响逐渐增强。这表明 La^{3+} 离子的加入使得 Yb^{3+} 离子逐渐从 Al^{3+} 离子周围转向硅四面体附近聚集。上述核磁共振结果从不同角度一致证实了 Yb^{3+} 离子在上述玻璃中聚集在 Al^{3+} 离子周围,而 La^{3+} 离子的加入能够分散 Yb^{3+} 离子的聚集,使得 Yb^{3+} 离子移向硅氧四面体附近。

以上结构变化很好地解释了光谱性能的变化。随着 Yb^{3+} 离子浓度的提高,YbAS 体系玻璃中 Yb^{3+} 离子增多,发光强度提高;当 Yb^{3+} 离子浓度过高时,Yb^{3+} 离子聚集并形成 Yb—O—Yb 键,使得 Yb^{3+} 离子的非辐射跃迁概率增大,导致 YbAS 体系玻璃的发射光谱强度呈现先上升后下降的变化趋势(图 11-26)。当掺入 La^{3+} 离子后,Yb^{3+} 离子的聚集被分散,其团簇减少,Yb^{3+} 离子间的非辐射跃迁概率降低,使得 YbLAS 体系玻璃的发射光谱强度随 La^{3+} 离子含量的增多而增强(图 11-27)。通过核磁共振的研究结果,发现了 Yb^{3+} 离子随组成变化的分布规律,可以预期通过改变组成优化稀土离子在玻璃中的发光性能。

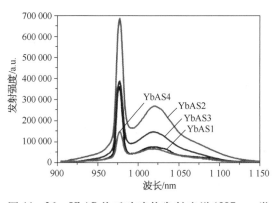

图 11-26　YbAS 体系玻璃的发射光谱(897 nm 激发)[52]　**图 11-27　YbLAS 体系玻璃的发射光谱(897 nm 激发)**[52]

11.2　电子顺磁共振在激光玻璃结构与性质研究中的应用

电子顺磁共振(electron paramagnetic resonance,EPR)或称电子自旋共振(electron spin resonance,ESR)是指处于恒定磁场中的电子磁矩在电磁场作用下发生的一种塞曼能级间的共振跃迁现象。1945 年,苏联科学家 Zavoisky[54] 在 $MnCl_2$、$CuCl_2$ 等固体中首次观察到 EPR 现象。此后 70 余年来,EPR 波谱学逐渐从连续波向脉冲波、从频率域向时间域、从单一频率共振向多频共振、从一维显示向二维或三维波谱显示发展,这些技术进步极大促进了材料科学、化学、物理、生物、生命科学等学科的发展[55]。

EPR 是研究含未成对电子(顺磁性)的离子或结构缺陷的一种灵敏方法。众所周知,稀土(RE)掺杂激光玻璃的光谱和激光性质与 RE 团簇及 RE 局部结构密切相关。RE^{3+} 离子的电子构型为$[Xe]4f^{n-1}$,$n=1\sim14$,4f 轨道具有奇数个电子的 RE^{3+} 离子都可以成为 EPR 的研究对象,例如 $Ce^{3+}(4f^1)$、$Nd^{3+}(4f^3)$、$Sm^{3+}(4f^5)$、$Gd^{3+}/Eu^{2+}(4f^7)$、$Dy^{3+}(4f^9)$、$Er^{3+}(4f^{11})$ 和 $Yb^{3+}(4f^{13})$离子。此外,高功率激光诱导激光玻璃产生的缺陷中心严重影响稀土离子的发光效率,这些缺陷中心通常是一些具有顺磁性的电子或空穴捕获中心,也可以采用 EPR 进行研究。

本节主要介绍 EPR 的基本原理及其在激光玻璃结构研究中的应用。

11.2.1　EPR 基本原理

1)　共振条件

经典力学认为,磁偶极子的磁矩与角动量成一定的比例关系。假设有一个质量为 m、电荷为 q 的磁偶极子,在 XY 平面内以速度 v 沿半径为 r 的圆做圆周运动,则该磁偶极子产生的环电流 I 为

$$I=\frac{qv}{2\pi r} \tag{11-22}$$

将其换算为电磁单位,须除以光速 c,则有效环电流 I_{eff} 为

$$I_{eff}=\frac{qv}{2\pi rc} \tag{11-23}$$

根据定义,该环电流在垂直于 XY 平面的 Z 方向上产生的磁矩为

$$\mu_z=I_{eff}\cdot\pi r^2=\frac{q}{2mc}mvr=\frac{q}{2mc}P_z=\gamma P_z \tag{11-24}$$

式中,$\gamma=\dfrac{q}{2mc}$,称为旋磁比;$P_z=mvr$,为磁偶极子在 Z 轴方向的角动量。对于质量为 m_e、电荷为 $-e$ 的电子来说,由于电子受到外界环境的影响,需要引入一个修正因子 g 来描述其 γ 值,表达式如下:

$$\gamma_e=g*\frac{-e}{2m_ec} \tag{11-25}$$

电子在 Z 方向的角动量可以表示为

$$P_{ez}=M_s\hbar \tag{11-26}$$

由于单电子的自旋量子数 $S=1/2$,它在任意方向上的投影(M_s)是量子化的,分别取值 $M_s=1/2$ 和 $M_s=-1/2$。$\hbar$ 是约化普朗克常量。

电子在 Z 方向的磁矩为

$$\mu_{ez}=\gamma_e\cdot P_{ez}=g\cdot\frac{-e}{2m_ec}\cdot M_s\hbar=-g\beta_eM_s \tag{11-27}$$

式中，$\beta_e = \dfrac{e\hbar}{2m_e c}$，称为波尔磁子。

在方向为 Z 方向、强度为 B 的恒定磁场中，电子磁矩与磁场的磁相互作用能为

$$E = -B\mu_{ez} = Bg\beta_e M_s \qquad (11-28)$$

由于 M_s 只能取两个分立的值 $+\dfrac{1}{2}$ 和 $-\dfrac{1}{2}$，因此 E 也只能取两个分立的值 $E_+ = +\dfrac{1}{2}(Bg\beta_e)$ 和 $E_- = -\dfrac{1}{2}(Bg\beta_e)$，通常称这两个能级为塞曼能级。两个能级之间的间距 $\Delta E = g\beta_e B$ 随磁场强度的增加而线性增大，如图 11-28a 所示。

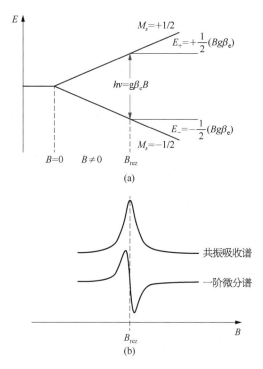

图 11-28　塞曼能级与磁场的关系(a)以及 EPR 吸收谱和一阶微分谱(b)(根据文献[56]绘制)

如果在垂直于磁场 B 方向加上频率为 ν 的电磁波，根据 EPR 能级跃迁的选择定律 $\Delta M_s = \pm 1$，当电磁波能量 $h\nu$ 与塞曼能级差 ΔE 相匹配时，即[56]

$$\Delta E = h\nu = g\beta_e B_{res} \quad \text{或者} \quad \Delta E = \hbar\omega = g\beta_e B_{res} \qquad (11-29)$$

有一部分下能级 E_- 中的电子吸收电子波能量跃迁到上能级 E_+ 中，这就是电子顺磁共振 (EPR)现象。式(11-29)是发生共振吸收的基本条件之一，式中 h 为普朗克常数，$\hbar$ 为约化普朗克常数，$\omega = 2\pi\nu$ 为角频率，B_{res} 为发生共振时的磁场强度。通常，EPR 谱仪记录的是共振吸收信号的一阶微分谱，见图 11-28b。

发生共振吸收的另一个必要条件是在平衡状态下，下能级 E_- 的电子数 N_- 比上能级 E_+ 的电子数 N_+ 多，这样才能显示出宏观共振吸收，因为热平衡时上下能级的电子数分布遵循玻尔兹曼分布[56]：

$$\frac{N_+}{N_-} = \exp\left(-\frac{E_+ - E_-}{kT}\right) \tag{11-30}$$

式中,k 为玻尔兹曼常数。

信号的净吸收强度(A)与下上能级电子数之差 $\Delta N = N_- - N_+$ 成正比。设下上能级电子数总和 $N = N_- + N_+$,当 $\Delta E = E_+ - E_- = g\beta_e B_{res} \leqslant KT$(高温近似) 时,则有

$$A \propto \Delta N = N_- - N_+ \approx \frac{N\Delta E}{2KT} \tag{11-31}$$

由以上二式可以看出,为增大 ΔN、提高 EPR 信号强度,有以下三个方法:

(1) 提高样品掺杂浓度,但掺杂浓度不可以无限增大,较高的浓度会导致谱图展宽、失真等问题。

(2) 降低测试温度,但温度不能无限度降低,且维持低温所需的液氦是一种稀缺资源。

(3) 提高上下两能级的能级差 ΔE。这也是近年来科研人员大力研制和发展高频高场EPR 谱仪的目的之一,但是这种谱仪价格昂贵,维护和运行成本高。

2) 朗德因子 g

电子塞曼项描述的是电子自旋矢量与外磁场的相互作用,其展开式为

$$H_{EZ} = \beta_e [B_x, B_y, B_z] \begin{bmatrix} g_{xx} & g_{xy} & g_{xz} \\ g_{yx} & g_{yy} & g_{yz} \\ g_{zx} & g_{zy} & g_{zz} \end{bmatrix} \begin{bmatrix} S_x \\ S_y \\ S_z \end{bmatrix} \tag{11-32}$$

式中,β_e 为波尔磁子;g 张量为 3×3 矩阵。一般可通过坐标变换约化为对角矩阵,即只有主对角元素 g_{xx}、g_{yy} 和 g_{zz}。

图 11-29 是立方对称(a)、轴对称(b, c)、斜方对称(d)晶体中的电子顺磁共振吸收谱(Ⅰ)和一阶微分谱(Ⅱ)。可以看出,在立方晶系中,$g_{xx} = g_{yy} = g_{zz}$;在轴对称晶系中,$g_{xx} = g_{yy} \neq g_{zz}$;在斜方对称晶体中,$g_{xx} \neq g_{yy} \neq g_{zz}$。

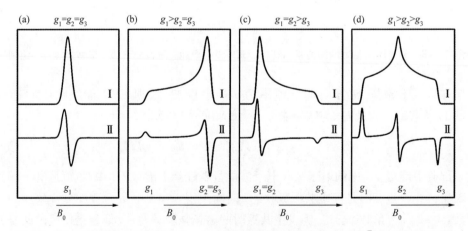

图 11-29 立方对称(a)、轴对称(b、c)、斜方对称(d)晶体中的 g 张量[其中谱线Ⅰ为共振吸收谱,谱线Ⅱ为一阶微分谱(根据文献[56]绘制)]

g 张量严格的理论推导非常复杂。下面假设一种简单的情况,即 $g_{xx} = g_{yy} = g_{zz}$。按照量

子理论，g 张量作为旋-轨（L-S）耦合结果，可以表示为

$$g = 1 + \frac{J(J+1) + S(S+1) - L(L+1)}{2J(J+1)} \tag{11-33}$$

式中，原子总角动量 J 为总轨道角动量 L 和总自旋角动量 S 的矢量和。由式（11-33）可知，若原子磁矩完全由电子自旋所贡献（$L=0$，$J=S$），则 $g=2$。这种情况对应自由电子。实验表明，自由电子的朗德因子 $g_e = 2.0023$，自由基的 g 值非常接近 g_e，原因是自由基电子的自旋轨道角动量贡献占 99% 以上。反之，若原子磁矩完全由电子的轨道磁矩所贡献（$S=0$，$J=L$），则 $g=1$。若两者都有贡献，则 g 的值在 1 与 2 之间[56]。

g 张量的对称性本质上反映了顺磁离子周围晶体场的对称性，由此可以研究配体的空间结构。此外，g 因子不仅与电子所处轨道有关，还与电子的填充情况有关。因此，g 值可以被认为是顺磁离子的指纹，可以用于判定离子价态。

3) 超精细耦合常数 A

电子除受到外加磁场影响产生塞曼能级分裂外，还受到磁性核（$I>0$）的内禀磁场影响发生超精细分裂，产生偶极-偶极和费米接触两种超精细相互作用[56]。

（1）偶极-偶极相互作用。为一种各向异性的超精细相互作用（A_{aniso}）。可以用经典模型加以解释。即把电子自旋磁矩和核自旋磁矩都看成是经典的磁偶极子，当外磁场 B 比局部磁场 B' 大得多的情况下，两个磁偶极子之间的超精细相互作用近似为[56]

$$A_{aniso} = \frac{\mu_0 g_e \beta_e g_n \beta_n}{4\pi h} \cdot \frac{3\cos\theta - 1}{r^3} \tag{11-34}$$

式中，μ_0 为真空磁导率；h 为普朗克常数；g_e、g_n 和 β_e、β_n 分别表示电子 g 因子、核 g 因子和电子波尔磁子、核磁子；r 为电子与核之间的距离；θ 为电子与核之间的连线与外磁场 B 之间的夹角。

（2）费米接触相互作用。为一种各向同性的超精细相互作用（A_{iso}）。这个相互作用只能从狄拉克方程导出，没有经典的对应量。从电子云的径向分布特征可以做定性的理解。只有 s 轨道的电子才有费米接触相互作用。这是因为只有 s 轨道电子在核上存在非零的电子云密度，而其他轨道（p、d、f）电子都只在核上有结点。此外，它们在核上的电子云密度均为零。由于 s 轨道的空间分布各向同性，因此费米接触相互作用也呈各向同性。其表达式为[56]

$$A_{iso} = \frac{2\mu_0 g_e \beta_e g_n \beta_n}{3h} * |\Psi(0)|^2 \tag{11-35}$$

超精细耦合相互作用 $A = A_{aniso} + A_{iso}$，从 A 中可获得顺磁离子周围磁性核的种类、数目及其空间分布、化学键性质、电子自旋密度分布等信息。

4) ESEEM 技术

电子自旋回波包络调制（electron spin echo envelope modulation，ESEEM）技术被广泛用于研究激光玻璃中稀土离子团簇及其空间分布[48,57-70]。图 11-30 为 ESEEM 技术的基本原理和测试流程图。测试样品为布鲁克公司提供的 Coal 标准样。其中图 11-30a 是回波探测场扫描（EDFS）EPR 谱，用于确定最佳共振磁场大小。从图 11-30a 可以看出，Coal 样品的最佳共振磁场位于 3271 高斯（G）处。图 11-30b 是 Coal 样品的三脉冲电子自旋回波包络调制谱（3P-ESEEM）及其脉冲序列。该 3P-ESEEM 受到两个方面的影响：①由于回波强度是第二和第三个脉冲间隔 T 的函数，它随时间 T 增加呈指数衰减；②由于顺磁中心受到周围磁

性核的调制,因此可以观察到周期性震荡的调制信号。采用一个三阶多项式拟合该 3P -
ESEEM 谱线,并对两者做差即可得到调制信号,如图 11 - 30c 所示。对该时域的调制信号进
行傅里叶变换(FT)变成频率域信号,即可得到顺磁离子周围磁性核的拉莫频率,如图 11 - 30d
所示。由于 3P - ESEEM 存在盲点效应,例如在外加磁场 $B = 3\,271\,G$,且第一和第二脉冲间隔
$t_{au} = 144\,ns$、$216\,ns$、$288\,ns$、$360\,ns$、$432\,ns$、$504\,ns$、$574\,ns$ 时,不能探测到 ^1H 核的存在,如
图 11 - 30e 所示。因此,为了避开盲点,在开展二维超精细分段相关谱(2D - HYSCORE)实验
前有必要通过 3P - ESEEM 实验预先优化 t_{au} 值。图 11 - 30f 是在 $B = 3\,271\,G$、$t_{au} = 128\,ns$ 条
件下测得的 2D - HYSCORE。

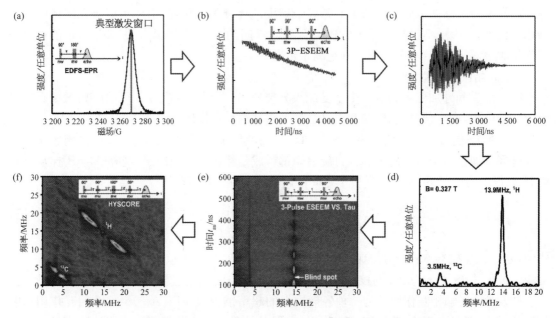

图 11 - 30　ESEEM 原理和测试流程图(根据文献[71]绘制)(参见彩图附图 42)

通常 2D - HYSCORE 谱图包含四个象限,其中(++)和(--),(-+)和(+-)象限谱
图完全一致。为方便起见,图 11 - 31 只给出(++)和(-+)两个象限的谱图。在(++)象
限,非对角线信号在 X 轴投影的间隔对应超精细耦合常数 A_1,非对角线信号连线与对角线的
交点对应磁性核的频率 ν_1。在(-+)象限,非对角线信号在 X 轴投影的间隔对应磁性核的频

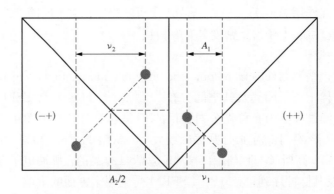

图 11 - 31　2D - HYSCORE 示意图(根据文献[71]绘制)

率 ν_2 ，非对角线信号连线与对角线的交点对应超精细耦合常数 A_2 的一半。如果信号出现在（＋＋）象限，则顺磁离子与周围磁性核之间满足弱耦合条件即 $|\nu_1|>|A_1/2|$ ，代表顺磁离子与磁性核之间不一定直接成键；如果信号出现在（－＋）象限，则顺磁离子与周围磁性核之间满足强耦合条件即 $|\nu_2|<|A_2/2|$ ，代表顺磁离子与磁性核之间直接成键[71]。

5）EPR 与 NMR 的异同点

如图 11 - 32 所示，EPR 和 NMR 同属于磁共振波谱学，它们都是将样品置于强磁场中诱导塞曼分裂，然后采用电磁波激发未成对电子或磁性核来引起共振吸收。其中，EPR 是使未成对电子发生塞曼能级的共振跃迁，共振频率在微波范围；而 NMR 是使具有磁矩的原子核发生塞曼能级的共振跃迁，共振频率在射频范围。

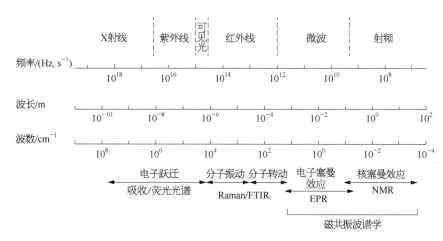

图 11 - 32　电子、原子和分子各种能级跃迁及其相应波谱学的范围（根据文献[56,72 - 73]绘制）

尽管 EPR 和 NMR 都属于磁共振波谱学，但由于 EPR 和 NMR 的研究对象不同，必然导致 EPR 和 NMR 存在差异。表 11 - 6 详细列出了 EPR 与 NMR 的不同点[56,72-73]。

表 11 - 6　EPR 和 NMR 对比

对比项		EPR	NMR	备注
研究对象		未成对电子； 电子磁矩	磁性核（$I\neq0$）； 核磁矩	—
共振条件	能量/频率	微波波段/GHz $\omega_e=\gamma_e B_0$ $\gamma_e=g_e\cdot\dfrac{e}{2cm_e}$	射频波段/MHz $\omega_n=\gamma_n B_0$ $\gamma_n=g_n\cdot\dfrac{e}{2cm_p}$	$\dfrac{\omega_p}{\omega_e}=\dfrac{\gamma_p}{\gamma_e}=\dfrac{g_p}{g_e}\dfrac{m_e}{m_p}$ $\approx\dfrac{m_e}{m_p}\approx\dfrac{1}{1\,836}$
	跃迁选律	$\Delta m_s=\pm1$ ； $\Delta m_I=0$	$\Delta m_s=0$ ； $\Delta m_I=\pm1$	恰好相反
灵敏度		高（1 nM）	低（1 mM）	EPR 的灵敏度比 NMR 高 100 万倍
常见信号采集方式		固定频率， 扫描磁场	固定磁场， 扫描频率	恰好相反
弛豫时间		短/ns	长/（ms～h）	—
结构表征的主要参数		朗德因子 g ； 超精细耦合常数 A	化学位移 δ ； 磁偶极二阶动量 M_2	—

此外,由于原子核的质量远远大于电子质量,例如质子的质量(m_p)约为电子质量(m_e)的1 836倍,导致电子自旋磁矩 S 远大于核自旋磁矩 I。因此,S-S 或 S-I 的偶极-偶极相互作用要比 I-I 的相互作用大上千倍,使得 EPR 的探测距离大于 NMR 的探测距离。例如,MAS-NMR 主要对磁性核第一配位球敏感,探测距离约 0.2 nm;REDOR 可用于研究异核之间的空间相互作用,探测距离约 0.5 nm。CW-EPR 对顺磁离子周围晶体场敏感,探测距离约 0.4 nm;ESEEM 可用于研究 S-I 之间的相互作用,探测距离约 0.8 nm;脉冲双电子共振技术(electron electron double resonance,ELDOR)可用于研究 S-S 之间的相互作用,探测距离约 1.5 nm[71,74],如图 11-33 所示。

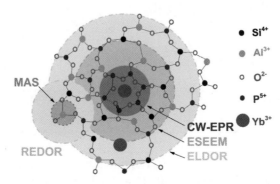

图 11-33 NMR(MAS、REDOR)和 EPR(CW-EPR、ESEEM、ELDOR)探测距离对比(根据文献[71,74]绘制)(参见彩图附图 43)

11.2.2 EPR 在激光玻璃结构性质研究中的应用

1) 连续波 EPR 在研究辐射诱导色心中的应用

稀土(RE)掺杂石英光纤激光器具有重量轻、体积小、电光转换效率高等优点,在空间激光雷达、太空垃圾处理及军事等方面有重要应用价值。然而,太空电离辐射会导致有源光纤的损耗急剧增加,激光斜率效率大幅下降。研究表明辐射诱导损耗与掺杂剂(如 RE、Al、P 等)相关的色心有关,其中共掺 Al 或 P 是导致 RE 掺杂石英光纤辐射诱导损耗急剧增加的最主要原因[61]。辐射诱导损耗谱(RIA)和连续波电子顺磁共振谱(CW-EPR)有助于鉴定辐射诱导色心的类别。为排除稀土相关色心的影响,邵冲云等[75]分别选取纯石英(S)、Al 单掺(SA)和 P 单掺(SP)石英玻璃研究硅相关、铝相关和磷相关的缺陷。

表 11-7 给出具体的玻璃组分,玻璃采用 Sol-Gel 方法结合高温真空熔融法制备,具体的制备方法详见文献[76]。采用波长为 193 nm 的 ArF 准分子激光器(PSX-100,MPB)作为辐照源。激光器工作的脉冲频率为 30 Hz,脉冲宽度为 20 ns,辐照时间为 100 min。

表 11-7 硅酸盐玻璃组分 (mol%)

样品	SiO_2	Yb_2O_3	Al_2O_3	P_2O_5	P/Al
S	100	0	0	0	0
SA	96	0	4	0	0
SP	96	0	0	4	—
SY	99.95	0.05	0	0	0
SYA1	98.9	0.1	1	0	0

续表

样品	SiO₂	Yb₂O₃	Al₂O₃	P₂O₅	P/Al
SYA2＝SYAP0	95.9	0.1	4	0	0
SYAP0.25	94.5	0.1	4	1	0.25
SYAP1	0.6	0.1	4	4	1
SYAP1.5	89.9	0.1	4	6	1.5
SYAP2	87.9	0.1	4	8	2
SYAP2.5	85.9	0.1	4	10	2.5
SYP＝SYAP∞	95.9	0.1	0	4	∞

图 11-34a～c 分别是 S、SA、SP 玻璃的辐射诱导吸收谱(RIA)。RIA 谱由辐射后样品吸收谱减去辐射前样品吸收谱获得。图 11-34d～f 分别是 S、SA、SP 玻璃辐射后的 CW-EPR 实验测试(Exp.)及其模拟(Sim.)谱图。CW-EPR 模拟谱采用 Easyspin 软件，通过精修不同缺陷中心的朗德因子(g)和超精细耦合常数(A)获得。

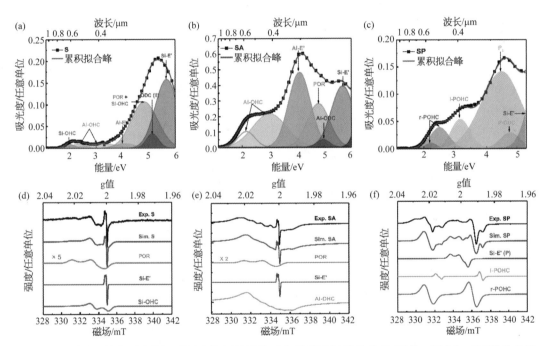

图 11-34 样品 S(a)、SA(b)、SP(c)的辐射诱导吸收谱以及辐射后样品 S(d)、SA(e)、SP(f)的实验(Exp.)和模拟(Sim.)的 EPR 谱图[75]

如图 11-34a 所示，S 样品的 RIA 谱被分解成 7 个高斯峰，它们分别位于 2.0 eV、2.3 eV、3.2 eV、4.1 eV、4.8 eV、5.1 eV 和 5.7 eV 处。其中 2.3 eV、3.2 eV 和 4.1 eV 吸收带归因于 Al 相关缺陷(见图 11-34b)。这是由于该玻璃在高温熔制过程中不可避免地从刚玉坩埚壁上引入少许 Al 杂质。2.0 eV、4.8 eV、5.1 eV 和 5.7 eV 吸收带分别归因于 Si 相关的硅氧空穴中心(Si-OHC 或 NBOHC)、过氧基(POR)、非弛豫硅氧空位(ODC(Ⅱ))和硅悬挂键缺陷(Si-E′)。

如图 11-34b 所示，SA 样品的 RIA 谱也被分解成 7 个高斯峰，它们分别位于 2.2 eV、3.1 eV、4.1 eV、4.8 eV、4.96 eV、5.7 eV 和 6.4 eV 处。其中 2.2 eV 和 3.1 eV 带均起源于

铝氧空穴中心(Al-OHC)。4.1 eV 和 4.96 eV 带分别归因于铝悬挂键(Al-E′)和铝氧空位(Al-ODC)缺陷。4.8 eV 和 5.7 eV 带分别归因于过氧基(POR)和硅悬挂键(Si-E′)缺陷。6.4 eV 带的起源尚不确定。

如图 11-34c 所示,SP 样品的 RIA 谱被分解成 6 个高斯峰,它们分别位于 2.23 eV、2.5 eV、3.18 eV、4.5 eV、4.78 eV 和 5.8 eV 处。其中 2.2 eV 和 3.1 eV 均归因于室温稳定型磷氧空穴中心(r-POHC)。3.18 eV、4.5 eV、4.78 eV 和 5.8 eV 分别归因于低温稳定型磷氧空穴中心(l-POHC)、磷悬挂键(P_2)、磷氧空位(P-ODC)和硅悬挂键(Si-E′)缺陷。

如图 11-34d 所示,S 样品的 CW-EPR 谱被分解成三个部分,分别对应 POR、Si-E′ 和 Si-OHC 缺陷中心。它们的结构模型可以分别表示为≡Si—O—O·、≡Si· 和≡Si—O°,其中"≡"代表三个桥氧,"·"代表一个单电子,"°"代表一个空穴。由于^{29}Si(核自旋 $I=1/2$,自然丰度 NA~4.7%)的自然丰度比较低,因此没有观察到其超精细结构。

如图 11-34e 所示,SA 样品的 CW-EPR 谱也被分解成三个部分,分别对应 POR、Si-E′ 和 Al-OHC 缺陷中心。其中 Al-OHC 的结构模型为≡Al—O°。理论上说,由于空穴与磁性核^{27}Al($I=5/2$,NA~100%)发生超精细耦合相互作用,在每一个 g 分量(g_1、g_2、g_3)处可以观察到六条超精细线($2I+1=6$)。然而,由于每个 g 分量的超精细线相互叠加,这种现象难以实验观察到。只有采用高频高场 CW-EPR 谱仪,才可以观察到这种超精细结构。

如图 11-34f 所示,SP 样品的 CW-EPR 谱被分解成三个部分,分别对应 Si-E′(P)、l-POHC 和 r-POHC 缺陷中心。其中 Si-E′(P)指与 Si 相连接的三个桥氧,其中一个桥氧与 P 连接,结构模型可表示为≡Si·—O—P≡;l-POHC 指一个空穴捕获在一个与磷相连的非桥氧上,其结构模型为≡P—O°;r-POHC 指一个空穴被两个与磷相连接的非桥氧捕获,其结构模型为≡P—(O)$_2$°。由于空穴与磁性核^{31}P($I=1/2$,自然丰度~100%)发生超精细耦合相互作用,导致 l-POHC 和 r-POHC 均呈现出两条超精细线($2I+1=2$)。

值得指出的是,石英玻璃中氧空位中心(ODC)的结构模型可以表示为≡R—R≡,其中 R 代表 Al、Si 或 P 原子。由于 ODC 没有孤电子,因此没有 CW-EPR 信号。尽管 Al-E′(结构模型为≡Al·)和 P_2(结构模型为(O)$_{4/2}$—P·)缺陷中心都有 CW-EPR 信号,但前者须在散射模式下测试,后者须在更宽的磁场范围内测试,详见文献[77-78]。因此,在图 11-34e、f 中未能观察到 Al-E′ 和 P_2 缺陷中心的 EPR 信号。

表 11-8 给出邵冲云等[75]模拟辐射诱导缺陷 EPR 谱图时所采用的自旋哈密顿量。为方便与他们的结果相比较,其他研究者获得的不同缺陷的自旋哈密顿量也被列入表 11-8 中。从表中可以看出,邵冲云等的 AlOHC 模拟结果与文献[79]报道结果存在较大差异,这可能是由于文献[79]的玻璃样品含有 Ca^{2+} 离子,而前者采用的样品为无碱玻璃。与缺陷相邻的 Ca^{2+} 离子的存在可能会影响到缺陷中心的晶体场强度及其对称性。

表 11-8　不同辐射诱导缺陷的自旋哈密顿量[75]

缺陷	g_3	g_2	g_1	A_3	A_2	A_1	文献来源
Si-E′	2.001 8	2.000 5	2.000 4	—	—	—	[75]
	2.001 8	2.000 6	2.000 3	—	—	—	[80]
Si-OHC	2.078	2.009 5	2.000 0	—	—	—	[75]
	2.078	2.009 5	1.999 9	—	—	—	[80-81]

缺陷	g_3	g_2	g_1	A_3	A_2	A_1	文献来源
POR	2.023	2.008 5	2.002 0	—	—	—	[75]
	2.027	2.008 5	2.002 0	—	—	—	[80]
Al-OHC	2.024	2.014	2.001	13.2	4.7	7.3	[75]
	2.018 6	2.010 6	2.002 5	9.8	9.8	9.4	[79]
	2.040 2	2.017 0	2.003 9	4.7	10.3	12.7	[82]
Si-E′/P	2.000 6	2.000 6	2.000 6	—	—	—	[75]
	2.001	2.001	2.001	—	—	—	[78]
1-POHC	2.003 9	2.002 7	2.002 6	5.0	4.1	4.8	[75]
	2.003 9	2.002 7	2.002 6	5.0	4.1	4.8	[78]
r-POHC	2.01	2.009 8	2.006 8	5.2	4.5	4.4	[75]
	2.017 9	2.009 7	2.007 5	5.4	5.2	4.8	[78]

2) 脉冲 EPR 在稀土掺杂硅酸盐玻璃结构性质研究中的应用

稀土离子的光谱性质与其局部配位环境密切相关。EPR 的探测灵敏度高,能够探测掺杂浓度为 ppm 量级顺磁离子的 EPR 信号。基于顺磁性稀土离子与其周围磁性核($I\neq0$)的超精细耦合相互作用,脉冲 EPR(如 ESEEM 或 HYSCORE)方法可以半定量地解析出稀土离子周围的配位原子种类和浓度,以及稀土离子与配位原子之间的距离等信息[58]。而且通过 Easyspin 软件模拟还可以解析出稀土离子周围配位原子的状态等信息[68]。例如,日本 Funabiki 等[68]采用 ESEEM 手段结合软件模拟,不仅可以获取 Al^{3+}/Nd^{3+} 共掺比例变化对石英玻璃中 Nd^{3+} 离子局部配位原子种类(Al、Si)的影响,而且还能解析出 Al 的配位数随掺杂组分的变化。

图 11-35 是 P/Al 比对掺镱石英玻璃回波探测场扫描谱(EDFS)的影响。为方便对比,镱单掺石英玻璃(SY)的 EDFS 也被加入图 11-35 中。所有样品的 EDFS 谱在 $100\sim900$ mT 磁场范围内都呈现非常宽的非对称峰,这与玻璃的无定型结构有关。

低磁场范围内($0\sim100$ mT)的 EDFS 谱强度与稀土离子的团簇程度有关。理论研究表明

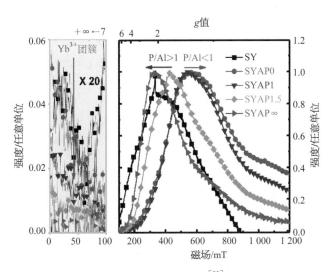

图 11-35　回波探测场扫描谱(EDFS)[61](参见彩图附图 44)

单个 Yb^{3+} 离子在任何基质中的朗德因子 g 都不超过 $2\Lambda * M$，其中本征朗德因子 $\Lambda = 8/7$，总角动量的投影 $M = 7/2$。因此单个 Yb^{3+} 离子的 g 一定不超过 8。另一方面，由于 Yb^{3+} 离子是一个 $S = 1/2$ 的 Kramers 离子，因此不存在零场分裂（须 $S \geqslant 1$）。美国康宁公司的 S. Sen 等[59]理论模拟了 $2 \sim 4$ 个 Yb^{3+} 离子团簇时的 EPR 谱图，发现 Yb^{3+} 离子团簇越严重，则低磁场处的 EPR 信号（$g > 8$）越强。

从图 11-35 的插图（阴影部分）中可以看出，随着 P/Al 比例逐渐增加，EDFS 在近零磁场处的信号逐渐减弱。这说明 Yb^{3+} 离子在石英玻璃中的团簇程度随 P/Al 比例增加而下降[61]。Deschamps 等[66]研究表明，随着 P/Al 比增加，Yb^{3+} 离子的合作上转换发光强度逐渐下降，这进一步说明增加 P/Al 共掺比例可以降低 Yb^{3+} 离子在石英玻璃中的团簇程度。

图 11-36a～d 分别是 Yb^{3+} 单掺（SY）、Yb^{3+}/Al^{3+} 双掺（SYA2）、Yb^{3+}/P^{5+} 双掺（SYP）、$Yb^{3+}/Al^{3+}/P^{5+}$ 三掺（SYAP2）石英玻璃的 HYSCORE 谱图[83]。在 HYSCORE 谱图中，磁性核的拉莫频率 υ_n 与核的旋磁比 γ_n 及外加磁场 B_0 成正比，即 $\upsilon_n = B_0 \gamma_n/(2\pi)$。在 350 mT 磁场下，位于 3.0、3.9、6.0 处的共振峰分别对应磁性核 ^{29}Si（核自旋 $I = 1/2$，自然丰度 $NA = 4.7\%$，）、^{27}Al（$I = 5/2$，$NA = 100\%$）、^{31}P（$I = 1/2$，$NA = 100\%$）的拉莫频率。所有核的共振峰都只出现在第一或第三象限（未展示），且所有共振峰高度集中在对角线区域，没有观察到非对角线的共振峰。核的超精细耦合常数（A）远小于核的拉莫频率（υ_n）。这个结果表明磁性核 ^{29}Si、^{27}Al、^{31}P 和 Yb^{3+} 的 4f 轨道孤电子只发生了弱的超精细耦合相互作用，因此可以推测 ^{29}Si、^{27}Al、^{31}P 主要配位于 Yb^{3+} 的第二甚至更远的壳层。配位于 Yb^{3+} 第一壳层的氧原子没有被观察到，这是因为 ^{17}O 的自然丰度（0.038%）低于 HYSCORE 探测极限。

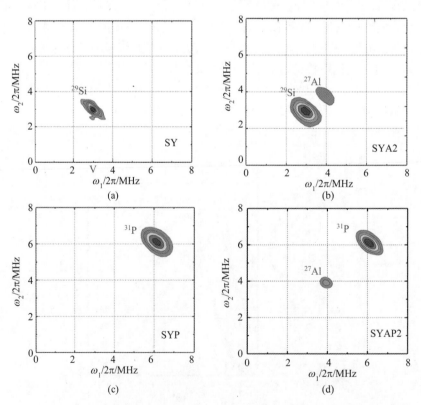

图 11-36　SY(a)、SYA2(b)、SYP(c)和 SYAP2(d)样品的 HYSCORE 谱图[83]

在 SY 玻璃中,零磁场附近强烈的 EDFS 信号表明可能存在 Yb—O—Yb 连接(见图 11-35)。然而,在 HYSCORE 谱图中,只观察到一个延展且扭曲的 ^{29}Si 信号。表明存在 Yb—O—Si 连接。没有探测到 Yb—O—Yb 连接(见图 11-36a)。这可能是由于 Yb 掺杂含量(Yb<3 000 ppm)低所致。

相对于 SY 样品,Yb^{3+} 团簇在 SYA2 中有所降低,而在 SYP 玻璃中几乎没有探测到团簇信号(见图 11-35)。在 SYA2 玻璃中,探测到一个强且延展的 ^{29}Si 和一个弱且集中于对角线区域的 ^{27}Al 信号(见图 11-36b);在 SYP 样品中,只探测到一个强且延展的 ^{31}P 信号(见图 11-36c)。这说明共掺 4 mol% 的 Al$_2$O$_3$ 时,仅有一小部分 Yb—O—Yb 和 Yb—O—Si 被 Yb—O—Al 取代;而共掺 4 mol% 的 P$_2$O$_5$ 时,P 能形成一个 P 的溶剂壳结构将 Yb^{3+} 离子包裹,即几乎所有的 Yb—O—Yb 和 Yb—O—Si 连接都被 Yb—O—P 连接所取代。由此可以看出,P^{5+} 对稀土离子团簇的分散能力远优于 Al^{3+}。

在 SYAP2 样品中,^{27}Al 和 ^{31}P 都被探测到,且 ^{31}P 的信号远比 ^{27}Al 的信号强,但 ^{29}Si 的信号(图 11-36d)和团簇信号(图 11-35)没有被探测到。这说明在 SYAP2 样品中,存在大量的 Yb—O—P 和少量的 Yb—O—Al,但不存在 Yb—O—Yb 和 Yb—O—Si 连接。

图 11-37 是 HYSCORE 谱图投影[61,83]。从图 11-37 可以看出,随着 P/Al 共掺比例增加,Yb^{3+} 逐渐从富 Si 环境转移到富 P 环境。当 P/Al≈1 时,Al 和 P 优先形成 AlPO$_4$ 单元富聚在 Yb^{3+} 离子周围。因此在 HYSCORE 谱图及其投影中,SYAP1 样品的 Al 和 P 的信号强度近似相等。当 P/Al≤1 时,Yb^{3+} 主要处于富铝或富硅环境中;当 P/Al>1 时,Yb^{3+} 主要处于富磷环境中。此外,EDFS 测试表明 Yb^{3+} 团簇随 P/Al 共掺比例的增加逐渐下降(见图 11-35)。这是由于随 P/Al 共掺比例增加,Yb—O—Yb 和 Yb—O—Si 逐渐被 Yb—O—Al 和 Yb—O—P 所取代。

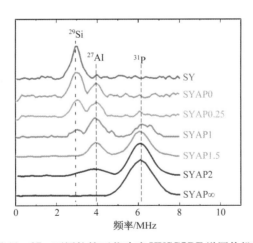

图 11-37　不同掺镱石英玻璃 HYSCORE 谱图的投影

图 11-38a～d 分别是不同 P/Al 共掺比例石英玻璃的 ^{27}Al 魔角旋转 NMR 谱、^{31}P 静态 NMR 谱、Raman 散射谱、折射率和密度[61]。从图 11-38a、b 可以看出,当 P/Al=1 时,只探测到 Al^{IV} 和 P$^{(4)}$ 结构单元,它们的化学位移分别位于 38.5 ppm 和-30 ppm 处。在 AlPO$_4$ 玻璃中,Al^{IV} 和 P$^{(4)}$ 的化学位移分别位于 38 ppm 和-28 ppm 处[84]。这个结果表明在 SYAP1 样品中,Al 和 P 主要以 AlPO$_4$ 结构存在;当 P/Al<1 时,P 优先与 Al 连接形成 AlPO$_4$ 结构,多

余的 Al 分别以 Al^{IV}、Al^{V}、Al^{VI} 结构单元与 Si 相连；当 P/Al>1 时，Al 优先与 P 连接形成 AlPO$_4$ 结构，多余的 P 分别以 P$^{(2)}$ 和 P$^{(3)}$ 结构单元存在。其中 P$^{(3)}$ 主要与 Si 连接，P$^{(2)}$ 主要与 Al^{V} 和 Al^{VI} 连接[85]。从图 11-38c 的 Raman 谱可以看出，当 P/Al=1 时，位于 1 000～1 250 cm^{-1} 的宽峰主要归因于 AlPO$_4$ 结构单元；当 P/Al>1 时，位于 1 320 cm^{-1} 的尖峰主要归因于 P$^{(3)}$ 结构单元[86]。从图 11-38d 可以看出，当 P/Al=1 时，玻璃的折射率和密度均最小，这是因为 Al^{IV} 和 P$^{(4)}$ 结合形成的 AlPO$_4$ 单元与[SiO$_{4/2}$]四面体结构类似；而当 P/Al≠1 时，Al^{V}、Al^{VI} 及 P$^{(2)}$、P$^{(3)}$ 结构单元的形成均会导致玻璃折射率和密度增加。

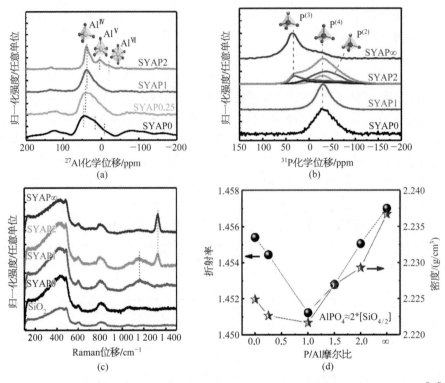

图 11-38 **^{27}Al MAS NMR(a)**、**^{31}P 静态 NMR(b)**、**Raman 谱(c)**、**折射率和密度(d)**[61]

图 11-39 是 Yb^{3+} 离子和 Yb^{2+} 离子的能级图[87]。Yb^{3+} 的 4f-4f 跃迁能级约为 10 000 cm^{-1}

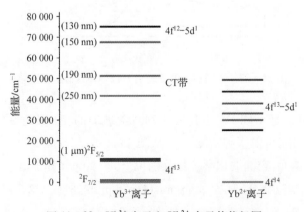

图 11-39 **Yb^{3+} 离子和 Yb^{2+} 离子的能级图**

(~1 μm),4f-5d 跃迁能级位于 67 000～75 000 cm^{-1}(150～130 nm)之间。配体电子(如 O^{2-} 的 2P^6 电子)向 Yb^{3+} 的 4f^{13} 轨道发生电荷迁移(CT)的跃迁能级在 40 000～53 000 cm^{-1}(250～190 nm)之间[87]。Yb^{2+} 的 4f-5d 跃迁能级在 25 000～53 000 cm^{-1}(400～190 nm)之间。

图 11-40a 是含 Yb^{3+} 的 SY、SYA2、SYP、SYAP2 样品的真空紫外吸收光谱[83]。相对于不含 Yb^{3+} 的 S、SA、SP 样品,含 Yb^{3+} 样品在紫外 190～290 nm 波段有强烈的吸收,该吸收可能起源于 Yb^{3+} 的 CT 跃迁和 Yb^{2+} 的 4f-5d 跃迁吸收叠加。

图 11-40b 是典型的 Yb^{2+} 离子吸收谱,该吸收谱是由氧化和还原过的 SYA1 样品吸收做差获得。不难看出 Yb^{2+} 离子的吸收谱与图 11-40a 中 190～290 nm 波段紫外吸收存在较大差异,而且发射谱测试表明在氧化过的 SYA1 样品中不含 Yb^{2+} 离子(未展示)。然而,在氧化的 SYA1 样品中仍然可以观察到强烈的 190～290 nm 紫外吸收。因此可以得出结论,图 11-40a 中含 Yb^{3+} 样品在紫外 190～290 nm 波段的吸收主要归因于 Yb^{3+} 的 CT 吸收带。

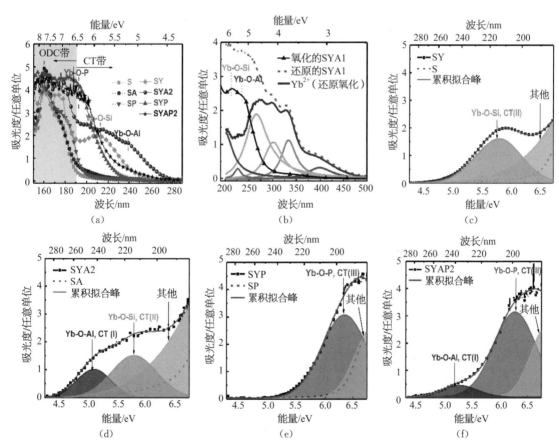

图 11-40　真空紫外吸收谱(a),Yb^{2+} 离子吸收谱(b),以及 SY(c)、SYA2(d)、SYP(e)、SYAP2(f)样品真空紫外吸收谱高斯分峰[83](参见彩图附图 45)

研究表明,稀土离子的 CT 吸收带与稀土离子的局部配位结构有关[88]。根据 HYSCORE 研究结果,分别对 SY、SYA2、SYP、SYAP2 的真空紫外吸收谱进行高斯分峰。分峰结果详见图 11-40c～f 和表 11-9。可以看到,在 SY 样品中,只有一个 CT 带,对应 Yb—O—Si 配位结构;在 SYA2 样品中,有两个 CT 带,分别对应 Yb—O—Al 和 Yb—O—Si 配位结构;在 SYP 样品中,只有一个 CT 带,对应 Yb—O—P 配位结构;在 SYAP2 中,有两个 CT 带,分别对应 Yb－O－Al 和 Yb－O－P 配位结构。

表 11－9　真空紫外吸收谱的高斯分峰结果[83]

样品	CT(Ⅰ)		CT(Ⅱ)		CT(Ⅲ)		其他	
	峰位	半高宽	峰位	半高宽	峰位	半高宽	峰位	半高宽
SY	—	—	5.8	0.8	—	—	9.0	2.4
SYA2	5.2	0.7	5.8	0.8	—	—	8.6	2.4
SYP	—	—	—	—	6.3	0.8	6.8	0.6
SYAP2	5.2	0.7	—	—	6.3	0.8	6.8	0.6

图 11－41a、b 分别为不同 P/Al 比对 Yb^{3+} 石英玻璃吸收和发射光谱的影响，图 11－41c 为 P/Al 比对 Yb^{3+} 石英玻璃的吸收、发射截面及荧光寿命的影响。相对于 P/Al≤1 样品，P/Al>1 样品 Yb^{3+} 的吸收和发射强度及其截面急剧减小，Yb^{3+} 的激发态荧光寿命明显增加。

图 11－41d、e 分别是 SYAP0 样品吸收和发射谱的洛伦兹分峰，由此可以得到 Yb^{3+} 在该样品中的 Stark 劈裂能级。其中吸收谱被分解成三个洛伦兹峰，分别对应 1→5，6，7 能级跃迁。发射谱被分解成四个洛伦兹峰，分别对应 5→1，2，3，4 能级跃迁。根据 Yb^{3+} 的 Stark 劈裂能级，可以计算 Yb^{3+} 在玻璃样品中的非对称程度和标量晶体场强度，计算结果如图 11－41f 所示。详细的计算过程参见文献[10－11]，这里不再赘述。

从图 11－41f 可以明显看出，相对于 P/Al≤1 样品，P/Al>1 样品中 Yb^{3+} 格位的非对称性和标量晶体场强度急剧下降，其微观结构起源主要归因于以下两个方面：①当 P/Al>1 时，大量的 P$^{(3)}$ 基团（即 P＝O 双键）产生，导致 Yb^{3+} 周围局部声子能量增大，详见图 11－38b、c；②当 P/Al>1 时，P 倾向于形成一个溶剂壳结构将 Yb^{3+} 离子包裹（见图 11－37），导致 Yb^{3+} 格位晶体场强度和非对称性下降。

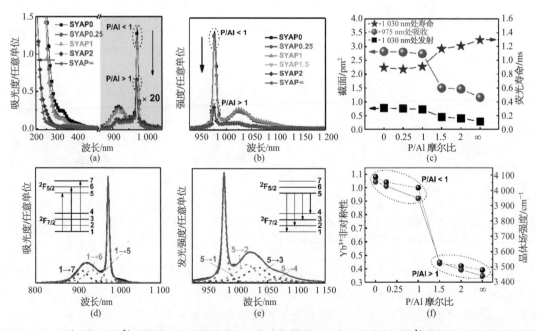

图 11－41　P/Al 比对 Yb^{3+} 吸收谱(a)、发射谱(b)、吸收和发射截面及荧光寿命(c)、Yb^{3+} 格位非对称性和标量晶体场强度(f)的影响；以及 SYAP0 样品吸收峰(d)和发射峰(e)的洛伦兹分峰[10]（参见彩图附图 46）

3)　脉冲 EPR 在稀土掺杂氟磷玻璃结构性质研究中的应用

为研究稀土离子在氟磷玻璃中的局部环境,巴西圣保罗大学的 Eckert 课题组[48,69,93]提出了三种完全不同的方法,它们分别是脉冲 EPR、Eu^{3+} 离子探针和固态 NMR。本书 11.1.3 节已详细介绍了如何通过固态 NMR 研究 Sc^{3+} 离子的局部结构。由于稀土离子(RE^{3+})有顺磁性,不能直接用于 NMR 测试,Sc^{3+} 离子与 RE^{3+} 离子化学等价,因此,可以采用 Sc^{3+} 离子近似模拟 RE^{3+} 离子在氟磷玻璃中的局域结构。下面将重点介绍脉冲 EPR 方法在氟磷玻璃稀土离子局域结构研究中的应用。

表 11 - 10 给出具体的氟磷玻璃组分,由于氟的挥发,导致实际的 F/P 比例远低于其理论值。玻璃采用传统的熔融法制备,分别共掺 0.2 mol% 的 Yb_2O_3 和 Eu_2O_3 用于脉冲 EPR 和光谱测试。

表 11 - 10　氟磷玻璃组分[69]　　　　　　　　　　　　　　　　　(mol%)

样品	AlF_3	$Al(PO_3)_3$	BaF_2	SrF_2	YF_3	ScF_2	RE_2O_3*	F/P**
A	10	20	25	25	20	0	0.2	3.1
B	15	15	25	25	20	0	0.2	4.5
C	20	10	25	25	20	0	0.2	6.7
D	25	05	25	25	20	0	0.2	16.7

注：* RE=Yb 或 Eu；** F/P 为实测的氟磷摩尔比。

图 11 - 42a 是掺 Yb^{3+} 氟磷玻璃的回波探测场扫描谱(EDFS)[69]。在未掺 Yb^{3+} 的样品中,没有探测到 EDFS 信号。由此可知在掺 Yb^{3+} 样品中 EDFS 信号主要来源于 Yb^{3+} 的 $4f^{13}$ 孤电子。然而没有观察到磁性核 $^{171}Yb(I=1/2, NA=14.3\%)$ 和 $^{173}Yb(I=5/2, NA=16.13\%)$ 相关的超精细线。这与玻璃固有的无定型结构导致 EPR 谱展宽有关。与 Yb^{3+} 在纯氧化物玻璃(GeO_2)中的 EDFS 模拟谱[59](红色虚线)相比较,氟磷玻璃的 EDFS 谱图更宽,且随着 F/P 共掺比例的增加向高场方向移动。这表明 Yb^{3+} 在氟磷玻璃中的局域结构更复杂,且随着 F/P 共掺比例的增加逐渐由氧化物环境向氟化物环境转变。采用 Easyspin 软件基于轴对称结构模拟了 B 样品在低磁场区域的 EDFS 谱(黑色虚线)。模拟所采用哈密顿量分别为 $g_\perp=1.4$、$g_{//}=0.5$、$\Delta g_\perp=0.9$、$\Delta g_{//}=0.3$,线宽为 150 mT。该 EDFS 模拟谱与 Yb^{3+} 掺杂磷酸盐玻璃的 EDFS 谱图类似。这意味着低磁场区域的 EDFS 谱与 Yb - O - P 配位环境相关。此外,在近零磁场附近,没有检测到 EDFS 信号。表明在这一系列氟磷玻璃中几乎没有 Yb^{3+} 团簇。

图 11 - 42b 汇总了 EDFS 谱图的重心位置在不同组分氟磷玻璃中随 F/P 共掺比例的变化。可以看到所有氟磷玻璃的 EDFS 重心均随 F 含量增加向高场方向移动。在 Yb^{3+} 掺杂的氟硼激光玻璃中也可以观察到这种现象[70]。这说明 EDFS 谱对稀土离子局部结构变化非常敏感。

图 11 - 43a 是掺 Yb^{3+} 氟磷玻璃的 3P - ESEEM 谱图[69]。在 550 mT 磁场下,位于 1.15 MHz、6.1 MHz、9.5 MHz、22 MHz 处的共振峰分别对应磁性核 $^{89}Y(I=1/2, NA=100\%)$、$^{27}Al(I=5/2, NA=100\%)$、$^{31}P(I=1/2, NA=100\%)$、$^{19}F(I=1/2, NA=100\%)$ 的拉莫频率。表明这些核与 Yb^{3+} 的 4f 轨道孤电子存在超精细耦合相互作用。在这一系列玻璃中,F/Al 共掺比例保持恒定,F/P 共掺比例逐渐增加。从 3P - ESEEM 中可以看到,随着 F 含量增加,F

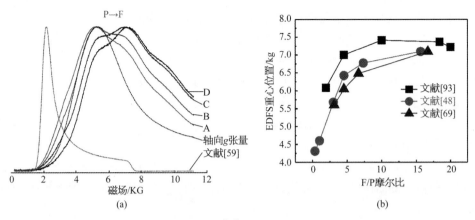

图 11-42 F/P 比对 EDFS 谱[69]（a）和 EDFS 重心（CG）（b）的影响

和 P 的共振峰强度比逐渐增加,但 F 和 Al 的共振峰强度比未发生明显变化。这个结果表明玻璃没有发生分相,F、Al、P 等原子均匀地分布在 Yb³⁺ 离子周围。

图 11-43b 汇总了 3P-ESEEM 谱图中 F 和 P 的共振峰强度比在不同组分氟磷玻璃中随 F/P 共掺比例的变化。可以看到,所有氟磷玻璃的 F 和 P 共振峰强度均随着 F/P 共掺比例的增加而增加。这个结果表明随着 F/P 共掺比例增加,Yb³⁺ 的局部环境逐渐从磷酸盐向氟化物转变。

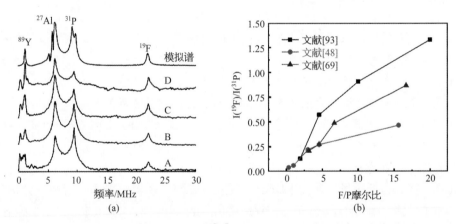

图 11-43 F/P 比对 3P-ESEEM 谱图[69]（a）及 3P-ESEEM 中 ¹⁹F 峰与 ³¹P 峰强度比（b）的影响

图 11-44a～d 分别是 A、B、C、D 四个掺 Yb³⁺ 样品的 HYSCORE 谱图[69]。在 550 mT 磁场下,位于 1.15 MHz、6.1 MHz、9.5 MHz 处三个对角的共振峰分别对应磁性核 ⁸⁹Y、²⁷Al、³¹P 的拉莫频率,位于 22 MHz 的非对角线共振峰对应 ¹⁹F 的拉莫频率。可以看到,随着 F/P 共掺比例增加,³¹P 共振峰的强度和延展度均有所下降,而 ⁸⁹Y、²⁷Al、¹⁹F 共振峰强度和延展度均有所增加。这意味着随着 F/P 共掺比例增加,Yb³⁺ 周围的 P 原子分布密度有所减少,但 Y、Al、F 原子分布密度有所增加。

图 11-45a、b 分别是 D 样品的实验和模拟的 HYSCORE 谱图[69]。模拟谱图与实验谱图相似度很高。说明模拟所用参数与实际情况比较符合。模拟是基于轴对称结构,Yb³⁺ 朗德因子垂直和平行的分量分别为 $g_\perp = 1.4$、$g_{/\!/} = 0.5$。模拟过程中使用了 ²⁷Al 的四偶极作用参数

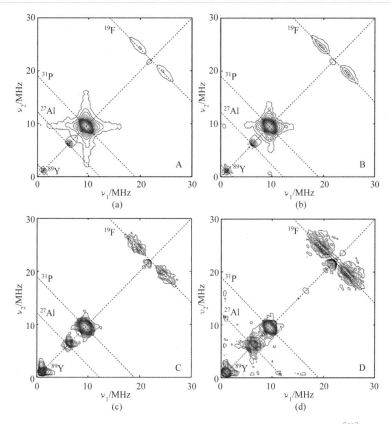

图 11‑44　样品 A(a)、B(b)、C(c)、D(d)的 HYSCORE 谱图[69]

（3.3 MHz）和非对称性参数（0.5），它们是根据[27]Al 的 TQMAS NMR 实验获得的[48]。表 11‑11 给出 Easyspin 软件模拟所获得的各个核的超精细耦合常数。模拟时假设 Yb^{3+} 的 4f 轨道电子与[19]F 核发生两种超精细耦合相互作用：①弱耦合相互作用产生集中在对角线处的[19]F 共振信号。模拟得到 A 张量为：$A_\perp = -0.3\,\text{MHz}$，$A_{/\!/} = 0.6\,\text{MHz}$。②强耦合相互作用产生劈裂在对角线两侧的非对角线信号。模拟得到 A 张量为：$A_\perp = -0.3\,\text{MHz}$，$A_{/\!/} = 14\,\text{MHz}$，考虑到 A 值与距离的三次方近似成反比，如此大的 $A_{/\!/}$ 表明 Yb—F 直接成键。

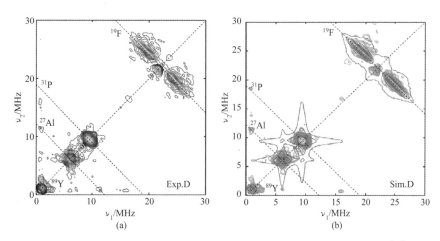

图 11‑45　D 样品实验（Exp.）(a)和模拟（Sim.）(b)的 HYSCORE 谱图[69]

表 11－11　HYSCORE 谱图模拟所用参数[69]

同位素	超精细耦合常数	
	$A_\perp$/MHz	$A_{/\!/}$/MHz
^{27}Al	-0.5	1
^{31}P	-1	2
^{89}Y	-0.15	0.3
^{19}F(弱耦合)	-0.3	0.6
^{19}F(强耦合)	-0.3	14

　　Eu^{3+} 离子具有独特的电子结构和特殊的光谱性质,通常被用作研究玻璃局部结构变化的探针离子。图 11-46a 是 Eu^{3+} 的能级图。Eu^{3+} 离子在 $^5D_0 \rightarrow {}^7F_J$($J=0\sim6$)之间以辐射跃迁为主,在 ^5D_J($J=0\sim3$)能级间以多声子无辐射弛豫为主。$^5D_2$ 与 $^5D_3$ 能级的间距(约 2 872 cm^{-1})比氟磷玻璃的最大声子能量($\sim$1 320 cm^{-1})大,当监测发光波长为 612 nm(对应 $^5D_0 \rightarrow {}^7F_2$ 跃迁)时,扫描 415$\sim$465 nm(对应 $^5D_2\sim{}^5D_3$ 之间能级差)之间的激发谱,即可得到该材料的声子边带谱(PSB)。由于 $^7F_0 \rightarrow {}^5D_2$($\sim$465 nm)为纯电子跃迁(PET),对应零声子线,因此在激发谱中 PSB 与 PET 激发强度之比可近似代表电-声耦合强度。

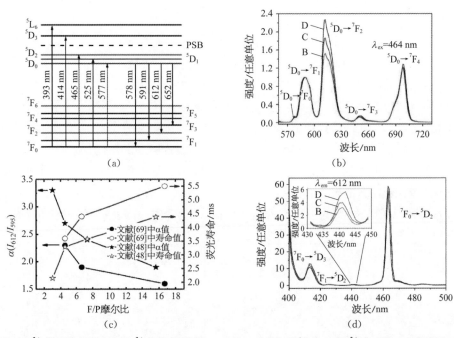

(a)　　　　　　　　　　　　(b)

(c)　　　　　　　　　　　　(d)

图 11-46　Eu^{3+} 离子能级图(a),Eu^{3+} 的发射谱(λ_{ex} = 464 nm)(b),F/P 比对 Eu^{3+} 在 612 nm 和 595 nm 处发射谱强度比 α 值、612 nm 处荧光寿命(λ_{ex} = 464 nm)的影响(c),以及 Eu^{3+} 的激发谱(λ_{em} = 612 nm)(d)[69]

　　图 11-46b 是 0.2 mol% Eu_2O_3 掺杂氟磷玻璃的发射光谱,所有光谱在 595 nm 处进行归一化[69]。其中 578 nm、595 nm、612 nm、650 nm、700 nm 处的发射峰分别对应 Eu^{3+} 的 $^5D_0 \rightarrow {}^7F_J$($J=0\sim4$)电子跃迁。$^5D_0 \rightarrow {}^7F_1$ 为磁偶极跃迁,几乎不随 Eu^{3+} 的局域环境发生变化,$^5D_0 \rightarrow {}^7F_2$ 为电偶极跃迁,对 Eu^{3+} 离子的局部配位场极为敏感。因此,通常采用 $^5D_0 \rightarrow {}^7F_2$

(612 nm)与$^5D_0 \rightarrow {}^7F_1$(595 nm)发光强度的比值 α 作为研究 Eu^{3+} 离子配位环境及 Eu^{3+} 与配体化学键特性的指标。当 Eu^{3+} 配位环境更加扭曲或具有更高的共价键程度时,α 值增加。

图 11 - 46c 是 F/P 共掺比例对 Eu^{3+} 离子在 612 nm 和 595 nm 处发光强度比 α 值和 Eu^{3+} 离子在 612 nm 处荧光寿命 τ 的影响,激发波长为 464 nm。随着 F/P 共掺比例增加,α 值从 2.3 减小到 1.6,τ 值从 3.6 ms 增加到 5.5 ms。早期研究表明,在纯磷酸盐玻璃中,α 在 2.5～3 之间,τ 值约为(2.0 ± 0.5)ms;在纯氟化物玻璃中,α 约为 1,τ 值约为 6.8 ms。图 11 - 46c 结果说明 Eu^{3+} 离子处于 F 和 P 混合配位环境中,且随着 F/P 比增加,Eu^{3+} 离子逐渐从富磷环境向富氟环境转移。这与 HYSCORE 结果(图 11 - 44)一致。

图 11 - 46d 是 0.2 mol% Eu_2O_3 掺杂氟磷玻璃的激发光谱,所有光谱在 464 nm 处进行归一化。其中位于 414 nm、425 nm、464 nm 的激发峰分别对应$^7F_0 \rightarrow {}^5D_2$、$^7F_1 \rightarrow {}^5D_2$、$^7F_0 \rightarrow {}^5D_3$ 的跃迁。位于 440 nm($10^7/440 - 10^7/464 = 1\,124\ cm^{-1}$)处的激发峰起源于 $Q^{(1)}$ 基团振动峰($\sim 1\,100\ cm^{-1}$)的反斯托克斯带,亦即氟磷玻璃的声子边带谱(PSB),见图 11 - 46d 中插图。随着 F/P 共掺比例增加,PSB 强度逐渐下降。这是由于随 F/P 增加,$Q^{(1)}$ 基团逐渐向 $Q^{(0)}$ 基团转变。然而,在 F 含量最高的 D 样品中,PSB 强度仍不为零。这说明稀土离子与 Al 类似,更倾向于与 P 配位,即使在 F/P 比例高达 16.7 的 D 样品中,Eu^{3+} 还是处于氟和磷的混合配位环境中。

图 11 - 47 是 F/P 共掺比例变化对 Yb^{3+} 的 EDFS 谱重心位置、3P - ESEEM 中^{19}F 和^{31}P 信号强度比($I(^{19}F)/I(^{31}P)$)、Eu^{3+} 离子在 612 nm 和 595 nm 处发光强度比 α 值的影响。从样品 B 到 D,F/P 共掺比例从 4.5 逐渐增加到 16.7,$I(^{19}F)/I(^{31}P)$ 逐渐增加,EDFS 重心逐渐向高场移动,α 值逐渐下降。这三种不同的实验互相印证,表明随着 F/P 共掺比例增加,RE^{3+} 离子局部结构逐渐由富磷环境向富氟环境转变。

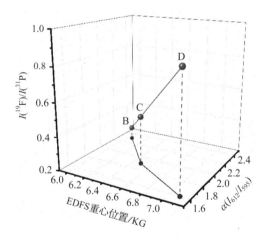

图 11 - 47　F/P 共掺比例变化对 Yb^{3+} 的 EDFS 谱重心位置、3P - ESEEM 中^{19}F 和^{31}P 信号强度比、Eu^{3+} 离子在 612 nm 和 595 nm 处发光强度比 α 值的影响(根据文献[69]整理得到)

11.3　玻璃成分-结构-性质的数理统计模拟法

准确、迅速的材料设计是缩短新材料研发周期和加速材料实用化进程的关键。目前,金属、晶体与陶瓷材料的设计可以通过庞大的金属和晶体结构与性质数据库,借助现有的高效、准确的计算和模拟方法辅助完成[90-91]。从物理学的基本定律(如量子力学和统计力学)发展出来的第一性原理被广泛应用于晶体、金属和陶瓷材料的"材料基因组"研究[92-95],但迄今为止,第一性原理也只在少量简单玻璃体系、金属玻璃或玻璃薄膜的研究中有所应用[95-98]。然而,玻璃材料的发展也需要顺应材料科学的进步,脱离尝试法,建立准确的玻璃材料性质预测模型,并依据理论和经验数据修正模型来加速新型玻璃材料的设计及筛选。为实现这一目的,就需要寻找更准确、有效的玻璃材料模拟设计方法。

11.3.1 玻璃成分-性质关系的常用模拟方法

在玻璃成分-性质预测研究中,有多种简单氧化物玻璃系统的理论模拟方法。相图理论对揭示玻璃从熔融态到固态的性质及成分的变化以及内部结构转变起到了重要作用。姜中宏等[99]为此做了大量的研究工作,对硼酸盐、硅酸盐和硼硅酸盐等二元、三元玻璃体系做了系统的相图研究,取得了有价值的研究成果,并提出了用相图模型解释玻璃结构信息的理论,且玻璃的某些物理性质和热学性质,可以通过杠杆定律,运用可预测玻璃结构单元的混合相或非混合相附加性质进行计算[100-105]。拓扑束缚理论[106-107]、温度量化约束理论[108-109]、随机法[110]、混合设计法[111]等多种方法也被用来尝试模拟和研究简单玻璃系统的热学或力学性质。这些工作丰富了玻璃基本结构与成分和性质之间关系的研究方法。

干福熹在《光学玻璃》[112]一书中详细阐述了玻璃物理性质计算方法的发展历程。19 世纪末,Winkelman 和 Schott 提出了加和法计算玻璃性质的公式,即在氧化物重量百分比的基础上,赋予氧化物经验计算系数,硅酸盐玻璃可按线性关系加和。自 20 世纪 40 年代开始,玻璃研究者陆续提出了各种主要针对硅酸盐玻璃物理性质的计算公式和计算方法,并开始把玻璃性质计算方法与玻璃内部结构变化规律联系起来,其中加和法仍然被广泛应用于计算硅酸盐玻璃性质,不过开始使用氧化物的摩尔百分比代替重量百分比。20 世纪 50 年代,苏联乔姆金娜和阿本各自提出了玻璃性质的计算体系。阿本提供了 18 种氧化物的部分性质数据,可以根据这些数据计算玻璃的折射率、色散、密度等 7 种性质;乔姆金娜建立的计算系统在苏联光学玻璃生产中被广泛采用,其提供了 15 种常用氧化物的计算系数,可以计算硅酸盐玻璃的密度、热膨胀系数和光学常数等常用性质。20 世纪 60 年代后,可以计算的玻璃物理性质不断扩大。但是,这些计算方法都有一定的局限性,因为在大多数复杂组成情况下,玻璃性质与成分的关系并非简单的直线关系,因此应用简单的加和法不能较为准确地计算玻璃性质。干福熹比较了吉拉尔德与杜勃鲁尔法、赫金斯与孙观汉法、乔姆金娜法与阿本法这几种较为完整并具有代表性的硅酸盐玻璃物理性质计算方法,发现这些方法对玻璃性质计算的准确性不高,所能适用的玻璃成分不够广泛,只适用于二氧化硅含量较高的硅酸盐玻璃,且每种计算体系只包括有限性质的计算系数,并较少关注各组成计算系数的变化规律。干福熹在系统研究硅酸盐玻璃成分、结构变化及其物理性质关系的基础上,从详细解析碱金属和碱土金属引入后硅氧结构随 SiO_2 含量的变化入手,用微分法和替代法处理文献数据和系统设计实验的实测数据,求得了包括一价到五价氧化物和稀土氧化物在内的 40 种氧化物在硅酸盐玻璃中的部分性质,从而可用简单加和法计算折射率、色散、密度、热膨胀系数、弹性模量和扭变模数等 6 种常用的玻璃物理性质[113]。超重冕和重钡燧玻璃的实测光学性质数据与干福熹法计算结果的对比也证实了这一硅酸盐物理性质,新的计算系统可以根据配料成分对光学玻璃和其他工业用玻璃的性质进行有效的预测。对非硅酸盐体系,干福熹以结构化学的观点,研究了硼酸盐、磷酸盐、锗酸盐、铝酸盐、碲酸盐、氟化物、硫硒化物的化学成分和结构与其性质的关系[114-115]，推导出各系统玻璃物理性质的计算方法。综合已提出的硅酸盐玻璃物理性质计算方法，建立了整个无机氧化物玻璃物理性质统一的计算体系。该计算体系可以应用于无机玻璃的 11 种物理性质的计算，并得到了广泛的应用。

成分-性质(composition-property)模拟法(以下简称"C-P 模拟")是一种被广泛应用于学术研究和商业玻璃开发的玻璃材料设计方法。它是一种在玻璃成分和性质之间建立数学函数关系的统计建模方法[116-118]，如用于玻纤和核废料固化玻璃的研究上[119-120]。这种方法根据大量现有的玻璃成分和性质数据进行设计配方玻璃性质的统计模拟，其基本方程为

$$P_\alpha = f(X) \tag{11-36}$$

式中，P 为第 α 个属性的性质；X 为化学成分分数；f 表示模型的函数形式。组成定义为 $X = (X_1, X_2, \cdots, X_{N-1})$，其中 X_i 是第 i 个组分的质量或摩尔分数，N 是组分的数量。由于 $\sum_{i=1}^{N} X_i = 1$，所以只有 $N-1$ 个成分是独立的。函数形式 f_α 涉及与状态变量无关的参数或系数，如 X。系数必须通过测量来确定。从数据中估计所有系数的模型称为经验模型。一些系数来源于物理和化学的基本原理，而其他系数则来自测试数据，称为半经验模型。

如前所述，在晶体和金属材料基因库研究中广泛应用的第一性原理不适用于预测具有多组分和复杂结构特性的玻璃材料。Cornell[121] 报道了一个简单有效的性质-组成模型，称为一阶模型：

$$t_\alpha(P_\alpha) = \sum_{i=1}^{N} b_{\alpha i} \cdot x_i \tag{11-37}$$

式中，$b_{\alpha i}$ 为第 α 个属性的第 i 个分量系数；t_α 为属性 P_α 的变换。注意数学变换 t_α 可以是恒等变换(即不变换)。如果玻璃的各个组分被限制在足够窄的浓度范围内，则组成的非线性函数可以近似为具有可接受误差的线性函数。

若是组分在更宽的范围内变化，组成的线性函数可能偏离潜在的非线性关系。在这种情况下，需要非线性逼近函数。在多项式模型中，二阶模型形式包括二次和交叉乘积项，如：

$$t_\alpha(P_\alpha) = \sum_{i=1}^{N} b_{\alpha i} \cdot x_i + Selected \left\{ \sum_{i=1}^{N} b_{\alpha ii} \cdot x_i^2 + \sum_{i=1}^{N-1} \sum_{j}^{N} b_{\alpha ij} \cdot x_i \cdot x_j \right\} \quad (i < j) \tag{11-38}$$

式中，$b_{\alpha ii}$ 是第 α 个属性第 i 个分量的平方的系数；$b_{\alpha ij}$ 为第 α 个属性第 i 个和第 j 个分量的叉积的系数。Piepel[122] 将式(11-38)称作偏二次混合模型，Scheffé Quadradic 混合模型[123] 不允许使用平方项 $b_{\alpha ii} \cdot x_i^2$。然而，只要不使用所有交叉乘积项，那么在建立混合模型时则可以使用这些平方项[122,124]。

式(11-37)和式(11-38)在玻璃的 C-P 模拟中运用得最为普遍。基本方法为根据已有或实验而来的某一系统玻璃的成分-性质数据，建立两者之间的线性统计关系；根据建立模型设计的玻璃成分进行实验，将所得测试数据补充进数据库进行模型修正。在模型开发中，应尽可能地拓宽所研究的玻璃组成空间，从而评估氧化物相互作用(混合金属氧化物、多元玻璃网络形成体等)的影响。此外，应最大限度保持玻璃组分之间变化的独立性，即以正交方式来设计玻璃成分的变化范围并建立模型，从而以高度可靠的方式获得单个组分对特定玻璃性质的影响因子。不过，对大多数玻璃体系而言，玻璃复杂的组成、新玻璃探索以及多变的成分设计思路和不同的原料品种等原因使得 C-P 模型的模拟精度达不到设计要求。这显然归因于玻

璃的无定型结构特性以及其他影响成分和性质准确性的因素。因此,若要获得较为准确的C-P模型,则需要制备较大的、具有较高光学均匀性的玻璃样品,且配方计算、原料称量、制备工艺和性质测试等要准确一致。此外,需要注意的是,玻璃设计中常用的两组分相互取代法(如磷酸盐玻璃中用部分 Al_2O_3 取代 P_2O_5)无法建立 C-P 模型。原因是统计软件无法判断性质的变化是由 Al_2O_3 还是 P_2O_5 的改变引起的。

C-P 模拟中,式(11-38)虽然可得到更收敛的模型,但设计者经常采用的交叉方式是假定某两个或三个组分间有关联,再尝试将这些组分交叉,观察是否可以得到更加收敛的模型。可见,C-P 模拟的高阶模型因其组分或性质交叉项的选择缺乏判断依据,故而二阶或三阶 C-P 模型的实用性较差,尤其对于呈非线性变化的性质,如激光玻璃的发射截面、有效线宽、荧光寿命等与稀土离子的近-中程环境有密切联系的性质,或者化学稳定性等影响因素较复杂的性质,则 C-P 统计模拟法很难对这类性质进行准确的模拟。

目前的商业玻璃数据库如 SciGlass 和 INTERGLAD,虽然涵盖了数千个玻璃配方和相应的基本性能,但其本质是典型的普通玻璃配方的积累和基于其相关玻璃组成氧化物特点来估算玻璃性质,缺少对特种复杂玻璃体系进行准确成分-性质预测的功能。迄今为止,尚没有一种玻璃数据库可以提供较完整的玻璃性质-结构之间,尤其是光谱或化学或某些物理性质-玻璃结构之间的内在关联信息,可以让设计者利用这些信息设计满足不同性质要求的新型玻璃。

11.3.2 玻璃的成分-结构-性质模拟法

为满足光谱性能、制备工艺性能、化学稳定性(影响光学加工性能和后续使用)和光学性能这四方面的要求,激光玻璃通常是一个含多元组成的复杂玻璃体系。目前,激光玻璃配方的研发大都在已有数据及经验积累下,在较狭窄的玻璃组成范围内调试以取得玻璃性能上的渐进式改良。这种方法不仅实验量大、进度缓慢,且带有较大的盲目性。多年来新型激光玻璃的研发一直希望能摆脱传统的经验设计模式,在保持良好的成玻璃性能及制备工艺性能的基础上,对激光玻璃的光谱性质进行较为准确的预测,缩短玻璃的研发时间并降低研发成本。复杂玻璃系统成分与结构、性能间量化关系的研究存在诸多挑战,因此,有必要探索和建立新方法,以准确设计多组分玻璃的性质。基于玻璃结构决定玻璃性质的思路,张丽艳等[125-127]提出了一种新的玻璃设计方法,称为玻璃的成分-结构-性质模拟法,即 composition-structure-property 模拟(以下简称"C-S-P 模拟"),也称作玻璃的结构基因模拟法。

11.3.2.1 C-S-P 模拟法的建模原理

近年来研究玻璃"近程"结构的技术手段得到了不断的发展和完善,那么,能否用数理统计模拟的方法将玻璃的结构、性质及成分相关联,即将玻璃成分-结构-性质的大量数据用数理统计方法整合为一体,进而找到用目前常规方法难以发现的玻璃组分-结构-性质的相互关系?如果以目前检测方法能提供的结构信息为研究对象,精确解析玻璃基本结构的变化,以结构-性质关系为基础建立数据库,对玻璃结构做所需的改良设计,从而使设计的新玻璃在性质上达到生产和应用的需求。这种新的玻璃设计开发途径类似于目前医学和医药界的基因库开发与基因治疗,被称作玻璃结构基因设计[125,127]。其建模原理是将式(11-37)、式(11-38)中的玻璃组成项换成玻璃网络结构单元的相对浓度或相对含量,进而建立成分、结构和性质之间的关系[127]。这可以理解为,从结构上将玻璃看作由一组网络单元组成,每个网络单元具有统计上独特的结构特征,并且成比例地影响整个玻璃性质。通过这种玻璃结构基因设计方法,可以以结构为桥梁,构建玻璃成分、结构、性质间的量化关系。利用结构单元对特定性质的影响规律,快速设计所需性质的玻璃成分,再通过成分验证实验进一步补充数据库,不断修正模型,最后达到准确预测玻璃成分与性质的目的。

排除原料纯度(主体物质含量)、称量准确性、熔制中挥发乃至制备工艺对玻璃组分影响的前提下,C-S-P 模拟与 C-P 模拟的关键不同在于,玻璃中每个单一成分的变化是一元线性的,而玻璃结构基团随每单一成分的变化是多元非线性的。所以用一元成分线性叠加往往无法精确地模拟高度非线性的玻璃性质。反之,这个难题可以用非线性结构基团(S)替代成分(C)得到妥善解决。表 11-12 给出 C-P 模型与 C-S-P 模型各自的特点。

表 11-12　C-P 模型与 C-S-P 模型的特点

序号	C-P 模型	C-S-P 模型
1	模拟过程用统计法筛选出影响大的成分,不提供化学结构信息	模拟过程用统计法筛选出影响大的结构基团,提供化学结构信息
2	成分不确定性受测试方法影响	结构不确定性受测试方法和理论理解影响
3	玻璃中任意两种元素变化的依赖性低,元素替代法不适用	不受任意两种元素变化的相关依赖性影响,包括使用元素替代法
4	在数据有限的条件下,对较复杂玻璃体系呈非线性变化性质的模拟困难,且精度低	通常不受数据多寡影响,适用于线性,特别是复杂玻璃体系呈非线性变化性质的模拟,且精度高
5	缺乏对元素交叉影响的选择依据	结构基团的交叉影响有较好的结构测试依据支撑
6	建立数据库的成本相对较低	建立数据库的成本相对较高

另外,玻璃现代结构分析方法为玻璃的 C-S-P 模拟提供了有力的手段。除较为成熟应用的红外(IR)和拉曼(Raman)光谱等玻璃结构研究手段外,能够对玻璃结构进行精准探测的技术还有中子衍射光谱(neutron diffraction spectroscopy)、核磁共振(NMR)[1,128-129]、顺磁共振(EPR)[66]、扩展 X 射线吸收精细结构(extended X-ray absorption fine structure, EXAFS)[2]及 X 射线吸收近边结构(X-ray absorption near edge structure, XANES)分析[130]等。这些测试方法为精确解析玻璃结构提供了重要手段[131]。依靠这些测试方法,可以建立玻璃材料成分、结构、性质数据库和基于数据库的成分-结构-性质模型,用于预测新型玻璃的性能,缩短新型玻璃的研发周期,最终达到智能玻璃设计的目的。

11.3.2.2　C-S-P 模型的建模过程演示

张丽艳等[125]利用 JMP® Statistical Discovery version10 software (SAS Institute, Cary, NC)模拟软件,将激光玻璃的成分、拉曼/红外结构信息和光学、热学及光谱性质进行了 C-S-P 统计建模,演示了激光玻璃成分-结构-性质的模拟过程和成分及性能的预测结果。通过成分-结构(composition-structure, C-S)模型和结构-性质(structure-property, S-P)模型构建玻璃的成分-结构-性质模型(C-S-P 模型),利用该模型可以通过关键的网络结构变化模拟设计玻璃成分及性质。

在磷酸盐激光玻璃 $60P_2O_5 - 7.5Al_2O_3 - 15K_2O - 17.5BaO - 1Yb_2O_3$(mol%)中,将 GeO_2 引入基础玻璃组分中后(不含 GeO_2 和含 GeO_2 的玻璃分别简称 P 与 PG 玻璃),利用成分变化产生的玻璃红外/拉曼结构变化与玻璃的物理和光学、光谱性质的变化,如密度(ρ)、转变温度(T_g)、热膨胀系数(α)、Yb^{3+} 离子的下能级 Stark 分裂、荧光有效线宽($\Delta\lambda_{eff}$)、受激发射截面(σ_{emi})及荧光寿命(τ_f)变化之间的可归纳性量化关系,建立了玻璃的 C-S-P 模型。可通过该模型从性质要求↔结构模拟↔组分预测的正向和反推两种过程,进行准确的新配方玻璃的性能预测及满足设计性质的玻璃配方设计。通过实验结果与预测结果的对比,检测模型的可靠性。对玻璃的拉曼/红外光谱进行分峰处理,分峰方法可根据线性最小二乘统计分析法进行,如 Mysen 等[132]在多组分硅酸盐玻璃中的拉曼分峰方法。分峰软件可采用 GRAMS/32(Galactic Industries Corp.)或拉曼/红外光谱分析软件(如 Renishaw WIRE 3.4)。

分析玻璃的拉曼/红外光谱各振动单元特征峰的峰值、峰位和各峰积分面积随组成的变化,发现峰的积分面积随组成的变化最为显著。因此,C-S-P 模拟以特征峰的积分面积变化作为结构变化的标志,与成分和性质变化一一联系起来,进行系统的统计分析,进而建立量化的玻璃成分-结构-性质的关系模型。以含 GeO_2 的掺镱磷酸盐玻璃(PG)为例,叙述具体的数据分析与模型构建过程如下。

1) 数据解析

研究表明,Yb^{3+} 的光谱性质与 GeO_2 的含量变化呈高度非线性;IR 和 Raman 光谱显示,引入 GeO_2 后磷酸盐网络结构出现明显变化。图 11-48 为基础磷酸盐玻璃 P 和含锗磷酸盐玻璃样品 PG 的 Raman 及 IR 光谱图,并给出了基础磷酸盐玻璃 P 的高斯分峰及其拟合残差 Δ。图 11-49 为 PG 与 P 玻璃的 Raman 及 IR 光谱差谱图(将两种玻璃的相应光谱相减得出)。该图清晰反映了随着 GeO_2 含量的增加,PG 玻璃的 Raman 及 IR 光谱与基础磷酸盐玻璃 P 之间的差异。

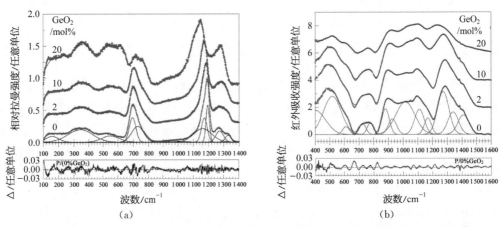

图 11-48　掺镱 P 与 PG 玻璃的 Raman(a)及红外(b)光谱、高斯分峰与及其拟合残差示例

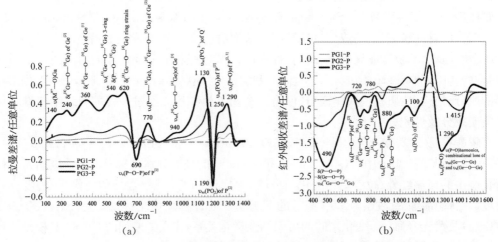

图 11-49　P 与 PG 玻璃的 Raman(a)及红外吸收(b)光谱差谱图

2) 结构数据采集

首先,对所有单个峰的强度、面积及峰值位移进行系统的分析和归类。将所有结构数据进行与性质关联的统计分析筛选,目的是通过统计分析判定与性质密切相关的振动基团(结构基因),进而建立 S - P 模型。表 11 - 13、表 11 - 14 分别为 Raman 和 IR 建模时根据振动峰与光谱性质的对应变化建立的结构-性质模型参数信息。从表中可以看出,统计建模可以从众多振动单元中筛选出特征振动峰(结构基因)与光谱性质在统计意义上的密切关联。需强调的是,因为进入模拟系统的模拟项为各分峰的面积,所以除非需要明确某种性质与哪些结构有关,否则不必对各振动峰进行结构单元归属。

表 11 - 13　Raman 模型给出的对相关性质影响密切的结构基团

波数/cm^{-1}	振动峰	Stark 分裂	$\Delta\lambda_{eff}$	τ_f	σ_{emi}
548→572	(P—O—P) $\delta_s(^{[4]}Ge—O—^{[4]}Ge)$ (P—O—$^{[4]}Ge$)	9.4	6.6×10^{-2}	28.8×10^{-3}	
695→709	$\delta_s(P—O—P)$				5.4×10^{-3}
728→761	(P—O—Ge) (P—O—P)				-7.7×10^{-3}
988→963	$\delta_{as}(P—O—P)$ $\delta_{as}(^{[4]}Ge—O—^{[4]}Ge)$			-62.7×10^{-3}	
1 328→1 287	$\delta_s(P=O)$	1.5			
	截距	539.1	32.4	1.68	0.61

表 11 - 14　红外模型给出的对相关性质影响密切的结构基团

波数/cm^{-1}	振动峰	Stark 分裂	$\Delta\lambda_{eff}$	τ_f	σ_{emi}
721→751	$\delta_s(P—O—P)$ $\delta_s(^{[6]}Ge—O—^{[6]}Ge)$				-1.1×10^{-3}
773→778	$\delta_{as}(^{[4]}Ge—O—^{[4]}Ge)$	4.6	5×10^{-2}	13×10^{-3}	0.3×10^{-3}
880→877	$\delta_{as}(P—O—P)$ $\delta_{as}(^{[4]}Ge—O—^{[4]}Ge)$	-5.1	-12×10^{-2}	-14×10^{-3}	
	截距	1 034	48.4	2.86	0.61

3) C - S 模型的构建

通过分析 GeO$_2$ 含量的变化引起的玻璃结构变化,按式(11 - 37)所示的形式,建立 C - S 模型。需要强调的是,除非有必要,并非所有的建模过程都要引入高阶变量到模型中,即按照式(11 - 38)引入组分之间的交叉影响,如二阶或者三阶模型。如果一阶模型能够获得比较好的线性回归系数 R^2 与 R_{adj}^2 值,则保持一阶模型可以使模型更简单。高阶模虽然会使模型看起来更收敛,但模型更复杂。如果遇到一阶模型收敛性差的情况,则需要引入交叉变量,挖掘交联结构模型关系。

4) S - P 模型的构建

根据结构基团随 GeO$_2$ 浓度的变化,则可确定光谱衍生的网络结构单元(S_{Raman} 或 S_{IR})的"相对含量"。按式(11 - 37)所示的一般形式,可以建立相应的 S - P 模型。换言之,S - P 模型是利用最密切相关结构振动单元直接进行性质模拟。如进行基于 Raman 结构的 Yb^{3+} 离子下能级 Stark 分裂模拟时,选择(P—O—P)、δ_s($^{[4]}$Ge—O—$^{[4]}$Ge)和(P—O—$^{[4]}$Ge)三个振动峰对应峰面积的变化来模拟对应的 Stark 分裂变化,从而建立 S-P 模型。S-P 模型中,在一阶模型不理想的情况下,可以考虑引入高阶模,即考虑某些玻璃成分反映在结构上的联系,如 P^{5+} 和 Al^{3+} 可作为交叉项引入模型。图 11-50 显示的是 S-P 模型 Raman 与 IR 模拟结果与实测结果的对比。每个模型中的 R^2 因子是模拟精度的反映,其越接近于 1 则表明模拟精度越高。

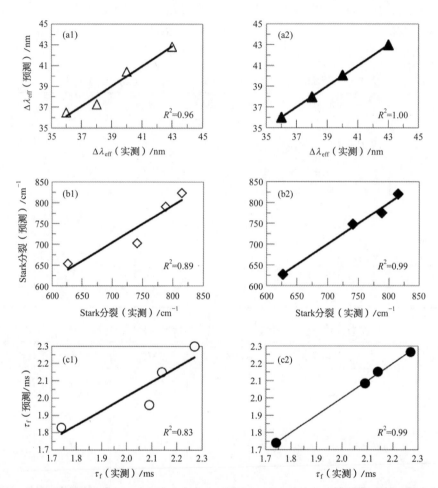

图 11-50　S-P Raman 模型(a1~c1)和 S-P 红外模型(a2~c2)的预测光谱性质与实测光谱性质对比图

对结构模型而言,由于通过目前较为成熟的基础结构测试方法(如 Raman 与 IR)所获得的玻璃结构测试误差相对较小,因此其模型的数据基础较好。对于进行组分微调的玻璃设计而言,这一效果尤为明显。以下用实例说明 S-P 模型对性质的模拟预测比传统的 C-P 模型更为准确、有效及可靠。

例如,某一基础磷酸盐玻璃中,为改善化学稳定性,同时保持较低的非线性折射率 n_2 而分别引入少量的 SiO_2、B_2O_3 和 La_2O_3。设计了总计 12 个、三组玻璃配方(编号为 S_{1-4}、B_{1-4}、L_{1-4}),每组粉料配料量约为 800 g,经过熔制、澄清、除水、搅拌均化和冷却退火等工艺过程制备了具有较好光学均匀性的玻璃样品。玻璃化学稳定性(失重=WL)、非线性折射率 n_2、热膨胀系数 α 及玻璃转变温度 T_g(由热膨胀测试确定)的测试结果与成分的关联规律性较差,不能用于指导玻璃组分的进一步改进,如图 11-51 所示[133]。

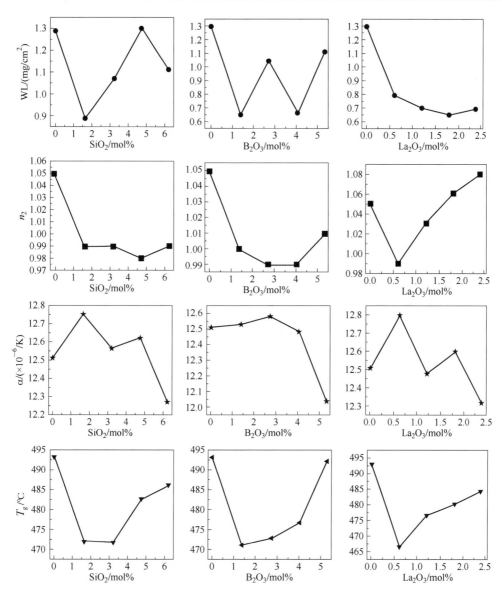

图 11 - 51　某磷酸盐玻璃的化学稳定性、非线性系数、热膨胀系数及转变温度随 SiO$_2$、B$_2$O$_3$、La$_2$O$_3$ 引入量的变化[133]

在采用结构基因模拟法分析后,得出的设计方案有效解决了这一问题。将该系列玻璃的 Raman 或 IR 光谱进行高斯分峰,将分峰的积分面积和对应性质代入式(11 - 37),可获得上述四种性质的 S - P 结构模型,同样也可建立每种性质的 C - P 组分模型。

图 11 - 52～图 11 - 55 分别给出了该组玻璃的 S - P 模型和 C - P 模型在化学稳定性(即玻璃单位面积失重 WL)、n_2、α 和 T_g 这四个性质上的模型对比。显然,结构模型具有更高的线性回归系数 R_{Sq} 值,因此模拟精度高。相比较而言,除 α 组分模型外,另外三个组分模型的 R_{Sq} 值过低,WL、n_2 和 T_g 模型中甚至基础玻璃 BL 也较大地偏离了中心线,故而模型的实际应用价值较差。

建模过程中,有明显误差的个别数据点,可以在模型中剔除,进而提高模型精度。如图 11 - 56 的 T_g 结构模型相对其他三个结构模型而言精度偏低,原因是有个别数据点偏离中线

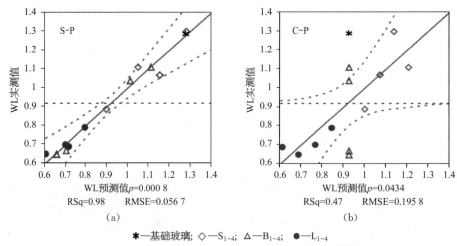

★—基础玻璃; ◇—S$_{1-4}$; △—B$_{1-4}$; ●—L$_{1-4}$

图 11-52　化学稳定性(WL)的结构模型(a)及组分模型(b)[133]

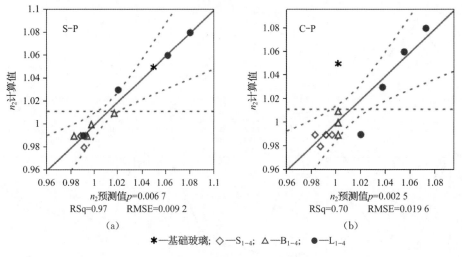

★—基础玻璃; ◇—S$_{1-4}$; △—B$_{1-4}$; ●—L$_{1-4}$

图 11-53　n_2 的结构模型(a)及组分模型(b)[133]

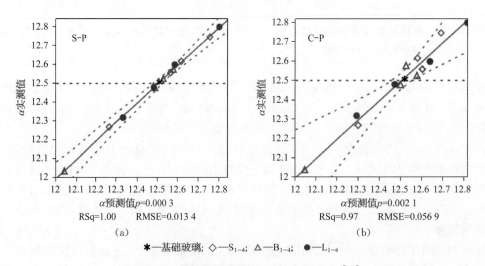

★—基础玻璃; ◇—S$_{1-4}$; △—B$_{1-4}$; ●—L$_{1-4}$

图 11-54　α 的结构模型(a)及组分模型(b)[133]

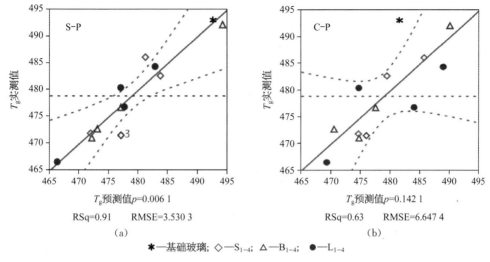

图 11‒55　T_g 的结构模型(a)及组分模型(b)[133]

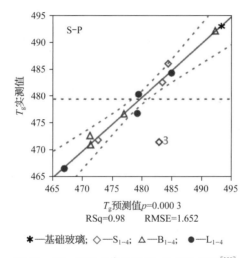

图 11‒56　排除 3♯点后 T_g 的结构模型[133]

较远,即有较大误差。以图 11‒56 的 3♯点为例,若建模时去除有明显误差的 3♯点,则模型如图 11‒56 所示,模型精度得到显著提高。但若偏离中线的点过多,如 WL 和 T_g 的 C‒P 模型,则排除高误差数据点的方法要谨慎进行,避免因模拟数据过少而造成模型失真的问题。

5)　C‒S‒P 模型的构建

通过结构连接成分和性质之间的关系是结构基因模拟的目的。因此,由成分设计性质(C→P)或由性质设计成分(P→C)皆需要关联 C‒S 与 S‒P 模型。C‒S‒P 建模过程为:

(1)确定所要设计玻璃的性质,如热学性质、物理化学性质、光学及光谱性质等;

(2)根据每种性质的 S‒P 模型反演出每个性质的对应结构;

(3)根据推演出的结构,用 C‒S 模型反演出玻璃的组分,在模型刻画器中设计玻璃的最终性质-结构-成分关系。

若由成分设计性质,则将过程反转,即先由成分模拟结构(C‒S),再由结构模拟性质(S‒P)。

以上述掺 GeO_2 磷酸盐玻璃为例。例如需要玻璃满足的性质为：$T_g = 500\ ℃$，膨胀 $\alpha = 11 \times 10^{-6}/K$，荧光带宽 $= 39\ nm$，发射截面 $= 0.58\ pm^2$，荧光寿命 $= 2.0\ ms$，则根据模型设计出的 GeO_2 外掺量约为 $7.5\ mol\%$，目标符合度可达 99.7%，如图 11-57（程序截图）所示。表 11-15 给出了建议玻璃组分（此处为 GeO_2 mol%）以及对应的预测性质和目标符合度。可以选择目标符合度高的建议配方制备玻璃，剔除低目标符合度的组分，并将实验结果不断地补充进数据库以优化模型，进而使模型变得更为准确。

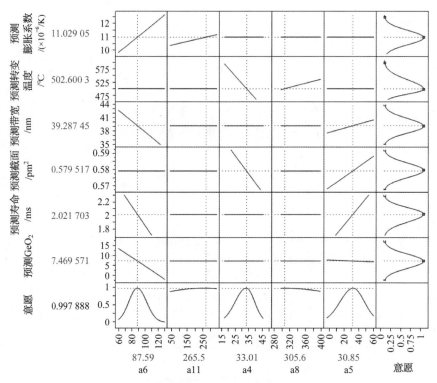

图 11-57　含 GeO_2 磷酸盐玻璃的模型刻画（程序截图）

表 11-15　GeO_2 改性掺镱磷酸盐玻璃设计组分及性质

模拟结果	预测 α/ ($\times 10^{-6}/K$)	预测 T_g/ ℃	预测带宽/ nm	预测截面/ pm²	预测寿命/ ms	预测 GeO_2/ mol%	目标 符合度
1	11.062 3	504.729 0	39.213 8	0.580 3	2.019 3	7.252 4	0.996 8
2	10.976 8	502.606 5	39.456 4	0.579 6	2.041 0	7.790 8	0.994 8
3	11.017 0	506.666 6	39.346 6	0.580 4	2.032 4	7.531 0	0.996 1
4	11.041 9	501.225 3	39.262 3	0.579 2	2.019 4	7.414 7	0.995 9
5	10.970 5	501.573 9	39.455 9	0.579 5	2.045 6	7.729 7	0.993 9

对于 C-P 模型难以模拟的取代型玻璃系统，以 $(70-x)P_2O_5 - 10B_2O_3 - 10BaO - 3Al_2O_3 - 3Nb_2O_5 - 4K_2O - xSiO_2 - 1.25Yb_2O_3$（$x = 0\ mol\%$、$2\ mol\%$、$5\ mol\%$、$10\ mol\%$、$20\ mol\%$；编号为 PS0、PS2、PS5、PS10、PS20）为例演示其模拟差别[127]。该系列玻璃粉料量均为 1 kg，采用石英坩埚熔制粉料并通气除水，再转入铂金坩埚进行澄清、搅拌和成型后退火。表 11-16 为该系列玻璃的样品编号及作为模型演示的三种性质信息（Yb^{3+} 离子的受激发射截面

σ_{emi},玻璃转变温度 T_{g},Yb^{3+} 离子的下能级 Stark 分裂),结构分峰部分不再赘述。

表 11‐16　PS 玻璃性质

样品	$\sigma_{\text{emi}}/\text{pm}^2$	$T_{\text{g}}/^{\circ}\text{C}$	Stark 分裂/cm^{-1}
PS0	0.50	477	639
PS2	0.48	441	651
PS5	0.50	462	769
PS10	0.53	503	786
PS20	0.57	509	814

以 $x=0\text{ mol}\%$、$2\text{ mol}\%$、$10\text{ mol}\%$、$20\text{ mol}\%$ 玻璃进行结构建模,以 $x=5\text{ mol}\%$ 玻璃为验证样品。依据结构信息分别建立 C‐S 及 S‐P 模型,如图 11‐58 所示。即便只有四个模拟样品,但鉴于配合料达到了 1 kg,且玻璃制备工艺一致,因此结构模型表现出较好的精度,线性回归系数 R^2 与 R_{adj}^2 值较高,均方根误差 RMSE 在可接受范围。

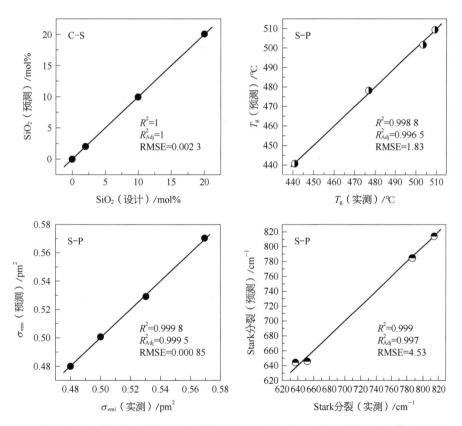

图 11‐58　SiO$_2$(mol%)的 C‐S 模型及 σ_{emi}、T_{g} 和 Stark 分裂的 S‐P 模型

以 PS5 玻璃的实测性质 $T_{\text{g}}=462\text{ }^{\circ}\text{C}$、$\sigma_{\text{emi}}=0.5\text{ pm}^2$、Stark 分裂 $=769\text{ cm}^{-1}$ 为设计性质,使用图 11‐58 模型反演玻璃对应的 SiO$_2$ 含量,所得结果如图 11‐59(程序截图)所示,即 $T_{\text{g}}\approx462.8\text{ }^{\circ}\text{C}$、$\sigma_{\text{emi}}\approx0.504\text{ pm}^2$、Stark 分裂 $\approx767\text{ cm}^{-1}$ 时,对应的 SiO$_2$ 含量应为 $5.01\text{ mol}\%$,与 PS5 的含硅量十分接近。

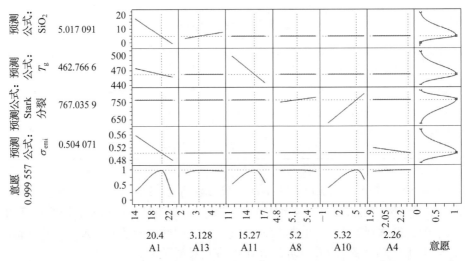

图 11-59 目标性质为 $T_g = 462\ ℃$、$\sigma_{emi} = 0.5\ pm^2$、Stark 分裂 $= 769\ cm^{-1}$ 时 C-S-P 方法设计的 SiO_2 对应的含量

由于玻璃组分设计采用的是 P_2O_5 与 SiO_2 相互取代法,因此统计筛选后,8 种成分中仅有 P_2O_5 被选中作为模拟的唯一成分变量,屏蔽掉了所有其他玻璃组分对性质的影响。作为对比,图 11-60 仍然给出了这种情况下该系列玻璃当 $x = 0\ mol\%$、$2\ mol\%$、$10\ mol\%$、$20\ mol\%$ 时的 C-P 模型。受激发射截面 σ_{emi} 的模型相对较好,T_g 与 Stark 分裂的模型差,均方根误差 RMSE 极大,尤其是 T_g 模型的 R^2 与 R^2_{adj} 值也相对很低。采用 C-P 模型同样验证 PS5 样品的对应 SiO_2 百分含量,设计性质为 $T_g = 462\ ℃$、$\sigma_{emi} = 0.5\ pm^2$、Stark 分裂 $= 769\ cm^{-1}$。PS5 样品的对应 P_2O_5 含量应为 $65\ mol\%$。若设定 $P_2O_5 = 65\ mol\%$,则达到最高模拟目标意愿时,对应三个性质的模拟结果为 $T_g = 474.6\ ℃$、$\sigma_{emi} = 0.507\ pm^2$、Stark 分裂 $= 694\ cm^{-1}$,见图 11-61a(程序截图);若将性质尽量满足设计要求,即 $T_g = 462\ ℃$、$\sigma_{emi} = 0.5\ pm^2$、Stark 分裂 $= 769\ cm^{-1}$,则达到最高模拟意愿时,对应的 $P_2O_5 = 63.5\ mol\%$、$T_g = 478.5\ ℃$、$\sigma_{emi} = 0.514\ pm^2$、Stark 分裂 $= 708\ cm^{-1}$,见图 11-61b(程序截图),此时含 SiO_2 量为 $6.5\ mol\%$。两个 C-P 模拟结果皆与 PS5 的性质相差较大。

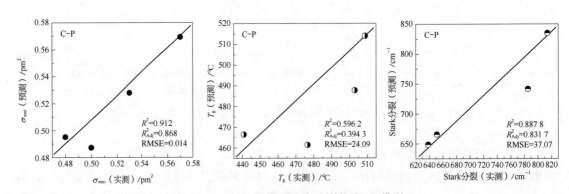

图 11-60 σ_{emi}、T_g 和 Stark 分裂的 C-P 模型

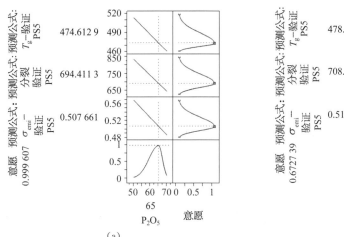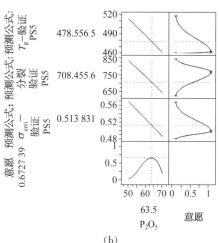

图 11 - 61 SiO$_2$ = 5 mol%（即 P$_2$O$_5$ = 65 mol%）时，C - P 模型对应的性质（a）以及设计性质为 T_g = 462 ℃、σ_{emi} = 0.5 pm^2、Stark 分裂 = 769 cm^{-1}，达到最高模拟意愿时的模拟性质和 P$_2$O$_5$ 含量（b）

所有玻璃结构分析手段皆可以按照以上方法进行 C - S - P 建模。如张丽艳等[126]以文献报道中碱土金属磷酸盐玻璃的 NMR 研究结果作为数据库，用 C - S - P 统计模拟方法将碱土金属的引入量对 Q^n 基团和化学位移 δ_{ISO} 的影响进行回归统计分析，并利用模型模拟磷酸盐玻璃中的"混合碱土金属"效应，证明二阶模型，即考虑了模拟元素之间交互作用的模型，可以准确预测混合碱土金属效应，转变温度、弹性模量等性质的实测结果与模拟结果有很好契合。

多种测试方法综合运用的优势在于模型设计中可在更好地解析玻璃结构的基础上建立更为准确的结构模型。如 P^{5+}、Al^{3+} 两种离子的配位体结构单元独立建模，还须考虑 P—O—Al 的关联作用和相互影响。如建立氟磷酸盐玻璃中 Yb^{3+} 离子的结构模型，则根据 NMR 研究结果，未发现 Yb^{3+}、P^{5+} 之间存在键合关系[48,69]，因此若建立高阶模型，则不必考虑 P^{5+} 和 Yb^{3+} 之间的交叉。值得强调的是，结构基因的统计模拟方法可以做到对玻璃组分和各类性质的准确预测，并可以同时满足多个性质的设计要求，尤其对成分-性质模拟难以准确预测的、呈非线性变化的性质（如光谱激光性质和化学稳定性等）具有较高的模拟精度。对于氟磷玻璃等具有易挥发特性、成分-性能模型较难预测的非氧化物玻璃系统，结构模拟法有更好的模拟适应性。

总之，现代高分辨率固态核磁共振技术在解析非晶体材料近、中程结构方面有独特的优势。可采用多种不同的一维、二维测量方法，从多个角度获得丰富的原子尺度玻璃结构信息，精确解析原子核周围的局域结构（包括配位数、最近邻与次近邻原子核的种类和数目、电场梯度等）、同种类原子核之间、不同种类的原子核之间是否形成化学键、原子核之间的距离、原子核在材料中的分布、基团的对称性等，并可以针对性地对某些原子核进行特定分析。脉冲电子顺磁共振技术可以解析顺磁性的稀土离子与周围原子之间的连接情况和玻璃中缺陷的分布。通过固态核磁共振与顺磁共振的结合，可以对激光玻璃的局域结构和结构缺陷进行精确解析。玻璃的"基因结构"模拟法是一种新的玻璃设计方法，其特点是通过玻璃的结构信息建立玻璃成分和性质的关联性，构建玻璃成分-结构-性能模型。综合应用拉曼、红外、核磁共振和顺磁共振等结构分析手段，可提高玻璃成分-结构-性能模型的准确性，达到高效、精准的新型玻璃设计目的。

主要参考文献

[1] Stebbin F J. Nuclear magnetic resonance spectroscopy of silicates and oxides in geochemistry and geophysics [M]//Mineral Physics & Crystallography, A Handbook of Physical Constants. Washington, D. C.: American Geophysical Union, 1995.

[2] Greaves G N. EXAFS and the structure of glass [J]. Journal of Non-Crystalline Solids, 1985,71(1): 203 - 217.

[3] Peng L, Stebbins J F. Sodium germanate glasses and crystals: NMR constraints on variation in structure with composition [J]. Journal of Non-Crystalline Solids, 2007,353(52 - 54): 4732 - 4742.

[4] Schramm C M, Jong B H W S D, Parziale V E. ^{29}Si magic angle spinning NMR study on local silicon environments in amorphous and crystalline lithium silicates [J]. Journal of the American Chemical Society, 1984,106(16): 4396 - 4402.

[5] Zhang J J, Dai S X, Xu S Q, et al. Raman spectrum and thermal stability of a newly developed TeO_2 - BaO - BaF_2 - La_2O_3 - LaF_3 glass [J]. Cailiao Kexue Yu Jishu (Journal of Materials Science and Technology), 2004,20(5): 527 - 530.

[6] Li H, Hrma P, Vienna J D, et al. Effects of Al_2O_3, B_2O_3, Na_2O, and SiO_2 on nepheline formation in borosilicate glasses: chemical and physical correlations [J]. Journal of Non-Crystalline Solids, 2003,331 (1): 202 - 216.

[7] Quintas A, Caurant D, Majérus O, et al. Effect of compositional variations on charge compensation of AlO_4 and BO_4 entities and on crystallization tendency of a rare-earth-rich aluminoborosilicate glass [J]. Materials Research Bulletin, 2009,44(9): 1895 - 1898.

[8] Losq C L, Neuville D R, Florian P, et al. The role of Al^{3+} on rheology and structural changes in sodium silicate and aluminosilicate glasses and melts [J]. Geochimica Et Cosmochimica Acta, 2014,126(2): 495 - 517.

[9] Li H, Watson J, Meng J. Acid corrosion resistance and mechanism of E-glass fibers: boron factor [J]. Journal of Materials Science, 2013,48(8): 3075 - 3087.

[10] Xu W B, Ren J J, Shao C Y, et al. Effect of P^{5+} on spectroscopy and structure of $Yb^{3+}/Al^{3+}/P^{5+}$ co-doped silica glass [J]. Journal of Luminescence, 2015(167): 8 - 15.

[11] Yang B H, Liu X Q, Wang X, et al. Compositional dependence of room-temperature Stark splitting of Yb^{3+} in several popular glass systems [J]. Optics Letters, 2014,39(7): 1772 - 1774.

[12] Rabi I I, Zacharias J R, Millman S, et al. A new method of measuring nuclear magnetic moment [J]. Physical Review, 1938,53(4): 318.

[13] Bloch F. Nuclear induction [J]. Physical Review, 1946,70(7 - 8): 460 - 474.

[14] Purcell E M, Torrey H C, Pound R V. Resonance absorption by nuclear magnetic moments in a solid [J]. Physical Review, 1946,69(1 - 2): 37 - 38.

[15] Andrew E R, Bradbury A, Eades R G. Nuclear magnetic resonance spectra from a crystal rotated at high speed [J]. Nature, 1958,182(4650): 1659 - 1659.

[16] Lowe I J. Free induction decays of rotating solids [J]. Physical Review Letters, 1959,2(7): 285 - 287.

[17] Ernst R R, Anderson W A. Application of Fourier transform spectroscopy to magnetic resonance [J]. Review of Scientific Instruments, 1966,37(1): 93 - 102.

[18] Waugh J S, Huber L M, Haeberlen U. Approach to high-resolution NMR in solids [J]. Physical Review Letters, 1968,20(5): 180 - 182.

[19] Jeener J. Lecture notes from Ampere summer school in Basko Polje [J]. Yugoslavia unpublished, 1971.

[20] Aue W P, Bartholdi E, Ernst R R. Two-dimensional spectroscopy. Application to nuclear magnetic resonance [J]. The Journal of Chemical Physics, 1976,64(5): 2229 - 2246.

［21］ Pines A，Gibby M G，Waugh J S. Proton-enhanced NMR of dilute spins in solids ［J］. The Journal of Chemical Physics，1973,59(2)：569－590.

［22］ Frydman L，Harwood J S. Isotropic spectra of half-integer quadrupolar spins from bidimensional magic-angle spinning NMR ［J］. Journal of the American Chemical Society，1995,117(19)：5367－5368.

［23］ Levitt M H. Spin dynamics：basics of nuclear magnetic resonance ［M］. ［S. l.］：John Wiley and Sons，2001.

［24］ Duer M J. Introduction to solid-state NMR spectroscopy ［M］. ［S. l.］：Wiley-Blackwell，2005.

［25］ Atkins P W，Friedman R S. Molecular quantum mechanics ［M］. Oxford：Oxford University Press，2011.

［26］ Eckert H. Structural characterization of noncrystalline solids and glasses using solid state NMR ［J］. Progress in Nuclear Magnetic Resonance Spectroscopy，1992,24(3)：159－293.

［27］ Maekawa H，Maekawa T，Kawamura K，et al. The structural groups of alkali silicate glasses determined from ^{29}Si MAS-NMR ［J］. Journal of Non-Crystalline Solids，1991,127(1)：53－64.

［28］ Massiot D，Drumel S，Janvier P，et al. Relationship between solid-state ^{31}P NMR parameters and X-ray structural data in some zinc phosphonates ［J］. Chemistry of materials，1997,9(1)：6－7.

［29］ Berthier C，Levy L P. High magnetic fields：applications in condensed matter physics and spectroscopy ［M］. ［S. l.］：Springer Science and Business Media，2001.

［30］ Amoureux J P，Fernandez C，Steuernagel S. Z filtering in MQMAS NMR ［J］. Journal of Magnetic Resonance，Series A，1996,1(123)：116－118.

［31］ Medek A，Harwood J S，Frydman L. Multiple-quantum magic-angle spinning NMR：a new method for the study of quadrupolar nuclei in solids ［J］. Journal of the American Chemical Society，1995,117(51)：12779－12787.

［32］ Abragam A. The principles of nuclear magnetism ［M］. Oxford：Oxford University Press，1961.

［33］ Van Vleck J. The dipolar broadening of magnetic resonance lines in crystals ［J］. Physical Review，1948,74(9)：1168.

［34］ Gullion T，Schaefer J. Elimination of resonance offset effects in rotational-echo，double-resonance NMR ［J］. Journal of Magnetic Resonance (1969)，1991,92(2)：439－442.

［35］ Affatigato M. Modern glass characterization ［M］. ［S. l.］：John Wiley and Sons，2015.

［36］ Elbers S，Strojek W，Koudelka L，et al. Site connectivities in silver borophosphate glasses：new results from ^{11}B ｛^{31}P｝ and ^{31}P ｛^{11}B｝ rotational echo double resonance NMR spectroscopy ［J］. Solid State Nuclear Magnetic Resonance，2005,27(1－2)：65－76.

［37］ Chan J C，Eckert H. High-resolution ^{27}Al—^{19}F solid-state double resonance NMR studies of AlF$_3$-BaF$_2$-CaF$_2$ glasses ［J］. Journal of Non-Crystalline Solids，2001,284(1－3)：16－21.

［38］ Ren J J，Eckert H. A homonuclear rotational echo double-resonance method for measuring site-resolved distance distributions in I＝1/2 spin pairs，clusters，and multispin systems ［J］. Angewandte Chemie International Edition，2012,51(51)：12888－12891.

［39］ Khaneja N，Nielsen N C. Triple oscillating field technique for accurate distance measurements by solid-state NMR ［J］. The Journal of Chemical Physics，2008,128(1)：01B604.

［40］ Brown S P，Perez-Torralba M，Sanz D，et al. Determining hydrogen-bond strengths in the solid state by NMR：the quantitative measurement of homonuclear J couplings ［J］. Chemical Communications，2002，(17)：1852－1853.

［41］ Lesage A，Bardet M，Emsley L. Through-bond carbon-carbon connectivities in disordered solids by NMR ［J］. Journal of the American Chemical Society，1999,121(47)：10987－10993.

［42］ Kirkpatrick R J，Brow R K. Nuclear magnetic resonance investigation of the structures of phosphate and phosphate-containing glasses：a review ［J］. Solid State Nuclear Magnetic Resonance，1995,5(1)：9－21.

[43] Shannon R, O'Keeffe M, Navrotsky A. Structure and bonding in crystals [M]. New York: Academic Press, 1981.

[44] Ren J, Eckert H. Intermediate role of gallium in oxidic glasses: solid state NMR structural studies of the $Ga_2O_3 - NaPO_3$ system [J]. The Journal of Physical Chemistry C, 2014,118(28): 15386 – 15403.

[45] Fayon F, Le Saout G, Emsley L, et al. Through-bond phosphorus-phosphorus connectivities in crystalline and disordered phosphates by solid-state NMR [J]. Chemical Communications, 2002(16): 1702 – 1703.

[46] Blais-Roberge M L, Santagneli S H, Messaddeq S H, et al. Structural characterization of AgI-$AgPO_3$ - Ag_2WO_4 superionic conducting glasses by advanced solid-state NMR techniques [J]. The Journal of Physical Chemistry C, 2017,121(25): 13823 – 13832.

[47] Ren J J, Eckert H. Superstructural units involving six-coordinated silicon in sodium phosphosilicate glasses detected by solid-state NMR spectroscopy [J]. The Journal of Physical Chemistry C, 2018,122 (48): 27620 – 27630.

[48] de Oliveira Jr M, Gonccçalves T S, Ferrari C, et al. Structure-property relations in fluorophosphate glasses: an integrated spectroscopic strategy [J]. The Journal of Physical Chemistry C, 2017,121(5): 2968 – 2986.

[49] Lo A Y, Sudarsan V, Sivakumar S, et al. Multinuclear solid-state NMR spectroscopy of doped lanthanum fluoride nanoparticles [J]. Journal of the American Chemical Society, 2007,129(15): 4687 – 4700.

[50] Sadoc A, Body M, Legein C, et al. NMR parameters in alkali, alkaline earth and rare earth fluorides from first principle calculations [J]. Physical Chemistry Chemical Physics, 2011,13(41): 18539 – 18550.

[51] Mohr D. Investigation of scandium coordination in glasses and crystalline compounds: an NMR study [D]. Westfälische Wilhelms-Universität Münster, 2010.

[52] Wang X, Zhang R L, Ren J J, et al. Mechanism of cluster dissolution of Yb-doped high-silica lanthanum aluminosilicate glass: investigation by spectroscopic and structural characterization [J]. Journal of Alloys and Compounds, 2017(695): 2339 – 2346.

[53] Ren J J, Zhang L, Eckert H. Medium-range order in sol-gel prepared $Al_2O_3 - SiO_2$ glasses: new results from solid-state NMR [J]. The Journal of Physical Chemistry C, 2014,118(9): 4906 – 4917.

[54] Zavoisky E. Spin-magnetic resonance in paramagnetics [J]. Journal of Physics USSR, 1945(9): 211 – 245.

[55] 卢景雾. 现代电子顺磁共振波谱学及其应用[M]. 北京: 北京大学医学出版社,2012.

[56] 裴祖文. 电子自旋共振波谱[M]. 北京: 科学出版社,1980.

[57] Sen S, Orlinskii S B, Rakhmatullin R M. Spatial distribution of Nd^{3+} dopant ions in vitreous silica: a pulsed electron paramagnetic resonance spectroscopic study [J]. Journal of Applied Physics, 2001,89 (4): 2304 – 2308.

[58] Sen S, Rakhmatullin R, Gubaidullin R, et al. Direct spectroscopic observation of the atomic-scale mechanisms of clustering and homogenization of rare-earth dopant ions in vitreous silica [J]. Physical Review B, 2006,74(10): 1002011 – 1002014.

[59] Sen S, Rakhmatullin R, Gubaydullin R, et al. A pulsed EPR study of clustering of Yb^{3+} ions incorporated in GeO_2 glass [J]. Journal of Non-Crystalline Solids, 2004,333(1): 22 – 27.

[60] Sen S, Stebbins J F. Structural role of Nd^{3+} and Al^{3+} cations in SiO_2 glass: a ^{29}Si MAS-NMR spin-lattice relaxation, ^{27}Al NMR and EPR study [J]. Journal of Non-Crystalline Solids, 1995,188(1): 54 – 62.

[61] Shao C Y, Ren J J, Wang F, et al. Origin of radiation-induced darkening in $Yb^{3+}/Al^{3+}/P^{5+}$-doped silica glasses: effect of the P/Al ratio [J]. The Journal of Physical Chemistry B, 2018,122(10): 2809 – 2820.

［62］ Saitoh A，Matsuishi S，Oto M，et al. Elucidation of coordination structure around Ce^{3+} in doped SiO_2 glasses using pulsed electron paramagnetic resonance：effect of phosphorus，boron，and phosphorus-boron codoping ［J］. Physical Review B，2005，72(21)：212101 - 212104.

［63］ Saitoh A，Matsuishi S，Se-Weon C，et al. Elucidation of codoping effects on the solubility enhancement of Er^{3+} in SiO_2 glass：striking difference between Al and P codoping ［J］. The Journal of Physical Chemistry B，2006，110(15)：7617 - 7620.

［64］ Saitoh A，Murata S，Matsuishi S，et al. Elucidation of phosphorus co-doping effect on photoluminescence in Ce^{3+}-activated SiO_2 glasses：determination of solvation shell structure by pulsed EPR ［J］. Chemistry Letters，2005，34(8)：1116 - 1117.

［65］ Saitoh A，Murata S，Matsuishi S，et al. Phosphorus co-doping effect on photoluminescence in Ce^{3+}-doped SiO_2 glasses：the formation of unique ligand field by P-co-doping ［J］. Journal of Luminescence，2007(122 - 123)：355 - 358.

［66］ Deschamps T，Ollier N，Vezin H，et al. Clusters dissolution of Yb^{3+} in codoped $SiO_2 - Al_2O_3 - P_2O_5$ glass fiber and its relevance to photodarkening ［J］. The Journal of Chemical Physics，2012，136(1)：0145031 - 0145034.

［67］ Deschamps T，Vezin H，Gonnet C，et al. Evidence of AlOHC responsible for the radiation-induced darkening in Yb doped fiber ［J］. Optics Express，2013，21(7)：8382 - 8392.

［68］ Funabiki F，Kajihara K，Kaneko K，et al. Characteristic coordination structure around Nd ions in sol-gel-derived Nd - Al-codoped silica glasses ［J］. The Journal of Physical Chemistry B，2014，118(29)：8792 - 8797.

［69］ de Oliveira M，Uesbeck T，Gonçalves T S，et al. Network structure and rare-earth ion local environments in fluoride phosphate photonic glasses studied by solid-state NMR and electron paramagnetic resonance spectroscopies ［J］. The Journal of Physical Chemistry C，2015，119(43)：24574 - 24587.

［70］ Zhang R L，de Oliveira M，Wang Z Y，et al. Structural studies of fluoroborate Laser glasses by solid state NMR and EPR spectroscopies ［J］. The Journal of Physical Chemistry C，2016，121(1)：741 - 752.

［71］ Schweiger A，Jeschke G. Principles of pulse electron paramagnetic resonance ［M］. Oxford：Oxford University Press，2001.

［72］ 冯蕴深. 磁共振原理［M］. 北京：高等教育出版社，1993.

［73］ 裘祖文. 核磁共振波谱［M］. 北京：科学出版社，1989.

［74］ Eckert H. Spying with spins on messy materials：60 years of glass structure elucidation by NMR spectroscopy ［J］. International Journal of Applied Glass Science，2018，9(2)：167 - 187.

［75］ Shao C，Guo M，Zhang Y，et al. 193 nm excimer laser induced color centers in $Yb^{3+}/Al^{3+}/P^{5+}$-doped silica glasses ［J］. Journal of Non-Crystalline Solids，2019，(Under review).

［76］ Wang F，Hu L L，Xu W B，et al. Manipulating refractive index，homogeneity and spectroscopy of Yb^{3+}-doped silica-core glass towards high-power large mode area photonic crystal fiber lasers ［J］. Optics Express，2017，25(21)：25960 - 25969.

［77］ Brower K L. Electron paramagnetic resonance of Al E_1 centers in vitreous silica ［J］. Physical Review B，1979，20(5)：879 - 881.

［78］ Griscom D L，Friebele E J，Long K J，et al. Fundamental defect centers in glass：electron spin resonance and optical absorption studies of irradiated phosphorus-doped silica glass and optical fibers ［J］. Journal of Applied Physics，1983，54(7)：3743 - 3762.

［79］ Dutt D A，Higby P L，Merzbacher C I，et al. Compositional dependence of trapped hole centers in gamma-irradiated calcium aluminosilicate glasses ［J］. Journal of Non-Crystalline Solids，1991，135(2 - 3)：122 - 130.

［80］ Griscom D L. The natures of point defects in amorphous silicon dioxide［M］//Defects in SiO_2 and Related Dielectrics：Science and Technology.［S. l.］：Springer，2000：117 - 159.

［81］ Skuja L. Optically active oxygen-deficiency-related centers in amorphous silicon dioxide［J］. Journal of Non-Crystalline Solids，1998，239(1 - 3)：16 - 48.

［82］ Chah K，Boizot B，Reynard B，et al. Micro-Raman and EPR studies of β-radiation damages in aluminosilicate glass［J］. Nuclear Instruments and Methods in Physics Research Section B：Beam Interactions with Materials and Atoms，2002，191(1 - 4)：337 - 341.

［83］ Shao C Y，Xie F H，Wang F，et al. UV absorption bands and its relevance to local structures of ytterbium ions in $Yb_{3+}/A_{l3+}/P_{5+}$-doped silica glasses［J］. Journal of Non-Crystalline Solids，2019 (512)：53 - 59.

［84］ Zhang L，Bogershausen A，Eckert H. Mesoporous $AlPO_4$ Glass from a simple aqueous Sol-Gel route ［J］. Journal of the American Ceramic Society，2005，88(4)：897 - 902.

［85］ Aitken B G，Youngman R E，Deshpande R R，et al. Structure-property relations in mixed-network glasses：multinuclear solid state NMR investigations of the system $x Al_2O_3$：$(30-x) P_2O_5$：$70SiO_2$ ［J］. The Journal of Physical Chemistry C，2009，113(8)：3322 - 3331.

［86］ Kosinski S G，Krol D M，Duncan T M，et al. Raman and NMR spectroscopy of SiO_2 glasses co-doped with Al_2O_3 and P_2O_5［J］. Journal of Non-Crystalline Solids，1988，105(1)：45 - 52.

［87］ Boulon G. Why so deep research on Yb^{3+}-doped optical inorganic materials?［J］. Journal of Alloys and Compounds，2008，451(1 - 2)：1 - 11.

［88］ Hoefdraad H E. The charge-transfer absorption band of Eu^{3+} in oxides［J］. Journal of Solid State Chemistry，1975，15(2)：175 - 177.

［89］ Galleani G，Santangeli S H，Messaddeq Y，et al. Rare-earth doped fluoride phosphate glasses：structural foundations of their luminescence properties［J］. Physical Chemistry Chemical Physics，2017，19(32)：21612 - 21624.

［90］ 黄国松，张国轩，顾绍庭，等.玻璃板条激光器的热效应［J］.物理学报，1990，39(10)：1563 - 1569.

［91］ 赵继承.材料基因组计划简介［J］.自然杂志，2014，36(2)：89 - 104.

［92］ 高慧，孙洵，刘宝安，等.第一性原理研究 KDP 晶体中 Ba 取代 K 点缺陷［J］.强激光与粒子束，2011，23 (5)：1370 - 1372.

［93］ 潘洪哲.β 相氮化硅材料的第一性原理研究［D］.成都：四川师范大学，2006.

［94］ 杨彪，王丽阁，易勇，等.C，N，O 原子在金属 V 中扩散行为的第一性原理计算［J］.物理学报，2015，64 (2)：356 - 361.

［95］ 彭博.第一性原理在几种低维能源材料分析和设计中的应用［D］.天津：南开大学，2010.

［96］ 龚海明，宋斌，赵高凌，等.网络修饰体对铝硅酸盐系玻璃微观结构的影响：第一性原理分子动力学模拟［J］.燕山大学学报，2018，42(2)：43 - 48.

［97］ 邰凯平，李家好，柳百新.金属玻璃的形成能力及其原子结构［C］//中国工程院化工、冶金与材料工程学部学术会议，2007.

［98］ 王颖.SnO_2：F 薄膜第一性原理计算及 Low-E 玻璃的性能研究［D］.秦皇岛：燕山大学，2007.

［99］ Jiang Z H，Zhang Q Y. The structure of glass：a phase equilibrium diagram approach［J］. Progress in Materials Science，2014，61(8)：144 - 215.

［100］ Jiang Z H，Tang Y X. Study of structural characteristics in some ternary borate glass systems by the phase diagram model［J］. Journal of Non-Crystalline Solids，1992，146(1)：57 - 62.

［101］ 姜中宏，胡丽丽.玻璃的相图结构模型［J］.中国科学：技术科学，1996(5)：395 - 404.

［102］ 姜中宏，唐永兴.用相图原理研究玻璃性质与结构（Ⅰ）核磁共振谱研究 $Na_2O - B_2O_3 - SiO_2$ 玻璃结构 ［J］.光学学报，1988(1)：75 - 82.

［103］ 姜中宏，唐永兴. 相图原理研究 $Na_2O - B_2O_3 - SiO_2$；$BaO-B_2O_3 - SiO_2$；$Na_2O - K_2O - SiO_2$ 系统玻璃性质（比重、折射率）［J］.硅酸盐通报，1990(6)：36 - 40.

［104］姜中宏,唐永兴.用相图原理研究玻璃结构和性质.Ⅲ.核磁共振谱研究钠硼钒、钾硼磷、钾硼铝和钠硼镁玻璃结构[J].光学学报,1991(9)：49‐54.

［105］姜中宏,唐永兴.用相图原理研究硼硅酸盐玻璃的性质与结构(Ⅱ)核磁共振谱研究锂硼硅,镉硼锗和锂硼碲玻璃结构[J].光学学报,1990,10(12)：1107‐1114.

［106］Fu A I, Mauro J C. Topology of alkali phosphate glass networks [J]. Journal of Non-Crystalline Solids, 2013,361(1)：57‐62.

［107］Mauro J C, Gupta P K, Loucks R J. Composition dependence of glass transition temperature and fragility. Ⅱ. a topological model of alkali borate liquids [J]. Journal of Chemical Physics, 2009,130 (23)：234503‐1‐234503‐8.

［108］Smedskjaer M M, Mauro J C, Sen S, et al. Quantitative design of glassy materials using temperature-dependent constraint theory [J]. Chemistry of Materials, 2010,22(18)：5358‐5365.

［109］Smedskjaer M M, Mauro J C, Yue Y. Prediction of glass hardness using temperature-dependent constraint theory [J]. Physical Review Letters, 2010,105(11)：115503‐1‐115503‐4.

［110］Micoulaut M, Naumis G G. Glass transition temperature variation, cross-linking and structure in network glasses [J]. Europhysics Letters, 1999(47)：568‐572.

［111］Duée C, Grattepanche-Lebecq I, Désanglois F, et al. Predicting bioactive properties of phosphosilicate glasses using mixture designs [J]. Journal of Non-Crystalline Solids, 2013,362(1)：47‐55.

［112］干福熹.光学玻璃[M].2 版.北京：科学出版社,1982.

［113］干福熹.硅酸盐玻璃物理性质变化规律及其计算方法[M].北京：科学出版社,1966.

［114］干福熹.无机氧化物玻璃物理性质新的计算体系[J].中国科学,1974(4)：27‐42.

［115］张立鹏,干福熹.用离子结构模型计算卤化物玻璃物理性质——Ⅰ氟化物玻璃折射率和密度的计算[J].硅酸盐通报,1988(1)：63‐69.

［116］Frischat G H. Book review: mathematical approach to glass. by M. B. Volf [J]. Angewandte Chemie International Edition in English, 1989,28(6)：820.

［117］Li H, Davis M J, Urruti E H. Eye-safe laser glass development at Schott [C]//Proceedings of the Laser Technology for Defense and Security VI, 2010,768616‐1‐768616‐12.

［118］Vienna J D. Compositional models of glass/melt properties and their use for glass formulation [J]. Procedia Materials Science, 2014(7)：148‐155.

［119］Li H, Cheryl R, Watson J. High-performance glass fiber development for composite applications [J]. International Journal of Applied Glass Science, 2014,5(1)：65‐81.

［120］Vienna J D, Hrma P R, Schweiger M J. Effect of composition and temperature on the properties of high-level waste (HLW) glasses melting above 1200 ℃ [R]. Office of Scientific and Technical Information Technical Reports, 1996, PNNL‐10987.

［121］Cornell J A. Experiments with mixtures: designs, models, and the analysis of mixture data [M]. 3rd ed. New York: John Wiley and Sons, 2002.

［122］Piepel G F, Szychowski J M, Loeppky J L. Augmenting Scheffé linear mixture models with squared and/or crossproduct terms [J]. Journal of Quality Technology, 2001,34(3)：297‐314.

［123］Scheffé H. Experiments with mixtures [J]. Journal of the Royal Statistical Society, 1958,20(2)：344‐360.

［124］Darroch J N, Waller J. Additive and Interaction in three-component experiments with mixtures [J]. Biometrika, 1985(72)：153‐163.

［125］Zhang L Y, Li H, Hu L L. Statistical structure analysis of GeO_2 modified Yb^{3+} : phosphate glasses based on Raman and FTIR study [J]. Journal of Alloys and Compounds, 2017(698)：103‐113.

［126］Zhang L Y, Li H, Hu L L. Statistical approach to modeling relationships of composition — structure — property Ⅰ：alkaline earth phosphate glasses [J]. Journal of Alloys and Compounds, 2018 (734)：163‐171.

[127] 张丽艳,李洪,胡丽丽,等. 玻璃成分-结构-性质的"基因结构"模拟法[J]. 无机材料学报,2019,34(8):885 – 892.

[128] Scheerer J, Mueller-Warmuth H, Dutz H. Nuclear magnetic resonance investigations of alkali borosilicate glasses [J]. Glastechnische Berichte-Glass Science and Technology, 1973, 46 (6): 109 – 112.

[129] Bray P J, O'keefe J G. Nuclear magnetic resonance investigations of the structure of alkali borate glasses [J]. Physics and Chemistry of Glasses, 1963,4(2): 37 – 46.

[130] Rao K J, Wong J, Weber M J. Bonding and structure of Nd^{3+} in BeF_2 glass by XANES and EXAFS spectroscopy [J]. Journal of Chemical Physics, 1983,78(10): 6228 – 6237.

[131] Ren J J, Eckert H. Quantification of short and medium range order in mixed network former glasses of the system $GeO_2 - NaPO_3$: a combined NMR and X-ray photoelectron spectroscopy study [J]. Journal of Physical Chemistry C, 2012,116(23): 12747 – 12763.

[132] Mysen B O, Finger L W, Virgo D, et al. Curve-fitting of Raman spectra of silicate glasses [J]. American Mineralogist, 1982,67(7 – 8): 686 – 695.

[133] Zhang L Y, Xu Y C, Li H. "Gene" modeling approach in new glass design [J]. International Journal of Applied Glass Science, 2019,00: 1 – 13.

关键词索引

《激光玻璃及应用》彩图

（a）反射模式

（b）荧光模式

附图 1　融石英共聚焦显微镜成像

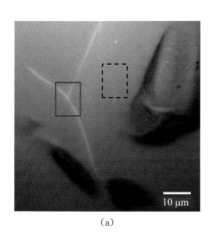
（a）

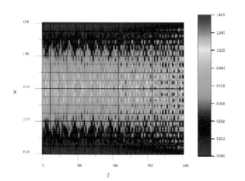

附图 2　磷酸盐激光钕玻璃光谱检测区域（a）和不同区域光谱（b）

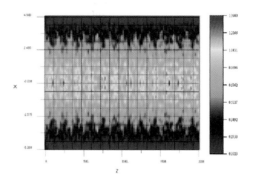

附图 3　信号光 1.06 μm 在平面波导中的场分布　　　附图 4　泵浦光 0.802 μm 在平面波导中的场分布

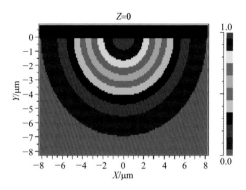

附图 5　沟道波导 X - Y 平面折射率分布

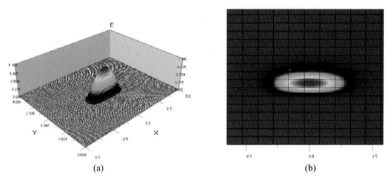

附图 6　泵浦光($0.802\ \mu m$)在沟道波导的光场分布（a）和分布的平面图（b）

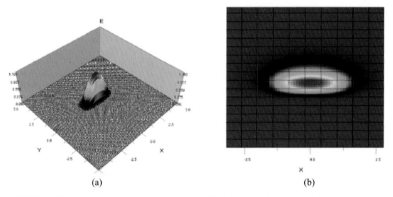

附图 7　信号光($1.060\ \mu m$)在沟道波导的光场分布（a）和分布的平面图（b）

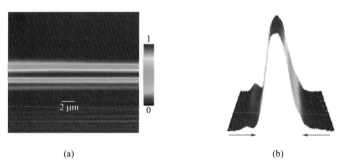

附图 8　($450.0 + 500.0 + 550.0$)keV 的 He$^+$ 注入磷酸盐激光钕玻璃平面光波导
的二维（a）和三维（b）近场光强分布

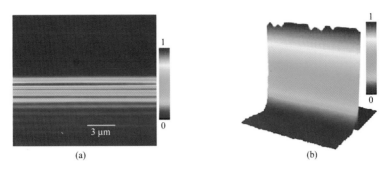

附图9　6.0 MeV 的 C^{3+} 注入磷酸盐激光钕玻璃平面光波导的二维(a)和三维(b)近场光强分布

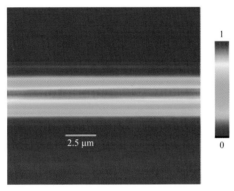

附图10　6.0 MeV 的 O^{3+} 注入磷酸盐激光钕玻璃平面光波导的近场光强分布

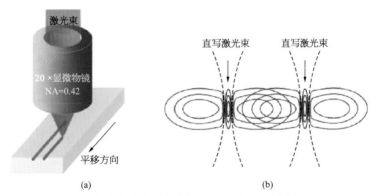

附图11　飞秒激光在磷酸盐激光钕玻璃表面下横向写入双线型波导

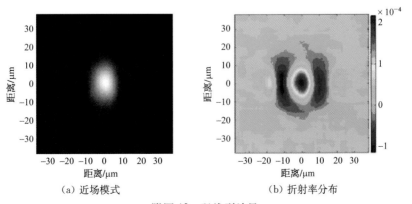

附图12　双线型波导

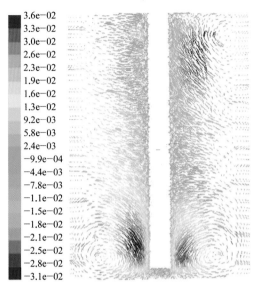

附图 13　采用 Ansys-Fluent 软件模拟坩埚中玻璃液流向图

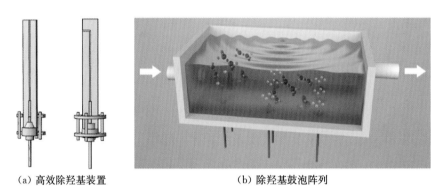

（a）高效除羟基装置　　　　　　　　　（b）除羟基鼓泡阵列

附图 14　高效除羟基装置（a）和除羟基鼓泡阵列（b）

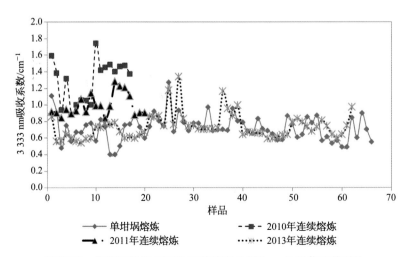

附图 15　连熔和坩熔 N3135 钕玻璃在 3 333 nm 处吸收系数对比

附图 16　精密抛光后准备上装置测试的 N31 型钕玻璃元件

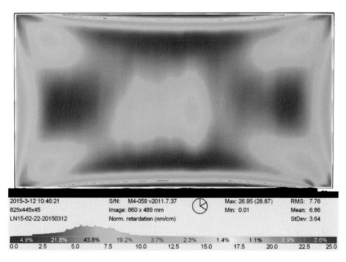

附图 17　隧道窑退火后的 N31 玻璃应力测试结果（玻璃尺寸 860 mm×480 mm×50 mm）

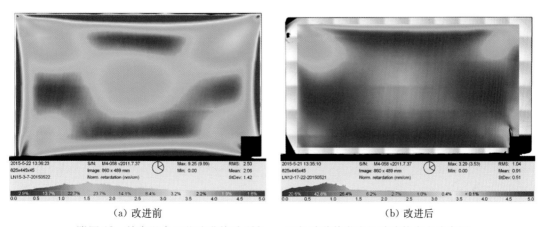

（a）改进前　　　　　　　　　　　　　　　　（b）改进后

附图 18　精密退火工艺改进前后 400 mm 口径磷酸盐激光钕玻璃的应力分布图

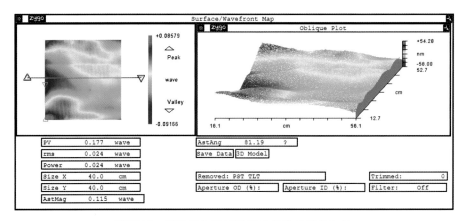

附图 19　精密退火后 N31 钕玻璃的光学均匀性

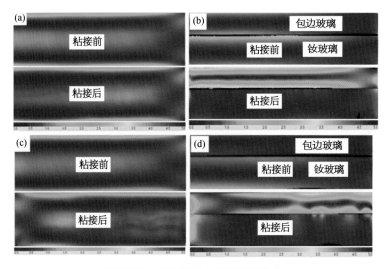

附图 20　粘接前后应力双折射分布

（a）、（c）为样品 S1、S2 在 Y 方向应力双折射；（b）、（d）为样品 S1、S2 在 Z 方向应力双折射

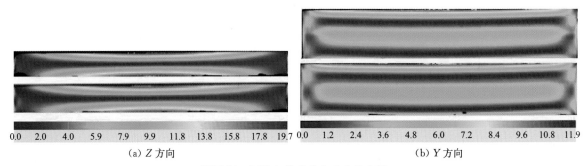

（a）Z 方向　　　　　　　　　　　　　　　　　（b）Y 方向

附图 21　短边包边玻璃条应力分布图

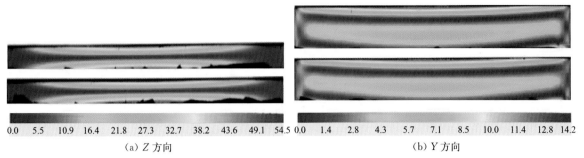

0.0 5.5 10.9 16.4 21.8 27.3 32.7 38.2 43.6 49.1 54.5	0.0 1.4 2.8 4.3 5.7 7.1 8.5 10.0 11.4 12.8 14.2
（a）Z 方向	（b）Y 方向

附图 22   长边包边玻璃条应力双折射分布

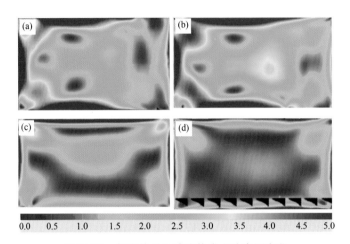

0.0 0.5 1.0 1.5 2.0 2.5 3.0 3.5 4.0 4.5 5.0

附图 23   包边前后钕玻璃的应力分布图变化

（a）、（b）S3 包边前后应力状态；（c）、（d）S4 包边前后应力状态

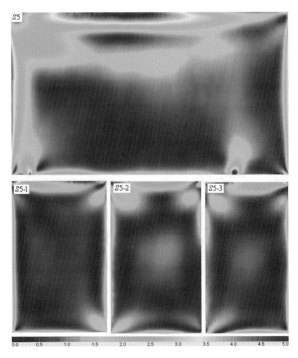

0.0 0.5 1.0 1.5 2.0 2.5 3.0 3.5 4.0 4.5 5.0

附图 24   切割对钕玻璃应力双折射的影响

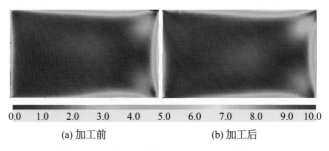

(a) 加工前   (b) 加工后

附图 25　钕玻璃侧面研磨抛光对应力双折射的影响

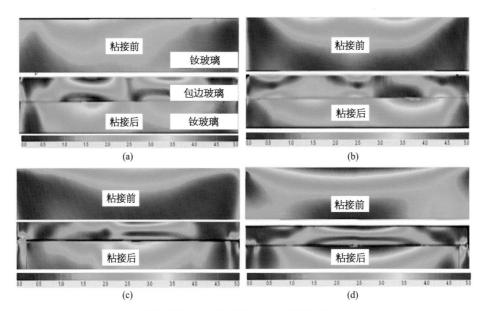

附图 26　包边界面附加应力双折射分布

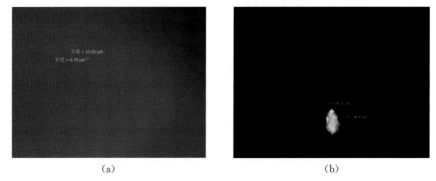

（a）　　　　　　　　　　（b）

附图 27　强激光辐照前铂金颗粒夹杂物显微形貌

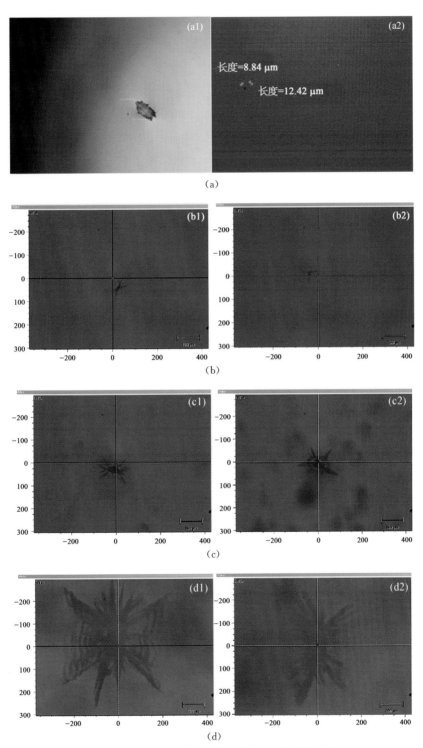

附图 28　强激光器辐照后铂颗粒夹杂物显微形貌

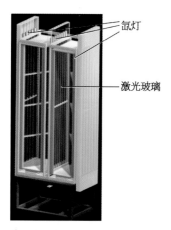

氙灯

激光玻璃

附图29　脉冲氙灯和激光钕玻璃放置装置

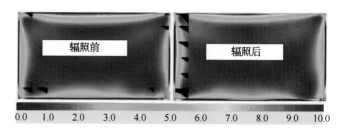

辐照前

辐照后

| 0.0 | 1.0 | 2.0 | 3.0 | 4.0 | 5.0 | 6.0 | 7.0 | 8.0 | 9.0 | 10.0 |

附图30　氙灯辐照10 000发次后的应力变化

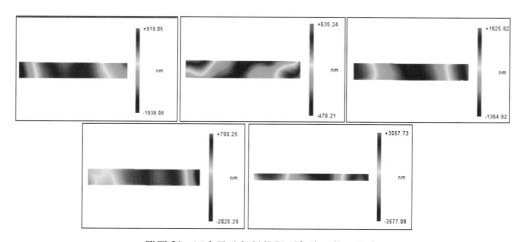

附图31　四次子孔径拼接得到包边面的平整度

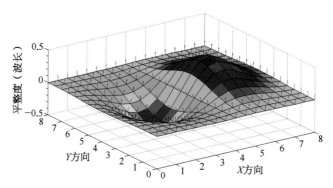

附图32　角差法测试平整度重构

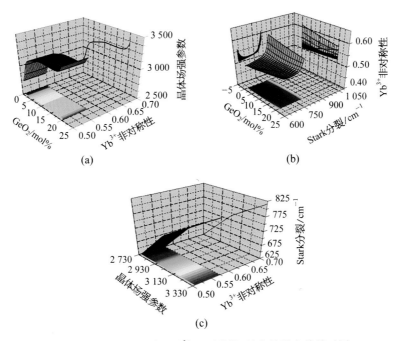

(a)　　　　　　　　　　　　　(b)

(c)

附图 33　GeO₂ mol%-Yb³⁺ 非对称性-晶体场强参数关系图

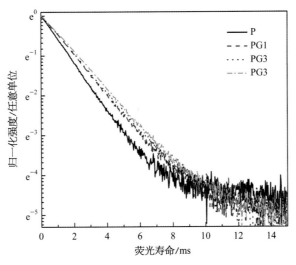

附图 34　P 与 PG 系列玻璃的荧光寿命衰减曲线

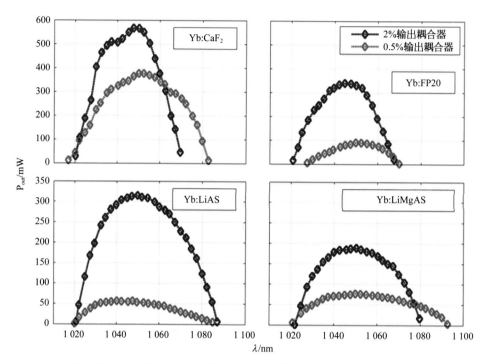

附图 35　掺镱 CaF₂ 晶体及 FP，LiAS 及 LiMgAS 玻璃的调谐实验结果

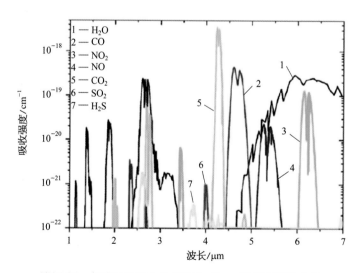

附图 36　各种气体和水分子在 1～7 μm 波段的吸收曲线

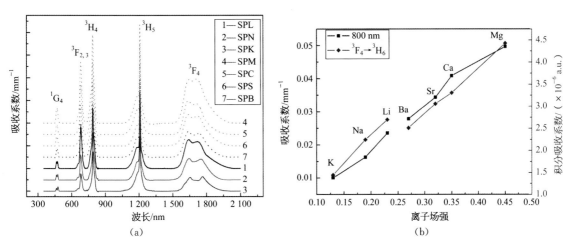

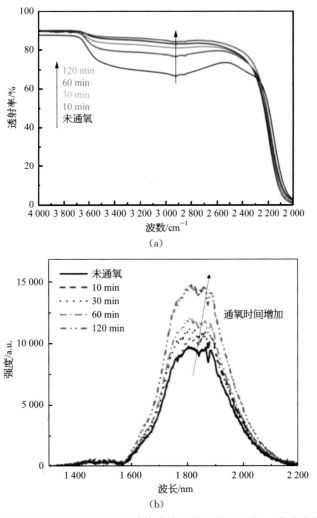

附图 37　（a）Tm³⁺ 离子在网络外体离子不同的硅酸盐玻璃中的吸收光谱；（b）随网络外体离子改变，800 nm 处基态³H₆ 能级到³H₄ 能级跃迁的吸收系数和基态³H₆ 能级到³F₄ 能级跃迁的积分吸收强度的变化趋势

附图 38　不同通氧气时间对掺铥硅酸盐玻璃红外光谱及 1.8 μm 荧光光谱的影响

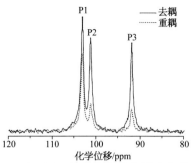

（a）$Ag_7P_3S_{11}$ 晶体在加载与没有加载 $^{31}P-^{31}P$ 偶极作用下的核磁谱图对比

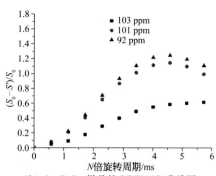

（b）$Ag_7P_3S_{11}$ 样品的 DRENAR 曲线图

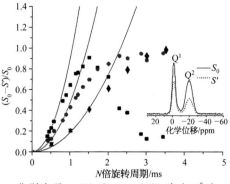

（c）■、●分别表示 $0.6Na_2O-0.4P_2O_5$ 玻璃 Q^2 与 Q^1 的 DRENAR 曲线，▲、▼分别表示 $x=1$ 与 0.5 的 $xAlPO_4-(1-x)SiO_2$ 玻璃的 DRENAR 曲线

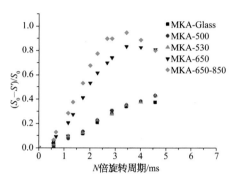

（d）$SiO_2-Li_2O-Al_2O_3-K_2O-P_2O_5$（MKA-T）玻璃在不同热处理后的 DRENAR 曲线，T 表示热处理温度

附图 39　DRENAR 在玻璃结构解析中的应用

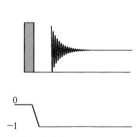

（a）单共振脉冲序列及量子相干途径

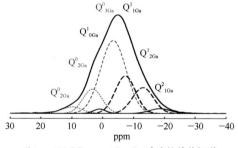

（b）$0.8NaPO_3-0.2Ga_2O_3$ 玻璃的单共振谱

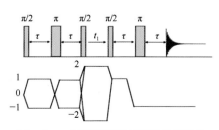

（c）refocused-INADEQUATE 脉冲序列及量子相干途径

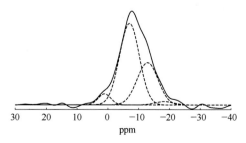

（d）$0.8NaPO_3-0.2Ga_2O_3$ 玻璃的 1D refocused-INADEQUATE 谱

附图 40　单共振和 refocused-INADEQUATE 对比

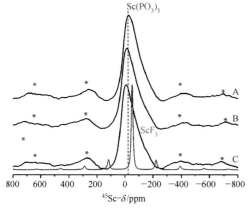

附图 41 A、B、C 样品以及 ScF₃ 晶体的 ⁴⁵Sc MAS NMR 谱（虚线为 Sc(PO₃)₃ 晶体的峰位，＊代表旋转侧带）

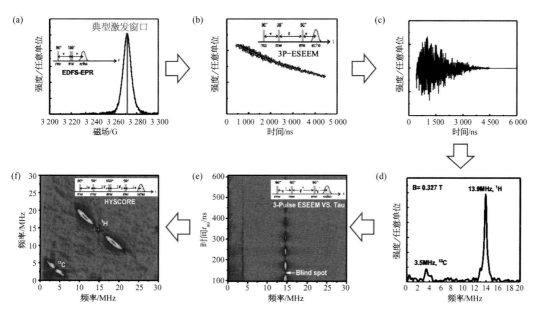

附图 42 ESEEM 原理和测试流程图

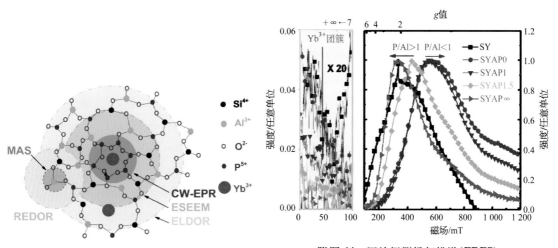

附图 43 NMR（MAS、REDOR）和 EPR（CW-EPR、ESEEM、ELDOR）探测距离对比

附图 44 回波探测场扫描谱（EDFS）

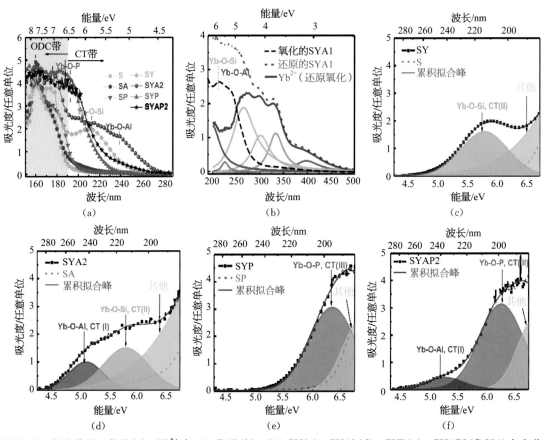

附图45　真空紫外吸收谱(a)，Yb²⁺离子吸收谱(b)，以及SY(c)、SYA2(d)、SYP(e)、SYAP2(f)样品真空紫外吸收谱高斯分峰

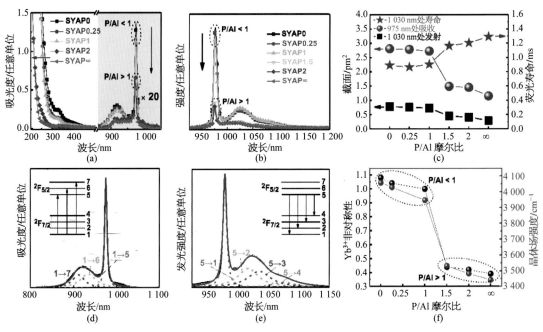

附图46　P/Al比对Yb³⁺吸收谱(a)、发射谱(b)、吸收和发射截面及荧光寿命(c)、Yb³⁺格位非对称性和标量晶体场强度(f)的影响；以及SYAP0样品吸收峰(d)和发射峰(e)的洛伦兹分峰